观赏植物病害识别与防治

孙小茹　郭　芳　李留振　主编

中国农业大学出版社
· 北京 ·

内容简介

为了更好地做好观赏植物病害的识别及防治工作，提高综合防治效果，编者结合多年来在生产一线中的实践经验，以加强预防为主的综合防治理念手法，以图文互补的方式描绘了观赏植物易发生的病害症状，深入浅出地阐述了观赏植物病害的基础知识和理论，较为详细地介绍了各类病原生物的识别、综合治理方法以及400多种常见观赏植物病害识别与防治。本书向读者提供了诊断和预防病害的基本参考内容，可供从事林果花卉研究者和广大观赏植物爱好者直观了解观赏植物病原特征和病害症状。也可作为地方性专业技术培训教材，可作为广大观赏植物生产一线的栽培者、经营者和从事林业、园艺工作者及林农的参考用书，同时也可作为园林绿化建设者和管护者的业务指导书。

图书在版编目(CIP)数据

观赏植物病害识别与防治/孙小茹，郭芳，李留振主编. —北京：中国农业大学出版社，2017.6

ISBN 978-7-5655-1898-0

Ⅰ.①观… Ⅱ.①孙…②郭…③李… Ⅲ.①观赏植物—病害—防治 Ⅳ.①S436.8

中国版本图书馆CIP数据核字(2017)第167571号

书　　名　观赏植物病害识别与防治

作　　者　孙小茹　郭　芳　李留振　主编

策　　划　张秀环　　　**责任编辑**　张　玉

封面设计　郑　川　　　**责任校对**　王晓凤

出版发行　中国农业大学出版社

社　　址　北京市海淀区圆明园西路2号　　　**邮政编码**　100193

电　　话　发行部 010-62818525，8625　　　读者服务部 010-62732336

编辑部 010-62732617，2618　　　出　版　部 010-62733440

网　　址　http://www.cau.edu.cn/caup　　　**E-mail** cbsszs @ cau.edu.cn

经　　销　新华书店

印　　刷　北京时代华都印刷有限公司

版　　次　2017年6月第1版　　2017年6月第1次印刷

规　　格　787×1 092　　16开本　　27印张　　670千字

定　　价　69.00元

编 委 会

前　言

党的“十七大”第一次把建设生态文明写进了报告，党的“十八大”提出了建设美丽中国战略构想，这些决策的做出和实施，把林业摆上了前所未有的新高度，赋予林业一系列的重大使命。2009年首次以中央名义召开的林业工作会议深刻阐述了新形势下林业工作的历史定位。党中央、国务院明确提出，林业在贯彻可持续发展战略中具有重要地位，在生态建设中具有首要地位，在西部大开发中具有基础地位，在应对气候变化中具有特殊地位。这“四个地位”赋予了林业新的重大历史使命。现代林业承担着建设森林生态系统、保护湿地生态系统、改善荒漠生态系统和维护生物多样性的重要职责，这“三大系统”“一个多样性”对保护陆地生态系统整体功能、维护生态平衡、促进经济与生态协调发展具有中枢和杠杆作用。我国地大物博，幅员辽阔，亚热带、暖温带、温带适宜的气候特点、复杂多样的地形地貌孕育了南北兼容、丰富多样的木本园林植物种质资源，园林植物病害的发生和危害比较严重。因此抓好园林植物病虫害的防治工作任重而道远。

本书在编写过程中，为力求材料科学、准确，主要参考了江苏农学院植物保护系：《植物病害诊断》，农业出版社，1978。中南林学院：《经济林病理学》，中国林业出版社，1986。刘世骐：《林木病害防治》，安徽科学技术出版社，1983。黑龙江省牡丹江林业学校：《森林病虫害防治》，中国林业出版社，1981。邱守思等：《林木病虫害防治》，农业出版社，1984。中国林木种子公司：《林木种实病虫害防治手册》，中国林业出版社，1988。上海市园林学校：《园林植物保护学（下册）》，中国林业出版社，1990。上海农学院等：《植物病理及农作物病害防治》，农业出版社，1980。朱玉：《果树病虫害防治》，安徽科学技术出版社，1991。王焱：《林木病虫害防治（第二版）》，上海科学技术出版社，2004。李艳杰：《森林病虫害防治》，沈阳出版社，2011。王守正、李秀生等：《河南省经济植物病害志》，河南科学技术出版社，1994。张连生、张良玉等：《花卉病虫害及其防治》，天津科学技术出版社，1984。并广泛查阅了“中国植保资讯网”“中国园林网”“中国农业科学院网”“中国农药第一网”“青青花木网”等，参考文献较多，同时得到河南农业大学、信阳农林学院、许昌市林业技术推广站几位老师的修改及建议，在此不再一一列举，一并向各位老师、作者表示感谢。

本书具体分工如下：1 观赏植物病害基础知识、2 观赏植物病害诊断意义及基础方法、3.1 两类不同性质的植物病害及3.2 观赏植物真菌病害的鉴定由郭芳同志编写；3.3 观赏植物细菌病害的鉴定、3.4 观赏植物病毒病害的鉴定、3.5 观赏植物线虫病害的鉴定、3.6 寄生性种子植物、4 观赏植物病害综合治理与技术、5 主要观赏植物病害由孙小茹、李留振、李洁、杨朝荔、毛茹、李振华、李会霞、张杰、郭晓娜、赵晓刚、王利英、赵国红、张永峰、贾若、王志伟、高春芬、张森、陈颖、陈冬丽、郭君、张艳芳、宋丽娟、王留超、李娜、姚晓锋、孟芳、刘雪龙、崔建桃、毛玉收、任利鹏、张成涛等同志编写。

本书编写时间仓促，我们学术水平有限，错误和不妥之处在所难免，敬请读者批评指正。

编者

2017 年 5 月

目 录

1 观赏植物病害基础知识

1.1 观赏植物病害的概念

观赏植物在适宜的环境条件下，才能进行由遗传因子控制的正常生理活动，如细胞正常的分裂、分化和发育，水分和养分的吸收与运输，光合作用和光合产物的传导和储存，以及个体的繁殖等。当园林植物在生长和发育的过程中，或在其种苗、球根、鲜切花和成株的贮藏及运输过程中，由于遭受其他生物的侵染或不利的非生物因子的影响，使它的生长和发育受到显著的阻碍，整个植株、器官、组织和局部细胞的生理紊乱、解剖结构破坏、形态特征改变，导致生长不良、品质变劣，降低产量及质量，甚至死亡，造成经济损失，影响观赏价值和园林景色效果，这种现象称为观赏植物病害。

1.2 观赏植物病害的形成

首先要了解病原和寄主的概念，再了解病原与植物之间的关系。能引起观赏植物发生病害的因素称为病原，被寄生的植物称为寄主。植物病害是植物与病原之间在一定环境条件下矛盾斗争的结果。其中病原与植物是病害发生的基本矛盾，而环境则是促使矛盾转化的条件。环境一方面影响病原物的生长发育及传播，同时也影响植物的生长发育，增强或降低植物对病原的抵抗力。只有当环境不利于植物生长发育而有利于病原物的活动和发展时，矛盾就向着发病的方向转化，病害就能发生。反之，植物抵抗能力增强，病害就能被压制。因此，植物能否发病不仅仅取决于病原与植物之间的关系，而且在一定程度上，还取决于环境条件对双方的作用。

观赏植物的正常生长和发育需要有一定的环境条件。但观赏植物在生长发育过程中，由于外界条件不适宜，或遭受其他生物的侵染，使植物的正常生长发育受到很大的影响，以致其细胞、组织或器官遭受侵害而表现出不同的症状，观赏植物就发生了病害，病情严重时能引起植物死亡。

植物发生病害必须具有一定的病理变化过程。植物遭受不适宜的环境条件的影响或致病生物的侵染后，往往先引起体内一系列的生理机能改变，然后造成组织形态的改变。这些病变都有一个逐渐加深、持续发展的过程。如樱花、梅花和月季被一种病原细菌侵染后，体内的各种酶发生了变化，呼吸作用不正常，养分传导受阻，随着病情逐步地加深，最后在体外表现出大小不一的瘿瘤。又如广玉兰、栀子花的黄化现象，是因为土壤偏碱，造成土中的铁离子不易被植物吸收。植物缺铁时，影响叶绿素的合成，引起叶片失绿而发生黄化病。

一般机械损伤不同于观赏植物病害，如风伤、工具碰伤以及昆虫和其他动物咬伤等。机械损伤会削弱园林植物的生长势，而且伤口的存在往往成为病原物入侵的门户，常常诱发病害的严重发生。如兰花在冬春两季分株繁殖损伤根系，使伤口长期不能愈合，推迟了新根萌发和新芽的生长势，因而降低了植株对病菌的抵抗力，有利于潜入在土中的病菌侵染。

此外，从观赏植物的观赏角度来看，有些观赏植物由于生物或非生物因素的影响，尽管发生了某些变态，但却增加了它们的观赏效果。如郁金香被一种病毒感染后，花瓣上形成碎锦，反而提高了观赏效果；梅花发生锈病时，花器变为叶形，橙黄色的锈菌鲜艳夺目，日本人称之为“五色梅”。还如紫薇、梅、榆、松等盆景植物经刀砍绳扎后，形成干曲枝扭。这些虽是“病态”，但它们却是艺术造型，给人以美感。因此，一般都不当作病害。

在整个植物生态系统中，各事物之间存在着错综复杂的相互关系。野生植物与栽培作物，作物与作物，作物的个体与群体，作物的细胞与细胞，作物的地上与地下部分，作物周围的环境因素，例如阳光、空气、水分、养分、风、雨、温度、湿度以及有益的和有害的生物等，构成一定的系统，无不在一定的时间、空间和条件下，有着互相联结和互相影响。

植物在长期的自然和人工选择下，形成其种群的生物学特性，对其周围的环境因素有着一定的适应范围，与其他生物种群保持着一定消长关系。如果环境条件发生剧烈变化，其影响超出该种作物固有的适应限度，植物的正常代谢作用就会遭到干扰和破坏，使生理机能或组织结构发生一系列的病理变化，以致在形态上呈现病态，就叫作发病。

导致植物形成病害的原因总称为病原，其中有非生物因素和生物因素。非生物因素包括气候、土壤、栽培条件等，例如土壤水分过少或过多，导致旱和涝；温度过低，导致冻害等，生物因素包括真菌、细菌等多种微生物，它们自身不能制造营养物质，需要从其他有生命的生物或无生命的有机物质中摄取养分才能生存。这种寄生于其他生物的生物称为寄生物，能引起植物病害的寄生物称为病原物。如果寄生物为菌类，可称为病原菌。被寄生的植物称为寄主。

在观赏植物生态系统中，致病因素无不在一定条件下与其他环境因素联系着，而在这许多因素中必有一种对导致植物病害起着主要作用。植物受致病因素作用的影响，也必然会产生相应的反应，因此植物病害的形成过程，是植物与病原在外界条件影响下相互作用而转化为发病的过程。

1.3 植物病害的分类

植物病害种类繁多，为了便于掌握一些类似病害发生发展的基本规律，利于进行病害的诊断和指导病害的防治工作，有必要对病害进行适当的分类。从不同的要求出发，可以有不同的分类方法。

按致病因素的性质　可分为侵染性病害和非侵染性病害。

按病原物的种类　可分为真菌病害、细菌病害、类菌原体病害、病毒病害、线虫病害等。各类病原所引起的病害在侵染过程、病害循环以及流行规律等方面都具有一定的特点。

按病害流行的特点　可分为单年流行病和积年流行病。前者流行速度快，在生长季中较短的时间内便可以引起流行；后者流行速度较慢，要几个生长季或几年才能引起流行。

按症状类型　可分为叶斑病、花叶病、腐烂病、萎蔫病、畸形病等。

按寄主植物的被害部位　可分为根病、叶病、茎病和果实病害等。

按病原物的传播方式　可分为气传病害、雨水传病害、土传病害、种传病害、昆虫或其他介体传播的病害。

按寄主类别　可分为大田作物病害、经济作物病害、果树病害、蔬菜病害、林木病害、花卉病害等。大田作物病害又可进一步细分为水稻病害、小麦病害、杂粮病害、薯类病害等。经济作物病害也可以进一步细分为棉麻病害、油料作物病害、糖料作物病害等。以上分类便于我们掌握各类或各种作物存在的病害问题。

1.4　观赏植物病害的症状

植物侵染性病害表征通常称为症状，它是受侵染植物发生生理病变、细胞病变和组织病变最终导致的肉眼可见的形态病变。症状一般指外部观察到的病变，有不少植物病理学家试图从病株组织、细胞和生理变化来诊断一种病害，并把这些内部变化称作“内部症状”。其中植物本身的不正常表现称为病状。有时还可以在病部看见一些病原物的结构（营养体和繁殖体），这些长在植物病部的病原物结构称为病征。观赏植物病害都有病状，而病征只有在真菌、细菌和寄生性种子植物所引起的病害上表现较明显。病毒、类菌原体、类病毒、病原线虫及非侵染性病原，它们寄生或作用在植物的细胞内，在体外无表现，故它们所致的病害无病征。各种园林植物病害的症状均有一定的特点，有相对的稳定性，它是诊断病害的重要依据。依据“内部症状”进行诊断类似于人类医学中的解剖诊断，例如维管束病害除造成整株萎蔫外，植株表面往往没有任何异样，需要切茎或剖茎检查才能看到维管束变褐坏死；染病毒病的植物细胞中常可以镜检到不同类型的内含体。

植物发生病害后，酶和其他化学成分会有所改变，但这种变化大多是非特异性的，不同病害可能发生相似的变化。又由于植物病害种类很多，作为化验诊断的实际应用远不及人类医学。然而，随着近年分子生物学和免疫学方面的发展，出现了多种现代诊断技术，它们显著地提高了诊断的速度和灵敏性。甚至在植物尚未表现出肉眼可见症状之前就能对植物中的病原物进行检测。如电镜检查、酶联免疫法（ELISA）、单克隆抗体免疫技术、核酸杂交技术、波谱技术等。

1.4.1　病状类型

症状由病征和病状组成，前面已经提到，病状是植物全身或受侵染的局部所显露出来的种种病变，如变色、畸形、坏死、腐烂、萎蔫等。病征是在病株或病部出现的病原物繁殖体或营养体，如霉状物、粉状物、小黑点等。

症状特点和类型与病原物之间往往有着十分密切的关系。症状常常作为病害命名的主要依据，既好记又容易识别。如梅花、梨树、松树、合欢等叶锈病，顾名思义是在叶片上发生椭圆形疱状突起，其夏孢子堆，破裂后散出红褐色夏孢子如铁锈一般。病毒病害则经常以寄主和病状相结合来命名，如美人蕉、桑树、白术等花叶病，顾名思义是发生在这些观赏植物上的一种花叶症病毒病。对于常见病来说，往往根据某些典型症状就能确定是哪一种病害。由于许多病害具有比较独特的症状，也可以依此做出诊断。至少我们可以根据菌脓判断是细菌病害，根据病部产生黑粉判断该病害是由一种黑粉菌引起的。

一种病害的病状可以出现在植物的某一部位，也可以出现在不同部位或整株。这与病原物寄生专化性和侵染是局部的还是系统的有关，相应的病状也有点发性症状（或局部症状）和散发性症状（或系统性症状）。前者只表现在受到侵染或有病原物的个别器官或局部，看不到明显的连续性；后者在同一寄主个体上可以从侵染点到其他器官、部位，甚至整株都表现症状。经过调查和查阅资料，常见的病害病状可以归纳为下列数种：

(1)变色

变色指寄主被侵染后细胞内色素发生变化而引起的外观颜色改变，主要发生在叶片、果实及花上。植物感病以后，叶绿素不能正常形成，因而叶片上表现为淡绿色、黄色甚至白色。叶片全叶发黄的称为黄化。营养贫乏和光照不足可以引起植物的黄化。如栀子花黄化病是缺铁引起的；又如仙客来、樱草等温室园林植物发生的黄化和白化现象是光照不足所致。变色部分的细胞并未死亡，这一点可以区别坏死症的褐色病斑。变色又可分为均匀变色和不均匀变色。

叶片的叶绿素形成不均匀，变深绿和浅绿相间的称为花叶。这是一种病毒病害的症状类型。如菊花、飞燕草、大丽花的花叶病等。

均匀变色指变色在单位器官上表现是均匀一致的，包括：

退绿　叶绿素减少，叶片均匀退绿，使叶片呈浅绿色。

黄化　叶绿素减少，胡萝卜素突出所致叶片色泽变黄。

红化　叶绿素减少，花青素突出所致茎叶变为红色。

白化　叶片不形成叶绿素。

褐化、黑化和古铜色化　绿色组织褐变，形成褐色乃至黑色。

银灰化　如水仙黄色条纹病毒病，由于引致细胞间隙增大而表观呈银灰色。

花叶是指变色和不变色部分相间排列，变色部分轮廓清晰，色泽可以是一种也可以是多种。典型的花叶症发生在叶片上，根据变色的分布规律又可以分为以下几种类型：

明脉　主脉及支脉半透明，为花叶病早期表现。

斑驳　变色的斑区为圆形或近圆形，大小、分布有种种不同。

条纹　发生在单子叶植物上，形成与叶脉平行的条形变色。或形成矩条形变色，称条斑。形成虚线状态变色，称条点。

线纹　发生在单子叶植物上，形成与叶脉平行的长条形变色。发生在双子叶植物上的形成连续的曲线形变色。

环斑　发生在双子叶植物上，叶片或果实表面形成圆形环纹，其中心有一个侵染点或斑，侵染点与环纹之间的组织色泽是正常的。

环纹　发生在双子叶植物上，形状基本同环斑，只是不具备侵染点或斑。

橡叶纹　发生在双子叶植物上，变色的花纹似橡树叶片的轮廓。

(2)畸形

由于受害部分的细胞分裂不正常，或发生促进性病变，或发生抑制性病变，以致使植物整株或局部发生畸形。有的园林植物感病后，可以引起体内细胞组织生长过度或不足而表现畸形。有的生长特别矮小，形成矮化；有的生长特别快，发生徒长，如大丽花细菌性徒长病等；有的组织膨大形成肿瘤，如樱花、月季、梅花、唐菖蒲等花卉的根癌病等；有的也可发生卷叶、缩叶、皱叶等畸形，如梅花膨叶病、桃花缩叶病、杜鹃花叶肿病、大丽花卷叶病等；有的由于节间的缩短而变成丛枝状态，如樱花簇生病等。可依据病变性质、部位、形状，细分为以下类型：

矮化　由于整株抑制性病变引致各器官成比例缩小，株形并未发生变化。

矮缩　从整株观察，仅节间缩短或停止生长，植株变矮，叶片大小仍保持正常。

徒长　从整株观察，节间过度伸长，植株显著高于正常株高，植株细弱。

丛簇　发生在茎基部。主茎节间缩短，分蘖明显增多，整株呈丛生状。

丛枝　发生在木本植物上。从一个芽上同时长出很多瘦弱的枝条，形状如扫帚，常被称为疯病。

肿枝　枝条肿大。

扁枝　枝条变扁。

拐节　茎节两侧生长不平衡而使茎节发生拐折。

皱缩　由于叶脉的生长受到抑制而叶肉继续生长，造成叶面凹凸不平。

疱斑　叶片生长不均，正常生长的部分被停止生长或生长较慢的组织受限制，形成一个个突起，且颜色较深。

卷叶　叶片向上或向下卷曲，质地变脆。

小叶　叶片缩短或缩小，单子叶植物叶片呈上尖下宽的矛状，叶片明显变小。

蕨叶和线叶　叶片变窄，形状与蕨类植物叶片相似，称为蕨叶，或变成线形，称为线叶。

耳突　指叶脉上长出一些像耳朵一样的增生物。

根癌或根结　均为根部出现肿瘤。前者主要发生在接近茎基部的主要根系上，肿瘤明显。后者发生在较细的侧根上。肿根病的根膨大，呈手指状。有的根数减少，变短，呈鸡爪状。

发根　根系分枝明显增加，变细，很像一团头发。

肿瘤　植物的局部组织增生，形成形状不一的肿物。

瘿　由真菌、细菌、线虫等病原物或昆虫刺激引起植物在受侵部位发生的球状或半球状突起。

花变叶或花器退化变形　花瓣变成叶片状并失去原来的色泽，变成绿色。

(3)坏死

坏死是园林植物发病后使细胞或组织死亡的现象。一般表现为腐烂、溃疡和斑点等。观赏植物的各种器官都可发生腐烂。一般多肉而幼嫩的组织易引起软腐和湿腐，而含水较少或木质化的组织则常发生干腐。如仙客来软腐病、美人蕉芽腐病、唐菖蒲干腐病等。

木本植物的枝干上有时发生溃疡状病斑，病部周围常为木栓化愈伤组织所包围，这主要由真菌、细菌侵染所致。如栀子花溃疡病、桃花枝枯病、月季枝枯病等。人工修剪也可形成溃疡。

斑点或病斑是叶片、果实和种子局部坏死的表现。斑点的颜色和形状很多，有黄色、褐色、黑色、赤色、灰色、白色等，形状则有圆形、不规则形、多角形、穿孔等。主要由真菌、细菌侵害所致。如圆斑(柿子圆斑病)、角斑(受植物叶脉限制，形成多角形病斑)，如月季黑斑病、百子莲赤斑病、万年青圆斑病、紫荆角斑病、樱花穿孔病等。前述变色症中，条纹、条斑、环纹、环斑等也可以发展成同样形状的坏死斑纹。

还有冻害、药害、烟害及有毒气体侵害也会形成各种斑点。

观赏植物细胞和组织死亡，但仍然保持原有的表观形状，这一点可以和腐烂变形相区别。依坏死发生的部位、形状和表现特点，又可以细分为以下类型：

蚀纹　只有表皮坏死的病斑，多发生在双子叶植物叶片上。

穿孔　病斑坏死部分与健康部分之间形成离层，使病部脱落形成孔洞。

枯焦　早期发生斑点或病斑，迅速扩大并互相愈合，造成寄主组织大片坏死干枯，颜色变褐。

日烧　叶尖、叶缘、果实或其他幼嫩组织迅速死亡，色泽变白或变褐。

立枯　幼苗根部或茎基部坏死，以致全株迅速枯死。一般不造成倒伏。

猝倒　幼苗茎基部坏死软腐，植株迅速倒伏。

疮痂　局部组织坏死，病部表面粗糙，有的形成木栓化组织而使病部隆起。

溃疡　病斑大于疮痂，病部界线明显，稍有凹陷。病害发生在皮层，一般不开裂，周围组织增生。

(4)腐烂

腐烂是植物组织较大面积的分解或较大面积的坏死、解体或破坏，组织败坏以致外形也发生改变。该类型主要表现在肉质肥厚的器官上，根、茎、花、果实等器官的腐烂分别称为湿腐、茎腐、花腐、果腐和流胶。腐烂组织内的水分不能及时散失，病部保持潮湿状态或水浸状。多发生在植物果实、块根、块茎或其他幼嫩多汁的器官上，便称为湿腐或果腐。坏死腐烂的组织或器官如很快使失水部干缩，便称为干腐。如失水过程进展缓慢，则成为干腐，如腐烂组织为中胶层被破坏，使细胞离析，称为软腐。植物内部坏死组织分解成胶状物并从病部溢出，便称为流胶。植物细胞死亡，组织败坏以致外形也发生改变。由真菌引致的腐烂伴有特殊的酒香味，由细菌引致的腐烂则发出臭味。

(5)萎蔫

寄主植物全部或局部由于水分供应不足或失水过多，细胞缺乏正常的膨压而使枝叶变软，呈下披状。由于土壤水分平衡的短期失调称为暂时性萎蔫，及时补充水分后可以恢复正常。由于种种原因，失水严重导致细胞死亡的症状则无法复原。园林植物的萎蔫可由各种原因引起。茎部的坏死和根部腐烂都能引起萎蔫。但典型的萎蔫是指植物根部或茎部的维管束组织受到感染而发生的萎蔫现象。如牡丹萎蔫病、蔷薇黄萎病等。依其失水速度和表观颜色，可以分为以下几个类型：

青枯　由于茎部维管束发生病变，水分供应受阻。全株或其局部迅速失水、萎蔫并迅速干枯，颜色仍保持原有绿色。

枯萎　病变过程比较缓慢，轻则萎蔫，伴有部分叶片的局部或全部变色、坏死。重病者整株枯死，颜色变褐。

黄萎　轻病株叶片下披，颜色变黄，重病株全株萎蔫以至枯死。解剖检查，维管束变色坏死。

1.4.2　病征类型

常见的病征可以归纳为以下数种：

(1)霉状物

在病部表面形成由真菌的菌丝、孢子梗、孢子构成的霉层。霉状物是病原真菌的繁殖器官。如樱草灰霉病、牡丹灰霉病、葡萄霜霉病、银莲花条黑粉病等。由于颜色、疏密程度、结构不同而细分为以下数种：

霜霉　由伸出寄主表皮的霜霉菌无性繁殖体构成霜般霉层，比较稀疏，白色或夹杂一些黑色。

黑霉　形成黑色霉层。

灰霉　形成灰色霉层。

绿霉 形成绿色霉层。

青霉 形成青色霉层。

赤霉 形成红色霉层。

(2)白粉状物

由某些真菌的大量孢子密集而成,孢子成熟后容易脱落。依其颜色又分为:由白粉菌菌丝上长出的孢子梗和分生孢子构成的白粉;由黑粉菌厚垣孢子密集而成的黑粉和由镰刀菌分生孢子构成的红粉。主要发生于叶、花瓣、果实及嫩梢上。发病初,病部出现不明显的白霉斑,扩展后出现很薄的白色粉状物。后期在白粉层上散生许多似油菜籽的黄色、褐色或黑色颗粒。如凤仙花、向日葵、大丽花、月季、紫薇等花卉的白粉病。

(3)锈状物

病原是真菌中的锈菌,真菌孢子堆成熟后,寄主表皮破裂散出孢子而形成的类似铁锈状物。主要发生于叶上,亦表现在叶柄和枝条上。病部出现锈黄色或橙黄色的粉状物。感染后锈菌引起的呈红、黄、褐色,由白锈菌孢子囊堆构成的病征称为白锈。如玫瑰、贴梗海棠、蜀葵、风信子等花卉的锈病。

(4)煤污状物

病原是真菌中的煤炱菌。多发生于叶和枝上。病部上严密地覆盖一层煤烟状物,但很容易擦掉。受害部位的光合作用和呼吸作用受到阻碍。如夹竹桃、紫薇、茶花、竹类、金橘等花卉和盆景植物的煤污物。

(5)点状物

病原真菌在病部产生的黑色、褐色小点,多为真菌的繁殖体。如菊花叶斑病、芍药炭疽病、木莲炭疽病、荷花斑枯病等。

(6)脓状物

病原主要是细菌,是细菌病害所具有的特殊病征。由溢出病部表面的细菌和胶质组成,或呈液滴状或呈黏稠的脓状。白色或黄色,干燥后形成黄色小颗粒称菌胶粒或片状菌膜。病部出现腥臭味的脓状黏液,使细胞解体离散。如风信子细菌腐烂病、君子兰软腐病等。

(7)线状和颗粒状物

病原真菌在病部产生的线状或颗粒状结构。如白粉病菌在病部表面菌丝体上生成的闭囊壳称为粒状或小黑点,寄主表皮下生成分生孢子器并造成小突起称刺状物。其颜色一般为黑色。如茉莉花白绢病、梅花紫纹羽病等。

(8)伞状、马蹄及膏药状物

病原是真菌中的担子菌。主要发生于木本植物和盆景植物的根颈部及干部。如桃花木腐病和梅、榆等盆景植物干部的伞状物。

1.4.3 组织病变

凡需要进行解剖并借助显微工具才能观察到的病变,称为组织病变。

(1)特殊病原物结构

在病组织中可以观察到真菌菌丝体、子实体、细菌个体、病毒颗粒、线虫个体,它们的形态、大小、结构各异,存在的部位也不同,是病害诊断的有力依据。用于观察的显微工具和制片技术也大有不同。在显微镜下可以看到真菌、线虫、细菌。病毒颗粒以及类病毒、类立克次氏体则必须借助电子显微镜观察。为了观察清楚，常常要对病组织进行透明、染色或其他处理，详见显微镜技术和电镜技术。在具体鉴别一种微生物时，必须借助微生物或病原物分类检索表。应该特别注意观察的是：

真菌菌丝体有隔、无隔、菌丝变形，吸器及其形状，原生质团，子实体。

细菌的形状，鞭毛着生位置、鞭毛数量、荚膜。

病毒颗粒的形状、大小。

线虫的形状、大小、生殖器结构。

内含体(inclusionbody)是病毒侵染后一定期间，在寄主细胞中出现的一类正常细胞中不曾见过的小体，也曾称作X小体。早在1903年俄国的Ivanowski就使用光学显微镜在感染TMV的烟草叶片细胞中观察到一非晶体的及晶体的内含体。其后，人们进行了内含体分布、形态结构的电子显微镜观察及染色方法的研究。一般认为：不同病毒在不同种类的植物上，会形成不同形式的内含体。因此，用光学显微镜(包括相差显微镜)来观察病细胞的内含体，也是病毒病诊断的重要方法之一。形成内含体是病毒病害的特性，但并非所有病毒和在任何时候及任何场合都能形成内含体，在这种情况下，不能妄下不是病毒病的结论。

内含体是由病毒粒体组成的，它的基本部分是病毒核蛋白。由于病毒粒体集结后其排列方式不同或病毒粒体、寄主的微器官以及由病毒引致的蛋白质结构集结的形式不同，内含体的形态多种多样，但在绝大多数情况下是固定不变的。常见的内含体有柱状、六角状、球状、层片状、风轮状、卷筒状、梭形条纹体、六角晶体等。非晶状内含体是一团与细胞原生质不同的物质，一般为圆形、椭圆形或变形虫形和风轮状。其大小不一，其中包含病毒粒体、微管、泡囊、各种微器官如核糖体、内原质网及高尔基小体等。晶状内含体形状比较固定。

用光学显微镜观察内含体，最重要的技术是选择适当的部位、观察时间和染色方法。快速染色法利用1,3-2-原甲苯胍(DOTG)及酸性绿(acid green)两者配制后混合使用，称作O-G染色法。此外也使用噻嗪染料如天青A、B或C等。

(2)寄主细胞和组织的异常形态

包括细胞死亡，组织消解。寄主细胞加速分生，数目增多，导致部分组织膨大增生；寄主细胞体积明显增加形成巨细胞，导致部分组织变大的细胞肥大；寄主细胞分裂速度下降，数目减少，器官形成过程受阻所致的细胞减生和由于种种原因细胞营养不良，体积减小而使组织变小的抑缩生长等内部表现。

(3)代谢产物

包括胼胝质和侵填体，前者可以用间苯二酚蓝染色后进行观察，凡未能着色的部分为胼胝质，它阻止木质部及管胞上的木质形成；后者从柔膜组织发生，通过胞壁小孔而侵入木质部的导管中膨大成囊状，从而阻塞了导管，使植株上部水分供应不足而萎蔫。

1.4.4 生理病变

植物受到侵染后会发生种种生理变化，包括呼吸强度、光合作用、核酸和蛋白质代谢、营养物质和水分的运转，通过对这些变化的测定，可以诊断植物是否生病，甚至对病原物发挥致病作用的酶、毒素、生长调节物质的测定都可以作为病害诊断的佐证。然而，由于这些生理生化指标的测定并不比症状鉴别和病原物鉴定来得容易，其观察结果也缺乏特异性，一些代谢反应

并不是病原物侵染所专有的，所以大多用于病理学或植物抗病性研究而较少用于病害诊断。

1.4.5 植物感病表征的复杂性

植物侵染性病害的表征是病原物侵染寄主以至建立寄生关系后，病体或病害系统在一定的环境条件下发展变化的结果。因此，表征一方面在其显现过程中的不同阶段，在同一寄主的不同部位以及在不同的环境下都可能有所差异。另一方面，在不同寄主(包括属、种和品种)上和寄主的不同生育期也会有所不同，由此造成了病害表征的多样性和复杂性。具体表现为以下数种：

(1)同症(homo symptom)

指不同属种的病原物所致相同的症状。如桃树上常见的桃穿孔病，典型的症状都是在叶片上形成圆形或不规则形，直径为几毫米的病斑，病斑最后脱落，形成穿孔。而引致这种症状的病原物可以是细菌 *Xanthomonas pruni* (Smith) Dowson、真菌 *Clasterosporium carpophilum* (L. ew) Aderh. 和 *Cercospora circumscissa* Saec. ，所致病害分别称为细菌性穿孔病、霉斑穿孔病和褐斑穿孔病。

(2)异症(hetero symptom)

指同一病原物所致不同的症状。不同的症状可能发生在不同部位或器官上，如水稻稻瘟病菌(*Pyricularia oryzae*)侵染叶片形成叶斑，侵染茎节使全节变黑腐烂，侵染穗颈和枝梗造成较长的坏死并导致白穗或瘪粒，侵染颖壳及护颖形成暗灰或褐色、梭形或不整形病斑，以致分别被称为叶瘟、节瘟、穗颈瘟、谷粒瘟。最典型的异症现象莫过于谷子白发病。谷子白发病菌[*Sclerospora grarminicola* (Sacc.)Schrot]卵孢子主要在土壤中越冬，其次是带菌厩肥，再次是带菌种子。初侵染侵入根、中胚轴或幼芽鞘，扩展到生长点下的组织以后形成系统性侵染，在各生育阶段和不同器官上，陆续显露出不同的症状，包括“灰背”(幼苗期叶片略变厚，出现污黄色、黄白色不规则条斑，潮湿时叶背面生出灰白色霜霉状物，即病菌的孢囊梗和游动孢子囊)、“白尖”(株高 60～70 cm 后，病株新叶正面出现平行于叶脉的黄色大型条斑，背面生白色霜霉状物，以后条斑连片呈白色，新叶不能展开，称白尖。白尖不久变褐枯干，直立田间，称“枪杆”)、“白发”(“枪杆”心叶组织逐渐解体，散发出大量黄粉，为病菌的卵孢子。余下的病组织呈丝状、略卷曲如白发)、“看谷老”(能抽穗但造成穗畸形。内外颖受刺激变形，呈小叶状、筒状或尖状横向伸张，病穗呈“刺猬头”，不结粒或很少结粒。病穗初显绿色或带红晕，以后变褐枯干，可散出黄粉，为卵孢子)。除去这些典型症状以外，该病还可以引起芽腐，造成死苗和少量游动孢子囊再侵染引起局部叶斑。一株受病植物上各种症状的综合表现叫作综合症状，也称为病象或并发症。

(3)隐症或症状的隐潜 (masking)

在一定环境条件下症状暂时消失，一旦具备适宜发病的条件时症状又能重新出现。在马铃薯的病毒病害中，所有表现花叶型的症状在高温下都会隐潜。覆盆子花叶病毒，在高温(28℃)下不表现症状，气温降低就开始出现斑驳症。番茄感染菟丝子潜花叶病毒后，先在幼叶上造成水渍状斑点，这种斑点很快变褐，随之叶片出现斑驳。而这种症状只出现在头 2～3 个叶片上，以后生长的叶片都很正常，不过在这种叶片上再接种 TMV，除了表现 TMV 的症状外，菟丝子潜花叶病毒所致症状也会再次显现。再如樱桃感染了西方 X-病毒，如果嫁接在

Mahaleb 或 Morello 品种的根砧上可以使症状隐潜(裘维蕃,1984)。隐潜的定义也可以扩大到有些病毒侵入一定的寄主后由于寄主细胞高度耐病的生理状态,容许病毒自由增殖而不能引起任何异常表征,这就形成了无症侵染,这样的寄主被称为无症带毒体。例如北美在 1908 年从中国引去一种观赏的柑橘植物,据称带有速衰病毒但并不表现症状。由此,可以把症状的隐潜理解为寄生和共生关系的有条件转化。

裘维蕃(1984)指出:症状的隐潜对研究植物病毒的人来说,是极为重要的。从病毒的流行学来说,无症寄主往往是流行病的病毒来源;对育种工作者来说,无症寄主也可能被误选为生产之用,但是它对感病的同类植物是一种威胁,而且有些无症寄主也能导致严重的减产;从生物学观点来说,深入研究无症的原因将对寄生性的本质和病毒的生活规律有更进一步的认识。

(4)潜伏侵染 (latent infection)

由于寄主抗扩展作用或环境条件不适宜,病原物侵入后可以较长时期存活而不向四周扩展,也不表现任何症状;一旦寄主抗病性减弱或遇到适宜的环境条件,病原物就会增殖和扩展,植物才表现症状。这种现象被称为潜伏侵染。这种现象在果树和林木炭疽病和轮纹病上比较常见,如苹果炭疽病[*Glomerella cingulata*(Stonem.)Schr. et Spauld.]。根据北京观察,5 月上中旬降雨时,炭疽病分生孢子便飞散传播,至 7 月中下旬果实近成熟期才发病。据国外资料,没有成熟的果实中存在着一种胶质-蛋白质-矿物质的复合物,这是果实抗病的基础。苹果轮纹病(*Physalospora piricola* Nose)也具有潜伏侵染特点,菌丝在枝干组织中可存活 4～5 年,北方果园每年 4～6 月间生成分生孢子,为初侵染来源。病菌从 5 月下旬的幼果期便开始侵染,而且据青岛市农业科学研究所等的试验证实,果实在幼果期抗扩展而不抗侵入。被侵染的幼果并不立即发病,待果实近成熟期、贮藏期或生活力衰退后,潜伏菌丝才迅速蔓延,显现椭圆形轮纹斑和果腐症。潜伏侵染的研究对于明确寄主-病原物相互关系来说具有重要的价值,同时也为适时采取措施防止初侵染提供科学的理论依据。

(5)复合症状或复合症 (compound symptom)

是由两种以上的病原物(多指病毒)侵染后共同发生的症状。这种症状不同于两种病原物单独侵染所致的症状。例如 TMV 侵染番茄只产生花叶症及轻微的坏死条斑,而马铃薯 X-病毒侵染番茄只产生轻微的斑驳症,当两种病毒复合侵染时,就会出现一种新的严重的坏死条斑症状。

2 观赏植物病害诊断意义及基础方法

观赏植物病害的诊断，系通过总观病害的症状特征，确定病原性状，科学地分析病害的发生并预见其发展趋势，为拟订切实可行、经济有效的防治方案提供依据。因此正确地诊断病害，是有的放矢、对症下药的首要环节。

2.1 观赏植物病害诊断及意义

2.1.1 病害诊断及其意义

植物受致病因素影响后，内部和外表都会出现一些不正常的变化。但是，致病的因素很多，可以是非生物性的各种物理的或化学的因素，也可以是生物的包括真菌、细菌、病毒、线虫等病原物的侵染。虽然各种病原所引起的病害症状有一定的特异性，但常常见到不同的病原会引起相似的症状，或同一种病原在不同的寄主植物或不同的环境条件下而引起不同的症状，况且还经常发现几种病原共同作用引起一种病害。所以发现植物生病以后，首先必须准确地把致病的原因找出来。这种确定病害发生原因的工作就称为病害诊断。

我们还常常听到另一个提法叫病害的鉴定，其实应称为病原的鉴定，它是与病害诊断有联系的另一项工作，即在已经做出病害发生原因诊断的基础上，进一步鉴定病原属于哪些种类。例如，已诊断出某一种病害是传染性病害，而且已确诊是病原真菌引起的，进一步确定这个真菌是哪个亚门，哪个纲、目、科、属，直至确定到种的工作，就称为病原的鉴定。

病害诊断工作是制定病害防治策略，采取具体的病害防治措施的首要依据。此外，病害诊断对病害发生发展规律的研究也密切相关。由于对不同的病害有一套不同的研究方法，如果没有找出真正的病因或对病因诊断错误，就很难用正确的方法去研究这种病害的发生发展规律，这样在病害防治工作中也就难以取得满意的效果。

2.1.2 病害诊断需具备的基础知识

首先必须具有植物病理学尤其是植物病原学方面的基础知识和病害调查的田间实践经验，以及植物病理学研究方法的基本操作技能，如显微镜的使用、病原物的分离、培养和接种技术，病害标本的采集制作、病情记载和统计的方法等。同时还必须掌握一定的基本资料等。

除此之外，要准确辨别植物的发病状态，就必须了解植物正常的生理和生长状态，这就需要具有作物栽培学、植物生理学和生物化学、土壤肥料学等方面的基础知识。

2.2 病害诊断的依据

对观赏植物病害识别的过程便是诊断。但正确的诊断首先来源于全面地了解病害的发生特点、症状特征、病原的性状及种类。因此要求工作者必须掌握和熟悉常见病的症状，病原分类的基础知识，病害的基本研究方法，以及查阅文献资料的能力。只有这样才能较快和较准确地做出鉴定结果。一般以下列几方面作依据。

2.2.1 植物发病特点

侵染性病害和非侵染性病害是由不同性质的病原引起。所以病害发生发展及病株分布各具特点。比如非侵染性病害，它的发生即是由于各种不适宜的环境条件所引起。所以发病与立地条件（如地形地势、坡向坡位、土壤性质）、当年气象因子的变化、栽培管理是否恰当等条件关系密切。这类病害在观赏植物种植地开始发生时比较成片，在较大面积上均匀发生。发病程度可由轻到重，但没有由点到面的扩展过程。因此，病害在林间或苗圃地成片发生是这类病害所固有的重要特点。

侵染性病害由病原生物侵染所致。这类病害在观赏植物种植地发生时，病株一般呈分散状态，形成逐个的发病中心，然后才由此逐渐向四周扩展蔓延开来，有明显的传播蔓延过程。发病常常由点到面，表现为点发性。

2.2.2 病害的症状特征

观赏植物各种各样的病害，一般各具特异的症状特征。非侵染性病害无病症。侵染性病害有病原生物，但由于自然界的复杂因素，在不同的情况下，相同的病害会出现不同的症状：如侵染性病害由于品种抗病性的差异，侵染期的早晚、气候条件的不同（如温湿度的不同等），有时由于病原菌产生新的生理小种或菌系（株系），由两种以上的病原生物复合侵染，或两种病原先后接踵而来等，由于这些复杂的因素，而使同一种病害出现不同的症状，有时甚至同一个病斑出现两种症状。这在林间也是屡见不鲜的，这就使林间症状复杂化。尽管如此，但各类不同的病害仍然具有它的固有的独特性，而且这种特性是相对稳定的。掌握它们的症状特点，就有利于病害的诊断。特别是常见病，掌握症状之后便可据此鉴别了。如真菌所致的病害，病部有粉状物、霉状物、粒状物、锈状物或各种特殊的结构等。细菌病害在潮湿条件下，有时病部可见滴状或一层薄薄的脓状物，呈黄色或乳白色。干燥时干固成小珠状、不定形粒状或发亮的薄膜。这些是细菌随病组织汁液的外渗物，称细菌溢脓。寄生性种子植物则有病原新个体。线虫病则病部有时可见白色透明的珠状雌虫。病毒和类菌质体病害虽肉眼见不到病症，但它也有其特异的症状。由此可见，症状对于诊断病害具有很重要的意义，它是病害诊断的重要依据。

2.2.3 病原性状和种类

病原性状和种类是诊断病害的关键。观赏植物的非侵染性病害致病因素很多。侵染性病害的病原生物更是繁多。虽然病原多如牛毛，但毕竟还是有规可循的。病原不同，症状特征各异，发病特点也不同（如上所述）。各种不同的侵染性病原生物其形态特征、生理性状、生化反

应等都有区别。对寄主的选择性、致病性和寄生性也都不一样，这就为病原鉴定提供了依据。从而能准确地诊断病害，做出可靠的结论。

2.3 观赏植物病害诊断基础方法

对于有一定训练和经验的人来说，常见的病害一般可根据其出现的典型症状便做出准确的诊断，但如果在某一地区出现一种新的病害，就要按照一定的步骤，采用各种方法和手段，经过认真地观察和研究才能做出最终的诊断。对于一些其病原尚未有过资料记载的新病害，要做出正确的诊断常非易事。

病害诊断的步骤，包括田间诊断和室内诊断。

2.3.1 病区现场诊断

病区现场诊断是病害诊断中非常重要的一步，只有到病害发生的现场做周密细微地观察和调查，才能对病害的起因有较全面的认识，有助于做出初步的诊断。

现场诊断包括以下几方面：

症状　是病害诊断的主要根据之一。要观察植株各部位、各器官所表现的症状特征，是全株性的还是局部性的，还要注意发病部位有没有由病原物构成的特征性的病症。

病害的现场分布　病害的现场分布对病害的起因可提供重要的线索。病株是无规律的随机分布还是连片发生，是田边多还是田内多，有没有形成明显的发病中心，现场的地势、土质与病害的分布有无关系，现场周围有无特殊的环境，如工厂、高大建筑物群、高大树木、是否靠近村旁场院等，都要仔细观察。

栽培管理　对栽培管理各方面的历史和现况，都要作全面的访问和调查，栽培管理各因素是病害形成的重要诱因，因此是病害诊断的重要依据之一。访问和调查的内容包括当地的耕作制度、品种、种子来源、土壤耕作情况、播种期、施肥、灌水及其他管理、使用农药和生长素等方面的情况，要善于从病区和无病区的对比中发现影响病害发生的主要栽培管理措施，为诊断提供依据。

气象条件　近期有无遭受寒害、冻害、涝灾、旱灾、雹灾等自然灾害，有无出现持续高温或持续阴雨天气等。

通过以上几方面的现场观察和调查访问，尤其是对症状和病害分布的观察，首先要诊断是传染性病害还是非传染性病害。从单株的病害表现来说，一般病毒病和非传染性病害多表现为全株性的症状，而真菌、细菌性病害以局部性的居多，而多数线虫病害在发病初期与缺素症相似。从发病部位来看，多数的真菌和细菌性病害在一定的条件下会出现特征性的病征，有的线虫病也有病征，如泡囊线虫。但是所有的非传染性病害和病毒病害都没有病征。必须注意，植物发病部位所见到的微生物，不一定是真正的病原物，相反，暂时见不到病征，也不一定就不是真菌或细菌性病害，可能当时还不具备出现病征的环境条件或尚未到产生病征的时期。

从病害的现场病况分布情况看，一般非传染性病害多是成片发生，分布比较均匀，可以看到病害从轻到重的发展趋势，却较少见到从点到面扩散蔓延的现象。而多数传染性病害分布比较局限、零散和随机，有些流行性较强的病害会出现较明显的发病中心，在同一个时期内有轻重不同的病株，而且可以看到病害由点逐渐扩散到面的发展过程。

对病害进行现场诊断后，必须尽可能详尽地保持完整的记录，作为下一步室内诊断的参考资料。

2.3.2 室内诊断

开始进行病害的室内诊断前首先要采集病害标本或收集土样，病害标本必须是典型的有代表性的，包括各种发病器官、部位以及不同发病阶段的标本。室内诊断主要使用两种方法，其一是将可疑的病原施于健康生长的植株，观察其是否发生同样的病害，即所谓接种试验；另一是从已发病的植株中将可疑的病原除去，看其是否恢复健康。前者多适于传染性病害，后者多用于缺素症的诊断。

除此之外还有一些间接诊断的方法，如土壤营养元素的分析、植株营养成分的分析适于诊断缺素症，某些传染性病害的化学诊断、血清学诊断等。例如，区别类菌原体病害和类立克次氏体病害常用抗生素治疗的方法来诊断，对四环素族抗生素敏感而可以暂时治愈的为类菌原体病害，如枣疯病、柑橘黄龙病、桑萎缩病、泡桐丛枝病等。对四环素族抗生素不敏感而对青霉素敏感的是类立克次氏体病害，如葡萄皮尔氏病、桃树矮化病等。

无论采用哪种诊断方法都必须设不处理的作对照。

下面着重介绍传染性病害的室内诊断步骤。

首先检查病部的病征，以肉眼或借助于扩大镜检查病部有无霉层、霜霉状物、白粉状物、锈状物、黑粉状物、小粒点、炭状物、菌核、菌丝体或细菌溢脓等。如无上述各种病征，则应采集早期的新鲜的病害标本，经表面洗涤和消毒后在保湿保温的条件下诱发。

其次是进行镜检，这适用于大多数真菌性病害的诊断，也可以作为诊断细菌性病害的一个辅助手段，即挑取或刮取少许病部表面物做成玻片，或连同病组织做成徒手切片在显微镜下检查。

最后还必须用柯赫氏法则（以下简称柯赫法则）进行病原物致病性的验证。

柯赫法则是 1878 年由柯赫氏提出的证明引起人体病害的病原物致病性的基本法则，它也适用于验证大多数植物传染性病害病原物的致病性。它包括以下四点。

①这种微生物的出现和某种病害的发生有经常的联系。

②应该能从植物的发病部位把这种微生物分离出来得到纯的培养物，它有明确的形态或生理生化和培养性状等特征。

③在适于发病的条件下，把这种纯培养物接种到相同种的健康植株上，应该能引起相同的病害。

④从接过种并已发病的植株上，应该能重新分离到和原来相同的纯培养物。

完成上述四个步骤，就可以确诊这种微生物是引起这种病病害的病原物。

但是柯赫法则也有一定的局限性。

第一，它主要适用于能够人工培养的真菌和细菌，即那些进行死体培养的植物病原菌。对于那些进行活体营养的真菌以及全部的植物病毒和线虫等病原物难以全部遵循，但其基本原则还是适用的，即必须采取接种手段来证明这种微生物的致病性。

第二，柯赫法则的基本出发点是一病一因，即一种病害只是由一种微生物侵染引起的。但实际上却存在着一些是由多种微生物共同侵染才能引起的植物病害，称为复合病害。如果按照柯赫氏法则，只注意从病植物中分离到某一种纯培养物，接种后往往不能引起同样的病害，

而必须分离到病原的多种纯培养物，进行混合接种或先后接种，才能以引起相同的病害，这样就会增加病害诊断的难度。

2.3.3 病害诊断的方法

观赏植物病害诊断的方法很多，而且常常因病原性质不同，诊断的具体方法也有差异。现将一般的方法归纳如下：

2.3.3.1 病害现场病情调查

首先观察病株分布情况，目测病株分布特点，是点发性还是成块成片的发生。同一植株不同部位病害发生特点，为害程度有无差异，是局部性病害还是系统性病害。

调查环境条件与病害发生的关系。在不同立地条件、栽培管理措施条件下，调查病害的普遍性和危害的严重程度。一般情况下可以进行踏查，必要时设立标准地调查，据此分析其相关性及导致病害发生的主导因子。

查访病害发生的历史。病害发生的过程是突然性还是具有蔓延性，必要时，可在一定面积内定株、定点、定时观察其蔓延特性，以此得到可靠的数据。

2.3.3.2 植物症状观察

每种观赏植物病害都有特异的症状，但进行观察时要注意同一种病害症状发展的不同阶段，前期和后期往往不同。同一林地或同一植株在同一时间常有各个阶段的症状存在，要重点观察成熟期即病原物形成时的症状。注意病部的形状、颜色、纹彩、气味、有无病症，病症的特点。一些常见病、多发病可通过症状鉴别做出诊断的结论。

在进行症状观察时，要注意症状的复杂化和非典型症状。同一类病原生物的种类很多。一般说病原不同，症状也不同。但有时不同的病原物可以产生相似的症状，而同一病原物其症状又互有区别。这是由于寄主植物感病性差异或环境因素导致林木病害症状复杂化，因而产生非典型症状。除此，植物的并发性病害和续发性病害也是使症状复杂化的原因之一。所谓并发性病害，就是当植物发生一种病害的同时，又有另一种病害伴随发生。续发性病害，就是当植物发生一种病害后，可相继发生另一种病害，这种继前一种病而发生的病害称续发性病害。因此，识别病害症状时千万别忽视症状的复杂性。

另外，还必须注意内外部症状之间的不一致性，因为内部病理变化和外部症状之间往往是有差别的。对于根病尤其如此。特别是初期症状，往往在地上部的外表是难以观察到的。这就要抽样检查根的内部症状变化才能揭晓，从而得出比较准确的判断，如油橄榄青枯病。

还应指出，常会碰到一种病害可能出现几种不同的症状类型，如油桐枯萎病，有急性型和慢性型症状之分。若不掌握这种病的症状特点，会误认为两种病。诸如此类的问题会给初学者带来一定的困难，但只要多看、多观察，很好掌握各种症状的特点以及它们之间的变化规律，病害诊断工作也不是望尘莫及的。

由于病区病害症状的复杂化，有时给病害的诊断带来麻烦，以致一时难以确定，这样就应选择发病程度不同的植株进行定株定时观察，了解症状的变化过程、初期症状和后期症状的特点，逐步掌握典型症状，从而避免因症状变化而产生错觉。

对于非侵染性病害的症状应如何诊断呢？它只有病状而无病症。故单凭其病状较难确诊，特别是林木的缺素症，易与病毒病、类菌原体病害、类细菌病害所引起的黄化、花叶相混淆。

所以对于这类病害的诊断还得结合化学诊断、指示植物鉴定法、接种试验等。

对于初学者，还必须将林木的伤害和病害症状严格区分开来。伤害包括虫伤和机械伤，一般是突发性的，无病理程序。虫伤常常在受害部留有不光滑的缺刻，即虫咬的伤口、孔洞、隧道、或刺激后的小点和虫瘿。但有的虫害也有病理过程。如一种瘤蚜危害桃叶，可使叶缘变红肿大，向内卷曲。因此，对于症状的观察一定要细致，绝不可把伤害误认为是病害。

2.3.3.3 病原生物的显微观察

观赏植物病害症状对病害鉴定虽然是重要的依据，但有时由于病害症状的复杂化或新病害的出现，因此，遇到这种情况，只依靠症状对病害鉴定就不完全可靠，还需要进行病原生物的显微镜检查。从病组织的内部或外表检查出病原物，这是区别侵染性病害和非侵染性病害最可靠的办法。有许多病害镜检观察到的病原物虽不能立即确定，但为进一步研究提供了重要材料。对于常见病若通过症状观察可以确定者，就不必镜检病原物。若不能确定时，就应根据症状和镜检的病原物查阅有关资料，进行核对及确定。现根据不同性质的病原生物，分别简述其检查方法。

(1)真菌病害的病原检查

检查真菌病害时，标本的症状要典型，病菌要成熟。感病植物上没有产生真菌的子实体时，可以用保湿培养法促使它们形成。子实体裸生在植物体表的病害，如丝孢纲所引起的病害，通常是用解剖针直接从病组织上挑取病原物制片。许多病菌的子实体长在植物组织内，为了观察到完整的形态特征，常用徒手切片法，必要时用石蜡切片法制片检查，观察其形态特征，并根据病菌繁殖结构的形态，孢子的形态、大小、颜色及着生状况查阅病原真菌分类书籍，确定病原真菌的属名和种名。对新病害的病原真菌必须进行致病性的测定。

(2)细菌病害的病原检查

细菌病害的病原鉴定，首先要研究它是否是细菌病害，然后才好研究病害的病原菌种。

由细菌引起的病害，在受害部的维管束组织或薄壁组织中，常可发现大量细菌的存在。取病组织进行病原显微镜检查是诊断细菌病害简单而可靠的方法。检查时要排除杂菌的干扰，选择典型、新鲜、早期的病组织从病健交界处切取一小块，平放在载玻片的水滴中，加盖玻片在低倍镜下观察。也可将选好待检查的材料，先用清水冲洗干净后吸干，从病健交界处切取一小块组织，大小不超过 0.5～1 cm，置于消毒载玻片中央，加入灭菌生理盐水或灭菌水一滴，然后用灭菌剪刀或解剖针将病组织从中心处撕破，加上盖玻片，静置 10 min 后，进行显微检查。镜检光线不宜太强。用 100～400 倍观察病组织周围。若有大量细菌似云雾状逸出，就可初步认为是细菌病害。

一般常见的细菌病害，可通过症状和病原菌观察，查阅资料确定病害名称和病原种名。少见的病害、以前未发现的病害，其病原细菌除要进行致病力的测定外，还要进行病原细菌形态、生理、生化的试验才能确定。

(3)病毒病害的病原检查

病毒病害与真菌、细菌病害不一样。因为病毒粒子小，普通显微镜看不到，要用电子显微镜观察。但可用普通显微镜检查植物细胞内有无内含体的存在，以此鉴别病毒病害。如果有内含体，可证明是病毒病害，但是如果未发现也不能认为不是病毒病害，因为并不是所有的病毒病害都产生内含体，同时内含体是否存在也受寄主和环境的影响。

通过电子显微镜虽然能观察到有无病毒存在，从而证明是不是病毒病害。但是电子显微镜下能观察到的病毒形态，不过是杆状、球状等极少数几个类型。所以病毒种类的鉴定都不能依靠电子显微镜的直接观察，还必须依靠一系列的间接方法。对病原病毒的鉴定，目前主要是根据病毒的传染方式、寄主范围、寄主反应及抗性测定、血清反应等来进行。

(4)线虫病害的病原检查

病原线虫的鉴定，一般首先根据症状初步确定是线虫病后，从病部的虫瘿或肿瘤切开，挑取线虫制片或作组织切片检查。但有些线虫病害不形成肿瘤，而是叶斑、坏死等症状，在病变部位又难看到线虫。此时要用下列方法做检查：

压缩法　适用于苗木根部线虫病。将苗木的根放在载玻片上，加碘液一滴(碘 0.3 g，碘化钾 1.3 g，水 100 mL)，另用一块玻璃，放在上面轻压，线虫即染为深褐色，根部则呈淡金黄色。线虫即可以从小根中用针挑出检查。

漏斗分离法　适用于根、茎、叶及花被害部的检查，能得到活的线虫。取小漏斗一个，下接 10～15 cm 长的橡皮管，皮管下端装上一个小试管，漏斗上装有金属筛，小块的植物组织放在筛上，然后加入温水渍浸，经 3～4 h，最好是经过一昼夜，线虫即从组织中爬出而沉到试管底部，在试管中加纯福尔马林 5～10 滴，即能长期保存。

切片法　徒手切片法也能用于检查根、茎及叶上的线虫。

为了确定真正的病原线虫，排除腐生线虫的干扰，必要时应进行人工接种，测定其致病性。

2.3.3.4　非侵染性病原鉴定

非侵染性病害病原鉴定试验，通常采用化学诊断法，人工诱发、排因试验、指示植物鉴定法。

(1)化学诊断法

在初诊的基础上，若怀疑是缺素症，可从两方面进行探讨。一方面对病树组织或林地土壤进行化学分析，测定其成分和含量与正常值进行比较，得出分析结果，从而查明有无缺素，缺何元素。另一方面经初步分析缺少某种元素时，可用所缺元素的盐类，配成溶液后，在林木活体上采用喷洒、注干或灌根等方法进行治疗。室内也可采取盆栽或水培缺素营养试验。根据治疗或缺素营养试验的结果做出结论。化学诊断法对经济林缺素病的诊断较可靠。

(2)人工诱发检验法

在初步分析的基础上，针对可疑病因，人为地提供类似发病条件，如药害、肥害、烟害等。对植株进行处理，观察发病后的病状与被鉴定的病害是否一样。

(3)排因试验

由于气温过高或过低，栽培管理措施不当所致生理性病害，要确定其主导因子，可采取排因试验。例如，炎夏高温常诱致苗木颈部灼伤。采取降温试验即可证明。

(4)指示植物鉴定法

这种方法用于鉴定林木缺少某种元素所致的病害。用指示植物栽培在缺素经济林的附近，观察两者病状是否相同。例如，缺氮或钙采用花椰菜、甘蓝；缺钾采用马铃薯、蚕豆；缺铁采用甘蓝、马铃薯；缺硼采用甜菜、油菜。

3　观赏植物病害的病原生物识别与鉴定

3.1　两类不同性质的植物病害

植物病害发生的原因可以是由不适宜的环境条件或者受到其他生物的侵染而引起的，前者称为非侵染性病害（又称生理病害），后者称为侵染性病害。

3.1.1　非侵染性病害

植物的非侵染性病害是由不适宜的环境条件引起的，其发生的原因很多，最主要的原因是土壤和气候条件的不适宜，如营养物质的缺乏、水分失调、高温和干旱、低温和冻害以及环境中的有害物质等。

低温是引起林木病害的重要因素。幼苗、嫩枝常因霜冻而死。突然的低温也可以造成大面积的成年林木死亡。毛白杨的破腹病也是冻害的结果。这种病害多年发生树干下部的西南面和南面。由于白天温度高，夜间温度剧降，因而引起皮层破裂。裂缝中流出树体汁液。汁液经微生物的发酵和空气的作用，变成黑色带臭味的胶状物。经多年发展，裂缝有时深及木质部，长达数米，对毛白杨的生长和材质影响极大。

夏季的高温常使土壤表面的温度达到灼伤幼苗的程度。这种情况不仅见于炎热的南方，在北方的苗圃中也是常有的。受地表灼伤的幼苗有时很像侵染型的猝倒病和立枯病，但灼伤苗仅根颈部有灼伤的病斑，而根系则是完好的，无腐烂现象。

土壤的物理和化学性状不好常使林木生长不良。我国南方杉木林区的黄化病主要是由土壤排水、通气不良和瘠薄引起的。华北地区许多种阔叶树的黄化病则是由于土壤中缺乏可溶性铁的结果。铁在植物体内是许多重要的酶的辅基。叶绿素的成分虽不是铁，但叶绿素的合成需要铁。铁可能是合成叶绿素的一系列酶系统中某些或某种酶的辅酶或活化剂。由于铁在植物体内不易移动，所以缺铁时首先表现在生长中的幼嫩部分，老叶则仍保持绿色。症状轻微时，嫩叶呈淡绿色，但叶脉仍为绿色。严重缺铁时，嫩叶基部呈黄白色，并出现枯斑，甚至枯焦脱落。缺铁引起的黄化病最易发生于碱性土壤上。刺槐、法国梧桐、苹果、桃等都是对土壤缺铁很敏感的树种。

工厂排出的废气、废水、废渣以及不适当地使用化学药剂造成空气、水质和土壤的污染，对林木的生长也是有害的。

在工矿区，空气中往往含有过量的二氧化硫、氟化物等有害气体。林木受到毒害后，表现出典型的病理过程来，通常称为烟害。空气中的二氧化硫主要来源于煤和石油的燃烧。有的

树种对二氧化硫非常敏感。如空气中含硫量达 0.05 mg/kg 时，美国白松顶梢就会发生轻微枯死，针叶表面出现退绿斑点，针叶尖端起初变成暗色，后呈红棕色至橘红色。阔叶树受害的典型症状是自叶缘开始沿着侧脉向中脉伸展，在叶脉之间形成退绿的花斑。如果二氧化硫的浓度过高时，则退色斑很快变成褐色坏死斑。一般认为，二氧化硫进入植物叶片后，直接被氧化成硫酸或先形成亚硫酸，再与体内的乙醛或酮类反应，形成 α-羟基磺酸直接为害叶片。同时 α-羟基磺酸盐也是酶促反应的抑止剂。女贞、刺槐、垂柳、银桦、夹竹桃、桃、棕榈、法国梧桐等对二氧化硫的抗性较强。

空气中的氟化物主要来自以萤石、冰晶石、磷灰石或其他含氟矿石为原料的工厂，如炼铝厂、磷肥厂、钢铁厂和玻璃厂等。针叶受害后，由顶部向基部坏死。阔叶树受害后，一般在叶尖和叶缘出现红棕色病斑，病、健组织间具明显界线，严重时坏死组织成片脱落。一般认为氟化物是多种酶的抑止剂，如能抑止琥珀酸脱氢酶，影响体内氧化过程。遭氟毒害后，植物体内积累有过量的有机酸，自由氨基酸和过氧化氢，这些都对植物有毒害作用。此外，氟还和镁结合成氟化镁，破坏体内的叶绿素。桃、枣、板栗、杨树等对氟化物较敏感，而女贞、垂柳、刺槐、油茶、银桦、油杉、夹竹桃、白栎、苹果等则抗性较强。

施用过量的化学药剂往往对植物造成毒害作用，以及不适当地使用农药、化肥、除草剂、植物激素等造成的伤害等。我国最常见的病例之一，是在防治苗圃害虫使用了过量的六六六引起针叶树苗根部畸形。如用过量的六六六施于苗床，可使针叶树苗根颈部肿大成葱头状，不形成侧根和须根。落叶松尤为敏感。如每平方米苗床施用 20 g 6%六六六粉拌土，落叶松幼苗的主、侧根即不能伸延，根末端变成小瘤结节，整个苗根呈鸡爪状。用 6%丙体六六六可湿性粉剂的 250 倍液连续喷洒或过量喷洒落叶松苗，1 个月左右也会使苗根变成葱头状。这些非生物的致病因素能使植物发生一系列的病理变化过程，并表现出一定特性的症状。虽然它不能在植物个体间互相传毒，但往往由于它的作用范围较广，常常使大面积的农作物受害。因此其危害性亦不容忽视。例如，工厂排出的废水废气常造成树木及大田地的污染，毁坏树木及农作物。在植物的种内，由于遗传性不同，个别植株对环境条件的反应会有差异，一个显著的例子是，同一种的树木对工业烟道气毒害的反应差别很大：在同一个地方，一些树可能看出不受害的样子，而邻近的树可能会死掉，还有些树的叶部可能表现出明显症状。有人估计非传染性病害所造成的损失约占植物病害的 1/3。

非侵染性病害在诊断上有时是很困难的。因为在一般情况下，温度、水分、无机盐类等不过是一种环境因素，只有当它们在量上超过了某种限度才成为病原，而这个限度却是难以掌握的。病害的症状和受病林木在林间的分布，对非侵染性病害诊断的作用很大。非侵染性病害最普遍的表现是黄化、花叶、畸形、落花、落果和其他生长不正常的表现，有时也表现为枝枯和叶片上的枯斑等现象。没有病症出现，而且通常是全株性的。这些症状特点很容易与病毒性病害相混淆。有时候侵染性病害也能表现出类似的症状，便需进一步检查才能做出正确的判断。在混淆不清的情况下，往往需要做人工诱发试验来做最后的检验。

非侵染性病害的发生既然是受土壤和气候条件的影响，所以在病区或田间的分布一般是比较成片的，有时也会局部发生。但是，发病地点与地形、土质或其他特殊环境条件有关，这在现场诊断时是很重要的。

经过显微镜检查而不能发现病原物，也是非侵染性病害诊断性状之一。但是病毒病害的病原体，在一般光学显微镜下也看不到，所以这一点并不能区别非侵染性病害与病毒病害。有些侵染性病害，由于病原物产生的数量极少或者存在的部位不是症状表现的部位，显微镜检查时未见到病原物而容易误认为是非侵染性病害。此外，植物的非侵染性病害，往往引起植物组织的衰退和死亡，而滋生某些腐生性真菌或细菌，而误认为是侵染性病害。总之，显微镜检查虽然有很大作用，但是做出诊断结论应该是很慎重的。

在自然条件或栽培条件下，非侵染性病害都很普遍。特别是在不适当地引种外来树种的情况下，非侵染性病害尤为普遍而严重。引发非侵染性病害的原因和症状表现都很复杂，所以，目前还有许多非侵染性病害的性质不完全清楚。

林木的非侵染性病害不仅直接造成严重损失，而且是许多侵染性病害的先驱。如土壤高温对幼苗根颈部的灼伤伤口，是茎腐病侵入的主要途径。油橄榄枝条受冻后，会大大促进细菌性肿瘤病的发展。落叶松受霜害后，形成层的活力减弱，降低了抗病力，有利于溃疡病的发生。在我国北方，旱害和冻害都会削弱杨树对腐烂病的抗力。所以，在有些情况下，防止了非侵染性病害，某种侵染性病害问题也得到了解决。如上述的茎腐病虽是由真菌引起的，但防治该病害最有效的措施则是使苗木不受高温的灼伤。

一般说来，防治非侵染性病害的根本措施是贯彻适地适树的原则，并合理运用育苗、造林和经营的各项技术措施，使周围环境适合于林木的生长发育。当病害发生后，首先必须正确诊断病害的原因，然后才能消除该项病因。对于一时不能确诊的非侵染性病害，有时也可考虑用防治试验来帮助诊断。例如，当怀疑杉木的黄化病是由于土壤缺乏某种肥料引起的时候，可在发病林分内，分别施用不同的肥料，以观察林木的反应，并在人工控制肥料种类的盆栽试验中，观察被试杉木的发病情况。

非侵染性病害是不能相互传染的，因此可以通过接种试验来诊断。

现将几种主要作物缺肥后引起的症状如表 3-1-1 所示。

表 3-1-1　作物缺乏矿质元素的病症

作物	缺氮	缺磷	缺钾	缺钙	缺镁	缺铁	缺硫
稻、麦、玉米、粟、高粱等	新叶发黄，老叶枯死	植株矮小，叶和叶基变紫色	叶面具有黄绿色的斑点，主根生长不良	植株矮小，组织坚硬，严重时幼叶叶尖和边缘部分分裂，生长点死亡	叶脉仍呈绿色，脉间黄化	叶片呈黄绿色，甚至黄白色	叶面具有棕色（或白色）斑点
大豆、蚕豆、豌豆、紫云英、苜蓿等	叶呈黄色，生长弱，自叶面到茎渐变黄	植株生长缓慢，矮小，叶呈绿色	叶片上有不规则的黄斑，从顶端蔓延到两边后，黄斑部枯死	叶面有黄斑或白斑；老叶和茎有时分裂，幼叶不发育，呈卷曲状	老叶脉间呈淡绿色，后变黄，叶脉附近仍呈绿色		叶片黄色；茎瘦弱，有棕色斑点
番茄、马铃薯、烟草等	叶淡黄色，老叶如火灼枯死，番茄叶脉有时呈紫色	生长不良，有不正常的深绿色	从叶尖和叶的边缘开始有枯黄斑点，后扩大到叶脉间，枯死部分脱落；叶面呈凹凸状，枯死；自植株下部向上蔓延	初期叶色淡，小叶尖向下弯，叶尖分裂而死，叶的边缘生长不正常，叶色特浓，老叶增厚，产生褐色斑点			
棉花	叶黄绿色，下部先黄萎枯死	植株矮小，叶灰绿色，延迟开花结铃	下部叶片棕色，叶面弯呈凹凸状，叶片有枯死斑		老叶紫红色，叶脉仍呈绿色，叶未成熟就脱落		叶淡绿，植株矮小

续表 3-1-1

作物	缺氮	缺磷	缺钾	缺钙	缺镁	缺铁	缺硫
一般植物	叶色淡绿，严重时显黄色。花、果实发育迟缓，黄化	植株矮小，叶色深绿或紫红色，有的发生黄斑	植株矮小，叶片变褐，老叶深黄色，边缘变褐如灼伤	根和叶的皮层脱裂，植株早衰			幼叶呈现黄斑，扩大到全部叶片

注：摘自江苏农学院植物保护系．植物病害诊断．北京：中国农业出版社，1978.

3.1.2 侵染性病害

植物的侵染性病害是由于有害生物的侵染和寄生而引起的，其特点是在植物的个体间可以互相传染，所以又称传染性病害。引起植物病害的生物称病原生物（或称病原物、病原体），被害的植物称为寄主。如花卉锈病、刺槐幼苗枯萎病、苹果树腐烂病、番茄条纹毒病等，都是侵染性病害，主要包括真菌、细菌、病毒、线虫和寄生性种子植物。根据病原生物将侵染性病害分为真菌病害、细菌病害、病毒病害、线虫病害及寄生性种子植物引起的病害等。大部分植物都发生过几种以至几十种以上的侵染性病害，因此侵染性病害的种类、数量以及对植物的危害性，在植物病害中均居首要地位。

真菌病害主要根据病菌的形态鉴定，通常在病组织表面能产生一定的子实体，由此可诊断出是真菌所引起的病害。细菌病害的简便鉴别方法是，切取小块受病组织，在低倍镜下检查，如果是细菌病害则可见有大量细菌自组织的受害部分溢出。病毒病害可根据它的特殊症状，以及在受害组织上用普通显微镜不能看到病原真菌或细菌的存在，则可初步诊断出来。线虫病害及寄生性种子植物引起的病害，可在受病组织上检查到病原线虫和寄生性种子植物，比较容易与其他几种侵染性病害区别。

3.1.3 侵染性病害与非侵染性病害的关系

虽然这两类病害是分别由两类性质不同的病原引起的，但是它们之间又有密切的联系，有互相影响并加重病情的作用。不论是哪一类的致病因素，首先都是削弱植物的生理活动，降低植物的生活力，这就为另一类的致病因素进一步地发展创造了条件。例如，低温可以使一些果树或树木在越冬期遭受冻害，植物遭受冻害后，生活力被削弱，使一些果树或树木容易遭受弱寄生菌的侵染，而发生侵染性的腐皮病。早春蔬菜育苗期，如遇寒流袭击，幼苗遭受冷害，抗逆性降低，使容易受土壤中一些弱寄生菌的侵染，发生侵染性的猝倒或立枯病，引起死苗。由某些病菌侵染引起的果树叶斑病，无疑是侵染性病害，当发生严重时，常常造成大量的早期落叶而削弱树势，降低果树在越冬期对低温的抵抗力，容易发生非侵染性的冻害。

因此，采取各种农业管理措施，提高植物的生活力，增强其对不良环境的抗逆性，能有效地提高植物对各类病害的抵抗力，减轻病害的发生程度。

3.2 观赏植物真菌病害的鉴定

真菌病害主要依据症状和病原真菌形态做出诊断，通常在病组织表面能产生一定的子实体，由此可诊断出是真菌所引起的病害。有些还必须经过分离、培养、接种等一系列工作才能确诊。

真菌病害种类繁多，是植物病害中最常见的一大类群。大多数真菌都能在受害组织上产生菌丝体、子实体或其他孢子，或在体表或在体内，用肉眼可观察到病征。这一点对真菌病害的诊断是很有利的。已经显现病征的，可以直接观察，尚未显现病征的，通常将病害标本用清水冲洗后，放在温度适宜、湿度饱和的器皿内，经过 1～2 d 培养也可以促进病菌生出繁殖体，以便鉴定病原物。简单诱发还不能产生繁殖体的标本，则需要按柯赫氏法则进行一系列的分离、培养、鉴定。

由于真菌的菌丝体和子实体要用显微镜观察，其形态又是分类的主要依据，因此在真菌病害诊断中，病原物的显微镜检查是十分重要的程序。菌丝体或繁殖体长出标本或培养基时，一般可以用挑针直接挑取少许，放在加有一滴浮载剂（水或乳酚油）的载玻片上，加盖玻片在显微镜下检查。菌丝体或繁殖体埋藏在病组织内的，则需制作徒手切片后再进行检查。有的真菌种的鉴定依据是孢子的大小，需要进行显微计测。通常采用接目测微尺计测法和螺旋测微计测法。

3.2.1 真菌的一般形态

真菌属于菌藻植物门中菌类植物亚门。它们的营养体都没有根、茎、叶的分化，也没有维管束组织。真菌的细胞内不含叶绿素或其他能营光合作用的色素，因此本身不能综合它们自己所需要的食物，而需要依靠其他生物供给营养物质来维持生活，所以称真菌是异养的生物。

(1)真菌的分布

真菌在自然界的分布很广，据估计有 10 万多种，目前已知的有 4 万多种(4 000 属)，其中藻菌 1 300 种(245 属)，子囊菌 1.5 万种(1 700 属)，担子菌 1.5 万种(550 属)，半知菌 1.1 万种(1 350 属)。植物病害中，真菌病害是最重要的一类，每种作物上都可以发现几种，甚至几十种。如水稻上已发现的真菌就在 200 种以上，常见的 35 种水稻病害中，有 24 种是真菌病害。园林植物中最重要的病害如锈病、黑粉病、霜霉病和白粉病等，都是由真菌引起的。因此，植物病害的研究往往从研究植物病原真菌开始。真菌除了危害植物外，有些真菌还可危害人类及动物而引起皮肤病等。

真菌也有有益的方面，例如担子菌中的灵芝菌就是很珍贵的中药。医药上常用的抗生素——青霉素，就是半知菌中的青霉菌的一种代谢产物。其他如工业发酵方面，真菌更被广泛地利用。

(2)真菌的营养体

真菌的营养体呈丝状，称作菌丝。菌丝可以分枝，许多菌丝团聚在一起，称为菌丝体。低等真菌的菌丝没有隔膜，称无隔菌丝；高等真菌的菌丝都具有隔膜，称有隔菌丝。少数低等真菌的营养体不呈丝状，是一团裸露的原生质，没有细胞壁的变形体。真菌的菌丝可形成各种菌组织：疏丝组织，是一种由菌丝结合较松的组织，疏丝组织中的菌丝细胞尚可分辨出来，呈长形细胞状；拟薄壁组织，菌丝结合紧密，细胞挤压后呈圆形或多角形，与高等植物的薄壁组织相似。由这两种菌组织又可形成各种菌丝的变态：如菌核，是一种坚硬、颗粒状、抵抗不良环境的休眠体，当环境条件适宜时，萌发产生新的营养体或繁殖体；子座，是一种坚硬的垫状组织，可以度过不良的环境，更重要的是子座可以形成各种子实体（真菌产生孢子的机构）；菌丝束（根状菌索），是高等真菌中许多菌丝体纠结的菌丝组织，呈绳索状，其外形与高等植物的根相似，

可以抵抗不良环境。

(3)真菌的繁殖

真菌的繁殖能力一般都很强,繁殖方式很多。

真菌的无性繁殖　不经过有性过程就能产生各种类型的孢子:粉孢子,从菌丝顶端分割而成;芽孢子,由单细胞真菌出芽生殖而成;厚垣孢子,在菌丝的顶端或中间的个别细胞,膨大、壁增厚而形成;分生孢子,是真菌中最常见的一种无性孢子,它的形状、大小、着生位置是真菌分类的重要依据;孢囊孢子,产生在孢子囊内的一种无性孢子,孢子囊的形态特征在分类上也很重要。

真菌的有性繁殖　是经过性细胞配合后,产生各种形态不同的有性孢子:接合子、接合孢子、子囊孢子和担子孢子。

真菌的无性孢子和有性孢子以及产生这些孢子的子实体在病害的传播和侵染循环中起着重要的作用,在识别真菌病害中尤为重要。

3.2.2　真菌的分类

关于真菌分类的体系,各真菌学家意见是不一致的,一般都是根据形态学、细胞学和生物学特性,参照个体发育及系统发育的研究资料,其中尤其以形态特征为主要依据;除去考虑营养体的形态以外,有性生殖阶段所产生孢子的形态特征,作为重要的分类依据。真菌通常分为藻菌纲(Phycomycetes)、子囊菌纲(Ascomycetes)、担子菌纲(Basidiomycetes)和半知菌类(Deuteromycetes)或称不完全菌类(Fungi Imperfeeti)。现将真菌各纲的分类检索表列下:

A. 营养体少数为非丝状的、多核的菌体,多数是分枝发达、多核、无隔膜的菌丝体,菌丝在形成繁殖器官或衰老时才产生隔膜 ………………………………………………………………… 藻状菌纲(Phycomycetes)
A. 营养体是有隔膜、细胞核极少的、多细胞的菌丝体
　B. 产生有性孢子
　　C. 有性孢子产生在子囊内,无性生殖发达,形成分生孢子 ………………… 子囊菌纲(Ascomycetes)
　　C. 有性孢子着生在担子上,无性生殖不发达……………………………… 担子菌纲(Basidiomycetes)
　B. 不常产生或不产生有性孢子 ……………………………………………… 半知菌类(Fungi imperfecti)
A. 有原生质团或假原生质团 ………………………………………………………… 黏菌门(Myxomycota)
　B. 同化阶段为原生质团
　C. 原生质团形成网状(网状原生质团) ……………………………… 水生黏菌纲(Hydromyxomycetes)
　　C. 原生质团不形成网状
　　D. 原生质团腐生,自由生活 ……………………………………………… 黏菌纲(Myxomycetes)
　　D. 原生质团寄生在寄主植物细胞内 ………………………… 根肿菌纲(Plasmodiophoromycetes)
　B. 同化阶段为自由活动的变形体,此变形体在繁殖前联结为假原生质团
　　………………………………………………………………………………… 集胞黏菌纲(Acrasiomycetes)
A. 无原生质团或假原生质团,同化阶段为典型的丝状体 ……………………………… 真菌门(Eumycota)
　B. 有能动细胞(游动孢子),有性阶段为典型的卵孢子 ……………… 鞭毛菌亚门(Mastigomycotina)
　　C. 游动孢子尾生单鞭毛(鞭毛尾鞭型) ……………………………………… 壶菌纲(Chytridiomycetes)
　　C. 游动孢子非尾生单鞭毛
　　D. 游动孢子顶生单鞭毛(鞭毛茸鞭型) ……………………… 丝壶菌纲(Hyphochytridiomycetes)
　　D. 游动孢子双鞭毛(向后尾鞭型,向前茸鞭型);细胞壁为纤维化的 …………… 卵菌纲(Oomycetes)

B. 无能动细胞

C. 有性阶段

D. 有性阶段产生接合孢子…………………………………………………… 接合菌亚门(Zygomycotina)

E. 腐生或寄生,寄生的为肉食性,菌丝埋生于寄主组织内 ………………… 接合菌纲(Zygomycetes)

E. 与节肢动物共生,以吸盘(holdfast)附着在角质层或消化道上,而不是埋生寄主组织内 …………
……………………………………………………………………………………… 毛菌纲(Trichomycetes)

D. 有性阶段不产生接合孢子

E. 有性阶段产生子囊孢子…………………………………………………… 子囊菌亚门(Ascomycotina)

F. 无子囊果及产囊丝;菌体菌丝状或酵母状 …………………… 半子囊菌纲(Hemiascomycetes)

F. 有子囊果及产囊丝;菌体菌丝状

G. 子囊双层壁;子囊果为子囊腔(子座性) ……………………… 腔菌纲(Loculoascomycetes)

G. 子囊典型的为单层壁;如为双层壁,子囊果为子囊盘

H. 子囊早期消失,分散在无孔口的子囊果(即典型的闭囊壳)内,子囊孢子无分隔
……………………………………………………………… 不正囊菌纲(Plectomycetes)

H. 子囊有规则地排列在子囊果基部或四周

I. 外寄生在节肢动物上;菌体退化;子囊果为子囊壳;子囊无盖
……………………………………………………………… 虫囊菌纲(Laboulbeniomycetes)

I. 不外寄生在节肢动物上

J. 子囊果为典型的子囊壳(如为子座性的,子囊不消失),具有孔口;子囊无盖,具有顶生的孔口或裂缝 …………………………………………………… 核菌纲(Pyrenomycetes)

J. 子囊果为子囊盘或近似子囊盘,通常具有大型子实体,生于地面或地下,子囊无盖或有盖
…………………………………………………………………… 盘菌纲(Discomycetes)

E. 有性阶段产生担子孢子 ………………………………………… 担子菌亚门(Basidiomycotina)

F. 担子果缺或由群生在孢子堆内或分散在寄主组织内的冬孢子(休眠的原担子)所代替;寄生在维管束植物上 ……………………………………………… 冬孢菌纲(Teliomycetes)

F. 担子果一般发育良好;担子典型的形成一子实层,腐生或少数寄生

G. 担子果典型的为裸露的子实体或半封闭的子实体,担子为多隔的或无隔的,担子孢子强烈射出 ………………………………………………………… 层菌纲(Hymenomycetes)

G. 担子果典型的为封闭的子实体,担子无隔,担子孢子非强烈射出的
…………………………………………………………………… 腹菌纲(Gastromycetes)

C. 有性阶段无 ……………………………………………………… 半知菌亚门(Deuteromycotina)

D. 芽殖(酵母或类似酵母)细胞具有或不具有特殊的假菌丝,真菌丝少或生长不好
…………………………………………………………………… 芽孢纲(Blastomycetes)

D. 菌丝发育很好,同化作用的芽殖细胞无

E. 菌丝不孕或直接形成孢子或自特殊分枝(孢子梗)上形成孢子,孢子梗集合成多样形式,但不在孢子器或孢子盘内 ……………………………………… 丝孢纲(Hyphomycetes)

E. 孢子生于孢子器或孢子盘内 …………………………………… 腔孢纲(Coelomycetes)

3.2.3 真菌主要纲所引起的植物病害的鉴定

既然真菌是以形态为分类的依据,因此真菌病害的鉴定也是由真菌的形态来鉴定的。

大多数真菌都能在受害组织上产生孢子或其他子实体,这对真菌病害的诊断是很有利的,

但也有例外。通常将这类病害标本用清水洗净，置于湿度较高处，经过一昼夜，可以促进病菌孢子的产生，以便进一步对此病害做出鉴定。但应注意，如处理不当，往往会有许多腐生菌伴随生长，因此鉴定时应加以区别。有些真菌病害标本，表面不易看到孢子或其他子实体，或虽经保湿也未能产生孢子，此时需进一步做分离和培养工作，才能做出诊断。严格说来，分离到病菌后，还需再做接种试验，待接种体表现与原来相同的症状，并能再分离到相同的病菌，这时做出的鉴定就比较可靠。

3.2.3.1　藻菌纲及其所引起的病害

藻菌纲真菌是较低等的真菌，大多生活在水中或土壤中。生活在土壤中的藻菌带有两栖性，适应于比较潮湿的土壤。高等的藻菌是陆生的。低等水生藻菌的寄生性很强，是细胞内寄生物，在人工培养基上不容易生长，其中大部分寄生在鱼类和水生植物上，一般与植物病害的关系不大。比较高等的藻菌，生活在土壤中，可以引起植物根部和茎基的腐烂或者苗期的猝倒病。许多陆生的藻菌，可以寄生在高等植物上，其中不少是专性寄生菌，引起极为重要的病害，如霜霉病、白锈病、猝倒病及疫病等。高等的藻菌，少数寄生于昆虫和其他动物，大部分是腐生的，它们产生的孢子散布空气中，引起食品和果实的霉烂。

藻菌纲可以根据菌体的形态特征和有性生殖的方式分为 3 个亚纲，重要的目有 6 个。

古生菌亚纲(Archimycetes)　大多为水生生物的寄生菌，也有不少腐生菌，寄生在陆生植物的极少。营养体的结构简单，大多为变形体或非丝状结构。无性生殖产生游动孢子，单鞭毛或双鞭毛，生于顶端或尾端。有性生殖是同形游动配子配合形成的接合子。包括有黏壶菌目(Myxochytridiales)及分枝壶菌目(Mycochytridiales)。常见的有根肿菌属(*Plasmodiophora*)及节壶菌属(*Physoderma*)。

古生菌是低等的藻菌，主要寄生于藻类植物、水生真菌、水生小动物和落在水中的花粉上，寄生在高等植物上引起重要病害的不多。古生菌为害植物后，往往引起细胞膨大和细胞分裂，引起过度生长等促进性病变，使植物产生局部的瘤肿等症状，在病害诊断上有一定作用。由于古生菌大多生活于水中，因此它通常侵染植物的地下部分。古生菌病害的初次侵染来源一般都是休眠孢子囊(或称休眠孢子)，很少发生再次侵染；休眠孢子囊主要在土壤中，对环境的抵抗力较强，能生活许多年，这给病害的防治增加了困难；通常在土壤过分潮湿的条件下发生较重，随水分和土壤的移动而传播。

卵菌亚纲(Oomycetes)是藻菌中最大的一个类群，有水生、水陆两栖及陆生，其中包括腐生、兼寄生、兼腐生、寄生及专性寄生物，是一类重要的植物病原真菌。营养体是发达的菌丝体。无性生殖形成双鞭毛游动孢子，大多具有两游现象。有性生殖产生形状、大小分化显著的配子囊，交配后形成卵孢子；有同宗配合和异宗配合。常见的有水霉目(Saprolegniales)及霜霉目(Peronosporales)。

卵菌是藻菌中最多而且是最重要的一类病原真菌。①低等的卵菌(水霉目)大都生活于池塘、污水或潮湿的土壤中，腐生，又可为害高等植物或寄生于鱼体上。由于这类真菌的菌丝发达，附着在基物上，在水中漂浮似棉絮状，极易识别。②较高等的卵菌(如霜霉目中的腐霉菌及疫霉菌)，大都产生于土壤中，为两栖性的，包括一些弱寄生和寄生的菌类。大都为害植物的根和根颈等部位，引起猝倒病或根腐病，危害果实则引起果腐或疫病。这类病害有的在受害部位可以见到大量的白色菌丝，但也有的不易产生，而必须通过分离培养，方可见到病菌丝及孢子囊。③高等的卵菌(如许多霜霉病菌、白锈病菌和部分疫病菌)，大都是陆生的，寄生性较强，有不少是专性寄生的。主要危害植物的叶片、花序等地上部位，引起叶斑、组织膨大，也有引起矮化、丛生等畸形，一般在受害部位有明显的子实体，如呈霜霉状霉层（霜霉菌危害），或白色疱状的孢子堆（白锈菌危害），这类病菌在受害的膨大组织内或叶片内，容易产生有性繁殖器官（藏卵器和雄器）和有性孢子（卵孢子），是诊断这类病害的重要依据。霜霉菌引起的霜霉病，在叶片正面呈黄色角斑，边缘不明显，反面为病菌孢子囊，即肉眼所见到的灰色稀疏的霜霉层，与许多半知菌中丛梗孢菌引起的病斑不同。后者引起的病斑为褐色，边缘较明显，在病斑的正反面都能产生深色绒毛状霉层。卵菌所引起的病害，一般以游动孢子（无性孢子）引起初次侵染和再次侵染，借雨水或气流进行传播，以卵孢子在土壤或病株残余组织内越冬，种子很少带菌。卵菌的生长一般都是在低温（15～20℃）、潮湿的季节，故春秋两季发病较多。当环境条件适宜时，病菌育期短，再次侵染的次数增多，短时期内可以在大面积范围内蔓延为害，引起病害的流行。

接合菌亚纲（Zygomycetes）是藻菌中演化地位较高的一个类群，大都为陆生的腐生菌，在土壤中分布很多，少数是昆虫和植物的寄生菌。菌丝体发达，个别的菌丝具有隔膜。无性生殖产生无鞭毛的孢囊孢子，不能游动。有性生殖产生形状、大小分化不显著的同形配子囊，配子囊融合后发育成接合孢子，异宗配合现象在此亚纲中更为常见。包括毛霉目（Mucorales）及虫霉目（Entomophthorales），常见的属不多。

接合菌是一类较高等的藻菌。几乎全部是陆生的，且都是腐生或弱寄生菌。主要引起植物的花、果实、块根、块茎等贮藏器官的组织坏死，产生白色菌丝状霉层。空气和土壤中有大量的病菌孢囊孢子，引起初次侵染和再次侵染，随空气传播。接合菌中异宗配合现象比较常见，故自然条件下不易形成接合孢子。黑根霉属（*Rhizopus*）和毛霉属（*Mucor*）是最常见的接合菌，它们的孢囊孢子散布空气中，是实验室分离培养过程中最容易污染的杂菌。

藻菌纲常见的植物病原菌分属检索表如下，重要的植物病原菌介绍于后：

藻菌纲（Phycomycetes）分类检索表

A. 菌体原始，营养体为非丝状的、单核或多核、无细胞壁的菌体。菌体全部或主要部分具有繁殖功能，孢子囊只产生一次（个别例外），有性生殖器官简单 ………………………… 古生菌亚纲（Archimycetes）

B. 菌体在早期或始终无细胞壁，是单核或多核的变形体，整个菌体形成休眠孢子囊 ……………………………………………………………………… 黏壶菌目（Myxochytridiales）

C. 休眠孢子囊彼此分离，不联结成休眠孢囊堆，似鱼卵块状充塞寄主细胞内 ……………………………………………………………… 1. 根肿菌属（*Plasmodiophora*）

C. 休眠孢子囊成熟时联结成休眠孢囊堆，呈多孔隙的海绵状球体 …… 2. 粉痂菌属（*Spongospora*）

B. 菌体开始就有细胞壁，有原始的丝状结构，部分菌体形成休眠孢子。囊休眠孢子囊萌发时产生盖状裂口，形成多数单鞭毛的游动孢子 ………………………………… 分枝壶菌目（Mycochytridiales）

C. 在寄主细胞内寄生时，不形成瘿瘤，仅使寄主组织变色 ……………… 3. 节壶菌属（*Physoderma*）

C. 在寄主细胞内寄生时，使寄主的茎、冠部形成瘿瘤 ……………… 4. 尾囊壶菌属（*Urophlyctis*）

A. 菌体发达，营养体为丝状的、多核、无隔膜的菌丝体，部分菌丝分化成繁殖器官，孢子囊能产生多次，有性生殖器官分化复杂

B. 无性生殖产生形成双鞭毛游动孢子的孢子囊；有性生殖产生形状、大小不同的配子囊（雄器及藏卵器）交配形成卵孢子 ………………………………………………… 卵菌亚纲（Oomycetes）

C. 藏卵器中形成一至数个卵孢子，孢子囊直接从菌丝上产生，形状与菌丝差别不大，仅稍为肥大

…………………………………………………………………………… 水霉目(Saprolegniales)

D. 游动孢子自孢子囊顶端孔口排出，而后休止

E. 孔口排出的梨形游动孢子，经过休止阶段，形成肾脏形的游动孢子，新孢子囊连续从老孢子囊的基部产生 …………………………………………………… 5. 水霉属(*Saprolegnia*)

E. 孢子囊内形成的游动孢子，丛集在孢子囊顶端孔口处，经过休止阶段，形成肾脏形的游动孢子，新孢子囊连续在老孢子囊的侧面产生，呈聚伞花序状 ………………… 6. 绵霉属(*Achlya*)

D. 初期游动孢子在孢子囊内休止，排成数列，互相挤压，而呈多角形，萌发产生肾脏形的游动孢子，穿过孢囊壁而放出或直接生芽管；空孢子囊呈网状结构 ………………… 网囊霉属(*Dictyuchus*)

C. 藏卵器中形成单个卵孢子，孢子囊产生在分化的孢囊梗上，少数直接产生在菌丝上，形状与菌丝显然不同 …………………………………………………………… 霜霉目(Peronosporales)

D. 孢子囊单生在孢囊梗或孢囊梗分枝的顶端

E. 孢囊梗与菌丝无差别或差别很小 ………………………………………… 腐霉科(Pythiaceae)

F. 孢子囊一般不脱落，萌发时产生泡囊，其中形成游动孢子 ………………… 7. 腐霉属(*Pythium*)

F. 孢子囊一般脱落，萌发时不产生泡囊，游动孢子在孢子囊中形成，从乳头状突起部泄出

…………………………………………………………………………… 8. 疫霉属(*Phytophthora*)

E. 孢斑梗与菌丝有显著差异，极个别为菌丝状 ………………… 霜霉科(Peronosporaceae)

F. 卵孢子壁与藏卵器壁愈合

G. 孢囊梗粗壮，顶端丛生小枝 ………………………………………… 9. 指梗霉属(*Sclerospora*)

G. 孢囊梗菌丝状 ……………………………………………………… 10. 指疫霉属(*Sclerophthora*)

F. 卵孢子壁与藏卵器壁分离

G. 孢囊梗单轴分枝至近双叉分枝

H. 小枝与主轴成直角，顶端钝 ……………………………………… 11. 单轴霉属(*Plasmopara*)

H. 小枝与主轴成锐角，顶端尖 ………………………… 12. 假霜霉属(*Pseudoperonospora*)

G. 孢囊梗双叉分枝

H. 分枝顶端盘状，四周有小梗 ……………………………………………… 13. 盘梗霉属(*Bremia*)

H. 分枝顶端尖 ……………………………………………………………… 14. 霜霉属(*Peronospora*)

D. 孢子囊串生在短棍棒状孢囊梗上 ……………………………………… 白锈科(Albuginaceae)

…………………………………………………………………………………… 15. 白锈属(*Albugo*)

B. 无性生殖产生形成孢囊孢子的孢子囊，有性生殖由形状、大小相近的配子囊融合，产生接合孢子

…………………………………………………………………………… 接合菌亚纲(Zygomycetes)

C. 大多是腐生的，孢囊梗细长，孢子囊中一般形成多数孢囊孢子 ………………… 毛霉目(Mucorales)

D. 只产生一种孢子囊，有囊轴，孢子囊壁易破，接合孢子表面粗糙

E. 孢囊梗直接从菌丝产生，无匍匐丝与假根 ……………………………………… 16. 毛霉属(*Mucor*)

E. 孢囊梗从匍匐丝上产生，与假根对生 ………………………………………… 17. 根霉属(*Rhizopus*)

D. 可产生两种孢子囊，大型孢子囊产生在孢囊梗顶端，小型孢子囊丛生于孢囊梗顶端膨大球体的表面，其中只有一个孢子 ………………………………………………… 18. 笄霉属((*Choanephora*)

根据孢囊孢子鞭毛的情况及其他特征，将藻菌纲分为若干个目。最重要的植物病原菌几乎都是霜霉目的。腐霉属(*Pythium*)和疫霉属(*Phytophthora*)是霜霉目中较低等的类型，现两属中的一些种可以引起苗木的猝倒和林木干部皮腐等病害。在发霉的林木种实上，经常可以看到一些毛霉目的藻状菌，如毛霉属(*Mucor*)和根霉属(*Rhizopus*)等，但它们都是一些腐生的种类，只有在种实生活力微弱、湿度大、气温高的情况下才能造成损害。

3.2.3.2 子囊菌纲及其所引起的病害

子囊菌是较高等的真菌。由于它们当中有许多菌类有性阶段很少或不易产生，而被归入半知菌类。尽管如此，子囊菌仍然是一类非常重要的植物病原真菌。常见的麦类赤霉病、甘薯黑斑病及多种植物的白粉病，都是由子囊菌引起的。子囊菌几乎全部是陆生的，有腐生和寄生的，在不同的发育阶段，寄生性的强弱不同，许多引起植物病害的子囊菌，无性阶段的寄生性较强，有性阶段大多可以行腐生生活。无性阶段所产生的分生孢子，在生长季中繁殖迅速，引起不断再侵染，使病害不断扩大蔓延，至生长季后期或冬季，形成有性繁殖器官，进入越冬和休眠阶段，故子囊孢子是子囊菌病害的越冬和初侵染的主要来源。子囊菌菌丝体在寄主体内的扩展是有局限性的，因此子囊菌病害以点发性的为多，受害部位都有较明显的边缘，而形成一定形状的病斑。此外，还能引起局部畸形，如疮痂、溃疡、皱缩，也有的引起器官腐烂和植株萎蔫。无论引起什么症状，子囊菌病害通常在病部都能检查到子实体，是这类病害诊断的重要依据。

子囊菌纲是真菌中分类较复杂的一类。由于这类菌的形态差异大，系统发育过程不明显，因而分类体系意见不一致，目前还不能得出一个比较自然的分类系统。一般根据子实体发育的程度，子囊果的类型，子囊的形态特征、着生及排列的形式等进行分类。子囊单独地或成群地生于菌丝上，不形成任何类型子囊果的称半子囊菌亚纲（Hemiascomycetes），包括内孢霉目（Endomycetales）和外囊菌目（Taphrinales）。子囊生在子囊果内的是真子囊菌亚纲（Euascomycetes），再根据子囊果类型分为 4 类：

不正子囊菌类（Plectomycetes），子囊果为球形、无孔口的闭囊壳，少数有孔口。常见的有曲霉目（Aspergillales）及白粉菌目（Erysiphales）。

核菌类（Pyrenomycetes），子囊果为瓶形、有孔口的子囊壳。常见的有球壳菌目（Sphaeriales）及肉座菌目（Hypocreales）。

腔菌类（Ascolocumycetes），子囊果为子座组织溶解而成的孢子囊腔。常见的有座囊菌目（Dothideales）。

盘菌类（Discomycetes），子囊果为盘形、碟形、杯形、开口很大的子囊盘。常见的有柔膜菌目（Helotiales）。

半孢子囊菌亚纲是一类较低等的子囊菌，寄生高等植物的有外囊菌目。它们的寄生性很强，在腐生的条件下不能完成生活史。这类真菌引起的病害不多，常见的有桃缩叶病，梅、杏缩叶病和李果囊病等。它们的共同症状是叶片、枝条或果实受害后引起畸形，叶片呈现不均匀的加厚，产生皱褶，嫩枝形成扫帚状的丛枝，幼果感染后呈囊状，果实膨大而中空。受害部位的表层都可见到灰白色粉状的霉层，是识别此类病害的主要特征。桃缩叶病菌以子囊孢子或分生孢子在桃树的芽鳞间越冬，春季引起侵染，此类病害一年只发生一次，因为夏季温度高，不适于孢子的萌发和侵入，不能引起再次侵染。春季在桃芽开放前不久，用药剂周密喷洒一次，可防除此病，常用的药剂有波尔多液和石灰硫黄合剂。

不正子囊菌类包括了曲霉目和白粉菌目。它们之中有腐生的（如普通常见的青霉菌和曲霉菌），有弱性寄生的（如甘薯黑斑病菌），直至寄生性很强的专性寄生菌（如白粉病菌），其中以白粉病菌引起的植物病害最多。白粉病菌的菌丝大都分布在寄主的表面，菌丝体、孢子梗以及分生孢子在显微镜下都是无色的，肉眼看来呈白色或灰色的霉层，在田间观察时，往往容易与霜霉病混淆。一般白粉病的霉层多分布叶片正面，而霜霉病的霉层主要分布叶片背面。此外，白粉病菌的闭囊壳分散在白色菌丝中呈黑色小点，肉眼即可观察到，这也是诊断白粉病的主要

特征。闭囊壳内的子囊及子囊孢子通常在秋季或翌年春季才能形成，闭囊壳随着枯枝落叶在地面上越冬，温暖地区菌丝也能越冬。子囊孢子是主要的初次侵染来源，生长季中分生孢子可以引起再次侵染。白粉病菌比较能耐干旱，因此，在炎热干旱的气候条件下也能发生白粉病，我国新疆地区，白粉病发生就很严重。白粉病菌对硫素特别敏感，可用硫黄粉或硫制剂来防治白粉病。

果子囊菌类是子囊菌中比较重要的一类病原真菌，大部分是腐生的，也有不少是寄生的。许多寄生的果子囊菌，其寄生阶段的菌丝体通常产生无性的分生孢子，只是在植物死亡的组织上才形成有性的子囊孢子。球壳菌目及肉座菌目是果子囊菌类的两个重要目，其中球壳菌目中有许多寄生在树木的茎秆上，如黑腐皮壳属(*Valsa*)、苹果腐烂病菌(*Valsa mali*)，引起苹果树皮的腐烂，危害极大。引起植物炭疽病的病原真菌，如毛盘孢属(*Colletotrichum*)和盘圆孢属(*Gloeosporium*)，它们的有性阶段大都是球壳目的日规壳属(*Gnomonia*)及小丛壳属(*Glomerella*)，寄生在植物上的大多是无性阶段，其有性阶段很少产生，有的可以在人工培养基上见到。炭疽病的一般症状是初期在受害部位有粉红色黏液物，后期变为黑色小点，且排列成同心轮纹状。

腔穴子囊菌类与果子囊菌类一样，也是一类极重要的病原真菌。寄生或腐生在高等植物上，引起各种植物叶斑病、根腐病、果实腐烂及干癌病等。它们的有性繁殖阶段大多腐生，发生于枯枝、落叶、落果及树干的溃疡斑中，作为病菌的越冬休眠器官；无性繁殖阶段大多寄生，在生长期由于无性孢子不断的传播，引起多次重复侵染。无性繁殖的子实体类型在此类真菌中比较复杂，往往同一属的真菌，它们的无性繁殖阶段分属于不同的半知菌类。座囊菌目是本类真菌的代表，包括了许多植物病原菌，球腔菌属(*Mycosphaerella*)是多种植物叶斑病菌的有性阶段，它的无性阶段属于多种半知菌类。

盘子囊菌类大都是腐生的，引起木材腐烂，少数可以引起植物的病害。盘子囊菌病害中，最重要的是由核盘菌属(*Sclerotinia*)侵染而发生的油菜菌核病和核果及仁果的褐腐病等。它们共同的特点是能形成菌核，菌核萌发产生子囊盘。由于这类病菌产生的子实体较一般子囊菌的子实体大，肉眼即可观察到，对识别这类病害是很有帮助的。

子囊菌纲常见的植物病原菌分属检索表如下，其重要的植物病原菌介绍于后。

子囊菌纲(Ascomycetes)分类检索表

A. 子囊单独形成，分散或成群地生于菌丝上，不形成子囊果 ………… 半子囊菌亚纲(Hemiascomycetes)

子囊呈栅栏状排列在植物表面 …………………………………………………… 外囊菌目(Taphrinales)

……………………………………………………………………………………… 19. 外囊菌属(*Taphrina*)

A. 子囊大多成群形成于子囊果内 ………………………………………… 真子囊菌亚纲(Elascomycetes)

B. 子囊果球形、近球形或瓶形，子实层在子囊果内

C. 子囊果球形、无孔口，称闭囊壳；少数是瓶形，有孔口的子囊壳；子囊圆形或椭圆形，无侧丝

…………………………………………………………………………… 不正囊菌类(Plectomycetes)

D. 子囊散生在子囊果内 ……………………………………………………… 曲霉目(Aspergillales)

E. 子囊果是有长颈的子囊壳 ………………………………………… 20. 长喙壳属(*Ceratocystis*)

D. 子囊簇生在子囊果内，子囊果是闭囊壳 ………………………………… 白粉菌目(Erysiphales)

E. 闭囊壳上有特殊的附属丝，引起植物的白粉病 …………………… 白粉菌科(Erysiphaceae)

F. 闭囊壳内子囊单个

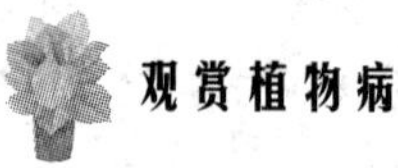

G. 附属丝菌丝状 …………………………………………………… 21. 单丝壳属(*Sphaerotheca*)

G. 附属丝刚直,顶端二叉状重复分枝,枝端螺旋状卷曲 …………………………………………………… 22. 叉丝单囊壳属(*Podosphaera*)

F. 闭囊壳内子囊多数

G. 附属丝菌丝状 …………………………………………………… 23. 白粉属(*Erysiphe*)

G. 附属丝非菌丝状

H. 附属丝刚直,基部膨大,顶端尖锐 ………………………… 24. 球针壳属(*Phyllactinia*)

H. 附属丝顶端卷曲

I. 附属丝不分枝 …………………………………………………… 25. 钩丝壳属(*Uncinula*)

I. 附属丝顶端二叉状重复分枝 ………………………… 26. 叉丝壳属(*Microsphaera*)

E. 闭囊壳外无附属丝,有刚毛包围闭囊壳,引起植物煤污病 ………… 小煤炱科(Meliolaceae) …………………………………………………… 27. 小煤炱属(*Meliola*)

C. 子囊果瓶形、有孔口,有子囊壳壁,孔口与壳壁同时形成,称子囊壳 …… 核菌类(Pyrenomycetes)

D. 子囊壳壁通常黑褐色,质地较硬,子囊间有侧丝,子囊壁单层,顶壁较厚,四周薄 …………………………………………………… 球壳菌目(Sphaeriales)

E. 子座不很发达 …………………………………………………… 日规壳科(Gnomoniaceae)

F. 子囊壳丛生在菌丝层或子座上,壳壁上有毛 ………………… 28. 小丛壳属(*Glomerella*)

F. 子囊壳单生于基物内,壳壁无毛 ………………………………… 29. 日规壳属(*Gnomonia*)

E. 子座发达,子囊壳生于子座内

F. 菌丝在寄主表皮层内形成黑色结实的盾状菌座 ……………… 黑痣菌科(Phyllachoraceae) …………………………………………………… 30. 黑痣菌属(*Phyllachora*)

F. 菌丝不形成盾状菌座

G. 子座生在基物内,部分突出,子囊有柄,柄易消解,子囊散在子囊壳内 …………………………………………………… 间座壳科(Diaporthaceae)

H. 子座鲜艳,黄褐色,革质 ………………………………………… 31. 内座壳属(*Endothia*)

H. 子座黑色,碳质

I. 子囊孢子椭圆形或纺锤形 ………………………………… 32. 间座壳属(*Diaporthe*)

I. 子囊孢子腊肠形 …………………………………………………… 33. 黑腐皮壳属(*Valsa*)

G. 子座生在基物外,直立,头状,有长柄,子囊柄不易消解,子囊孢子线形 …………………………………………………… 麦角菌科(Clavicipetaceae) …………………………………………………… 34. 麦角菌属(*Claviceps*)

D. 子囊壳壁通常鲜色,质地较软,子囊间有或无拟侧丝,子囊壁单层,厚薄均匀一致 …………………………………………………… 肉座菌目(Hypocreales)

E. 子囊壳无子座或表生子座上 ………………………………………… 肉座菌科(Hypocreales)

F. 子囊壳散生在子座上,壳壁蓝或紫色,子囊孢子多细胞 …………… 35. 赤霉属(*Gibberella*)

F. 子囊壳丛集或分散子座上,壳壁橙色,子囊孢子双细胞 …………… 36. 丛赤壳属(*Nectria*)

E. 子囊壳埋在子座内,有的后期外露,子囊孢子单细胞 ………… 多点菌科(Polystigmataceae) …………………………………………………… 37. 疔座霉属(*Polystigma*)

C. 子囊果为子座组织溶解而成的子囊腔,没有明显分化的果壁,孔口是子座组织消解而成,无侧丝,只有拟侧丝,早期存在(宿存性)或早期消解(非宿存性),子囊壁双层,每个子座可形成一个或数个子囊腔,子囊腔内有数个子囊 ………………………………………… 腔菌类(Ascolocumycetes) …………………………………………………… 座囊菌目(Dothideales)

D. 子囊成束生在子囊腔内，拟侧丝早期消解 ………………………… 座囊菌科(Dothideaceae)

E. 子囊孢子双细胞

F. 子囊孢子双细胞大小相等 ……………………………… 38. 球腔菌属(*Myeosphaerella*)

F. 子囊孢子双细胞大小不等 ……………………………………… 39. 球座菌属(*Guignardia*)

E. 子囊孢子多细胞……………………………………………………… 40. 亚球壳属(*Sphaerulina*)

D. 子囊成排生在子囊腔内，往往有拟侧丝

E. 子囊孢子单细胞 ……………………………………… 葡萄座腔菌科(Botryosphaeriaceae)

F. 子囊腔散生至群生，无明显的子座 ………………………… 41. 囊孢壳属(*Physalospora*)

F. 子囊腔初期埋在子座中，后聚集在子座上 …………… 42. 葡萄座腔菌属(*Botryosphaeria*)

E. 子囊孢子不是单细胞 ………………………………………… 格孢腔菌科(Pleosporaceae)

F. 子囊孢子双细胞

G. 子囊腔孔口周围有刚毛，子囊孢子无色或褐色，双细胞大小不等，拟侧丝永存
……………………………………………………………………… 43. 黑星菌属(*Venturia*)

G. 子囊腔顶部无刚毛，子囊孢子深褐色，双细胞，大小相等，拟侧丝后期不易见到
……………………………………………………………………… 44. 绒座壳属(*Gibellina*)

F. 子囊孢子多细胞

G. 子囊孢子仅有横分隔

H. 子囊孢子线形

I. 子囊孢子平行排列在子囊内………………………………… 45. 蛇孢腔菌属(*Ophiobolus*)

I. 子囊孢子扭曲状排列在子囊内 …………………………… 46. 旋孢腔菌属(*Cochliobolus*)

H. 子囊孢子梭形或长椭圆形

I. 子囊孢子无色 ………………………………………… 47. 亚球腔菌属(*Metasphaeria*)

I. 子囊孢子黄色或褐色

J. 子囊孢子周围有胶质层 ……………………………………… 48. 黑团壳属(*Massaria*)

J. 子囊孢子周围没有胶质层 ……………………………… 49. 小球腔菌属(*Leptosphaeria*)

G. 子囊孢子有纵横分隔，卵圆形或长圆形，褐色

H. 子囊腔顶部有刚毛 …………………………………………… 50. 核腔菌属(*Pyrenophora*)

H. 子囊腔顶部无刚毛 …………………………………………… 51. 格孢腔菌属(*Pleospora*)

B. 子囊果是盘状或碟状，称子囊盘，子实层初期外露 ………………………… 盘菌类(Discomycetes)

C. 子囊没有固定的孔口，顶端不规则地裂开释放孢子 ……………………… 柔膜菌目(Helotiales)

D. 子囊盘生在菌核或杂有寄主组织的假菌核上，子囊盘有柄 ………… 核盘菌科(Sclerotiniaceae)
…………………………………………………………………………………… 52. 核盘菌属(*Sclerotinia*)

D. 子囊盘生在寄主组织内，成熟后露出 ……………………………… 皮盘菌科(Dermateaceae)

E. 子囊孢子单细胞，无性阶段不常见……………………………… 53. 假盘菌属(*Pseudopeziza*)

E. 子囊孢子双细胞或多细胞，无性阶段寄生性强 ……………………… 54. 双壳属(*Diplocarpon*)

子囊菌所引起的植物病害有 36 个属，但主要有外囊菌属(*Taphrina*)，约有 100 种。全都是植物上的寄生物，部分寄生在木本植物上。寄生于叶的引起缩叶病；寄生于花器时，可使子房畸形膨大而中空；寄生于嫩芽的可诱发丛枝。囊孢壳属(*Physalospora*)、黑星病菌属(*Venturia*)、球腔菌属(*Mycosphaerella*)、球座菌属(*Guignardia*)、煤炱属(*Capnodium*)、葡萄座腔菌属(*Botryosphaeria*)等属中，有许多种都能引起林木的严重病害。球针壳属 (*Phyllactinia*)、叉丝壳属(*Microsphaera*)等的一些种是阔叶树上常见的病原菌。由于它们的菌丝体和分生孢子在寄

主体表形成一层白粉状物，故由上述菌类引起的病害通称白粉病。小煤炱属（*Meliola*）是热带和亚热带林木上常见的煤污病菌。长喙壳属（*Ceratocystis*）、内座壳属（*Endothia*）的一些种是林木的危险病原菌。皮下盘菌属（*Hypoderma*）、散斑壳属（*Lophodermium*）薄盘菌属（*Cenangium*）、斑痣盘菌属（*Rhytisma*）、链核盘菌属（*Monilinia*）等都可引起林木的病害。

叉丝单囊壳属（*Podosphaera*）苹果白粉病菌（*Podosphaera leucotricha*），危害苹果的叶片、幼芽及新梢，叶片正反两面生白色粉状霉斑，叶片皱缩卷曲，颜色变淡，新梢微肿，矮化或干枯。桃白粉病菌（*Podosphaera tridactyla*），为害桃、李、樱桃等叶片，初生白色粉霉层，以后蔓延至全叶。钩丝壳属（*Uncinula*）的葡萄白粉病菌（*Uncinula necator*），危害葡萄的叶、新梢、果梗及果实，受害初期叶片生不明显的小白粉斑，很快蔓延到整个叶片，严重时叶片向上卷曲。新梢、幼果受害产生白色粉霉斑。小丛科属（*Glomerella*）苹果炭疽病菌（*Glomerella cingulata*，无性阶段 *Gloeosporium fructiginum*），危害苹果、葡萄、梨、枇杷等多种植物的叶、茎及果实，以成熟期及贮藏期最重。黑腐皮壳属（*Valsa*）的苹果树的腐烂病（*Valsa mali*，无性阶段为 *Cytospora mali*），危害果树的枝干，引起溃疡；梨树腐烂病菌（*Valsa ambiens*，无性阶段 *Cytosperma*），危害梨的枝、干，引起溃疡腐烂。丛赤壳属（*Nectria*）的树木瘤肿病菌（*Nectria cinnabarina*），为害桑、梨、李、栗、核桃、枫、槭、榆、椴、榛等多种阔叶树木的瘤肿病，引起树木溃烂及枝条顶枯；苹果树溃疡（*Nectria galligena*），引起苹果树的溃疡病。球座菌属（*Guignardia*）的葡萄黑腐病菌（*Guignardia bidwelli*，无性阶段 *Phoma uvicola*）及葡萄房枯病（*Guignardia baccae*，无性阶段 *Macrophoma faocida*），危害葡萄的果穗、果梗及叶片等。囊孢壳属（*Physalospora*）的苹果轮纹病菌（*Physalospora obtuse*，无性阶段 *Macrodia gossypina*），主要危害苹果、梨、杏、桃、花红、木瓜、海棠、枣、甜橙等的枝干，叶及果实亦能受害；苹果黑腐病（*Physalospora obtuse*，无性阶段 *Sphaeropsis malorum*），为害苹果、梨、木瓜及山楂的叶、枝梢及果实。

3.2.3.3 担子菌纲及其所引起的病害

担子菌是真菌中最高等的一纲，包括许多形态和发育过程很不相似的真菌，从很小的黑粉菌和锈菌、到子实体很大的伞菌。低等的担子菌几乎全部为寄生的，引起植物的黑粉病和锈病；高等担子菌大多是土壤、肥料、木材上的腐生菌，有些寄生树木引起为害，其中有许多是食用菌，如蘑菇、黑木耳、白木耳、灵芝，也有一些是有毒的；经常破坏铁道枕木和电线杆的，主要也是高等担子菌。担子菌病害的症状类型各不相同，黑粉病和锈病可以根据受害部位产生的黑粉状厚垣孢子堆、锈粉状的（夏孢子堆）、黑褐色的（冬孢子堆）等来识别。高等担子菌引起的木材腐烂病及根朽病等除了从症状上识别外，还可借这类病菌的大而明显的子实体进行诊断。此外，有些担子菌为害后引起寄主受害部位肿大、畸形或形成菌瘿（瘿瘤），如茶饼病菌（*Exobasidium vexans*）引起的茶饼病及松瘤锈病菌（*Cronartium quercuum*）引起的松瘤锈病。

担子菌纲根据担子的形态分为两个亚纲。担子有分隔，来源于厚垣孢子的属于半担子菌亚纲（Hemibasidiomyeetes），包括黑粉菌目（Ustilaginates）及锈菌目（Uredinales）。担子不分隔，来源于菌丝的属于真担子菌亚纲（Eubasidiomycetes），包括许多高等担子菌，常见的有伞菌目（Agaricales）。

半担子菌亚纲包括黑粉菌目及锈菌目两个重要的植物病原真菌目。黑粉病是由黑粉菌的侵染而引起的。黑粉菌都是寄生的，但不是专性寄生的，黑粉菌可以在人工培养基上培养，少数黑粉菌还能在人工培养基上完成它的生活史。黑粉菌的寄生性是很专化的，各种作物都有它特殊的黑粉菌寄生，而相互侵染的可能性不大。黑粉菌的菌丝在寄主体内分布很广，许多都

遍布全株，引起系统性侵染，但其症状则在寄主体的局部表现，如许多黑穗病，虽然只在穗部表现症状，实际病菌菌丝体是分布全株的；也有的黑粉菌只侵染寄主的个别部位，菌丝只限于侵入点的四周，不引起系统性侵染，如玉米瘤黑粉病。

从寄主任何部位分生组织侵入引起局部性病害。病菌在土壤内休眠，一个生长季中，可以多次重复地进行侵染。病菌可以侵染寄主植物的各个器官（包括根、茎、叶及雌雄花序）。厚垣孢子落在寄主植株上，环境条件适宜，立即开始萌发，形成含有大量黑粉状厚垣孢子的菌瘿。菌瘿成熟后破裂，散出大量厚垣孢子，在土壤内越冬，引起下一年的侵染。属于这一类型的有玉米黑粉病菌（*Ustilago maydis*）等。

半担子菌亚纲中另一个重要的目是锈菌目。锈菌都是专性寄生的。锈菌分布广而危害性亦大，禾谷类作物的锈病和豆科植物的锈病以及梨的锈病都是常见的锈菌病害。锈菌侵入寄主后，从寄主活细胞中吸取养分，不引起寄主细胞的迅速死亡。因此，锈菌一般只引起局部侵染，形成点发性症状，在寄主受害部位产生锈黄色疱状孢子堆。有些锈菌侵染植物后，刺激寄主植物畸形发展，形成组织肿大、丛枝或瘿瘤。

锈菌的生活史在真菌中是最复杂的，具有多形态型，即一种锈菌在其发育过程中，可以产生多种形态不同的孢子。典型的有 5 种孢子：性孢子、锈孢子、夏孢子、冬孢子和小孢子，冬孢子是锈菌的有性孢子。并不是每一种锈菌都有以上 5 种孢子。有些锈菌在同一寄主植物上就能完成它的生活史，称为单主寄生。另外一些锈菌必须在分类上并不相近的两种寄主植物上，才能完成其生活史，称为转主寄生。通常以冬孢子阶段的寄主作为主要寄主，另一个寄主称转主寄主。例如小麦秆锈病菌，冬孢子寄生在小麦上，精子器和锈子器产生在小檗上，故小麦是它的主要寄主，小檗是它的转主寄主。有时则以经济上重要的寄主列为主要寄主，例如苹果和梨锈菌，冬孢子寄生桧柏上，而精子器、锈子器却产生在苹果和梨树上，仍以苹果和梨树作为主要寄主，桧柏作为转主寄主。

锈菌还表现出高度的专化性和变异性。锈菌的寄生性不但是高度专化的，而且有很大的变异性。这表现在一种锈菌其寄主范围往往很狭小，同一科不同的属、同一属不同的种，甚至同一种作物不同的品种之间，其寄生性也有显然不同的分化；而且这种寄生性的变异性也非常大。随着这种寄生专化性和变异性，一种锈菌又可分为许多专化型，专化型下又分为许多生理小种。

重要的林木病原锈菌有胶锈菌属（*Gymnosporangium*）的梨锈病菌（*Gymnosporangium haraeanum*）、苹果锈病菌（*Gymnosporangium yamadai*）为害梨、苹果、山楂等的叶片、果实、嫩梢，产生橘黄色病斑，密生鲜黄色细小粒点。柱锈菌属（*Cronartium*）、栅锈菌属（*Melampsora*）、鞘锈菌属（*Coleosporium*）和层锈菌属（*Phakopsra*）等。

真担子菌亚纲是一类高等担子菌，其中伞菌目的某些属是植物病原菌。外担子属（*Exobcsidium*）寄生叶片，刺激寄主引起畸形，其他高等担子菌都是弱寄生的，从伤口侵入，引起树木的根腐病或木材朽腐等。高等担子菌不经常产生孢子，主要依靠菌丝蔓延传播病害，很少引起再次侵染。

担子菌纲常见的植物病原菌分属检索表如下：

担子菌纲(Basidiomycetes)分类检索表

A. 担子从厚壁的休眠孢子产生，状如芽管（又称初菌丝），散生，不形成子实层，也无担子果，植物上的寄生菌 …………………………………………………………… 半担子菌亚纲(Hemibasidiomycetes)

B. 休眠孢子是厚垣孢子，从菌丝中的细胞产生，引起植物的黑粉病 ………… 黑粉菌目(Ustilaginales)

C. 厚垣孢子单生

D. 孢子堆成熟时呈粉状

E. 孢子堆周围没有膜包围

F. 厚垣孢子较小(5～14 μm),萌发时产生有横隔的担子,侧生担孢子 …… 55. 黑粉菌属(*Ustilago*)

F. 厚垣孢子较大(16～36 μm),萌发时产生无隔膜的担子,顶生担孢子 …… 56. 腥黑粉菌属(*Tilletia*)

E. 孢子堆周围有膜,中央有寄主组织形成的中轴 …… 57. 轴黑粉菌属(*Sphacelotheca*)

D. 孢子堆成熟时不呈粉状,埋在寄主组织内 …… 58. 叶黑粉菌属(*Entyloma*)

C. 厚垣孢子结合成孢子球

D. 孢子堆埋在叶内,寄生叶部,孢子球外有不孕层 …… 59. 实球黑粉菌属(*Doassansia*)

D. 孢子堆不埋在叶内,成熟时露出,呈粉状

E. 孢子球外有不孕细胞层,寄生茎叶 …… 60. 条黑粉菌(*Urocystis*)

E. 孢子球外无不孕细胞层

F. 孢子球不坚固,容易分离 …… 61. 团黑粉菌属(*Sorosporium*)

F. 孢子球紧密,不易破碎 …… 62. 褶孢黑粉菌属(*Tolyposporium*)

B. 休眠孢子是冬孢子,从菌丝的顶端细胞产生,引起植物的锈病 …… 锈菌目(Uredinales)

C. 冬孢子有柄,单生,单细胞或多细胞 …… 柄锈菌科(Pucciniaceae)

D. 冬孢子单细胞

E. 冬孢子长椭圆形,顶壁厚 …… 63. 单胞锈菌属(*Uromyces*)

E. 冬孢子横椭圆形或芜菁根状 …… 64. 椭孢锈菌属(*Hemileia*)

D. 冬孢子双细胞或多细胞

E. 冬孢子双细胞

F. 冬孢子柄短,不胶化

G. 冬孢子堆黄褐色

H. 冬孢子壁厚,两个细胞间缢缩不深,不能分离 …… 65. 柄锈菌属(*Puccinia*)

H. 冬孢子壁薄,两个细胞间缢缩很深,容易分离 …… 66. 疣双胞锈菌属(*Tranzschelia*)

G. 冬孢子堆白色 …… 67. 不休白双胞锈菌属(*Leucotelium*)

F. 冬孢子柄长,遇水胶化,孢子壁薄 …… 68. 胶锈菌属(*Gymnosporangium*)

E. 冬孢子多细胞 …… 69. 多胞锈菌属(*Phragmidium*)

C. 冬孢子无柄,群集成壳状或垫状的孢子柱,生于寄主表皮层或角质层下 …… 栅锈菌科(Melampsoraceae)

D. 冬孢子彼此上下左右互相连接

E. 冬孢子堆非圆柱状,孢子多层,埋于寄主表皮下 …… 70. 层锈菌属(*Phakopsora*)

E. 冬孢子堆圆柱形,突出寄主体外 …… 71. 柱锈菌属(*Cronartium*)

D. 冬孢子仅侧面结合成一层,埋在表皮层或角质层下

E. 冬孢子很早分隔成四细胞而转变为担子 …… 72. 鞘锈菌属(*Coleosporium*)

E. 冬孢子偶然有多细胞,萌发时自顶部生出担子 …… 73. 栅锈菌属(*Melamposora*)

C. 冬孢子阶段不明 …… 半知锈菌类 …… 74. 锈孢锈菌属(*Aecidium*)

A. 担子不从休眠孢子产生,从菌丝的顶端直接产生,通常聚集成子实层,常有发达的担子果,绝大多数腐生菌 …… 真担子菌亚纲(Eubasidiomycetes)

B. 担子有隔膜

C. 担子圆筒形,以横隔膜分为四个细胞 …………………………………… 木耳目(Auriculariales)

D. 担子果平伏,非胶质

E. 担子果毛绒状,无原担子 ………………………………………… 75. 卷担菌属(*Helicobasidium*)

E. 担子果蜡质至革质,往往有原担子 …………………………… 76. 隔担耳属(*Septobasidium*)

B. 担子无隔膜

C. 担子形成的子实层开始即暴露,或在担子孢子成熟前由于担子果的开裂而暴露

D. 担子圆柱形或棍棒形,顶端生四个小柄,每柄上生一担子孢子,萌发时直接产生芽管 ……………………………………………………………………………… 伞菌目(Agaricales)

E. 无担子果,担子直接在寄主表面形成子实层,寄生在高等植物上 …………………………………………………………………………………… 77. 外担菌属(*Exobasidium*)

E. 有担子果,多半腐生

F. 担子果不发达,很薄,由一薄层菌丝体和成丛的担子组成,聚贴在基物上 ……………………………………………………………… 78. 薄膜革菌属(*Pellicularia*)

3.2.3.4 半知菌纲及其所引起的病害

半知菌在自然界的分布是真菌中最广泛的一个类群。其中有腐生的,也有不少是寄生的。在植物病原真菌中,最常见到的半知菌有 200~300 属,在病害鉴定中是接触得最多数一类。

半知菌的分生孢子阶段和许多子囊菌的分生孢子阶段相似,所以半知菌绝大多数是子囊菌的无性阶段,少数的是担子菌的无性阶段。由于它们的有性阶段尚未发现,或者不经常产生,分类的地位不易确定,因而单独列为一类,称为半知菌类。事实上,半知菌的含义已经超出这个范围。许多子囊菌的有性阶段一年只发生 1 次,而经常出现的是它们的无性阶段,为了便于鉴定,可将这些子囊菌的分生孢子的形态做出鉴定,而不一定要等到发现有性阶段后再做鉴定,结果,往往一种子囊菌(少数担子菌也如此)的子囊孢子阶段属于子囊菌纲,分生孢子阶段又属于半知菌类,造成同一个真菌分别属于不同的纲,而且有两个不同的学名习惯上在叙述一种子囊菌(或少数担子菌)的时候,如经常发现的是它的无性阶段,一般就采用分生孢子阶段的学名。

半知菌引起的病害症状类型大多数是局部坏死,常见的症状有:

叶斑病类型 如水稻胡麻斑病、稻瘟病等。

炭疽病类型 如棉花炭疽病、红麻炭疽病等。

疮痂病类型 如葡萄黑痘病、柑橘疮痂病等。

溃疡病类型 如苹果腐烂病等。

萎蔫病类型 如棉花的枯萎病、黄萎病,瓜类枯萎病等。

腐烂病类型 如桃褐腐病、茄褐纹病等。

半知菌类根据子实体的形态分为多三个目一类群:球壳孢目(Sphaeropsidales)的分生孢子生在球形或瓶形的有孔口的分生孢子器内;黑盘孢目(Melanconiales)的分生孢子生在由平行排列的分生孢子梗组成的分生孢子盘中;丛梗孢目(Moniliales)的分生孢子形成于基质表面,排列疏松成丛的分生孢子梗上;无孢菌目(Mycelia-sterila),一般不产生任何类型的孢子,通常容易产生菌核。目以下主要是根据分生孢子的形状和颜色等性状进行分类的。半知菌的分生孢子随环境条件及孢子的年龄而有所变化,许多半知菌在幼嫩时是单细胞无色的,当老熟时则为双细胞(或多细胞)有色的(或深色的),因此,在鉴定时应该注意子实体及分生孢子的成熟度。

从梗孢目是半知菌中数量最大的一目。其中有许多是高等植物上危害严重的寄生菌或兼寄生菌;有不少是腐生的,习居土壤中,例如常见的工业发酵真菌及医药与农业上的抗生菌。从梗孢目真菌危害的植物,大都引起叶斑、果腐等症状,病斑有明显边缘或产生色泽不同的绒毛状霉层,为从梗孢菌病害的诊断特点。

黑盘孢目真菌大多寄生高等植物,也有腐生的。黑盘孢菌病害引起特异的症状类型,常见的有炭疽病和疮痂病,前者在果实上产生明晰的同心轮纹,并形成黑色颗粒状小点(分生孢子盘),排列呈轮纹状;后者在果实上产生圆形凹陷或隆起的病斑,中间灰白色有明显的边缘。有些黑盘孢目的真菌,分生孢子能分泌不同色素(常见的有粉红色或白色),故初期症状往往在病斑上出现粉红色(或白色)黏液,是黑盘孢菌病害的特征之一。本目真菌只能引起局部性病害。

球壳孢目是仅次于从梗孢目的一大类群,寄生的或腐生的,寄生在植物的茎、叶及果实上,引起局部性病害,也有因局部性病害而引起全株死亡。球壳孢菌引起植物病害的症状类型有:斑点病类型,主要侵染叶片,病斑多为圆形,有明显的边缘,中央生黑色小点;溃疡病类型,主要侵染茎秆、枝条,造成溃疡病斑;腐烂病类型,许多蔬菜、果实受害引起干腐或湿腐。无论是哪一种症状,其共同的特点是在寄主受害部位都能产生黑色小点(病菌的分生孢子器),散生、聚生或呈轮纹状排列,初期埋在寄主组织内,后突出表皮外露,在潮湿条件下,分生孢子器吸水而放出孢子角,肉眼观察呈白色细微的小点,这是诊断球壳孢菌病害的重要依据。

无孢菌群是一些很少产生分生孢子或其他子实体的担子菌,只能根据菌丝或菌核的形态来鉴定。大多是腐生或兼寄生的,引起植物的根或茎基的腐烂。无孢菌目包括的种类虽远不如半知菌类其他 3 目多,但所引起的病害在生产上都很重要。如多种植物纹枯病及各种菌核病,多种植物的立枯病、白绢病等。无孢菌目的病菌多数习居土壤中,以菌丝、菌核及菌索在土壤内或病株上越冬、传播蔓延,引起为害。

半知菌类常见的植物病原菌分属检索表如下,其主要的植物病原菌介绍于后。

半知菌类(Fungi Imperfecti)分类检索表

A. 产生分生孢子
  B. 分生孢子和分生孢子梗不产生在分生孢子器内
    C. 分生孢子梗散生或丛生在基物表面 …………………………………………… 丛梗孢目(Monitiales)
      D. 分生孢子梗排列疏松
        E. 分生孢子梗和分生孢子无色 ………………………………………… 丛梗孢科(Moniliaceae)
          F. 分生孢子单细胞,球形、卵圆形或圆柱形
            G. 分生孢子梗短
              H. 分生孢子串生,与分生孢子梗差别很微
                I. 分生孢子梗不分枝,分生孢子由上而下依次成熟……………… 79. 粉孢属(*Oidium*)
                I. 分生孢子梗分枝,分生孢子由下而上依次成熟 …………… 80. 丛梗孢属(*Monilia*)
              H. 分生孢子单生,与分生孢子有明显差别 ……………………… 81. 小卵孢属(*Ovularia*)
            G. 分生孢子梗长,它的细胞与分生孢子显然不同,一般有分枝,有的不分枝
              H. 分生孢子串生
                I. 分生孢子梗不分枝,顶端膨大呈头状,上面聚生成串的分生孢子
                ………………………………………………………………………… 82. 曲霉属(*Aspergillum*)

I. 分生孢子梗顶端帚状分枝，顶端着生分生孢子 ………… 83. 青霉属(*Penicillium*)

H. 分生孢子不串生

I. 分生孢子梗呈轮枝状分枝

J. 分生孢子呈卵圆形至椭圆形 ………………………… 84. 轮枝孢属(*Verticillium*)

J. 分生孢子圆柱形至长形 ………………………… 85. 顶柱霉属(*Acrocylindrium*)

I. 分生孢子梗不呈轮状分枝

J. 分生孢子梗作二叉状或三叉状分枝，分生孢子聚生成头状体 ……………………………………………………… 86. 木霉属(*Trichoderma*)

J. 分生孢子梗分枝不规则，分生孢子疏松聚生在顶端稍膨大的头状体上 ……………………………………………………… 87. 葡萄孢属(*Botrytis*)

F. 分生孢子双细胞，卵圆形或长筒形

G. 分生孢子梗细长不分枝，双细胞大小不等，下端细胞有一喙状凸起 ……………………………………………………… 88. 复端孢属(*Cephalothecium*)

G. 分生孢子梗退化为子座组织细胞，分生孢子短圆筒形，双细胞大小相等或不相等，上端细胞有一喙状凸起 ………………………………… 89. 喙孢属(*Rhynchosporium*)

F. 分生孢子三或多细胞

G. 分生孢子梗无色或淡褐色，一般不分枝

H. 分生孢子长卵形或长筒形双细胞或多细胞，单生或串生 …… 90. 柱隔孢属(*Ramularia*)

H. 分生孢子倒梨形，2～3 个细胞 ………………………………… 91. 梨孢属(*Piricularia*)

G. 分生孢子梗无色不分枝，鞭状或杆状，多细胞 …………… 92. 小尾孢属(*Cercosporella*)

E. 分生孢子梗和分生孢子或其中之一暗色 ………………………… 暗色孢科(Dematiaceae)

F. 分生孢子单细胞

G. 分生孢子梗短与菌丝不易区别，分生孢子圆形至长圆形，有内生的分生孢子及厚垣孢子 ……………………………………………………… 93. 根串珠霉属(*Thielaviopsis*)

G. 分生孢子梗与菌丝有明显区别，树状分枝，只有一种分生孢子，卵圆形、长筒形至柠檬形 ……………………………………………………… 94. 单孢枝霉属(*Hormodendrum*)

F. 分生孢子多细胞

G. 分生孢子典型的是双细胞，卵圆形或长圆形，褐色，亦有少数无色

H. 分生孢子串生或单生有凸起，分生孢子梗橄榄色至褐色 … 95. 枝孢属(*Cladosporium*)

H. 分生孢子单生，分生孢子梗橄榄色至褐色，有明显孢痕…… 96. 黑星孢属(*Fusicladium*)

G. 分生孢子三或多细胞

H. 分生孢子只有横分隔

I. 分生孢子梗短，长度很少超过分生孢子，褐色

J. 分生孢子卵圆形至长圆筒形，褐色 ………………… 97. 刀孢属(*Clasterosporium*)

J. 分生孢子蠕虫形至针形无色或褐色，分生孢子梗褐色 … 98. 尾孢属(*Cercospora*)

I. 分生孢子梗长，长度超过分生孢子，褐色

J. 分生孢子光滑

K. 分生孢子卵圆形至倒卵形 ………………… 99. 短蠕孢属(*Brachysporium*)

K. 分生孢子长卵形至长筒形 ……………… 100. 长蠕孢属(*Helminthosporium*)

K. 分生孢子纺锤形，中间 1～2 个细胞膨大………… 101. 弯孢霉属(*Curvularia*)

J. 分生孢子有刺 ………………………………… 102. 疣蠕孢属(*Heterosporium*)

H. 分生孢子有纵横分隔，褐色

I. 分生孢子串生在分生孢子梗顶端，少数单生，棍棒形至卵圆形，顶端较尖细 …………………………………………………… 103. 交链孢属(*Alternaria*)

I. 分生孢子单生在分生孢子梗顶端，卵圆形至椭圆形，两端钝圆 …………………………………………………… 104. 匍柄霉属(*Stemphylium*)

D. 分生孢子梗排列紧密

E. 分生孢子梗排列成有柄的孢梗束，分生孢子着生在分生孢子梗顶端 …………………………………………………… 束梗孢科(Stilbellaceae)

F. 分生孢子圆筒形或棍棒形，多细胞，褐色，分生孢子梗褐色或浅色 …………………………………………………… 105. 拟棒束孢属(*Isariopsis*)

E. 分生孢子梗排列成无柄的分生孢子座 ………………………… 瘤座孢科(Tuberculariaceae)

F. 分生孢子梗及分生孢子无色或鲜色，分生孢子圆形或镰刀形

G. 分生孢子单细胞

H. 分生孢子顶生，圆形，有瘤状突起，橄榄绿色，产生在菌丝的小凸起上，分生孢子座由菌丝形成 ………………………………………………… 106. 绿核菌属(*Ustilaginoidea*)

H. 分生孢子侧生，拟卵圆形至长圆形 ……………………… 107. 瘤座孢属(*Tubercularia*)

G. 分生孢子二至多分隔

H. 分生孢子多细胞，镰刀形，一般 2～5 个分隔，无色(有时不形成分生孢子座)，有的还形成卵圆形无色的小分生孢子 ………………………………… 108. 镰刀菌属(*Fusarium*)

H. 分生孢子线形

I. 分生孢子具有侧生的芽 ………………………………… 109. 座枝孢属(*Ramulispora*)

I. 分生孢子不具有侧生的芽 ……………………………… 110. 胶尾孢属(*Gloeocercospora*)

F. 分生孢子梗橄榄色至褐色或黑色

G. 分生孢子座为均匀的细胞组成，无刚毛，分生孢子圆形 …… 111. 附球菌属(*Epicoccum*)

G. 分生孢子座有刚毛 ………………………………………… 112. 漆斑菌属(*Myrothecium*)

C. 分生孢子梗和分生孢子产生在分生孢子盘内 ………………………… 黑盘孢目(Melanconiales)

D. 分生孢子无色

E. 分生孢子单细胞

F. 分生孢子盘无刚毛

G. 分生孢子梗极短，产生在子座上，分生孢子盘胶质少，淡褐色或无色，分生孢子极小，椭圆形，菌丝生长慢 ………………………………………… 113. 痂圆孢属(*SPhaceloma*)

G. 分生孢子梗较长，一般无子座，分生孢子盘多胶质，粉红色，分生孢子椭圆形，较大，菌丝生长快 ………………………………………………… 114. 盘圆孢属(*Gloeosporium*)

F. 分生孢子盘有暗色刚毛

G. 刚毛一般着生在分生孢子盘四周数目较少，分生孢子长椭圆形 …………………………………………………… 115. 毛盘孢属(*Colletotrichum*)

G. 刚毛不限在分生孢子盘四周，数目较多，分生孢子新月形 …………………………………………………… 116. 丛刺盘孢属(*Vermicularia*)

E. 分生孢子多细胞

F. 分生孢子双细胞，上端细胞一侧具有短的喙状凸起

G. 分生孢子盘下有放射状菌丝，分生孢子较瘦窄 …………… 117. 放线孢属(*Actinonema*)

G. 分生孢子盘下无放射状菌丝，分生孢子较肥宽 …………… 118. 盘二孢属(*Marssonina*)

F. 分生孢子多细胞

G. 分生孢子长圆形至棒形或线形，较粗短，分生孢子盘苍白 …………………………………………………… 119. 黏隔孢属(*Septogloeum*)

G. 分生孢子圆柱形至线形，细长，常弯曲 ……………… 120. 柱盘孢属(*Cylindrosporium*)

D. 分生孢子暗色，多细胞

E. 分生孢子顶端有刺毛

F. 分生孢子顶端只有 1 根刺毛 ……………………………… 121. 盘单毛孢属(*Monochaetia*)

F. 分生孢子顶端有几根刺毛…………………………………… 122. 盘多毛孢属(*Pestalozzia*)

E. 分生孢子顶端无刺毛、长圆形或纺锤形 ………………………… 123. 棒盘孢属(*Coryneum*)

B. 分生孢子梗和分生孢子产生在分生孢子器内 ………………………… 球壳孢目(Sphaeropsidales)

C. 分生孢子圆形、卵圆形至椭圆形，不是线状

D. 分生孢子单细胞

E. 分生孢子无色

F. 分生孢子器不产生在子座内

G. 分生孢子器外无刚毛

H. 分生孢子梗有明显分枝 ………………………………… 124. 树疱霉属(*Dendrophoma*)

H. 分生孢子梗无明显分枝

I. 分生孢子直形

J. 分生孢子甚小，在 15 μm 以下

K. 主要寄生在植物叶片上 ………………………… 125. 叶点霉属(*Phyllosticta*)

K. 寄生在植物的各个部位上 ……………………………… 126. 茎点霉属(*Photma*)

J. 分生孢子较大，在 15 μm 以上

K. 不产生菌核 ………………………………………… 127. 大茎点菌属(*Macrophoma*)

K. 产生菌核 …………………………………………… 128. 壳球孢属(*Macrophomina*)

I. 分生孢子弯，新月形 ……………………………………… 129. 壳月孢属(*Selenophoma*)

G. 分生孢子器孔口有刚毛一 ………………………………… 130. 棘壳孢属(*Pyrenochaeta*)

F. 分生孢子器产生在子座内

G. 分生孢子器集生在子座内，器腔不规则

H. 分生孢子小型，细长，香肠形，稍弯曲 ……………………… 131. 壳囊孢属(*Cytospora*)

H. 分生孢子大型，梭形 ……………………………………… 132. 壳梭孢属(*Fusicoccum*)

G. 分生孢子器单生在子座内或表面，器腔球形或圆锥形(有时无子座)，产生卵圆形和钩形两种分生孢子 ………………………………………………… 133. 拟茎点霉属(*Phomopsis*)

E. 分生孢子褐色，分生孢子器不产生在子座内

F. 分生孢子较大，卵形至长圆形 ……………………………… 134. 球壳孢属(*Sphaeropsis*)

F. 分生孢子较小，圆形至卵圆形 ……………………………… 135. 盾壳霉属(*Coniothyrium*)

D. 分生孢子多细胞

E. 分生孢子双细胞，椭圆形

F. 分生孢子无色

G. 分生孢子器在叶或茎上形成明显的斑点 ………………………… 136. 壳二孢属(*Ascochyta*)

G. 分生孢子器不在明显的斑点内 ……………………………… 137. 明二孢属(*Diplodina*)

F. 分生孢子褐色

G. 分生孢子器散生，无子座 …………………………………… 138. 色二孢属(*Diplodia*)

G. 分生孢子器丛生，有子座 ………………………………… 139. 球二孢属(*Botryodiplodia*)

E. 分生孢子有两个以上细胞

F. 孢子无色 …………………………………………………… 140. 壳多孢属(*Stagonospora*)

F. 孢子有色 …………………………………………………… 141. 壳蠕孢属(*Hendersonia*)

C. 分生孢子线形

D. 分生孢子器散生,分生孢子针形,无毛 ……………………………… 142. 壳针孢属(*Septoria*)

D. 分生孢子器生在子座内,分生孢子圆柱形,两端有毛 ………… 143. 双极毛孢属(*Dilophspora*)

A. 不产生分生孢子繁殖 …………………………………………………… 无孢菌群(Mycelia Sterilia)

B. 菌核褐色至黑褐色,形状不规则,组织较疏,有菌丝连系着 …………… 144. 丝核菌属(*Rhizoctonia*)

B. 菌核褐色至黑色,多半圆形,组织紧密,无菌丝连系着 ……………… 145. 小核菌属(*Sclerotium*)

B. 菌核黑色,扁平或不正圆形,组织紧密 ……………………………… 146. 丝葚霉属(*Papulospora*)

半知菌有发达的分隔的菌丝体。从菌丝上分化出分生孢子梗。由梗顶或其侧面生出分生孢子。也有少数种类的分生孢子是孢子梗内分生的。分生孢子的形状是多种多样的,无色或暗色,单细胞、双细胞或多细胞。分生孢子梗无色或暗色,分枝或不分枝,单生或集生成子实体。

从梗孢目(Moniliales)分生孢子梗松散地或成束地生在菌丝体上或寄主表面。广泛引起林木叶斑病的尾孢属(*Cercospora*),引起各种根病和萎蔫病的镰刀菌属(*Fusarium*),引起白粉病的粉孢属(*Oidium*),引起黑星病的黑星孢属(*Fusicladium*),叶片上病斑梭形,有黄色晕圈,边缘黑褐色,中央灰白色或灰绿色,潮湿时背面能产生出青灰色霉层黑星孢属(*Fusicladium*)梨黑星病菌(*Fusicladium pirina*),为害梨的叶片、果实、枝梢。果实受害,初为黄色、圆形斑点,长出黑霉,病部木栓化,果肉变硬,果实增大,病部龟裂,病果生长受阻而呈畸形;叶片受害,叶背呈现圆形或椭圆形淡黄色病斑,并有黑色霉层;新梢受害,呈黑色或黑褐色椭圆形溃疡性病斑,有黑色霉层。经常腐生在种实上的交链孢属(*Alternaria*)、曲霉属(*Aspergillus*)和青霉属(*Penicillium*)等均属本目。

黑盘孢目(Melanconiales) 分生孢子梗集生在分生孢子盘上。分生孢子盘呈浅盘状,早期埋生在寄主表层组织的下面,成熟时才实露出来,外形与某些子囊盘相似。痂圆孢属(*Sphaceloma*)的葡萄黑痘病菌(*Sphaceloma ampelinum*),危害葡萄的叶片、叶柄、果实、果柄、穗轴、卷须及新梢,病斑赤褐色,凹陷,中央灰白色,边缘紫褐色。柑橘疮痂病菌(*Sphaceloma fawcetti*)危害柑橘的叶片、果实及新梢,受害叶片扭曲,果实表面产生疮痂。引起林木炭疽病的毛盘孢属(*Golletotrichum*)和盘圆孢属(*Gloeosporium*),引起枝枯的黑盘孢属(*Melanconium*),引起叶斑病的盘二孢属(*Marssonina*)等均属本目。

球壳孢目(Sphamjopsidales) 分生孢子梗集生于孢子器中。分生孢子器多近球状,顶端留有孔口,外貌与子囊壳相似。属于本目的重要林木病原菌有壳囊孢属(*Cytospora*)的苹果树腐烂病菌(*Cytospora mandshurica*)为害苹果结果树,枝干阳面及分枝处发病较多,树皮染病后变红褐色,组织软腐,水渍状,腐皮易剥落,病部密生大量小颗粒,即病菌子实体。梨树腐烂病菌(*Cytospora carphosperma*)危害梨树的主干和枝。春季病部出现褐色水肿状,用手按压能下陷,将树皮剥开有酒糟味。盾壳霉属(*Coniothyrium*)的葡萄白腐病菌(*Coniothyrium diplodiella*)危害葡萄的果实、果梗、穗轴、枝及叶片。穗轴最易受侵害,初穗轴上发生褐色水渍状病斑,然后蔓延及果穗,由黄色变成褐色,最后变深褐色,上面布满白色疣状的小粒,果梗干枯,病果干后成僵果。引起枝干腐烂病的肾孢属(*Cytospora*),引起枝枯和叶斑病的大茎点属(*Macrophoma*)的苹果轮纹病菌(*Macrophoma kawatsukai*),危害苹果、梨的枝干及果实,此

外也危害杏、桃、枣、甜橙等多种果树。枝干上以皮孔为中心，产生水渍状褐色斑点，病斑扩大呈圆形，隆起呈瘤状，病部与健部交界处有一圈很深的凹沟，最后病部组织翘起如马鞍状，病斑中央生有黑色颗粒，许多病斑连在一起，树皮显得粗糙，故称粗皮病。果实多在成熟期发病，以皮孔为中心，水渍状，褐色，圆形，病斑逐渐扩大，有明显轮纹红褐色，病斑中央表皮下散生黑色小点。葡萄房枯病菌（*Macrophoma faocida*）危害葡萄果实、果柄及穗轴，果柄受害产生红褐色斑点，逐渐扩大后，果柄缢缩，果柄及穗轴干枯，果实失水萎蔫，出现不规则褐色斑，最后变紫黑色，干缩成僵果，表面有黑色小颗粒，僵果挂在树上，不易脱落。苹果干腐病菌（*Macrophoma* sp.）为害苹果、梨、甜橘、杨树等多种植物的枝干。病斑大小、形状不规则，初呈暗褐色，表面湿润，溢出褐色汁液，其后病部干枯，凹陷，呈褐色，周围开裂，生黑色小颗粒。茎点属（*Phoma*）、壳针孢属（*Septoria*）和叶点属（*Phyllosticta*）等。

无孢菌群（Mycelia sterilia）　它们不产生或很少产生孢子。通常以菌丝体、菌核或菌索出现。若发现它们的有性世代则往往属于担子菌。在我国北方地区严重为害多种幼苗，引起猝倒病的丝核菌（*Rhizoctonia solani*），引起根腐病的小菌核菌（*Sclerotium rolfsii*）均属本目。

半知菌的生活史一般比较简单。分生孢子萌发产生菌丝体，菌丝体上再产分生孢子梗和分生孢子。在生长季节中如此重复若干代后，以无性孢子或菌核等休眠越冬，或以菌丝体在寄主病死组织内越冬，明年再生成分生孢子侵染寄主。

3.3 观赏植物细菌病害的鉴定

3.3.1 植物细菌病害的分布

植物细菌病害分布较广，栽培的植物，无论是林果花卉和蔬菜，还是大田栽培，都有一种或几种细菌病害。目前已知的植物细菌病害有 300 余种，我国发现的有 70 种以上，明显少于真菌病害的种类，其中杉木叶枯病、软腐病、木麻黄和油橄榄青枯病、杨树根癌病以及柑橘溃疡病、桑疫病都是生产上重要的病害。

3.3.2 植物病原细菌的一般特性

细菌属于菌藻植物门中菌类植物亚门，与真菌的分类地位相平行，属于原核生物，只有核质，没有真正的细胞核。细菌是一种单细胞的微生物，比真菌小，比病毒大，一般长为 1～3 μm，宽 0.5～0.8 μm；有球状、杆状和螺旋状。细菌细胞的外面有一层固定的由几丁质构成的细胞壁，壁外有黏质层，比较厚而固定的黏质层称为荚膜。有些细菌还长有鞭毛，鞭毛是细菌的运动器官。

细菌是以分裂方式进行繁殖的。一个细菌细胞长成后，从中间断裂为两个子细胞。在适宜的环境条件下，细菌繁殖很快，可以在 20 min 内就分裂一次。有些细菌可以产生芽孢，它有抵御不良环境的能力。因为一个细菌细胞只产生一个芽孢，所以芽孢不是繁殖机构。

细菌细胞内不含有叶绿素，它包含着从寄生到腐生的各种类型。大多数细菌是腐生的，也就是说异养，对自然界的物质转化起重大作用，并为工农业生产提供丰富的资源，另一些寄生的细菌则可为害动植物，引起动植物的各种病害。但少数细菌含有细菌叶绿素和绿硫细菌叶绿素，可以进行光合作用，自养生活。

由于细菌的体积微小，且大多为无色透明的，所以必须将细菌细胞染色后才能比较容易地观察到它们的形态和结构。细菌染色技术最初是为了便于观察，后来发现各种细菌对不同染色方法的反应不同，所以染色还有鉴别细菌的作用。染色反应中最重要的是革兰氏染色反应，革兰氏染色反应不同的细菌在其他许多重要性状方面都存在着差异。革兰氏染色反应是细菌分类上的重要性状。

植物病原细菌都是杆状的，绝大多数可以运动。鞭毛数目最少的是一根，一般的是 3～7 根，也有更多一些是没有鞭毛的。大多数为端生鞭毛，少数为周生鞭毛。绝大多数的病原细菌不产生芽孢，少数产生芽孢的病原细菌是弱寄生菌，往往只在一定的条件下引起植物贮藏器官的腐烂。革兰氏染色多为阴性，少数为阳性。植物病原细菌可以在普通琼脂培养基上培养，生长的最适温度一般在 26～30℃，少数喜好高温，植物病原细菌能耐低温。不产生芽孢的细菌对高温比较敏感，一般在 50℃左右处理 10 min 即死亡。植物病原细菌是根据它的形态、染色反应、培养性状、生理生化反应和致病性等方面进行分类的。

3.3.3 植物细菌病害的识别与鉴定

细菌病害的病状多属于组织坏死、腐烂、萎蔫和畸形四种类型，病征为脓状物。一般细菌病害的病斑呈水渍状或油浸状，对光观察，呈半透明状。由于细菌产生毒素的作用，病斑周围会形成黄色的晕圈。在天气潮湿或清晨结露的情况下，病部常有滴状菌脓出现，通常为黄色或乳白色。侵染叶片薄壁组织的细菌，其扩展因受寄主叶脉限制，常呈角斑或条斑，有的病斑周围产生离层而脱落，形成穿孔。在一般情况下，根据菌溢现象，结合症状观察，又考虑该种寄主植物上已知的少数细菌病害病例，就可以确定是否是细菌病害，有的还能确诊是哪一种病害。

经过初步诊断，认定是细菌病害以后，进一步确定一种病原细菌的致病性和鉴定这种细菌的"种"也是重要的环节。按照前述柯赫氏假定，证明病原细菌致病性的步骤仍然是：共存性观察—分离纯化—接种—再分离。其中，由于各属病原细菌的性状不同，所以分离的难易程度和方法有所不同。假单胞杆菌属（*Pseudomonas*），黄单胞杆菌属（*Xanthomonas*）比较容易分离，一般采用肉汁胨琼胶培养基，也可以用马铃薯蔗糖琼胶培养基（简称 PDA）。

(1)症状的观察和显微镜的检查

植物病原细菌都是非专性寄生菌。它们与寄主细胞接触后，通常先将细胞或组织致死，然后再从坏死的细胞或组织中吸取养分。因此，导致的症状常是组织坏死和萎蔫，少数能分泌刺激素引起肿瘤。细菌造成的病斑，常在病斑的周围呈水渍或油渍状，在病斑上有时出现胶黏状物称为菌脓。这和真菌性病害产生霉状物和粉状物不同，是细菌性病害的重要标志。为确定是细菌性病害，除了分离培养外，简便的方法可采取病叶，在病、健部交界处剪取一小块组织，放在滴有清水的清洁玻片上，加上盖玻片，不久后对光观察，可见切口处有污浊黏液溢出。在病杆和病薯的切口处，也常可见菌脓溢出。显微镜观察，往往可以看到特殊的溢菌现象。将病部切片镜检时，一般都能看到有大量的细菌从病部维管束切口处溢出，如火山口涌出的岩浆或烟囱冒出的烟雾，称为细菌溢菌现象。这是一种比较简单而又十分可靠的细菌病害诊断方法。

当植物发生了一种细菌病害时，首先要对病症部分作反复仔细地观察，然后在病斑部分作

切片，用显微镜检查有无细菌溢出。一般由细菌危害植物以后，在病斑部分可以看到一些水渍状的症状（有的不表现水渍状）。将病部切片镜检时，一般都可看到有大量的细菌从病部溢出（细菌溢），这是诊断细菌病害比较简便而相当可靠的方法。细菌溢从维管束或薄壁细胞组织溢出，由此可以初步确定是哪一种类型的病害，例如萎蔫型的是维管束组织病害，细菌溢多半是由维管束组织中溢出来的。

在一般情况下，根据细菌溢的情况，结合症状观察，就可以确定是否是细菌病害，有的还可以进一步确定是哪一种病害。有时应该将病部作涂片染色检查，如马铃薯环腐病的诊断。

（2）病原细菌的分离

经过初步诊断以后，进行病原细菌的分离和确定它的致病性，对于细菌病害的鉴定是极为重要的一环。各属植物病原细菌的性状不同，所以分离的难易和方法有所不同。棒杆菌属（*Corynebacterium*）细菌对营养的要求较严，而且生长缓慢，除供给适当的营养物质外，为了抑制其他细菌的生长，在培养基中往往还加一些选择性的抑制剂。引起瘿瘤的野杆菌属（*Agrobacterium*）细菌对营养的要求并不严格，但是由于它在瘿瘤组织中的菌量不多，而形成瘿瘤时间很长，有大量的杂菌感染，这就需要在培养基中加入另一类选择性抑制药物，以抑制杂菌的生长。欧氏杆菌属（*Erwinia*）的细菌引起植物的软腐，在软腐的组织中经常有许多腐生菌的生长，而腐生菌的量，可以超过软腐病菌，有时用选择性培养基分离也比较麻烦，因此，用腐烂的病组织接种在无病植株或器官上，使重新形成新鲜病斑，然后再从新鲜病斑上分离，这样就比较容易成功。假单胞杆菌属（*Pseudomonas*）和黄单胞杆菌属（*Xanlhomonas*）细菌的分离比较容易一些，只要注意表面消毒，一般就可以分离到它的病原体。

分离方法　通常都是采用稀释分离法，而不宜用分离真菌时采用的组织分离法。方法是选择新鲜病叶的典型病斑处，切取小块组织，经过表面消毒后，研碎稀释，然后倒成平板培养，这是常规的方法。还有一种是平面划线分离法，方法是将病材料的小块组织，经过表面消毒以后，放在一片经过灭菌的载玻片上的灭菌水滴中，用灭菌玻棒研碎后，用灭菌的玻棒或接种针蘸取组织液在已凝成平板的培养基上划线，先在半个培养皿平板上划 4～5 条线，将玻棒重新灭菌后，再从第二条线上，垂直地划出 5 条线。

划线分离的目的是将单个细菌分开，培养后，分散地形成菌落。然后，根据菌落的培养性状，挑选所需要的菌落，培养而得到菌种。分离到的菌种，可以再重复稀释培养一次，以获得纯的菌种。

分离成败的关键有 4 个因素：一是材料要新鲜，尤其是不能发霉。如是软腐型标本，一般应先接种，待发病后，再从新鲜病部分离。二是表面消毒要适当，最常用的是用 0.1%升汞，但漂白粉消毒更为安全。如果菌量很大，有时也可不加消毒而直接分离。三是选择合适的培养基：分离假单胞杆菌属（*Pseudomonas*）和黄单胞杆菌属（*Xanthomonas*）的细菌，可以用普通的肉汁胨培养基；分离棒杆菌属（*Corynebacterium*）病菌，则要求营养成分更好的选择性培养基。四是菌落的选择，要求菌落出现的时间和形状都比较一致等。

分离用的培养基　一般采用肉汁胨培养基或马铃薯蔗糖琼脂培养基，但是对于一些有特殊营养要求的植物病原细菌或者为了抑制杂菌的生长，往往用特殊的选择性培养基来进行分离。Kado 等（1970）设计了 5 个属的细菌选择性培养基，其成分如下：

分离野杆菌属(*Agrobacterium*)细菌的培养基:

甘露醇 15 g;$MgSO_4 \cdot 7H_2O$ 0.2 g; $NaNO_3$ 5 g;B.T.B.(溴百里蓝) 0.1 g ;$Ca(NO_3)_2 \cdot 4H_2O$ 20 mg。琼脂 15 g;K_2HPO_4 2 g;蒸馏水 1 000 mL;LiCl 6 g;灭菌后 pH=7.2,培养基呈深蓝色。

分离棒杆菌属(*Corynebaeteterium*)细菌的培养基:

葡萄糖 10 g; Tris(三羟甲基氨基甲烷) 1.2 g;酪朊水解物 4 g;* 选氮化钠 2 mg; 酵母浸膏 2 g;* 多黏菌素硫酸盐 40 mg;LiCl 5 g;琼脂 15 g; NH_4Cl 1 g;蒸馏水 1 000 mL;$MgSO_4 \cdot 7H_2O$ 0.3 g;pH=7.8。

注:* 多黏菌素和选氮化钠不灭菌,当培养基灭菌后冷却到 50℃左右时加入。

分离欧氏杆菌属(*Erwinia*)细菌的培养基:

蔗糖 10 g;B.T.B.(溴百里蓝) 60 mg;阿拉伯糖 10 g;苷氨酸 3 g;酪朊水解物 5 g;硫酸十二烷基钠 50 mg;LiCl 7 g;酸性品红 100 mg;NaCl 5 g;琼脂 15 g;$MgSO_4 \cdot 7H_2O$ 0.3 g;蒸馏水 1 000 mL;调节 pH =8.2;灭菌后降到 6.9~7.1。

分离假单胞杆菌属(*Pseudomonas*)细菌的培养基:

甘油 10 mL;酪朊水解物 1 g;蔗糖 10 g;硫酸十二烷基钠 0.6 g;NH_4Cl 5 g;琼脂 15 g;Na_2HPO_4 2~3 g;蒸馏水 1 000 mL;灭菌后 pH=6.8。

分离黄单胞杆菌属(*Xanthomonas*)细菌的培养基:

纤维二糖 10 g;$MgSO_4 \cdot 7H_2O$ 0.3 g;K_2HPO_4 3 g;琼脂 0.6 g;NaH_2PO_4 1 g;琼胶 15 g;NH_4Cl 1 g;灭菌后 pH=6.8;蒸馏水 1 000 mL。

一般地说,这 5 种培养基具有高度的选择性,但也有例外,因为同一属细菌的生理性状和营养要求仍有一定差异,所以,不是在同一属中的细菌都能用上述某种选择性培养基可以分离出来,有时还必须找出更特殊一些的特定选择性培养基。

有许多植物细菌病害,可以由种子传病,但是种子上分离病原细菌却往往不易成功,其原因还不十分清楚。可能有三个因素影响分离的成功,其一是种子内的病菌都处在休眠状态,生长势弱,竞争能力小;其二是杂菌多,污染严重;其三是种子上带有较多的噬菌体。

在分离植物病原细菌时,在培养皿的平板上往往会出现许多黄色菌落的杂菌,其中较常见的是 *Erwinia herbicola*,它在植物表面广泛存在,而且与一些病原细菌一样,有相似的消长规律,它在培养基上生长很快,并且有时还能抑制病原细菌的生长,在分离时往往误认为是病原细菌。此外,还有 3 种假单胞杆菌的细菌也能形成黄色菌落,这些是在分离病原细菌时,应加以注意的。

(3)致病性的测定

对于分离的细菌,通过接种试验确定它的致病性是非常重要的,一般用常规接种的办法,观察表面的症状,尽可能了解它的寄主范围。接种在相应的寄主上,并表现原来的典型症状,是确定致病性的重要依据。

常规接种方法费时费工,对于分离到的大量菌株,要确定哪些是有致病力的,哪些是非致病性的细菌。近年来也有利用细菌性病害过敏性反应进行初次筛选,作为选出致病性细菌的一种快速方法。将致病性细菌的悬浮液用注射的方法接种在烟草叶片的细胞间,往往在 24 h 内就可以表现过敏性的枯斑反应,而腐生性细菌则不表现这种过敏性反应(表 3-3-1)。

表 3-3-1 寄主—寄生物的关系

组合	过敏性反应	典型症状
"毒性"致病性细菌——敏感寄主植物	−	+
"非毒性"致病性细菌——敏感寄主植物	+	−
"毒性"致病性细菌——抗性植物	+	−
致病性细菌——非寄主植物	+	−
腐生性细菌——植物(所有)	−	−

注:用细菌悬浮液($10^{7\sim8}$个/mL)注射,24 h内得到结果。
"毒性"是指有致病能力;"非毒性"指已丧失致病能力。

利用这种过敏性反应,还可以测定细菌的菌系,例如青枯病菌(*P. solanacearum*)的菌系,在烟草叶片上的反应就不同:菌系Ⅰ,原来是能危害烟叶的,将它接种在烟叶上,就可表现出典型的症状,而不表现枯斑反应;菌系Ⅱ是危害香蕉的,对烟叶的亲和力较差,接种后表现为枯斑反应。

除去烟草外,也有人试用菜豆等植物作为测定植物过敏性反应的试验植物,同样也可快速测致病性,例如油橄榄的肿瘤病细菌(*P. savastonii*)接种在油橄榄上要较长时间才能发病,用注射法接种在菜豆的第一片生长约7 d的叶片上,很快就发生枯斑反应。这种方法用于快速测瘤组织中肿瘤细菌的存在,是比较理想的方法之一。利用过敏性反应只能作为一种参考性状,可以初步区分分离到的许多菌种是否是植物病原菌,它的适用范围还要经过更多的试验。因此,致病性的最后确定一般还是要用常规的接种法,如喷雾法、针刺法、灌心法和高压喷雾法(1.5 kg/cm^2)等。可以根据作物种类和生育阶段不同而选用合适的接种方法。

3.3.3.1 植物病原细菌"种"的鉴定

经过分离、纯化和接种试验,确定了它的致病性以后,应进一步作革兰氏染色和鞭毛染色,参照它的培养性状,就很容易确定它是哪一个"属"的植物病原细菌。

植物病原细菌"属"的划分,还是比较明确的,意见分歧不大。但是,对种的分类,情况就比较混乱,主要是致病性在"种"的划分上的意义。许多植物病原细菌的细菌学性状虽然很相似,并且可以有一定程度的变化,但是它们的致病性的差异很明显,而且比较稳定。因此,有人主张根据致病性的差异而分为较多的"种"。例如大豆斑疹病细菌(*X. phaseoli* v. *sojae*)定为菜豆疫病菌的一个变种,但有人就认为根据其致病性的差异而分为一个独立的种(*X. sojae*)。

另外有些人过分强调细菌学性状的差异,认为属的下面,只能分为少数的几个种,在种的下面就根据致病性的差异,分为许多专化型。例如马铃薯黑胫病菌,原来定为一个种(*E. atrseptica*),目前也有人将它改为软腐病菌的一个专化型(*E. carotovora* s. sp. *atroseptica*)。这样做法,在一定程度上是合理的,并且是可取的,因为这既反应了病菌引起软腐的共性,又表示致病性的差异。但是超过了一定的限度就不一定适宜了。少数人更走向极端,主张将黄单胞杆菌属(*Xanthomonas*)细菌只分为5个种,其余都列为种的专化型,甚至有人主张取消这个属,将所有这个属的细菌都合并在假单胞杆菌属(*Pseudomonas*)中,作为它的一个种(*P. campstris*),其他都列为专化型。这样做法,不仅没有充分的根据,而且一定会造成很大的混乱。

因此,对于"种"的建立,既要注意致病性的差异,又要考虑到细菌学性状。这样,才能比较正确地反映"种"的性状。致病性是细菌种的很重要的鉴别性状,但是必须尽可能做全面的分析和比较,才能避免描述过多的新种。

值得提出的是目前所用的一些细菌学测定方法(特别是生理生化反应),不能反映致病性不同细菌的差别,并不表明它们之间在细菌学性状方面没有差别。近年来,有许多生理和生化方面的研究,例如核酸成分、糖代谢途径、氧化酶和精氨酸脱氢酶的活动,以及营养要求的分析等,证明致病性细菌与腐生性细菌以及致病性不同的细菌之间,表现有明显的差异,这些性状对于种的划分,也有一定的意义。

3.3.3.2 植物病原细菌的几个"属"及常见"种"的描述

植物病原细菌都是杆状菌,归在五个"属"内,即:

棒状杆菌属(*Corynebacterium*)

野杆菌属(*Agrobacterium*)

欧氏杆菌属(*Erwinia*)

假单胞杆菌属(*Pseudomonas*)

黄单胞杆菌属(*Xanthomonas*)

还有少数植物病原细菌,放在无孢杆菌属(*Bacfgrium*)中,这个属内细菌的分类地位还未最后确定。

植物病原细菌"属"的界限比较明确,它的划分是根据鞭毛的性状,革兰氏染色反应,菌落的色泽、形状和生理生化反应等。不同"属"的植物病原细菌,引起不同类型的病害,但是一种类型的病害,也可以由不同"属"的病原细菌所引起(表3-3-2)。

由细菌引起的植物病害主要有:欧氏杆菌属(*Erwinia*)、假单胞杆菌属(*Pseudomonas*)、黄单胞杆菌属(*Xanthomonas*)的柑橘溃疡病菌(*Xanthomonas citri*)危害柑橘的枝、叶和果实,引起溃疡病。桃细菌性穿孔病菌(*Xanthomonas pruni*)危害桃、梅、李、杏、油桃及樱桃等叶片、枝梢及果实,引起细菌性穿孔病。

表3-3-2 几种植物病原细菌"属"的主要特征

属名	鞭毛	菌落	革兰氏染色	乳糖发酵	水杨苷发酵	引起病害类型
棒状杆菌属(*Corynebacterium*)	无,少数有极鞭	奶黄色	+*			萎蔫为主
棒状杆菌属(*Corynebacterium*)	周鞭,1~4根,少数无	白色	—	A**	A	瘤肿,少数畸形
欧氏杆菌属(*Erwinia*)	周鞭,多数	白色	—	A,AG	A,AG	软腐为主,少数枝枯,萎蔫
假单胞杆菌属(*Pseudomonas*)	极鞭,3~4根	灰白色,有的呈荧光	—	—	—	叶斑,枝枯,萎蔫
黄单胞杆菌属(*Xanthomonas*)	极鞭,1根	黄色	—	A	—	叶斑,叶枯

* "+"阳性反应,"—"阴性反应。

** "A"产生酸,"G"产生气体。

3.3.4 噬菌体

噬菌体是一种能在微生物细胞中营寄生生活的病毒。它比微生物还要小,没有细胞结构,

能渗过细菌滤器，只有在电子显微镜下，才能看到它的形态。噬菌体具有很专化的寄生能力，与其他病毒一样，它只能在活的寄主细胞中寄生繁殖，而不能在人工培养基上独立繁殖生长。我们在生产链霉素、土霉素、庆大霉素等抗生素和5406、杀螟杆菌、井冈霉素、春雷霉素等微生物农药时，有时往往发生培养菌体迅速减少甚至完全消失的现象，使工业生产遭受巨大的损失，经过研究证明，这常常是受噬菌体感染的结果。

从土壤、田水或严重染病的植株上分离病原菌，往往不易成功，但从这里分离噬菌体却非常容易，这表明在这些部位，噬菌体的数量很多。已经知道，各种细菌、放线菌，一部分蓝绿藻和真菌，都有病毒寄生，这些寄生在微生物体上的病毒，统称为噬菌体。其中研究得最多的是寄生在细菌体内的噬菌体。

(1)形态和结构

噬菌体的种类很多，但其形态大多只有三种类型，即蝌蚪形、微球形和线形。由于它的体积很小，通常都只有50～800 μm，故在普通光学显微镜下是看不见的，只有在电子显微镜下，即放大几万倍以后，才能看得清楚。植物病原细菌的噬菌体，多数为蝌蚪形，少数为微球形，线形的极少。

蝌蚪形噬菌体的头部，是一个多角状的多面体，直径70～100 μm，后面连有一个杆状的尾部，长100～200 μm，粗15 μm。头部外壳由蛋白质组成，里面的主要成分是脱氧核糖核酸(DNA)，少数种类是由核糖核酸(RNA)组成的，尾部的中心是一根空管状的尾髓，外面包围着可以伸缩的蛋白质的鞘壳，末端有一片基板，板上有6个刺突和6根细长的尾丝。

微球形噬菌体一般都较小，它没有尾部，球体直径20～60 μm，在电子显微镜下观察，是个呈二十面体的球状结构。线形噬菌体更为纤细，是一根略为弯曲的线，长度在600 μm左右，它可以直接穿过寄主的细胞壁。

虽然噬菌体的个体很小，只有借助电子显微镜才能看清楚，但它的寄生现象，用肉眼也可以看得见，例如细菌在液体培养时，本来很混浊的细菌悬浮液逐渐变为澄清，菌体裂解并产生沉淀；在固体平板上培养时，则表现出一个个边缘整齐的圆形亮斑，在这个圆形亮斑的部分没有细菌生长，这种亮斑称为噬菌斑。这是我们用肉眼能看到的两种现象。

(2)侵染及增殖

噬菌体侵染寄主菌细胞并在其中繁殖的过程，可分为吸附、侵入、复制增殖和成熟释放四个阶段。

吸附　当一个有活性的游离噬菌体与敏感的寄主细胞相接触，噬菌体的尾丝散开，迅速吸附在细菌表面的感受点上；接着，刺突也固定在胞壁上，噬菌体就可以牢牢吸附在寄主菌的表面。一般在溶液中有少量钙或镁离子存在时，可以加速吸附的过程，提高吸附的效率；而当溶液中有抗血清存在时，游离噬菌体就被血清中和而钝化失活，从而不能再吸附到细菌上去。

侵入　当噬菌体的尾丝和刺突都固定在细菌细胞壁上以后，从尾髓中分泌出溶菌酶，把细胞壁溶解成一个小孔，尾鞘收缩，尾髓插入细胞，头部的脱氧核糖核酸随即注入细胞中去，蛋白质的外壳则留在细胞外部。从吸附到侵入的时间，一般只需十多秒钟，最长也只需几分钟，即可完成。

一旦噬菌体吸附在细胞壁上，抗血清就失去钝化这种呈结合状态噬菌体的作用，因为抗血清只能使游离噬菌体失活，而不能使已经吸附的噬菌体失活。

复制增殖　侵入寄主细胞的脱氧核糖核酸能很快取得该细胞代谢的控制权，它抑制原来

细胞的代谢途径，而借助于原来寄主细胞的一整套运转中的机器，按照噬菌体的代谢途径，很快复制出组成噬菌体所需要的脱氧核糖核酸和蛋白质，然后进一步组装成完整的噬菌体颗粒。在这一阶段，细菌虽然还是活的，但已经不能合成自体的物质，而被强迫复制出许多噬菌体的组成成分。

成熟释放　当细胞内子一代噬菌体的蛋白质外壳和脱氧核糖核酸分别复制并组装成噬菌体以后，寄主细胞壁破裂，内容物质及新一代的噬菌体就释放出来，新的噬菌体可以立即再吸附到新的寄主细胞上去。

从游离噬菌体吸附到细胞壁上开始，到寄主细胞裂解，释放出新一代噬菌体的时间，称为潜育期，不同种类噬菌体的潜育期各不相同。一个寄主细胞可以被许多噬菌体颗粒吸附，但侵入并起作用的，却只有一个噬菌体。在一个细胞中繁殖释放出一代噬菌体的数量称为繁殖量。植物病原细菌噬菌体的平均繁殖量少的只有 10 个左右，多的有几十个至上百个，依种类不同而多少不等。

(3)寄生专化性

噬菌体一定要吸附到活的寄主细胞上，才能繁殖，死细胞虽然也可以被噬菌体吸附，但不能复制繁殖出子一代噬菌体。一种噬菌体一般只能寄生在一个“种”的细菌细胞上，有的噬菌体的寄主范围甚至更窄，只能在一“种”细菌中的某个特定的菌系或菌株上寄生，这种寄主范围很窄的噬菌体，我们称它为“单价噬菌体”；另有一些噬菌体则可以在一个“属”下的几个“种”的细菌上寄生，这表示它的寄主范围较宽，这种噬菌体就称为“多价噬菌体”。从土壤或粪便等污物中分离到的噬菌体，常为多价噬菌体，而从病植物或微生物工厂中分离到的噬菌体，多为单价噬菌体。

(4)噬菌体的其他性状

分布　噬菌体在自然界中的分布很广，凡是有大量细菌(放线菌)存在的场所，几乎都有它的噬菌体存在。例如水稻白叶枯病菌的噬菌体，就广泛存在于有病植株的叶片、谷粒、稻桩以及田水和田土中；柑橘溃疡病菌的噬菌体则广泛存在于病树的果实表面、苗木、树叶和果园内的土壤及杂草上。因此，从这些材料上一般不难分离到它的噬菌体。

消长　噬菌体在自然界中广泛存在，同时也有其各自的消长规律，噬菌体的繁殖依赖于寄主菌的繁殖，因此当寄主菌大量繁殖的时候，其噬菌体也迅速增殖；而寄主菌消亡时，噬菌体数量也就随之下降。两者有着相似的消长规律。但是在自然界，噬菌体还受着环境条件的制约，例如日光、紫外线、表面活性物质，许多农药、酸、碱、强氧化剂等理化因素，常常使噬菌体钝化失活，这是因为噬菌体对这些物质较为敏感的缘故。

温度　噬菌体的生长适温，一般都与寄主菌的生长适温相一致，但是噬菌体的失毒温度却要比寄主菌的致死温度更高一些，一般噬菌体的失毒钝化温度都在 60～80℃，少数还可以更高一些，也有的在 50～60℃。

血清学反应　噬菌体的血清学反应与其他病毒的血清反应相仿，多为中和反应，抗血清使相应的噬菌体钝化失活，这种反应是非常专化的。血清中和反应常用来鉴别噬菌体的株系以及某些性状的研究。

(5)噬菌体在生产中的作用

在自然界广泛存在的噬菌体，对于人类的生活和生产，都有着重要的作用。在微生物发酵工业的生产过程中，噬菌体污染是个严重的问题，它可以导致大批倒罐和浪费，这是它的有害

方面。但是在自然界中,各种病菌——不论是危害人体和动物的细菌,还是危害植物的病原细菌,都有大量的噬菌体帮助人类去寄生,从而压抑了病菌的蔓延和传播,这种有益于人类的作用虽然有时不为人们所熟知,但的确是很重要的,而且始终是存在的。在人体医疗和植病防治上,都有利用噬菌体来防治某些病害的成功事例。

此外,噬菌体也是人们从事研究方法上的一个重要工具,利用噬菌体来追踪或侦察病菌潜伏的场所,测定其数量,探索病菌的消长规律以及应用在植物检疫等方面。随着对噬菌体研究的展开和深入,可以预料,利用它来为人类服务的前景将更加广阔。

3.4 观赏植物病毒病害的鉴定

3.4.1 植物病毒病害的一般性状

植物病毒病害包括由病毒、类病毒及类菌质体所引起的病害。动物、植物和微生物中细菌和放线菌都有病毒病。感染细菌和放线菌的病毒又叫噬菌体。目前已经知道的植物病毒病害有600种以上,在种子植物中,病毒绝大多数发现于被子植物上。无论是大田栽培、果树、蔬菜和观赏植物都有1～2种病毒病,甚至一种作物上有几十种病毒病害。木本科、葫芦科、豆科、十字花科和蔷薇科的植物受害较重,感染病毒的种类也较多。受害的主要是阔叶树种,针叶树种则很少受害。尽管如此,就已经知道的木本植物病毒类型的病害(包括类菌质体引起的病害),如枣疯病、柑橘黄龙病、泡桐丛枝病、桑萎缩病等所造成的损失却是非常严重的。部分寄生在昆虫体内的病毒现已用于害虫防治实践,并证明,应用多角体病毒和颗粒体病毒防治害虫是一种很有前途的手段。

病毒是一类非细胞形态的生物,用普通显微镜是看不到的,必须用电子显微镜观察。用电子显微镜观察植物病毒的质粒有球状(多面体)、杆状(螺旋杆状)及纤维状3类。病毒可以提纯结晶。结晶的形状有针状、十二面体及棱锥状晶体。在这些结晶中整齐地排列着各种形状的病毒质粒。这些质粒的结构是一种核蛋白,在核酸形成的轴心外包围着蛋白质外壳。病毒是专性寄生物,离开活体就不能繁殖。病毒的繁殖与真菌和细菌不同,它可影响寄主细胞,改变其代谢途径,在寄主细胞中合成病毒的核蛋白,形成新的病毒。

类病毒是从马铃薯纤维块茎的病薯中发现的,其致病质粒比病毒还要简单,它没有蛋白质外壳,只有核糖核酸碎片,但进入寄主后对寄主正常细胞功能的破坏及自行繁殖的特点与病毒基本相似。

许多黄化型和丛枝型的植物病毒病经研究大多是由类菌质体又叫类菌原质引起的,如水稻黄萎病、桑萎缩病、香蕉缩顶病、枣疯病和泡桐丛枝病等。类菌质体是目前已知能营独立生活的最小的单细胞微生物,能在人工培养基上生长,因此在本质上与病毒是有很大差别的。但是类菌质体有滤过性,由它引起的病害在症状和传播方法方面(多数由叶蝉传染)是与病毒相似的。类菌质体的质粒结构还与细菌有某种相似性,类菌质体是单细胞的微生物,一般是椭圆形的,大小为200 μm×300 μm。但由于细胞外无细胞壁,只有一层膜,所以它具有高度的可塑性,使细胞有多种形态,除椭圆形外,还常发现直径50～100 μm的长形细胞,这种可塑性与它的滤过性有关。类菌质体细胞内还有与细菌一样的核质,其成分也是相似的。

此外植物的类菌质体病原对四环素类抗生素敏感,这类抗生素对受害植物可能有治疗作用。

3.4.2 植物病毒病害的症状

病毒是在一般显微镜下看不到的非细胞形态的专性寄生物，因此，病毒学的研究除利用电子显微镜观察它的形态以及血清学和生物化学方法以外，一个很重要的问题是研究病毒对寄主的影响和它们之间的相互关系。症状学就是研究病毒和寄主相互关系的一个方面，它在植物病毒病的诊断上有重要的意义。

各种病毒对植物有不同影响，所以表现的症状也不同。植物病毒病害的症状有以下一些特点：

危害性 病毒的感染有时可以在短时间内使组织或植株死亡，但是大部分病毒对植物的直接杀死作用较小，它们主要是影响植物的生长发育，因而降低产量和质量。

症状表现 植物病毒病大部分是全株性的，植物感染病毒后，往往全株表现症状，有时与非侵染性病害的症状相似，诊断时必须加以区别。病毒病也有局部性的症状，如在叶片上形成局部枯斑。这种形成枯斑的寄主植物可以用来钝化病毒和进行病毒的定量，在病毒的研究上很重要。

发病部位 植物病毒病虽然是全株性的，但是地上部的症状较明显，根部往往不表现明显的症状。近年才证明病毒可以使植物发生根部癌肿症。有时病植株的根部发育受到抑制，也可能是地上部受害的间接影响。

外部症状 植物病毒病有所谓外部症状和内部症状之分，它的内部症状就是在寄主细胞中可以形成特殊的内含物。植物病毒病害外部症状的变化很大，大致可以分为 3 种类型。

第一类症状，是影响叶绿素的发育而引起各种类型的变色和退色，这是植物病毒病害最常见的症状。花叶和黄化是其中的两大类。花叶是指叶肉色泽浓淡不匀的现象，叶片呈淡绿、深绿或黄绿色相嵌的斑驳。黄化则是叶片均匀褪绿而呈黄绿色或黄色。叶片变色的症状往往不受叶脉的限制，但亦有变色与叶脉相关的，如在花叶症状表现的早期常会出现叶脉色泽特别浅、透光度强，看起来比一般叶脉略宽的所谓明脉症状。亦有叶脉和附近叶肉组织先变色而形成沿脉变色等症状，单子叶植物上表现的条纹或条点就是沿脉变色的原因。除去叶绿素以外，其他色素也可以受病毒的影响，如粟(谷子)红叶病在紫秆品种上的症状是叶片、叶鞘和穗部变红。病毒在花瓣和果实上也能形成各种斑驳。

第二类症状，是引起卷叶、缩叶、皱叶、萎缩、丛枝、癌肿、丛生、矮化、缩顶以及其他各种类型的畸形。畸形可以单独发生或与其他症状结合发生。烟草花叶病的典型症状是花叶，但为害严重时也能引起叶片皱缩和植株矮化。

第三类症状，是引起枯斑、环斑和组织坏死。枯斑可以由局部性的感染引起，也可以由系统性的感染引起，分别称为局部性枯斑和系统性枯斑。环斑发生的情形与枯斑相似。此外细胞和组织的坏死也是常见的症状，叶片、茎秆和果实的组织都可以发生部分坏死，番茄的条纹病毒病的症状就是如此。病毒有时还能引起全株性的坏死。韧皮部的坏死是某些病毒病害的特征。

解剖症状 病毒病害除去外部症状外，解剖上也有所改变。病毒可以使细胞或组织死亡或者促使其形成不正常的组织，但最突出的就是在细胞内形成各种内含体。可分为非结晶状的 X 体和结晶状的内含体，又称结晶体两个类型。X 体是一团与细胞原生质不同的物质，往往紧靠在寄主的细胞核上，它的大小不一，一般为圆形或椭圆形，直径 3～4 μm 至 30～35 μm，

X体的内部结构呈颗粒状和网状，并有液泡。结晶体是无色的长方晶、六方晶，或不规则的结晶，有的结晶体呈纺锤状、短纤维状或卷曲成“8”字形的长纤维状。在极个别的病毒病害中发现在寄主细胞核内存在有内含体。

这两种内含体的性质相似，它们都呈现蛋白质反应，而且它们可以互相转变。根据电子显微镜的观察，证明它们内部都含有病毒颗粒。

形成内含体是病毒的特性，但并不是所有的病毒在任何植物上和任何条件下都能形成内含体。因此，根据内含体的有无来诊断病毒病并不完全可靠。

一种病毒引起的症状，可以随着植物的种和作物的品种而不同，烟草花叶病毒病在普通烟草上引起全株性的花叶，而在烟草的心叶上则形成局部性枯斑。植物受到病毒感染以后，病毒虽然在植物体内繁殖，但有时在一般环境条件下，可以不表现显著的症状，这就是带毒现象。带毒现象表示植物对病毒的高度忍耐性，并与植物的免疫性有关。环境条件和植物的营养也影响症状。环境条件可以改变或者抑制症状的表现，以温度和光的影响最显著。植物体内有病毒，但由于环境条件不适宜而不表现显著的症状，就称为隐症现象。高温可以抑制许多花叶型病毒病害症状的表现，油菜的花叶病就是如此。病毒的混合感染是常见的现象。一株植物可以同时感受两种以上的病毒。特别值得提出的是两种病毒相结合，有时可以产生完全不同的症状。马铃薯的皱缩花叶病是由马铃薯X病毒和Y病毒引起的。X病毒单独存在时，使马铃薯发生轻微花叶；Y病毒单独存在时，在有些马铃薯品种上引起枯斑，X病毒和Y病毒同时存在，则使马铃薯发生显著的皱缩花叶症状。

3.4.3 植物病毒病的侵染循环

病毒的传染方法不仅和防治措施有关，而且病毒病害的诊断首先就要确定它的传染性。传染方法在目前也是病毒鉴定的主要性状之一。植物病毒的传染途径有昆虫传染、汁液传染、嫁接传染3种。在自然条件下，昆虫的传染是最主要的，所以许多病毒病害的发生与昆虫有关。汁液传染很少自然发生，但是接触传染的性质和汁液传染相似，在某些病毒中是经常发生的。人工嫁接时，如用带病毒的接穗或砧木，就会传染病毒。一般几乎所有的植物病毒都能由嫁接传染，大部分病毒可以由昆虫传染，只有部分病毒可以由汁液传染。但是也有很容易由汁液传染的病毒(如烟草花叶病毒)，反而不能由昆虫传染。果树的病毒一般都能由嫁接传染，但是它们的虫媒往往经过长时期的探索才找到，有的至今还没有发现。

(1)昆虫传染

在各种类型的植物病害中，病毒病害的传染与昆虫的关系最为密切。我国发生的重要病毒病害，不少是由昆虫传染的。

传染植物病毒的主要昆虫是半翅目刺吸式口器的昆虫，即蚜虫、叶蝉和飞虱，以蚜虫传染病毒的种类最多。其他如粉虱、介壳虫、盲椿象和蓟马也能传染病毒。少数咀嚼式口器的昆虫如蝗虫和蠼螋也能传染病毒。除去昆虫以外，少数螨类亦是传染病毒的媒介。应该指出，传染一种作物病毒病害的虫媒，并不一定就是严重危害该作物的昆虫。

昆虫传染病毒是专化的，但是专化的程度有所不同。各种类型昆虫的传染能力有显著的差别，如水稻上的几种病毒病，有的只能由飞虱传染，有的只能由叶蝉传染。有的虫媒只能传染一种病毒，有的就能传染许多种病毒。根据现有记载，桃蚜可以传染50种以上的病毒，这是传病能力最广的虫媒。同时，一种病毒也可以由一种或数种虫媒传染，甜菜缩顶病的虫媒只有一种叶蝉(*Eutettix tenellus*)，黄瓜花叶病则有许多种蚜虫可以作为虫媒，葱头的黄化矮缩病可以被50种以上的蚜虫传染;但对大多数病毒而言，往往有一两种或几种主要虫媒。

虫媒在病植物上吸食后，经过一定时间再到健株上吸食，就能将病毒传染到健株上使之发病。虫媒保持传毒能力的期限长短不一，期限的长短主要是由病毒的性质决定，因为同一种虫媒传染不同的病毒，传毒的期限是不同的。但是虫媒的种类也有一定的影响，例如十字花科植物的花叶病毒，由不同的蚜虫传染，它们传毒期限的长短就表现不一。根据病毒在虫媒体内的持久性(即传毒期限的长短)，病毒可以分为非持久性的和持久性的两大类。

非持久性的类型　就是虫媒在感染有这类病毒的植物上经短期饲养以后，立即可以将病毒传染到健株上，但是病毒在虫媒体内不能持久，虫媒的传染能力在数分钟后就显著减退，或者很快丧失。甜菜花叶病病毒的虫媒蚜虫，在病株上饲养5～6 s即能传病，而传染黄瓜花叶病的蚜虫传病能力只能保持数十分钟至数小时。

持久性的类型　虫媒的传病能力保持时间比较长，有的吸毒一次可以终身传病，甚至经过卵将传毒能力传给后代，但是虫媒在病株上取食以后，并不能立即传病，必须经过一定的时期(潜伏期)才能传病。虫媒不但能终身传毒，并能经卵传给后代。这种虫媒经若干代以后还能传病的情况，说明这些个别植物病毒有在昆虫体内繁殖的可能。

(2)汁液传染

汁液传染就是从有病的植株取出汁液，涂擦(或注射)在健全的植株上，就能使健株发病。病毒很少从植物的自然孔口侵入，涂擦汁液时必须形成一定程度的伤口，使病毒可以侵入。汁液传染是人工接种植物病毒的主要方法，但并不是所有的病毒都能由汁液传染。一般花叶型的病毒容易由汁液传染;而黄化型的病毒则很少由汁液传染。油菜的花叶病和烟草的花叶病都很容易由汁液传染。然而，在花叶型的病毒中，汁液传染难易的程度还是有所不同的。汁液能否传染是一种病毒的性状，但是也受寄主植物的影响。在植物体内繁殖量大而在体外存活时期较长的病毒，容易由汁液传染。有些病毒不能由汁液传染，可能是由于榨出的寄主汁液中含有抑制性物质，如蔷薇科植物的汁液含有大量单宁物质，对病毒的侵染有抑制作用。

接触传染是汁液传染的一种形式，但并不是所有汁液传染的病毒都能接触传染。例如，烟草花叶病毒和油菜花叶病毒都能由汁液传染，但是油菜花叶病毒并不能接触传染。接触传染的病毒必须是能够在植物的薄壁细胞组织中大量繁殖，病毒在病株中的浓度极高，当健株与病株接触时，通过极微的伤口，病毒就能传染到健株上而使健株发病。在自然界中，接触传染的病毒并不多，而烟草的花叶病是接触传染最典型的例子。烟草花叶病毒是很容易传染的，非但病株与健株接触可以传染，甚至接触病株后的手和工具再接触健株，也能传染烟草花叶病毒病。马铃薯X病毒和黄瓜花叶病毒也极易通过接触传染。

(3)嫁接传染

嫁接传染是病毒最有效的传染方式。几乎所有全株性的病毒病害都能通过嫁接传染，而且目前有许多植物病毒病害还只能由嫁接传染，所以这是证明病毒传染性的常用试验方法。嫁接传染虽然是最有效的方法，但是在自然条件下，只能发生在通过嫁接繁殖的植物，如果树和花卉等。就果树病毒病害而言，取用带病毒的砧木或接穗是很重要的传染途径。果树根部的自然接合也能传染病毒。

菟丝子的传染与嫁接传染相类似。菟丝子还可以作为两种不易嫁接的植物之间传染病毒的媒介。菟丝子虽然也可以用来研究病毒的传递问题，但在自然界中它的作用还是受菟丝子

的分布和寄主范围的限制。

植物病毒传染的来源有各种不同的情况，多年生的木本植物和不断以营养器官繁殖的植物，病毒可以在植物体内繁殖和存活，从病株取得的接穗和插条以及病株形成的块茎、鳞茎和块根等，也都隐藏有病毒。这些无性繁殖器官都是初次侵染的主要来源，可以引起下一年的感染。

植物病毒是细胞内的专性寄生物。植物病毒在植物的体外和植物的残体内大都不能长期存活，所以在一年生的草本植物上，病毒如何渡过休眠期和再度引起感染，就成为决定病毒病害发生和发展的关键问题。病毒的传染来源，除以上提到的各种情况以外，可以有以下几方面：

野生植物和其他作物　植物病毒虽然是专化性寄生物，但是它的寄主范围并不很专化，一种病毒往往可以侵染许多种分类上极不相近的植物，其中有野生的和栽培的，有一年生的和多年生的，生长期迟早也有所不同，所以一种作物的病毒就可能在其他植物上度过休眠期。

种子　植物病毒一般很少由病株种子传染。病毒病害虽然大部分是全株性的，但是病株的种子播种以后往往并不发病。目前只有少数豆科植物的病毒证明可以由种子传染，葫芦科植物的种子传染也较其他植物普遍。对于这些病毒而言，带毒的种子就是传染的来源。

土壤和作物残体　病毒由土壤传染的很少，有关这方面的知识很不够。土壤传染和作物残体传染有时也很难划分，因为土壤的传染也可能是由于土壤中存在着带有病毒的作物残体。烟草花叶病毒是一种最稳定的病毒，在体外可以长期存活，而且耐高温，美人蕉花叶病的土壤传染，并不限于作物残体中的病毒，因为寄主的组织腐烂分解以后，其中病毒并不丧失它的侵染能力。土壤传染的病毒虽然比较少，但这是很值得注意的问题。

昆虫　昆虫是自然界中病毒传染的主要媒介，但是作为病毒传染的来源，只限于极少数非常持久性的病毒可以在体内繁殖的虫媒。

植物病毒必须由伤口侵入，而不像细菌和真菌那样可以从植物的自然孔口侵入，更不能像某些真菌可以以芽管或菌丝穿过寄主表皮的角质层侵入。病毒侵入以后，有的局限在附近的细胞和组织中，但是更常见的情况是在侵入点繁殖、扩展而引起全株性感染。病毒侵入以后一般是在植物的薄壁细胞组织中繁殖和扩展，这时候的移动，是很缓慢的扩散作用，病毒进入韧皮部以后才能很快移动，大致是在韧皮部的筛管中移动。韧皮部是植物运输同化作用产物的组织，因此病毒是随着同化物质输送的主导途径移动的，病毒先向根部移动，然后向地上部分的生长点和其他需要养分较多的部分移动。病毒从地上部分向下面根部移动的速度，显然要比从根部向上移动的速度快得多。

3.4.4　植物病毒病害的诊断和鉴定

为了在广泛而复杂的植物病害中，准确地识别植物病毒病害，并且与一些非侵染性病害和药害等相区别，必须按一定的程序进行诊断和鉴定。现将目前应用于诊断和鉴定的一般程序和方法叙述如下。

(1)植物病毒病害的初步诊断

要确诊一种未知病害是否为病毒病害，首先要进行田间观察。一般来说，感染病毒病的植物在田间的分布多半是分散的，往往在病株的周围可以发现完全健康的植株；而非侵染性病害通常成片发生，而且发病的地点和特殊的土壤条件及地形有关。当然，通过接触传染或活动力很弱的昆虫传染的病毒病在田间的分布也可能较为集中。如果初次侵染来源是野生寄主上的昆虫，那就很可能在田边的植株上先发生病害。在症状上，病植株往往表现某一类型的变色、褪色或器官变态。植株常常从个别分枝的顶端先出现症状，然后扩展到植株的其他部分。随着气候的变化，有时植物病毒病会发生隐症现象。当系统侵染的病毒病植株发生黄化或坏死斑点时，这些斑点通常较均匀地分布于植株上，不像真菌、细菌引起的局部斑点那样在植株上下分布不均匀。此外，大多数的侵染性病害的发生发展与湿度有正相关性，而植物病毒病却没有这种相关性，有时干燥反而有利于传染病毒病的虫媒的繁殖和活动，从而加速病害的发展。

除去病区现场观察症状外，病植物中内含体的检查以及用化学方法测定病组织的某些物质的累积也可作为诊断的参考。如黄化型病毒病，可从叶脉或茎部切片中，观察到韧皮部细胞的坏死。植株感染病毒后，组织内往往有淀粉积累，可用碘或碘化钾溶液，测定其显现的深蓝色的淀粉斑。花叶型病毒的叶片经测定，在淡绿色部位显现淀粉斑，黄化型病毒病中的淀粉积累更为显著。果树等感染病毒后，叶片中累积的多元酚，可用氢氧化钠溶液测定。病毒在植物细胞中所形成的X体可用斐而琴(Feulgen)染色法结合亚甲蓝复染进行鉴别。

证明它的传染性是诊断病毒病害的关键。当一种植物病毒的自然传染方法还不知道的时候，一般都可以用嫁接方法来证明其传染性。但通常对于可疑的病害多半先试用汁液摩擦接种。如果不成功，再进行嫁接试验。甚至有时可用病组织塞入健株茎内的方法接种。对于不能嫁接的植物如禾本科植物，就需用昆虫传染等方法接种进行摸索。一般最好在健株的一个分枝进行接种，然后观察其症状是否扩展到其他部位。

(2)植物病毒的鉴定

一种病害经过诊断确定是病毒病害以后，可以进一步鉴定病毒。植物病毒的混合侵染是常见的，所以在鉴定以前必须肯定是一种病毒。目前病毒鉴定的根据主要是传染方法、寄主范围和寄主的反应以及病毒的物理性状，如体外存活的期限、稀释终点以及对温度和药剂的反应等。近年来血清学方法也用于病毒的鉴定。电子显微镜可以直接观察病毒的形态。对于可以提纯的病毒，则可以进行化学分析。但是目前仅有少数病毒经过这方面的研究。

鉴定植物病毒首先要摸清其自然传染方法。在自然界，植物病毒病害多数是由昆虫传染，少数是通过接触传染、嫁接传染或由种子、土壤传播。当进行传染方法试验时，可根据调查研究情况，选用上述可能媒介进行试验，一般最好是从相类似的病毒病的已知传染途径着手。对于昆虫传染的病毒，除确定昆虫的种类外，还要测定病毒在昆虫体内的潜伏期(即传病的无毒虫从吸得病毒到能够传染病毒所经过的时间)和传病昆虫传病的持久性。

研究病毒的寄主范围和寄主的反应对鉴别病毒有很大帮助。不同病毒或不同病毒的株系都有它们自己的寄主范围和不同的寄主反应，故常用亲缘相近的植物和很多病毒都能侵染的著名植物，如普通烟、心叶烟、菜豆、番茄、曼陀罗等，作交互接种。每一种植物病毒，在其一定寄主上，都表现一定的症状。这也为鉴定植物病毒，提供了鉴别性状。例如在我国有多种病毒引起油菜和十字花科植物的花叶病。它们在油菜上表现同样的花叶症状，因此仅按照油菜上的症状，就无法区别，然而根据它们在一系列寄主上的反应，特别是在普通烟和心叶烟上的症状反应可将华东地区的油菜花叶病毒分为3类，即芜菁花叶病毒、黄瓜花叶病毒和烟花叶病毒。对于昆虫传染的病毒来说，一般先找传病昆虫栖息频繁的植物进行测定，越冬寄主植物对于非经卵传递的病毒和非持久性病毒是重要的初次侵染来源。在寄主范围试验中，对各种植物表现的症状，要作系统观察，并注意生育期和气温的影响。对不表现症状的植物，经过一定

时间之后，还要在原寄主上进行反复接种试验，确定其是否隐带病毒。

病毒的抗性测定也是鉴定植物病毒的方法之一。抗性通常是指病株汁液中的病毒经温度和稀释等处理后的传病能力，这些测定一般用于由汁液传染的病毒。

植物病毒具有较强的抗原特性，如果将它注射到试验动物的血液中，那么就能够产生大量相应的特异性抗体，并且血清中存在的这种抗体在体外又能与相同或相似的病毒起灵敏的反应，由于植物病毒抗血清具有高度的专化性，因此血清学方法可以用来准确鉴定病毒的种和株系。

植物病毒的分类系统很多，但是没有一个方案是比较完善而成熟的，已有的分类系统多半还是偏向于病毒病害的分类而不是病毒的分类。有的分类系统是以症状的类型作为主要的分类标准，然后再考虑传染方法和病毒的其他性状；有的分类系统是以传染的方法和虫媒的种类作为主要分类性状，然后再考虑症状和其他性状。这些分类在实际应用上比较方便，但不一定是合理的。比较合理的分类系统应根据病毒颗粒的形态和一些主要特征。目前国际上正探讨用密码进行病毒分类，他们把每一种病毒都用符号或单位写成一定的程式表示其性状。这种符号程式的内容和排列次序如下：

$$\frac{\text{核酸类型}}{\text{核酸链类别}}:\frac{\text{核酸分子质量}}{\text{病毒分子质量中的核酸含量}}:\frac{\text{病毒颗粒外形}}{\text{蛋白质衣壳形状}}:\frac{\text{寄主}}{\text{昆虫介体}}$$

如烟草花叶病毒的程式表示为 R/1:2/5:E/E:S/O，程式中的符号和数字依次为 R＝核糖核酸，1＝单股，2＝2×10^6，5＝5％，E＝长形，具平行边，两端不圆，S＝种子植物，O＝无传播介体。根据密码分类法，对目前研究得较多的约 150 种植物病毒进行了近 50 种性状的详细比较，划分了 16 个植物病毒组。

为了便于病害的诊断，我们将按作物把一些国内发生，比较重要的病毒病害，对其症状、病原病毒的特性、发病规律等特点加以简单介绍。常见的植物病毒病如苹果花叶病毒在苹果树上的症状只表现在叶片上，呈各种黄化及黄绿色的斑点，斑区沿脉变黄，因而在绿色叶片上形成绿色网纹，后期有坏死斑点。果实上无症状。

3.5 观赏植物线虫病害的鉴定

3.5.1 植物线虫的一般特性

线虫是一种低等动物，属无脊椎动物中的线形动物门(Nemathelminthes)的线虫纲(Nematoda)。它在自然界的分布很广，种类也很多，它可以在土壤、池沼中生活，也可以在高山、海洋、河湖中繁殖，既可以在动物和植物体内营寄生生活，也可以在人体内寄生而成为重要的寄生虫病，如常见的蛔虫、钩虫和蛲虫病等。因此，研究线虫不仅是植保领域里的一个重要课题，而且也是人体医学和兽医方面的重要内容之一。

被线虫寄生的植物种类很多。裸子植物、被子植物、苔藓、蕨类、菌藻植物，以及栽培植物上，几乎都可发现有线虫寄生；而每一种植物上，尤其是禾本科、豆科、茄科、葫芦科、十字花科和百合科等作物以及草莓、葡萄、柑橘、桑、柿等果树上，都有许多重要的线虫病害。例如马铃薯茎线虫和水稻的茎线虫等还是重要的检疫对象。

许多在土壤中腐生的线虫和半寄生的一些线虫，在一定的条件下，也能危害作物的根部，造成与缺肥相似的症状。此外，线虫还能传播许多其他病原物，或者为其他病原物的侵入打开门户，诱发其他病害的发生。一些剑线虫的危害和活动，还可导致植物病毒病的发生，这是因为这些剑线虫本身还是病毒的媒介。

寄生在植物上的线虫，从其种类和造成损失的严重程度来看，次于真菌、细菌和病毒，但是随着人们对线虫病害认识的深入，尤其是线虫往往还与其他病原生物（真菌、细菌和病毒）结合在一起，或者是为其打开侵染的门户，从而加重或诱发许多病害的复合作用，近年来已日益被人们所重视，而许多病害，尤其是土传病害的防治工作，随着有害线虫的防治而有了显著进展，因此在病害的诊断和防治上，必须充分注意到植物寄生线虫和土壤线虫的影响。

近年来的研究还发现，一些寄生在昆虫体内的线虫，可以用来作为生物防治的天敌之一而加以利用。

必须指出，在自然界广泛存在的线虫，除去能寄生动植物而引起病害的有害线虫之外，还有大量的腐生线虫、捕食线虫的线虫、取食真菌和细菌的线虫，它们在水中和土壤中营腐生生活，可以帮助促进有机物质的转化和分解，这在大自然中也是有益的方面。

3.5.1.1 植物寄生线虫的形态结构

线虫体形细长，两端稍尖，形如线状，故名线虫。少数线虫的雌性成虫可以膨大成球形或梨形，但它们在幼虫阶段则都是线状的小蠕虫。虫体多半为乳白色或无色透明，少数能膨大，在成熟时体壁可以呈褐色或棕色。除去寄生在人体和动物体内的线虫可以较长以外，一般都是很短小的，通常不超过 1 mm，宽 50～100 μm，只有小麦粒线虫的雌虫，可以长达 3～5 mm，而寄生在鲸鱼体内的线虫则可长达 10 m 以上。

(1)虫体构造

线虫虫体通常分为头、颈、腹和尾四部分。

头部有唇、口腔、吻针和侧器等，唇由六个唇片组成，位于最前端，分布在口腔的四周，有的还有乳凸，是一种感觉器官。侧器也是一种感觉器官，在动物寄生线虫和海洋线虫的种类里，侧器比较发达，而植物寄生线虫的侧器多为袋状，一般都不发达。吻针在口腔的中央，是线虫借以穿刺寄主组织并吸取养分的器官，能伸能缩。吻针的形态和结构是线虫分类的依据之一。

颈部是从吻针的基部球到肠管的前端之间的一段体躯，其中包括食道、神经环和排泄孔等。食道的前端与吻针相连，后端连通肠管。

腹部是指肠管和生殖器官所充满的那段体躯，前端到后食道球，后端到肛门。腹部也是线虫虫体最粗的地方。

尾部就是从肛门以下到尾尖的一部分，其中主要有侧尾腺和尾腺，少数雄虫的交合刺延伸到尾部，有的线虫尾尖还有凸起等。植物线虫的尾腺都不发达，侧尾腺也是重要的感觉器官，它的有无是分类上的依据之一。

线虫虫体的分区其实并不像昆虫那样明显，因为它的体壁是由透明的角质膜和肌肉所组成的，不分节，但在角质膜上常有许多密生的横纹和少量的纵线。在肌肉层的内侧即为线虫的体腔，由于它没有上皮鞘和真正的体壁，所以线虫的体腔称为假体腔。假体腔内充满无色的液体，内部器官即分布在体腔液中。

(2)消化器官

线虫的消化器官比较简单，通常为一直通的圆管。它开口于头顶的口和口腔，口腔中大多

具有一根骨化了的吻针，是刺吸植物汁液的工具；吻针顶端斜切，中间有一小的管道，基部膨大成球状，其后方与食道相连。食道一般由三部分组成，前端为前体部，中间为峡部，后端为膨大的食道球和食道腺体。食道的后方与肠子相连结，肠子末端为直肠和肛门。雌性成虫的肛门是单独开口于体壁的，雄性线虫则多为泄殖孔，即与生殖器官的开口相结合。

食道上有背、腹食道腺，并各有自己的开口，腹食道腺多开口于中食道球内，背食道腺则可以在中食道球内开口，也有的与吻针基部相连结。食道的形态构造是分类上的重要依据，线虫食道的类型，通常有七种：即圆柱型、矛线型、球型、小杆型、双胃型、垫刃型和滑刃型。植物寄生线虫的食道主要是垫刃型和滑刃型，少数为矛线型和小杆型。

①垫刃型食道：食道的前体部狭窄，中部有发达的中食道球，下部连接峡部，其后通向后食道球和膨大的食道腺，食道腺即在膨大部中，背食道腺开口于吻针的基部，腹食道腺管开口于中食道球内。垫刃总科的线虫均是垫刃型的食道。

②滑刃型食道：这类食道的食道腺常游离于后食道之外，常重叠在食道的一侧，无明显的后食道球，背腹食道腺均开口于中食道球内。

③矛线型食道：食道的前部细而薄，后部渐宽而厚，呈瓶状。

④小杆型食道：食道管全部为宽圆柱形，中间有一不发达的假球(内无食道管和瓣门)。

(3)生殖器官

生殖器官是线虫体内最发达的器官，除去少数种类是雌雄同体的之外(少数还可营孤雌生殖)，绝大多数是雌雄异体的。性的分化一般在5龄幼虫时即已明显。雌性成虫的生殖器官通常包括2条细的卵巢，输卵管、受精囊和子宫、通过阴道开口于腹部末端的阴门。雄性成虫的生殖器官则由睾丸、输精管和交合刺组成。有的线虫在交合刺的下侧还有一条引带；在生殖孔外面的两侧还有角质膜延伸成翼状的交合伞(又称孢片)，是交尾的辅助器官，有些线虫的尾部还有几对乳状突，有感觉的作用，称为生殖乳突。

线虫的繁殖能力极强，一个成熟雌虫可以产卵1 500～3 000个，所以在土中和水中经常可以找到多种类型的线虫。线虫的神经系统并不发达，所以感觉也很迟钝。它的神经中枢是围绕在食道峡部四周的神经环，从神经环上延伸出许多神经纤维到各感觉器官，如头部的侧器，尾部的侧尾腺，食道旁的半月体、半月小体和内部各个器官上。

植物寄生线虫的排泄器官十分简单，仅由一个单细胞的颈腺担任，它开口于中腹线上，通常位于神经环的附近。

3.5.1.2　植物寄生线虫的生活史

植物寄生线虫的生活史一般都很简单。除去极少数的线虫可以营孤雌生殖(如一些根结线虫)之外，绝大多数的线虫是在经过两性交尾后，雌虫才能排出成熟的卵。线虫卵一般产在土壤中，有的在卵囊中或分散在土壤和植物体内，少数则留在雌虫体内(如胞囊线虫)。卵极小，各种线虫卵的形状和大小，并无十分明显的差异。卵孵化后即为幼虫，幼虫经过3～4次蜕皮后，即发育成成虫。在幼虫阶段，一般不易区分它的性别，只是到老龄幼虫时，才有明显的性分化。雄虫在交配后不久即自行死亡。从卵的孵化到雌虫发育成熟产卵为一代生活史。线虫完成一代生活史所需的时间，随各种线虫而不同，有的只要几天或几个星期，有的则需要一年的时间(如小麦线虫)。寄生植物的线虫，大多数只能在活的植物组织上吸食，并不断生长繁殖；有的则可以在土中或植物残体中营兼性腐生生活。有些线虫的幼虫虽然可以在土中或水中自由活动，并生活一段时间，但它们主要还是消耗体内原来积存的养分，而并不取食，一旦体内的养分消耗完毕而还未找到适合的寄主，那么线虫就要死亡，这类线虫在土中或水中的存活时间很有限。少数线虫则可以在植物体内休眠，而长期存活，如小麦线虫和水稻干尖线虫等。

3.5.2 植物寄生线虫的寄生性

在植物上营寄生生活的线虫，大多数是专性寄生的，它们不能在人工培养基上生长繁殖。而有些寄生在真菌或藻类植物体上的线虫，则可以在人工培养的这些菌丝体上生长繁殖。少数植物寄生线虫可以营兼性腐生生活，因此可以在人工培养基上培养它们。当我们在有病植物上发现了专性寄生的线虫时，往往可以确定这种线虫是它的病原物。而如果在一些植物的根茎部发现一些兼性寄生的线虫时，有时并不能立即就确定它就是该植物的病原物，而必须作进一步的分析和研究，才能确定。

植物寄生线虫的寄生部位常常因不同种类而不同，有的只能在地下部寄生，有的则可以在地上部的茎、叶、花、芽和穗部寄生。由于大多数线虫是在土中生活的，所以植物的地下部分常常受到许多线虫的寄生和侵害，甚至在同一个作物组织内，也可以看到许多不同种的线虫。根据寄生方式的不同，线虫又可分为内寄生和外寄生两种类型。

内寄生　凡线虫虫体全部钻入植物组织内，刺吸植物汁液的称为内寄生，属于这类的如根结线虫(*Meloidogyne* spp.)，是典型的内寄生。

外寄生　凡线虫仅以吻针刺吸植物汁液，虫体并不进入植物组织内的称为外寄生，属于这类的如剑线虫(*Xiphinema* spp.)。但是线虫的寄生方式并不就是这两种类型，例如水稻干尖线虫的虫体在地上部的幼芽生长点外面，虫体外面有植物组织保护，但并不完全进入生长点。又例如小麦线虫，开始时为外寄生的，但到孕穗后即全部进入子房，营内寄生生活。

线虫在土壤中的移行速度很慢，活动范围也很有限，这是因为线虫的活动没有任何规律性，所以线虫在田间一种作物上的危害都是有限的，大都呈块状分布，这也是线虫病的一个发生特点。线虫的远距离传播途径主要是凭借种子、苗木、土壤和包装材料等。在一般情况下线虫病不会在短期内大面积流行发生。

植物寄生线虫对一些化学物质有较强的趋化性，尤其是对其适宜的寄主的根部分泌物，趋性更为显著。当线虫移行到寄主组织上以后，即以唇吸着在表面，以吻针穿刺组织，分泌唾液(消化酶)，使寄主细胞的内含物被消解而吸收。各种线虫的唾液中的消化酶种类各不相同，所起的作用也不同。一些固定寄生的根结线虫和胞囊线虫等，由于刺吸寄主细胞使吻针附近的薄壁细胞增大，变为巨型细胞(giant cell)，其中细胞核融合，细胞空胞化。这种巨型细胞并不死亡，而是不断供应线虫以营养物质；而有些线虫的唾液则可以使寄主细胞变为肿瘤或畸形，一些切根线虫寄生后，则抑制寄主细胞的分裂，阻止根尖生长点的生长，还有一些则使细胞壁的中胶层溶解，细胞破坏，组织坏死等，如马铃薯茎线虫和柑橘穿孔线虫。寄主植物受到线虫的这些破坏作用之后，就表现出各种症状。植物地上部受害后表现的症状有：幼芽的枯死，茎叶的卷曲，枯死斑点和种瘿、叶瘿等；植物的地下部受害后，根部的正常机能遭到破坏，根系生长受阻，从而使地上部生长也受到相应的影响，植株生长受阻，矮小，早衰和畸形，表现色泽失常，常与缺肥症状相似。肉汁的鳞茎、球茎等受线虫侵害后，细胞破坏，组织坏死，进而使其他微生物感染而引起腐烂等。在许多情况下，线虫常常是土传病害(如细菌性青枯病，镰刀菌的枯萎病和土传病毒病等)的先导和媒介，还导致许多弱寄生性病原物的入侵和危害。线虫寄生

的这种作用，常常会被人们所忽视。

3.5.3 植物寄生线虫常见类型

植物寄生线虫的危害方式常常与它的分类地位有一定的联系，因此要鉴定某一作物病害究竟是否是线虫病，除了掌握它的主要危害特点之外，还必须对线虫虫体进行仔细地检查与鉴定。所以，了解线虫的分类地位和各种线虫的特征，乃是十分重要的。线虫的分类法，在20世纪50年代有了较大的变动，目前分类系统较多，以戚特伍德父子(Chitwood and Chitwood，1950)所创建的分类系统较好，但古德伊(Goodey)的分类法也值得参考。根据线虫尾部尾觉器官“侧尾腺口”(Phasmids)的有无，分为侧尾腺口亚纲(Phasmidia)和无侧尾腺口亚纲(Apha. smidia)两类。下面又分为4个目和80个科。根据目前的资料，植物寄生线虫分属这两个亚纲中的两个目，12个科，76个属，但主要的线虫病害大多是由矛线科、垫刃总科、滑刃科和环科的一些线虫所引起。这里介绍一些国内常见的作物线虫及其所属的分类地位，同时也简要介绍国外发生严重的一些线虫病害，即对外检疫的线虫种类。重点是介绍属的特征以及它们引起农作物病害的症状特征，同时扼要地描述一些最主要的形态特征。

国内常见重要的植物寄生线虫属的分类地位如下：

一、无侧尾腺口亚纲(Aphasmidia)

(一)嘴刺目(Enoplida)

Ⅰ.矛线科(Dorylaimidae)

1.剑线虫属(*Xiphinema*)

2.长针线虫属(*Longidorus*)

Ⅱ.膜皮科(Diphtherophoridae)

3.切根(毛刺)线虫属(*Trichodorus*)

Ⅲ.索科(Mermithidae)—寄生在昆虫体内的线虫

4.索线虫属 *Mermis*

二、侧尾腺口亚纲(Phasmidia)

(一)小杆目(Rhabditida)

Ⅰ.头叶科(Cephalobidae)

5.后顶线虫属(*Metacrobeles*)

(二)垫刃目(Tylenchida)

Ⅰ.垫刃科(Tylenchidae)

6.矮化线虫属(*Tylenchorhynchus*)

7.茎线虫属(*Ditylenchus*)

8.粒线虫属(*Anguina*)

9.短体线虫属(*Pratylenchus*)

10.穿孔线虫属(*Radophorus*)

11.肾形线虫属(*Rotylenchulus*)

12.盘旋线虫属(*Rotylenchus*)

Ⅱ.异皮科(Heteroderidae)

13.胞囊线虫属(*Heterodera*)

14.根结线虫属(*Meloidogyne*)

Ⅲ. 环科(Criconematidae)

15. 环线虫属(*Criconema*)

16. 鞘线虫属(*Hemicycliophora*)

17. 针线虫属(*Paratylenchus*)

Ⅳ. 半穿针科(Tylenchulidae)

18. 半穿刺线虫属(*Tylenchulus*)

Ⅴ. 滑刃科(Aphelenchoidae)

19. 滑刃线虫属(*Aphelenchoides*)

关于科、属、种的分类依据,主要是根据食道、生殖器官、体形、头部和尾部的形态特征,但也有人提出划分“种”的时候,应考虑寄主范围的问题。至于虫体形态的大小以及有关器官的比例的记载,除了照相或显微镜描绘以外,常采用德曼(De Man)的测量公式来表示,其测量的代号如下:

$$a=\frac{\text{体长}}{\text{最大体宽}}\qquad b=\frac{\text{体长}}{\text{自头顶至食道末端的长度}}$$

$$c=\frac{\text{体长}}{\text{尾长}}\qquad b'=\frac{\text{体长}}{\text{自头顶至中食道球的长度}}$$

$$v=\frac{\text{自头顶至阴门的长度}}{\text{体长}}\times 100\qquad t=\frac{\text{雄虫精巢的长度}}{\text{体长}}\times 100$$

体长　指自头顶(口唇)至尾尖的全长,以 mm 或 μm 表示。

体宽　指生殖孔部位体躯的直径,如果雌虫膨大成梨形,则以其最宽部位的直径表示。

尾长　自肛门至尾尖的长度。

生殖孔的位置常以%表示,有时为了某种需要,还特地测量线虫的吻针长、交合刺长等数值。在测量虫体以前,一般都要将线虫(尤其是活跃的线虫)杀死或麻醉,然后才能正确地加以测量。由于在同一种的线虫个体之间,差异也往往很大,因而有时用两个数值来表示其变异的幅度,故这种测量数值并不能作为分类的依据,而只作为形态描述的一种方法。

3.5.4　植物及土中常见线虫的简要检索及雌虫特征

(1)以虫体特征为依据的主要线虫检索表

在自然界线虫的种类有很多,分布也很广,线虫是一类重要的植物病原,全世界已记载的植物线虫有 200 多属 5 000 多种,引起的病害就更多。世界主要农作物因寄生线虫造成的年均损失率为 12.3%,达 780 亿美元。我国 1992 年统计每年种植业因线虫损失 233 亿元。

A. 雌虫细长,蠕虫形

B. 中食道球明显,圆形,食道为垫刃型

C. 后食遭部膨大并向后延伸,掩遮在肠的先端,吻针短

D. 单卵巢,阴门在虫体后方的 1/3 处 ………………………………… *Pratylenehus*

D. 双卵巢,尾圆形,食道腺盖向肠端背侧 ………………………………… *Radophorus*

C. 后食道体椭圆形,与肠端平接,分界明显,吻针短

D. 双卵巢,阴门在体躯中央,尾钝圆 ………………………………… *Tylenchorhynchus*

D. 单卵巢,阴门在体躯后方

E. 雌虫体肥胖，不活跃，卵巢折生，卵原细胞轴状排列，雄虫交合伞包达尾尖。为害叶、茎、花，形成虫瘿 …… *Anguina*

E. 雌虫瘦细，活跃，卵巢单列直生，雄虫交合伞不包到尾尖，常为害茎、芽或地下部分 …… *Ditylenchus*

C. 吻针长，体表角质膜密生横纹

D. 横环纹细，峡部很狭窄 …… *Paratylenchu*

D. 横环纹粗，峡部宽厚

E. 雌虫角质膜单层，边缘延伸成刺状鳞片 …… *Criconema*

E. 雌虫角质膜双层（鞘状），环纹在 200 条以上…… *Hemicycliophora*

B. 中食道球粗大，食道腺和后食道部连结，食道滑刃型

C. 吻针无基部球，雌虫尾钝圆，雄虫交合伞有肋，并包达尾尖 …… *Aphelenchu*

C. 吻针基部球稍有突起，雌虫尾尖，雄虫无交合伞 …… *Aphelenchoide*

B. 无中食道球，食道为矛线型

C. 吻针短，前端斜切，后端无膨大 …… *Dorylaimos*

C. 吻针长，细而尖

D. 吻针弯曲，基部渐粗 …… *Trichodorus*

D. 吻针直，很长

E. 基部球膨大为瘤状，导环位置低 …… *Xiphinema*

E. 基部球不膨大，导环位置高 …… *Longidoru*A. 雌虫体膨大

B. 雌虫多为球形、梨形或柠檬形，体表褐色着生在根上一侧，虫卵一般不排出体外而成为胞囊 …… *Heterodera*

B. 雌虫膨大为袋形、肾形或梨形，表皮无色，内寄生或半内寄生

C. 单卵巢，虫体后半部膨大为袋形 …… *Tylenculus*

C. 单卵巢，虫体前半部膨大为袋形，头部钻入根内 …… *Nacobulus*

D. 双卵巢，排泄孔在中食道球后方 …… *Rotylenchulus*

D. 双卵巢，虫体多在瘤状节结中，雌虫有特殊的会阴花纹，虫卵一般排出体外，在后方的卵囊中 …… *Meloidogyne*

(2)常见重要植物寄生线虫属的雌虫特征

目前植物线虫病在我国发生普遍、危害严重，几乎每种果树及作物上都有 1～2 种线虫病，有的发生面积不断扩大、危害越来越重，已成为生产上亟待解决的问题之一。

能引起植物病害的主要有：①矮化线虫属（*Tylenchorynchus*），这一类线虫属外寄生，一般寄生在植物的根部，抑制根系的生长发育，使植株地上部发黄矮化。如 *T. martini* 严重为害甘蔗、水稻、大豆和花卉等。②茎线虫属（*Ditylenchus*）主要寄生在植物的茎、芽部分，引起组织的坏死或腐烂、变形、扭曲等。③胞囊线虫属（*Heterodera*）。④根结线虫属（*Meloidogyne*）的花生根结线虫（*M. arenaria*），该线虫是国内检疫对象，也是花生生产上的一个重要病害。主要危害根部的细嫩部分，特别是根尖部分，形成像小米或绿豆大小的根结，进而在侧根，荚果表面也会有许多瘤状结节，地上部分表现黄萎。⑤粒线虫属（*Anguina*）生产中常见的一些重要植物线虫的雌虫特征见表 3-5-1。

表 3-5-1 在解剖镜下(40×)常见重要植物寄生线虫属的雌虫特征

线虫属名	头部	吻针类型	食道腺与肠	尾部	卵巢数	一般特征
腐生性线虫(*Saprozoic*)	口腔大,侧器发达、明显	无,但有的有口囊齿	肠色深	尖细而长	1~2	体短粗,活动性强
短体线虫属(*Pratylenchus*)	短,头架粗	短粗,基部球显著	盖向腹侧,肠黑色	圆、圆锥形	1	
穿孔线虫属(*Radopholus*)	略带圆形,有缢缩	短粗,基部球显著	盖向背侧	圆锥、不规则圆形	2	两性异形,♂吻针退化虫体小,活动慢
针线虫属(*paratylenchus*)	圆锥形,头架	细而长,♂和幼虫常缺	中食道球扩展,与肠部邻接	尖	1	
矮化线虫属(*Tylenchorhynchus*)	轻度骨化	较长,有基部球	平接,肠稍黑色有时有刻点状	钝圆	2	虫体大
盘旋线虫属(*Rotylenchus*)	有缢缩,头架骨化重	长,粗厚,基部球极发达	盖向背侧,肠常为黑色	粗圆	2	
螺旋线虫属(*Helicotylechus*)	无缢缩,头架骨化重	粗,长,基部球显著	盖向腹侧,肠黑色	粗圆,有时不对称	2	比 Rotylenchus 细长些在水中活动快,体细长,头尾弯曲度大
茎线虫属(*Ditylenchus*)	短,无头架	短,基部球明显	平接或稍长	尖,急尖	1	个别种为单卵巢
毛刺线虫属(*Trichodorus*)	角状,无头架	较长,弯曲	平接	圆形	2	在水中常成簇的活动
鞘线虫属(*Hemicycliophora*)	切截状	很长	平接	圆形,渐细	1	在水中活动很慢
轮线虫属(*Criconemoides*)	切截状	较长,长	平接	圆锥形或稍尖	1	虫体稍粗
胞囊线虫属(幼虫)(*Heterodera*)	轻度骨化	稍长,基部球明显	遮盖	笔尖状	—	虫体稍细,肠色深
根结线虫属(幼虫)(*Meloidogyne*)	圆锥形	较细长,有基部球	遮盖	笔尖状	—	在水中活动快,中食道球内瓣门明显
精刃线虫属(*Aphelenchoides*)	低,无头架	短,无基部球	盖向背侧,中食道球粗大	圆形至圆锥形	1	

在土中或植物材料中,往往存在着种类很多的线虫,当人们从样品中检查线虫时,有时不能很好地区分。上述若干属是常见的类型,进一步的划分还要参看专门的分类学资料。

3.5.5 植物线虫的防治措施

线虫的生活场所主要是在土壤中,虽然有些植物寄生线虫通常在组织内部如茎、叶和花器部分,但仍有一段时间要在土中生活,因此,防治方法通常都要与土壤处理相结合,才能收到较好的效果。少数线虫是由种子或苗木传播,并在其中越冬或越夏,故这类线虫的防治,应以种苗处理为主,例如小麦粒线虫、水稻干尖线虫等,而花生根结线虫或甘薯茎线虫等,不仅要进行种苗处理,还要结合进行土壤消毒、轮栽或栽种抗线虫品种,才能收到理想的效果。在农业防治方面,实行水旱轮作或与非寄主植物轮作,可以大大减轻某些线虫的为害,而合理施肥和清除病残株等措施也十分必要。增施有机肥料,如厩肥、饼肥等,不仅可以提高作物的产量,增强作物的抗虫能力,而且也是改变土壤中生物相,利用土中一部分颉颃生物来消灭或控制线虫为害的有效手段。选育和栽种抗虫品种,也是行之有效的一个措施。

在温汤浸种方面，值得提出的就是用变温处理来杀死线虫的方法，各种线虫的抗热力虽有些不同，但大同小异，所以处理效果十分理想。水稻干尖线虫病的防治原理，基本上可适用于所有的线虫病防治。

用药剂进行土壤处理，也是常用的方法，有的是用氯化苦或溴甲烷熏蒸，有的用 D-D 混剂或除线磷、除线特和福美双等土壤处理，或者用药剂进行叶面喷洒或涂茎，均有较好的防治效果。

最近也有利用真菌或肉食性线虫来捕食线虫等生物防治的试验报道，都有一定的防治效果。

必须指出，以上这些处理方法，虽然都有较好的效果，但是，更为重要的是实行严格的检疫制度，禁止一种危险性线虫的传入，比用其他方法来消灭它更为必要和简单。因为某种线虫一旦传入并繁殖起来，要彻底消灭它是比较困难的。

3.6 寄生性种子植物

3.6.1 种子植物的分布

种子植物大都是自养的，其中少数由于缺少进行正常光合作用的叶绿素或某些器官退化的原因而成为寄生性的。寄生性种子植物都是双子叶植物，单子叶植物和裸子植物尚未发现。寄生性种子植物的数目，估计在 1 700 种以上，属于 12 个科，最重要的是桑寄生科（Loranthaceae）、旋花科（Convolvuaceae）、列当科（Orobanchaceae）、玄参科（Scrophulariaceae）和檀香科（Santalaceae）等。将近一半以上的寄生性种子植物属于桑寄生科。寄生性种子植物在热带和亚热带地区特别多，但是其中也有主要产生在高纬度地区的列当科植物。寄生性种子植物大都寄生在山野植物和树木上，有些还是有用的药物，但是大豆和亚麻等作物的菟丝子、瓜类的列当和树木的桑寄生等的危害都很大。

3.6.2 种子植物的寄生性

寄生性种子植物寄生于寄主的部位不同。桑寄生和菟丝子都是寄生在地上部分的茎寄生，列当是寄生在地下部分的根寄生。寄生性种子植物和寄主的关系也是不同的。根据它们对寄主依赖的程度，可以分为半寄生和全寄生两类。半寄生性的寄生植物含有叶绿素，能进行正常的光合作用，但是必须从寄主吸收部分营养物质，主要是无机盐和水分。解剖上的特点是寄生植物的导管和寄主植物的导管相连。从而寄生植物通过寄主得到水分和含在水中的无机盐，而自行合成碳水化合物，所以这种寄生关系又称为水寄生。桑寄生都是属于这一类。全寄生性的寄生植物没有叶片，或者叶片已经退化成鳞片状，也没有足够的叶绿素，所以就没有显著的光合作用。它们和寄主的关系除去吸取水分和无机盐以外，还须依靠寄主植物供给必要的碳水化合物和其他有机营养物质。解剖上的特点是非但两个植物的导管相连，而且是输送有机营养物质的筛管也相连。菟丝子和列当都是属于这一类。

植物被寄生后，在形态方面没有很大的改变，受害部分偶有局部肿大的现象，但是植物的生长显然受到了抑制，表现出生长迟缓和衰弱，甚至引起落果和不结实。严重的则引起枝条或全株枯死。寄生性种子植物对寄主的抑制作用，主要在于寄主植物的水分、养料被剥夺，以致引起寄主的生理活动失调。

3.6.3 菟丝子

菟丝子是旋花科、菟丝子属(*Cuscuta*)植物。都是寄生的,在全世界约有100种。据我国古书记载,菟丝子可作药用。本草纲目中称为“野菰丝”和“金线草”,说明有黄色丝状的藤茎。

菟丝子是一种攀藤寄生的草本植物,没有根和叶,或者叶片退化成鳞片状,无叶绿素。藤茎丝状,黄白色,或稍带紫红色。秋季开花,花小,白色、黄色或粉红色,花冠与花瓣都是5片,多半排列成球状花序。果实是开裂的球状蒴果,有种子2~4枚。菟丝子的种子不大,卵圆形,稍扁,胚乳肉质,表面粗糙,黄褐色至黑褐色。种胚是弯曲的线状体,没有子叶和胚根。

我国发现的菟丝子约有10种,以中国菟丝子(*Cuscuta Chinens*)和日本菟丝子(*Cuscuta iaponica*)最常见。菟丝子种的区别主要根据茎的粗细、花和蒴果的形状和寄主范围。中国菟丝子的茎很细,种子比较小,主要为害草本植物。寄主以豆科植物为主,大豆受害最重,在菊科、蓼科、旋花科、茄科、蔷薇科和禾本科上都有发现。中国菟丝子的寄主范围很广,寄生性有无分化现象,尚待进一步研究。日本菟丝子的茎较粗,种子较大,主要为害木本植物。日本菟丝子在我国已经在80种以上的植物上发现,以垂杨和白杨受害较重。亚麻菟丝子(*Cuscuta epilinum*)也是比较重要的种,主要为害亚麻、芝麻和大豆等。菟丝子是全寄生性的种子植物,大豆和亚麻遭受菟丝子寄生,造成很大的危害。

中国菟丝子为害大豆的情况可以说明菟丝子的生活史和为害状。菟丝子的种子成熟以后脱落,落在地上的种子到下一年才能萌发,而且一般都是在寄主生长以后萌发。种子萌发时种胚的一端先形成无色或黄白色的细丝状幼芽,以棍棒状的粗大部分固着在土粒上。种胚的另一端随着也脱离种壳而形成丝状的菟丝。菟丝在空中来回旋转,如遇不到寄主而体内养分耗完时,幼茎就死去。如茎尖碰到适宜寄主就缠绕在上面,在接触处形成吸根伸入寄主。吸根是从维管束鞘突出而形成的,和侧根产生方式相同,吸根进入寄主组织以后,细胞组织部分分化为导管和筛管,分别和寄主的导管和筛管相连,从寄主吸取养分和水分。当寄生关系建立以后,菟丝就和它的地下部分脱离,使寄主生长衰弱,吸器以下的茎不久即干死,人们常把它叫无根草。以后上部的茎就不断缠绕寄主,而向四周蔓延扩展为害。大豆开花时或开花以后,上面寄生的菟丝子也开花。花黄色簇生,花瓣与萼片相连,五片花瓣相连成筒状。种子在大豆种子成熟前成熟,落在地上,下一年继续为害。

菟丝子在生长期间蔓延很快,而且断茎也能继续生长,进行营养繁殖。菟丝子寄生在植物上,使植物黄化而生长不良。田间发生菟丝子为害后,大豆往往大片枯黄。

菟丝子的防治措施:

①在播种前注意清除混杂在大豆种子中的菟丝子种子,也要避免菟丝子的种子随着灌溉水传播。

②田间发生菟丝子为害后,一般是在开花前割除菟丝。由于菟丝子营养繁殖的能力很强,同时未成熟的种子也能萌发,所以必须彻底割除,割下的菟丝不能留落在田间或肥料中。

③近年试用一些能够杀死菟丝而对寄主无害的药剂,用敌草腈0.5 g/亩或用2%~3%五氯代酚钠盐和二硝基酚钠盐防治均有效。

④采取深耕的方法将菟丝子的种子埋在土中,使种子不能萌发(超过8 cm即不能萌发),也是有效的。

⑤近年来,用“鲁保一号”防治,效果也很好。“鲁保一号”生物抑制剂是一种毛炭疽病的制

品，每亩1.5～2.5 kg，于雨后阴天进行喷洒，特别是使用前打断蔓茎，造成伤口效果更好。国外也有用毁灭性刺盘孢菌(*Colletotrichum destructivum* Qgara)防治菟丝子的报道。

3.6.4 桑寄生

桑寄生科共27属，其中最重要的是桑寄生属(*Loranthus*)。

桑寄生是桑寄生属的总称，约500种，多半是分布在热带和亚热带的常绿性寄生灌木，少数为落叶性。有叶、茎、花、果和寄生根。茎褐色，圆筒状，叶对生，雌雄同花，花被4～6枚，有时下部合生成筒状，上部裂开作舌状，花两性，子房一室，花被大，瓣状，浆果球形或卵形。桑寄生科植物为害林木的现象在我国南、北林区甚为普遍，尤以云南、广西等南方地区最为常见。寄主主要是乔木树种。广西百色地区的油桐和油茶受寄生的植株减产达1/4以上，云南昆明地区的板栗树受害株率个别果园达100%。

桑寄生的浆果陆续成熟，由于果肉丰富，鸟类喜欢啄食，其种子的种胚和胚乳是裸生的，种子包在木质化的内果皮中，内果皮外有一层吸水性很强的白色黏胶物质，这种物质有极强的耐干性，也不被鸟类完全消化。桑寄生的种子是由鸟类传播的，一般是一些喜欢吃浆果的鸟，如乌鸦、斑鸠、画眉鸟、麻雀等，鸟啄食果实以后，吐出或经过消化道排出种子，种子黏附在树皮上，在适宜的环境条件下萌发(合适的温度和光线，如光线缺乏，种子不能萌发)。种子萌发时产生的胚根和寄主接触以后，即形成盘状的吸盘，分泌黏液，附着在树皮上，并溶解树皮的组织。由吸盘产生的初生吸根，从自伤口或侧芽侵入树皮的外层，但是一般只能侵入比较幼嫩而较薄的树皮。当初生吸根接触到活的寄主皮层组织时，即分枝而形成假根，在树皮的内层蔓延，并产生与假根垂直的次生吸根，穿过形成层伸入木质部。次生吸根的组织，部分分化为输导组织，与寄主的导管相连，从而吸取寄主的水分和无机物质，经过假根输送至茎、叶部。次生吸根并不能穿过木质部，但是由于形成层不断产生于新的木质部中，因此，从埋入木质部的年轮，可推算桑寄生的寄生年限。寄生物为多年生，植株在寄主主枝干上越冬，每年产生大量种子传播为害。

当寄生关系建立以后，胚芽也开始发育，当年就可形成短枝。初生吸根和假根上，可以不断产生不定芽并形成新枝条，使之呈丛生状。在茎基部的不定芽又可长出匍匐茎，在寄主茎秆的背光面延伸，产生新的吸根侵入树皮并长出新的茎叶，不断蔓延为害。引起受害树的树势衰退，以致严重时使顶枝枯死或全株枯死。

桑寄生属在我国有13～14种，分布很广，最常见的两种是以四川和西南为主的桑寄生(*Loranthus parasitica*)和长江下游各地的樟寄生(*Loranthus yadoriki*)。这两种都是寄主范围很广的常绿性寄生植物。它们的区别是樟寄生的叶片背面密被有红棕色的星状短毛，而桑寄生则只在幼叶上有星状短绒毛，成长叶片的两面是光滑的。樟寄生的花淡红色，浆果成熟后黄色，桑寄生的花淡红色，浆果成熟后是红色的。

桑寄生属寄生植物的防治措施：

①一般是采取清除树上寄生物的方法。由于桑寄生在寄主落叶后最显眼，清除工作最好是在冬季或寄生植物的果实成熟前进行，特别要注意铲除树上的吸根和匍匐茎。

②国外用硫酸铜，氯化苯氨基醋酸和2,4-D等进行防治有一定效果。

③自然界有许多对桑寄生植物有害的生物，如在云南昆明的桑寄生植物叶上有一种针壳孢属(*Septoria* sp.)生物真菌寄生。另外*Macrophoma phoradendri* Walb.能引起桑寄生植物

落叶。*Wallrothiella arceuthobii*(Pk)Sacc.能杀死油杉寄生的枝梢或侵害雌花。有些天牛能蛀食桑寄生的茎。这些天敌是否有利用的可能尚待研究。

槲寄生是槲寄生属(*Viscum*)植物的总称,具有革质对生叶片,或者叶片完全退化,小茎作叉状分枝。花极小,花带黄色,顶生,无柄,单生或丛生于叶腋内或生于枝节上;单性,雌雄异株,雄花3～5朵成簇状,雌花1～3朵。果实是浆果,球形,白色,半透明。槲寄生属植物寄生的方式和防治措施与桑寄生属植物相同。我国发现的槲寄生属植物有寄生在柑橘和其他果树上的东方槲寄生(*Viscum orientale*)和寄生在橡胶、青冈栎和三年桐上的青冈栎寄生(*V. angulatum*)等。

3.6.5 列当

列当科植物共有14个属,约130个种,主要分布在高纬度地区,大多寄生在草本植物的根部。

列当是一年生寄生植物,没有叶绿素,不能营光合作用,也没有真正的根,不能吸收土壤中的水分和营养物质,所以是完全依赖寄主的全寄生植物。列当是以短发状的吸根寄生于其他植物的根部。它的茎单生或有分枝,一般高30～40 cm,黄色至紫褐色,越近地面颜色越深。叶片退化成短而尖的鳞片状,小而无柄,互生,螺旋排列在花茎上。花两性,左右对称,排列成紧密的穗状花序,花形和玄参科相似。果实为蒴果,种子细小,呈葵花子形,一般长度不超过0.5 mm,成熟时二纵裂散出种子。列当的繁殖率很高,穗状花序有大量的蒴果,每个蒴果有种子2 000粒左右,成熟后呈深褐色,种子幼嫩时黄色,后熟力强。

列当在我国用作药材,主要为害山野植物,在经济植物上的分布情况还不很清楚。新疆维吾尔自治区发现有埃及列当(*Orobanche aegyptica*)和向日葵列当(*Orobanche cumana*)等,

其中以埃及列当的危害性最大,主要分布在新疆,寄生在瓜类、豆类、向日葵、辣椒等一年生草本植物上。寄主多达9科20多种植物。

列当种子落在土壤里可借风、雨、人、畜、农具以及混杂在寄主种子中进行传播。散落在土里的列当种子,经过休眠后,在适宜的温度和湿度条件下,如与寄主的根接触,可借根的分泌物的刺激而萌发。萌发后形成吸盘,侵入寄主根部,在根外发育膨大。膨大部分向上长出花茎,向下长出大量附着吸盘,借此吸收寄主根系的养分。随着吸根的增加,列当的花茎数也相应的增加,寄主植物的养分被列当吸收,造成自身生长不良。

列当的防治:

①采取严格的检疫措施,以免病区扩大。

②注意轮作,特别是采用一些能刺激列当种子萌发而自身不受感染的植物。

③除草时注意铲除列当,防止列当开花结果。

④化学防治,如用0.2%的二硝基磷甲苯酚和1:(100～200)的2,4-D喷射,防治埃及列当都有一定效果。培育抗列当的品种也是很有效的措施。

4　观赏植物病害综合治理与技术

4.1　综合治理理念

4.1.1　综合防治方针

植物病害防治的目的是保护植物不受病原物的侵染或减轻其危害，以保证农作物获得优质高产。而植物病害的发生是与环境条件相统一的。气象因素、耕作制度、品种布局，栽培管理，都会影响到病害的发生和为害的程度。因此，防治的对象不仅限于现有的病害，并且要预防新病害的发生。植物病害种类很多，防治方法不一，归纳起来，不外预防和治疗两方面。对于任何病害都是防胜于治，因为预防是比较经济而有效的。

"预防为主，综合防治"的植保方针，是我国广大劳动人民在长期和病虫害做斗争实践中的经验总结。贯彻"预防为主，综合防治"的方针，就是从农业生产的全局和农业生态系的总体观点出发，以预防为主，根据病害与作物、耕作制度、有益生物和环境等各种因素之间的辩证关系，因地制宜，合理应用植物检疫、农业、生物、物理、化学等防治措施，进行综合防治，经济、安全、有效地把病害控制在不能造成危害的程度，同时把整个农业生态系内的有害副作用，减少到最低限度。但必须认识到综合防治绝不是措施越多越好，而是各种措施之间有主有从，要相辅相成，互相促进，决不能互相矛盾，彼此抵消。

综合防治既要考虑病害发生消长与各方面因素的相互关系，又考虑每个措施今后可能引起的各种影响。要充分利用那些对控制病害有利的因素，也要尽可能防止或减少其有害的副作用。由于植物病害种类多，防治方法不同，而各种方法都有它的缺点，都有它的局限性，所以必须因地制宜地综合应用各种必要的措施，取长补短，才能收到最大的防治效果，同时必须把各种防治措施协调好，以发挥各种防治措施的最大潜力。在生产实践中人们往往重视病害发生后直接扑灭的措施，而忽略了自然因素和各种农生活动抑制病害发生的预防作用。综合防治必须突出预防为主的原则，强调防止病害的传入和蔓延，通过农业技术措施创造不利于病菌生长繁殖的条件，控制病害的发生次数，以减轻或防止它们的危害，培育和使用抗病品种，做好预测预报，合理施用农药，减少喷药次数，缩小施药范围。以达到经济、安全、有效地控制病害，保证农作物高产稳产的目的。因此，在防治工作中必须针对各地具体情况，制订切实可行的综合防治方案。

4.1.2　不同类型病原的防治特点

不同类型的病原，防治的基本方法也有所不同。植物的非侵染性病害是由不适宜的环境条件引起的，所以防治方法主要是改善环境条件，增强作物的抵抗力。对土壤中缺乏氮、磷、钾及其他元素而引起的"缺素症"，可用追肥或根外施肥的方法来解决。侵染性病害因病原物和发病规律的不同，必须采取不同的防治对策，才能获得较好的防治效果。如以昆虫为媒介的病毒病，可通过防治传毒昆虫而切断其侵染循环；由种子传播的病害，用种子处理的方法来防治，对土壤传染的病害，可考虑用抗病品种或生物防治来解决，对于那些寄主范围窄而且在土壤中存活时间较短的病原物，可利用轮作的办法来防治，一般通过气流传播的大多数真菌病害，多采用化学药剂进行保护性防治，对利用雨水或灌溉水传播的多数细菌病害，可通过改进栽培管理措施来防治，对于那些专化性很强的病原物引起的病害，往往着重选育抗病品种来防治，对于外来的危险性病害，采用植物检疫的方法，进行法规防治。总之，植物病害的防治，要根据各类病害的发病规律，同时要考虑寄主的特点和栽培等条件，通过病情分析，找到病原物的弱点，从经济、安全、有效的观点出发，确定不同的防治策略，提出有主有次的综合防治措施。

4.2 观赏植物病害综合防治

植物病害源具有多种多样，害源与害源之间、害源与植物之间存在着复杂的关系，环境条件与植物病害源之间也存在着协调与制约关系。人的活动与植物病害源之间的关系也很复杂。因此，植物病害源的治理工作是一项复杂的系统工程。曾士迈等(1994)认为生物害源的治理应在IPM思想指导下，对各种防治技术进行选择、协调、组装和优化。他们认为单项防治技术本身是硬技术(hard technology)，而确定防治对象的主次、损失估计、策略分析、经济阈值、因素间和防治技术间工作协调、效益评估等为软技术(soft technology)。软技术对硬技术起调节控制作用，以充分发挥硬技术的作用，而硬技术的改进，又可促进软技术的提高，两者相辅相成以最优的防治方案保证总体效益最佳。我们认为植物非生物害源的治理技术同样存在硬技术与软技术及其协调的问题。下面就植物的生物害源经常采用的治理技术(硬技术)分述如下。

4.2.1 植物检疫

植物检疫是指一个国家或地方政府颁布法令，设立专门机构，禁止或限制危险性病、虫、杂草等人为地传入或传出，或者传入后为限制其继续扩展采取的一系列措施。

在自然情况下，病、虫和杂草等虽然可以通过气流等自然动力和自身活动扩散，不断扩大其分布范围，但这种能力是有限的。再加上有高山、海洋、沙漠等天然障碍的阻隔，所以病虫害的分布有一定的地域性。但是，现代交通运输的发达，使病虫害分布的地域性很容易被突破。一旦借助人为因素，病、虫就可以附着在种实、苗木、接穗、插条及其他植物产品上跨越这些天然屏障，由一个地区传到另一个地区或由一个国家传播到另一个国家。当害虫和病原菌离开了原产地，到了一个新的地区后，原来制约病虫害发生发展的一些环境因素可能并不具备，条件适宜时，就会迅速扩展蔓延猖獗成灾。历史上，这样的教训也不少。榆枯萎病最初仅在欧洲个别地区流行，以后扩散到欧洲许多国家和北美，造成榆树大量死亡。因此，这些事件促使一些国家首先采取植物检疫的措施来保护本国农、林业免受危害。

4.2.1.1 植物检疫的实施

(1)检疫对象的确定

病虫害及杂草的种类很多，不可能对所有的病、虫、杂草进行检疫，而是根据调查研究的结

果，确定检疫对象名单。确定检疫对象的依据和原则是：①本国或本地区未发生的或分布不广，局部发生的病、虫及杂草。②危害严重，防治困难的病、虫。③可借助人为活动传播的病、虫及杂草，即可以随同种实、接穗、包装物等运往各地，适应性强的病、虫。

植物检疫分为对外检疫和对内检疫。每个国家都有对内或对外检疫对象名单。检疫对象是局部地区发生的危险性病虫害。我国在1978年初步确定了对外检疫的林木病害7种：

榆树荷兰病[*Ceratocystis ulmi*(Buism.)Moreau]，栎枯萎病(*CeratocYstis fagacearum*)，五针松疱锈病(*Cronartium ribicola* Fischer)，杨树细菌性溃疡病(*Xanthomonas populi*)，落叶松枯梢病(*Guignardia laricina* yamamoto et k. gto)，油橄榄肿瘤病[*Pseudomonas savastanoi*(E. F. Smith)Stevens]，杨树溃疡病(*Dothichiza populea* Sace. et Briard)。

1984年林业部印发《植物检疫条例》实施细则(林业部分)的通知，就国内森林植物检疫对象和应施检疫的森林植物、林产品作了规定：落叶橙梢枯病[*Guignardia laricina* (sawada) Yamamoto et K. Ito.]，泡桐丛枝病(MLO)，板栗疫病[*Endothia parasitica*(Murr.) et Anderson]，枣疯病(MLO)，毛竹枯梢病(*Ceratosphaeria phyllostachydis* Zhang.)，松疱锈病(*Cronartium ribicola* J. C. Fischer.)，杨树花叶病(PMV)，松材线虫病[*Bursaphelenchus Xylophilus*(Steimeret et Buhrer)Niekle.]及国外松褐斑病(*Lecanoticta acicola*)均属于国内检疫对象。

检疫对象名单并不是固定不变的，应根据实际情况的变化及时修订或补充。同时，必须根据寄主范围和传播方式确定应该接受检疫的种苗、接穗及其他植物产品的种类和部位。

(2)划分疫区和保护区

有检疫对象发生的地区划为疫区，对疫区要严加控制，禁止检疫对象传出，并采取积极的防治措施，逐步消灭检疫对象。未发生检疫对象，但有可能传播进检疫对象的地区划定为保护区。对保护区要严防检疫对象传入，充分做好预防工作。

(3)对外检疫

对外检疫(国际检疫)是国家在对外口岸、港口、国际机场及国际交通要道设立检疫机构，对进出口货物、旅客携带的植物及邮件等进行检查。该措施的主要目的是防止国外输入新的，或在国内还是局部发生的危险性病、虫及杂草输出国外。出口检疫工作也可以在产地设立机构进行检验。

(4)对内检疫

对内检疫主要是由各省、自治区、直辖市检疫机关，会同交通运输、邮电、供销及其他有关部门根据检疫条例，对所调运的物品进行检验和处理，将在国内局部地区已发生的危险性病、虫、杂草封锁，使它不能传到无病区，并在疫区把它消灭。我国对内检疫主要以产地检疫为主，道路检疫为辅。

4.2.1.2　植物检疫的程序

以对内检疫为例，植物检疫包括下列程序：

报检　调运和邮寄种苗及其他应受检的植物产品时，应向调出地有关检疫机构报检。

检验　检疫机构人员对所报检的植物及其产品要进行严格的检验。到达现场后凭肉眼和放大镜对产品进行外部检查，并抽取一定数量的产品进行详细检查。必要时可进行显微镜检验及诱发试验等。

检疫处理　经检疫如发现检疫对象，应按规定在检疫机构监督下进行处理。一般方法有禁止调运、就地销毁、消毒处理、限制使用地点等。

签发证书　经检验后，如不带有检疫对象，则检疫机构发给国内植物检疫证书放行；如发现检疫对象，经处理合格后，仍发证放行；无法进行消毒处理的，应停止调运。

另外，我国进出口检疫包括以下几个方面：进口检疫、出口检疫、旅客携带物检疫、国际邮包检疫、过境检疫等。这些检疫应严格执行《中华人民共和国进出口动植物检疫条例》及其实施细则的有关规定。

4.2.1.3　观赏植物病害检疫的措施和方法

观赏植物病害检疫与林木病害检疫的主要措施基本一样，就是对出口、进口的种子、苗木、接穗、插条、原木及其林产品等进行调运检疫和产地检疫，或抽样进行室内检验。确定其不带检疫对象时，才能发给检疫证明，准许运输。如果发现检疫对象时，应按以下原则处理。被检物所带的病原物，如经消毒处理后可以完全消灭时，可在港口或停留地点进行消毒，然后才准进口。出口离开停留地点，带有尚无有效方法处理的检疫对象，应即退回或就地销毁，禁止输出或输入。

产地检疫，是森林植物检疫部门，在林木种子和苗木繁殖的生产地区进行检查的必要手段，是防止种苗病害传播蔓延的一项防患措施。凡生产林木种子、苗木和林产品的单位和个人，如需调出产品时，应向当地林业部门负责森林植物检疫工作的机构提出申请，并经检疫员或兼职检疫员进行检疫后，填写《产地检疫记录》，经确认为未带检疫对象的合格产品后，可凭《产地检疫记录》换《植物检疫证书》，才可调出。

调运检疫，是因林业生产发展需要而进行省际间调运森林植物和林产品时必须办理的检疫手续。具体地说，就是货主应在产品调出前一个月，按照调入省对检疫的要求，向所在省的省级森林植物检疫机构申请检疫。调入单位未提出检疫要求的，调出省的植物检疫机构，按国内的检疫对象和调入省的补充检疫对象名单进行检疫。调入省的森林植物检疫机构，应查核调入森林植物和林产品的检疫证书，必要时进行复查。在调运森林植物和林产品过程中，有关检疫部门如发现有检疫对象时，应予扣留，并进行严格的除害处理。经检查确认合格后，签发检疫证书。对于无法进行除害处理的，应就地销毁。对装载森林植物和林产品的交通运输工具以及其他可能附着检疫对象的物件，应同时进行检疫。如已被污染，也要进行除害处理。对上述除害处理所需的费用和因处理所造成的损失，由货主承担。铁路、交通、民航和邮政部门，凭《植物检疫证书》承运森林植物和林产品。无检疫证书不予托运或邮寄。

单位或个人如需从国外引种（包括赠送、交换）林木种子和苗木，应事先提出计划，并填报《引进林木种子、苗木检疫审批单》，按该检疫审批单的要求，列入林木种子、苗木订货合同或有关协议中，要求出口国植物检疫机关出具检疫证书，证明所供应种苗符合我国检疫的要求。根据规定，我国国务院各有关部门及其直属单位或个人引种，由林业部林政保护司审批，地方各部门、单位或个人引种，由所在省（自治区）、直辖市林业厅（局）的森林植物检疫机构审批。主办引种单位，在征得检疫部门的同意后，按我国检疫工作有关规定，凭订货卡片和检疫审批单办理对外订货手续，二者缺一，不予办理。

省内局部地区如发现新传入的森林植物检疫对象时，应报告同级人民政府和上级林业主管部门，并由省级森林植物检疫机构及时将该地划为疫区，采取封锁、扑灭措施，严防检疫对象传出，如果已普遍发生检疫对象的地区，则将未发生的局部地区划为保护区，采取保护措施，防

止检疫对象传入。疫区和保护区的改变和撤销权限,与划定时同。

要做好森林植物检疫工作,必须熟练地掌握检疫方法。植物病害检疫的具体操作方法,常因不同病害而异。在明确被检对象后,对被检物品抽取一定数量的样本。据1978年规定,进口林木种子、果实,袋装的按不同部位随机抽查总件数的0.1%~5%;散装的种子、果实以100 kg为一件计算进行抽样。100 kg以下的,适当加大抽样比例。少量种子、果实应逐件检查。出口林木种子、果实,应重点搞好产地检疫,口岸进行复检或抽查,视具体情况抽查总件数的5%~20%;少量苗木应逐件检查。进口原木、板材、方材,抽出每批货物总根数的0.5%~5%,遇有特殊需要,可增大抽样比例。样品取好后,再根据病理的一般方法进行检查。如症状观察、病原物的显微检查、分离培养、病系鉴定。如种子表面带菌可用洗涤法检验;组织内部带菌用解剖和分离法。苗木病害可通过症状和病原物检查,苗木带有可疑病毒而病状不十分明显时,必须以检查苗圃和母树生长期间的发病情况,或经试栽检验后再确定。木材检疫,首先对样品木段进行详细的症状检查,观察树皮和木质部有无检疫病害的症状,然后再进行真菌性组织切片或细菌病害菌浓度检查。尚不能确定的进行组织分离培养鉴定。

4.2.2 农业防治

农业防治是有害生物综合治理的基础措施,包括使用抗性品种、轮作、倒茬、田园卫生、培育抗性种苗、种苗处理、调节播种期、合理旋肥、浇水、安全收贮等多种农艺措施相结合的方法。

(1)选用抗病品种

是防治花卉病害最经济最有效的一种方法。品种抗病能力主要是由于形态特征或生理生化上的原因形成的。有些植物含有植物碱、单宁、挥发油等,对许多病菌有抑止或杀死的作用。目前已有一些花卉育成了抗病性较强的品种,如蔷薇、香石竹、金鱼草等花卉育成了抗锈病品种,翠菊抗立枯病的品种等。

(2)培育无病苗木

有一些花卉病害是随苗木、接穗、插条等繁殖材料而扩大传播。对于这类病害的防治,需要把培育无病的苗木,作为一个重要措施。例如橘苷疮痂病和桃根癌病等可以通过苗木传播;一些花木病毒病,可以通过嫁接传播,因此选用无病苗木和接穗、插条等,就能减少病害的发生。

(3)合理修剪

不仅有利于调节树势、控制徒长,从而使苗木株型整齐、姿态优美,而且有利于通风透光,生长健壮,提高抗病能力。同时,结合修剪可以剪除病枝、病梢、病芽、病根、刮治病疤等,减少病原菌的数量。但是,也要注意因修剪造成的伤口,常常又是多种病菌侵入的门户,因此,需要用喷药或涂药等措施,保护好伤口不受侵染。

(4)调整播种期

许多病害的发生,因温度、湿度及其他环境条件的影响而有一定的发病期,且在某一时期最为严重,如提早或延期播种可以避开发病期,则可减轻为害。

(5)实行轮作

连作消耗了地力,易使苗木生长不良,因而降低了苗木的抗病能力。同时,也会造成土壤中病原物的大量积累,使病害逐年增加。而合理轮作可以缓和土壤养分供应的失调,有利于苗木茁壮生长,提高抗病能力。通过轮作还可以改变田间环境条件,土壤微生物群落和土壤性质，使之不利于一些土传病菌的生存。例如菊花、唐菖蒲、翠菊等忌连作重茬，应每年换进新的培养土或异地栽种，即可减少发病机会。

(6)及时除草

杂草丛生，不仅与花卉争夺养分，影响通风透光，使植株生长不良，而且更是一些病菌繁殖的场所，一些病毒病常以杂草作为寄主。因此，及时清除杂草是防治病害的一项重要措施。除下的草可以堆积腐烂作肥料用，或晒干作燃料用。

(7)深耕细耙

适时深耙细耙，可以将地面或浅土中的病菌和残茬埋入深土层，还可将原在土中的病菌翻至地面，受天敌和其他自然因子，如光、温、湿度的影响而增加其死亡率。

(8)消灭害虫

病毒及其他一些病菌由昆虫传播的。例如软腐病、煤烟病，病毒病等由蚜虫、介壳虫、草履蚧、叶蝉、蓟马等害虫传播，故消灭害虫即可以防止或减少病害发生和传播。如近年来发生的草履蚧，草履蚧若虫和雌成虫常成堆聚集在芽腋、嫩梢、叶片和枝干上，吮吸汁液，造成植株生长不良，早期落叶，致使树势衰弱，被害枝干上有一层黑霉，受害越重黑霉越多，进而形成黑霉病，很容易感染或传播病害，同时还给一些病菌提供了越冬场所。一些害虫可加剧病害的发生，影响植株正常生长，造成叶片枯黄脱落，严重影响城市园林景观效果。对这些害虫应用针性的化学防治或物理防治，驻马店市园林管理局在 IPM 思想指导下，对草履蚧的各种防治技术进行了选择、交叉使用，试验证明，用胶带涂螺虫乙酯 500 倍液的方法效果明显。

(9)及时处理病害株

发现病害严重的植株要及早拔掉，深埋或烧毁。同时，对残茬及落地的花瓣、病叶、枯叶等，均应及时清除烧掉，收获后应对苗圃彻底清扫。

(10)病害发生地的处理

温室或苗圃如果发生病害时，应及时将健株与病株隔离开。并对温室进行彻底消毒。同时也要对苗圃内的土壤进行消毒。贮藏的球根等感染上病菌时，须先用化学药剂消毒处理后再行栽种。

(11)加强水肥管理

合理的肥水管理，可以促进花卉生长发育良好，提高抗病能力，起到防病的作用。反之，浇水过多，施氮肥过量，均易引起枝叶徒长，组织柔软，降低抗病性。

多施混合的有机肥料，可以改良土壤，促进根系发育，提高抗病性。但是如所用的有机肥未经充分腐熟，肥料中混入的病原菌（如立枯病菌等），可以加重病害的传播。因此，必须施用充分腐熟的有机肥料。

苗圃的水分状况和排灌制度，直接影响病害的发生与发展。排水不良是引起花卉根部腐烂病的主要原因，并易引起病害的蔓延。故在低洼或排水不良土地上种植花卉时，需挖排水沟或筑高畦。盆栽花卉也应注意选用排水良好的培养土及在盆底设排水层。及时排除积水和进行中耕，可以大大减少病菌的为害。

(12)做好贮藏期的管理

球根类花卉要适时挖掘，晒干后进行贮藏。在挖掘时如不小心，造成伤口，往往会加重各种霉菌的侵染；贮藏地点温度过高、湿度过大、通风不良也是引起球根类花卉发生腐烂病等的

重要原因。因此，在挖掘或运输过程中均要细心，防止并尽量避免造成伤口，同时注意贮藏场所的通风及适宜的温、湿度条件，这样就能减少病害的发生和危害程度。

一般种子的贮藏也要注意干燥、低温和通风。此外，适时间苗、定苗、拔除病弱苗木等措施，既可以减少病菌数量，又能恶化寄生条件，并能防止相互接触传染等。

总之，农业防治方法是通过改进栽培技术措施防病的。这些措施本身都是苗木茁壮成长的一个手段，是一种经济快捷的方法。同时农业防治法又是通过改善病害的生活条件，改造自然环境进行的，很多是长期起作用的措施，而且可以预防病害发生。

4.2.3 生物防治

生物防治是利用生物及其产物控制有害生物的方法。如利用天敌、益菌、益鸟、益兽、辐射不育、人工合成激素及基因工程等新技术、新方法来防治病虫害。

生物防治主要是指以菌防病。这方面的工作在国内的历史还不长，但发展较快，近几年来中国农业大学植物病理生物防治研究室在这方面做了大量的研究工作，并取得了不少成果。

利用抗生菌直接防治植物病害并大面积推广的实例虽然不很多，但它却有效果。如早在20世纪50年代就开始推广的“5406”菌肥(放线菌)，不仅能控制一些土壤侵染的病害，同时还有一定的肥效；又如鲁保一号(真菌)是防治寄生性种子植物菟丝子的一种生物制剂。

在花木上可以利用链霉素防治细菌性软腐病，而灰黄霉素对多种真菌病害都有效果。

4.2.4 化学防治

化学防治是利用不同来源的化学物质及其加工品控制有害生物的方法。化学防治见效快、应急性强，但应注意其副作用。如要符合卫生、生态和环境保护的要求，并要在经济阈值指导下进行合理用药。

药剂防治病害，首先要做好喷药保护，防止病菌入侵。一般地区可在早春各种苗木将进入生长旺期以前，确切地说，在花卉苗木临发病之前等量式波尔多液1次，以后每隔2周喷1次，连续喷3～4次，或每隔7～10 d喷1次65%代森铵400～600倍液。这样就可以防止多种真菌或细菌性病害的发生。一旦发病，要及时喷药防治。因病害种类不同，所用的药剂种类也各异。

4.2.5 物理和机械防治

物理和机械防治即利用各种物理因子、人工或器械防治有害生物的方法。包括捕杀、诱杀、趋性利用、温湿度利用、阻隔分离及激光照射等新技术的使用。

(1)热力作用

利用热力处理是防治多种病害的有效方法。此法主要用于苗木、接穗、插条等繁殖材料的热力消毒。例如用50℃的温水浸桃种或苗10 min，可以消灭桃黄化病病毒。对于潜伏于接穗及苗木中的柑橘黄龙病病毒，可以用41～51℃的湿热空气处理45～60 min。对于一二年生花卉的圆粒状种子，可用温汤浸种法，杀死种子内部带的病原菌。一般地说，用50～55℃温水处理10 min，既能杀死病原体又不伤害种子。花卉的无性繁殖器官也可以用温汤浸种的方法。

温室中短期高温对于治疗某些病毒病也是有效的，此法曾被应用于清除果树苗木中的病毒。此外，刮除花木枝干上的病疤，剪掉病根，对病树进行桥接等法也属于物理防治范围。

(2)精选种子

①筛选法。利用筛子、簸箕等,把夹杂在健康种子中间的病原体除去。

②水选法。一般带病种子比健康种子轻,可用盐水、泥水、清水等法漂除病粒。

③石灰水浸种法。石灰水的主要作用在于造成水面与空气隔绝的条件,使种子上带的病菌因缺氧而窒息死亡,而种子是可以进行无氧呼吸的,处理后能够正常萌发。

4.2.6 消灭病原菌初侵染来源

土壤、种子、苗木、田间病株、病株残体以及未腐熟的肥料等,是绝大多数病原物越冬和越夏的主要场所。因此,消灭初侵染源,是防止观赏植物发病的重要措施之一。

(1)土壤消毒

为了消灭土壤中存在的病菌和害虫,必须进行土壤消毒。消毒的方法很多,比较简单的方法有药剂、蒸汽、热水及电热等法。

①药剂消毒法。用于土壤消毒的药剂,主要有福尔马林、升汞、氯化苦、硫酸铜等。最常用的是福尔马林。福尔马林是含甲醛 40%的水溶液,大都用于温室或温床,其稀释倍数和用量,福尔马林∶水=1∶40,每平方用量为 10～15 L;福尔马林∶水=1∶50,每平方用量为 20～25 L。

福尔马林消毒时,土壤需要干燥。土层厚 15～20 cm 时用 40 倍稀释液 10 L,或用 50 倍稀释液 20 L。如果土层再厚,则需相应增加用量。可用喷壶等将消毒液浇注于耕松的土壤中,喷布要均匀,待药液渗入后,用湿草帘或塑料薄膜等覆盖,使药剂充分发挥作用,经 2～3 d 后可除去覆盖物,并耕翻土壤,促使药味挥发,再经 10～14 d 已无气味后即可播种或栽植。

②蒸汽消毒法。土壤用量不多时,可用大蒸笼熏蒸。用土较多时可用胶管将锅炉中的蒸汽导入一个木制(或铁制)装有土壤的密闭容器中。蒸汽喷头用几根在管壁上打许多小孔的钢管制成。蒸汽通用喷头均匀散布在土壤上。蒸汽温度在 100℃左右。消毒时间为 40～60 min。如果温室或苗圃进行大规模土壤消毒时,须在地下 20～30 cm 深处埋下铁管,然后通蒸汽。有条件的地方,可将扦插用土装在花盆或无纺布容器里,然后将花盆或无纺布容器浸湿,放入高压灭菌锅中,在 1 kg/cm^2 的气压下,15～20 min 即可杀死病菌和孢子。

③火烧消毒法。此法是一种简便易行的消毒方法。对少量土壤的消毒可在苗圃内设一炉子,将土壤置于铁锅或铁板上加火烧,烧前要湿润土壤,目的是使土壤内发生蒸汽,提高消毒效果。一般 30 cm 厚的土壤,烧到土温达到 90℃左右时,经 4～6 h 即可完成消毒工作。对花圃表土消毒时,可将燃料堆在地面上,集四周的表土盖在燃料上,燃火熏烧约 1 h。

对于扦插用的河沙,可用开水直接灌注消毒。

(2)种苗消毒

种苗消毒分温汤浸法和药剂浸法两种。在花木上常用的有:

①石灰水。先将石灰溶于 90～400 倍的水中,制成石灰水,然后把种子浸入其中。一般种子的浸种时间为 20～30 min,球根为 30～180 min(根据球根有无外皮及种皮的硬度而定)。

②升汞水。用升汞水 1 000～4 000 倍溶液浸种(浓度根据颗粒大小以及种皮的厚薄而定),浸泡时间与石灰水相同。

③福尔马林。一般用福尔马林 1%～2%的稀释浸种子或做种用的球根 20～60 min,浸后取出用水洗净,晾干后播种或栽植。

④代森铵。球根类的种球栽种前已发病的可用0.2%浓度代森铵冷浸10 min。

(3)清除病株残体

绝大多数非传性寄生的真菌、细菌都能在受害寄主的枯枝、落叶、落果、残根等植株残体内存活，或者以腐生的方式存活一定时期。这些病株残体遗留在苗圃内越冬，成为来年病害发生的初侵染来源。所以每年都要清理苗圃地，彻底清除病株残体，并集中烧毁或深埋。或采取促进残体分解的措施，都有利于减轻病害的发生。

5 主要观赏植物病害

5.1 花卉植物病害

5.1.1 月季黑斑病

该病是世界性病害，1815 年瑞士首次报道，1910 年我国首次报道了蔷薇植物上的这一病害，目前我国几乎所有栽植月季的地区均有此病发生，已成为月季生产中的一种主要病害。

(1)症状

病原菌主要为害叶片、嫩梢和花梗。发病初期在叶片正面出现紫褐色至褐色小点，逐渐扩大为圆形或不规则形黑褐色病斑，直径 1～12 mm，病斑边缘呈放射状。发病后期叶片变黄，病斑中央灰白色，其上着生黑色小粒点，为病原菌的分生孢子盘。在有些品种上病斑周围常有黄色晕圈，有些品种往往几个病斑愈合为黄色斑块，而病斑边缘还呈绿色，称为“绿岛”。嫩梢、花梗发病产生紫褐色至黑褐色条形斑，略下陷。病害严重时，植株中下部叶片全脱落，仅留下顶端几片绿叶。

(2)病原

病原为盘二孢菌 *Actinonema rosae*（Lib.)Fr.，有性世代为 *Diplocarpon rosae*，属半知菌亚门，黑盘孢目，分生孢子盘着生于病组织表皮下，后突出表皮，分生孢子梗短，不明显。分生孢子长卵形，无色，双胞，分隔处稍缢缩，大为(18～25) μm×(5～6) μm。属半知菌亚门。分生孢子 2 个细胞大小不等，分生孢子梗短小，见图 5-1-1。

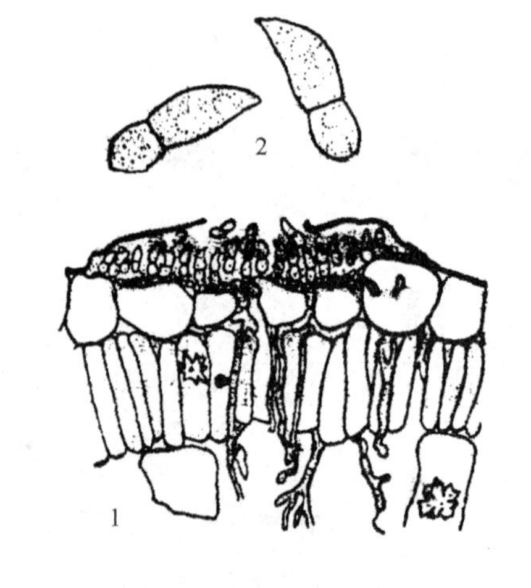

图 5-1-1　月季黑斑病菌

1. 分生孢子盘及放射状菌丝　2. 分生孢子

(3)发病规律

病原菌主要以分生孢子在病残体上越冬。第二年当温湿度条件适宜时，孢子萌发，侵入叶片和嫩枝，造成发病，其上产生大量分生孢子，随风雨传播造成多次再侵染。在高温、高湿、阴雨、喷灌条件下发病严重，当植株生长衰弱时易感病。露地栽培株丛密度大，或花盆摆放太挤，偏施氮肥，以及采用喷灌方式浇水，都加重病害的发生。

(4)防治方法

农业防治　选择种植抗病品种,合理密植,科学管理水肥,保证植株生长健壮,增强自身抗病能力。对病株在冬季进行重修,清除病茎、枝上的病源。发病初期,及时摘除病叶并销毁,减少侵染来源。

药剂防治　夏季新叶刚刚展开时,即应开始喷药,一般7～10 d一次。使用的药剂有50%多菌灵可湿性粉500～1 000倍液,或75%百菌清可湿性粉500倍液,或80%代森锌可湿性粉500倍液,或1∶1∶100波尔多倍液,或70%甲基托布津1 000～1 200倍液。

5.1.2 月季根癌病

根癌病又称癌肿病,世界各地均有发生。由于根系受到破坏,发病轻的造成植株树势衰弱、生长缓慢、产量减少、寿命缩短,严重时甚至引起全株死亡。病原菌的寄主范围很广,有菊花、石竹、天竺葵、夹竹桃、松、柏、南洋杉、罗汉松等300多种植物。

(1)症状

为害植株根颈部,有时也可为害枝条和地下根系。病部初期出现近圆形淡黄色小瘤,质地柔软,表面光滑,之后病瘤逐渐增大成为不规则块状,在大的瘤上又长出小瘤。老熟病瘤表面粗糙有龟裂、木栓化,褐色或黑褐色。植株地上部矮化,叶片变小、失绿变黄、失去正常光泽、提早脱落,花朵细弱,重病株提前死亡。

(2)病原

月季根癌病是由土壤根癌杆菌(*Agrobacterium tumefaciens*)引起的。菌体短杆状,1～3根鞭毛极生,革兰氏染色阴性(图5-1-2)。病菌生长最适温度为22℃,致死温度为51℃、10 min,最适宜的pH为7.3。

图5-1-2　月季根癌病

1.症状　2.病原细菌

(3)发病规律

根癌病菌在肿瘤皮层内,或随破裂的肿瘤残体落入土壤中越冬,可在病瘤内或土壤病株残体上生活1年以上,若2年得不到侵染机会,细菌则失去致病力和生活力。病菌通过灌溉水、雨水、嫁接条、农机具及地下害虫等传播,远距离传播常通过苗木及种条调运传播。经由各种伤口侵入植株,或者作用在没有伤口的根上,使根形成枯斑,再由枯斑侵入植物体,经数周或1年以上就可出现症状。在碱性、湿度大的土壤中植株发病严重,连作地发病重,切接嫁接发病率高,苗木根际有伤口的发病重。

(4)防治方法

栽培管理　选择偏酸性,排水良好的土壤地作花圃。合理施用酸性肥料,增强树势,提高抗病能力。发现病株及时挖除,集中烧毁。病区应实行轮作,雨后及时排水。

药剂防治　栽植前把根及根颈处置入68%或72%农用硫酸链霉素可溶性水剂2 000～3 000倍液中浸泡2～3 h。发病株可用消毒刀切除病患部分,然后用波尔多液、石硫合剂、石灰乳(生石灰2 kg,水0.5 kg)抹涂伤口。

生物防治　用K84菌液浸泡插条、接穗或裸根苗，有较好的防治效果。

5.1.3　月季灰霉病

月季灰霉病是世界各地都有分布的一种病害。在我国天津、上海、杭州、江苏等省市均有发生。

(1)症状

月季灰霉病在叶缘和叶尖发生时，起初为水渍状淡褐色斑点，光滑稍有下陷，后扩大腐烂。花蕾发病，病斑灰黑色，可阻止开放，病蕾变褐枯死。花受侵害时，部分花瓣变褐色皱缩、腐败。灰霉病菌也可侵害折花之后的枝端，黑色的病部可以从侵染点下沿到以下数厘米。在温暖潮湿的环境下，灰色霉层可以完全长满受侵染部位。

(2)病原

为灰葡萄孢霉，属半知菌亚门、丝孢菌纲、丛梗孢目、丛梗孢科、葡萄孢属(*Botrytis cinerea* Pers.)的一种真菌。分生孢子梗(280～550) μm×(12～24) μm(图5-1-3)，丛生，灰色，后转褐色。分生孢子亚球形或卵形，(9～15) μm×(6.5～10) μm。有性世代为富氏葡萄盘菌[*Botryotinia fuckeliana*(de Bary) Whetzel.]。

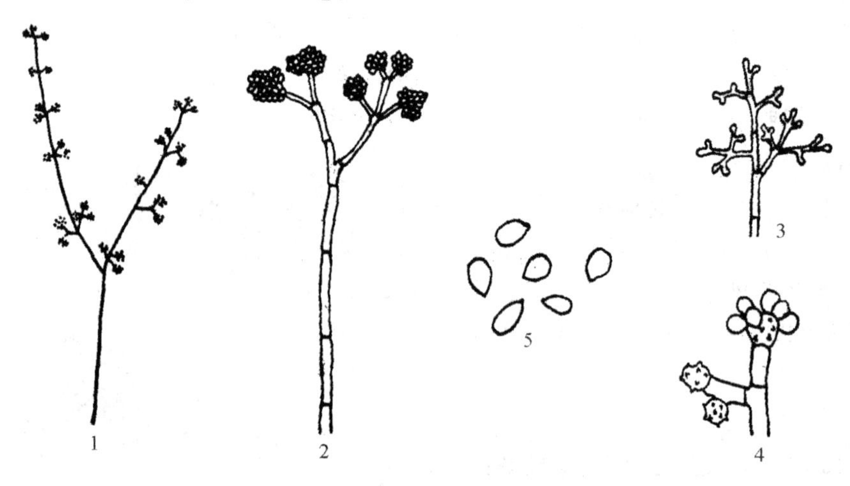

图5-1-3　月季灰霉病菌

1.分生孢子梗　2.分生孢子梗上着生葡萄穗状的分生孢子
3.分生孢子梗上的小梗　4.分生孢子着生状　5.分生孢子

(3)发病规律

病菌以菌丝体或菌核在病残体或土壤中越冬，翌年产生分生孢子以风雨传播或接触传播。从伤口、气孔侵入。可多次重复侵染为害。在嫁接苗木中为了保温而加不洁的护根物时容易发病。露地栽培的月季在霉雨多时容易发病。开花后不及时摘除病斑也易感染。栽植过密或盆栽放置过密时也容易发病。某些香水月季的杂交种容易感染。

(4)防治方法

温室栽培要适当通气，不致昼夜温差过大，湿度过高，各个月季盆之间应有适当空隙。浇水时从盆沿浇入，不要使叶、花滞留水分。晴天切花，伤口愈合容易。及时清除病部减少侵染来源，彻底清除与病芽相连的茎部以下数厘米。必要时喷药保护，可用的药剂有65%的代森锌600倍液，70%甲基托布津1 500倍液，50%多菌灵1 000倍液，75%百菌清700倍液，50%

氯硝胺 1 000 倍液。也可用粉尘法，于傍晚喷撒 10%来克粉尘剂或 5%百菌清粉尘剂，或 10%杀霉灵粉尘剂，每 667 m^2 1 kg，9～11 d 一次，连续使用或其他防治方法交替使用 2～3 次。发病初即使用 1∶1∶100 倍波尔多液喷药保护。

5.1.4　郁金香疫病

郁金香疫病又称郁金香灰霉病，是温室中的常见病害，该病为害郁金香叶片和花，引起叶枯、花腐。上海植物园引进种植的郁金香中，每年都有此病发生。

(1)症状

病害常发生在嫩叶上，花瓣、球根上也可发生此病。叶片染病后，盘旋、扭曲、枯干，遇到潮湿、阴雨天气，病叶上出现淡黄色的小斑，不久沿叶脉扩展，扩大成圆形或不规则形的大型病斑。病斑周围暗色水浸状，后期叶片凹陷，产生灰白色霉层，潮湿时病部长满灰色霉层，全叶腐烂。花瓣上为灰色到淡黄褐色下陷的小斑，散生黑色具碎白点花纹的菌核。茎上为边缘褐色下陷的小斑。病球根外皮赤褐色或黑褐色腐败。内侧有众多的黑色小菌核，1～2 mm 大小。剥去腐烂的外皮，白色的内皮表面也有淡褐色到黑褐色的下陷病斑，内皮表面也可有菌核。一般阴雨、潮湿天气条件下病斑发展较快，小斑点合并成大斑点，叶片变成灰黄色。在干旱天气里，病叶易被风刮断、刮裂。

(2)病原

病菌为 *Botrytis tulipae* Lind，无性阶段为葡萄孢属，有性阶段为核盘菌属。分子孢子梗细长，有分支，通常带灰色，顶端细胞膨大成球形，上面有许多小梗，小梗上着生分生孢子。分生孢子聚生成葡萄穗状，卵圆形，单细胞，无色或灰色，聚集成堆，呈灰色。通常产生黑色、不规则菌核。

(3)发病规律

病菌以菌丝体和菌核残留在腐败球根、病残体或土壤中越冬，病鳞茎栽植后，受害枯死的幼芽上常产生大量分生孢子，成为重要侵染源。该菌在 5℃和相对湿度 90%～100%时，即能产生分生孢子进行初侵染和再侵染。春季气温低，天气潮湿时病害严重，连作地病重。品种间存在着抗性差异。

(4)防治方法

收获时将有病球根和茎叶收集烧毁。应避免连作或进行土壤消毒，种植前球根应严格挑选，球根可以多菌灵、甲基托布津或福美双浸渍或粉衣消毒。液剂用 200～500 倍液浸渍 30 min。粉衣剂为球根重量的 0.2%～10%，可以在收获后和种植前各处理一次。3 月中旬到开花期可用 50%多菌灵 1 000 倍液、甲基托布津 1 000 倍液进行防治。

5.1.5　菊花灰霉病

灰霉病是菊花生产上的重要病害，全国各栽培区广泛分布。此病在菊花生长季节经常发生，尤以秋季发生普遍。

(1)症状

病害主要为害菊花的叶、茎、花等部位。叶片受害时在边缘出现褐色病斑，表面略呈轮纹状波皱，叶柄和花柄先软化，然后外皮腐烂。花受害后影响种子成熟。病害严重时可引起大量落叶，影响植株开花，降低观赏或药用价值。

(2)病原

病原为灰葡萄孢(*Botrytis cinerea* Pers.)，属半知菌亚门。分生孢子梗数根丛生、直立、具有分枝，分枝顶端密生小柄，其上产生大量卵圆形、单胞、灰褐色的分生孢子。病菌能形成很小的菌核。灰霉病菌 10～15℃发育最好。发病要求最低 95%以上相对湿度。

(3)发病规律

北方病菌以菌丝在病残体上越冬，翌春产生大量分生孢子进行传播；南方病菌以分生孢子借风、雨水和农事操作传播，在适宜的温、湿度条件下萌发，直接穿透寄主表皮或从伤口侵入，可多次再侵染。高温多雨、栽植过密、氮肥过多或缺乏、管理粗放、土壤质地黏重等都有利于灰霉病的发生。

(4)防治方法

加强栽培管理　无论是园栽还是盆栽，要求土壤中不带病原菌；发现病叶病株及时清除，集中深埋或烧毁；注意改善通风透光条件，不偏施氮肥，严防土壤渍水。

药剂防治　定植前可用 65%代森锌 300 倍液浸根 10～15 min；发病初期可喷洒 0.3～0.5 波美度石硫合剂，40%灭菌丹可湿性粉剂 500 倍液，50%扑海因可湿性粉剂 1 500 倍液，50%速克灵可湿性粉剂 2 000 倍液，65%甲霉灵可湿性粉剂 800 倍液等药剂。

5.1.6 花卉白粉病

5.1.6.1 月季白粉病

月季白粉病又名蔷薇白粉病，是世界性病害，在我国月季栽培地区均有发生。严重时造成枯梢、枯叶、花蕾不能开放，影响植株生长、开花和观赏。一般而言，温室发病比露地重。该病侵染月季、蔷薇、白玉兰、十姊妹、芍药、黄刺梅、玫瑰等植物。

(1)症状

白粉病侵染月季的绿色器官。叶片、花器、嫩梢发病重。早春，病芽展开的叶片上下两面都布满了白粉层。叶片皱缩反卷，变厚，为紫绿色，逐渐干枯死亡，成为初侵染源。生长季节叶片受侵染，首先出现白色的小粉斑，逐渐扩大为圆形或不规则形白粉斑，严重时白粉斑连接成片。嫩梢和叶柄发病时病斑略肿大，节间缩短病梢有干枯现象。叶柄及皮刺上的白粉层很厚，难剥离。花蕾布满白粉层，萎缩干枯，病轻的花蕾开出畸形花朵。

(2)病原

病菌是蔷薇单囊壳菌[*Sphaerotheca pannosa*(wallr.)Lev.]，属子囊菌亚门、核菌纲、白粉菌目、单囊白粉菌属。

闭囊壳直径为 90～110 μm，附属丝短；子囊100 μm×(60～75) μm；子囊孢子 8 个，(20～27) μm×(12～15) μm；无性世代为粉孢霉属真菌(*Oidium* sp.)，粉孢子串生、单胞、椭圆形、无色、大小为(20～29) μm×(13～17) μm。月季上只有无性世代，蔷薇等寄主植物上有闭囊壳形成。病原菌生长最适温度为 21℃，最低温度为 3℃，最高温度为 32℃。粉孢子萌发最适相对湿度为 97%～99%，水膜对孢子萌发不利(图 5-1-4 示无性世代)。

(3)发病规律

侵染循环　病菌主要以菌丝体在病梢、病叶、病蕾上及芽内等处越冬。翌年 5 月上旬室外

开始产生分生孢子，进行侵染和发病，6～7月份在新病株上产生大量分生孢子，借风或气流传播，进行多次再侵染。条件适宜时，分生孢子萌发，菌丝在叶表面生长。并生出吸器，从气孔等侵入叶肉组织内吸取营养。气温20℃左右，空气湿度较高时有利于该病菌孢子萌发侵入。

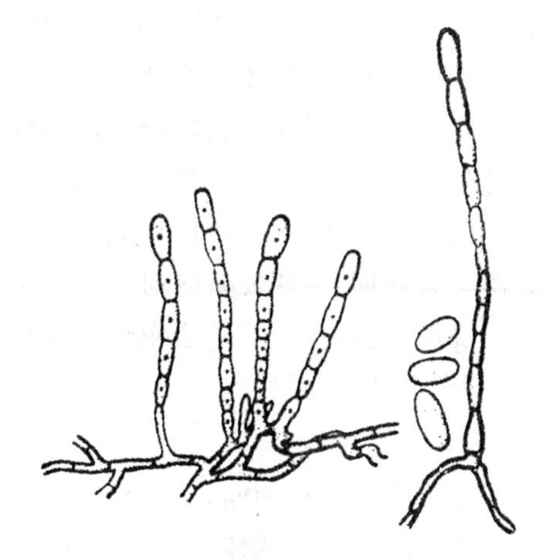

图 5-1-4 月季白粉病菌(示无性世代)

分生孢子梗及分生孢子

发病条件 氮肥施用过多、栽植过密、光照不足、通风不良时，较易发病；滴灌和白天浇水能抑制病害发生。一般来说，小叶、无毛的蔓生多花品种较抗病；芳香族的多数品种，尤其是红色花品种均感病。

(4)防治方法

早春修除病芽、病叶和病死茎梢销毁 发病初期喷洒50%多菌灵可湿性粉剂800倍液；发芽前喷洒波尔多液[1∶2∶(100～200)]，3～4波美度石硫合剂，消灭病芽中的越冬菌丝，或病部的闭囊壳。

加强栽培管理 植株间不可过密，控制好室内的温度和湿度，保持通风透光；合理施肥，增施磷、钾肥，氮肥要适量；灌水最好在晴天的上午。

药剂防治 发病之前，使用石硫合剂喷洒植株，预防病害发生；发病期间，可使用1 000倍70%可湿性甲基托布津进行治疗，或者喷布15%粉锈宁可湿性粉剂1 500～2 000倍液，或50%多菌灵可湿性粉剂600～1 000倍液。

5.1.6.2 瓜叶菊白粉病

白粉病是瓜叶菊的一种常见病害。苗期发病重，植株生长不良，矮化或畸形，抑制开花，影响观赏效果。

(1)症状

白粉病菌主要为害叶片，也可侵染叶柄、花器、茎秆等部位。感病初期，病斑并不明显，后逐渐呈现浅黄色不规则状的斑块，上面覆盖一层白色粉状物，即白粉斑，逐渐扩大，直径4～8 mm。病重时病斑连接成片，整个植株都布满白粉层。叶片退绿、枯黄。布满白粉层的花蕾不开放或花朵小、畸形，花芽常常枯死。发病后期白粉层变为灰白色，其上着生黑色的小粒点——闭囊壳。苗期发病的植株生长不良，矮化。

(2)病原

病原为二孢白粉菌(*Erysiphe cichoracearum* DC.)，属子囊菌亚门，核菌纲、白粉菌目、白粉菌属。闭囊壳直径为85～144 μm；附属丝多，菌丝状；子囊6～21个，卵形或短椭圆形，(44～107) μm×(23～59) μm；子囊孢子2个，少数3个，形成较迟，椭圆形，(19～38) μm×(11～22) μm，见图5-1-5。无性世代为肠草粉孢霉(*Oidium ambrosiae* Thun.)，分生孢子

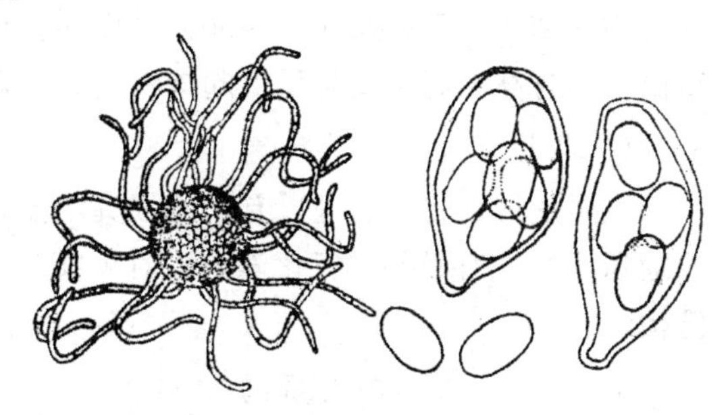

图 5-1-5 瓜叶菊白粉病菌

闭囊壳、子囊及子囊孢子

椭圆形或圆筒形，(5～45) μm×(16～26) μm。

(3)侵染循环及发病条件

病原菌以闭囊壳在病株残体上越冬，成为初侵染源；病菌借助气流开始传播侵染，自表皮直接侵入，在整个生长过程中，环境条件合适可反复侵染多次。

温度15～20℃有利于病害的发生，室温在7～10℃以下时，病害发生受到抑制。该病发生有两个高峰期，苗期发病盛期为11～12月份，成株发病盛期为次年3～4月份。

浇水过多，室内通风透光较差有利于病害扩展蔓延，是瓜叶菊白粉病发生的主要因素，尤其在开花期间受害严重。

(4)防治技术

①瓜叶菊生长期间，要合理施肥，氮肥不宜过多。

②及时清除病残体及发病植株，注意温室卫生，减少侵染来源。

③通风透光，降低温室中的湿度以减少病害的发生。

④发病初期及时喷药，可用25%粉锈宁可湿性粉剂2 000～2 500倍液；80%代森锌可湿性粉剂500～600倍液；50%苯来特可湿性粉剂1 000～1 500倍液。

5.1.6.3 扶郎花白粉病

扶郎花又名非洲菊、灯盏菊、大丁草等。扶郎花白粉病由一种子囊菌引起，常发生在叶片上，在我国上海、广东、福建等地发生严重。日本，美国均有此病的记载。

(1)症状

该病主要发生在叶片上，初在叶表产生白色小霉点，逐渐扩展成圆形至长椭圆形黄白色斑，上覆白粉，即病原菌无性阶段的菌丝体和分生孢子。后期白粉层变成灰白色，并产生黑色小粒点，即病原菌闭囊壳。严重时叶片发黄以致枯死。

(2)病原

二孢白粉菌(*Erysiphe cichoracearum* DC.)属子囊菌亚门、核菌纲、白粉菌目、白粉菌科、白粉菌属中的一个真菌，病原形态参见图5-1-5瓜叶菊白粉病菌。附属丝菌丝状，闭囊壳球形。

(3)发病规律

北方露地栽培病菌以闭囊壳越冬。北方棚室及南方露地栽培时，该菌以分生孢子或潜伏在芽内的菌丝体越冬，借气流传播，越冬期不明显，一般温暖潮湿的天气或低洼荫蔽的条件或气温20～25℃，湿度达80%～90%易发病。该菌孢子耐旱能力强，高温干燥时亦可萌发，有时高温干旱与高温高湿交替易引起该病流行。病菌除为害扶郎花外也可为害野菊花、瓜叶菊等。

(4)防治方法

主要是加强栽培管理。有病的根蘖不能再用来分株繁殖。病叶、病株应及时除去。温室要通风透光。有必要进行化学防治时可喷20%粉锈宁2 000倍液或50%托布津500倍液进行防治。

5.1.6.4 金盏菊白粉病

金盏菊白粉病是金盏菊的主要病害，病害发生后可严重影响其观赏特性。金盏菊白粉病(*Erysiphe cichoracearum* DC.，*E. polygoni* DC.)在我国河北、北京、南京、昆明、上海等省市

均有发生，日本、美国也有报道。但北京、南京、昆明的金盏菊白粉病菌是由 *E. eichoraeearum* DC. 引起，美国和日本则是由 *E. polygoni* DC. 引起。上海因始终未见到有性世代，尚不明确有性世代系何种白粉菌。

(1)症状

叶和茎均可受害。发病初期，叶的正反两面出现白色粉状的圆斑，病情进一步发展后，叶面像铺上一层白粉，茎同样为白粉覆盖。染病植株生长缓慢，花朵变小，最后茎、叶发黄，整株枯死。在上海，该病一般在金盏菊开花之后发生。

(2)病原

二孢白粉菌(*Erysiphe cichoracearum* DC.，*E. polygoni* DC.)为真菌白粉菌属中的一种。闭囊壳球形，附属丝菌丝状。闭囊壳内含子囊数个。子囊卵形、亚球形。子囊内含子囊孢子 2 个[二孢白粉菌(*P. cichoracearum* DC.)]或 3～6 个，间或有 2 个或 8 个(蓼白粉菌)。病原形态参看瓜叶菊白粉菌，图 5-1-5。

(3)发病规律

病菌以闭囊壳或菌丝在被害叶、茎的病组织中越冬，翌年产生分生孢子，主要通过风或雨水传播。此病在金盏菊整个生长期都可发生，尤以 5～6 月份最重。病菌的寄生范围广，可为害其他菊科植物的花卉。

(4)防治方法

①加强水肥管理，增强植株抗菌力。②清除病残体，减少侵染来源。③不连作或避免与其他可感染此两种白粉菌的花卉轮作。④染病后，喷洒 70% 甲基托布津 1 500 倍液，或 75% 粉锈宁可湿性粉剂 1 000～1 200 倍液，每隔 10～15 d 喷 1 次，连喷 2～3 次。

5.1.6.5　菊花白粉病

菊花白粉病是菊花上的常见病害，全国各种植区广泛发生，严重影响菊花产量和品质。

(1)症状

菊花白粉病感病初期，叶片上出现浅黄色小斑点，后逐渐扩大，病叶上布满白色粉霉状物，即病原菌的菌丝体和分生孢子，以叶正面居多，主要为害叶片，叶柄和幼嫩的茎叶也易感染。在温湿度适宜时，病斑可迅速扩大，并连接成大面积的白色粉状斑，或灰色的粉霉层。严重时，发病的叶片扭曲变形或枯黄脱落；叶片和嫩梢卷曲、畸形、早衰和枯萎；茎秆弯曲，新梢停止生长，花朵少而小，植株矮化不育或不开花，甚至出现死亡现象。

(2)病原

二孢白粉菌(*Erysiphe cichoracearum* DC.)，属子囊菌亚门、核菌纲、白粉菌目、白粉菌科、白粉菌属中的一个真菌，病原形态参见图 5-1-5 瓜叶菊白粉病菌。菌丝体生于叶两面，分生孢子近柱形至桶柱形，串生。闭囊壳扁球形，附属丝多，暗褐色，大小 90～130 μm，含子囊 10～20 个。子囊卵形，矩圆形至椭圆形。

(3)发病规律

在我国北方温室内和南方露地栽培中可常年发病。病菌在病株残体内或土壤中越冬，翌年春季温湿度适宜时，子囊果开裂，散出子囊孢子，借气流和风雨传播扩散，可多次侵染。5～11 月份均可发病，8～10 月份多发病，20～25℃时易侵染发病。空气湿度大，光照不足，通风不良和昼夜温差在10℃以上时最易发生。以9～10月份发病严重，主要在秋季多雨、露、雾的潮湿环境下多次侵染发病。浇水多、植株太密或干旱条件下，栽培管理不善，造成植株生长势弱时，发病更为严重。

(4)防治方法

农业防治　田间不宜栽植过密，注意通风透光；科学肥水管理，增施磷钾肥，适时灌溉，提高植株抗病力；冬季清除病落叶及病残体，集中深埋或烧毁。

药剂防治　盆土、苗床或土壤采用药物杀菌，可用50%甲基硫菌灵与50%福美双(1∶1)混合药剂600～700倍液喷洒盆土、苗床或土壤，达到杀菌效果。发病初期开始喷洒36%甲基硫菌灵悬浮剂500倍液或60%防霉宝2号水溶性粉剂800倍液、40%达科宁悬浮剂600～700倍液、47%加瑞农可湿性粉剂700～800倍液、20%三唑酮乳油1 500倍液，每隔7～10 d 1次，连续喷施2～3次。病情严重的可选用25%敌力脱乳油4 000倍液、40%福星乳油9 000倍液。

5.1.7　月季枯枝病

(1)症状

枯枝病又称茎溃疡病，仅侵染枝条、茎干部位，多发生在修剪枝条伤口及嫁接处的茎上。发病初期在病部产生红色或紫色小斑点，之后扩大成中央深褐色，边缘红褐色或紫褐色，稍向上突起的较大病斑，病斑边缘明显。后期病斑深褐色或浅白色，表面纵裂，病斑中央出现小黑点，即分生孢子器，裂缝是识别月季枯枝病的主要依据之一。发病严重时，病斑环绕枝干，致使病部以上部分枯死。

(2)病原

病原为蔷薇盾壳霉，属半知菌亚门。子囊腔球形，黑色，有孔口。子囊初为棍棒形，双层壁，释放孢子后子囊变长，有8个子囊孢子，有永存性侧丝。子囊孢子长椭圆形至针形，具有2个或更多的分隔，深绿色、黄色或褐色。有性态为 *Leptosphaeria coniothyrium* (Fuckel) Sacc. 盾壳霉小球腔菌，属子囊菌亚门，见图5-1-6。

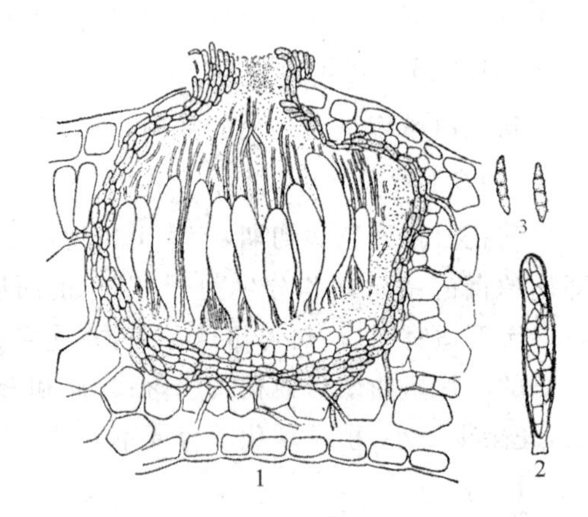

图5-1-6　月季枯枝病菌
1.子囊腔　2.子囊(示双层壁)　3.子囊孢子

(3)发病规律

病原菌以分生孢子器和菌丝在病株或病残体上越冬，有些地方以子囊壳越冬。翌春产生分生孢子或子囊孢子借风雨传播，从伤口，特别是修剪伤口、嫁接伤口侵入。田间湿度大、管理粗放、过度修剪发病严重。6～9月份高温干旱枝枯病发生严重。

(4)防治方法

①合冬季修剪，剪除病枯枝，并集中烧毁。修剪枝条应在晴天。修剪、嫁接后最好用波尔多浆(用硫酸铜∶石灰∶水1∶1∶15混匀配成)涂抹剪口，以防病菌侵入。

②修剪后立即喷药保护，修剪伤口处先用10%硫酸铜消毒，再涂1∶1∶150倍波尔多液保

护。发病后,可喷洒50% 多菌灵可湿性粉剂500倍液、75% 百菌清粉剂600~700倍液、50%退菌特800倍液、75%甲基托布津可湿性粉剂1000倍液、50%甲基硫菌灵·硫黄悬浮剂800倍液,隔10 d左右1次,防治2~3次。

5.1.8 玫瑰锈病

该病是世界性病害。在我国普遍发生。严重时叶片正面布满病斑,背面覆盖一层黄粉状物,发病植株早落叶,生长衰弱,不仅影响观赏,也影响玫瑰花的产量。玫瑰锈病还可以侵染月季、野玫瑰等植物。

(1)症状

该病侵染玫瑰植株地上部分的各个绿色器管,主要为害叶片和芽。早春病芽基部淡黄色,抽出的病芽弯曲皱缩,上有黄粉,以后逐渐枯死。感病叶片初期下面出现淡黄色病斑,叶背面生有黄色粉状物,即夏孢子堆和夏孢子,秋末叶背生有黑褐色粉状物,即冬孢子堆和冬孢子。

(2)病原

病原菌有玫瑰多胞锈菌(*Phragmidium rosae-rugosae* Kasai)和短尖多胞锈菌[*Phragmidium mucronatum* (Pers.) Schlecht]属担子菌亚门、冬孢菌纲、锈菌目、柄锈菌科。锈孢子近圆形,黄色,表面有瘤状突起,大小为(23~29) μm×(19~24) μm。夏孢子圆形或椭圆形,黄色,表面有刺,大小为(16~22) μm×(19~26) μm,一般有4~7个隔膜,孢子顶端有圆锥形突起,见图5-1-7。

图 5-1-7 玫瑰锈病菌冬孢子

(3)发病规律

病原菌以菌丝体在玫瑰芽内或在发病部位越冬或以冬孢子在枯枝落叶上越冬。玫瑰锈病为单主寄生,夏孢子在生长季节能多次重复侵染。夏孢子由气孔侵入,靠风雨传播。

锈孢子萌发的适宜温度为10~21℃;夏孢子在9~25℃时萌发率最高;冬孢子萌发适温为18℃。

发病最适温度为18~21℃;连续2~4 h以上的高湿度有利于发病。四季温暖、多雾、多雨的天气均有利于发病;偏施氮肥可加重病害的发生。

(4)防治方法

①生长季节及时摘除病芽或病叶集中烧毁,休眠期清除枯枝落叶,喷洒3波美度石硫合剂,杀死芽内病部越冬的菌丝体。

②注意通风透光,降低温室内空气湿度;增施磷、钾、镁肥,氮肥要适量;酸性土壤中施入石灰等能提高寄主的抗病性。

②初发病期,喷布15%粉锈宁可湿性粉剂1 500~2 000倍液,或敌锈钠250~300倍液,或0.2~0.3波美度石硫合剂等均有良好治疗效果。

5.1.9 花卉锈病

5.1.9.1 菊花锈病

(1)症状

该病主要为害叶片，也可侵染叶柄和茎部。发病初期，在叶片上下表面出现浅黄色小斑点，后在叶背形成黄褐色至深褐色的疱状突起，随着疱状物破裂，散出许多黄褐色粉状物，即为病菌的夏孢子堆。发病后期，在叶背或在叶柄和茎上出现深褐色突起，上被有栗褐色的粉状物，即病菌的冬孢子堆。严重时常造成全株叶片枯死。

(2)病原

病原为菊柄锈菌（*Puccinia chrysanthemi* Roze.）、堀柄锈菌（*Puccinia horiana* P. Henn）及篙层锈菌（*Phakopsora artemisiae* Hirat.），属担子菌亚门真菌。*Puccinia chrysanthemi* 夏孢子堆褐色，多生于叶背，少数生在茎上，夏孢子黄褐色，球形至椭圆形，具刺，上生突起。冬孢子堆生在叶背或叶柄和茎上，深褐色或黑色，冬孢子栗褐色，倒卵形至椭圆形，见图 5-1-8。

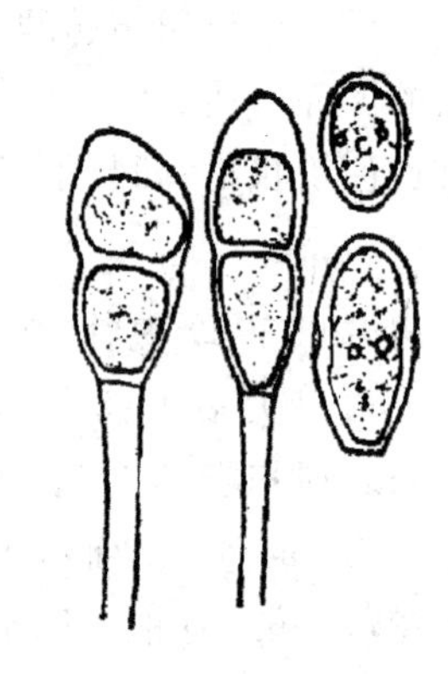

图 5-1-8 菊花锈病菌
冬孢子及夏孢子

(3)发病规律

病菌在病株或病残体上越冬。翌年春末初夏发病，随菊苗传播蔓延。夏孢子从叶片气孔侵入。夏孢子萌发的最适温度为 16～21℃，侵染一般发生在 16～27℃。温暖及相对湿度较高（85%以上）的环境有利于病菌萌发侵染。栽培管理不善，通风透光不良，土壤缺肥或氮肥过量，土壤渍水，空气湿度过大，都有利于该病的大发生。该病 4～10 月均可流行为害。

(4)防治方法

加强植物检疫 引进品种或调运菊苗、插条时要严格实行检疫。

加强栽培管理 从无病健壮植株取插条或分根繁殖菊苗。搞好田园卫生，清除病残体，集中烧毁。实行轮作制度，盆栽要换土。选高燥地、肥沃沙壤土种植。温室栽培加强通风透气，肥料经充分腐熟。合理施肥，适当增施磷、钾肥以提高植株的抗病能力。浇水方式采用地面浇灌，避免喷淋。

药剂防治 发病后，可喷洒 15%粉锈宁可湿性粉剂 1 000 倍液，65%代森锌可湿性粉剂 500 倍液，80%代森锌可湿性粉剂 500～700 倍液，25%萎锈灵 1 500 倍液，20%萎锈灵 200 倍液，0.3～0.5 波美度石硫合剂，或 50%苯莱特可湿性粉剂 1 500 倍液进行防治。

5.1.9.2 细叶结缕锈病

细叶结缕草锈病，又名天鹅绒草锈病。上海、杭州等地均有发生。黑龙江、辽宁、山东、台湾等地也有记载。

(1)症状

叶正反两面着生橘黄色的疱状突起，破裂后散出橘红色粉末，严重时，全叶枯黄至死，在草坪上可见成片枯草现象，人行其中，鞋上可沾上一层橘红色粉状物。

(2)病原

Puccinia zoyssae Diet.为细叶结缕草柄锈,属担子菌亚门、冬孢菌纲、锈菌目、柄锈菌科、柄锈属的一种真菌。锈孢子器生于叶下,围成圈,杯状开裂。锈孢子圆形或椭圆形,淡黄色,(18~24) μm×(14~19) μm,有细密的疣。夏孢子堆生于叶面,针眼状排列,长椭圆形常愈合,裸生、粉状、淡橙黄色。夏孢子卵圆形,圆形,淡黄色或无色,(18~22) μm×(15~17) μm,有细刺。冬孢子堆生于叶两面,以下面为主,椭圆形,0.7~2.0 mm,散生或密集,褥状、黑色。冬孢子椭圆形,棍棒状,栗褐色,(28~38) μm×(17~20) μm。顶端圆形,基部稍细,分节处不紧缩,或稍紧缩。柄无色,长达 100 μm,不脱落,病菌形态可参见图 5-1-8 菊花锈病菌。

(3)发病规律

病菌有转株寄生,另一寄主为鸡矢藤。夏孢子可重复侵染多次。适宜生长温度为 17~22℃。草被过长不及时修剪,病会加重。在无转主寄主鸡矢藤的地方,冬孢子无法对细叶结缕草造成危害。4~6 月和秋季发病较重,11 月末还有零星发病。在气候温暖、湿度较大、阳光不足、偏施氮肥、土壤黏重、贫瘠和板结的情况下,发病较重。

(4)防治方法

改良黏重、贫瘠的土壤,并做好排水工作,防止潮湿。增施有机肥和磷钾肥,不偏施氮肥。购进草被时应认真检查,勿将有病草被引入。及时修剪草被,修剪下来的病草应及时携出烧毁。发病初期,可喷洒 20%粉锈宁乳剂 4 000 倍液或托布津 800 倍液进行防治。

5.1.9.3　萱草锈病

萱草锈病,发病区域广,在河北、四川、湖南、江苏、浙江、上海、北京等地均有发生。

(1)症状

病害在叶和花梗上均可发生。初期在叶片背面及花梗上产生疱状斑点,开始时被寄主表皮覆盖,以后表皮破裂,散出黄褐色粉状物,即病菌的夏孢子堆。染病处往往失绿而呈淡黄色。严重时整叶变黄。萱草生长后期,在病部产生黑褐色长椭圆形或短线状斑点,即病菌冬孢子堆,埋于寄主表皮下,非常紧密,表皮不破裂。锈病严重时,萱草全株叶片枯死,花梗变红褐色。花蕾干瘪或凋谢脱落,可减产 30%以上。

(2)病原

(*Puccinia hemerocallidis* Tham.)为萱草柄锈菌,属担子菌亚门、冬孢菌纲、锈菌目、柄锈菌科、柄锈属中的一种真菌。锈孢子器生于叶背,直径 0.2~0.4 mm,杯形,包被边缘外翻而碎裂。锈孢子球形或椭圆形,(12~19) μm×(10~16) μm,几乎无色,有瘤,壁厚 1 mm。夏孢子堆多生于叶背,橘红色,直径 0.2~0.4 mm。夏孢子亚球形或椭圆形,带黄色,(18~29) μm×(16~23) μm,有瘤。冬孢子堆直径 0.2~0.3 mm,周围有褐色成熟的侧丝。冬孢子棍棒形,(32~64) μm×(14~22) μm,顶平,有时圆或尖,分隔处略缢缩。柄淡黄色,长达 35 μm,病菌形态可参见图 5-1-8 菊花锈病菌。

(3)发病规律

萱草锈病为转主寄生的病害,其第二寄主是败酱草(*Patrinia villosa* Juss)。病菌以菌丝或冬孢子堆在患病植株上越冬,第二年 6~7 月份发病。气温 25℃左右,相对湿度 85%以上时,有利于病害发生蔓延。种植过密,通风透光不良,地势低洼、排水不良,土壤板结、黏性重,氮肥过多或土壤贫瘠时萱草锈病常较严重。品种间抗病性有差异。

(4)防治方法

在栽培管理上要密度适当,及时排水,合理施肥,及时剪除病部并烧毁,勤除杂草,选用抗病优良品种等对防治本病有效。发病期喷 80%代森锌 500 倍液或 20%粉锈宁 3 000 倍液 1～2 次防治有效。

5.1.9.4 向日葵锈病

向日葵锈病是向日葵种植上的重要病害,在我国发生范围较广,北京、黑龙江、吉林、辽宁、河北、江西、新疆、四川、云南、湖南、河南、山东、江苏等省(自治区、直辖市)均有发生。美国、日本也有此病。

(1)症状

叶片、叶柄、茎秆、葵盘等部位染病后都可形成铁锈般状孢子堆。叶片染病,初在叶片背面出现的褐色小疱是病菌夏孢子堆,表面破裂后散出褐色粉末,即病原菌的夏孢子,后病部生出许多黑褐色的小疱,即病菌冬孢子堆,散出黑色粉末,即冬孢子,发病严重时可致叶片早期干枯。

(2)病原

(*Puccinia helianthus* Schw.)为向日葵柄锈菌,属担子菌亚门、冬孢菌纲、锈菌目、柄锈菌科、柄锈属的一种真菌。锈孢子器生于叶背,圆形、不规则形或杯形,包被边缘碎裂。锈孢子球形,有时椭圆形,(21～28) μm×(18～21) μm,有瘤,内含物橙黄色。夏孢子堆也生于叶背,直径 1.0～1.5 mm,圆形或椭圆形,裸露后呈褐色。夏孢子球形或椭圆形,(23～30) μm×(21～27) μm,有刺,淡褐色,有芽孔 2 个。冬孢子堆叶背居多,黑褐色,直径 0.5～1.5 mm。冬孢子椭圆形或长圆形,两端圆,分隔处稍缢缩,(40～54) μm×(22～29) μm,平滑,褐色。柄无色,长达 110 μm,病菌形态可参见图 5-1-8 菊花锈病菌。

(3)发病规律

寒冷地区病菌以冬孢子在病残体上越冬。翌年条件适宜时,冬孢子萌发产生担孢子侵入幼叶,形成性子器,后在病斑背面产生锈子器,器内锈孢子飞散传播,萌发后也从叶片侵入,形成夏孢子堆和夏孢子,夏孢子借气流传播,进行多次再侵染,接近收获时,在产生夏孢子堆的地方,形成冬孢子堆,又以冬孢子越冬。南方温暖地区病菌在多年生向日葵或菊芋上以菌丝越冬,越冬后繁殖进行再侵染。该病发生与上年累积菌源数量、当年降雨量关系密切,尤其是幼苗和锈孢子出现后,降雨对其流行起有重要作用。野生向日葵的锈菌可引起栽培品种的严重感染。品种间抗性有差异。

(4)防治方法

药剂拌种用 25%羟锈宁可湿性粉剂 100 g 干拌 50 kg 种子,可减轻发病。引进野生向日葵种源时应避免引入锈病。发病初期可喷施嗪胺灵 1 000 倍液或 20%粉锈宁 3 000 倍液进行防治。也可喷洒 15%三唑酮可湿性粉剂 1 000～1 500 倍液、50%萎锈灵乳油 800 倍液、50%硫黄悬浮剂 300 倍液、25%敌力脱乳油 3 000 倍液、30%固体石硫合剂 150 倍液、12.5%速保利可湿性粉剂 3 000 倍液等。

5.1.10 菊花斑枯病

(1)症状

此病又称褐斑病、黑斑病、叶枯病,在菊花整个生长期均可发生,主要为害叶片。发病初

期，叶面散生淡黄色或紫褐色小点，扩大后呈近圆形，近叶脉处的病斑的发展受到叶脉的限制，呈不规则状褐色至紫褐色病斑，边缘清晰或外围有退绿晕圈，后期病斑上密生小黑点，即病菌分生孢子器。发病严重时数个病斑愈合成大斑，导致叶面凹凸不平，发黄，变黑，卷曲，甚至焦枯脱落。病叶植株下部叶最先发病，发黑枯死，然后逐层向上蔓延，严重时可全株枯死。

(2)病原

病原为真菌中的菊壳针孢菌(*Septoria chrysanthemella* Sacc.)，属半知菌亚门、腔孢纲、球壳孢目、壳针孢属。分生孢子器球形或近球形，褐色至黑色，器壁膜质，顶部有孔口。分生孢子梗短，不明显；分生孢子针状无色，有隔膜4～9个。病原除为害菊花外，还为害瓜叶菊，见图5-1-9。

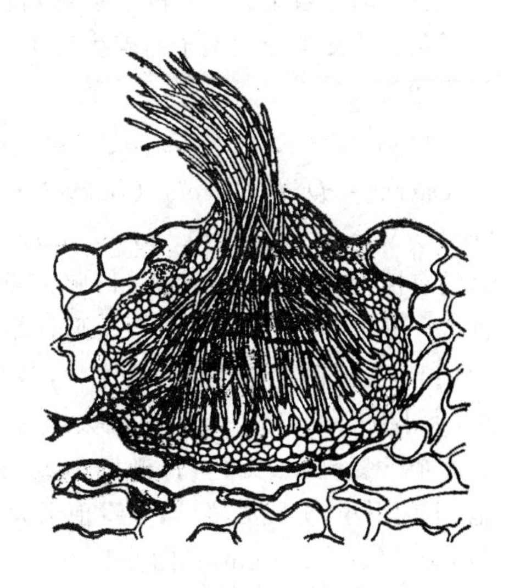

图 5-1-9　菊花褐斑病菌
示分生孢子器及分生孢子

(3)发病规律

病原菌以菌丝体和分生孢子器在病株或病残体上越冬。第二年分生孢子器释放出分生孢子侵染为害寄主，形成初侵染。分生孢子借风雨、昆虫等传播，造成多次再侵染。病菌多从植株下部的叶片开始侵染，逐渐向上蔓延。在雨水多、湿度大、通风不良、光照不足的情况下发病重，连作和分株繁殖也往往发病重。在10～27℃范围内，有雨露，就可发病，但以秋季孕蕾开花期灌水或下雨造成的高湿条件发病最重。菊花品种间抗性差异明显。

(4)防治方法

加强栽培管理　①合理轮作。盆栽土要更换。②搞好田园卫生。生长季摘除病叶、老叶；花后割去病株地上部分，清除病残体集中烧毁或深埋。③选用无病苗木。从无病植株取插条或分根繁殖幼苗。④改进浇水方式。不从植株上部淋浇，沿盆缸边缘浇水；在地面铺草木灰、泥炭土等作隔离层减少水淋传播。⑤降低湿度。种植不宜过密，加强通风透光，改进浇水方法，浇水时间不过迟，降低地上部植株间的湿度，尤其是过夜时的株间湿度。⑥加强管理。避免偏施氮肥，注意氮磷钾均衡配合，促使植株生长健壮，提高抗性。

药剂防治　进入花期可喷药防病，每隔7～10 d喷1次药，连续喷2～3次，喷药前先摘除病叶、老叶，可提高防治效果。常用药剂有75%百菌清600倍液、80%大生600倍液、62.25%仙生600倍液、65%代森锌500倍液、20%富士500～800倍液、1:1:160波尔多液喷雾等。

5.1.11　菊花花腐病

菊花花腐病别名菊花疫病，是菊花上的重要病害。该病主要侵染菊花花冠，流行快，几天之内可使花冠完全腐烂；也可以使切花在运销过程中大量落花，给商品菊花造成很大的损失。花腐病主要侵染菊科植物。人工接种可以侵染莴苣、洋蓟、金光菊、百日草、向日葵、大丽菊等植物。

(1)症状

该病主要为害花芽和花冠，也可侵染叶片、花梗和茎等部位。花芽染病变成深褐色至黑色，随之腐烂，腐烂斑沿花梗扩展造成花芽脱落。花冠顶端首先受侵染，通常在花冠的一侧，花冠畸形开"半边花"，病害逐渐蔓延至整个花冠，花瓣由黄变为浅褐色，最后腐烂。叶片染病生不规则形黑斑，有时沿叶柄扩展到茎部，受害茎上现 2～3 cm 长黑色条斑。花梗染病变黑软化，造成花冠下垂。茎部受侵染出现条状黑色病斑，约几厘米长，多发生在茎干分叉处。

发病部位着生针头状的点粒，即病原菌的分生孢子器。分生孢子器初为琥珀色，成熟后变为黑色。花瓣上分生孢子器着生密集。

(2)病原

Mycosphaerella ligulicola Bakeer, Dimock & Davis. = *D. ligulicola* (Bakwr, Dimock & Davis) Von & Arx = M. *chrysanthenti* F. 是该病的有性世代，属子囊菌亚门、腔菌纲、座囊菌目、小球壳菌属。子囊壳球形，直径 96～224 μm，有拟侧丝；子囊倒棍棒状，基部明显变细，大小为(49～81) μm×(8～10) μm；子囊内有 8 个子囊孢子，无色，长椭圆形或纺锤形，双胞，上大下小，分隔处缢缩，子囊孢子大小为(4～6) μm×(12～16) μm，见图 5-1-10。

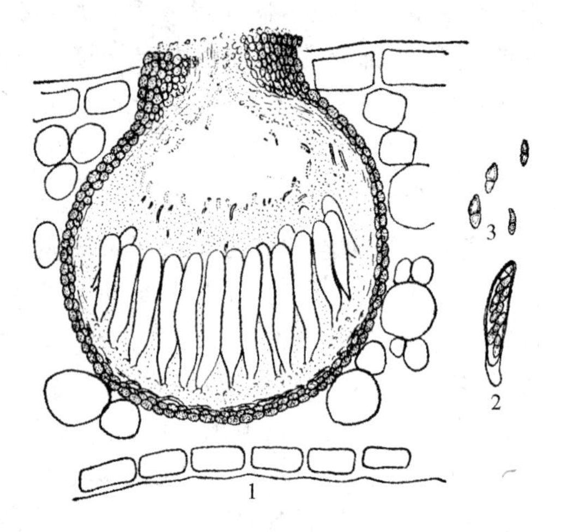

图 5-1-10　菊花花腐病菌

1. 子囊腔(示子囊及拟侧丝)　2. 子囊
3. 子囊孢子

菊花壳二孢(*Ascohyta chrysanthmi* F.)是该菌的无性世代，属半知菌亚门、腔孢菌纲、球壳菌目、壳二孢属。分生孢子器着生在寄主组织表皮下。茎上分生孢子器散生、较大，直径 111～325 μm；花瓣上的着生密集，较小，72～160 μm；分生孢子器颈部黑褐色，壁较厚，其余部分为琥珀色，壁薄；分生孢子卵圆形至棱形，直或稍弯曲，单胞或双胞，无色，有油滴，双胞孢子为(8～13) μm×(3～4) μm。单胞孢子(4～10) μm×(2～4) μm。在 PDA 培基上分生孢子器及分生孢子生长温度范围为 15～27℃，最适温度为 24℃；分生孢子器在菌落中心产生，形成适温为 26℃；子囊形成适温为 20℃，24℃以上不形成。

(3)发病规律

病原菌以分生孢子器、子囊壳在病残体上越冬。子囊壳在干燥的病残茎上大量形成，而花瓣上却比较少。孢子借风和雨水传播，昆虫、雾滴也能传播，条件适宜时能进行多次再侵染。生产上，染病的切花和插条可随花木调运进行远距离传播。分生孢子器发育适温为 24℃，喜潮湿的环境，而子囊壳发育适温为 22℃，喜低温。条件适宜时，该病扩展迅速，可在短时间内致花腐烂，常致切花在运销过程中落花。高温、干燥天气可抑制孢子萌发。多露、多雨、多雾等高湿天气有利于病害的发生。该病可能有潜伏侵染现象，有时外表健康的扦插苗，栽植后花腐病突然发生。

(4)防治方法

对进口的切花、种子、插条、花苗需严格检疫，发现带菌要马上处理，以控制病害的蔓延。棚室栽培时要注意控制湿度，不要淋浇，最好采用滴灌。对病土进行严格的消毒，可用热力灭菌或氯化苦等药物进行熏蒸处理。发现病花或病株时，应立即拔除并深埋或烧毁。发病初期

可喷洒大富丹可湿性粉剂 600 倍液、70%代森锰锌可湿性粉剂 500 倍液、50%苯菌灵可湿性粉剂 1 000 倍液。

5.1.12 菊花黑斑病

菊花黑斑病又称褐斑病、斑枯病，是菊花上的一种严重病害，全国各地均有发生。

(1)症状

感病的叶片最初在叶上出现圆形或椭圆形或不规则形大小不一的紫褐色病斑，后期变成黑褐色或黑色，直径 2～10 mm。感病部位与健康部位界限明显，后期病斑中心变浅，呈灰白色，出现细小黑点，严重时只有顶部 2～3 片叶无病，病叶过早枯萎，但并不马上脱落，挂在植株上。

(2)病原及发病规律

病原为菊壳针孢菌(*Septoria chrysanthemella*)。病菌以菌丝体和分生孢子器在病残体上越冬，成为来年的侵染源，分生孢子器散发出大量的分生孢子，由风雨传播。秋季多雨、种植密度大、通风不良等均有利于病害的发生。品种间抗病性存在着差异，如紫荷、鸳鸯比较抗病，而广东黄感病最重，分根繁殖的植株病重，从健壮植株上部取芽扦插时感病较轻。

(3)防治方法

①小面积种植时，人工摘除病叶，集中烧毁。

②改善种植环境。发病严重的地区实行轮作，栽植密度不要过密，以利于通风透光，及时排除积水。

③发病期间用 100～150 倍的波尔多液或 80%敌菌丹可湿性粉剂 500 倍液喷洒，也可将 50%甲基托布津 1 000 倍液与 80%敌菌丹 500 倍液混合喷洒，或用 45%百菌清、多菌灵混合胶悬剂 1 000 倍液喷洒效果比单一用药要好。

5.1.13 牡丹红斑病

牡丹红斑病又称牡丹轮斑病、牡丹叶斑病，是牡丹栽培上发生最为普遍的病害之一。

(1)症状

主要为害叶片，发病严重时也可为害绿色茎、叶柄、萼片、花瓣、果实甚至种子。叶片发病初期，在背面产生绿色针头状小点，以后扩展为直径 3～12 mm 的紫褐色近圆形病斑。叶片正面病斑上有不明显淡褐色轮纹，中央淡黄褐色，边缘暗紫褐色，有时病斑相连成片，导致整叶枯死。在潮湿环境中，病部背面可产生绒毛状暗绿色霉层。叶柄、叶脉受害，初期病斑为暗紫红色的长圆形小斑点，稍突起，后来逐渐扩大到 3～5 mm，中间开裂并下陷。萼片受害，初期产生褐色突出小点，严重时边缘焦枯。

(2)病原

病原为芍药枝孢霉(*Cladosporium paeoniae* Pass.)，属半知菌亚门真菌。分生孢子梗3～7 根簇生，黄褐色，线形，有 3～7 个隔膜；分生孢子纺锤形或卵形，一至多个细胞，黄褐色，大小为(27～73) μm×(4～5) μm；分生孢子纺锤形或卵圆形，1～2 个细胞，多数为单细胞，大小为(6～7) μm×(4～4.5) μm，见图 5-1-11。

病菌生长的最适温度为 20～24℃，萌发温度范围为 12～32℃，但 20～24℃时萌发率最高，12℃以下，32℃以上，萌发率极低。在适宜的温度条件下，分生孢子 6 h 后便开始萌发。

(3)发病规律

病菌主要以菌丝体在病残体上越冬,次年春季产生分生孢子侵染寄主,也可再侵染,初次侵染发病程度决定了整个生长周期内发病程度的严重性。一般下部叶片最先感病。不同品种的抗病性有差异。多雨季节病害扩展迅速。

(4)防治方法

加强栽培管理　合理密植;每年冬季结合清扫田园,以不伤土中芽为原则,沿地面将地上部分的枝叶割去,病残体集中烧毁或深埋。田间经常锄草、松土,开花期间确保植株正常生长所需水分,花谢后迅速剪掉残花,以免结子消耗养分,降低抗逆性。

选用抗病品种　各地因地制宜选择抗病品种,如东海朝阳、紫袍金带等品种抗性好,粉珠盘、娃娃面、红云迎日等品种抗性较好。

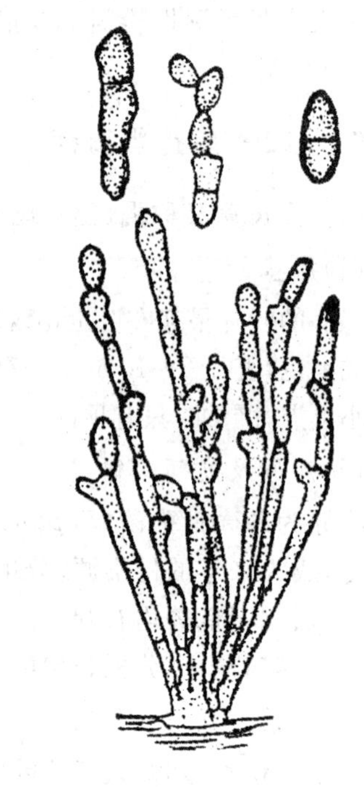

图 5-1-11　芍药(牡丹)褐斑病菌
示分生孢子梗及分生孢子

药剂防治　早春植株萌动前喷施 3～5 波美度的石硫合剂作为铲除剂。发病初期及时摘除病叶,并喷洒药剂,常用药剂有:50%多菌灵可湿性粉剂 500 倍液、60%防霉宝超微粉剂 600 倍液、75%百菌清可湿性粉剂 600 倍液、70%甲基托布津可湿性粉剂 800～1 000 倍液、50%多硫悬浮剂 800 倍液等,喷药时注意喷洒均匀、全面,每隔 8～10 d 喷 1 次,连喷 3～4 次。

5.1.14　牡丹锈病

牡丹锈病在牡丹生产中是一种重要病害,分布广泛,在牡丹种植区都有发生,危害严重时,常使牡丹叶片早枯。

(1)症状

6 月,叶上产生褪绿斑,背面着生黄褐色夏孢子堆;7 月产生冬孢子柱,为褐色毛状物。锈病侵害,使植株生长衰弱。

(2)病原

牡丹锈病是由柱锈菌的一种真菌侵染所致,松芍柱锈菌(*Cronratium flaccidium*),夏孢子堆椭圆形,淡黄色;冬孢子堆圆柱形。冬孢子平滑,椭圆形,黄色至淡黄褐色。病菌为转主寄生,木本寄主为牡丹、松树,草本寄主为芍药、凤仙花等。性孢子和锈孢子 4～6 月产生于黑松、马尾松、黄山松等多种松科植物上。锈孢子借风雨传播到草本植株上,草本植株受侵染后。夏孢子可在草本寄主上重复侵染。生长后期产生冬孢子,冬孢子萌发产生出担孢子。担孢子侵染松树,在其上越冬。地势低洼、排水不良的地方容易发病。

(3)发病规律

在每年 4 月气温高,5～6 月湿度大时,有利于锈孢子和夏孢子的产生和成熟,在较大的湿度条件下,芍药与二针松类相距越近,则锈病常发病越重,其水平传播距离可达 30 m,垂直距

离达5 m。

(4)防治方法

①加强栽培管理,选择地势较高的地块栽培,雨后及时排水,保持适当温湿度,清理病残体,减少菌源。为了预防,发芽前喷3～5波美度石硫合剂,铲除病原。

②牡丹地应远离二针松类植物,若发病应砍除附近染病松树,进行焚烧或处理。

③化学防治:建议用20%国光三唑酮乳油1 500～2 000倍或12.5%烯唑醇可湿粉剂(国光黑杀)2 000～2 500倍,25%国光丙环唑乳油1 500倍液喷雾防治。连用2次,间隔12～15 d。注意:使用唑类药剂防治锈病时,幼嫩花木及草坪一定要注意使用的安全间隔期。不可加量和缩短间隔期使用,以免发生矮化效果。

栽植前也可用70%托布津溶液500倍浸根10 min。发病初期即5月上旬,喷洒80%代森锌可湿性粉剂500倍液或20%粉锈宁乳油4 000倍液等,10～15 d喷1次,连喷2次。

5.1.15 牡丹(芍药)炭疽病

牡丹(芍药)炭疽病广泛分布于世界各地。我国南京、无锡、上海、郑州、西安和北京等地均有发生,其中西安芍药受害最为严重,发病严重时病茎扭曲畸形,幼茎受害后植株迅速枯萎死亡。该病在美国、日本等国家发生尤为严重。

(1)症状

可为害植株的叶片、茎秆、叶柄、芽鳞和花瓣等部位,尤其对幼嫩的组织为害大。茎秆受害,初期呈现浅红褐色、长圆形、略下陷的小斑,之后逐渐扩大呈不规则形大斑,病斑中央浅灰色,边缘浅红褐色,病茎扭曲,严重时会引起折断。幼茎受害后植株快速枯萎死亡。叶片受害,沿叶脉和脉间产生小而圆的病斑,颜色与茎上病斑相同,后期病斑可造成穿孔;幼叶受害皱缩卷曲。芽鳞和花瓣受害常造成芽枯和畸形花。天气潮湿时,病部出现粉红色黏质状分生孢子堆。

(2)病原

病原为盘长孢菌(*Gloeosporium* sp.),属半知菌亚门真菌。分生孢子盘生于寄主角质层或表皮下,成熟后突破表皮。通常有褐色至暗褐色刚毛,光滑,由基部向顶端渐尖,具分隔。分生孢子梗无色至褐色;分生孢子短圆柱形、单孢、无色,见图5-1-12。分生孢子萌发后产生褐色、厚壁的附着孢,此为鉴别该病菌的重要特征。

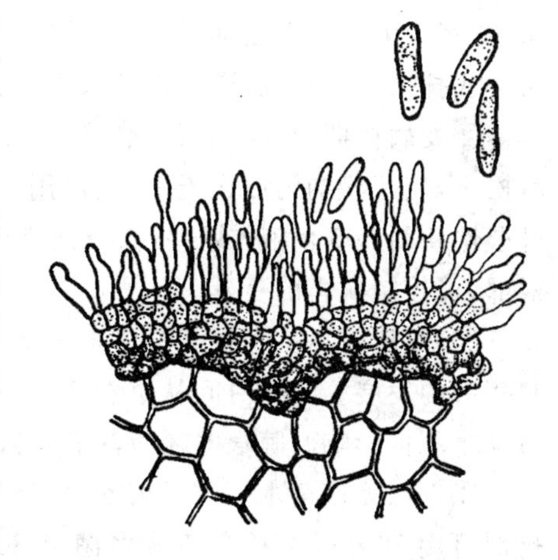

图5-1-12 牡丹(芍药)炭疽病菌
分生孢子盘及分生孢子

(3)发病规律

病原菌以菌丝体在病叶、病茎上越冬。第二年环境条件适宜时,越冬菌丝便产生分生孢子盘和分生孢子。分生孢子借雨露传播萌发,造成初侵染。通常高温多雨的年份病害发生严重,通常每年8、9月份雨水多时为发病高峰期。

(4)防治方法

加强田间管理　早春和秋季彻底清除病残体,并集中深埋或烧毁,以减少侵染来源;雨季及时做好田间排水工作。

药剂防治　发病初期，及时喷洒药剂，常用药剂有70%炭疽福美500倍液、65%代森锌500倍液，连喷2～3次，每隔18～12 d喷洒1次。

5.1.16　牡丹白绢病

(1)症状

各种感病观赏植物的症状大致相似。病害主要发生在苗木近地面的茎基部。初发生时，病部表皮层变褐呈水渍状病斑，后逐渐扩大，稍凹陷，其上有白色绢丝状的苗丝体长出，呈辐射状，病斑向四周扩展，延至一圈后，并在病部产生白色绢丝状的菌丝，菌丝作扇开扩展，蔓延至附近的土表上，以后在病苗基部表面或土表的菌丝层上形成油菜籽状的茶褐色菌核。苗木受病后，茎基部及根部皮层腐烂，植株的水分和养分的输送被切断，叶片变黄枯萎，全株枯死。

(2)病原

齐整小核菌(*Sclerotiumrolfsii* Gurzi)。齐整小核菌属半知菌亚门、丝孢纲、无孢目。此菌不产生无性孢子，也很少产生有性孢子，菌丝初为白色棉絮状或绢丝状。后稍带褐色，直径3～9 μm，后期菌丝可密集在一起，形成油菜籽状菌核。有性世代为担子菌，但很少出现，菌核球形或近球形，直径1～3 mm，平滑，有光泽，表面茶褐色，内白色。

(3)发病规律

病菌一般以成熟菌核在土壤、被害杂草或病株残体上越冬。通过雨水进行传播。菌核在土壤中可存活4～5年。在适宜的温湿度条件下菌核萌发产生菌丝，侵入植物体。在长江流域，病害一般在6月上旬开始发生，7～8月是病害盛发期，9月以后基本停止发生。在18～28℃和高湿的条件下，从菌核萌发至高无上新菌核再形成仅需8～9 d，菌核从形成到成熟约需9d。发病条件：病菌喜高温多湿，生长最适温度为30～35℃和高于40℃则停止发展。土壤pH 5～7适于病害发生，在碱性土壤中发病很少。土壤腐殖质丰富，含氮量高，土壤黏重以及比较偏酸的园地，发病高。

(4)防治方法

①与禾本科作物实行轮作，把旱地改为水田，种植水稻1年，病菌经长期浸水后逐渐消灭。深耕，将带菌土壤表层翻到15 cm以下，可以促使病菌死亡。加干细土5 kg，混合均匀后，撒在播种或扦插沟内，然后进行播种或扦插。

②发病初期，在苗圃内可撒施70%五氯硝基苯粉剂于土面，每667 m^2地亦用250 g，施药后松土，使药粉均匀混入土中；亦可用50%多菌灵可湿性粉剂500～800倍液，或50%托布津可湿性粉剂500倍液，或1%硫酸铜液，或萎锈灵10 mg/kg，或氧化萎锈灵25 mg/kg，浇灌苗根部，可控制病害的蔓延。

③春、秋天扒土晾根。树体地上部分出现症状后，将树干基部主根附近土扒开晾晒，可抑制病害的发展。晾根时间从早春3月开始到秋天落叶为止均可进行，雨季来临前可填平树穴防发生不良影响。晾根时还应注意在穴的四周筑土埂，以防水流入穴内。

④选用无病苗木。调运苗木时，严格进行检查，剔除病苗，并对健苗进行消毒处理。消毒药剂可用70%甲基托布津或多菌灵800～1 000倍液，2%的石灰水，0.5%硫酸铜液浸10～30 min，然后栽植。也可在45℃温水中，浸20～30 min，以杀死根部病菌。

⑤病树治疗。根据树体地上部分的症状确定根部有病后，扒开树干基部的土壤寻找发病

部位，确诊是白绢病后，用刀将根颈部病斑彻底刮除，并用抗菌剂 40～50 倍液或 1%硫酸液消毒伤口，再外涂波尔多浆等保护剂，然后覆盖新土。

⑥挖隔离沟。在病株外围，挖隔离沟，封锁病区。

5.1.17 牡丹紫纹羽病

牡丹紫纹羽病又称紫色或黑色根腐病，是牡丹常见的一种真菌性病害。

(1)症状

受害植株生长势减弱、黄化、叶片变小，呈大小年开花，严重时部分枝干或整株枯死。牡丹紫纹羽病主要为害植株根系及根颈部位，首先幼嫩根受侵染，逐渐扩展至侧根、主根及根颈部，发病初期在病部出现黄褐色湿腐状，严重时变为深紫色或黑色，病根表层产生一层似棉絮状的菌丝体，后期病根表层完全腐烂，与木质部分离。老根腐烂后不生新根，生长受阻，一旦植株根颈部冒出棉絮状菌丝体，说明地下根部已大部分腐烂，植株会很快枯死。此病为害期长，罹病的植株通常经过 3～5 年或更长时间才枯死。

(2)病原

病原为紫卷担子菌[*Helicobasidium purpureum* (Tul.) Pat.]，属担子菌亚门真菌。子实体膜质，紫色或紫红色。子实层向上、光滑。担子卷曲，担孢子单细胞、肾脏形、无色。

(3)发病规律

侵染源系存活在土壤中的菌丝体，在田间通过灌溉水或雨水、农具等传播。土壤通透性好、持水量在 60%～70%、pH 为 5.2～6.4 时最适合病菌生长发育。地势低洼，排水不良，土质黏重及土壤有机质含量高的地块植株发病严重；土壤过于干旱或每年 7～8 月雨水偏多时发病也重。为害过程为幼嫩根先受感染，逐渐蔓延至侧根、主根及根颈部位，病根初呈黄褐色，严重时变为深紫或黑色、湿腐，病根表层有一层似棉絮状的菌丝体，后期病根表层完全腐烂，但仍完好地套在木质部外围，且可以上下移动。此病为害期长，罹病的牡丹不会马上枯死，要经过 3～5 年或更长时间。

(4)防治方法

加强栽培管理　合理中耕及冬翻耕，使地块熟土层经常保持在 25～30 cm，保持土壤疏松，通透性好。增施钾肥，提高植株抗病力；避免施用未经充分腐熟发酵的人粪尿等有机肥料及施肥过量。早春至秋末可将患病植株周围土层挖开使病根暴露并经日光暴晒，可以减轻或抑制病情发展，之后根颈周围应换入干净新沙土，半年后再换 1 次。在病健株之间挖 60～80 cm 深的沟，可阻断菌丝蔓延。牡丹园周围适宜栽植松、柏树等抗病植株，而不适宜栽植杨、柳、槐树等感病植株。

药剂防治　严格进行苗木和土壤消毒。苗木用 20%的石灰水浸根 0.5 h，或 100 倍的波尔多液浸根 1 h，再用 1%硫酸铜溶液浸根 3 h。然后用清水洗净再栽植。土壤消毒，可在翻地前，每亩施入硫黄粉 10～20 kg，施入 2.5%赛力散粉 5～7.5 kg 或五氯硝基苯粉 2.5～5 kg，翻入土中。每年早春，及时喷洒敌百虫 800 倍液或辛硫磷 1 000 倍液，可防治地下害虫。发病严重的植株，可切除病根经消毒后重新栽植，或挖出烧掉。对初发或病情较轻的植株，可进行开沟灌根治疗，常用的药剂有 1 波美度石硫合剂、200～500 倍硫酸铜溶液、70%甲基托布津 1 000 倍液，于早春或夏末，沿株干挖 3～5 条放射状沟，宽 20～30 cm，深 30 cm 左右，灌药后封土。

5.1.18 牡丹病毒病

牡丹病毒病在世界各地种植区都有发生。

(1)症状

由于病原种类较多,所以表现症状比较复杂。牡丹环斑病毒(PRV)为害后,叶片上出现深绿和浅绿相间的圆形同心轮纹斑,同时也产生小的坏死斑,发病植株较健株矮化。牡丹曲叶病毒(PLCV)可引起下部枝条细弱扭曲,叶片黄化卷曲,使植株明显矮化。烟草脆裂病毒(TRV)为害后可在病部产生大小不等的环斑或轮斑,有时呈不规则形。

(2)病原物

引起牡丹病毒病的病原主要有3种,分别为牡丹环斑病毒(Peony ringspot virus,PRV)、牡丹曲叶病毒(Peony leaf curl virus,PLCV)、烟草脆裂病毒(Tobacco rattle virus,TRV)。PRV粒体球状,主要由蚜虫传播,难以汁液摩擦传播。PLCV主要由嫁接传染。TRV粒体为杆状,能以汁液摩擦接种,线虫、菟丝子和牡丹种子也可传毒。

(3)发病规律

病株分株繁殖、嫁接及蚜虫均可以传播病毒。上述病毒寄主植物范围广,PRV、PLCV主要为害牡丹、芍药,TRV除为害牡丹、芍药外,还可为害水仙、风信子、郁金香等花卉。

(4)防治方法

加强检疫　调运繁殖材料或种子时应加强植物检疫措施。

田园管理　发现病株,应及时清除,以减少传染源。

药剂防治　发现蚜虫,及时喷药防治。

5.1.19 牡丹根结线虫病

牡丹根结线虫病发生较普遍,国内外均有报道。近10年来,根结线虫病成为我国牡丹根系的最重要病害,引起早落叶。发病重时,牡丹叶片8月份全部落光。连年发生,植株矮化、叶小、花小或不开花。该病在我国河南、山东、北京、江苏等省市均有不同程度的发生。

(1)症状

根结线虫仅危害牡丹的营养根,引起牡丹地上部及地下部症状。地上部症状一般从开花后显现。首先叶片边缘出现褪绿,变黄,逐渐扩大至叶的大部分,叶片枯焦早落。连年发生,植株矮化,叶小、花小、花少或不开花。在根部由于根结线虫的寄生,致使牡丹细胞内含物被消解吸收,并注入内分泌物,引起根细胞分裂、增多,随着虫体发育增大,导致根部膨大,在细根上产生很多直径2～3 mm的根结,受害严重时,被害苗木根系瘿瘤累累,根结连接成串,后期瘿瘤龟裂、腐烂,根功能严重受阻,致使根末端死亡。病株地上部分生长衰弱、矮小、黄化,有的甚至整株枯死。严重影响牡丹的开花率和丹皮的产量,是牡丹出口重点检疫对象。

(2)病原

北方根结线虫(*Meloidogyne hapla* Chitwood),线虫纲、垫刃目、根结线虫属。在牡丹栽培区均有分布,病株率一般在15%左右,病重地块达30%以上。

(3)发病规律

北方根结线虫一年发生几代,以卵和幼虫在植物根结组织和土壤中存活和越冬,多在土壤5～30 cm处生存,病土、病苗及灌溉水是主要传播途径。第二年初次侵染主要是越冬卵孵化的2龄幼虫。春季随着气温、地温的逐渐升高,4月中下旬越冬卵开始孵化为2龄幼虫,侵入根部定居于根内。幼虫第4次脱皮后,雌雄分化,雌虫为梨形,雄虫为线形,雌虫行孤雌生殖,把大量成熟的卵产在体外的胶质卵囊中,一个卵囊一般有卵150粒左右。牡丹根结线虫一年重复侵染3次,完成其生活史。一年有两个发病高峰期:5～6月份和10月份形成的根结最多。这种现象和牡丹营养根春、秋季的发根高峰相吻合。5～10 cm土层深入的营养根发病最多。

(4)防治方法

①加强苗木检疫,发现病苗及时处理。不要栽植带线虫的苗木,发现病根及时,进行土壤消毒,土壤处理每亩可撒施3%甲基异柳磷颗粒剂或呋喃丹、涕灭威等10～15 kg,也可用溴甲烷、氯化苦、二溴甲烷等进行土壤熏蒸。

②实行轮作。根结线虫在没有活寄主情况下,只能存活1年左右。同时清除野生寄主。可选用适宜的除草剂及时清除紫花地丁等野生寄主,以减少病原。繁殖材料用40%甲基异柳磷800倍液浸20 min,或在48～49℃的温水中浸泡30 min。

③在牡丹生长发病期可用15%涕灭威、呋喃丹,每株5～10 g,40%甲基异柳磷每株2～4 mL,或使用磷化铝片,每株2～4片,防治效果可达85%以上。

5.1.20 冬珊瑚疫病

冬珊瑚疫病,1979年7月中旬在上海植物园曾严重发生,死亡率10%～90%。美国也有关于此病的报道。

(1)症状

该病多发生在幼苗期,植株感病后扩展非常迅速。叶片上的病斑呈水渍状不规则形,似开水烫过一般,叶片萎蔫下垂。潮湿环境下长有白色绵毛状霉层。茎部感病后呈褐色腐烂,导致植株倒伏。环境潮湿时全果可长满白色霉层,果上病斑水渍状腐烂。

(2)病原

(*Phytophthora parasitica* Dastur)为寄生疫霉,属鞭毛菌亚门、卵菌纲、霜霉目、腐霉科、疫霉属中的一种真菌。孢子梗(100～300) μm×(3～5) μm,孢子囊顶生,卵圆形或球形,(24～72) μm×(20～48) μm。卵孢子球形,直径(11～20) μm,壁厚(1.4～2.9) μm。

(3)发病规律

该病菌腐生性比较强,以卵孢子在地面病组织上越冬,多雨、高温时节发病严重。病菌除为害冬珊瑚外,也可为害其他茄科植物。

(4)防治方法

可从盆土和药物两方面进行病害防治。盆栽土需经过消毒或以新土作为上盆土壤。若用垃圾土作盆栽土,数量少时可将其放置于高压灭菌锅中1.2～1.4 MPa,蒸汽消毒2 h,进行灭菌处理。发病初期或易发病期可喷瑞毒霉4 000倍液或50%疫霉净500倍液进行防治。

5.1.21 炭疽病

5.1.21.1 百合炭疽病

百合炭疽病为百合生产上常见病害，分布广泛，发病地块通常病株率在20%左右，重病地块发病率可高达70%以上，严重影响百合生产。

(1)症状

该病主要为害叶片，发病严重时也可侵害茎秆。叶片发病，初期产生水浸状暗绿色小点，后逐渐发展为近圆形黄褐色坏死斑点，病斑边缘呈现浅黄色晕圈，后期产生小黑点，即病菌的分生孢子盘。叶尖染病，多向内坏死形成近梭形坏死斑，发病严重时多数病斑相连致叶片黄化坏死。茎部染病，形成近椭圆形至不规则形灰褐至黄褐色坏死斑，略下陷，后期亦产生小黑点，严重时致使病部以上部分坏死。

(2)病原

病原为葱刺盘孢[*Colletotrichum circinans* (Berk.) Vog.]，属半知菌亚门真菌。分生孢子盘浅盘状，基部褐色，分生孢子盘周围生黑褐色刺状刚毛。分生孢子梗单胞，无色，棍棒状。分生孢子新月形，单胞，无色，见图5-1-13。

图5-1-13 百合炭疽病菌
分生孢子盘及分生孢子

(3)发病规律

病原菌以分生孢子盘或菌丝体在土壤中越冬，条件适宜时产生分生孢子，通过雨水或田间流水传播，造成初次侵染和多次再侵染。温暖潮湿条件下有利于发病，发病适宜温度为20～26℃，阴雨天气时发病重。

(4)防治方法

农业防治　重病地区实行非百合科蔬菜2年以上轮作，减少田间菌源数量。发现病株及时剪去或拔除，集中销毁。

加强栽培管理　严格挑选无病鳞茎，种植前，用苯来特浸泡鳞茎，用无病土种植，盆栽者应用消毒土装盆。

药剂防治　发病初期及时喷药，可选用25%炭特灵可湿性粉剂600～800倍液、25%施保克乳油600～800倍液、6%乐必耕可湿性粉剂1 500倍液、40%百科乳油2 000倍液、30%倍生乳油2 000倍液、25%敌力脱乳油1 000倍液等药剂喷雾，每隔7～10 d喷1次，连喷2～3次。

5.1.21.2 八仙花炭疽病

炭疽病是为害八仙花的一种严重病害，在我国上海、南京、天津等多地有发生，严重时，病叶率达60%以上。

(1)症状

主要发生在叶上。病斑初为褐色小点，扩大后呈圆形，边缘黑褐色至蓝黑色，中央浅褐色至灰白色，具轮纹，有轮生的小黑点突起。病斑大小不一，小的仅1 mm，大的可达1 cm。

(2)病原

为八仙花刺盘孢,属半知菌亚门、腔孢纲、黑盘孢目、黑盘孢科、刺盘孢属的一种真菌。分生孢子盘黑色,直径(117~184) μm,刚毛稀少,(31~39)×4.5 μm。分生孢子椭圆形,(13~15) μm×(5~7) μm,病原形态可参见图5-1-13百合炭疽病菌。

(3)发病规律

病菌以菌丝或分生孢子盘在病残体上越冬,翌年产生分生孢子,借风雨传播,多从伤口侵染为害,在生长季节可重复侵染,6~9月为发病期,阴雨、潮湿的天气有利病害发生。八仙花是一种喜阴植物,室内或荫棚下湿度大,有利于病害发生,温室盆栽,可全年发病。受寄主的生长势影响,黄化植株比正常植株的发病率高。

(4)防治方法

病叶和病株要及时清理并集中烧毁。八仙花为宿根性植物,严重病株可齐地面砍去重新萌生新枝。发病初期可喷70%甲基托布津可湿性粉剂500倍液,或75%百菌清可湿性粉剂500倍液,或50%炭疽福美可湿性粉剂600倍液进行防治。

5.1.21.3 万年青炭疽病

万年青炭疽病在上海、天津、青岛、杭州、武汉、南京等地均有发生。上海各公园内,万年青患此病比较普遍。

(1)症状

病害在叶片上发生,病斑呈灰白色,边缘红褐色且宽阔,不规则形或者圆形至椭圆形,有轮纹,直径3~15 mm,几个病斑连在一起时呈不规则形,可达数厘米。

(2)病原

(*Colletotrichum montemcartinii* var. *rhodeae* Trav.)为万年青刺盘孢,属半知菌亚门、腔孢纲、黑盘孢目、黑盘孢科、刺盘孢属的一种真菌。分生孢子盘圆形,黑色,直径(78~130) μm。刚毛挺直,黑褐色,长(60~100) μm,顶部尖,成丛生于分生孢子盘中。分生孢子梗短,(10~15)×3 μm,无色。分生孢子新月形,(13.5~20) μm×(2.5~3.5) μm,病原形态可参见图5-1-13百合炭疽病菌。也可划入丛刺盘孢属(*Vermicularia*)。

(3)发病规律

病菌以菌丝或分生孢子盘在病残体上越冬,第二年春产生分生孢子,借风雨传播,飞散侵染为害,病菌多从伤口侵入。5~10月为发病期。温室中栽培万年青时,全年均可发病。粗放型地栽管理比精细的盆栽管理发病严重。介壳虫为害严重时植株生长不良,也会加重病情。

(4)防治方法

除去病叶,减少侵染源。盆栽时应从盆边沿浇水,避免喷灌,地栽时不宜过密,浇水时不可使叶面滞水时间过长。发病期间可喷2~3次70%炭疽福美500倍液进行病虫害防治。

5.1.21.4 山茶花炭疽病

茶花炭疽病在上海共青苗圃、杨浦公园、青岛、昆明等地多发。日本、美国等国家也有发生。该病主要在叶片上发生,但也可以为害嫩梢和果实。在和山茶同属的木本油料——油茶上,炭疽病是生产中的严重问题。

(1)症状

叶边缘和叶尖较容易感病。初期产生淡绿色的病斑,之后变红褐色,后期呈灰色,边缘暗褐色且较宽,具轮纹状的褶皱,表面产生轮状排列的黑色小点。病斑大小不一,有时几乎可扩展到全部叶片。

在果实上,病斑呈紫褐色或黑色,严重时整个果实变黑。嫩枝上病斑条状、紫褐色,下陷,严重时枝条枯死。在潮湿环境下,果实上患病处易见粉红色胶状的分生孢子堆。

(2)病原

(*Colletotrichum camelliae* Mass=*Gloeosporium theae* Zim)为山茶刺盘孢菌。属半知菌亚门、腔孢菌纲、黑盘孢目、黑盘孢科、刺盘孢属中的一种真菌。分生孢子盘直径 150~330 μm。刚毛周生,有隔膜 1~3 个,(30~72) μm×(4.0~5.5) μm。分生孢子梗(9~18) μm×(3.0~5.5) μm。分生孢子长椭圆形,(10~20) μm×(4.0~5.5) μm,病原形态可参见图 5-1-13 百合炭疽病菌。据日本资料,其有性世代为山茶球座菌[*Guignardia camelliae*(Cke) Butler.]子囊腔球形、扁球形,直径 60~130 μm,子囊棍棒形,(52~72) μm×(10~13) μm。含有 8 个孢子,无侧丝。子囊孢子无色单胞,长椭圆形,(10~17) μm×(5~6) μm。

(3)发病规律

病菌以菌丝或分生孢子在病残体或病株上越冬。在高温、潮湿、多雨的环境条件下发病严重。此外,氮肥施用过多、植株生长衰弱、盆栽时放置过密以及通风不良时也易感病。病害盛行期为 5~6 月份、8~9 月份。

(4)防治方法

以加强抚育管理为主。秋冬时期清理病株残体,除去患病部分,深埋或烧毁。上海地区茶花多数为盆栽,放置在暖房里越冬,有病株盆和无病株盆应分开放置,不放置过密。浇水时应从盆边沿浇入,忌喷灌。发病严重时进行喷药防治,可用的药剂有 50%多菌灵 1 000 倍液或 70%炭疽福美。

5.1.21.5 兰花炭疽病

兰花炭疽病又称黑斑病、褐斑病,主要为害叶片,也可为害茎部,是兰花常见的重要病害。该病不仅严重阻碍兰花生长,还严重影响观赏价值,特别是一些以观叶为主的叶艺品种。该病主要为害春兰、建兰、蕙兰等多种兰花。

(1)症状

发生轻时,在叶片上出现大小不等的斑点,使其观赏价值下降;发生严重时,叶片枯死,兰株不开花,失去观赏价值。国兰炭疽病发病初期,叶尖呈现红褐色病斑,病斑下延致使叶片成段枯死。叶片中部病斑呈椭圆形或圆形。在叶基部发生,病斑连成一片,可致叶片枯断。后期病斑颜色变浅,并散生小黑点。病斑可以相连形成大斑,有时纵向破裂,致使叶片形成穿孔。在果实上,病斑一般成黑褐色、长条形。

(2)病原

(*Colletotrichum orchidearum Allesch*;C. *orchidearum* f. *cymbidii* Allesch;*Gloeosporium* sp.)为兰科刺盘孢、兰叶短刺盘孢或盘长孢属的真菌。它们属半知菌亚门、腔孢菌纲、黑盘孢目、黑盘孢科、刺盘孢属或盘长孢属。寒兰、蕙兰上发生的炭疽病病原可能为兰叶短刺盘孢;四川春兰、建兰、婆兰上发生的炭疽病病原多为兰科刺盘孢。北京报道,为害兰花的炭疽菌为

盘长孢属的真菌。兰科刺盘孢的分生孢子盘圆形，小而色黑，叶两面均可着生。刚毛黑褐色，有分隔3～4个，直或稍弯，顶端尖削，长（50～100）μm×（3～5）μm。分生孢子圆柱形，（12～20）μm×（4～6）μm，一端稍小，透明无色，单胞，具油球或颗粒状内含物。分生孢子梗粗短，基部有色，病原形态可参见图5-1-13百合炭疽病菌。病菌生长以25℃最为适宜，在马铃薯、蔗糖、洋菜及兰叶煎汁培养基上均生长良好。分生孢子萌芽时从一端或两端伸出芽管，有时形成暗色拳状附着胞。萌芽时孢子中间出现分隔，萌芽适温为25～30℃。

(3)发病规律

病菌主要以菌丝体在病叶、病残体和枯萎的叶基苞片上越冬。在南方，分生孢子也可越冬。但分生孢子越冬后萌芽率很低。公园或植物园的兰圃中兰盆放置过密，兰叶相互交错时容易传病。春末、夏初天气潮湿多雨，病菌开始侵染，有伤口和急风暴雨更易感染，温度22～28℃，相对湿度90%以上，土壤pH为5.5～6时有利于病菌孢子萌发。老叶一般自4月初开始发病，以梅雨季节发病较多，7月份以后即逐渐中止。新叶则自8月份开始发病，秋雨连绵或台风频繁时发病严重。各品种间抗病性有差异，如墨兰、建兰中的铁梗素、蒲兰（金棱边）比较抗病，春兰、蕙兰、风寒兰、建兰中的大头素则容易感病。

(4)防治方法

防治本病的首要措施是加强抚育管理。兰室要通风透光，盆子以用陶盆、瓦盆为好。上盆土壤以微酸性的疏松肥沃的山泥为宜。放置室外时要有荫棚，防止疾风暴雨。浇水尽量选择灌水，避免淋浇。兰盆不可放置过密，盆间空隙以叶片不相互交错为宜。注意避免冻害和霜害，避免造成伤口，增加侵染机会。冬、春季剪除病叶并烧毁，以减少侵染来源，然后向地面、盆面、株上全面喷施1∶1∶100的波尔多液进行防护。发病盛期可喷施50%多菌灵可湿性粉或喷50%托布津可湿性粉500倍液2～3次，以减少感染。

5.1.21.6 米兰炭疽病

米兰炭疽病主要发生在我国南方地区，但由于潜伏侵染以及南兰北调，在北方地区发生日益严重。

(1)症状

此病主要发生在叶片上，叶柄、嫩枝及茎上也可发病。发病初期，叶尖或叶缘变褐，逐渐向叶片内扩展，严重时病斑可达叶面1/3左右；当叶柄先发病时，病部变褐，向叶片内扩展，使主脉、支脉及整个叶片依次变褐或向下扩展使复叶柄、小枝及茎变褐形成溃疡斑。在发病过程中，叶片及叶柄不断脱落，最后叶片全部落光，整株干枯而死。

(2)病原

围小丛壳，属子囊菌亚门。子囊壳或多或小，聚生，子囊壁易消融，子囊孢子单细胞，略弯曲，无色透明。此菌还可寄生于柑橘和柚的叶、嫩梢和果实上，也是金盏菊炭疽病的病原菌。

(3)发病规律

病菌以菌丝或分生孢子在叶片或病残体内越冬，成为初侵染来源；3月初开始发病，在温湿度适宜的条件下潜伏的菌丝很快产生分生孢子盘和分生孢子，孢子萌发形成附着胞，后形成侵入丝直接侵入寄主，在细胞间生长，潜育期为7 d。分生孢子在生长季引起多次再侵染。病菌借雨滴（或淋水）、风或昆虫传播，远距离靠苗木传播。气温25～30℃和高湿条件，利于病害发生发展。近年来，米兰大量从南方引种到北方，运输过程大多用塑料薄膜包装以利于保湿，容易诱使潜伏侵染的病害发病。

(4)防治方法

运往外地苗木应实行检疫,严格剔除病株。在产地起苗前,可用70%甲基托布津800倍液,或50%甲基托布津可湿性粉剂处理植株,以控制运输途中病菌的发展。对于外运的米兰尽量带稍大一些的土球,并用透气较好的包装材料,装运时也应减少机械伤害,加隔离层以利通风。温室栽培管理中应注意通风透光,及时清除和深埋病叶、病枝。药剂防治可喷80%炭疽福美400～800倍液,70%甲基托布津800～1 000倍液或1%波尔多液,50%克菌丹500倍液等杀菌剂。

5.1.22 百合病毒病

病毒病是为害百合的主要病害之一,分布非常广泛。夏秋季节为发病高峰期,地区间、地块间发病严重程度差异较大。病害严重发生时,病株率可达10%～30%,严重影响百合产量和品质。

(1)症状

发病后症状表现主要有花叶、坏死斑点、环斑坏死及丛簇。花叶症状主要表现叶面出现浅绿、深绿相间的斑驳,严重的叶片扭曲,花变形或花蕾不开放,有些品种的实生苗可产生花叶症状。坏死斑点主要表现为在发病植株上出现坏死病斑,花扭曲或畸变呈舌状。环斑坏死主要在叶片上产生环状坏死病斑,发病植株不产生主杆,通常无花。丛簇主要指发病植株呈丛簇状,叶片呈浅绿色或浅黄色,产生条斑或斑驳,幼嫩叶片向下反卷、扭曲,整株矮化。

(2)病原

①花叶症状病原为百合花叶病毒(Lily mosaic virus),病毒粒体线条状,致死温度70℃。②坏死斑点症状病原为百合潜隐病毒(Lily symtomless virus)和黄瓜花叶病毒(Cucumber mosaic virus),百合潜隐病毒粒体线条状,致死温度65～70℃,稀释限点10^{-5};③黄瓜花叶病毒粒体球状,致死温度60～75℃,稀释限点10^{-4}。④环斑坏死症状病原为百合环斑病毒(Lily ring spot virus),致死温度60～65℃,稀释限点10^{-4}～10^{-3}。丛簇症状病原为百合丛簇病毒(Lily rosettle virus)。

(3)发病规律

大多数病毒病是由于蚜虫、叶跳蝉、白粉虱等害虫的滋生蔓延及杂草丛生等传播侵染而引起的。病毒主要通过刺吸式昆虫和嫁接、机械损伤等途径传播,甚至在修剪、切花、锄草时,手和园艺工具上沾染的病毒汁液,都能起到传播作用。百合花叶病毒、百合环斑病毒通过汁液接种传播,蚜虫亦可传毒。百合坏死斑病毒通过鳞茎带毒传播,汁液摩擦亦可传毒,甜瓜蚜、桃蚜等是传毒介体昆虫。百合丛簇病毒由蚜虫传播。

(4)防治方法

选用无病繁殖材料　从无病健株获得球茎,作为繁殖材料,也可采用组培脱毒苗进行栽植。染病的鳞茎不得用于繁殖。

加强田间管理　田间增施磷、钾肥,可增强抗病能力,促进植株健康生长。发现病株及时拔除并烧毁。一般苗期土壤不干不湿时,在种植田地的行间盖草(亩用干稻草400 kg)可减轻病毒病的发生。

药剂防治 ①发病初期及时喷药。可用药剂有5%菌毒清300～400倍液、20%病毒a 500倍液、5%抗毒剂1号300倍液、5%菌毒清300～400倍液等，每隔7～10 d喷药1次，连喷2～3次。②治虫防病。生长期适时防治蚜虫，减少传毒，可选用10%蚜虱净2 500倍液或2.5%敌杀死2 500～3 000倍液防治。

5.1.23 百合疫病

此病为百合生产上发生非常普遍的一种病害，可同时为害芍药、牡丹、香石竹等花卉，在我国的发病率南方重于北方。一般植株患病率为5%～10%，重者可达30%以上，甚至导致植株成片死亡，对百合的品质和产量影响很大。

(1)症状

主要为害百合的茎、叶、花和鳞茎。茎部发病，初期在病部出现水浸状浅褐色至绿褐色腐烂，逐渐向上下扩展引起腐烂，最终导致植株枯死或倒折。叶片受害，初期产生水浸状小斑，之后扩展为灰绿至暗绿色大斑，最终导致叶片腐烂或枯死。花器染病后呈黄褐色至暗褐色软腐，湿度大时在病组织上产生白色稀疏霉层，即病菌孢囊梗和孢子囊。鳞茎受害，初期为水浸状黄褐色坏死斑，以后扩展导致整个鳞茎腐烂，在病组织上产生白色稀疏霉层。

(2)病原

病原为恶疫霉[*Phytophthora cactorum*(Leb. et Cohn)Schrotr.]，属鞭毛菌亚门真菌。菌丝分枝较少，孢子囊卵形至近球形，卵孢子球形。

(3)发病规律

病原菌以厚垣孢子或卵孢子随病残体在土壤中越冬，第二年春季待条件适宜时萌发，侵入寄主引致发病，病部产生大量孢子囊，萌发后释放游离孢子或孢子囊直接萌发造成多次再侵染。通常在气温26～28℃，潮湿或多雨的天气时较宜发病。植株栽植密集或田间排水不良，均有利于百合疫病的发生。

(4)防治方法

农业防治措施 整地精细，修好田间排水沟，便于雨后及时排水。高垄或高畦栽培，合理密植，施用充分腐熟的有机肥，适当增施钾肥，增强植株抗病力。注意田园卫生，越冬前清除病株残体，生长过程中发现病株及早挖除并销毁。

药剂防治 发病初期及时喷药，可用药剂有：40%乙磷铝可湿性粉剂300倍液、64%杀毒矾可湿性粉剂500倍液、75%敌克松可溶性粉剂800～1 000倍液、30%氧氯化铜悬浮剂500倍液、58%瑞毒霉锰锌可湿性粉剂600倍液等。可每隔7～10 d喷1次，连喷2～3次。

5.1.24 百合细菌性软腐病

主要发生在百合贮藏期间。

(1)症状

受害后鳞茎变软，外皮上出现水渍状斑，进而引起腐烂。发病后期，鳞茎外表密布一层厚厚的菌丝层。

(2)病原

欧氏杆菌。

(3)发病规律

病菌多从伤口侵入鳞茎表皮,菌丝达到鳞茎基部后,再由此侵入其他鳞片,引起鳞茎软腐、湿腐。

(4)防治方法

①清除腐烂鳞茎,改良鳞茎种植条件。②贮藏前需阴干,贮藏地点要干燥并注意低温和通风。③操作中避免碰伤鳞茎,减少侵染机会。④化学防治可采用 400 mg/kg 用链霉素溶液喷洒,也可用 54%可杀得 800～1 000 倍液喷洒。

5.1.25 百合立枯病

百合立枯病是苗期的主要病害,发生普遍,寄主广泛。

(1)症状

嫩芽受害后,变成黑褐色,逐渐枯死。幼苗感染后,根茎部变褐缢缩而折倒枯死。成年植株受害后,叶片从下而上变黄,以至全株变黄枯而死。鳞茎受害后,逐渐变为褐色,鳞片上形成不规则的褐斑,最后腐烂,鳞瓣脱落。

(2)病原

病原为芽孢杆菌,在土壤中及种球上越冬。

(3)发病规律

病菌通过土壤传播,植株发病严重时,可造成百合幼苗死亡。田间积水或温度过低可加重危害,连作时病情加重。种间抗病性有明显差异,卷丹易受害,铁炮百合次之,鹿子百合最抗病。

(4)防治方法

①选无病球作种球,并用 1∶500 的福美双溶液或用 40%的甲醛溶液加水 50 倍浸种 15 min。②种球栽植于无病土中,或灭菌土壤中。③加强田间管理,注意开沟排水,改善通风、光照条件,增施磷钾肥料,增强抗病力。④出苗前喷 1∶2∶200 波尔多液 1 次,出苗后喷 50%多菌灵 1 000 倍液 2～3 次,以保护幼苗。⑤发病后,及时拔除病株,病区用 50%石灰乳消毒处理。

5.1.26 百合曲叶病

(1)症状

通常在植株 15～20 cm 高时,茎中部叶片开始变得明显扭曲或歪斜,扭曲叶片的一边常有褐色坏死斑,常在叶片与茎连接处附近发生。

(2)病原

假单胞杆菌,常与其他百合病害混合侵染为害。

(3)防治方法

病原多在鳞茎栽植前就已侵染,与其他百合病虫害共同为害,因此,常通过防止其他初生真菌病原或在收获、装卸时避免损伤鳞茎来预防。由于温暖潮湿的条件有利于病菌的生长和发展,最好的预防措施是收获后尽快将鳞茎干燥冷藏。

5.1.27　百合灰霉病

百合灰霉病是一种普遍发生的病害。

(1)症状

该病主要为害叶片，也可侵染茎部和花。受感染的百合叶片及花器官，经常会出现叶片焦枯、花苞畸形及后期花瓣萎蔫等症状。被侵染的部位在潮湿环境中，短时间内长出典型的灰霉层。病叶上可见直径 1～2 mm 圆形或椭圆形病斑，从浅黄色到浅褐色。病斑中央呈浅灰色，边缘深紫色，逐渐深入绿色的健康组织。感染不但从叶片中部开始，还可从叶缘开始，使叶片畸形，叶片生成受阻。初期被感染的花蕾外层花瓣上会出现隆起的区域，已开的花对感染极其敏感，出现灰色水泡状圆形病斑，这些斑点成为“火”斑。病害严重时从侵染点折断。芽被侵染后，变褐色。幼株被侵染后通常是生长点死亡。

(2)病原

椭圆葡萄杆菌。

(3)发病规律

百合灰霉病的发生与气候有密切关系。病原菌可在土壤及各种植体残株上存活生长，在寄主被害部位或以菌核遗留在土壤中越冬。当春季温度升高，越冬的菌丝体会在短时间内形成大量的分生孢子，借空气、雨水及田间的农事操作来接触百合叶片或花瓣，发芽后菌丝体芽管可直接穿透角质层侵入百合寄主细胞或经由伤口及气孔侵入，来完成初侵染，发病后病部又产生分生孢子进行再侵染。此外，百合灰霉病也可以借带菌种球进行传播，受到生理性伤害的部位也容易发生灰霉病。百合灰霉病病菌菌丝生长的适温为 15～25℃，以 20℃ 为最佳，空气相对湿度在 90%以上有利于病害的流行。当条件适宜时，百合灰霉病孢子形成、释放和萌发的整个过程在很短的时间内便可完成。连续阴雨天和雾天，百合叶片有水分时，便可以导致该病的暴发和流行。

(4)防治方法

①用健康鳞茎繁殖，并且种植于干燥通风处。②避雨栽培，注意栽培密度，保持足够的光照和空气流通。③采用滴灌方式浇水，降低空气湿度。④发现病叶，立即摘除并集中销毁。⑤植株可喷布波尔多液，芽和花可喷代森锌 600～800 倍液进行预防(开花前期要求药物残留量要低)。⑥发病初期，每 7～10 d 对叶面喷施一次百菌清或嘧菌环胺等药剂进行防治。

5.1.28　百合鳞茎软腐病

百合鳞茎软腐病，又称茎腐病，是百合生产上的重要病害。

(1)症状

此类菌既侵害单个植株也侵害一个区域植物的根系。受侵染后，鳞茎外皮上初有水渍状斑，后颜色变深，具有辛辣气味，鳞茎变软，有时病鳞茎外生有厚厚的菌丝层。病菌从伤口侵入外皮，菌丝蔓延到鳞茎基部，并由此进入其他鳞片。在环境适宜条件下，2 d 内鳞茎就可全部烂掉。鳞茎黏附土壤、包装材料及枯枝等都会带菌引起软腐病。

(2)病原

匍枝根霉,又称黑根霉,属接合菌门真菌。菌丝初无色,后变暗褐色,成匍匐根,无性态由根节处簇生暗褐色孢囊梗,直立,顶端着生球状孢子囊1个,囊内产生很多圆形孢子,大小11～14 μm,颜色较暗,单胞,由匍匐根的根节外又形成孢囊梗致很多鳞茎污染产生一片片霉菌;有性态产生黑色接合孢子,球形,表面有突起。

(3)发病规律

该病菌存在于土壤和种球的根上。病菌主要是由伤口侵入鳞茎,进而为害鳞茎基部及其他鳞片,病部孢囊孢子借气流传播进行再侵染。该病菌喜高湿环境,温度为20～30℃,相对湿度75%～85%的条件适合病菌的繁殖。土壤结构差、土壤含盐量高、土壤太湿及通风不良的条件下,发病严重。

(4)防治方法

①进行轮作,同时对土壤进行消毒,避免鳞茎软腐病的发生。②选用无病、无伤的鳞茎作繁殖材料。种植前对鳞茎进行消毒,可将鳞茎浸入50%苯菌灵可湿性粉剂2 000倍液中,30℃水温浸泡30 min。③加强栽培管理,合理密植,合理施肥灌水,调节通风透光,保持适当温湿度,雨季注意排水,及时清理卫生,减少病源,增强植株抵抗力。④挖掘、包装鳞茎时,尽量避免碰伤鳞茎,及时剔除有病鳞茎,装运期间保持低温。⑤已发生感染的情况下,喷洒治疗腐霉病的杀菌剂,最好在傍晚进行。

5.1.29 百合青霉腐烂病

(1)症状

鳞茎木腐状干腐。寒冷贮藏期腐烂缓慢,在鳞片腐烂斑点上先是长出白色的,而后转变为蓝绿色的绒毛状的霉菌。百合被感染后,即使在-2℃的低温环境下,腐烂也会逐步增加。病菌最终侵入鳞茎的基盘,使鳞茎失去种植价值或使植株生长缓慢。虽然受感染的鳞茎看起来不健康,但只要保证鳞茎基盘完整,在栽种期间植株的生长就不会受到影响。种植后,青霉菌的感染不会转移到茎秆上,也不会通过土壤侵染其他植株。

(2)病原

刺孢圆弧青霉、丛花青霉。

(3)防治方法

参照百合鳞茎软腐病防治方法①和③。另外,在鳞茎包装基质加硫酸钙、次氯酸盐混合粉(每22.7 kg包装基质中加混合粉171 g)可控制病害的发生。东方杂种系百合鳞茎在26.7～29.4℃的苯来特溶液(每4.6 L水加苯来特50 mL)中浸15～30 min,浸后使鳞茎干燥,可预防青霉腐烂病发生。

5.1.30 百合茎腐烂病

(1)症状

病害发生在贮运过程中,病菌从鳞茎外皮的基部侵入鳞茎。种球和鳞片腐烂的植株,生长

非常缓慢，叶片呈淡绿色，花茎很少，即使长出花茎也矮小，生长不良。病鳞茎未全部烂掉时就裂开。有伤口的鳞茎易被侵染，病变也能侵染完好无损的鳞茎。在地下，鳞片的顶部或鳞片与根盘连接处出现褐色斑点，这些斑点逐渐腐烂(鳞片腐烂)。如果根盘被侵染，那么整个种球就会腐烂。茎腐是镰刀菌侵染地上部的症状，识别的标志是基部叶片在未成年时发黄，以后变褐色而脱落，过早死亡。在茎的地下部分，出现橙色到黑褐色斑点，以后病斑扩大，最后扩展到茎内部，之后茎部腐烂，最后植株未成年就死亡。

(2)病原

病原菌为尖孢镰刀菌和自毁柱盘孢菌。

(3)发病规律

该病由尖孢镰刀菌和自毁柱盘孢菌两种真菌引起。鳞茎和茎根部裂开形成伤口，真菌通过伤口或寄生昆虫来侵染植株的地下部分，能通过土壤侵染，可在鳞茎上扩展。部分品种对侵染特别敏感。

(4)防治方法

参照百合青霉腐烂病。

5.1.31 百合茎溃疡病

(1)症状

在茎基部和根部形成褐色溃疡病，待干燥时留下褐色疤痕，发生严重时，导致根颈部或根腐烂。根腐病是这种病菌造成的腐烂症。

(2)病原

担子菌门真菌。

(3)发病规律

该菌以菌丝在病残组织上或以小菌核在土壤中长期存活，病菌可直接或间接侵入百合的茎基部。苗期连续阴天，气温低于 20℃，高湿环境下，土壤黏重时发病重。

(4)防治方法

①冬季进行土壤消毒。②加强栽培管理，合理密植，合理施肥灌水，调节通风透光，增强植株抵抗力。雨季注意排水措施，保持适当温湿度。③清除病株并销毁。④病害发生时可喷淋20%甲基立枯磷(利克菌)乳油 1 200 倍液、40%五氯硝基苯粉剂 500 倍液进行防治。

5.1.32 百合锈病

(1)症状

在叶背面产生圆形粉状的小疱斑。

(2)病原

单孢锈菌、柄锈菌。

(3)防治方法

①摘除病叶并销毁。②病害发生时可喷布福镁铁和硫黄混合液，也可用粉锈宁、无毒高脂膜防除。

5.1.33 百合丛簇病

(1)症状

病株扁化、丛簇,叶片浅绿色或浅黄色,有斑驳或条纹,幼叶向下卷,扭曲在一起,全株矮化。东方杂种系百合受害严重。

(2)病原

百合丛簇病毒、烟草花叶病毒混合侵染。

(3)防治方法

参照百合花叶病。

5.1.34 百合叶枯病

(1)症状

在叶片上产生浅黄色至浅褐色、圆形或椭圆形大小不一的病斑。某些品种中,病斑周围有明显的紫红色边缘,在潮湿条件下,斑点很快覆有一层灰色的霉。病斑变干易碎裂,透明,通常呈灰白色。发病严重时,整叶枯死。茎秆受害,从侵染点腐烂折断,幼芽变褐腐烂。花受害,产生褐色斑点,湿度大时,覆有灰色霉层,迅速腐烂。幼小植株发病,通常生长点死亡。

(2)病原

病原为椭圆葡萄孢(*Botrytis elliptica* Cooke)和灰葡萄孢(*Botrytis cinerea* Pers.),属半知菌亚门真菌,病原形态可参考图 5-1-3 月季灰霉病。

(3)发病规律

病原菌主要以菌丝在病残体上或以菌核在土壤中越冬。翌年条件适宜时,菌核萌发,产生菌丝体和分生孢子,分生孢子成熟后脱落,借气流、雨水或露珠及农事操作进行传播,侵染为害植株,以后在病部又可产生大量分生孢子,借气流传播造成多次再侵染。高湿条件、栽植密度过大、管理不当、偏施氮肥时发病严重。

(4)防治方法

农业防治　发病初期摘除病叶,秋季清除并销毁栽植在室外的植株地上部,减少侵染来源。冬季温室应保持通风良好及充足的光照,浇水时避免弄湿叶片。

药剂防治　发病初期及时喷药,常用药剂有 50%多菌灵、70%甲基硫菌灵、50%速克灵、50%扑海因、50%农利灵等,按常规使用浓度喷洒,重点喷洒新生叶片及周围土壤表面,连喷 2~3 次。

5.1.35 百合细菌性叶斑病

细菌性叶斑病是百合生产上的一种重要病害,温室栽培、露地栽培都可发病。发病地块一般病株率为 5%~10%,重病地块可高达 20%以上,影响百合产量与质量。

(1)症状

百合各个部位都可受害,但多在植株地上部表现明显症状。发病初期,在叶片上产生密集水渍状绿褐色近圆形小斑点,随病害发展扩展为近梭形黄褐色至暗褐色坏死斑,病斑略凹陷,边缘水浸状,多数病斑连在一起呈现不规则状大斑。空气湿度大时,整叶可在较短时间内腐

烂；干燥时病叶呈浅褐色坏死干枯。病斑扩展至茎部，产生不规则形浅褐色至黄褐色坏死斑，之后腐烂或干缩。

(2)病原

病原初步鉴定为一种细菌。

(3)发病规律

病原菌主要在种苗或球茎内越冬，条件适宜时发病，可随种苗调运、雨水、昆虫等进行传播，能多次再侵染，导致病害扩展蔓延。多雨潮湿条件有利于病害发生。

(4)防治方法

加强植物检疫 在调运种苗及球茎时加强检疫措施。

加强田间管理 田间发现病株应及时清除。避免大水漫灌，雨后及时排除田间积水。

药剂防治 ①繁殖材料进行消毒处理，种植前可用0.3%～0.5%盐酸溶液浸泡种球5～10 min。②发病初期及时喷药，常用药剂有氯霉素50～100 mg/kg、72%农用链霉素100～200 mg/kg、新植霉素200 mg/kg、45%代森铵800倍液、60%琥-乙磷铝(DTM)可湿性粉剂1 000倍液，每隔7～10 d喷1次药，连喷2～3次。

5.1.36 仙客来炭疽病

(1)症状

主要为害叶片。在叶片上产生近圆形病斑，病斑中央色浅，呈淡褐色或灰白色，边缘颜色深，呈紫褐色或暗褐色。后期在病部产生许多灰黑色粒状物，即为病原菌的分生孢子盘和分生孢子。病叶干枯后不脱落。

(2)病原

病原为红斑小丛壳(*Glomerella rufomaculans* Berk.)，属子囊菌亚门真菌。子囊壳丛生在不发达的子座(菌丝层)上或半埋于子座内，深褐色，瓶形，有长颈，壳壁四周有毛，子囊棍棒形，无柄。子囊孢子长圆形，直或略弯，单孢，无色，见图5-1-14。

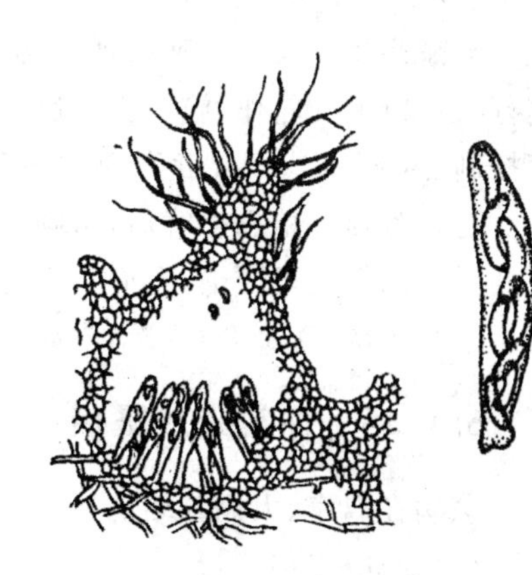

图5-1-14 仙客来炭疽病菌
示子囊壳及子囊

(3)发病规律

病菌以菌丝体和分生孢子盘在病株上或随病残体遗落于土壤中越冬，翌年产生分生孢子，随风雨传播，温湿度条件适宜时开始发病，以后病部不断产生分生孢子进行再侵染，病害得以蔓延扩大，7～8月进入发病高峰，秋末冬初产生子囊壳。高温、高湿、植株患有细菌性软腐病、植株上有蚜虫、红蜘蛛危害等条件均可诱发仙客来炭疽病。

(4)防治方法

农业防治 保持田园卫生，在养护中合理掌握温、湿度，及时摘除病叶并除虫。

药剂防治 发病初期，可喷洒70%甲基托布津1 500倍液或50%多菌灵可湿性粉剂500倍液进行防治，每隔7～10 d喷1次，连喷2～3次。

5.1.37 仙客来枯萎病

(1)症状

通常植株近地面的叶片先开始失绿变黄枯萎，然后逐渐向上蔓延，最后除顶端几片叶完好外，其余叶片全部枯死。剖开块茎，寄主维管束变褐。湿度比较大时，在病部产生粉红色霉层，即病菌的分生孢子梗和分生孢子。

(2)病原

病原为尖镰孢[*Fusarium oxysporum*(Schl.)]，属半知菌亚门真菌。菌丝初无色，后变黄色。大型分生孢子镰刀形，稍弯，两端尖，无色，0～5个分隔，通常2～3个分隔，(3～5) μm×(20～50) μm。小型分生孢子椭圆形或卵圆形，无色，单胞间或双胞(图5-1-15)。

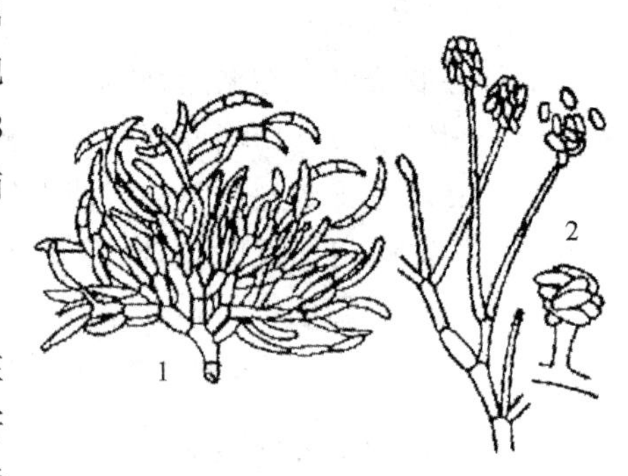

图5-1-15 仙客来枯萎病菌
1.大型分生孢子及分生孢子梗
2.小型分生孢子着生状

(3)发病规律

病原物以菌丝体或厚垣孢子在病残体上或附着在种子上越冬，通过流水或灌溉水传播蔓延。病菌从寄主幼根或伤口侵入，进入维管束，堵塞导管，并产生毒素，最终导致病株叶片枯黄而死。一般在土壤温度28℃左右，寄主根部伤口较多，土壤湿度较大的连作地块，植株生长衰弱时发病严重。土壤偏酸性、线虫数量大时发病也重。

(4)防治方法

加强栽培管理　播种前种子必须经消毒处理，同时加强对盆土、旧花盆、操作工具的消毒；实行3年以上的轮作，施用充分腐熟的有机肥；合理调节室内环境，控制盆土含水量，夏季将温度控制在28℃以下、湿度为60%～70%；发现病株，及时清除并销毁。

药剂防治　植株感病后，可喷洒75%的百菌清、50%多菌灵、36%甲基硫菌灵、20%甲基立枯磷乳油等进行防治，每周1次，连喷2～3次；平时可用800～1 500倍液多菌灵水浇根，每隔半个月1次，连浇3～4次，同时注意排水防涝。

5.1.38 仙客来灰霉病

该病在温室、大棚栽培的仙客来上发病极为普遍。

(1)症状

主要为害叶片、叶柄及花冠等部位。叶片受害，起初在叶缘出现暗绿色水渍状病斑，之后逐渐扩展蔓延至整个叶片，叶片变为褐色，迅速干枯。在湿度大时，腐烂部分长出密实的灰色霉层，即病原菌的分生孢子及分生孢子梗。叶柄和花梗受害后，也出现水浸状腐烂，并产生灰色霉层。花瓣发病时，白色花瓣变成淡褐色，红色花瓣褪色，并出现水渍状圆斑，严重时花瓣腐烂，密生灰色霉层。

(2)病原

病原为灰葡萄孢(*Botrytis cinerea* Per.)，属半知菌亚门真菌。分生孢子梗丛生，不分枝

或分枝，直立，有隔膜，青灰色至灰色，顶端色浅。分生孢子在分生孢子梗顶端簇生，椭圆形至近圆形，表面光滑，无色。菌核黑色，扁平或圆锥形，病原形态可参见图 5-1-3 月季灰霉病菌。病菌发育最适宜温度为 20～25℃。

(3)发病规律

病原菌可以遗留在土壤中的菌核越冬，也可以菌丝体和分生孢子在病叶或其他病组织上越冬。温暖湿润时有利于该病发生。在田间主要借助气流、雨水、灌溉水、棚室滴水和农事操作等传播。在适宜的温、湿度条件下萌发，由寄主开败的花器、伤口、坏死组织或直接穿透寄主表皮侵入导致发病，发病后，在病部产生大量分生孢子造成多次再侵染。适宜发病条件是气温 20℃左右，相对湿度 90%以上。

(4)防治方法

加强栽培管理 不过量偏施氮肥，注意排水，避免遭受冻伤和机械创伤，增强植株抗病能力。浇水不宜太多且不直接浇于叶面，不在阴雨天浇水，注意控制湿度，加强通风，发病后尽量减少浇水。发现病株，及时清除病残体，并集中烧毁或深埋。搞好田园卫生，减少病原的积累。

药剂防治 ①土壤消毒。种植时用福美双、敌克松等药剂进行土壤消毒处理或更换新土。②生长期用药。发病期间可选用代森锌、苯来特、百菌清、克菌丹、甲基托布津等杀菌剂一份，加 50 份草木灰，撒于盆花表土上，或用上述杀菌剂喷雾，一般为 500 倍液，10 d 左右 1 次，连续 2～3 次。

5.1.39 仙客来病毒病

仙客来病毒病在我国发生十分普遍，发病率可高达 50%以上，病毒病使仙客来种质退化，叶片变小皱缩，花少花小，严重影响销售。

(1)症状

主要为害叶片，也可侵染花冠等部位。染病植株叶片皱缩、反卷，叶片变厚质地脆，叶片黄化，有疱状斑，叶脉突起成棱。纯色花花瓣有褪色条纹，花畸形，少且小，甚至抽不出花梗。植株矮化，球茎变小。

(2)病原

病原主要有黄瓜花叶病毒 (Cucumber mosaic virus，CMV)、烟草花叶病毒(Tobacco Mosaic Virus，TMV)和马铃薯 X 病毒(Potato Virus X，PVX)，CMV 病毒粒体为等轴对称的二十面体，稀释终点为 10^{-4}，致死温度为 70℃，体外存活期 3～6 d。TMV 病毒粒子长杆状，螺旋对称结构，致死温度 88～93℃，稀释终点为 10^{-6}，体外存活期因株系不同而异，少则 10 d，多则超过一年。

(3)发病规律

黄瓜花叶病毒在病球茎、种子内越冬，为第二年的初侵染来源。该病毒主要通过汁液、棉蚜、叶螨及种子传播。病害发生与棉蚜、叶螨的种群密度呈正相关。

(4)防治方法

物理防治 预先进行试验，筛选出恰当的处理时间，用 70℃的高温干热处理种子，脱毒率高。

种植脱毒组培苗 用球茎、叶尖、叶柄等组织作组培苗，降低带毒率。

药剂防治　防病治虫。可用天王星3 000～4 000倍液、吡虫啉2 000倍液、灭蚜菌1 500～2 000倍、莫比朗2 500倍液、特螨克威3 000倍液、5%尼索朗2 000倍液、速螨酮4 000～5 000倍液或者5%卡死克1 500倍液杀螨虫和蚜虫。

合理施肥　土壤中保持氮肥、钾肥的比例为1∶(1.2～1.5)，磷肥为氮肥的4%～12%。

5.1.40　杜鹃叶枯病

杜鹃叶枯病在合肥、成都、桂林、沈阳、昆明、广州等地均有发生。

(1)症状

主要为害叶片，导致叶片早落。此病主要发生在老叶上，从叶尖、叶缘开始发生，病斑黄褐色，与健壮部分界明显，边缘色稍深。严重时形成的不规则形干枯可占叶片面积的1/2～2/3。后期在病部上产生稍突的小黑点，即为病菌的分生孢子盘。

(2)病原

杜鹃叶枯病菌为杜鹃多毛孢菌[*Pestalotia rhododendri*(Sacc.)Gusa]属半知菌亚门、腔孢纲、黑盘孢目、黑盘孢科、多毛孢属，分生孢子盘生于叶面，直径140～400 μm，分生孢子有4个隔膜，纺锤形，(21～27) μm×(8～10) μm，中部细胞黑褐色，最下成一个细胞橄榄色，长16.5～18.7 μm，两端细胞无色，顶端有鞭毛2～3根，长17～35 μm，见图5-1-16。

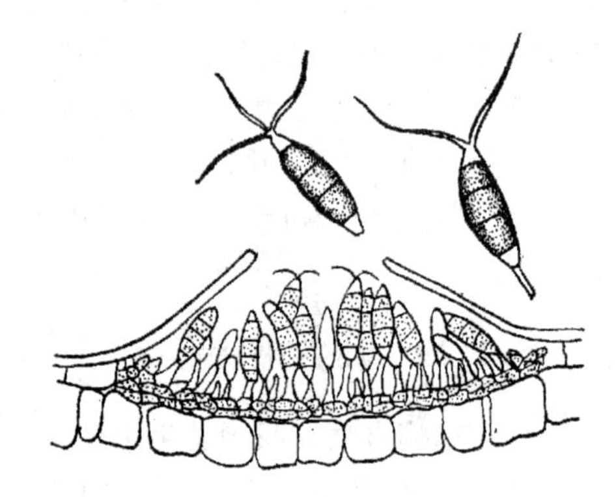

图5-1-16　杜鹃叶枯病菌
分生孢子盘及分生孢子

(3)发病规律

病菌主要从伤口侵入，植株长势衰弱、受虫害时，病害严重。因此，土壤贫瘠，特别是缺铁素营养、植株矮小黄化以及杜鹃冠网蝽严重发生的年份，病害发生也严重。重病株的叶片大部分脱落，以致植株秃裸，花蕾发育不良，甚至影响下一年花蕾的形成和质量。

(4)防治方法

农业防治　加强管理，增施有机肥或复合肥料，尤其要注意缺铁黄化时补充铁素营养，以提高植株的抗病能力。

化学防治　植株染病后，可交替喷洒30%三唑酮600～800倍液和25%施保克800～1 000倍液；如有害虫为害，可喷洒1 000～1 500倍液的烟参碱进行除治。

5.1.41　杜鹃叶肿病

杜鹃叶肿病又叫杜鹃饼病、瘿瘤病。杜鹃的叶片及幼嫩组织均可受害，使杜鹃叶、果及梢畸形，降低观赏性。我国的江西、浙江、江苏、上海、广东、广西、台湾、云南、四川、山东和辽宁等地发病较重。

(1)症状

病菌主要为害杜鹃叶片、嫩梢和幼芽。感病后，叶片正面初为淡黄色半透明的近圆形斑，后为黄色，下陷；叶背面淡红色，肥厚肿大，随后隆起呈瘿瘤，瘿瘤表面有厚厚的灰白色粉层，此

即病菌的担子层，如饼干状，粉层飞散后，病部变深褐至黑褐色，叶枯黄早落。叶柄感病严重时病斑连片，畸形肥厚。嫩梢发病时，顶端产生肉质叶丛，或为瘤状，后干缩为囊状。花受侵染后，花瓣变厚变硬，呈不规则的瘿瘤。

(2)病原

杜鹃叶肿病（*Exobasidium japonicum*）是由担子菌亚门、层菌纲、外担菌目、外担菌科、外担菌属的日本外担菌侵染引起的。菌丝寄生在寄主细胞间，担子单个或丛生，从表皮细胞间产生，最后突破角质层，在表面形成一层担子层，担子上产生4个或8个担子孢子，担子间无隔膜或侧丝，见图5-1-17。

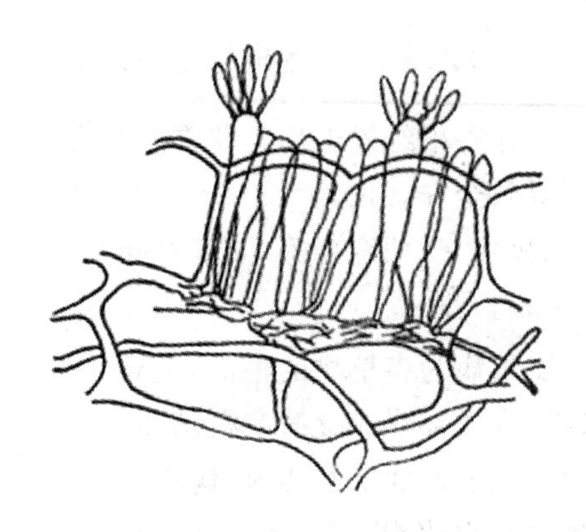

图5-1-17　杜鹃叶肿病菌

担子层、担子上着生的担孢子

(3)发病规律

本菌是活养寄生菌，以菌丝体在植株组织内潜伏越冬。翌年春天产生担孢子，借风或昆虫传播、侵染，潜育期7～17 d。一年中主要有2个发病期，一次为春末夏初，另一次为夏末秋初。气温为15～20℃，相对湿度为80%以上时利于病害的发生和蔓延。

(4)防治方法

农业防治　发现病叶和病芽彻底清除。

化学防治　在叶芽萌动和抽梢期喷药防治。可交替喷洒12.5%烯唑醇3 000～4 000倍液，12.5%速保利2 000～3 000倍液，或50%复方硫菌灵600～800倍液。

5.1.42　茉莉炭疽病

茉莉炭疽病是茉莉生产上的主要病害之一。炭疽病引起茉莉早落叶，降低茉莉花的产量及观赏性。

(1)症状

该病主要侵害茉莉花的叶片，也为害嫩梢。发病初期，叶片上出现浅绿色至黄色的小斑点，病斑逐渐扩大变成浅褐色的圆形或近圆形病斑，病斑稍凹陷，病斑中央组织灰褐色或灰白色。后期病斑上着生稀疏的黑褐色小点，此为病菌的分生孢子盘。病斑多为散生。

(2)病原

茉莉生炭疽菌（*Colletotrichum jasmincola* Tilak.），为茉莉炭疽病的病原菌，属半知菌亚门、腔孢纲、黑盘孢目、炭疽菌属。分生孢子盘直径126～225 μm，生于叶表皮下，成熟时突破表皮外露；分生孢子梗无色至淡褐色，有或无分隔；分生孢子有黏胶状物质，卵形或长椭圆形，单胞，无色。分生孢子盘周围有暗色的刚毛，基部较粗，有2～4个分隔，病原形态参阅图5-1-13百合炭疽病菌。

(3)侵染循环及发病条件

病菌以分生孢子盘和菌丝体在染病落叶上越冬，成为来年的初侵染源。分生孢子由风雨传播，自伤口侵入。在生长季节可多次再侵染。夏、秋季炭疽病发生严重。多雾、多雨、多露的高湿环境可加重该病的发生。

(4)防治技术

减少侵染来源　彻底扫清除病落叶等病残体,进行深埋或烧毁处理。

药剂防治　发病初期开始喷药,常用的药剂有70%甲基托布津可湿性粉剂1 000倍液、多菌灵可湿性粉剂800倍液、65%代森锌可湿性粉剂600倍液,防治效果较好。

5.1.43　花卉根结线虫病

花卉根结线虫病是花卉栽培中的常见病害之一,分布广,为害花卉种类多,如不及时防治,可导致全株矮化,生长衰弱,甚至死亡。除为害牡丹外,还为害芍药、月季、一串红、马兰、瓜叶菊、凤仙花、仙客来等30多种花卉。

(1)症状

该病为害植物的根部,主要发生在幼嫩的支根和侧根上,幼苗的主根也可能染病,通常引起寄主根部形成瘿瘤或根结,导致根系发育受阻和腐烂,植株地上部分衰弱和枯死。发病较轻植株地上部症状不明显,病重植株被害根上产生许多大小不等、圆形或不规则形的瘤状虫瘿,根系吸收功能减弱,生长衰弱,叶小,发黄,易脱落或枯萎,有时会发生枯枝,甚至整株死亡。

(2)病原

病原为北方根结线虫(*Meloidogyne hapla* Chifwood)。线虫卵的两端宽而圆,一侧微凹似肾形,包于棕色的卵囊内。幼虫线状,无色透明,头钝,尾稍尖。雌、雄成虫异形,雄虫蠕虫状,灰白色,前端略尖,后部钝圆;雌成虫洋梨形或桃形,乳白色,前端尖细,后端椭圆形、球形或圆形。

(3)发病规律

病原线虫主要以卵和幼虫在土壤中或病瘤内越冬。在适宜的土壤温度、湿度等条件下,幼虫侵入幼根,不断吸取营养,得以生长发育,同时继续刺激周围的细胞增生,形成虫瘿。幼虫在根结内发育为成虫,成虫发育成熟交尾产卵,卵遗落于土壤中,继续孵化侵染。线虫一年可完成3个世代以上。通气良好的近陵地或沙壤土地发病严重。根结线虫可随苗木、土壤和灌溉水、雨水而传播。

(4)防治方法

加强植物检疫　在种苗调运时加强检疫,避免病害的远距离传播。

加强栽培管理　深翻改土,土壤中增施有机肥,可增强植株的抗病能力。

药剂防治　可用40%克线磷乳剂、20%丙线磷颗粒剂、3%克百威颗粒剂等药剂作土壤消毒处理。

5.1.44　观赏花木白绢病

白绢病是观赏花木的一种重要病害,妨碍植株的正常生长发育,同时也影响花的产量和品质,常给生产上造成一定的损失。

(1)症状

主要为害苗木茎基部。发病初期,发病部位出现暗褐色斑点,后皮层腐烂,逐渐扩展,在病部产生白色绢状、扇形的菌丝,天气潮湿时,蔓延至病株周围土壤表面,并结有菌核。发病植株茎基部及根部皮层腐烂,水分和养分的输送被阻断,最终导致整株茎叶萎蔫枯死。

(2)病原

病原为齐整小核菌(*Sclerotium rolfsii* Sacc.),属半知菌亚门真菌。病原菌不产生无性孢子,也很少产生有性孢子,菌丝初期为白色,老熟菌丝呈褐色。

(3)发病规律

病菌以菌核或菌丝体在土壤或病株残体上越冬。次年遇到适宜的环境条件,菌核萌发产生菌丝,并从根部或茎基部直接侵入,导致植株发病。病菌通过苗木、雨水进行传播,可反复侵染。高温高湿,空气充足,通透性好,土壤 pH 5~7 时病害发生严重。

(4)防治方法

栽培管理　调运苗木时,严格进行检查,选用无病苗木,淘汰有病苗木。及时清除病叶残体,并集中烧毁。

药剂防治　①土壤消毒。播种或扦插前用 70%五氯硝基苯处理土壤。②苗木消毒。栽植、扦插前用 70%甲基托布津、50%多菌灵、2%的石灰水、0.5%硫酸铜等药液将苗木根部浸泡 10~30 min;也可在 45℃温水中,浸泡 20~30 min。③生长期用药。发病初期,在苗圃内可撒施 70%五氯硝基苯、50%多菌灵、50%托布津等药剂。

5.1.45 紫荆枯梢病

(1)症状

感病的植株先从枝条尖端的叶片枯黄脱落开始,在一丛苗木中,先有一两枝枯黄,随后全株枯黄死亡。感病植株茎部皮下木质部表面有黄褐色纵条纹,横切则在髓部与皮层间有黄褐色轮状坏死斑。

(2)病原及发病规律

病原为一种镰刀菌(*Fusarium* sp.)病菌在病株残体上及土壤里越冬。来年 6~7 月份,病菌从根侵入,顺根、茎维管束往上蔓延,达到树木顶端,病菌能破坏植物的输导组织,使叶片枯黄脱落。

5.1.46 紫荆角斑病

(1)症状

该病主要为害叶片,病斑呈多角形,黄褐色,病斑扩展后,互相融合成大斑。感病严重时叶片上布满病斑,导致叶片枯死,脱落。

(2)病原及发病规律

病原为尾孢属一种真菌(*Cercospora chionea*)。该病一般在 7~9 月发生,一般下部叶片先感病,逐渐向上蔓延扩展。植株生长不良,多雨季节发病重,病菌在病株残体上越冬。

(3)防治方法

①秋季清除病落叶,集中烧毁,减少来年侵染源。

②发病时喷 50%多菌灵可湿性粉剂 700~1 000 倍液,70%代森锰锌可湿性粉剂 800~1 000 倍液,10 d 喷 1 次,连续喷 3~4 次均有良好的防治效果。

5.1.47 樱花褐斑穿孔病

樱花褐斑穿孔病是樱花叶部的一种重要病害,在我国樱花种植区均有发生。

(1)症状

病害主要发生在老叶上,也侵染嫩梢,感病叶片最初产生针头状紫褐色小点,不久扩展成同心轮纹状圆斑,直径 5 mm 左右,病斑边缘几乎黑色,易产生离层,后期在病叶两面有褐色霉状物出现,病斑中部干枯脱落,形成圆形小孔,几个病斑重叠时,穿孔不规则。

(2)病原及发病规律

病原为核果尾孢菌(*Cercospora circumscissa*),是一种真菌。病菌在落叶、枝梢病组织内越冬。子囊孢子在春季成熟,翌年气温适宜便借风雨传播。一般从 6 月份开始发病,8～9 月份为发病盛期。风雨多时发病严重。当树势生长不良时,也可加重发病。该病除为害樱花外,还可为害桃、李、梅、榆叶梅等植物。

(3)防治方法

①加强栽培管理,创造良好的通风透光条件,多施磷、钾肥,增强抗病力。

②秋季清除病落叶,结合修剪剪除病枝,减少来年侵染源。

③展叶前喷施 1.02～1.04 kg/L 石硫合剂,发病期喷洒 50%苯来特可湿性粉剂 1 500 倍液或 65%代森锌 600 倍液或 50%多菌灵 1 000 倍液,都有良好的防治效果。

5.1.48 贴梗海棠锈病

(1)症状

感病的叶片初期在叶片正面出现黄绿色小点,逐渐扩大,表面为橙黄色斑,6 月中旬病斑上生出略呈轮状的黑点,即性孢子器,后期背面生出黄色粉状物,即锈孢子器,内产生锈孢子,秋冬季为害松柏。

(2)病原及发病规律

病原为山田胶锈菌(*Gymnosporangium yamadai*)。病菌在松柏上越冬,3 月下旬冬孢子形成,4 月遇雨产生小孢子,借风雨传播,侵染海棠,7 月产生锈孢子,借风传播到松柏上,侵入嫩梢,雨水多是该病发生的主要条件。

(3)防治方法

①避免将海棠、松柏种在一起。

②于 3 月下旬冬孢子堆成熟时,往松柏上喷施 1∶2∶100 的波尔多液。

③海棠发病初期喷 15%粉锈宁可湿性粉剂 1 500 倍液。

5.1.49 白兰花炭疽病

(1)症状

该病主要为害叶片,发病初期叶面上有褪绿小点出现并逐渐扩大,形成圆形或不规则形病斑,边缘深褐色,中央部分浅色,上有小黑点出现,如病斑发生在叶缘处,则使叶片稍扭曲。病害严重时病斑相互连接成大病斑,引起整叶枯焦、脱落。

(2)病原及发病规律

病原为胶胞炭疽菌(*Colletotrichum gloeosporioides*)。病菌在病残体中越冬,翌年 6～7 月,借风雨传播。雨水多、空气潮湿、通风不良时发病,7～9 月为发病盛期。白兰花的幼树发病较重。

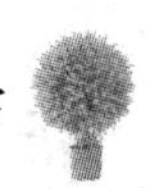

(3)防治方法

①植株间距不可过密。以利于通风透光。及时剪除病枝叶,集中销毁,减少侵染源。

②发病初期喷70%炭疽福美500倍液,65%代森锌可湿性粉剂800倍液,或1:1:200倍波尔多液,10 d 1次,连续喷3次效果较好。

5.1.50 夹竹桃黑斑病

(1)症状

病斑发生于叶的边缘或中部,呈半圆形或圆形,几个病斑相连时形成波纹状,正反两面都有,正面比背面颜色稍深,病斑呈灰白色或灰褐色。后期在病部有黑色粉状霉层,一般发生在老叶上。

(2)病原及发病规律

病原为链格孢属的一种真菌(*Alternaria* sp.)。孢子借风雨传播,雨水过多易引起此病,老叶、下部叶片及根部萌发的蘖枝上发病多。

(3)防治方法

①加强管理,增强植株通风透光性。多施磷、钾肥,增强树势。

②喷75%百菌清800倍液进行防治。

5.1.51 朱顶红红斑病

(1)症状

叶、花梗、苞片及球根均可感染此病。感病初期叶片上出现不规则的红褐色斑点,后期病斑扩大为椭圆形或纺锤形凹陷的紫褐色病斑,病斑互相连接使叶变形枯死。花梗也发生红褐色小斑点。后迅速扩展成赤褐色条斑,使花梗向有病斑一侧弯曲。球根感染时形成圆形或椭圆形的病斑,环境潮湿时会出现粒状的深褐色小点霉层。

(2)病原及发病规律

病原为水仙壳多孢(*Stagonospora curtisii*)。病菌以分生孢子器在病残体上越冬。如果种植病球就成为第二年侵染源。病菌的分生孢子借风雨传播。以水仙为前作,或与文殊兰等邻作时会相互感染。

(3)防治方法

①避免连作,选取无病球根种植。种植前应除去被害鳞片,不要种植过密,一旦发现病株、病叶应及时拔除。

②发病时,可喷75%百菌清可湿性粉剂700倍液或80%代森锌500~700倍液,防止病害蔓延。

5.1.52 唐菖蒲病毒病

唐菖蒲病毒病是世界性病害,凡是种植唐菖蒲地区均有该病发生。主要引起球茎退化,植株矮小,花穗短,花少、花小。严重影响切花质量。

(1)症状

该病主要侵染叶片、花器等部位,感病叶片最初在叶片上出现褪绿圆斑,因病斑扩展受到叶脉限制呈多角形，最后变为褐色。病叶颜色呈深绿与浅绿相间，严重时黄化、扭曲。有病植株矮小、花穗短、花少、花小。有些品种的花瓣变色，呈碎锦状。

(2)病原及发病规律

病原为菜豆黄花叶病毒(Bean yellow mosaic virus)和黄瓜花叶病毒(Cucumber mosaic virus)。这两种病毒均在病球茎和病残体内越冬。由汁液和多种蚜虫传播。两种病毒的寄主范围很广，很多蔬菜和杂草是它的毒源植物。

(3)防治方法

①加强检疫，对带毒的球茎及时销毁。

②有条件的可建立无病植株留种球基地。

③清除田间病株和种植地附近的杂草，减少侵染源。

④喷施杀虫剂防治蚜虫，消灭传毒介体。

5.1.53 唐菖蒲条斑病

(1)症状

感病植株最初在叶片上形成褪绿斑点，斑点被叶脉包围呈多角形，植株变矮，叶片皱缩扭曲，花朵变小，在粉红色花品种上花瓣呈碎色状。

(2)病原及发病规律

病原为菜豆黄花叶病毒(Bean yellow mosaic virus)。病毒在病球茎及病植物体内越冬，成为次年的初侵染源，病毒由汁液、蚜虫传播，用带毒的小球作繁殖材料也使病毒能广泛传播。病毒均从微伤口侵入。

(3)防治方法

①加强检疫，对引进的种球如有病毒，应立即销毁。

②建立无毒良种种球繁育基地。

③治虫防病，用40%氧化乐果2 000倍防治蚜虫，及时拔除田间病株，以防相互感染。

④选择较抗病的品种进行栽培。

5.1.54 唐菖蒲枯萎病

(1)症状

该病主要发生于田间，感病后的植株幼嫩叶柄弯曲、皱缩，叶簇变黄、干枯，花梗弯曲，色泽较浓，最后黄化枯萎。球茎被侵染时，部分出现水渍状不规则近圆形小病斑，病斑逐渐变为赤褐色到暗褐色，病斑凹陷成环状萎缩，严重时，整个球茎呈黑褐色干腐。当球茎严重感病时，苗纤弱，或很快死亡。当球茎感病较轻时，可以长到正常株，但以后叶尖发黄并逐渐往下死亡。

(2)病原及发病规律

病原为尖孢镰刀菌(*Fusarium oxysporim* var. gladidid)。病原菌在病球茎和土中越冬，从伤口侵入，是种传和土传病害。连作或种植有病球茎都易加重病害发生。

(3)防治方法

①采取2～3年轮作措施，可控制病害。

②大田中发现病株应将病株及根际周围土一起除去。

③种植前将球茎浸在50%多菌灵500倍液中半小时，再以50%福美双拌后种植。

5.1.55　苏铁斑点病

(1)症状

植株感病后在苏铁小叶上有近圆形或不规则形的小病斑出现。病斑中央为暗褐色至灰白色。周缘呈红褐色；病斑逐渐扩大，相互连接形成一段斑，其上端的叶组织不久便枯死。

(2)病原及发病规律

病原为苏铁壳二孢菌(*Pestalotia cycadis*)。病菌在病叶上越冬，翌年产生分生孢子进行传播。在高温多雨的季节和栽培管理不善的条件下发病严重。苏铁冬季受冻害后容易并发此病。

(3)防治方法

①剪除病枯叶或病枯的叶段为防治的主要措施。

②发病初期可喷洒75%百菌清可湿性粉剂600倍液，或1∶1∶200倍波尔多液，或50%托布津可湿性粉剂800～1 000倍液。

5.1.56　君子兰日灼病

(1)症状

感病叶片边缘出现不清晰的发黄的干枯斑块。

(2)病原及发病规律

君子兰日灼病(*Clivia sunscald*)为君子兰生理性的伤害。君子兰日灼病多发生在炎热的夏季，尤其是在君子兰苗期叶片较嫩，太阳光过强的条件下，易发生日灼病。

(3)防治方法

①温室种植君子兰时，6～9月份要适当遮阴。当室内温度超过30℃时，要加强通风或采取喷水降温。

②应放置在阴凉通风处。

③君子兰一旦发生日灼病后，应将被害叶片剪去，防止伤害蔓延，引起其他病害。

5.1.57　君子兰叶斑病

(1)症状

该病主要侵染叶片，感病初期叶片有褐色小斑点发生，逐渐扩大成黄褐色至灰褐色不规则形的大病斑。病部稍下陷，边缘略隆起。后期病斑干枯，上面长有黑色小粒点。

(2)病原及发病规律

病原为一种真菌。在栽培中过多地施用氮肥，磷、钾肥相对较少时，易发生该病。在高温干燥的条件下，或者受介壳虫为害严重时，叶斑病容易发生为害。

(3)防治方法

①清除病叶及病残体。减少侵染源。

②防治介壳虫，避免虫害，减少侵染。

③发病初期，喷施50%多菌灵1 000倍液，70%托布津可湿性粉剂1 000倍液，50%代森铵

1 000 倍液防治。

5.1.58 紫薇煤污病

(1)症状

病害先在叶片正面沿主脉产生,逐渐覆盖整个叶面,严重时叶面布满黑色煤尘状物。病菌的菌丝体覆盖叶表,阻塞叶片气孔,妨碍正常的光合作用。

(2)病原及发病规律

紫薇煤污病(*Capnodium* sp.)为煤炱菌属一种,属于囊菌亚门核菌纲。病菌以菌丝体或子囊座在叶面或枝上越冬。春、秋为病害盛发期,过分荫蔽潮湿时容易感病,病菌由介壳虫、蚜虫经风雨传播。紫薇上蚜虫分泌的蜜汁给病菌的生长提供了营养源。

(3)防治方法

①加强栽培管理,种植密度要适当,及时修剪病枝和多余枝条、增强通风透光性。

②煤污病的防治应以治虫为主,可喷洒 10～20 倍的松脂合剂及 50%硫磷乳剂 1 500～2 000 倍液以杀死介壳虫(在幼虫初孵时喷施效果较好),或用 40%氧化乐果 2 000 倍液或 50%马拉硫磷 1 000 倍液喷杀蚜虫。

5.1.59 一串红病毒病

一串红病毒病又称一串红花叶病。是一串红最常见的病害,全国各地均有发生。

(1)症状

植株感病后,叶片主要表现为深浅绿相间的花叶、黄绿相间花叶,严重时叶片表面高低不平,甚至呈蕨叶症状,花朵数急剧减少,植株矮化。

(2)病原及发病规律

病原是黄瓜花病毒(CMV)、烟草花叶病毒(TMV)、一串红病毒 1 号(Salvia virus1)、甜菜曲顶病毒和蚕豆萎蔫病毒。黄瓜花叶病毒寄主范围很广,可以由多种蚜虫传播。在北京、上海等地一串红生长季节正好是蚜虫繁殖盛期,蚜虫与病害的发生有很大的相关性。

(3)防治方法

①杀虫防病是控制该病发生和蔓延的重要措施,施用杀虫剂防治蚜虫。

②清除一串红种植区附近的 CMV 寄主,以减少侵染源。

③选用无毒健康的母株留种。

5.1.60 凤仙花白粉病

(1)症状

该病主要为害叶片,也可蔓延至嫩茎、花、果。感病的叶片最初在叶表面上出现零星不规则状的白色粉块,随着病害的发展,叶面逐渐布满白色粉层。初秋,在白粉层中形成黄色小圆点,后逐渐色变深呈黑褐色。病叶后期变枯黄、扭曲。

(2)病原及发病规律

病原为单丝壳菌(*Sphaerotheca fuliginea*)。病菌在凤仙花的病残体和种于内越冬,翌年发病期散放子囊孢子进行初次侵染。以后产生分生孢子进行重复侵染。借风雨传播。8～9

月份为发病盛期，气温高、湿度大、种植过密，通风不良发病重。

(3)防治方法

①加强栽培管理，种植密度要适当，应有充分的通风透光条件，多施磷、钾肥，不过量施氮肥。

②及时拔除病株、清除病叶并集中烧毁，减少来年侵染源。

③发病期间用25%粉锈宁可湿性粉剂2 000～3 000倍液，或70%甲基托布津可湿性粉剂1 000～1 200倍液，或25%多菌灵可湿性粉剂500倍液喷施。

5.1.61 萱草叶枯病

(1)症状

感病的叶片最初在叶尖或叶缘处出现褪绿的黄褐色至灰褐色病斑，病部产生许多黑色小点粒，发病严重时，病斑相连形成大病斑，使全叶枯死。

(2)病原及发病规律

病原为大茎点属的真菌和炭疽菌属的真菌。病菌主要在病残体上越冬，借风雨传播，翌年5～6月份发病，8月份发病严重。通风条件差、排水不良均有利于此病的发生。

(3)防治方法

①及时清除病残体并销毁，减少侵染源。

②发病初期用50%代森锌可湿性粉剂600倍或50%退菌特可湿性粉剂800倍液喷洒，也可喷1%波尔多液。

5.1.62 水仙大褐斑病

水仙大褐斑病为世界性病害，我国栽培水仙地区发病普遍，感病植株轻者部分叶片枯萎，重者在鳞茎成熟之前地上部分提早4～6周凋枯死亡，严重降低了鳞茎的成熟度。

(1)症状

发病初期病斑出现于叶子尖端，呈褐色，与健康部分分界明显。以后叶子的边缘和中部也会出现病斑，花梗也可被侵染。病斑初为褐色斑，扩展后成为椭圆形或不规则形病斑。单个病斑大小可达1 cm×4.5 cm。病斑合并呈细长条斑，上下端迅速黄化。病斑在边缘发生时，叶片生长停滞并变成扭曲状。中国水仙上的病斑明显地加厚，周围组织黄化。喇叭水仙的病斑褐色，周围不黄化。

(2)病原及发病规律

病原为水仙大褐斑菌(*Stagonospora curtisii*)。病菌以菌丝体或分生孢子在鳞茎表皮的上端或枯死的叶片上越冬或越夏。分生孢子借风雨传播。病菌也可在其他寄主如孤挺花、文殊兰上越夏。南方地区4～5月间雨水多，发病较重。栽植过密、排水不良、连作都会加重发病。品种间抗病性也有差异。多花水仙病重，青水仙、喇叭水仙感病轻。

(3)防治方法

①剪除病叶，拔除病株，减少侵染源。

②避免连作或在水仙种植地附近种孤挺花、文殊兰、百子莲等植物。

③鳞茎收获时避免产生伤口，种植前剥去膜质鳞片，将鳞茎浸入1%甲醛溶液浸泡0.5～1.0 h，或50%多菌灵500倍液12 h，或0.1%升汞溶液0.5～1.0 h，减少初次侵染。

④发病期可用1%波尔多液或75%百菌清500倍液或70%托布津1 000倍液喷施。

5.1.63 蜡梅叶斑病

(1)症状

感病的叶片最初在叶面上有淡绿色水渍状小圆斑，随着病斑的扩大，发展为圆形或不规则状的褐色病斑，后期病斑中部有小黑点出现。

(2)病原及发病规律

病原为大茎点霉属的真菌(*Phyllosticta calycanthi*)。病菌在病残体、落叶上越冬。借风雨传播，气候潮湿，该病发生严重。

(3)防治方法

①及时清除病落叶，减少侵染源。

②发病时可喷50%多菌灵1 000倍液。

5.1.64 福禄考病毒病

(1)症状

感病的植株、花器不正常，花变为绿色、畸形，叶片褪绿，组织变硬，质脆易折，有时叶尖和叶缘变红、变紫而干枯。

(2)病原及发病规律

病原为烟草脆裂病毒、烟草坏死病毒。病毒通过汁液、叶蝉及蚜虫传毒。

(3)防治方法

①及时拔除有病植株。

②选用无病材料繁育新植株。

③及时喷洒杀虫剂，防治蚜虫、叶蝉传病。

5.1.65 大丽花病毒病

大丽花病毒病又称大丽花花叶病。在我国广东、昆明、上海、内蒙古、辽宁等省(自治区、直辖市)都有发生，严重时植株生长萎缩，一般呈零星分布。

(1)症状

大丽花叶上产生明脉或叶脉黄化及花叶、叶片发育受阻。有些叶片出现具有特征性的环状斑，植株在夏季接近开花期受病毒侵染，暂时不表现任何症状，但翌年才表现花叶及矮化现象。

(2)病原及发病规律

病原为番前斑萎病毒(Tomato spotted wilt virus)。大丽花花叶病毒可以通过汁液及嫁接传染。叶蝉及蚜虫也可传毒。在一般条件下，大丽花难以汁液接种成功。大丽花的块根也能带毒，但大丽花种子不传毒。大丽花花叶病毒也能使蛇目菊、金鸡菊、矮牵牛、百日草等植物发病。

(3)防治方法

①避免用带有病毒的块根作繁殖材料，发现病株立即拔除烧毁，利用种子繁殖。

②番茄斑萎病毒不易接近植株生长点，可用通过茎尖组织培养法来获得无病毒新株。

③植株生长期喷施杀虫剂防治传毒昆虫，可喷施 40%氧化乐果 2 000 倍液，或 50%马拉硫磷、20%二嗪农、70%丙蚜松各 1 000 倍液。

5.1.66 郁金香碎色花瓣病

郁金香碎色花瓣病又称郁金香白条病，各郁金香产区都有发生，是造成郁金香种球退化的重要原因之一。

(1)症状

该病主要侵染郁金香的叶片及花冠。感病的叶片上出现浅绿色或灰白色条斑，有时形成花叶。花瓣畸形、单色花的花瓣上出现淡黄色、白色条纹或不规则的斑点。感病的鳞茎退化变小，植株生长不良、矮化，花变小、畸形。

(2)病原及发病规律

病原为郁金香碎色病毒(Tulip breaking virus，TuBV)，该病毒在病鳞茎内越冬，成为来年侵染源，由桃蚜和其他蚜虫作非持久性的传播。此病毒也可以为害百合，百合受侵染后产生花叶或隐症现象。在自然栽培的条件下，重瓣郁金香比单瓣郁金香更易感病。

(3)防治方法

①加强检疫，控制病害的扩展和蔓延。发现病株立即拔除。避免和百合种植过近，防止相互传染。

②防治蚜虫，定期喷洒杀虫剂，减少传播介体。

5.1.67 牵牛花白锈病

(1)症状

发病部位主要是叶、叶柄及嫩茎，受害叶片初期在叶上有浅绿色小斑。后逐渐变成淡黄色，边缘不明显，严重时扩展成大型病斑，后期病部背面产生白色疱状突起，破裂时，散发出白色粉状物，为病菌的孢囊孢子，嫩茎受害时造成花、茎扭曲，当病斑包围叶柄、嫩梢时，环割以上的寄主部分生长不良，萎缩死亡。

(2)病原及发病规律

病原为旋花白锈菌(*Albugo ipomoeae-panduranae*)，属白锈属的一种真菌。病菌在病组织内以卵孢子越冬，翌年春天，卵孢子萌芽产生孢子囊，侵入牵牛花等旋花科植物，一般在 8～9 月份为发病盛期，牵牛花种子可带菌并成为翌年侵染源。

(3)防治方法

①及时拔除病株并销毁。以减少对种子的侵染。

②选留无病种子作为繁殖种子，播种前应进行种子消毒。避免与旋花科植物轮作。

③发病初期喷 1%波尔多液或 50%疫霉净 500 倍液，每隔 10～15 d 喷雾 1 次有较好的防治效果。

5.1.68 荷花褐纹病

荷花褐纹病又名荷花黑斑病，荷花褐纹病是荷花中的重要病害之一。我国各荷花产区均有此病发生。严重时,叶片似火烧一样,提早枯萎死亡。

(1)症状

发病部位主要是叶、叶柄及嫩茎,受害叶片初期在叶上有浅绿色小斑。后逐渐变成淡黄色,边缘不明显,严重时扩展成大型病斑,后期病部背面产生白色疱状突起,破裂时,散发出白色粉状物,为病菌的孢囊孢子,嫩茎受害时造成花、茎扭曲,当病斑包围叶柄、嫩梢时,环割以上的寄主部分生长不良,萎缩死亡。

(2)病原

此病由真菌链格孢菌[*Alternaria nelumbii* (Ell. et EV.)Enlows et Rand]侵染所致,属半知菌亚门,丝孢纲、丛梗孢目。分生孢子梗丛生,褐色,分生孢子呈纺锤形,圆筒形或长卵形,淡褐色,呈壁砖状分隔,有横隔膜 4～7 个,纵隔膜 1～4 个,分隔处常缢缩,大小为(28.8～55.8) μm×(14.4～19.8) μm,平均为 44.6 μm×17.2 μm。

(3)发病规律

病菌随病残体在湖塘和荷圃里越冬。第二年 5～6 月份随气温上升和高湿时,即产生分生孢子,借风雨传播。一般在暴风雨后或植株生长衰弱时,最易感染此病。

(4)防治措施

①栽培管理合理施用有机肥料。大风雨季节应灌水,防止风害。盆钵之间放置不宜过密,以便通风透光。培育健壮的植株,增强抗病力。

②庭园卫生每年冬季要彻底收集病落叶及残体,及时烧毁,减少初次侵染源。

③化学防治发病初期,可用 65%代森锌喷粉或喷雾于叶面,防止病害进一步扩展。

5.1.69 荷花斑枯病

荷花斑枯病是叶部上较常见的一种病害。发病严重时,引起繁株叶片枯死,因而影响植株的正常生长发育及观赏效果。

(1)症状

只为害叶片,初在叶面上出现褪绿斑点,后逐渐扩大,形成不规则的斑块,呈淡褐色至深棕色,浮叶上有暗色至深灰色的,并具有轮纹状的大块病斑,导致部分或大部分叶缘组织枯死。在坏死部分上,可见到许多小黑点,即分生孢子器。

(2)病原

本病由真菌叶点菌(*Phyllosticta hdrophila* Sp-eg)侵染所致。属半知菌亚门、腔孢纲、球壳孢目。分生孢子器初埋生于叶表皮下,以后稍隆起,近球形或扁球形,褐色,直径为 136～195 μm;分生孢子椭圆形或纺锤形,略弯,两端稍尖,单胞,无色,大小为(6～9) μm×(2～3) μm,孢内含有 1～2 个油滴。

(3)发病规律

病菌以分生孢子及菌丝在病落叶中越冬。翌年 5 月随气温上升,产生新的分生孢子。待荷叶摘出后,借风雨和气流传播侵染。据观察,在 7 月上旬就出现分生孢子器,以后反复侵染多次,直至 10 月中旬,病害才停止扩展。

引起荷花斑枯病发生的因素很多。如温度、湿度、寄主生长期、栽植容器、土壤肥力以及品种等因子与病害的发生都有较密切的关系。高温高湿是发病的重要条件,一般来说,在发病初

期，遇到雨水多时，病叶发生普遍，扩展快，持续的时间也长。病害在寄主生长期及开花初期发生较轻，即使是发病的植株，其病斑扩展也慢，但在开花后期及结实期，病害扩展很快，严重时，病叶提早衰退枯黄。这与寄主体内营养消耗的程度有关。

不同大小缸或盐栽植的荷花，其感病程度也有较明显的区别。据调查，小缸或小盆比大缸或大盆发病要重，而湖塘的荷花一般不发病或较少发病。土壤肥力与病害也有一定的相关性。试验结果表明，在未发病荷花缸内土壤的含氨量为 243 mg/kg，而发病植株只有 137 mg/kg。不同荷花品种的抗病性也有差异。如“粉楼春”等品种抗病性差，而“银红千叶”“西湖红莲”等品种抗病性则较强。

(4)防治措施

栽培管理　缸(盆)栽荷花的土壤肥力有限，必须加强水肥的合理施用。初春要施足基肥，有机肥料要充分腐熟。未施基肥的缸(盆)，生长季节应施追肥。促使植株生长旺盛，增强对病害的抵抗力。

清圃消毒　荷圃每年要彻底清除枯梗败叶并集中烧毁。潜沉在缸(盆)内的烂叶也尽量清除，减少次年侵染源。

选育抗病品种　选育抗病性强、色彩鲜艳的(如“西湖红莲”“喜相逢”“寿星桃”“八一莲”等)品种，是培育荷花的重要条件之一。荷花容易繁殖，这对今后培育抗病强的品种是一个有利的因素。

化学防治　使用药液防治荷花叶部病害比较困难。因叶面生有细毛，并具有“锅底状”等特殊形态结构，喷在叶面上的药液遇风后，淌入叶心，易产生药害。据试验，喷施药粉是一种比较可行的方法。在发病初期，用多菌灵或代森锌原粉与细土末(1∶1)混合洒在叶面，每隔 15～20 d 喷洒 1 次，连喷 2～3 次，可控制病害的扩展。

5.1.70　睡莲褐斑病

睡莲褐斑病是一种重要病害，我国大部分地区均有发生。此病在武汉地区发生普遍，且严重。据调查，病叶率达 70%左右，不利于植株的正常生长发育，影响了观赏效果。

(1)症状

病害主要发生在叶部，偶尔侵害叶柄。初在叶面出现褪绿变黄的小点，后扩展呈圆形或近圆形的褐色斑，下陷或上突。浅黄色至褐色，边缘深褐色，直径为 0.4～10 mm。叶片渐变黄，后期整叶焦枯，叶缘内卷，叶及叶柄出现一层墨绿色的绒毛状物，即病菌曲分生孢子梗及分生孢子。

(2)病原

睡莲褐斑病由真菌莲福斑尾孢菌(*Cercospora nymphaeacea* Cke. et E11.)侵染所致。本菌属半知菌亚门、丝孢纲、丛梗孢目。病菌的子实层生于叶面的病斑中，子座较小，呈球形，色深，直径为 15～40 μm，分生孢子梗散生以至成密集的束状，淡橄褐色，不分枝，顶端较圆，有时呈平切状，分生孢子长倒棍棒状至线形，无色至稍着色，直或弯曲，隔膜不明显。大小为(25～125) μm×(2～3.5) μm。

(3)发病规律

病菌以菌丝体在病落叶及活的残体内越冬。第二年 4～5 月份产生新的分生孢子，借助气流或风雨传播侵染寄主。在武汉地区7～8月份间发病最为严重,9月份以后病情逐渐减轻。残留的病落叶是翌年发病的主要侵染源。

高温多湿是病害扩展蔓延的重要因素。据观察,缸植睡莲的病害比池塘或湖面的要重。这是因为缸植睡莲在生长期间的叶片伸展有限,密集在一起,透光性较差,易于发病。

(4)防治措施

栽培管理　缸植睡莲主要采用分株繁殖,故之选取生长旺盛、无病的地下茎,栽植睡莲的泥土应以稻田泥为宜。方法是将稻田泥晒干压碎后,再加入经过发酵的豆饼、骨粉,增强植株的生长势,提高抗病力。缸植睡莲叶片不宜过密,应及时疏掉病老残叶,减少病菌的传播。

庭园卫生　栽植池塘或湖面的睡莲,每年冬季清除病残体,选用健壮的地下茎存入泥中越冬。收集的病叶残体要彻底深埋。

化学防治　发病期间,可用800倍代森锌或多菌灵水溶液,另加少许的洗衣粉,喷洒叶片,连喷2～3次,对控制病害的扩展有一定的作用。

5.1.71　百子莲赤斑病

百子莲赤斑病是一种常见病害。很多公园种植的百子莲均有此病发生。据1983年在磨山植物圃调查,发病率达70%以上,不利于植株的正常生长发育。

(1)症状

病害一般从植株的叶片顶端部分或边缘开始发生。先在叶面出现红色小斑,以后逐渐扩大。靠近叶尖端的病斑向叶内扩展,使叶的1/3～1/2处变成水渍状湿腐,呈黄褐色至褐色,后期病部上生有许多小黑点,即病菌的子实体。严重时,整株叶片枯黄,乃至全叶枯萎死亡。

(2)病原

此病由真菌叶点菌(*Phyllosticta* sp.)侵染所致。本菌属半知菌亚门,腔孢纲、球壳孢目。病菌的分生孢子器散生子寄主组织表皮下,后突破表皮而外露。分生孢子器圆球形,细胞壁黑褐色,壁较厚。分生孢子椭圆形至卵圆形,单胞,淡橄榄色,大小为(11.0～12.6) μm×(6.8～7.2) μm。

(3)发病规律

病菌以菌丝在病叶残体内越冬。第二年4～5月份开始发病。在高温潮湿的条件下,病情十分严重。在武汉地区7～8月份的高温期间,浇水次数多有利发病。10月下旬病情逐步减轻。秋末冬初,将病株移入室内,继续蔓延。

(4)防治措施

栽培管理　百子莲喜于肥沃,腐殖质多,排水良好的土壤中生长。因此,合理施肥可促进植株生长旺盛。浇水要注意,避免叶面有水滴,抑制孢子萌发。

庭园卫生　秋末将百子莲移入温室之前,要彻底清除病叶残体。如发现病株要及时隔离。

化学防治　在发病期间,可用800倍的退菌特水溶液,或800～1 000倍的甲基托布津水溶液,另加少许的洗衣粉,喷于叶面,效果较好。

5.1.72　萍蓬灰霉病

萍蓬是一种浮叶亮绿、花色鲜黄的优良水生花卉。灰霉病的侵害,对植株的正常生长发育

有一定的影响。

(1)症状

发病初期,叶尖或叶缘处先出现褪绿斑块,而后逐渐向内扩展,边缘内卷。病部呈淡黄至浅褐色,周围色深,后期坏死部分易碎裂,上生有许多黑色霉菌;萍柄和叶梗感病后,先呈水渍状软腐,变成褐色,以后变为干枯、倒伏。

(2)病原

此病由真菌灰葡萄孢菌(*Botrylis cinerea* Pers. ex Fr)侵染所致。本菌属半知菌亚门,丝孢纲、丛梗孢目。子实体从菌丝或菌核生出,分生孢子梗(280～550) μm×(12～24) μm,丛生,灰色,后变褐色,分生孢子亚球形或卵形,大小为(11～25) μm×(6.5～10) μm。菌核呈不规则状,黑色,表面较粗糙。

(3)发病规律

病菌以菌核在病株残余物于土中越冬。第二年遇到高温高湿及多雨的条件,病害大发生。长出的分生孢子与寄主接触后,遇水湿即可萌发出芽管而侵入。一般盆钵之间放置过密,光照不足,湿度大而不通风,会使植株生长衰弱,抗病力差,易被病菌感染。在萍蓬生长期间均可感病,尤以7～8月份期间发病最为严重。

(4)防治措施

栽培管理　萍蓬性强健,耐寒,喜在水呈流动状态的河池中生长,因此,采用盆栽必须经常换水。栽植不宜过密,放置通风透光处,增强植株生长势,加强其抗病能力。

庭园卫生　园内卫生很重要。每年秋末应及时清除病叶和病株残体,并集中烧毁,减少第二年的侵染源。

化学防治　发病期间,使用等量式波尔多液或800倍代森锌水溶液,另加少许的洗衣粉作黏着剂,喷洒2～3次,可控制病害的扩展蔓延。

5.1.73 翠菊猝倒病

(1)症状

该病主要发生在幼苗期,发病部位在茎基部和根部。病部凹陷缢缩,黑褐色,幼苗倒伏枯死,如茎部组织木质化。常不倒伏而表现立枯症状。土壤湿度高时,在病苗及附近土表常可见一层白色絮状菌丝体。

(2)病原及发病规律

病原为爪哇镰刀菌(*Fusarium javanicum*)。病菌在土壤内或病株残体上越冬,腐生性较强,能在土壤中长期存活,借灌溉水和雨水传播,土壤湿度大、播种过密、温度不适都有利于该病发生,连作发病较重。

(3)防治方法

①土壤处理。用40%拌种双或40%五氯硝基苯,每平方米用药量6～8 g撒入播种土拌匀。

②发病初期用50%多菌灵可湿性粉剂500倍,或75%白菌清可湿性粉剂600倍 液喷施,7～10 d用药1次,连续3次。

5.1.74 美人蕉花叶病

美人蕉花叶病是美人蕉的常见病害,在我国栽植美人蕉地区普遍发生。

(1)症状

感病植株的叶片上出现花叶或黄绿相间的花斑,花瓣变小且形成杂色,植株发病较重时叶片变成畸形、内卷,斑块坏死。

(2)病原及发病规律

美人蕉花叶病是由黄瓜花叶病毒(CMV)引起的。传播的途径主要是蚜虫和汁液接触传染。美人蕉不同品种间抗病性有一定差异。普通美人蕉、大花美人蕉、粉叶美人蕉发病严重,红花美人蕉抗病力强。

(3)防治方法

①由于美人蕉是分根繁殖,易使病毒年年相传,所以在繁殖时,宜选用无病毒的母株作为繁殖材料。发现病株立即拔除销毁,以减少侵染源。

②该病是由蚜虫传播,使用杀虫剂防治蚜虫,减少传病媒介。用40%氧化乐果2 000倍液,或50%马拉硫磷、20%味衣、70%丙蚜松各1 000倍液喷施。

5.1.75 梅花炭疽病

(1)症状

梅花炭疽病主要危害木梅花叶片和枝条嫩梢。叶片及枝条嫩梢均可发病。叶片上病斑初期为褐色圆形至椭圆形小斑;以后病斑扩大,变为灰色至灰白色,中间有轮纹状排列的小黑点;病斑边缘紫红色;病斑后期中间易碎,严重时病叶提早脱落。

(2)病原及发病规律

真菌性病害。病原菌为梅刺盘孢(*Colletotrichun mume*),分生孢子盘有刚毛,分生孢子单胞,无色,圆筒形。

病原菌在落叶和枝梢上越冬,病菌孢子借风雨传播。发病初期在4月下旬至5月上旬,发病盛期在梅雨和台风多雨季节。多雨和潮湿有利病害发展。

(3)防治方法

①园艺防治。清除病叶和病梢,结合冬季修剪去除病枯枝。合理使用肥料,防止偏施氮肥,提高植株抗病力。

②药剂防治。可选用75%百菌清700倍液,或70%炭疽福美500倍液,或使用1∶2∶200石灰倍量式波尔多液,间隔10~15 d喷施1次,连续喷2~3次。

5.1.76 梅花褐斑病

(1)症状

梅花褐斑病主要危害木梅花叶片。主要危害叶片。叶片受害后,先产生紫色小点,后逐渐扩大为圆形,略带轮纹,边缘呈紫褐色,病斑中央灰白色或褐色,后期偶尔在病斑两面有灰褐色霉状物,染病组织脱落后形成穿孔,穿孔后孔的边缘整齐,病斑多的叶片易脱落。

(2)病原及发病规律

真菌性病害。病原菌(*Cerospora ipomoeoeae* Wint.)属真菌半知菌亚门,丝孢目,尾孢属,番薯尾孢。分生孢子梗多根束生,暗褐色,25~200 μm。分生孢子针形,无色,基部平切,20~200 μm。

病原菌以菌丝体在枝梢病组织内越冬或以子囊壳在落叶上越冬。次年春产生分生孢子进行初次侵染，也有的是子囊孢子萌发侵染。子囊壳生于落叶上，球形或扁球形。子囊圆柱形或棍棒形，子囊孢子纺锤形。一般6月份开始发病，8～9月份发病重，雨水多，梅花弱，有利于病害发生。

(3)防治方法

①冬季结合修剪，清除重病枝，清扫落叶，集中烧毁，减少越冬菌源。注意修剪口及时涂抹愈伤防腐膜，防腐烂病菌侵染，促进伤口快速愈合。

②保持梅花的清洁卫生。因梅花褐斑病开始发病时间早，温度高，及时清扫落叶、败枝、病叶、病枝，防止病叶、病枝在夏季梅园成为初侵染源。要定期对园区所有植株喷涂护树将军，增强植体的防虫抗病能力，保障其健康茁壮生长。

③整理好梅园的灌排系统，做到旱能浇，涝能排。雨水多是梅花褐斑病发生侵染的有利条件之一，整理好排灌系统能有效地控制雨水，抑制病害发生侵染。

④在冬季或早春梅花发芽前，按植保要求喷施针对性药剂加新高脂膜进行预防。

5.1.77 梅花锈病

(1)症状

梅花锈病又称变叶病，是梅花的常见病害，主要危害梅花幼芽、叶、花和幼嫩枝梢。锈病对幼芽、叶、花及幼嫩枝梢均有危害。花芽受害后，常呈叶状；叶被害后，则多肉质变态。受害部位常产生星芒状橙黄色斑点，破裂后散生锈色孢子堆，这就是肉眼可见的橙黄色粉末。

(2)病原及发病规律

真菌性病害。病原称山田胶锈菌属担子菌亚门真菌。

锈病病菌以菌丝体在受害部位潜伏越冬。第2年春天侵入幼芽，造成危害。

(3)防治方法

杜绝和减少菌源　防治转主寄生的锈病，如新建的景观植物配置时，将观赏植物与转主植物严格隔离，如与转主寄主柏树要相隔5 km。应加强转主寄生病害防治。在孢子将飞散时施药预防。为减少孢子飞入传病，将被传病的植物种在传病植物的上风口处，以减轻发病。防治单主寄生锈病，在秋末到次年早春或植物休眠期，彻底清扫园内落叶、落果和枯枝等病虫潜伏的植物残体，生长季经常除去病枝叶集中处理，可减少菌源。

加强养护管理　改善植物生长环境，提高抗病力，建园前选择合适地段，做好土壤改良，增加土壤通透性，提高土地肥力，整理好园地灌排系统；选用健壮无病虫苗木栽培，严格除去病菌；控制种植密度，不宜过密；及时排除积水；科学施肥，多施腐熟有机肥和磷钾肥，不偏施氮肥；经常修剪整枝，除病虫弱枝，使园内通风透光良好；设施栽培要加强通风换气，降低棚室内湿度。

药剂防治　①冬季施药，秋末到次年萌芽前，在清扫田园剪病枝后再施药预防，可喷2～5波美度石硫合剂，或45%结晶石硫合剂100～150倍液，或五氯酚钠200～300倍液，或五氯酚钠加石硫合剂混合液，配制时先将五氯酚钠加200～300倍水稀释，再慢慢倒入石硫合剂液，边倒边充分搅拌，调成2～3波美度药液，不能将五氯酚钠粉不加水稀释就加入石硫合剂中，以免产生沉淀。防治转主寄生柏树上的锈病，应在早春3月上中旬喷1～2次，杀死越冬菌源冬孢子。②生长季施药，在梅花发病初期喷0.2～0.3波美度石硫合剂，45%结晶石硫合剂300～

500倍液，或70%代森锰锌可湿性粉剂500倍液，或62.25%仙生600倍液，或500倍80%大生M-45，或70%甲基托布津1 000倍液，或25%三唑酮1 500倍液。防治锈病较新的药剂还有12.5%烯唑醇3 000～4 000倍液，或43%好力克4 000～5 000倍液，25%富力库1 000～1 500倍液，25%敌力脱1 000～4 000倍液，25%邻酰胺1 000倍液，30%爱苗3 000倍液，50%翠贝3 000～5 000倍液，10%世高3 000～5 000倍液，25%福星5 000～8 000倍液，50%雷能灵1 000～2 000倍液。

严格检疫　锈病是检疫对象，应从无病区引入苗木，从无病母株上采繁殖材料。

选育抗病品种　梅花种类和品种之间抗锈病能力有明显差异。因此，选育抗锈病梅花品种，是防治锈病经济有效的途径。

5.1.78　紫叶矮樱根癌病

(1)症状

紫叶矮樱根癌病主要危害紫叶矮樱的根茎。严重影响了植物生长发育及景观效果，直至数年后树势衰弱，树木死亡。

病害发生于根茎部位，受侵害的根茎部过度增生形成瘿瘤。

(2)病原及发病规律

细菌性病害。病原菌为根癌土壤杆菌细菌(*Agrobacteriumtumefaciens*)。

细菌借灌溉水、雨水以及苗木远距离调运时从伤口侵入。

(3)防治方法

①严格执行苗木检疫制度，在苗木调运中，一旦发现根癌病彻底进行销毁处理，并对发现此病的土壤和假植地点全面消毒。消毒方法：对土壤每平方米用50～100 g硫黄粉或漂白粉进行消毒；用溴甲烷、氯化苦或甲醛水喷洒土壤，熏蒸土壤，经处理的土壤8 d内不能栽植苗木；使用生石灰消毒土壤。

②对可疑苗木在栽植前用1%的硫酸铜浸5 min后用水冲洗干净，然后栽植。

③林地中发现病苗要及时除去并对土壤采取上述办法进行消毒处理。对于初发病株，用刀切除病瘤，然后用石灰乳或波尔多液涂抹伤口，或用甲冰碘液(甲醇50份、冰醋酸25份、碘片12份)涂于瘤处，能治好病患。

④用青霉素、链霉素、土霉素进行皮下注射或浸根，对该病有治疗作用。

5.1.79　木槿假尾孢褐斑病

(1)症状

木槿假尾孢褐斑病主要危害木槿叶片。叶面病斑多角形，暗褐色，大小3～10 mm。湿度大时，叶背生有暗褐色绒状物，即病原菌分生孢子梗和分生孢子。病斑稀少，叶背仅为扩散型斑块，有时融合。

(2)病原及发病规律

真菌性病害。病原菌*Pseudocercospora hibiscina* (Ell. & Ev.)Guo & Liu称木槿假尾孢，属半知菌类真菌。异名*Cercospora hibiscina* Ell. & Ev.和*Haptosporella hibisci*(Berk.) Pet. et Syd.菌丝从气孔伸出，青黄色，分枝，具隔膜。无子座。分生孢子梗2～5根从气孔伸

出，青黄褐色，多分枝，930 μm×(4～5.4) μm。分生孢子倒棍棒形至圆柱形，近无色，直立或弯曲，顶部宽圆至钝，基部倒圆锥形平截，具隔膜 1～4 个，多为 3 个，大小(20～70) μm×(4.3～5.4) μm。

病原菌以菌丝体和子座在病部及病落叶上越冬。翌春病菌产生新的分生孢子，借风雨传播，从大叶面伤口侵入危害。6 月中下旬开始发病，8～10 月份进入发病盛期，以后随温度下降病害停滞下来。高温、多雨有利于病害发生。

(3)防治方法

①精心养护，合理施肥，适当增施磷肥，增强植株抗病力。

②秋末彻底清除病落叶及枝上病叶，集中深埋或烧毁。

③扦插苗初期应防脱水，高温干旱及时浇水。扦插前用 0.1%高锰酸钾浸 0.5 h 或 50%多菌灵可湿性粉剂 600 倍液、75%百菌清可湿性粉剂 500 倍液浸 1 h 以防病。

④发病初期喷洒 27% 铜高尚悬浮剂 600 倍液或 1∶1∶100 倍式波尔多液、50% 甲基托布津胶悬剂 800 倍液、50% 多菌灵可湿性粉剂 500 倍液，10 d 左右 1 次，连防 2～3 次。

5.1.80 木槿枝枯病

(1)症状

木槿枝枯病主要危害木槿枝干。初发病时症状不明显，后树叶及树枝干枯，病死枝干上生有红色小点，即病原菌的子囊壳。

(2)病原及发病规律

真菌性病害。病原菌 *Stachybotrys kampalensis* Aunsf. 称坎帕葡萄穗霉和 *Phomafimeti* Brun. 称类茎点霉，均属半知菌类真菌。前者分生孢子梗无色，平滑。分生孢子椭圆形，暗褐色至黑色，大小(11～15) μm×(6～8) μm。类茎点霉菌落橄榄褐色，气生菌丝稠密。分生孢子椭圆形，大小(3～3.5) μm×(2～2.5) μm。此外 *Nectria coccinea* (Pers.) Fr. 称绯球丛赤壳，属子囊菌门真菌，也能引起木槿枝枯。子囊壳卵形，大小 120～300 μm，丛生在小子座上，有孔口，内生圆筒形子囊，大小(75～90) μm×(7～12) μm。子囊孢子无色，双细胞，近梭形，大小(12～18) μm×(4～6) μm。

病原菌以菌丝体在病部越冬，翌春产生孢子，借风雨及昆虫传播，从伤口侵入引起发病。该病发生与管理水平有关。

(3)防治方法

①加强栽培管理，适度施肥，按时浇水，及时整枝修剪，提高抗病力。

②必要时喷洒 75%百菌清可湿性粉剂 600 倍液或 50%甲基硫菌灵·硫黄悬浮剂 800 倍液、50%杀菌王(氯溴异氰尿酸)水溶性粉剂 1 000 倍液、50%多菌灵可湿性粉剂 600 倍液。

5.1.81 木槿黄化落叶病

(1)症状

木槿黄化落叶病主要危害木槿叶片。木槿常出现暂时性萎蔫或叶片变黄脱落。

(2)病原及发病规律

生理性病害。病因木槿喜温暖湿润，喜光也耐阴，虽耐瘠薄和干旱，但在北方春季干旱季节，或初夏炎热时，植株叶片水分大量蒸发，体内水分失调，轻者出现暂时性萎蔫，严重时叶片变黄脱落，进入雨季病情趋于缓解或消失。

一般城市道路两侧或公园硬化地面附近养护的木槿易出现黄化落叶。

(3)防治方法

①精心养护，注意拔除杂草和松土。

②雨季到来之前，浇水要跟上，尤其是进入高温季节，更要注意。

5.1.82 珍珠梅褐斑病

(1)症状

珍珠梅褐斑病主要危害珍珠梅的叶片，严重影响植株生长与观赏。初在叶面上散生褐色圆形至不规则形病斑，边缘色深，与健组织分界明显，后期在叶片背面着生暗褐色至黑褐色稀疏的小霉点，即病原菌子实体。

(2)病原及发病规律

真菌性病害。病原菌 *Cercosporidi μm gotoan μm* (Togashi)称珍珠梅短胖孢，属半知菌亚门真菌。梗座生在表皮下，球形，大小 22～63 μm，暗褐色。分生孢子梗紧密簇生，暗青褐色至黑褐色，宽度不等，不分枝，直立或略弯，孢梗壁一侧加厚且内弯，孢痕疤明显且厚，宽 1.9～2.5 μm，坐落在圆锥平截至近平截顶部或平贴在孢梗壁上，大小(19～144) μm×(3～5.7) μm。分生孢子青褐色，倒棍棒形至圆柱形，直立或稍曲，顶部尖细或钝圆，大小(25.8～90) μm×(4～7) μm。

病原菌以菌丝体或分生孢子在受害叶上越冬，翌年产生分生孢子借风雨传播到邻近植株上，一般在树势衰弱或通风不良时易发病。

(3)防治方法

①加强管理，提高抗病力。

②秋末初冬收集病叶集中烧毁，以减少翌年菌源。

③7～9 月份喷洒 65%代森锌可湿性粉剂 600 倍液或 70%代森锰锌可湿性粉剂 500 倍液、25%苯菌灵乳 12%绿乳铜乳油 600 倍液。

5.1.83 珍珠梅白粉病

(1)症状

珍珠梅白粉病为珍珠梅主要病害之一，主要危害珍珠梅的叶片。严重影响植株生长与观赏。

珍珠梅发病时叶片上会产生白色或灰白色面粉状物，严重时嫩梢卷曲，叶片凹凸不平，早期脱落。花小而不开放，花姿畸形卷曲、干枯。

(2)病原及发病规律

真菌性病害。病原菌是真菌中子囊菌亚门的白粉菌侵染所引起。

病原菌是一种真菌病害，在高温潮湿且通风不良的环境中发生危害，白粉病靠风力传播，传播速度较快。通过损害枝叶，导致树木衰亡。

(3)防治方法

①深秋时清除病残植株，减少病菌来源。

②注意通风，降低空气湿度，加强光照，增施磷钾肥，增强抵抗力。

③发病后应及时剪除受害部分，或拔除病株烧毁。

④喷药。休眠期喷洒等量式1%波尔多液，发病初期喷洒70%甲基托布津800倍液或50%代森铵800～1 000倍液。

5.1.84　迎春花灰霉病

(1)症状

迎春花灰霉病为迎春花的常见病害之一，主要危害叶片。

植株感病后，整株黄化，枯死。该病主要侵染叶片、嫩茎、花器等部位。多在叶尖、叶缘处发生。发病初期叶片出现水浸状斑点，以后逐渐扩大，变成褐色并腐败。后期，病斑表面形成灰黄色霉层。茎部感病后，病斑呈褐色，逐渐腐烂。花器被侵染后也成为褐色，腐烂脱落。在潮湿的条件下，病部出现灰色霉层，这是该病的一大特征。

(2)病原及发病规律

真菌性病害。灰霉病的病原生物系真菌的半知菌类。

病原菌以菌核在病残体和土壤内越冬。气温20℃左右、空气湿度大时易发病。通过风雨、工具、灌溉水传播。温室中冬末春初发病最为严重。

(3)防治方法

种植密度要合理。注意通风，降低空气湿度。病叶、病株及时清除，以减少传染源。发病初期喷洒50%速克灵或50%扑海因可湿性粉剂1 500倍液。最好与65%甲霉灵可湿性粉剂500倍液交替施用，以防止产生抗药性。

5.1.85　迎春花斑点病

(1)症状

迎春花斑点病主要危害叶片。主要危害植株叶片。病情由植株下部向上部蔓延。病斑通常直径3～4 mm，褐色，严重时，病叶枯死，造成落叶。

(2)病原及发病规律

真菌性病害。由报春柱格孢菌引起。

病菌以菌丝体或分生孢子座在病残体上越冬，种子也可带菌，成为第二年的初侵染源。该病主要靠分生孢子随空气及雨水传播。生长季节再侵染频繁。通常温暖多湿的天气和偏施氮肥时，植株容易发病。一般7月开始发病，8～10月流行。

(3)防治方法

①选育抗病品种，加强肥水管理，增施有机肥和磷钾肥，避免偏施氮肥。

②病害初期喷洒70%甲基托布津1 000倍液加75%百菌清可湿性粉剂1 000倍液，或1∶1∶100波尔多液。

5.1.86　大叶黄杨褐斑病

(1)症状

大叶黄杨褐斑病又称假尾孢褐斑病，是公园、庭院、街道、绿地及苗圃的常见病害。主要危害大叶黄杨叶片。

病斑生在叶两面，圆形至不规则形，大小 4～18 mm，有时可扩展到大半个叶片。叶面斑点中央浅灰色至深灰色，边缘围以暗红褐色细线圈，有的中央浅褐色，边缘紫褐色至近黑色，有时有 2～3 条轮纹圈，外具浅黄晕，叶面上密生暗绿色小霉点。叶背病斑中央浅灰色至浅褐色，边缘红暗色或暗褐色至近黑色，着生少量灰绿色小霉点，即病菌子座。严重时病斑融合，有时占叶面 1/2，常使病叶枯萎，大量凋落或死亡。

(2)病原及发病规律

真菌性病害。病原菌 *Pseudocercospora destructi-va*(Ravenal)Guo & Liu 称坏损假尾孢，属半知菌类真菌。异名 *Cercosporadestructiva Ravenal*。子座球形，近黑色，直径 40～135 μm。分生孢子梗非常紧密地簇生，浅青黄色，色均匀，宽不规则，不分枝，不呈曲膝状，直立或略弯曲，顶部圆形至圆锥形，无隔膜，大小(6.5～24) μm×(3～4) μm。分生孢子圆柱形至倒棍棒圆柱形，近无色，直立或略弯曲，顶部近尖细至钝，基部短的倒圆锥形，具隔膜 3～18 个，大小(25～95) μm×(2～4) μm。

病原菌以菌丝体和子座在病部及病落叶上越冬。翌春病菌产生新的分生孢子，借风雨传播，从大叶黄杨叶面伤口侵入危害。6 月中下旬开始发病，8～10 月份进入发病盛期，以后随温度下降病害停滞下来。高温、多雨有利病害发生。扦插苗重于绿篱。

(3)防治方法

①精心养护，合理施肥，适当增施磷肥，增强植株抗病力。

②秋末彻底清除病落叶及枝上病叶，集中深埋或烧毁。

③扦插苗初期应防脱水，高温干旱及时浇水。扦插前用 0.1%高锰酸钾浸 0.5 h 或 50%多菌灵可湿性粉剂 600 倍液、75%百菌清可湿性粉剂 500 倍液浸 1 h 以防病。

④发病初期喷洒 27%铜高尚悬浮剂 600 倍液或 1∶1∶100 倍式波尔多液、50%甲基硫菌灵·硫黄悬浮剂 800 倍液、50 %多菌灵可湿性粉剂 500 倍液，10 d 左右一次，连防 2～3 次。

5.1.87 大叶黄杨白粉病

(1)症状

大叶黄杨白粉病主要危害黄杨叶片，也危害茎。自幼苗到生长期均可发病。在叶片上开始产生黄色小点，而后扩大发展成圆形或椭圆形病斑，表面生有白色粉状霉层。一般情况下部叶片比上部叶片多，叶片背面比正面多。霉斑早期单独分散，后联合成一个大霉斑，甚至可以覆盖全叶，严重影响光合作用，使正常新陈代谢受到干扰，造成早衰，生长严重受影响。

大叶黄杨易受白粉病危害的是嫩叶和新梢，其最明显的症状是在叶面或叶背及嫩梢表面布满白色粉状物，后期渐变为白灰色毛毡状。严重时叶卷曲，枝梢扭曲变形，甚至枯死。

(2)病原及发病规律

真菌性病害。病原菌为冬青卫矛粉孢霉菌[*Oidium euoymi-japonicae*(Art.)Sacc.]引起，该病菌只产生菌丝体和分生孢子，未见闭囊壳。菌丝直径 6 μm 左右，分生孢子梗基部弯曲，大小(30～36) μm×(6～8.4) μm。分生孢子椭圆形，成短链状排列，大小(28～35) μm×(13～15) μm。

大叶黄杨白粉菌发生的侵染，与寄主植物叶片的发育有密切关系，一般只侵染幼嫩叶片，

因而发病的峰值主要决定于抽梢的情况。一般峰值出现于4～5月份。同时,病斑的发展也与叶的幼老关系密切,随着叶片的老化,病斑发展受限制,在老叶上往往形成有限的近圆形的病斑,而在嫩叶上,病斑扩展几乎无限,甚至布满整个叶片。以后,病害发展停滞下来,特别是7～8月,在白粉病病斑上常常出现白粉寄生菌(*Cicinnobolus* sp.),严重时,整个病斑变成黄褐色。在发病期间雨水多则发病严重;徒长枝叶发病重;栽植过密,行道树下遮荫的绿篱,光照不足、通风不良、低洼潮湿等因素都可加重病害的发生,绿篱较绿球病重。

(3)防治方法

①加强栽培措施。注重改善大叶黄杨的生长环境,使之通风透光。

②合理灌溉、施肥,增施磷钾肥,增强植株长势,提高抗病能力。

③人工防治。清除植株上白色粉状物。可先用刷子对其刷扫,再用清水加适量洗衣粉冲洗。剪除感病较重的病叶、病梢,并集中处理。对普遍感病,且株龄较老者,可结合更新复壮对植株进行修剪防治。

5.1.88　金叶女贞叶斑病

(1)症状

金叶女贞叶斑病是金叶女贞主要病害之一,主要危害叶片和枝条,在每年的6～8月份,雨季来临时,金叶女贞易感染。感病后,植株出现不同程度的落叶现象。严重时,使枝干光秃,极大地影响庭园景观效果。如不及时进行防治,将会使整林的苗木枯死。

金叶女贞感染叶斑病后,叶片表现出一定的症状。感病叶片初期出现圆形或近圆形病斑。病斑的直径4～5 mm,当病斑扩展后,直径可达1 cm以上。病斑淡褐色,有轮纹。几个病斑能融合成不规则的大斑,致使叶片枯萎、脱落。在潮湿的环境条件下,病斑上出现黑色的霉层(菌丝体和分子孢子)。感病植株一般下部叶片先发病。据报道,金叶女贞叶斑病除叶片受害外,也能危害植株嫩梢。嫩梢受害后,嫩叶变成黄褐色,逐渐枯萎,枝条受害产生褐色近菱形病斑。

(2)病原及发病规律

真菌性病害。该病由半知菌亚门丝孢目链格孢属真菌引起的。

病原菌以菌丝体在土表病残体上越冬,分生孢子通过气流或枝叶接触传播,从伤口、气孔或直接侵入寄主,潜育期10～20 d,病菌生长适温26℃,孢子萌发适温18～27℃。在温度合适且湿度大的情况下,孢子几小时即可萌发。由于植株栽植密,通风透光差,株间形成了一个相对稳定的高湿、高温适宜的环境,对病菌孢子的萌发和侵入非常有利,使病害大发生。我省一般在7月中旬开始发病,上年发病较重的区域,下年一般发病也较重。连作、密植、通风不良、湿度过高均有利于病害的发生。

(3)防治方法

①清除病残体,减少侵染源。

②适当进行修剪,剪除过长枝、徒长枝和嫩枝,改善通风透光条件,特别是要增强内膛的通风透光。

③增施磷钾肥,增强植株的抗性。

④栽植时降低密度,每平方米栽植6～8棵为宜,不要追求当年绿化效果,为后期留出生长空间。

⑤化学防治。80%大生可湿性粉剂有很好的防效作用。也可喷施25%的多菌灵可湿性粉剂500倍液，或70%的甲基托布津1 000倍液，或80%的代森锌500倍液，或喷施75%百菌清可湿性粉剂600倍液进行防治。

5.1.89 火棘白粉病

(1)症状

火棘白粉病是火棘的主要病害之一，侵害火棘叶片、嫩枝、花果。多由光照不足，通风条件差，遮荫时间长而诱发引起。

火棘白粉病初期病部出现浅色点、逐渐由点成长，产生近圆形或不规则形粉斑，其上布满白粉状物，形成一层白粉，后期白粉变为灰白色或浅褐色，致使火棘病叶枯黄、皱缩、幼叶常扭曲、干枯甚至整株死亡。

(2)病原及发病规律

真菌性病害。病原菌为白叉丝单囊壳[*Podosphaera leucotricha* (EII. et Ev.)Salm.]，属于子囊菌亚门核菌纲白粉菌目。无性阶段 *Oidium* sp.，属半知菌类真菌。病部的白粉状物是该菌的菌丝体及分生孢子。菌丝无色透明，多分枝，有隔膜且纤细，直径为2.5～5.0 μm。分生孢子梗棍棒形，大小(20.0～62.5) μm×(2.0～5.0) μm。分生孢子串生在孢子梗上，无色，单胞，为广卵圆形至近圆筒形，大小(20.0～31.0) μm×(10.5～17.0) μm。吸器似球形，大小(10.0～17.5) μm×(7.5～10.0) μm。闭囊壳近球形，壳壁由多角形厚壁细胞所组成，黄褐色到暗褐色。闭囊壳的大小(75～100) μm×(70～100) μm。附丝具有两种不同形式。一种着生在壳的基部，无色，较短并呈丛状，另一种着生在壳的上部，无色至浅褐色，较长而分散，具有隔膜。大多数附丝的顶端不分叉，少数产生1～2次两歧式分叉，其大小(100～554) μm×(6～10) μm。子囊在壳内单生，呈圆球形或近圆球形，无色，大小(42.5～75.0) μm×(37.5～55.5) μm。子囊内含有8个子囊孢子，呈不规则排列。孢子无色，单胞，卵形至近球形，大小(22～26) μm×(12～14) μm。

白粉病的菌丝体在病芽、病枝或落叶上越冬，温室中能周年发生。翌年春气温回升时，病菌借气流或水珠飞溅传播。露地春天温度20℃左右，白粉病开始生长发育，并产生大量的分生孢子对植株进行传播和侵染。夏季高温高湿时又会产生大量分生孢子，扩大再侵染，分生孢子在叶片萌发，从叶片气孔进入组织内吸取叶片的养分。在栽培管理上，施氮肥过多，浇水过多，栽植过密，该病害的发生适宜条件主要是光照不足，通风不良，空气湿度大的环境，氮肥施用过多，缺钙或过干的轻沙土，温度变化剧烈以及花盆土壤过干等，都有利于病害的发生。

(3)防治方法

①清除落叶并烧毁，减少病源。

②平时放在通风干净的环境中，光照充足，生长旺盛，可大大降低发病率。

③发病期间喷0.2～0.3波美度石硫合剂，每半个月一次，坚持喷洒2～3次，炎夏可改用0.5∶1∶100或1∶1∶100的波尔多液，或50%退菌特1 000倍液。此外，在火棘白粉病流行季节，还可喷洒50%多菌灵可湿性粉剂1 000倍液，50%甲基托布津可湿性粉剂800倍液，50%莱特可湿性粉剂1 000倍液，进行预防。

5.1.90 红叶石楠叶斑病

(1)症状

红叶石楠叶斑病主要危害其叶和茎。

红叶石楠叶片受害时，先出现褐色小点，以后逐渐扩大发展成多角病斑。病斑在叶片正面为红褐色，背面为黄褐色，病害严重时，病斑可连成块，甚至全株枯死。

(2)病原及发病规律

真菌性病害。

病原菌以菌丝体在土表病残体上越冬，分生孢子通过气流或枝叶接触传播，从伤口、气孔或直接侵入寄主，潜育期 10～20 d，病菌生长适温 26℃，孢子萌发适温 18～27℃。在温度合适且湿度大的情况下，孢子几小时即可萌发。由于植株栽植密，通风透光差，株间形成了一个相对稳定的高湿、高温适宜的环境，对病菌孢子的萌发和侵入非常有利，使病害大发生。河北任丘一般在 7 月中旬开始发病，上年发病较重的区域，下年一般发病也较重。连作、密植、通风不良、湿度过高均有利于病害的发生。

(3)防治方法

①秋冬季清除病株残叶，集中烧毁工或深埋，以减少越冬菌源。

②施用充分的腐熟的有机肥，使其生长健壮可减少发病。

③发病初期摘除病叶后喷洒 1∶1∶150 倍波尔多液，70％代森锰锌 500～800 倍液，50％多菌灵 1 000 倍液，隔 10 d 左右 1 次，防治 2～3 次。

5.1.91 南天竹红斑病

(1)症状

南天竹红斑病主要危害南天竹叶片。

多从叶尖或叶缘开始发生，初为褐色小点，后逐渐扩大成半圆形或楔形病斑，直径 2 mm 至 5 mm，褐色至深褐色，略呈放射状。后期在病簇生灰绿色至深绿色煤污状的块状物，即分生孢子梗及分生孢子。发病严重时，常引起提早落叶。

(2)病原及发病规律

真菌性病害。病原菌为天竹尾孢(*Cercospora nandinae* Nagato-mo.)，属半知菌亚门、丝孢纲、丝孢目。

病原菌以菌丝或子实体在病叶上越冬，翌年春季产生分生孢子，借风雨传播，侵染发病。

(3)防治方法

①及时摘除病叶，并集中销毁或深埋土中。

②春季喷 70％代森锌可湿性粉剂 400～600 倍液，或 70％甲基托布津可湿性粉剂 1 000～1 500 倍液防治。每隔 10～15 d 喷 1 次，连续喷 2～3 次。

5.1.92 南天竹炭疽病

(1)症状

该病主要危害南天竹和黄天竹。发病后叶上出现斑点，影剧院响生长，有碍观赏。

该病发生于叶部，开始呈淡褐色，圆形，后扩大融合成不整齐形的大型灰色病斑，病斑周缘黑色或黑褐色，与健部界线明显。病斑上散生直径约 1 mm 的黑色小粒状的分生孢子堆，潮湿时，该处出现淡肉色的孢子块。

(2)病原及发病规律

真菌性病害。该病的病原菌属真菌中的半知菌类。

病原菌以菌丝或分生孢子堆在病叶或被害植株组织内越冬。第二年五、六月间产生分生孢子，飞到其他植株上。当植株因日灼、冻害等因素造成伤口，或生长衰弱时，病菌就入侵、增殖，从而发病。多雨的年份常可引起盛发。

(3)防治方法

①冬季清除病叶，以减少来年病菌来源。

②少量发病时及时剪除患病小叶，可抑制病势的蔓延。

③加强养护管理，避免造成伤口。

④在发病初期，每隔 7～10 d 以代森锌 500 倍或等量式 100 倍波尔多液等杀菌剂喷施一次，连续喷 2～3 次，以预防发病。

5.1.93 栀子花黄化病

(1)症状

栀子花黄化病主要危害栀子的叶片。危害严重时，植株逐年衰弱，最后死亡。

叶片褪绿，首先发生在枝端嫩叶上，从叶缘开始褪绿，向叶中心发展，叶色由绿变黄，逐渐加重，叶肉变成黄色或浅黄色，但叶脉仍呈绿色；以后全叶变黄，进而变黄白色、白色，叶片边缘出现灰褐色至褐色，坏死干枯；全株以顶部叶片受害最重，下部叶片正常或接近正常，病害严重的地块，植株逐年衰弱，最后死亡。

(2)病原及发病规律

生理性病害。本病由栽培条件不适，如土壤过黏、石灰质过多、碱性重、低洼潮湿、铁素供应不足等引起，是重要的生理病害。

石灰质土壤、碱性地区易发生。

(3)防治方法

园艺防治　要用排水良好、松软、肥沃的酸性土壤栽培，盆栽时可用山泥等酸性土壤，每12 年更换盆土 1 次；使用有机肥料，在有机肥料沤制时混入硫酸亚铁和硫酸锌。

药剂防治　病害初期，病株灌浇 2%～3%硫酸亚铁，或用 0.1%～0.2%硫酸亚铁喷施叶片，或土壤中使用铁的螯合物，22 cm(6 寸)花盆 0.2 g。用药剂治疗黄化病，应在病害发生初期进行，否则效果较差。

5.1.94 栀子叶枯病

(1)症状

栀子叶枯病主要危害栀子的叶片。危害严重时，引起落叶，植株逐年衰弱。

本病多发生在叶片上，多从叶尖，叶缘处开始发病，病斑初为褐色小斑，扩大后呈不规则

形，黑褐色。黄褐色或灰褐色的病斑。后期病叶干枯，并出现黑色粒状物，即分生孢子器。

(2)病原及发病规律

真菌性病害。病原菌为半知菌亚门盘多毛孢属真菌。

病原菌在寄主植物病残体内越冬。高温多湿季节发病较重，并可侵染枝干。

(3)防治方法

①加强管理，控制湿度。

②氮勿过量，适当多施磷钾肥，及时摘除病叶。

③发病初期，用80%代森锌可湿性粉剂800～1 000倍液，或70%甲基托布津可湿性粉剂1 000～1 500倍液，用1∶1∶200等量式波尔多液喷雾防治；每隔7～10 d喷1次，连续2～3次。

5.1.95 茶花灰斑病

(1)症状

茶花灰斑病主要危害茶花叶片和嫩梢，是茶花上发生较普遍的一种病害，复发生于苗圃和盆栽的植株上。

该病发生普遍，危害叶和嫩梢，也是山茶的重要病害。该病主要侵害成叶或老叶。发病初期叶缘或叶尖出现褪绿斑点，扩展后呈半圆形、近圆形或不规则形大斑，褐色，病斑直径达10～20 mm，或更大；发病后期病斑中央为灰褐色，斑缘褐色、隆起，其上散生较大的黑色小点粒。潮湿条件下从小黑点中涌出黑色黏孢子团。病重时叶干枯，病斑撕裂。新梢上的病斑长条形，浅褐色，后期凹陷并有纵裂现象。

(2)病原及发病规律

真菌性病害。该病由茶褐斑拟盘多毛孢(*Pestalotiopsis guepini* Desm)引起。分生孢子盘初埋生，后外露，盘形或垫状，黑色；分生孢子梗具1～2环痕；分生孢子中间细胞橄榄色，两端细胞无色，孢子顶端附属丝2～5根，多数为3根，无分枝。

病原菌在病部、病残体上越冬，由风雨、水滴滴溅传播；伤口侵入。高温多雨、高湿、雨后排水不良、温室通气不畅、植株生长纤弱等有利病害发生。

(3)防治方法

①摘除病叶以减少侵染源。

②适当增施有机肥、磷、钾肥及硫酸亚铁，促使植株生长健壮，增强抗病性。

③6月份，病害发生较重时1∶1∶100波尔多液，或50%退菌特可湿性粉剂1 000倍液，每隔10 ～15 d喷1次，共喷4～5次。

5.1.96 茶花炭疽病

(1)症状

茶花炭疽病主要危害茶花的叶片和嫩枝梢，这是茶花的主要病害，发病率达33%。病症多出现于叶缘、叶尖和叶脉两侧，严重时可扩散到整个叶片，影响光合作用，造成早期落叶，使植株生长势衰弱，且有碍观赏。

山茶花炭疽病菌主要侵害山茶花的叶片和嫩枝梢。叶尖或叶缘容易感病，也可以危害嫩枝及果实。叶片病斑初期淡褐色、半圆形或不规则形，逐渐变褐；在病斑发展过程中，色泽由内向外转为灰白色，并有不甚明显轮状皱纹，边缘紫褐色或暗褐色，与健部分界明显。后期中心灰白色，边缘暗褐色，有轮纹状皱纹，上面轮生或散生小黑点，病斑大小不一，确时扩大到全叶，病叶质脆，容易脱落；果实上病斑紫褐色到黑色，圆形，严重时，整个果实变黑。嫩枝上病斑呈条状，紫褐色，略下陷；严重时，枝条枯死。潮湿环境下，果实的病斑上容易见到红色黏液。

(2)病原及发病规律

真菌性病害。病原菌属半知菌亚门、腔孢菌纲、黑盘孢目、炭疽菌属。山茶炭疽菌有无性态及有性态之分。

有性态为围小丛壳菌〔*Glomerella cingulaia*（Ston.）Spauld et Schtenk.〕，比较少见。无性态为山茶炭疽菌（*Colle-totrichum camelliae* Mass.），分生孢子盘直径 150～300 μm；刚毛黑色，有 1～3 个分隔，(30～72) μm×(4～5.)5 μm；分生孢子长椭圆形，两端钝，单细胞，无色，(10～20) μm×(4～5.5) μm。分生孢子萌发最适宜的温度为 24℃（20～32℃），最适 pH 为 5.6～6.2；病原菌生长最适宜的温度为 27～29℃。

病原菌以菌丝或分生孢子盘在病株或土壤表面的病残体上越冬。春天温度 20℃以上时，病菌产生孢子，靠风雨传播。风雨交加，久晴骤雨，或雨后烈日，通过伤口或叶痕、皮孔等自然孔口侵入叶片和嫩梢。组织柔嫩时.容易发病。氮肥过多，或土壤贫瘠，生长衰弱，亦容易生病。4～11 月份为发病期，以 6～9 月份为高峰期。土壤黏重，偏施氮肥，枝叶幼嫩，有利于病菌侵染。栽植过密、通风不良，有利于病害蔓延。一般单瓣茶花如金星、美人茶抗病性较强，而重瓣茶花如十八学士、嫦娥粉抗病性较差。

(3)防治方法

①清除枯枝落叶，消灭侵染源。

②加强栽培管理，增施有机肥料。勤除杂草，合理灌溉，以增强植株的抗病力。

③在发病初期，每隔半个月以等量式 150 倍波尔多液、65％代森锌 600～800 倍液，或 70％甲基托布津 1 000 倍液喷施一次，连喷 2～3 次。

5.1.97 含笑链格孢黑斑病

(1)症状

含笑链格孢黑斑病主要危害含笑叶片。除危害含笑外，还可危害白兰花、广玉兰、山玉兰等。

病斑圆形、近圆形至不规则形，灰褐色，边缘紫褐色，可扩展到整个叶片，上生黑褐色霉层，即病菌的分生孢子梗和分生孢子。

(2)病原及发病规律

真菌性病害。病原菌 *Alternaria brassicae*（Berk.）Sacc. 称芸薹链格孢和 *A. tenuis* Nees 称细链格孢，均属半知菌类真菌。芸薹链格孢分生孢子梗常不分枝，有明显的孢子痕，具隔膜。0～7 个，大小(14～48) μm×(6～13) μm。分生孢子倒棍棒状，有隔膜 3～18 个，横隔处向内缢缩，纵隔 0～15 个。细链格孢分生孢子梗束生，分枝或不分枝，浅褐色，有屈曲，大小(5～125) μm ×(3～6) μm。分生孢子椭圆形至圆筒形，有横隔 1～9 个，有喙或无，淡榄褐色，表面光滑，大小(7～70.5) μm ×(6～22.5) μm。

病原菌以菌丝体在病部或病落叶上越冬，翌春产生分生孢子借风雨传播。进入雨季或空气湿度大、缺肥发病重。

(3)防治方法

①提倡施用酵素菌沤制的堆肥或腐熟有机肥，开花前后增施磷钾肥，增强抗病力。

②即将发病时喷洒 1∶1∶160 倍式波尔多液或 50% 扑海因可湿性粉剂 1 000 倍液、40% 百菌清悬浮剂 500 倍液、70% 代森锰锌可湿粉 500 倍液。

5.1.98　枸骨叶斑病

(1)症状

枸骨叶斑病主要危害枸骨叶片，严重时整个叶片干枯，影响观赏。

多发生在叶片上，多从叶端缘开始发病，病斑初为褐色，此后随着病情发展，扩大后呈圆形或不规则状，病斑往往连成一片，边缘褐色，内灰色，严重时整个叶片干枯，后期病斑上出现黑色粒状物，即病原菌的子囊壳和分生孢子器。

(2)病原及发病规律

真菌性病害。该病由子囊菌纲囊孢菌属真菌侵染所致。

病原菌在寄主植物病病残体存活，多从伤口及生理病害损伤部位侵染危害。一般 7～9 月份发病最重，在高温强光照干燥条件下，加剧病害的发展。

(3)防治方法

①加强管理。注意防治其他病虫害。清理病落叶。

②化学防治。发病初期尚未蔓延用 0.5～1 波美度石硫合剂或 50%多菌灵 500 倍液或 65%代森锌、福美锌 1 000 倍液或 45%代森锰锌 800 倍液，每 10～15 d 交替喷雾 1 次，连喷2～3 次。

5.1.99　枸骨漆斑病

(1)症状

枸骨漆斑病主要危害枸骨叶片，发病后影响植株正常生长发育和观赏效果。主要病状为叶片上出现圆形至不规则形褐色病斑，外围具有大片的黄色变色区，周生大小不等形状各异的黑色小点。

(2)病原及发病规律

真菌性病害。

病原菌系弱寄生菌，以菌丝越冬，条件适宜时产生分生孢子，常从伤口侵入。湿度大或连续阴雨天气有利于该病发生和流行。

(3)防治方法

①栽培时注意水分管理，避免过度向植株浇水，增加株间通风透光，以降低周边局部空间湿度。

②密切观察，发现病株及时挖除，防止传染。

③播种前苗床土壤、上盆前摆放地和盆土要进行消毒。可用甲醛与水按 3∶1混匀后喷洒土壤，用薄膜覆盖 3 d 后揭膜即可使用。

5.2 观赏果树病害

5.2.1 苹果锈病

苹果锈病别名赤星病，在果园附近有桧柏栽培的地方发病较重，发病后常造成早期落叶，削弱树木生势，降低产量。该锈菌除危害苹果外，还能危害沙果、海棠等。病菌是一种转主寄生菌，其转主除桧柏外，尚有龙柏、翠柏等针叶树种。

(1)症状

苹果锈病主要危害叶片，也能侵害嫩枝、幼果和果柄。侵染叶片后，初期叶片表面产生黄绿色斑点，日渐扩大，形成圆形橙黄色病斑，边缘红色，直径5～10 mm，稍肥厚。发病后15 d左右，在病斑表面密生鲜黄色细小点粒，为病菌性孢子器。从性孢子器中常会涌出带光泽的黏液，内含大量性孢子。黏液干燥后，小点粒逐渐变为黑色。接着病斑背面隆起，在隆起部分丛生淡黄色细管状物，即病菌的锈孢子器。幼果受害，果面上发生近圆形病斑，开始橙黄色，后变黄褐色，直径在10～20 mm。病斑表面也产生先为黄色后为黑色的小点粒，稍后在病斑四周产生细管状的锈孢子器，病果生长滞缓，病部坚硬，呈畸形。嫩枝发病，病斑为橙黄色，梭形，局部隆起，后期病部龟裂，病枝易自病处折断。

病菌侵染桧柏小枝后，在小枝一侧或环绕小枝形成半球形或球形菌瘿。菌瘿直径3～5 μm，初时表面平坦，至来春菌瘿表面呈长圆形稍凹入的部分，其边缘颜色较深，不久中心部位略为隆起，终则破裂，露出冬孢子角。冬孢子角深褐色，皱缩呈鸡冠状，高1.5～3 mm，宽2.5～5 μm，春雨时，冬孢子角吸水膨大，呈胶质花瓣状。前一二年遗留的菌瘿直径可达15 μm，菌瘿上有粗糙下陷部分，即前一年产生的冬孢子角处。

(2)病原

苹果锈病的病原菌隶属于担子菌亚门、冬孢菌纲、锈菌目、柄锈菌科，胶锈菌属山田胶锈菌(*Gymnosporangium yamadai* Miyabe)侵染。是转主寄生菌，在苹果树上形成性孢子器和性孢子、锈孢子器和锈孢子。在桧柏树上则形成冬孢子角、冬孢子，冬孢子萌发后产生担孢子。性孢子器埋生于表皮下，近圆形；性孢子单胞，无色，纺锤形。锈孢子器圆筒形，一般在叶的背面，有时也长在果实上，锈孢子球形或多角形，单胞，栗褐色，膜厚，有瘤状突起，大小为(19.2～25.6) μm×(16.6～24.3) μm。护膜细胞长梭形或六角形，有卵圆形的乳头状突起，大小为(25.3～117.5) μm×(16.5～25.9) μm。冬孢子双胞，无色，具长柄，卵圆形或椭圆形，分隔处稍缢缩，暗褐色，大小(32.6～53.7) μm×(20.5～25.6) μm。冬孢子两胞各具2个发芽孔，萌发时长出有隔的担子，4胞，每胞生一个小梗，顶端着生一个担孢子。担孢子卵形，淡黄褐色，单胞，大小为(13～16) μm×(7.5～9) μm。

(3)发病规律

苹果锈病菌侵染桧柏小枝后，形成菌瘿，以菌丝体潜伏其内越冬。翌年降雨后菌瘿中涌出冬孢子角。冬孢子萌发生成小孢子——担孢子，又随风飞传播到苹果树上，侵入叶、果或嫩梢，先后形成性孢子器及锈孢子器。该锈菌生活史中少夏孢子阶段，一年中只发生一次侵染。锈孢子成熟后，随风传播到桧柏上，侵入小枝形成菌瘿，是病菌生活在桧柏上进行轮循环。苹果

锈病的流行与早春的气候密切相关，降雨频繁，气温较高易诱发此病流行。相反，春天干燥，虽降雨偏多，气温较低刚发病较轻。

(4)防治方法

①切断病菌来源。彻底砍伐在苹果及梨园 5 km 以内的桧柏树，破坏病害的侵染循环。

②建立新果园时，应尽量远离种植有桧柏等转主寄生的风景区。大型果园可规划建立保护林带，进行隔离，防止病菌的传播。

③药剂防治。在桧柏较少的地区以石硫合剂或 1∶(1～2)∶(100～160)波尔多液，于春雨前喷洒桧柏，防止病菌的萌发。花前和花后对果树进行喷雾，与防治白粉病结合喷洒 25%粉锈灵、石硫合剂、40%福美砷可湿粉、50%甲基托布津可湿粉以及 20%萎锈灵乳液。第三次喷药可与防治褐斑病的药相配，在 5 月上旬喷洒 1 次波尔多液。

5.2.2 苹果树腐烂病

苹果树腐烂病俗称“臭皮病”“烂皮病”“串皮病”，是我国苹果产区危害较严重的病害之一。该病主要发生在成龄结果树上，重病果园常常是病疤累累，枝干残缺不全，是对苹果生产威胁很大的毁灭性病害。该病除危害苹果树外，还侵染沙果、林檎、海棠、山定子等。

(1)症状

腐烂病主要危害结果树的枝干，尤其是主干分叉处，幼树和苗木及果实也可受害。该病症状有溃疡型和枝枯型两类，以溃疡型为主。

溃疡型　多发生在主干、主枝上，发病初期病部表面为红褐色，略隆起，呈水渍状，病组织松软，病皮易于剥离，内部组织呈暗红褐色，有酒精味。有时病部流出黄褐色液体。后期病部失水干缩，下陷，硬化，呈黑褐色，边缘开裂。表面产生许多小黑点，此即病菌的子座，内有分生孢子器和子囊壳。雨后或潮湿时，从小黑点顶端涌出黄色细小卷丝状的孢子角，如果病斑绕枝干一周，则引起枝干枯死。

该病有潜伏侵染现象，早期病变多在皮层内隐蔽，外表无明显症状，不易识别，若掀开表皮或刮去粗皮，可见形状、大小不一的红褐色湿润斑点或黄褐色干斑。只有在条件适宜时，内部病变才向外扩展使外部呈现症状。在条件不适宜情况下，病斑停止扩展，病菌只能潜伏在皮层内，而外部无任何症状表现。

枝枯型　多发生在 2～4 年生的枝条、果台、干枯桩等部位，在衰弱树上发生更明显。病部红褐色，水渍状，不规则形，迅速延及整个枝条，终使枝条枯死。后期病部也产生许多小黑点，遇湿溢出橘黄色孢子角。

苹果腐烂病菌也能侵害果实，病斑红褐色，圆形或不规则形，有黄褐色与红褐色相间的轮纹，病斑边缘清晰。病组织软腐状，略带酒糟味。病斑在扩展时，中部常较快地形成黑色小粒点，散生或集生，有时略呈轮纹状排列。潮湿时亦可涌出孢子角。

(2)病原

有性态为苹果黑腐皮壳(*Valsa mali* Miyabe et Yamada.)，为子囊菌亚门；无性态为壳囊孢(*Cytospora* sp.)。分生孢子器着生在黑色圆锥形的外子座中，外子座生在病皮表皮层下。分生孢子器扁瓶形，成熟时其内分成多个腔室，各腔室相互串通，有一共同孔口伸出病皮外。内壁密生孢子梗，分枝或不分枝，无色。分生孢子顶生，香蕉形或长肾状，单胞，无色，内有油

球，大小为(4～10) μm×(0.8～1.7) μm。子囊壳在秋季生于内子座中。内子座位于外子座的下边或旁边。子囊壳黑色，烧瓶状，内壁基部密生子囊。子囊长椭圆形或纺锤形，内有 8 个子囊孢子。子囊孢子排列成两行或无规则排列，无色，单胞，腊肠形或香蕉形，大小为(7.5～10.0) μm×(1.5～10) μm(图 5-2-1)。

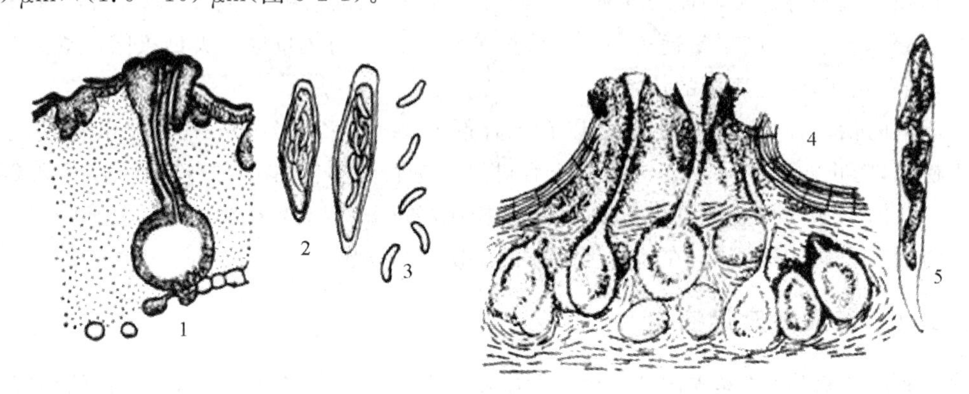

图 5-2-1　苹果腐烂病菌

1.着生于子座组织内的子囊壳　2.子囊　3.子囊孢子
4.子座剖面示子囊壳　5.子囊壳和子囊孢子

(3)发病规律

病菌主要以菌丝体、分生孢子器和子囊壳在田间病株和病残体上越冬，成为来年发病的主要初侵染来源。翌春，在雨后或高湿条件下，分生孢子器及子囊壳便可排放出大量孢子。由于孢子常与胶质物一起形成孢子角，所以必须先通过雨水冲溅分散而后随风雨大范围扩散。另外，孢子也可黏附在昆虫体表，随昆虫活动迁飞而带菌传病。

苹果腐烂病菌寄生性比较弱，一般只能从伤口侵入已经死亡的皮层组织，但也能从叶痕、果柄痕和皮孔侵入。苹果腐烂病菌具有潜伏特性，病菌侵入后，首先在侵入点潜伏生存，如果树长势健壮，抗病力强时，病原菌就不能进一步扩展致病，而长期潜伏。当树体或局部组织衰弱，抗病力降低时，潜伏菌丝才得以进一步扩展，表现症状。所以，当果树大量结果或果树受冻害以后，树势极度衰弱时，常有腐烂病的大发生。腐烂病一般一年有两次高峰，早春 3～4 月份，气温回升，病斑扩展迅速，进入危害盛期，5 月份发病盛期结束。果树进入旺盛生长期，树体抗病力增强，发病锐减，病斑扩展缓慢。9～11 月份，树体停止生长，抗病力减弱，病斑又有增加和发展。因此，2～5 月份和 9～11 月份是刮治腐烂病的重要时期。

(4)防治措施

应采取以加强栽培管理、增强树势、提高抗病力为主，以搞好果园卫生、铲除潜伏病菌为基础；及时治疗病斑，防止死枝死树为保障，同时结合保护伤口、防止冻害等项措施，进行综合防治。

加强栽培管理，壮树抗病是控制危害的根本　①合理施肥。合理施肥的关键有三，一是施肥量要足，根据产量水平及树体生长发育状况及时补充足够的肥料。二是肥料种类齐全，大量元素、微量元素都应兼顾。有机肥和化肥以及氮、磷、钾肥合理搭配。三是提倡秋施肥。中熟果采收前后，一般是 9～10 月份上旬，一方面以挖沟施入优质的有机肥并配合适量的化肥，同时加强叶面喷肥，可显著提高树体营养积累，对控制春季高峰有明显效果。②合理灌水。防止早春干旱和雨季积水。③合理修剪。从防病角度来说，一是尽量少造成伤口，并对伤口加以处

理和保护；二是调整生长与结果的矛盾，培育壮树；三是调整树势，勿使果园郁蔽。④合理调节树体负载量。克服大小年现象，大年疏花疏果，小年保花保果。实践证明，过量结果是导致严重发病的重要原因之一。⑤保叶促根。加强果园土壤管理，为根系发育创造良好条件，及时防治叶部病虫害，避免早期落叶，削弱树势。

搞好果园卫生，清除病菌 ①冬、夏季修剪中，及时清除病死枝，及时刨除病树，剪锯下的病枝条、病死树及时清除烧毁，剪锯口及其他伤口用煤焦油或油漆封闭，减少病菌侵染途径。②喷药。苹果树落叶后和发芽前喷施铲除性药剂可直接杀灭枝干表面及树皮浅层的病菌，对控制病情有明显效果。比较有效的药剂有：石硫合剂、95%精品索利巴尔等。③重刮皮。尤其是发病重的苹果园，用刮皮刀将主干、骨干枝上进行全面刮皮。把树皮外层刮去 0.5～1 mm，一般刮粗皮、老翘皮，但不触及形成层，被刮的树皮呈青一块、黄一块的嵌合状（重刮皮可刺激树体产生愈伤组织）。此法防治效果显著，但应注意：一是刮皮后不能涂刷药剂，更不能涂刷高浓度的福美砷，以免发生药害，影响愈合。二是过弱树不要刮皮，以免进一步削弱树势；一般树刮前刮后要增施肥水，补充营养，促进新皮层尽早形成。

病斑治疗 及时治疗病斑是防止死枝死树的关键。根据腐烂病的发生特点，应采取“春季突击刮、坚持常年刮”的原则。①病斑刮治法。这是病斑处理的主要方法。具体做法是，地面铺上塑料布，在病疤周围延出 0.5 cm 用刀割一深达木质部的保护圈，然后将保护圈内的病皮和健皮彻底刮除，刮掉在塑料布上的病组织集中烧毁。对已暴露的木质部用刀深割 1～1.5 cm，最后涂药处理。常用药剂有腐必清可湿性粉剂 10～20 倍液；1%苹腐灵水剂 2 倍液、5%菌毒清 30～50 倍液、腐烂敌 20～30 倍液、腐必清乳剂 2～3 倍液、843 康复剂原液等。该方法应注意：一是刮口不要拐急弯，要圆滑；不留毛茬，要光滑，尽量缩小伤口，下端留斜茬，避免积水，有利愈合。二是涂抹保护伤口的药剂要既具有铲除作用，又无药害和促进愈合的作用。②病斑敷泥法。就地取黏土，用水和泥，拍成泥饼，敷于病疤及其外围 5～8 cm 范围，厚 3～4 cm，然后用塑料布或牛皮纸扎紧。此法宜在春季进行，次年春季解除包扎物，清除病残组织后涂以药剂消毒保护。此法用于直径小于 10 cm 的病疤。③病斑割治法。用刀先在病斑外围切一道封锁线，然后在病斑上纵向切割成条，刀距 1 cm 左右，深度达到木质层表层，切割后涂药，药剂必须有较强的渗透性或内吸性，能够渗入病组织，并对病菌有强大的杀伤效果。

药剂预防 早春树体萌动前，喷布杀菌剂进行保护，药剂有 3～5 波美度石硫合剂、5%菌毒清水剂 50 倍液等。5～6 月份对树体大枝干涂刷药剂（不可喷雾），可选用：40%福美胂可湿性粉剂 50～100 倍液；5%菌毒清水剂 50 倍液等。连续应用几年，对老病斑的治疗、防止病疤复发、减少病菌侵入，均有明显效果。

5.2.3 苹果轮纹病

苹果轮纹病俗称“粗皮”，各苹果、梨产区均有发生，随着金冠、富士等质优感病品种的推广。苹果轮纹病已成为生产上造成烂果的主要病害，一般果园轮纹烂果病发病率为 20%～30%，重者可达 50%以上，并且在果实贮藏期可继续发病，危害严重。

(1)症状

该病危害苹果、梨、桃、李、杏、枣、海棠等的枝干、果实，叶片受害较少。苹果枝干发病，初以皮孔为中心形成扁圆形、红褐色病斑。病斑中间突起呈瘤状，边缘开裂。翌年病斑中央产生小黑点（分生孢子器和子囊壳），边缘裂缝加深、翘起呈马鞍形。以病斑为中心连年向外扩展，形成同心轮纹状大斑，许多病斑相连，使枝干表皮显得十分粗糙，故又称粗皮病。

果实多于近成熟期和贮藏期发病。果实受害，初期以皮孔为中心形成水渍状近圆形褐色斑点，周缘有红褐色晕圈，稍深入果肉，很快形成深浅相间的同心轮纹状，向四周扩大，并有茶褐色的黏液溢出，病部果肉腐烂。后期在表面形成许多黑色小粒点，散生，不突破表皮。烂果多汁，有酸臭味，失水后干缩，变成黑色僵果。

(2)病原

有性态为子囊菌亚门，梨生囊孢壳菌(*Physalospora piricola* Nose.)，无性世代为半知菌亚门、轮纹大茎点菌(*Macrophoma kawatsukai* Hara)。分生孢子器扁圆形或椭圆形，具有乳头状孔口，内壁密生分生孢子梗。分生孢子梗棍棒状，顶端着生分生孢子。分生孢子单细胞，无色，纺锤形或长椭圆形。子囊壳在寄主表皮下产生，球形或扁球形，黑褐色，具孔口，内有许多子囊藏于侧丝之间。子囊长棍棒状，无色，顶端膨大，子囊内生 8 个子囊孢子。子囊孢子单细胞，无色，椭圆形(图 5-2-2)。

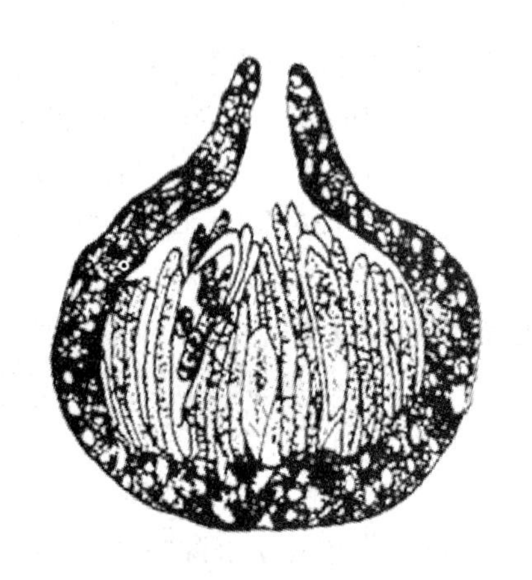
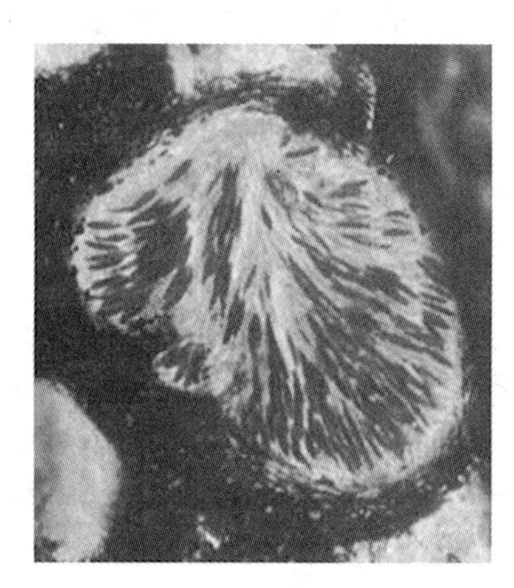

图 5-2-2　苹果轮纹病菌

左：子囊壳和子囊　右：分生孢子器和分生孢子

(3)发病规律

病原菌以菌丝体、分生孢子器及子囊壳在被害枝干上越冬。翌春在适宜条件下产生大量分生孢子，通过风雨传播，从皮孔侵入枝干引起发病。轮纹病当年形成的病斑不产生分生孢子，故无再侵染。病菌侵染果实多集中在 6～7 月份，幼果受侵染不立即发病，病菌侵入后处于潜伏状态。当果实近成熟期或贮藏期，潜伏的菌丝迅速蔓延形成病斑。果实采收期为田间发病高峰期，果实贮藏期也是该病的主要发生期。病菌是弱寄生菌，老弱树易感病。偏施氮肥，树势衰弱，病情加重；温暖多雨或晴雨相间日子多的年份易发病；苹果品种间的抗病性差异较大，金冠、红富士、金矮生最感病，其次是新红星、新乔纳金、王林等，国光比较抗病。

(4)防治方法

防治策略是在加强栽培管理，增强树势，在提高树体抗病能力的基础上，采用以铲除越冬病菌，生长期喷药和套袋保护为重点的综合防治。

加强栽培管理，提高树体抗病力　新建果园注意选用无病苗木。定植后经常检查，发现病苗、病株要及时淘汰、铲除，以防扩大蔓延。苗圃应设在远离病区的地方，培育无病壮苗。幼树

整形修剪时，切忌用病区的枝干作支柱，亦不宜把修剪下来的病枝干堆积于新果区附近。加强肥水管理，合理疏果，严格控制负载量。

铲除越冬菌源　在早春刮除枝干上的病瘤及老翘皮，清除果园的残枝落叶，集中烧毁或深埋。刮除病瘤后要涂药杀菌。常用药剂有：50％多菌灵可湿性粉剂 50 倍液、5％安索菌毒清 50 倍液。也可用苹腐速克灵 3～5 倍液直接涂在病瘤上，不用刮除病瘤。在苹果树发芽前喷铲除性药剂，常用药剂有 3～5 波美度石硫合剂、50％多菌灵可湿性粉剂 100 倍液、35％轮纹铲除剂 100 倍液、腐必清 50 倍液、苹腐速克灵 200 倍液。

生长期喷药保护　使用药剂种类、时期、次数，与果实套袋或不套袋有密切关系。①对不套袋的果实：苹果谢花后立即喷药，每隔 15～20 d 喷药 1 次，连续喷 5～8 次。在多雨年份以及晚熟品种上可适当增加喷药次数。可选择下列药剂交替使用：石灰倍量式波尔多液 200 倍液、80％喷克可湿性粉剂 800 倍液、40％多锰锌可湿性粉剂 600～800 倍液、80％大生 M-45 可湿性粉剂 600～800 倍液、35％轮纹病铲除剂 100～200 倍稀释液。还可选用 80％山德生、80％普诺、60％拓福、40％博舒、40％福星、38％粮果丰（多菌灵＋福美双＋三唑酮）、80％超邦生、70％甲基硫菌灵、70％代森锰锌＋50％多菌灵、50％多霉威（多霉清）等。在一般果园，可以建立以波尔多液为主体、交替使用有机杀菌剂的药剂防治体系。实践证明，波尔多液与有机合成杀菌剂交替施用，防治效果较好，病菌不易产生抗药性。但在幼果期（落花后 30 d 内）不宜使用，否则可引发果锈。在果实生长后期（8 月底至 9 月底）禁止喷施波尔多液，提倡喷洒保护性杀菌剂与甲基硫菌灵等内吸性杀菌剂交替轮换使用或混合使用。也可试行侵染后防治，即在果实转入感病状态之前（7 月 20 日前后）施用内吸治疗杀菌剂苯菌灵，每隔 15 d 喷 1 次，共喷 2～3 次，据报道防效很好。雨季喷药最好加入害立平、助杀、平平加等助剂，以提高药剂的黏着性。②对套袋果实：防治果实轮纹病关键在于套袋之前用药。谢花后即喷 80％喷克或 80％大生 M-45 等，套袋前果园应喷一遍甲基硫菌灵等杀菌剂，待药液干燥后即可套袋。禁止喷施波尔多液，最好不要使用代森锰锌、退菌特等产品，以免污染果面，影响果品外观质量。套袋后应该加强对叶片、枝干病害的防治，如果园中只有部分果实套袋，则不能减少保果药剂。可选用 70％甲基硫菌灵，或 35％轮纹病铲除剂，或 58％多霉威等内吸性杀菌剂。果实脱袋后，如果整个果园保护得好，可不再喷药；如果保护得不好，有大量病原菌存在，则应喷 1～2 次。有效药剂有喷克、甲基硫菌灵、大生 M-45 等。

贮藏期防治　田间果实开始发病后，注意摘除病果深埋。果实贮藏运输前，要严格剔除病果以及其他有损伤的果实。健果在仲丁胺中浸 3 min，或在 45％特克多悬浮剂中浸 3～5 min，或在 80％～85％乙磷铝中浸 10 min，捞出晾干后入库。

5.2.4　苹果斑点落叶病

苹果斑点落叶病菌是近十多年发展起来的一种病害。我国自 20 世纪 70 年代后期开始有苹果斑点落叶病发生危害的报道，80 年代以来在渤海湾、黄河故道、江淮等地的苹果产区普遍发生，成为目前苹果生产上的主要病害。许多苹果园病叶率高达 90％以上，落叶率为 20％～80％，造成当年果个小，严重影响树势和次年的产量。

（1）症状

主要危害叶片，嫩叶较重，也可危害果实和枝条。叶片受害初期，出现极小的褐色小点，后逐渐扩大为直径 3～6 mm 的病斑，病斑红褐色，边缘为紫褐色，病斑的中心往往有 1 个深色小点或呈同心轮纹状。发病中后期，病斑变成灰色。有时多个病斑连在一起，形成不规则的大病斑，有的病斑脱落形成穿孔，叶片枯焦、脱落。天气潮湿时，病斑两面均出现墨绿色霉层，即病菌的分生孢子梗和分生孢子。

枝条发病多发生于1年生小枝或徒长枝，形成直径2～6 mm的褐至灰褐色凹陷病斑，边缘裂开。

幼果染病，果面出现黑色斑点或形成疮痂。遇高温时，易受二次寄生菌侵染致果实腐烂。

(2)病原

病原为链格孢苹果专化型(*Alternaria alternata* f. sp. mali)，属半知菌亚门、链格孢属。分生孢子梗从气孔伸出，束状，暗褐色，弯曲多胞，分生孢子顶生，短棒槌形、纺锤形、卵圆形、椭圆形或近圆形暗褐色，具横隔2～5个，纵隔1～3个(图5-2-3)。

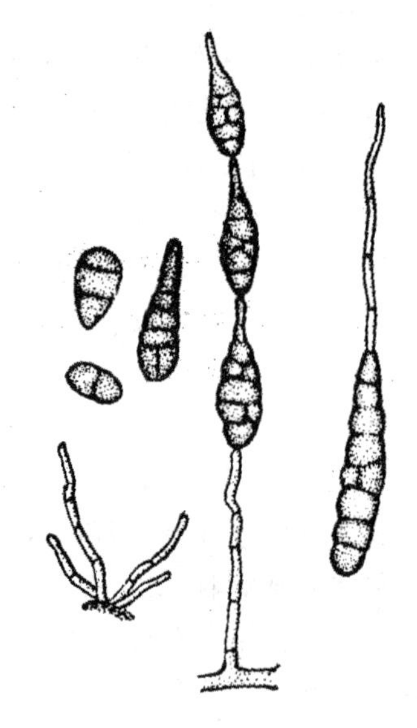
图5-2-3 苹果斑点落叶病菌
分生孢子梗及分生孢子

(3)发病规律

主要以菌丝和分生孢子在落叶上、一年生枝的叶芽和花芽以及枝条病斑上越冬。翌年，越冬的分生孢子以及春季产生的分生孢子主要借风雨、气流传播。从伤口或直接侵入进行初侵染。据研究，病菌从侵入到发病大约需要24～72 h。在15～31℃内，潜育期随温度的升高而缩短。生长期田间病叶不断产生分生孢子，借风雨传播蔓延，进行再侵染。分生孢子一年有两个活动高峰：第一高峰从5月上旬至6月中旬，孢子量迅速增加，致春秋梢和叶片大量染病，严重时造成落叶；第二高峰在9月份，这时会再次加重秋梢发病严重度，造成大量落叶。该病的发生、流行与气候、品种密切相关。高温多雨病害易发生，春季干旱年份，病害始发期推迟；夏季降雨多，发病重。此外，树势衰弱、通风透光不良、地势低洼、地下水位高、枝细叶嫩等均易发病。新红星、红元帅、印度、青香蕉、北斗等易感病；嘎啦、国光、红富士等品种中度感病，金冠、红玉等发病较轻；乔纳金比较抗病。

(4)防治方法

防治策略是以药剂防治为主，辅以农业防治等其他防治措施。

加强栽培管理，注意果园卫生　合理施肥，增强树势，提高抗病力；合理修剪，特别是于7月份及时剪除徒长枝及病梢，改善通风透光条件；合理灌溉，低洼地、水位高的果园要注意排水，降低果园湿度，秋末冬初剪除病枝，清除残枝落叶，集中烧毁，以减少初侵染源。

选用抗病品种　根据生产需要，尽可能种植抗病品种，如金冠、红玉和乔纳金等；减少易感品种的种植面积，控制病害大发生。

药剂防治　在果树发芽前结合防治腐烂病、轮纹病，全树喷布5波美度石硫合剂对越冬病菌有铲除作用。于新梢迅速生长季节可喷施50%异菌脲、10%宝丽安、10%世高、80%山德生、70%安泰生、80%超邦生、1.5%多抗霉素、80%大生M-45、50%扑海因、80%喷克、68.75%易保、80%普诺、78%科博等杀菌剂。重点保护春梢，压低后期菌源。一般在春梢叶片病叶率

达10%～20%时，重点喷洒高效农药2次，7～8月份秋梢生长初期再喷药1次。用药时，可混合甲基硫菌灵等药剂，将苹果斑点落叶病的防治与轮纹病、炭疽病的防治结合起来。

生物防治　目前已有人将芽孢杆菌用于苹果斑点落叶病的防治；也有人把沤肥浸渍液用于该病的先期预防，均取得了较好的效果。

5.2.5 苹果褐斑病

苹果褐斑病又称绿缘褐斑病，是引起苹果树早期落叶的最重要病害之一。全国各苹果产区均有发生。危害严重年份，常造成苹果树早期大量落叶，削弱树势，对花芽形成和果品产量、质量都有明显影响。

(1)症状

主要危害叶片，也可危害果实和叶柄。发病初期叶背出现褐色小点，后扩展为0.5～3.0 cm的褐色大斑，边缘不整齐。后期常因苹果树品种和发病期的不同而演变为3种类型的症状：①同心轮纹型。叶正面病斑圆形，中心为暗褐色，四周黄色，外有绿色晕圈。后期病斑表面产生许多小黑点，呈同心轮纹状。背面中央深褐色，四周浅褐色，无明显边缘。②针芒型。病斑小而多，遍布全叶，暗褐色。病斑呈针芒放射状向外扩展，无固定的形状，边缘不定，暗褐色或深褐色，上散生小黑点。后期病叶变黄，病部周围及背部仍保持绿褐色。③混合型。病斑较大，暗褐色，圆形或不规则形。边缘有针芒状黑色菌素，后期病叶变黄，病斑中央灰白色，边缘保持绿色，其上散生许多小黑点。3种类型症状共同特点是叶片发黄，但病斑周围仍保持有绿色晕圈，且病叶易早期脱落。这是苹果褐斑病的重要特征。果实感病后，先出现淡褐色小斑点，逐渐扩大为圆形，褐色，凹陷，表面有黑色小粒点，病部果肉褐色，海绵状干腐。

(2)病原

有性态为苹果双壳菌(*Diplocarpon mali* Harada et Sawamura)，属子囊菌亚门、双壳属。子囊盘肉质，杯状，子囊阔棍棒状，有囊盖，内含8个子囊孢子。子囊孢子香蕉形，直或稍弯曲，通常有1个分隔，有的在分隔处稍缢缩。无性态为苹果盘二孢[*Marssonina coronaria*(Ell. et Davis) Davis]，异名为 *Marssonina mali* (P. Henn)Ito。分生孢子盘初期埋生在表皮下，成熟后突破表皮外露，孢子梗栅状排列，棍棒状；分生孢子无色，双胞，上大下窄且尖，分隔处缢缩(图5-2-4)。

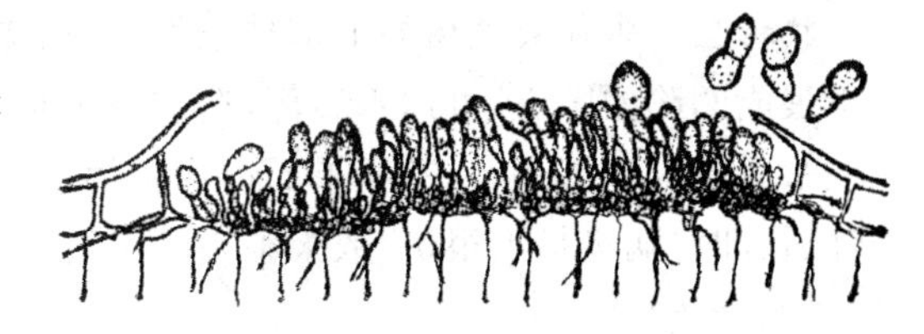

图5-2-4　苹果褐斑病菌
分生孢子盘及分生孢子

(3)发病规律

病菌以菌丝、菌索、分生孢子盘或子囊盘在落地的病叶上越冬，翌年春季遇雨产生分生孢子。随风雨传播，多从叶片的气孔侵入，也可以经过伤口或直接侵入。潜育期一般6～12 d。潜育期长短随气温的升高而缩短。一般5月中下旬开始发病。7～8月份为发病盛期。不同地区、不同品种发病时间有差别。降雨早而多的年份发病较重。地势低洼、树冠郁闭、通风不良果园发病重。金冠、红玉、元帅、国光等品种容易感病。

(4)防治方法

防治策略以化学防治为主，配合清除落叶等农业防治措施。

清除菌源　秋冬季节清除田间落叶，剪除病梢，集中烧毁或翻耕深埋，在果树发芽前结合腐烂病、轮纹病、斑点落叶病的防治，全园喷布 3～5 波美度石硫合剂，铲除树体和地面上的菌源。

加强栽培管理　多施有机肥，增施磷、钾肥，防止偏施氮肥。适时排灌。合理修剪，保持果园良好的通风透光条件。

喷药保护　根据测报和常年发病情况，从发病始期前 10 d 开始喷药保护。就某个地区而言，首次用药时期会因为春雨情况而有所不同，如果春雨早、雨量较多，首次喷药时间应相应提前，如果春雨晚而少，则可适当推迟。不同地区的首次用药时间可能会有较大差异。一般来说，第 1 次喷药后，每隔 15 d 左右喷药 1 次，共喷 3～4 次。常用药剂有 1∶2∶200 波尔多液、40％百菌净可湿性粉剂 1 000 倍液、70％代森锰锌 800～1 000 倍液、70％甲基托布津可湿性粉剂 1 000～1 200 倍液、50％多菌灵 500～800 倍液等。还可用 77％可杀得、80％大生 M-45、35％碱式硫酸铜、70％甲基硫菌灵、10％宝丽安等杀菌剂。为增加药液展着性，可在药剂中加入助杀等展着剂。由于在大多数苹果产区褐斑病和斑点落叶病混合发生，因此，可根据情况，将这两种叶斑的防治结合起来。在套袋之前的幼果期不要使用波尔多液，以免污染果面。套袋早熟品种脱袋后选用优质的可湿性杀菌剂，而晚熟品种脱袋后已基本上无须用药。

5.2.6　苹果干腐病

苹果干腐病又称“干腐烂”“胴腐病”，是苹果树枝干的重要病害之一。

(1)症状

主要侵害成株和幼苗的枝干，也可侵染果实。症状类型有 3 种：

溃疡型　病斑初为不规则的暗紫色或暗褐色斑，表面湿润，常溢出茶色黏液。皮层组织腐烂，不烂到木质部，无酒糟味，病斑失水后干枯凹陷，病健交界处常裂开，病斑表面有纵横裂纹，后期病部出现小黑点，比腐烂病小而密。潮湿时顶端溢出灰白色的孢子团。

枝枯型　多在衰老树的上部枝条发病，病斑最初产生暗褐色或紫褐色的椭圆形斑，上下迅速扩展成凹陷的条斑，可达木质部，造成枝条枯死，病斑上密生小黑点。

果腐型　被害果实，初期果面产生黄褐色小病斑，逐渐扩大成深浅相间的褐色同心轮纹。条件适宜时，病斑扩展很快，数天整果即可腐烂。后期成为黑色僵果。

(2)病原

有性态为 *Botryosphaeria ribis* Gross. et Dugger，属于囊菌亚门、葡萄座腔菌属；子座生于皮层下，不规则的垫状。子囊腔单个或多个，扁球形或洋梨形，黑褐色，有乳头状孔口。子囊长棍棒状，(50～80) μm×(10～14) μm，拟侧丝永存性。子囊孢子椭圆形，单细胞，无色(图 5-2-5)。

无性世代为大茎点菌属(*Macrophoma*)和小穴壳菌属(*Dothiorella*)。分生孢子器近圆球形或扁球形、淡褐色或黑褐色。分生孢子椭圆形，单胞，无色。

(3)发病规律

病菌以菌丝体、分生孢子器及子囊壳在枝干病部越冬，翌春病部菌丝恢复活动产生分生孢子随风雨传播，经伤口、死芽和皮孔侵入。该病菌具有潜伏侵染特点，只有在树体衰弱时，树皮上的病菌才扩展发病。当树皮含水量低时，病菌扩展迅速，所以干旱年份发病重。

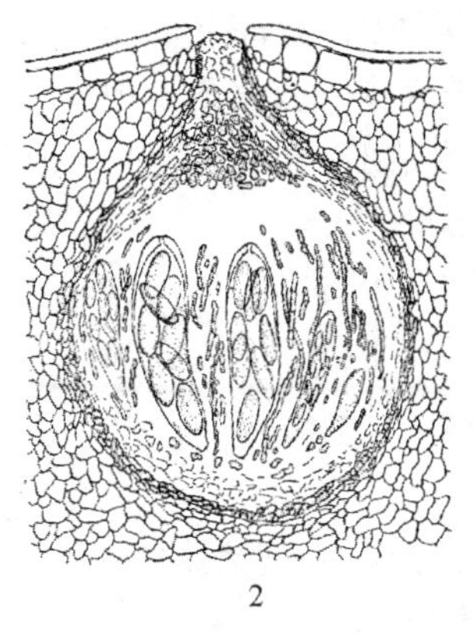
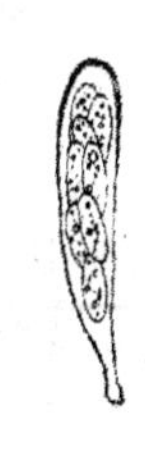

1　　2　　3

图 5-2-5　苹果干腐病菌

1. 子座组织溶解形成子囊腔　2. 子囊腔内子囊及拟侧丝　3. 子囊

(4)防治方法

加强管理,提高树体抗病力　选用健苗,避免深栽,移栽时施足底肥,灌透水,缩短缓苗期。幼树在长途运输时,要尽量不造成伤口和失水干燥。保护树体,做好防冻工作。

彻底刮除病斑　在发病初期,可剪掉变色的病部或刮掉病斑,伤口涂 10 波美度石硫合剂或 70%甲基托布津可湿性粉剂 100 倍液。

喷药保护　果树发芽前喷 3～5 波美度石硫合剂、35%轮纹病铲除剂 100～200 倍液等。发芽盛期前,结合防治轮纹病,炭疽病喷两次 1∶2∶200 波尔多液、或 50%退菌特 800 倍液、35%轮纹病铲除剂 400 倍液、50%复方多菌灵 800 倍液。

5.2.7　苹果炭疽病

苹果炭疽病又称"苦腐病""晚腐病",是苹果上重要的果实病害之一,我国大部分苹果产区均有发生,在夏季高温、多雨、潮湿的地区发病尤为严重。

(1)症状

主要危害果实,也可危害枝条和果台等。初期果面上出现淡褐色小圆斑,迅速扩大,呈褐色或深褐色,表面下陷,果肉腐烂呈漏斗形,可烂至果心,具苦味,与好果肉界限明显。当病斑扩大至直径 1～2 cm 时,表面形成小粒点,后变黑色,即病菌的分生孢子盘,成同心轮纹状排列。如遇降雨或天气潮湿则溢出绯红色黏液(分生孢子团)。病果上病斑数目不等,少则几个,多则几十个,甚至有上百个,但多数不扩展而成为小干斑。少数病斑能够由 1 个病斑扩大到全果的 1/3～1/2。几个病斑连在一起,使全果腐烂、脱落。有的病果失水成黑色僵果挂在树上,经冬不落。在温暖条件下,病菌可在衰弱或有伤的 1～2 年生枝上形成溃疡斑,多为不规则形,逐渐扩大,到后期病表皮龟裂,致使木质部外露,病斑表面也产生黑色小粒点。病部以上枝条干枯。果台受害自上而下蔓延呈深褐色,致果台抽不出副梢干枯死亡。

(2)病原

有性态为小丛壳属[*Glomerella cingulata* (Stonem.) Spauld. et Sch.],子囊菌亚门、小丛壳属。子囊壳产生在菌丝层上或半埋于子座内,壳壁有毛,没有侧丝,子囊孢子单细胞,无色。

无性态为胶孢炭疽菌[*Colletotrichum gloeosporioides* (Penz.) Penz. et Sacc.],半知菌

亚门、炭疽菌属。分生孢子盘埋生于寄主表皮下，枕状，无刚毛，成熟后突破表皮。分生孢子梗平行排列成一层，圆柱形或倒钻形；分生孢子单胞无色，长圆柱形或长卵圆形(图 5-2-6)。

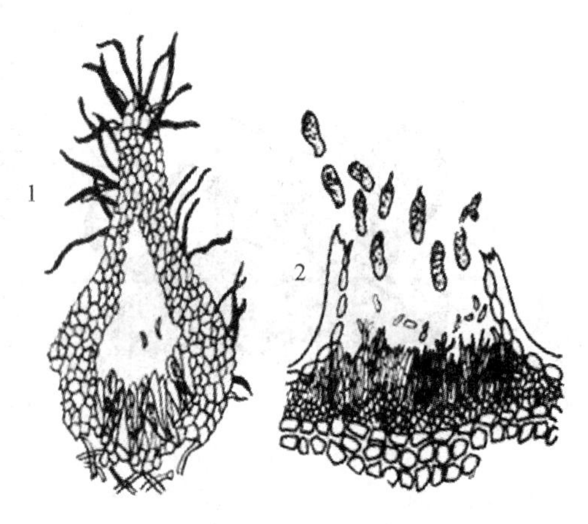

图 5-2-6 苹果炭疽病菌

1. 子囊壳、子囊和子囊孢子

2. 分生孢子盘和分生孢子

炭疽病菌除危害苹果外，还可侵染海棠、梨、葡萄、桃、核桃、山楂、柿、枣、栗、柑橘、荔枝、芒果等多种果树以及刺槐等树木。

(3)发病规律

病菌以菌丝体、分生孢子盘在枯枝溃疡部、病果及僵果上越冬，也可在梨、葡萄、枣、核桃、刺槐等寄主上越冬。翌春产生分生孢子，借风雨或昆虫传到果实上。分生孢子萌发通过角质层或皮孔、伤口侵入果肉，进行初次侵染。果实发病以后产生大量分生孢子进行再次侵染，生长季节不断出现的新病果是病菌反复再次侵染和病害蔓延的重要来源。该病有明显的发病中心，即果园内有中心病株，树上有中心病果。病菌自幼果期到成熟期均可侵染果实。一般 6 月初发病，7～8 月份为盛期，随着果实的成熟，皮孔木栓化程度提高，侵染减少。炭疽病菌具有潜伏侵染的特点，病害潜育期 3～13 d。幼果感染的潜育期长，果实成熟后感染的潜育期短，有时病菌侵染幼果，到近成熟期或贮藏期发病。高温、高湿、多雨情况下，发病重；地势低洼、土壤黏重、排水不良、树冠郁闭、通风不良、偏施氮肥、日灼、虫害等均利于该病发生。树势强病轻，树势弱病重。不同品种抗病性也不同。

(4)防治方法

在加强栽培管理的基础上，重点进行药剂防治和套袋保护。

农业防治　加强栽培管理改良土壤，合理密植和修剪，注意通风排水，降低果园湿度，合理施用氮、磷、钾肥，避免偏施氮肥。正确选用防护林树种，平原果园可选用白榆、水杉、枫杨、楸树、乔木桑、枸橘、白蜡条、紫穗槐、杞柳等，丘陵地区果园可选用麻栗、枫杨、榉树、马尾松、樟树、紫穗槐等。新建果园应远离刺槐林，果园内也不亦混栽病菌的其他寄主植物。

清除病源　结合冬剪，清除枯死枝、病虫枝、干枯果台及僵果并烧毁。生长期发现病果和僵果及时摘除，集中深埋或烧毁。

药剂防治　病重果园，苹果发芽前喷 1 次 5 波美度石硫合剂。生长期，从幼果期(5 月中旬)开始喷第一次药，每隔 15 d 左右喷 1 次，连续喷 3～4 次，炭疽病的防治用药可参见果实轮纹病。还可选用 30%炭疽福美、64%杀毒矾、70%霉奇洁、80%普诺等。中国农业大学在果实生长初期喷布无毒高脂膜，15 d 左右喷 1 次，连续喷 5～6 次，保护果实免受炭疽病菌侵染，效果很好。

5.2.8 梨锈病

梨锈病又名“赤星病”，在我国东北、华北、中南、华东、西南各地都有发生，是梨树的重要病害之一。梨锈病也叫“梨桧锈病”，因为梨锈病的病原菌是转主寄生的锈菌，其转主寄主为桧柏(*Juniperus chirenses*)，此外，还有圆柏()*Sahina chinensis*)和龙柏(*S. chinensis* var. kaizusa)等。

梨桧锈病在河北发生比较普遍，南方各省也有发生，发病后常引起叶片早落，幼果畸形，严重影响产量。如幼苗期受害，严重时可使苗木致死。

(1)症状

梨锈病主要危害叶片和新梢，严重时果实也可以发病。叶片受害，先在叶片正面发生橙黄色小斑点，并逐渐扩大成近圆形的病斑，中部橘黄色，边缘淡黄色，外围有一黄绿色的环纹，病斑溢出淡黄色黏液，不久即干枯。病斑直径约 5 mm，表面密生针头大小的黑褐色颗粒，即病菌的性孢子器。大约 3 周之后，在病斑的背面长出十几条黄色的短毛状物，每一条就是一个锈孢子器，一张叶片上可产生多个病斑，常造成叶片干枯，早期脱落。新梢被害后，初期病部稍肿起，病斑上密生性孢子器，以后病斑渐渐凹陷，在同一病部长出锈孢子器，并且病部龟裂，新梢枯死，刮风时常引起病梢折断。

果实受害病部初生橙黄色小斑点，以后变成黑色针头大小的颗粒，并扩展成圆斑，后期病部凹陷，在病斑四周生出黄色短毛状物，同对病斑周围果肉硬化，病果停止生长，造成果实畸形脱落。

转主寄主桧柏在第二年三、四月间才可见到明显症状，在针叶、叶腋或小枝上最初呈现淡黄色斑点，随即稍隆起，最后呈黄褐色圆锥形角状物或楔形角状物突出，此为病菌的冬孢子角。冬孢子角遇雨后膨大成橘黄色胶质体。

(2)病原

由担子菌亚门、冬孢菌纲、锈菌目、柄锈科、胶柄锈属、梨肢锈菌(*Gymnosporangium haraeanum* Syd.)侵入所致。病菌是转主寄生菌，需要在两类不同的寄主上完成其生活史。性孢子器，锈孢子器产生在梨树上，冬孢子和担孢子则产生在桧柏上。梨叶正面针头状的小黑点就是性孢子器。性孢子器扁球形，它半埋在梨叶表皮下，孔口外露，大小为(120～170) μm×(90～120) μm，内生许多纺锤形、无色的性孢子，大小为(8～12) μm×(3～3.5) μm，许多细长的受精丝由性孢子器内伸出。

梨叶背面短毛状物是锈孢子器，呈细圆筒形，长 5～6 mm，直径 0.2～0.5 mm，内生许多近球形的锈孢子，大小为(18～20) μm×(19～24) μm。锈孢子器外被护膜细胞层，组成锈子器壁。冬孢子角咖啡色，圆锥形 2～5 mm，冬孢子椭圆形或纺锤形，双胞，黄褐色，大小为(33～62) μm×(14～28) μm，具长柄，遇水后易胶化。冬孢子萌发时长出担子，担子 4 个细胞，每胞生一小梗，每小梗顶端生一担子孢子。担孢子卵形，单胞，大小为(10～15) μm×(8～9) μm。冬孢子萌发的温度范围为 5～30℃，最适温度为 17～30℃，担孢子发芽适宜温度 15～33℃，锈孢子萌发最适温度为 27℃。

(3)发病规律

梨锈病菌以多年生菌丝体在桧柏受侵染部分的组织里越冬，每年都可继续产生冬孢子角。春季冬孢子角出现，春雨后，冬孢子角吸水膨胀成花朵状。当气温适合时即萌发，产生担子孢子。担子孢子借风雨吹送到梨树嫩叶、新梢和幼果上，就可萌发产生芽管，直接由表皮侵入，侵入过程只需数小时。菌丝在细胞间发展，经 6～10 d 的潜育期，菌丝纠结在叶正面产生性孢子器。这时叶面呈橙黄色病斑，性孢子器内产生性孢子和蜜汁，性孢子由孔口随蜜汁溢出，经昆虫传至异性的性孢子器受精丝上受精，雄性核进入受精丝后形成双核菌丝。双核菌丝向叶背发展，约经 3 周，由叶背生出锈孢子器，锈孢子器在 5 月份大量形成和成熟，并产生锈孢子。锈孢子萌发后，菌丝侵入桧柏的新梢，并以苗丝体在桧柏上越冬。第二年春季3～4月间再度形成冬孢子角。菌丝在桧柏上为多年生，故每年都能产生冬孢子角，成为初次侵染来源。梨锈病菌无夏孢子阶段，不发生再次侵染，故本病一年中只发生一次。

梨锈病菌是转主寄生菌，必须要在梨和桧柏两种寄主上才能完成其侵染循环，如果当地没有桧柏，梨树就不会发生锈病，因此病害的轻重与春季风向及梨园与桧柏的距离有密切的关系。担子孢子传播的有效范围是2.5～5 km，在梨园周围5 km以内有桧柏，梨树遭受侵染的威胁就较大。

春季多雨温暖，有利于冬孢子的萌发。17～20℃冬孢子萌发迅速。当梨树幼叶初展时，如正逢春雨，梨锈病将严重发生。

(4)防治方法

根据梨锈病菌侵染循环规律，防治上应采用以下方法：

合理建园　发展新梨园时，应考虑尽量远离桧柏、龙柏等转主寄主植物5 km以上。

喷药保护　3～4月份间(春雨前)在桧柏上喷药，以抑制冬孢子萌发，药剂用1～2波美度石硫合剂，或用0.3%五氯酚钠和1波美度石硫合剂混合效果更好。梨树上喷药，应掌握在担孢子传播侵染的盛期进行。梨树发芽至展叶后25 d内可使用1∶2∶(160～200)波尔多液，20%萎锈灵乳剂400倍液65%代森锌可湿性粉剂500～600倍液，50%退菌特可湿性粉剂1 000倍液，喷雾保护，预防病菌侵入。

5.2.9　梨白粉病

梨白粉病在我国分布很广，东北、华北、华东均有发生，一般为害不重。

(1)症状

梨白粉病只在叶片背面发生，多为害老叶。7～8月份间在叶片背面生一层白色粉状物(菌丝及分生孢子)，以后在白粉层上散生很多黄色小粒，渐渐变黑，这就是闭囊壳。

(2)病原

子囊菌亚门、不正子囊菌纲、白粉菌目、白粉菌科、球针壳属，梨球针壳[*Phyllactinia pyrf* (Cast.)Homma)]。闭囊壳球形，直径154～231 μm，四周生附属丝，长229～295×3 μm，基部膨大成半球形。每一闭囊壳内产生多数子囊，子囊长椭圆形，内生2个子囊孢子，子囊孢子椭圆形，无色，单孢，大小为(34～38) μm×(17～22) μm。

(3)发病规律

病菌主要以落叶上的闭囊壳越冬，来年7月份开始放射子囊孢子进行初次侵染，以后以分生孢子进行再侵染。病害严重时，9月中旬即发生落叶。

(4)防治方法

同板栗白粉病。

5.2.10　梨黑星病

梨黑星病又称“疮痂病”。俗称“黑霉病”“雾病”“乌码”“荞麦皮”，是梨树的一种主要病害，我国梨产区均有发生，以辽宁、河北、山东、河南、山西及陕西等北方诸省受害最重。一般年份是需要经常加以重视和防治的梨树病害之一，多雨年份尤其要密切注意其发展动态，及时进行防治。

(1)症状

黑星病能危害果实、果梗、叶片、叶柄和新梢等梨树所有的绿色幼嫩组织。其中以叶片和果实受害最为常见。

果实受害,发病初期产生淡黄色圆形斑点,逐渐扩大病部稍凹陷、上长黑霉,后病斑木栓化,坚硬、凹陷并龟裂。刚落花的小幼果受害,多数在果柄或果面形成黑色或墨绿色的近圆形霉斑,这类病果几乎全部早落。稍大幼果受害,因病部生长受阻碍,变成畸形。果实成长期受害,则在果面生大小不等的圆形黑色病疤,病斑硬化,表面粗糙、开裂,呈"荞麦皮"状,果实不畸形。近成熟期果实受害,形成淡黄绿色病斑,稍凹陷,有时病斑上产生稀疏的霉层。果梗受害,出现黑色椭圆形的凹斑,上长黑霉。病果或带菌果实冷藏后,病斑扩展较慢,病斑上常见浓密的银灰色霉层。

叶片受害,发病初期在叶片背面产生圆形、椭圆形或不规则形黄白色病斑,病斑沿叶脉扩展,产生黑色霉状物,发病严重时整个叶背面、甚至叶正面布满黑霉,叶片正面常呈多角形或圆形退色黄斑。叶柄上症状与果梗相似。由于叶柄受害影响水分及养料运输,往往引起早期落叶。

新梢受害,初生黑色或黑褐色椭圆形的病斑,后逐渐凹陷,表面长出黑霉。最后病斑呈疮痂状,周缘开裂。病斑向上扩展可使叶柄变黑。病梢叶片初变红、再变黄,最后干枯,不易脱落,或脱落而呈干橛。

芽鳞受害,在一个枝条上,亚顶芽最易受害,感病的幼芽鳞片,茸毛较多,后期产生黑霉,严重时芽鳞开裂枯死。

花序受害、花萼和花梗基部可呈现黑色霉斑,接着叶簇基部也可发病,致使花序和叶簇萎蔫枯死。

(2)病原

无性态　半知菌亚门、梨黑腥孢菌(*Fusicladium virecens* Bon)在病斑上长出的黑色霉状物即为病菌的分生孢子梗和分生孢子。分生孢子梗丛生或散生。粗而短,暗褐色,无分枝,直立或弯曲。分生孢子着生于孢子梗的顶端或中部,脱落后留有瘤状的痕迹。分生孢子淡褐色或橄榄色,两端尖,纺锤形,单胞。

有性态　子囊菌亚门梨黑腥菌(*Venturia pirina* Ader.),一般在过冬后的落叶上产生子囊壳,以在叶背面聚生居多。子囊壳圆球形或扁球形,黑褐色。子囊棍棒状。子囊孢子双胞,上大下小(图 5-2-7)。病菌存在生理和致病性分化的现象。

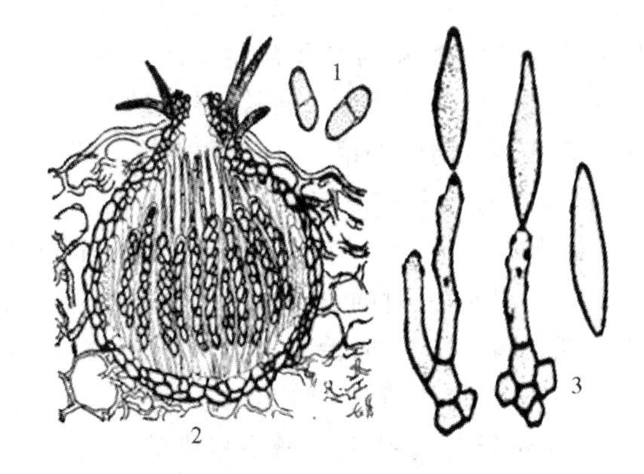

图 5-2-7　梨黑星病菌

1.子囊孢子　2.子囊壳　3.分生孢子梗和分生孢子

(3)发病规律

病菌主要以分生孢子或菌丝体在腋芽的鳞片内越冬,也能以菌丝体在枝梢病部越冬,或以分生孢子,菌丝体及未成熟的子囊壳在落叶上越冬。第二年春季一般在新梢基部最先发病,病梢是重要的侵染中心。病梢上产生的分生孢子,通过风雨传播到附近的叶、果上，病菌也有可能通过气流传播。当环境条件适宜时，孢子萌发后可直接侵入。病菌侵入的最低日均温为8～10℃，最适流行的温度则为11～20℃。孢子从萌发到侵入寄主组织只需5～48 h。一般经过14～25 d的潜育期，表现出症状。以后病叶和病果上又能产生新的分生孢子，陆续造成再次侵染。冬季温暖而干燥，落叶上的分生孢子可能越冬，有性态越冬的可能性不大；冬季寒冷而潮湿，不利于分生孢子越冬，而有利于有性态的形成并越冬。分生孢子和子囊孢子均可作为病菌的初次侵染源，但以子囊孢子的侵染力较强。

由于气候条件不同，梨黑星病在各地发生的时期亦不一样。如辽宁、吉林等省，一般在6月中下旬开始发病，8月份为盛发期；河北省在4月下旬至5月上旬开始发病，7～8月份雨季为盛发期。降雨早晚，降水量大小和持续天数是影响病害发展的重要条件。雨季早而持续期长，日照不足，空气湿度大，容易引起病害的流行。不同品种抗病性有差异。易感病的品种有鸭梨、秋白梨、京白梨、黄梨、安梨、麻梨等；其次为砀山白酥梨、莱阳梨、红梨、严州雪梨等，而玻梨、蜜梨、香水梨、巴梨等有较强的抗病性。此外，地势低洼；树冠茂密，通风不良，湿度较大的梨园，以及树势衰弱的梨树，都易发生黑星病。

(4)防治方法

防治此病两个关键环节：一是清除病菌，减少初侵染及再侵染的病菌数量，降低病菌的侵染几率；二是药剂防治，抓住关键时机，及时喷洒有效药剂，防止病菌侵染和病害蔓延，重点是降低果实的发病率及带菌率，保证果品质量。

消灭病菌侵染源　清除落叶，及时摘除病梢、病叶及病果。秋末冬初清扫落叶和落果；早春梨树发芽前结合修剪清除病梢、叶片及果实，加以烧毁。同时，加强果园管理，合理施肥，合理灌水增强树势，提高抗病力，对减轻发病有很大的作用。

喷药保护　使用有效药剂防治黑星病是目前控制黑星病的最有效、最经常应用的技术措施。用药时期、有效药剂及施药技术是提高防治效果的关键。①芽萌动时喷药。病芽是该菌最重要的越冬场所，芽萌动时喷洒有效药剂，可以杀灭病芽中的部分病菌，降低果园中的初侵染的菌量。40%福星、12.5%特谱唑(速保利、烯唑醇)、12.5%腈菌唑等内吸性杀菌剂对梨黑星病有较好的防治效果。②生长期用药：不同梨区、不同年份施药时期及次数不同。总体而言，药剂防治的关键时期有二：一是落花后30～45 d内的幼叶幼果期，重点是麦收前；二是采收前30～45 d内的成果期，多数地区是7月下旬至9月中旬。

幼叶幼果期　梨树落花后，由于叶片初展，幼果初成，正处于高度感病期；落叶上的越冬病菌开始飞散传播，病芽萌生病梢也产生孢子开始飞散传播。如果阴雨较多，条件适宜，越冬的黑星病菌将向幼叶及幼果转移，导致幼叶及幼果发病，为当年的多次再侵染奠定病原基础。这个时期是药剂防治的第一个关键时期，一般年份和地区，从初见病梢开始喷药，麦收前用药3次，即5月初、5月中下旬及6月上中旬。

成果期　7月中下旬以后，果实加速生长，抗病性越来越差，越接近成熟的果实，越易感染黑星病。同时，此时的每一个果实都与当年的经济收益直接相关。因此，采收前30～45 d内，必需抓紧药剂防治，防治果实发病或带菌，保证丰产丰收。根据当年的气候(主要是降雨)条件，此时一般需喷药3～4次，采收前7～10 d，必须喷药一次。最近几年，许多梨园推广套袋技术，由于梨袋有阻断病菌、减少侵染的作用，一般年份可以不喷药。但在黑星病严重流行的年份，套袋梨也需要喷药。有效药剂有40%福星、10%世高、12.5%特谱唑、12.5%腈菌唑、40%博舒等，这些药剂均为内吸性杀菌剂，防病效果优良，有一定的治疗作用，关键时期应当选用。

80%超邦生、80%大生 M-45、80%喷克、62.25%仙生等为保护性药剂，且几乎没有药害，应在发病前和在幼果期使用。70%代森锰锌、50%退菌特、50%代森铵等也都是保护性药剂，但应注意，使用不当，可发生药害，对果面及叶面造成损伤，幼果期应用更要小心。铜制剂也是一种防治黑星病常用的药剂，最常用的是 1∶(2～3)∶(200～240)波尔多液，还有绿得宝、绿乳铜、高铜、科博等，这类药剂对黑星病的防治效果也比较好，但在果皮幼嫩的幼果期不宜使用，阴雨连绵的季节慎用。总的来说，在使用药剂时，应该根据发病情况、药剂性能、价格高低等因素合理选择，适当搭配，交替用药，避免或减缓抗药性风险。

新建梨园时应选用抗病品种。不同品种对梨黑星病抗病性差异非常明显，如西洋梨、日本梨较中国梨抗病，中国梨中以沙梨、褐梨、夏梨等系统较抗病，而白梨系统最感病，秋子梨次之。

5.2.11　梨黑斑病

梨黑斑病是梨树上的重要病害，在我国梨产区普遍分布，尤以日本梨发病较重，造成大量裂果和落果，损失巨大。

(1)症状

该病主要危害果实、叶和新梢。叶部受害，幼叶先发病、褐至黑褐色圆形斑点，后逐渐扩大，形成近圆形或不规则形病斑，中心灰白至灰褐色，边缘黑褐色，有时有轮纹。病叶即焦枯、畸形，早期脱落。天气潮湿时，病斑表面产生黑色霉层。即病菌的分生孢子梗和分生孢子。果实受害，果面出现一至数个黑色斑点，渐扩大，颜色变浅，形成浅褐至灰褐色圆形病斑，略凹陷。发病后期病果畸形、龟裂，裂缝可深达果心，果面和裂缝内产生黑霉，并常常引起落果。果实近成熟期染病，前期表现与幼果相似，但病斑较大黑褐色，后期果肉软腐而脱落。新梢发病，病斑圆形或椭圆形、纺锤形、淡褐色或黑褐色、略凹陷、易折断。

(2)病原

病原菊池链格胞(*Alternaria kikuchiana* Tanaka)，属半知菌亚门链格胞属。病斑上的黑霉是病菌的分生孢子梗和分生孢子。分生孢子梗褐至黄褐色，丛生，基部稍粗，上端略细，有分隔。孢子脱落后有胞痕。分生孢子串生，倒棍棒形，有纵横分隔，成熟的孢子褐色(图 5-2-8)。

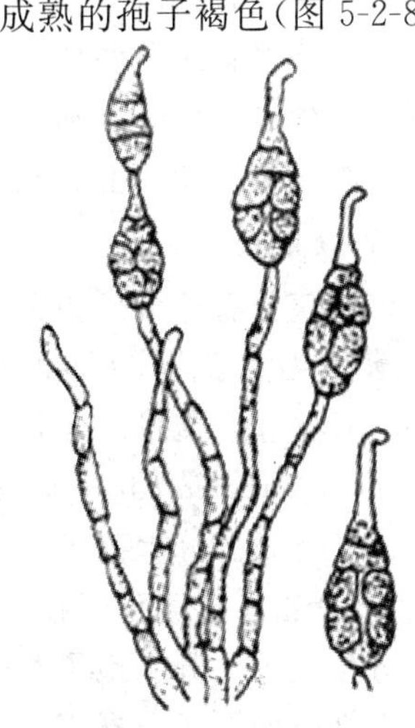

图 5-2-8　梨树黑斑病菌
示分生孢子梗和分生孢子

(3)发病规律

病菌以分生孢子和菌丝体在被害枝梢、病叶、病果和落于地面的病残体上越冬。第二年春季产生分生孢子后借风雨传播，从气孔、皮孔和直接侵入寄主组织引起初侵染。初侵染发病后病菌可在田间引起再侵染。一般 4 月下旬开始发病，嫩叶极易受害。6～7 月份如遇多雨，更易流行。地势低洼、偏施化肥或肥料不足，修剪不合理，树势衰弱以及梨网蝽、蚜虫猖獗危害等不利因素均可加重该病的流行危害。

(4)防治方法

清除越冬菌原　在梨树落叶后至萌芽前，清除果园内的落叶、落果，剪除有病枝条并集中烧毁深埋。

加强果园管理　合理施肥，增强树势，提高抗病能力。低洼果园雨季及时排水。重病树要重剪，以增进通风透光。

选栽抗病力强的品种。

药剂防治　发芽前喷5波美度石硫合剂混合药液，铲除树上越冬病菌。生长期喷药预防保护叶和果实，一般从5月上中旬开始第1次喷药，15～20 d喷1次，连喷4～6次。常用药剂有：50%异菌脲(扑海因)可湿性粉剂、10%多氧霉素(宝丽安)1 000～1 500倍液对黑斑病效果最好，75%百菌清、90%三乙磷铝酸铝、65%代森锌、80%大生M-45、80%普诺等也有一定效果。为了延缓抗药菌的产生，异菌脲和多氧霉素应与其他药剂交替使用。

5.2.12　梨轮纹病

危害梨轮纹病又称"瘤皮病""粗皮病"，俗称"水烂"，是我国梨树的一种主要病害。南北方均常发生，以南方发病较重。该病主要为害果实和枝干，有时也为害叶片。枝干发病后，促使树势早衰，果实受害，造成烂果，并且引起贮藏果实的大量腐烂。此病除为害梨树外，还能为害苹果、花红、桃、李、杏等多种果树。

(1)症状

识别枝干染病通常以皮孔为中心产生褐色突起的小斑点，后逐渐扩大成为近圆形的暗褐色病斑，直径5～15 mm。初期病斑隆起呈瘤状，后周缘逐渐下陷成为一个凹陷的圆圈。第二年病斑上产生许多黑色小粒点，即病菌的分生孢子器。以后，病部与健部交界处产生裂缝，周围逐渐翘起，有时病斑可脱落；向外扩展后，再形成凹陷且周围翘起的病斑。连年扩展，形成不规则的轮纹状。如果树上病斑密集，则使树皮表面极为粗糙，故称粗皮病。病斑一般限于树皮表层，在弱树上有时也可深达木质部。果实染病初期，以皮孔为中心发生水渍状浅褐色至红褐色圆形坏死斑，有时有明显的红褐色至黑褐色同心轮纹。病部组织软腐，但不凹陷，病斑迅速扩大，随后在中部皮层下产生黑褐色菌丝团，并逐渐产生散乱突起的小黑粒点(即分生孢子器)，使病部呈灰黑色。发病果十几天可全部腐烂，皮破伤后溢出茶褐色黏液，常带有酸臭味，最后烂果可干缩，由于病果充满深色菌丝并在表层长满黑点而变成黑色僵果。病果在冷库贮藏后，病斑周围颜色变深，形成黑褐色至黑色的宽边。一个果实上，通常有1～2个病斑，多的可达数十个，病斑直径一般2～5 cm。在鸭梨上采收前很少发现病果，多数在采收后7～25 d内出现。一些感病品种如砘子梨采收前即可见到大量的病果，而且病果很容易早期脱落，叶片发病比较少见。病斑近圆形或不规则形，有时有轮纹，0.5～ 1.5 cm，初褐色，渐变为灰白色，也产生小黑点。叶片上病斑多时，引起叶片干枯早落。

(2)病原

鉴定病原有性世代为梨生囊孢壳(*Physalospora piricola* Nose)，属子囊菌亚门、核菌纲、球壳菌目，囊壳孢属；无性时期为轮纹大茎点菌(*Macrophomn kuwatsukai* Hara)，属半知菌亚门、腔孢纲、球壳孢目。但是Von和Muller根据最近研究认为，轮纹菌的有性时期种名应改为*Botryosphaeria borengeriana* de Not(=B. dothidea)。病部的黑色小粒点为病菌的分生孢子器或子囊壳。分生孢子器扁圆形或椭圆形有乳头状孔口，直径383～425 μm。器壁黑褐色、炭质，内壁密生分生孢子梗。分生孢子梗丝状，单胞，尺度为(18～25) μm×(2～4) μm，顶端着生分生孢子。分生孢子椭圆形或纺锤形，单胞，无色，尺度为(24～30) μm×(6～8) μm。

有性时期形成子囊壳，子囊壳生在寄主栓皮下，球形或扁球形，黑褐色，有孔口，尺度为(230～310) μm×(170～310) μm，内有多数子囊及侧丝。子囊棍棒状，无色透明，顶端膨大，壁厚，基部较窄，尺度为(110～130) μm×(17.5～22) μm。子囊内含有8个子囊孢子。子囊

孢子椭圆形，单胞，无色或淡黄绿色，尺度为(24.5～26) μm×(9.5～10.5) μm，侧丝无色由多个细胞组成(图 5-2-9)。

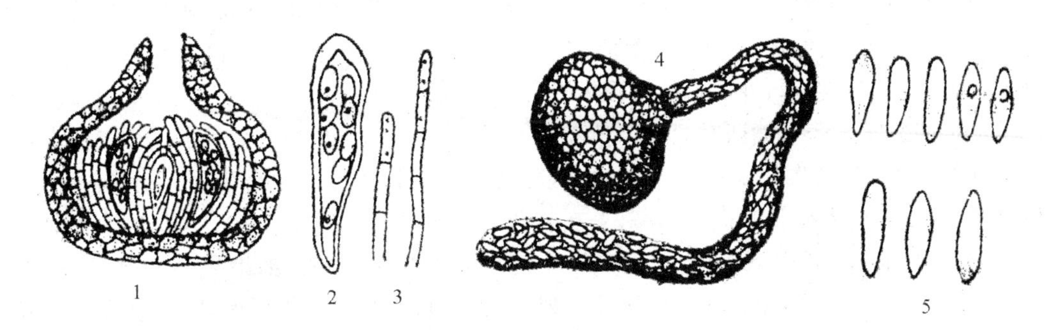

图 5-2-9 梨轮纹病菌

1.子囊壳 2.子囊及子囊孢子 3.侧丝 4.分生孢子器 5.分生孢子

病菌发育适温为 27℃，最高温度 36℃，最低 7℃，培养基在 pH 4.4～9.0 的酸碱度范围内，均适宜菌丝的生长及分生孢子的形成，以 pH 5.6～6.6 为最适。

(3)侵染循环及发病条件

侵染循环梨轮纹病病菌以菌丝体、分生孢子器及子囊壳在病部越冬。病组织中越冬的菌丝体，至第二年梨树发芽时继续扩展侵害梨树枝干。一般华北梨区越冬后的分生孢子器在 4 月中下旬开始散发少量的分生孢子，5～6 月上旬较多，以后孢子数量逐渐减少。分生孢子器内的分生孢子在下雨时溢出，经雨水飞溅或流淌而传播到其他部位，引起初次侵染。孢子传播的范围一般不超过 10 m，但在刮大风时可传播 20 m 远。孢子发芽后，经皮孔侵入枝干，经 24 h 即可完成侵入，15～20 d 后形成新病斑。在新病斑上当年很少形成分生孢子器，要在第二年至第三年才大量产生分生孢子器及分生孢子，第四年产生分生孢子器的产孢能力又减弱，分生孢子器的产孢能力可维持 10 年左右。5～9 年生的病枝干形成孢子极少，13 年以上的病枝干不形成孢子。果实感染，在落花后开始出现症状，可一直持续到采收。被侵染幼果不马上发病，待果实近成熟期或贮藏期生活力衰退时，才不断地蔓延扩展开。轮纹病菌是一种弱寄生病菌，菌丝在枝干病组织中可存活 4～6 年。

发病条件品种间抗病差异明显，日本梨系统品种一般发病都较重，中国梨系统比较抗病，西洋梨或西洋梨与中国梨杂交的品种(如铁头、夹康等)也较抗病。当气温在 20℃以上，相对湿度在 75%以上或降雨量达 10 mm 时，或连续下雨 3～4 d，孢子大量散布，病害传播很快，造成病害流行。另外，病害的发生与管理、树势及虫害等有关，如果园肥料不足，树势弱，枝干受吉丁虫为害重，果实受吸果夜蛾、蜂、蝇等为害多的均发病重。

(4)防治技术

①新建梨园注意选用无病苗木，幼树修剪忌用病树病枝干做支棍。

②清除越冬菌源。这是防治轮纹病的基础，可采用以下措施：刮治枝干病斑，发芽前将枝干上轮纹病斑的变色组织彻底刮干净，然后喷布或涂抹铲除剂。可涂抹的药剂有托布津油膏，即 70%甲基托布津可湿性粉剂 2 份＋豆油 5 份；多菌灵油膏，即 50%多菌灵可湿性粉剂 2 份＋豆油 1 份。另外，5 波美度石硫合剂效果也好。剪除树上枯死枝，以减少病菌来源。并注意苹果轮纹病的防治，防止混栽园相互传染。发芽前喷一次 0.3%～0.5%的五氯酚钠和 3～5

波美度石硫合剂混合液，或单用石硫合剂，或40%的福美胂100倍液，或35%轮纹病铲除剂100倍～200倍液，或二硝基邻甲酚200倍液，铲除越冬菌源。

③加强管理，增强树势。轮纹病菌是一种弱寄生菌，当植株生活力旺盛时，发病显著减轻，甚至不发病。因此，应加强土、肥、水管理，合理修剪，合理疏花、疏果，提高梨树的抗病能力。要增施有机肥，强调氮、磷、钾肥料的合理配合，避免偏施氮肥。

④生长期适时喷药。喷药时间是以落花10 d左右(5月上中旬)开始，到果实膨大结束为止(8月上中旬)。喷药次数要根据历年病情，药剂残效期长短及降雨情况而定。早期喷药保护最重要，所以重病果园及时进行第一、二次喷药。一般年份可喷药4～5次，即5月上中旬，6月上中旬(麦收前)，6月中下旬(麦收后)，7月上中旬，8月上中旬。如果早期无雨，第一次可不喷，如果雨季结束较早，果园轮纹病不重，最后一次也可不喷。雨季延迟，则采收前还要多喷一次药，果实、叶片、枝干均应喷药剂。喷药时，应注意有机杀菌剂与波尔多液交替使用，以延缓抗药性，提高防治效果。常用药剂有50%多菌灵可湿性粉剂800～1 000倍液、50%退菌特600～800倍液、90%乙磷铝原粉800～1 000倍液、1∶2∶(240～360)倍波尔多液、50%托布津可湿性粉剂500倍液、80%敌菌丹可湿性粉剂1 000倍液、30%绿得保胶悬剂300～500倍液、5%菌毒清水剂500倍液、40%多硫悬浮剂400倍液、50%甲基硫菌灵可湿性粉剂1 500+40%三乙磷酸铝可湿性粉剂600倍液、40%多菌灵悬浮剂1 000+10%双效灵水剂400倍液等。混用效果超过单剂。加入黏着剂效果更好。

⑤采前及采后处理。表现症状以前，病菌多在梨果皮孔或皮孔附近潜伏，结合防治梨黑星病，采前20 d左右喷一次内吸性杀菌剂，或采收后使用内吸性药剂处理果实，以降低贮藏期的烂果率。50%多菌灵可湿性粉剂800倍液，90%乙磷铝原粉700倍液，80%乙磷铝可湿性粉剂800倍液可用于采前喷药；90%乙磷铝原粉700倍液或仲丁胺200倍液浸果10 min，用于采后处理，并可预防其他贮藏期病害。

⑥果实套袋。疏果后先喷一次1∶2∶200倍波尔多波，而后用纸袋将果实套上，可基本防止轮纹病为害。旧报纸袋或羊皮纸袋均可较长时期的保护果实不受侵染。

⑦低温贮藏。准备贮运的果品，要严格剔除病果及其他次果、伤果。果实0～5℃低温下贮存可基本控制轮纹病的扩展。

5.2.13 梨树根朽病

梨树根朽病[*Armillariella tabeslems* (Scop. et Frsing)]在各梨区均有发生，但以老树区为重。如山东省莱阳梨区个别园片造成连片染病而毁园。除为害梨树外，还为害苹果、桑树等。

(1)症状

梨树根朽病为慢性根部病害。幼树、结果树均能染病，但以老树为重。染病树春季发芽晚，枝条抽生力弱，叶子小，秋季叶早期变红脱落。病树花多坐果率低，果小以至畸形。染病根部在表面有稀疏的菌索，根部形成层处有一层膜状白色菌丝层，皮层很容易削离。初期皮层变褐、坏死、腐烂；后期木质部也朽烂破碎。多雨季节，在病树基部及断根处可长出成丛的蜜黄色蘑菇状物。根染病后可蔓延到地上主干上，使干部皮层削离翘裂，木质部上缠绕一层白色菌丝，受害轻时地上部无明显表现；随病情加重，地上部渐显各种生育不良症状，如叶色变黄、叶形不正、叶缘上卷、展叶迟、落叶早、顶部或外围枝条枯死等，致使全株干枯死亡。

(2)病原

属于菌纲，伞菌目。菌丝聚积生存在木质部与皮层之间，多白色膜状展开。子实体具有菌伞、菌褶、菌柄部分。菌盖浅蜜黄色，至深蛋壳色，直径一般为 2.6～8 cm。初呈扁球形，逐渐展平，后期中部下凹，覆有较密的毛状小鳞片。菌肉白色。菌褶延生，呈浅蜜黄色，长短不一，较稀疏。菌柄浅杏黄色，基部棕灰色，略弯曲，上部较粗，纤维质，内部松软，无菌环。担孢子无色、单胞、光滑卵圆形，下端尖，大小(7.3～11.8) μm×(3.6～5.8) μm。

(3)发病规律

病菌以菌丝在病组织上越冬。下年入春后病部陆续发展，由根的形成层处向外扩展，扩展处的菌丝层鲜嫩白色。等到被害皮层干枯死亡后菌丝老化，呈纸状薄膜贴在木质部上。病根表面，有粗丝状的根状菌索，借以蔓延。根朽病的担子孢子在传播上作用不详。从田间发病情况看，表现由发病中心向外逐渐成圈扩展染病。经调查多系根间交错由根状菌索蔓延造成。此病在北方梨区发病期较长，除地层冻结期外，均可发病，但以春、秋季节扩展较快。另外，地下水位高的沙地果园或栽种梨树以前木本植被多、树种混杂地段，发病则重。梨树生长衰弱、大小年结果现象明显、土、肥、水管理较差的梨园，有利此病的侵染和蔓延。

(4)防治方法

①苗木消毒。为防止苗木带菌，可用 1%的硫酸铜水或 20%的石灰水浸渍 1 h 消毒，然后用清水洗净再栽植。

②对病树及时扒根检查。将染病根部全部切除，并用五氯硝基苯进行土壤消毒，病组织要彻底集中烧毁，不要随意抛弃。另外，也可用 50%的乙基托布津 100 倍液灌浇根土进行消毒，用量可根据树穴大小酌情处理。

③加强土、肥、水管理，合理栽植，及时排涝，增强树体抗病能力。避免选用旧林地及树木较多的河滩地改建果园。否则就要彻底清除树桩、残根、烂皮等病残体，同时还要对土壤进行灌水、翻耕、晾晒、休闲等，促进病残体腐烂分解。

5.2.14 洋梨胴枯病

洋梨胴枯病(*Diaporthe ambigua* Nitsche)又名西洋梨干枯病。我国西洋梨栽培区普遍发生。山东省烟台洋梨区发生特别严重，个别园片发病株率达 100%，致使枝条、果枝大量枯死，严重影响洋梨的生产。

(1)症状

洋梨胴枯病主要为害洋梨的枝条。春季洋梨发芽后，在短果枝基部发生红褐色的病斑，并向四周扩展。如向上延伸时，短枝上的花枯死变黑，俗称洋梨"黑病"。如向四周伸展果枝皮层被环缢造成枝条枯死。如病斑向下延伸，使与短果枝相连枝条形成大小不等的褐色至黑褐色的溃疡状病斑。长果枝或发育枝多从芽上开始发病，逐渐扩展形成病斑，由于这类枝条春季生长旺盛，往往病斑被顶起脱落，因而整枝死亡较少。

(2)病原

属子囊菌纲，球壳菌目。在枯死病斑上的黑色粒状物是分生孢子器和子囊壳。分生孢子器生于表皮下，扁椭圆形，褐色，大小(450～1 200) μm×(110～250) μm。器壁周生短杆状的分生孢子梗，上生分生孢子。分生孢子有两种类型：一种为纺锤形，无色单胞，大小(7～

13) μm×(2～4) μm；另一种丝状，一端稍弯，无色单胞，大小(12～22) μm×(1～1.5) μm。子囊壳生于表皮下，近球形，有长颈突出表皮外。子囊短圆柱形，基部有短柄，子囊壁早期胶化，使子囊孢子游离于壳内。子囊孢子椭圆形或纺锤形，无色双胞。

(3)发病规律

病菌以菌丝潜伏在病枝的老病斑和芽基内越冬。下年春季菌丝开始活动，在山东烟台地区于4月下旬至5月上旬病斑开始扩展，形成全年第一次发病高峰，造成花束、叶簇及二年生枝条的大量死亡。到6、7月，因气温逐渐升高不利于菌丝的生长，同时树体本身养分开始回流，愈伤能力增强，因此，病斑扩展速度减缓，病斑上形成大量的分生孢子器和少量子囊壳。7月下旬至8月，雨量增多，分生孢子器和子囊壳吸湿膨胀而破裂，溢出大量孢子，借风雨传播侵染。侵染早的，冬前即能形成大病斑，造成枝条枯死；侵染晚的，冬前只能形成小病斑或不现症状，下年春天继续扩展发病。

洋梨胴枯病的发展与气温密切相关。春秋两季气温在15～24℃，对病害发生有利。气温升高病斑发展慢，气温降低则休眠越冬。另外，树势生长健壮病则轻；树势衰弱或天气干旱病就重。不同品种间以巴梨感病最重，茄梨次之，伏梨较轻。

(4)防治方法

洋梨胴枯病的防治，必须以增强树体为根本，结合采用减少病源和喷药保护措施。

①改良土壤、深翻扩穴，增施有机肥料，做到能灌能排。

②春、秋季发病季节，及时剪除病死枝，刮掉枝干上的老病斑，并收集烧毁。

③春季发芽前喷布5波美度石灰硫黄合剂，发芽后喷0.2～0.3波美度石灰硫黄合剂。

④生长季节6月以后，喷布200～240倍量式波尔多液，一般要求喷3～4次。

5.2.15 葡萄霜霉病

葡萄霜霉病是一种世界性的葡萄病害。我国各葡萄产区均有分布，尤其在多雨潮湿地区发生普遍，是葡萄主要病害之一。1834年在美国野生葡萄中发现。我国1899年记载本病的发生。发病严重时，叶片焦枯早落，新梢生长不良，果实产量降低、品质变劣，植株抗寒性差。

(1)症状

该病主要危害叶片。也能危害新梢、卷须、叶柄、花序、穗轴、果柄和果实等幼嫩组织。叶片发病最初为细小的不定形淡黄色水渍状斑点，后扩展为黄色至褐色多角形斑，其边缘界限不明显。病斑背面生白色浓霜状霉层，此为病菌的孢囊梗和孢子囊。后期霉层变为褐色，常数斑联合在一起成不规则大斑，叶片早落。新梢、卷须、叶柄、穗轴发病，产生黄色或褐色斑点，略凹陷，潮湿时也产生白色霉层，生长停滞，畸形。花穗和幼果受害，花穗腐烂干枯，表面生长白色霜霉，果粒变硬，初为浅绿色，后变为褐色，软化，并在果面形成霜状霉层，不久即萎缩脱落。果实着色后不再受侵染。

(2)病原

葡萄霜霉病是由葡萄生单轴霉[*Plasmopara uiticola*(Berk. et Curt. de Toni)]寄生引起的，属鞭毛菌亚门单轴霉属，是一种专性寄生真菌。菌丝体在寄主细胞间蔓延，以瘤状吸胞伸入寄主细胞内吸取养料。孢囊梗无色，成束从寄主气孔长出。单轴分枝，分枝处近于直角，有分枝3～6次，一般分枝2～3次，分枝末端有2～3个小梗，顶生孢子囊。孢子囊无色，单胞，卵

形或椭圆形，有乳状突起，萌发产生游动孢子。游动孢子肾脏形，侧生双鞭毛，能在水中游动。病菌的有性生殖产生卵孢子，褐色、球形、壁厚，卵孢子在水滴中萌发产生1个或偶尔2个细胞的细长芽管，直径2～3 μm，长短不一，在芽管尖端形成梨形孢子囊，大小为28～36 μm，每个孢子囊可形成并释放30～50个游动孢子（图5-2-10）。

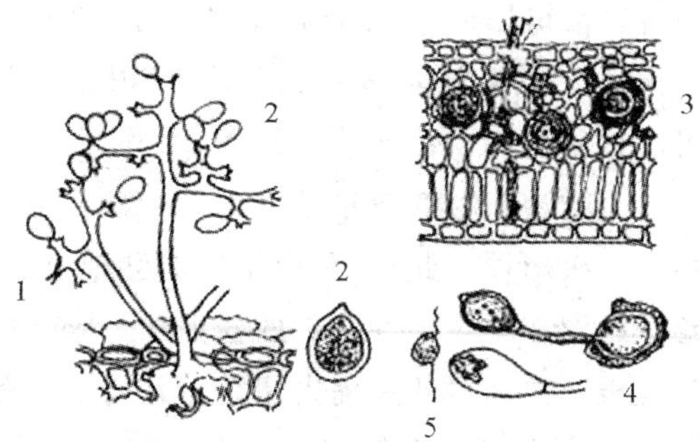

图 5-2-10 葡萄霜霉病菌

1.孢囊梗 2.孢子囊 3.病组织中的卵孢子 4.卵孢子萌发 5.游动孢子

(3)发病规律

病菌主要以卵孢子在病组织中或随病残体于土壤中越冬（卵孢子的抗逆力很强，病残组织腐烂后落入土壤中的卵孢子能存活两年）。翌年环境适宜时，卵孢子萌发产生芽孢囊，再由芽孢囊产生游动孢子，借风雨传播，从叶片背面气孔侵入，进行初次侵染。菌丝体在寄主细胞间蔓延，以吸管伸入细胞吸取养分，经7～12 d的潜伏期，在病部产生孢囊梗及孢子囊，孢子囊萌发产生游动孢子，进行再次侵染。一个生长季可行多次重复侵染。8～9月份为发病高峰期，雨后闷热天气更容易引起霜霉病突发，生长后期在病部组织中产生卵孢子。该病的发生与降雨量有关，低温高湿、通风不良有利于病害的流行。果园地势低洼、栽植过密、棚架过低、果园小气候湿度增加，从而加重病情。施肥不当，偏施或迟施氮肥，造成秋后枝叶繁茂，组织成熟延迟，也会使病情加重。品种间抗病性有一定差异，美洲种葡萄较抗病，而欧亚种葡萄则较易感病。

(4)防治方法

该病的防治应在栽种抗病品种的基础上，搞好越冬期防治，尽可能减少初侵染菌源；加强栽培管理，并结合药剂防治。

种植抗病品种　在病害常年流行的地区应考虑种植抗病品种，淘汰高感品种。

清除菌源　秋末和冬季，结合冬前修剪进行彻底地清园，剪除病、弱枝梢、病果，清扫枯枝落叶，集中烧毁或深埋。秋冬季深翻耕，并在植株和附近地面喷1次3～5波美度的石硫合剂，可大量杀灭越冬菌源，减少次年的初侵染。

加强栽培管理　避免在地势低洼、土质黏重、周围窝风，通透性差的地方种植葡萄；建园时要规划好田间灌排系统，降低果园湿度；减少土壤中越冬的卵孢子被雨溅上来的机会；适当放宽行距，行向与风向平行。棚架应有适当的高度；保持良好的通风透光条件；施足优质的有机底肥，生长期根据植株长势适量追施磷、钾肥及氮肥、微量元素等肥料，避免过量偏氮肥；酸性土壤中增施生石灰。及时绑蔓，修剪过旺枝梢，清除病残叶，清除行间杂草等。实施控产优质栽培。根据不同葡萄品种，采取疏花、疏果、掐穗尖等控制负载量，一般控制在每亩1 000～1 500 kg为宜，保持树势良好。有条件者可行果实套袋。

药剂防治　注重早期诊断、预防和控制。在未发病前可适当喷洒一些保护性药剂进行预防。1∶0.7∶200波尔多液，是防治葡萄霜霉病的一种优良的保护剂，应掌握田间出现利于霜霉病菌侵染的条件而尚未发病前使用。根据天气条件，一般使用3～5次，每次间隔10～15 d，能收到很好的防病效果。长期以来，国内外习用此药防治霜霉病。波尔多液含铜离子，对霜霉病菌很敏感，黏着性良好，药效持久，而且没有抗性问题，因而仍是一种可靠有效的药剂。由于葡萄叶对钙很敏感，配制时石灰量要少于硫酸铜的量，防止引起焦叶药害。常用的药剂还有

78%科博可湿性粉剂500～600倍液、77%多宁可湿性粉剂600～800倍液、12%绿乳铜(松脂酸铜)800倍液等。病害发生后,可根据实际情况使用一些内吸杀菌剂。如58%瑞毒霉-锰锌可湿性粉剂600倍液喷洒使用,灌根也有效,它是防治霜霉病的特效药。克露72%可湿性粉剂也是防治霜霉病效果较好的一种新药剂,药效期长,常用浓度为700～800倍,每隔15～20 d喷布1次即可。此外,利用甲霜灵灌根也有较好的效果。方法是在发病前用稀释750倍的甲霜灵药液在距主干50 cm处挖深约20 cm的浅穴进行灌施,然后覆土,在霜霉病严重的地区每年灌根2次即可。用灌根法防治霜霉病药效时间长,不污染环境,更适合在庭院葡萄上采用。还有70%乙磷铝铝锰锌可湿性粉剂500倍液、72%甲霜灵锰锌可湿性粉剂500倍液、64%杀毒矾可湿性粉剂500倍液、68.7%易保可湿性粉剂800～1 500倍液和52.5%抑快净可湿性粉剂2 000～3 000倍液等。它们既有保护作用,也有治疗作用。在进行化学防治时,对内吸型杀菌剂应注意轮换使用,避免抗药性的产生。同时注意选用能兼防其他病害的药剂。提倡使用生物农药和低毒、低残留的无机杀菌剂。由于霜霉病菌往往从葡萄叶片背面侵入,故喷药时一定要使叶背面着药均匀。另外,最近研制的烯酰吗啉、氟吗啉、霜脲氰等对防治霜霉病也有良好的效果,可选择使用。

5.2.16 葡萄黑痘病

葡萄黑痘病又名疮痂病,俗称“鸟眼病”,是葡萄重要病害之一。我国各葡萄产区都有分布。在多雨潮湿地区发病最重。黑痘病常造成葡萄新梢和叶片枯死,果实品质变劣,产量下降,损失很大。

(1)症状

主要为害葡萄的果粒、果梗、穗轴、叶片、叶脉、叶柄、枝蔓、新梢及卷须等绿色幼嫩部分,其中以果粒、叶片、新梢为主,果穗受害损失最大。

幼嫩果粒受害,初期果面有深褐色的小斑点,逐渐扩大成直径3～8 mm、边缘紫褐色、中央灰白色且稍凹陷的病斑,形似“鸟眼”状。多个病斑可连接成大斑,后期病斑硬化、龟裂,果实变小,味酸,失去食用价值。病斑仅限于表皮,不深入果肉。潮湿时,病斑上出现黑色小点并溢出灰白色黏液。果粒后期受害常开裂畸形。成熟果粒受害,只在果皮表面出现木栓化斑,影响品质。

叶片受害,初期为针头大小、红褐色至黑褐色的小斑点,周围有黄色晕圈。后病斑扩大呈圆形或不规则形,中央灰白色,稍凹陷,边缘暗褐色或紫色,直径1～4 mm。后期干燥时病斑中央易破裂穿孔,但周围仍保持紫褐色晕圈。病斑常沿叶脉发展并形成星芒状空洞,这是此病的一个显著特征。幼叶受害因叶脉停止生长而皱缩。

穗轴、果梗、叶脉、叶柄、枝蔓、新梢、卷须受害后的共同特点是病斑初期呈褐色、圆形或近圆形的小斑,后期为中央灰黑色、边缘深褐色或紫色、中部明显凹陷并开裂的近椭圆形病斑,扩大后多呈长条形、梭形或不规则形。穗轴受害可使全穗或部分小穗发育不良,甚至枯死。果梗受害可使果粒干枯脱落或僵化。叶脉及叶柄受害,可使叶片干枯或扭曲皱缩。枝蔓、新梢及卷须受害后,可导致生长停滞以至萎缩枯死。

(2)病原

无性态为葡萄痂圆孢(*Sphaceloma ampelinum* de Bary)。我国常见其无性阶段。分生孢

子盘黑色，半埋生于寄主组织中，突破表皮后长出产孢细胞及分生孢子。产孢细胞圆筒形，短小密集，无色，单胞，顶生分生孢子。分生孢子无色，单胞，卵形或长圆形，稍弯，中部缢缩，内含1～2个油球。

有性态为*Elsinoe ampelina*（de Bary）Shear，属子囊菌亚门、痂囊腔属。子囊着生在子座内梨形的子囊腔内，内含4～8个褐色至暗褐色3隔的子囊孢子（图5-2-11）。该病菌仅为害葡萄。

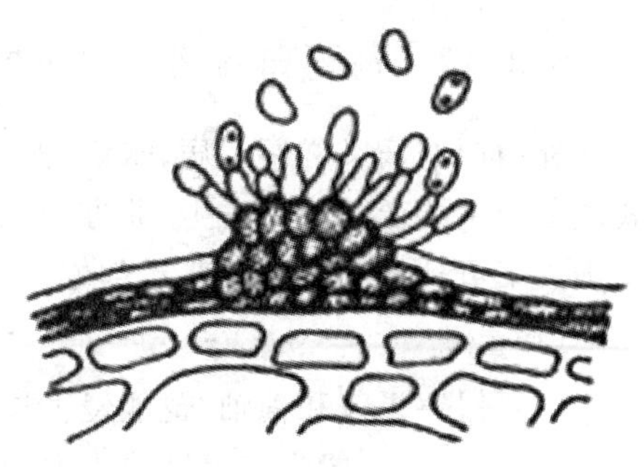

图5-2-11 葡萄黑痘病菌

示分生孢子盘和分生孢子

（3）发病规律

病菌主要以菌丝体潜伏在病枝梢、病果、病蔓、病叶、病卷须中越冬，其中以病梢和病叶为主。翌年春季，越冬的病菌在葡萄开始生长时产生大量分生孢子，借风、雨传播到幼嫩的叶片和新梢上，萌发产生芽管直接侵入寄主引起初侵染。侵入寄主后，菌丝体在寄主表皮下寄主细胞间蔓延，也能侵入到细胞内，以后形成分生孢子盘，并突破表皮，产生新的分生孢子，陆续侵染新抽出的绿色部分，不断进行多次再侵染。一般潜育期6～12 d。病害的远距离传播主要靠带病苗木与插条的调运。在高温多雨季节，葡萄生长迅速、组织幼嫩时发病最重，天气干旱时发病较轻。

（4）防治方法

清除菌源　在生长期中，及时摘除不断出现的病叶、病果及病梢。冬季修剪时，仔细剪除病梢、僵果，刮除主蔓上的枯皮，彻底清除果园内的枯枝、落叶、烂果等残体，集中深埋或烧毁。再用铲除剂喷布树体及树干四周的土面。常用的铲除剂有：①3～5波美度石硫合剂；②80%五氯酚钠原粉稀释200～300倍，加3波美度石硫合剂混合液；③10%硫酸亚铁加1%粗硫酸。喷药时期以葡萄芽鳞膨大，但尚未出现绿色组织时为好。

加强栽培管理　合理施肥，追肥应使用含氮、磷、钾及微量元素的全肥，避免单独、过量施用氮肥，增强树势。同时加强枝梢管理，结合夏季修剪，及时绑蔓，去除副梢、卷须和过密的叶片，避免架面过于郁闭，改善通风透光条件。地势低洼的葡萄园，雨后要及时排水；适当疏花疏果，控制果实负载量。

选用抗病品种　不同品种对黑痘病的抗性差异明显，所以在历年发病严重的地区应根据当地生产条件，技术水平，选用既抗病又具有优良园艺性状的品种。如巨峰品种，对黑痘病属中抗类型，康拜尔、玫瑰露、吉丰14、白香蕉等也较抗黑痘病。

喷药保护　在葡萄发芽前喷布1次铲除剂，消灭越冬潜伏病菌。常用的铲除剂有1～3波美度石硫合剂等。葡萄展叶后开始喷药，以开花前和落花70%～80%时喷药最为重要。可根据降雨及病情决定喷药次数。一般可在开花前、落花70%～80%果实如玉米粒大小时各喷1次。以后15 d时再喷1次，基本可控制病害。有效药剂有70%甲基硫菌灵、40%百菌净、70%霉奇洁、80%普诺、50%多菌灵、1∶0.5∶(160～240)波尔多液、70%代森锰锌、40%锰锌克菌多、77%可杀得等。80%大生M-45、杜邦易保等也有较好防效。新近发展的“红地球”葡萄对铜较敏感，不易使用波尔多液等铜制剂。

苗木消毒　外引苗木、插条时彻底消毒是葡萄新发展区预防黑痘病发生的最好方法。一般在栽植或扦插前用3波美度石硫合剂或10%硫酸亚铁加1%粗硫酸浸条3～5 min取出定植或育苗均能收到良好的预防效果。

5.2.17 葡萄白腐病

葡萄白腐病又称腐烂病、水烂、穗烂，全球分布，是葡萄生长期引起果实腐烂的主要病害，我国葡萄主要产区均有发生，北方产区一般年份果实损失率在15%～20%；病害流行年份果实损失率可达60%以上，甚至绝收。

(1)症状

主要侵害果粒和穗轴，也能侵害枝蔓及叶片。

果穗受害，一般先在穗轴或小穗轴上发病，初穗轴发生淡褐色水渍状的不整形病斑，逐渐向果粒蔓延。果粒先在基部变为淡褐色，软腐，后整个果粒呈淡褐色软腐。严重时全穗腐烂，病果极易受震脱落，重病园地面落满一层，这是白腐病发生的最大特点。发病后期，病果渐由褐色变为深褐色，果皮下密生灰白色、略突起的小粒点，此为病菌的分生孢子器。天气潮湿时，从小粒点中可溢出灰白色黏液，布满果面，使病果呈灰白色腐烂，所以称为白腐病。天气干热时，病穗的穗轴和果梗萎蔫变褐干枯，未脱落的果粒也迅速失水，干缩成有明显棱角呈猪肝色的僵果，悬挂穗上极难脱落。

枝蔓或新梢受害，往往出现在受损伤部位或接近地面的部位发病。最初出现水浸状、红褐色、边缘深褐色病斑，以后逐渐扩展成沿纵轴方向发展的长条形病斑，色泽也由浅褐色变为黑褐色，病部稍凹陷，病斑表面密生灰色小粒点。病斑发展后期，寄主的皮层与木质部分离，纵裂，皮层的肉质腐烂解离，只剩下丝状维管束组织，使病皮呈“披麻状”。病害严重时，病部缢缩，环绕枝干，可使枝蔓枯死或折断，影响植株生长。

叶片发病，先从植株下部近地面的叶片开始，然后逐渐向植株上部蔓延。多在叶尖、叶缘或有损伤的部位形成淡褐色、水渍状、近圆形或不规则形的病斑，并略具同心轮纹，其上散生灰白色至灰黑色小粒点，且以叶脉两边居多。病斑发展后期常常干枯破裂。

(2)病原

病原为白腐盾壳霉[*Coniothyrium diplodiella* (Speg.)Sacc.]，属于半知菌亚门盾壳霉属。

在病组织内菌丝密集形成子座，从子座上产生分生孢子器，分生孢子器球形或扁球形，灰白色或灰褐色；分生孢子梗着生于分生孢子器底部，单胞，淡褐色，分生孢子单胞，褐色至暗褐色椭圆形或卵圆形，一端稍尖(图5-2-12)。

(3)发病规律

病菌主要以分生孢子器、分生孢子或菌丝体随病残体在地表和土壤中越冬，其中僵果上的分生孢子器越冬能力最强。越冬后的病菌组织于次年春末夏初，温度升高又遇雨后，可产生新的分生孢子器及孢子。病菌的分生孢子靠雨滴溅散而传播，风、昆虫及农时操作亦可传播。分生孢子萌发后以芽管对靠近土面的果穗及枝梢进行初侵染，其侵入的途径主要是伤口及果实的蜜腺，有的亦可从较薄的表皮处直接侵入。初侵染发病后，病部产生新的分生孢子器和分生孢子，又通过雨滴

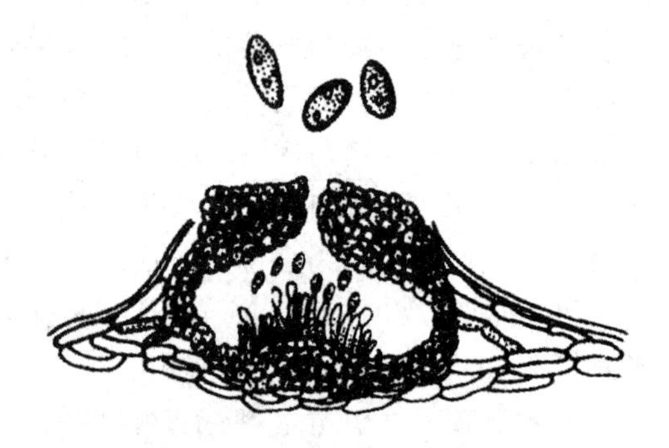

图5-2-12 葡萄白腐病菌

示分生孢子器和分生孢子

溅散或昆虫媒介传播，在整个生长季可进行多次的再侵染。病害的潜育期一般 5～7 d，而抗病品种可长达 10 d。病菌的分生孢子生活力很强，分生孢子器释放的大量分生孢子可存活 2～3 年，干的分生孢子器经 15 年后仍可释放活的分生孢子。高温、高湿和伤口是病害发生和流行的主要因素。发病程度与寄主的生育期、环境及栽培方式、组织成熟度不同的品种抗病性等与发病的轻重也密切相关。

(4)防治方法

清除侵染菌源　生长季节经常检查果园，发病初期及时剪除病穗、病枝蔓，拣净落地病果；秋末埋土防寒前结合修剪，彻底剪除病穗、病蔓，扫净病果、病叶，摘净僵果，集中烧毁或运出园外深埋。发病前用地膜覆盖地面可防治地面病菌侵染果穗。

加强栽培管理　在病害经常流行的地区，提倡种植园艺性状好的中抗品种，果园多施有机肥，增强树势；结合绑蔓和疏花疏果，提高结果部位，对地面附近果穗可实施套袋管理，减少病菌侵染机会；及时打副梢、摘心，适当疏叶，调节架面枝蔓密度，改善架面通风透光条件；注意果园排水，防止雨后积水，及时中耕除草，降低地面湿度；合理调节植株的挂果负荷量。

药剂防治　根据当地历年病害初发期决定首次喷药时间，一般应在发病初期前 5～6 d 进行。而后每隔 10～15 d 喷 1 次，连喷 4～5 次。如遇大雨，要立即喷药。有效药剂有 50%福美双可湿性粉剂 600～800 倍液、50%多菌灵可湿性粉剂 800～1 000 倍液、50%退菌特可湿性粉剂 800～1 000 倍液、75%百菌清可湿性粉剂 800～1 000 倍液，还有 50%速克灵、80%普诺、70%霉奇洁、50%多丰农、80%炭疽福美、70%甲基硫菌灵、40%福星等均有较好的防效。此外，克菌丹、特克多、白腐灵等药剂，只要适时使用都有较好防治效果。为防止病菌产生抗药性，要不断更换药剂品种。为控制土面上的病菌，重病果园在发病前应地面撒药灭菌。可用1 份福美双、1 份硫黄粉、2 份碳酸钙，三者混合均匀后，撒在果园土表，撒施量 15～30 kg/hm^2。

5.2.18　葡萄炭疽病

葡萄炭疽病又名晚腐病、苦腐病，在我国各葡萄产区均有分布，是葡萄近成熟期引起葡萄果实腐烂的重要病害之一。多雨年份常引起果实的大量腐烂，严重影响葡萄产量。流行年份，病穗率达 50%以上，一些感病品种可高达 70%左右。除危害葡萄外，还能侵害苹果、梨等多种果树。

(1)症状

主要危害着色或近成熟的果实，造成果粒腐烂。也可危害幼果、叶片、叶柄、果柄、穗轴和卷须等，但大多为潜伏侵染，不表现明显症状。着色后的果粒发病，初在果面产生针头大褐色圆形的小斑点，后来斑点逐渐扩大，并凹陷，在表面逐渐长出轮纹状排列的小黑点。当天气潮湿时，病斑上长出粉红色黏质物即病菌的分生孢子团块。发病严重时，病斑可以扩展到半个或整个果面，果粒软腐，易脱落，或逐渐干缩成为僵果。果梗及穗轴产生暗褐色长圆形凹陷病斑，影响果穗生长或使果粒干瘪。

(2)病原

有性态为围小丛壳[*Glomerella cingulata* (Ston.) Spauld et Schr.]，属子囊菌亚门、小丛壳属，我国尚未发现。常见的无性态为胶孢炭疽菌[*Colletotrichum gloeosporioides* (Penz.) Sacc.]，属半知菌亚门炭疽菌属真菌。该菌寄主繁多，异名有 600 个。分生孢子盘黑色，分生孢子梗无色，单胞，圆筒形或棍棒形，大小(12～26) μm×(3.5～4) μm。分生孢子无色，单胞，圆筒形或椭圆形，大小(10.3～15) μm×(3.3～4.7) μm。病菌发育最适温度为20～29℃，最高为36～37℃，最低为8～9℃。

(3)发病规律

主要以菌丝体潜伏在受侵染的一年生枝蔓表层组织、叶痕、病果等部位，以及以分生孢子盘在枯枝、落叶、烂果等病残组织上越冬。翌春环境条件适宜时，产生大量的分生孢子，通过风雨、昆虫、传到果穗上，引起初次侵染。分生孢子可直接侵入果皮或通过皮孔、伤口侵入。病菌具有潜伏侵染特点，一般在幼果期侵入。侵染后，大多数不表现症状，到果实着色期才表现症状。着色期后侵染的病菌，潜育期只有4～6 d。该病有多次再侵染。一般年份，病害从6月中下旬开始发生，7～8月果实成熟时，病害进入盛发期。降雨、栽培、品种及土壤条件等都与病害流行密切相关。高温多雨是病害流行的一个重要条件。果园排水不良，地势低洼，架式过低，蔓叶过密，通风透光不良，田间湿度大、病残体清除不彻底等有利于发病。葡萄不同品种抗性差异明显，一般果皮薄的品种较感病，早熟品种有避病作用，晚熟品种发病较重。欧亚种感病，欧美杂交种抗病；感病较重的品种有：巨峰、吉姆沙、季米亚特、无核白、亚历山大、白鸡心、保尔加尔、葡萄园皇后、沙巴珍珠、玫瑰香和龙眼等；感病较轻的品种有：黑虎香、意大利、烟台紫、蜜紫、小红玫瑰、巴米特、水晶和构叶等；抗病的品种有：赛必尔2007、赛必尔2003和刺葡萄等。

(4)防治方法

清除菌源　受侵染的枝梢、叶痕以及各种病残组织的越冬病菌是炭疽病的主要初侵染来源，应结合冬季修剪剪除留在植株上的枝梢、穗梗、僵果、卷须等，并把落于地面的果穗、残蔓、枯叶等彻底清除，集中烧毁，减少果园菌源。

加强栽培管理　生长期要及时摘心绑蔓，使果园通风透光，同时摘除副梢，防止树冠过于郁闭，以减轻病害的发生和蔓延。合理施肥，氮、磷、钾应适当配合，增施钾肥，以提高植株的抗病力。同时要注意合理排灌，降低果园湿度，减轻发病程度。

果实套袋　对高度感病品种或发病严重地区，可在幼果期进行套袋。果穗套袋可明显减少炭疽病的发生，应广泛提倡采用。

药剂防治　春天葡萄萌动前，喷洒40%福美双100倍液或5波美度石硫合剂药液铲除越冬菌源。开花后是防止炭疽病侵染的关键时期，6月中下旬至7月上旬开始，每隔15 d喷1次药，共喷3～4次。常用药剂有：喷克、科博600倍液，50%退菌特800～1 000倍液、1∶0.5∶200半量式波尔多液、50%托布津500倍液、75%百菌清500～800倍液和50%多菌灵600～800倍液或多菌灵——井冈霉素800倍液。需注意退菌特是一种残效期较长的药剂，采收前1个月必须停止使用。

5.2.19　柿炭疽病

柿炭疽病在我国南北方均有发生，主要为害柿果及新梢，叶部较少发生，造成枝条折断枯死，果实提早脱落。

(1)症状

发病初在果面出现针头大小深褐色或黑色小斑点，逐渐扩大成为圆形病斑，直径达25 mm

以上时，病斑凹陷，中部密生略呈轮纹状排列的灰色至黑色小粒点，即病菌的分生孢子盘。遇雨或高湿时，分生孢子盘溢出粉红色黏质的孢子团。病斑深入皮层以下，果肉形成黑色硬块。一个病果上一般有1～2个病斑，多则达十几个，病果提早脱落。新梢染病，初期产生黑色小黑圆斑，扩大后呈长椭圆形、中部凹陷褐色纵裂、并产生黑色小粒点，潮湿时黑点涌出粉红色黏质物。病斑长10～20 mm，其下木质部腐朽，病梢极易折断。如果枝条上病斑较大，病斑以上枝条易枯死。叶片病斑多发生在叶柄和叶脉上，初为黄褐色，后期变为黑色或黑褐色，长条状或不规则形。

(2)病原

病原 *Gloeosporium kaki* Hori 称柿盘长孢菌，异名 *Colletotrichum Gloeosporioides* Penz. 称盘长孢状刺盘孢，均属半知菌亚门真菌。分生孢子梗无色、直立、具1～3个隔膜，大小为(15～30) μm×(3～4) μm；分生孢子无色、单胞、圆筒形或长椭圆形，大小为(15～28) μm×(3.5～6.0) μm，中央有一球状体。该菌发育最适温度为25℃，最低9℃，最高35～36℃，致死温度为50℃(10 min)，见图5-2-13。

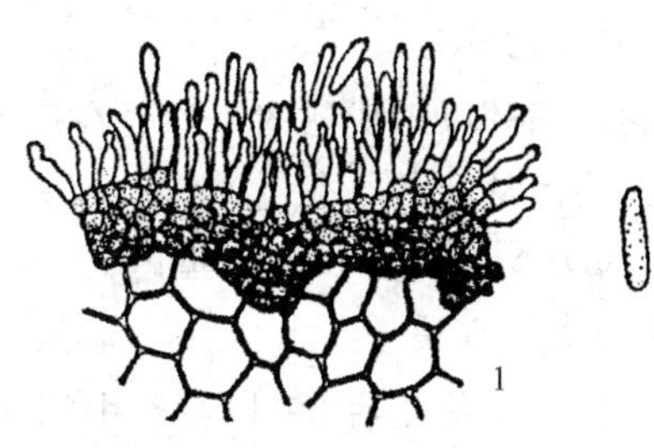

图5-2-13　柿炭疽病菌

1.分生孢子盘及分生孢子　2.分生孢子

(3)侵染循环及发病条件

侵染循环　病菌主要以菌丝体在枝梢病斑中越冬，也可在病果、叶痕和冬芽中越冬。翌年初夏产生分生孢子，进行初次侵染。分生孢子借风雨和昆虫传播，侵害新梢及幼果。病菌可以从伤口侵入，也可直接侵入。由伤口侵入时，潜育期3～6 d，直接侵入时，潜育期6～10 d。在北方果区，一般年份枝梢在6月上旬开始发病，雨季为发病盛期，后期秋梢可继续发病。果实多自6月下旬开始发病，7月中下旬即可见到病果脱落，直至采收期，果实可不断受害。

发病条件　高温高湿利于发病，雨后气温升高或夏季多雨年份发病重。柿各品种中，富有、横野易染病，江户一、霜丸高田、禅寺丸等较抗病。

(4)防治技术

加强栽培管理　提高树体的抗病能力。尤其是肥水管理。

清除初侵染菌源　结合冬剪剪除病落果，集中烧毁或深埋。或20%石灰乳浸苗10 min，然后定植。

药剂防治　喷克、科博600倍液，50%退菌特800～1 000倍液、1∶0.5∶200半量式波尔多液、50%托布津500倍液、75%百菌清500～800倍液和50%多菌灵600～800倍液或多菌灵——井冈霉素800倍液。须注意退菌特是一种残效期较长的药剂，采收前1个月必须停止使用。

5.2.20　柿圆斑病

(1)症状

柿圆斑病的病菌主要为害柿树的叶片和果实蒂。叶片感染此病，最初在叶的正面产生黄色小点，以后小点呈褐色，并逐渐扩大为圆斑；病斑周围有褐色或黑色边缘，中心成灰白色；病叶逐渐变为红色，随之病斑外缘生黄绿色晕环。一个叶片能有病斑100～200个。最后，病叶干枯早落，落叶背面丛生许多小黑点(子囊壳)。落叶后，果实即变红变软而脱落，果味变淡。

(2)病原

Mycpspjaerella nawae Hiura et Ikata 称柿叶球腔菌,属于囊菌亚门真菌。病斑背面长出的小黑点即病菌的子囊果,初埋生在叶表皮下,后顶端突破表皮。子囊果洋梨形或球形,黑褐色,顶端具孔口,大小 53～100 μm。子囊生于子囊果底部,圆筒状或香蕉形,无色,大小(24～45) μm×(4～8) μm。子囊里含有 8 个子囊孢子排成两列,子囊孢子无色,双胞,纺锤形,具一隔膜,分隔处稍缢缩,大小(6～12) μm×(2.4～3.6) μm。分生孢子在自然条件下一般不产生,但在培养基上易形成。分生孢子无色,圆筒形至长纺锤形,具隔膜 1～3 个。菌丝发育适温 20～25℃,最高 35℃,最低 10℃。

(3)发病规律

它的病菌以未成熟的子囊壳在病叶、病帝中越冬,次年 6～7 月间放射的子囊孢子随风、雨传播。病菌从叶背气孔侵入,经 60～100 d,于 6 月底至 9 月初呈现病斑,10 月中旬以后大量脱叶。6 月阴雨连绵发病严重。

(4)防治方法

①在柿树落花后 20 d 内(5 月 25 日至 6 月 15 日)向叶背喷 1～2 次波尔多液(1∶5∶600),能防治此病。

②彻底扫除、销毁病叶、病蒂,减少来年危害。

5.2.21 柿树角斑病

(1)症状

它主要侵染柿树叶片和柿蒂。叶片受害初期,页面出现不规则的黄绿色晕斑,叶脉变为黑色,病斑逐渐为浅黑色;半月后,病斑中部褪为淡褐色,并出现小黑点(分生孢子座),因受叶脉阻隔,形成角斑。柿蒂感染此病,病斑发生在柿蒂的四周,不成多角形,褐至深褐色,两面均有小黑点。

(2)病原

柿尾孢(*Cercospora kaki* Ell. et Ev.)是由一种半知菌侵害柿树引起,分生孢子梗基部菌丝集结成块,半球形或扁球形,暗橄榄色,大小 (17～50) μm×(22～66) μm,其上丛生分生孢子梗。分生孢子梗短杆状,不分枝,稍弯曲,尖端较细,不分隔,淡褐色,大小(7～23) μm×(3.3～5) μm,其上着生 1 个分生孢子。分生孢子棍棒状,直或稍弯曲,上端稍细,基部宽,无色或淡黄色,有隔膜 0～8 个,大小(15～77.5) μm×(2.5～5) μm。病菌发育最适温度为 30℃左右,最高 40℃,最低 10℃。人工培养时最适酸碱度为 pH 4.9～6.2。在马铃薯琼脂培养基上的菌落,近圆形,中央隆起,基底黑色表面黑褐色。

(3)发病规律

柿角斑病病菌,以菌丝在病叶、病蒂上越冬,残留的病蒂是主要侵染来源和传播中心。病菌在病蒂上能存活 3 年。它侵染叶片时,自叶背侵入。它的潜育期为 25～31 d。病斑出现后,不断产生分生孢子,进行再侵染。

(4)防治方法

在 6～7 月发病初期,喷布波尔多液(1∶5∶600)1～2 次,只要喷洒均匀,特别是叶背喷药要均匀,即能收到较好的效果。

5.2.22　褐腐病

这类病害因果树种类不同,发病时期不一致,常发生在久旱之后遇大雨,果实裂果及虫伤部位,其病害症状特点,有土腥味,病征为绒状或绒球状霉层(分生孢子梗及分生孢子),呈同心轮纹状排列。防治上应加强果园水肥管理及化学保护。

5.2.22.1　苹果褐腐病

苹果褐腐病是果实生长后期和贮藏运输期间发生的重要病害。主要为害果实,也可侵染花和果枝。该病除为害苹果外,还可为害梨和核果类等果树。

(1)症状

识别被害果面初期出现浅褐色软腐状小斑,病斑迅速向外扩展,数天内整个果实即可腐烂。病果的外部出现灰白色小绒球状突起的霉丛(病菌的孢子座)常呈同心轮纹状排列;果实松软成海绵状,略有弹性。病果多于早期脱落,也有少数残留树上,病果后期失水干缩,成为黑色僵果。贮藏期间,病果呈现蓝黑色斑块。花和果枝受害发生萎蔫或褐色溃疡。

(2)病原

病原 *Sclerotinia fructigena* (Aderh. et Ruhl.)称果产核盘菌,属子囊菌亚门真菌,核盘菌属。异名:*Monilinia fructigen* (Aderh. et Ruhl)Honey 称果生链盘菌,属子囊菌亚门真菌。无性世代 *Monilia fructigena* Pers 称仁果丛梗孢,属半知菌亚门,丛梗孢属真菌。病果上密生灰白色菌丝团。其上产生分生孢子梗和分生孢子。分生孢子梗无色、单胞、丝状、其上串生分生孢子,念珠状排列、无色、单胞,椭圆形或柠檬形,大小为(11～31) μm×(8.5～17) μm。菌核黑色,不规则,大小1 mm左右,1～2年后萌发出子囊盘,灰褐色,漏斗状,外部平滑,大小3～5 mm。盘梗长5～30 mm,色泽较浅。子囊无色,棍棒状,大小为(125～251) μm×(7～10) μm,内含8个子囊孢子,单行排列,子囊孢子无色,单胞,卵圆形,大小为(10～15) μm×(5～8) μm。自然条件下该菌有性阶段不常发生,见图5-2-14。

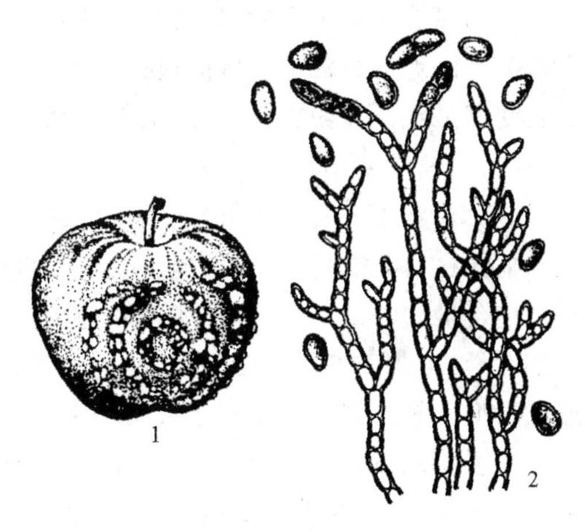

图5-2-14　苹果褐腐病菌

1.病果　2.分生孢子及分生孢子梗

(3)侵染循环及发病条件

侵染循环　主要以菌丝体或孢子在僵果内越冬,翌春产生分生孢子,借风、雨传播,从伤口或皮孔侵入,潜育期5～10 d。果实近成熟期为发病盛期,高温、高湿利于发病。在贮藏运输过程中,由于挤压、碰撞,常造成大量伤口,在高温高湿条件下,病害会迅速传播蔓延。

发病条件　褐腐菌最适发育温度25℃,但在较高或较低温度下病菌仍可活动扩展。湿度是该病流行的重要条件。高湿度不仅利于病菌的生长、繁殖、孢子的产生、萌发,还可使果实组织充水,增加感病性。病菌可经皮孔侵入果实,但主要通过各种伤口侵入。果园管理差、病虫害严重、裂果或伤口多等均可导致褐腐病发生,特别是生长前期干旱,后期多雨,褐腐病会大流行。

(4)防治技术

加强栽培管理　及时清除树上树下的病果、落果和僵果。秋末或早春施行果园深翻、掩埋落地果等措施，可减少果园中的病菌数量。搞好果园的排灌系统，防止水分供应失调而造成严重裂果。7月下旬及8月下旬各喷一次 $500\times10^{-6}\sim2\,000\times10^{-6}$ 的 B_9，可减少小国光等品种的裂果率，防止褐腐病发生。

药剂防治　在病害的盛发期前喷化学药剂保护果实是防治该病的关键性措施。在北方果区，中熟品种在7月下旬及8月中旬，晚熟品种在9月上旬和9月下旬各喷一次药，可大大减轻危害。较有效的药剂是1∶1∶(160～200)倍波尔多液、50%或70%甲基托布津或多菌灵可湿性粉剂800～1 000倍液、70%甲基硫菌灵超微可湿性粉剂1 000～1 200倍液、50%多霉灵可湿性粉剂(1 500～2 000)倍液等。也可在花前喷洒3～5波美度石硫合剂或45%晶体石硫合剂30倍液。

贮藏期防治　采收时严格剔除伤果、病虫果，防止果实挤压碰伤，减少伤口。贮藏库温度最好保持在1～2℃，相对湿度在90%左右，定期检查，及时处理病、伤果，以减少传染和损失。

5.2.22.2　桃褐腐病

桃褐腐病又名菌核病，是桃树上的重要病害之一。全国各桃产区均有发生，尤其以浙江、山东等沿海地区和江淮流域的桃区发生最重。该病能为害桃树的花、叶、枝梢及果实，其中以果实受害最重。除为害桃外，还能侵害李、杏、樱桃等核果类果树。

(1)症状识别

果实在整个生育期均可被害，以近成熟期和贮藏期受害最重。果实染病初于果面产生褐色圆形病斑，病部果肉变褐腐烂，病斑扩展迅速，数日即可波及整个果面，病斑表面产生黄白色或灰白色绒状霉层，即分生孢子梗和分生孢子。初呈同心轮纹状排列，后布满全果。后期病果全部腐烂，失水干缩而形成僵果，初为褐色，最后变为黑褐色，即菌丝与果肉组织夹杂在一起形成的大型菌核。僵果常悬挂于枝上经久不落，称“桃枭”。花器染病，先侵染花瓣和柱头，初呈褐色水渍状斑点，渐蔓延到萼片和花柄上。天气潮湿时，病花迅速腐烂，表面产生灰色霉状物。若天气干燥，则病花干枯萎缩，残留于枝上经久不落。嫩叶染病，多从叶缘开始，产生暗褐色水渍状病斑，渐扩展到叶柄，全叶枯萎，如同时遭受霜害，病叶残留于枝上经久不落。枝条染病，多系菌丝通过花梗、叶柄、果柄蔓延所致，产生边缘紫褐色，中央灰褐色，稍下陷的长圆形溃疡斑。初期溃疡斑常发生流胶现象，最后病斑环绕枝条一周后，枝条以上即枯死。

(2)病原

鉴定病原菌有两种：

①*Monilinia fructicola* (wint.)Rehm. 为链核盘菌，属子囊菌亚门真菌。无性阶段为丛梗孢菌 *Monilia*，病部长出的霉丛，即病菌的分生孢子梗及分生孢子。分生孢子无色、单胞，柠檬形或卵圆形，大小为(10～27) μm×(7～17) μm，平均大小为15.9 μm×10 μm，在梗端连续成串生长。分生孢子梗较短，分枝或不分枝。

病菌有性阶段形成子囊盘，一般情况下不常见。子囊盘由地面越冬的僵果上产生，漏斗状，盘径1～1.5 cm，紫褐色具暗褐色柄，柄长20～30 mm。僵果萌发可产生1～20个子囊盘，子囊盘内表生一层子囊，子囊圆筒形，大小为(102～215) μm×(6～13) μm，内生8个子囊孢子，单列。子囊间长有侧丝，丝状，无色，有隔膜，分枝或不分枝。子囊孢子无色单胞，椭圆形或

卵圆形，大小为(6～15) μm×(4～8.2) μm。病菌发育最适温度为25℃左右，在10℃以下，30℃以上，菌丝发育不良。分生孢子在15～27℃下形成良好；在10～30℃下都能萌发，而以20～25℃为宜。本病菌主要侵害桃果实、引起果腐。

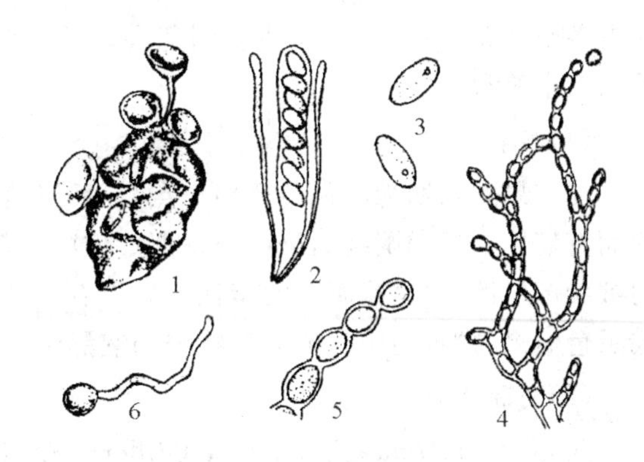

图 5-2-15 桃褐腐病菌

1. 僵果及子囊盘 2. 子囊及侧丝 3. 子囊孢子 4. 分生孢子梗及分生孢子 5. 分生孢子链的一部分 6. 分生孢子萌发

② *Monilinia laxa* (Aderh. et Ruhl) Honey，属子囊菌亚门真菌。无性世代为 *Monilia cinerea*. Bon. 称灰丛梗孢。分生孢子无色，单胞，柠檬形或卵圆形，平均大小为14.1 μm×1.0 μm。子囊盘直径1 cm左右，具有长柄，柄长5～30 mm，柄暗褐色。盘内表生一层子囊，子囊圆筒形，大小为(121～188) μm×(7.5～11.8) μm，内生8个子囊孢子，单列。子囊间长有侧丝，有隔膜，分枝或不分枝。子囊孢子无色，单胞，椭圆形，大小为(7～19) μm×(4.5～8.5) μm。本病菌主要侵害桃花，引起花腐，见图5-2-15。

(3)发病规律

病菌主要以菌丝体在僵果或枝梢的溃疡部越冬，僵果是由病菌菌丝与果肉组织交织在一起形成的大型菌核，病菌在僵果中可存活数年之久。升温后，僵果上会产生大量分生孢子，经气流、水滴飞溅及昆虫传播，引起初次侵染。经伤口及皮孔侵入果实，也可直接从柱头、蜜腺侵入花器，再蔓延到新梢，以后在适宜条件下，还能长出大量分生孢子进行多次再侵染。花期及幼果期低温、多雨，果实成熟期及采收贮运期温暖多湿发病严重。褐腐病的发生情况与虫害关系密切，在果实生长后期，若蛀果害虫严重，并且湿度过大，桃褐腐病常流行成灾，引起大量烂果、落果。病伤、机械伤多，有利于病菌侵染，发病较重；管理粗放，树势衰弱的果园发病也重。果实成熟后，一般果肉柔软多汁、味甜以及皮薄的品种较感病。

(4)防治方法

消灭越冬菌源　结合修剪做好清园工作，彻底清除僵果、病枝，集中烧毁，同时进行深翻，将地面病残体深埋地下，可大大减少越冬菌源。

加强治虫　桃园多种害虫，如桃食心虫、桃蛀螟、桃椿象等，不但传播病菌，且造成伤口利于病菌侵染。因此应及时喷药防治。有条件套袋的果园，果实膨大期进行套袋，可减轻病害发生。

喷药保护　第一次在桃树发芽前喷布5波美度石硫合剂或45%晶体石硫合剂30倍液。第二次在落花后10 d左右喷射65%代森锌可湿性粉剂500倍液、50%多菌灵1 000倍液、70%甲基托布津800～1 000倍液或65%福美锌可湿性粉剂300～500倍液。花褐腐病发生多的地区，在初花期(花开约20%时)需要加喷1次，这次喷用药剂以代森锌或托布津为宜。也可在花前、花后各喷1次50%速克灵可湿性粉剂2 000倍液或50%苯菌灵可湿性粉剂1 500倍液。不套袋的果实，在第二次喷药后，间隔10～15 d再喷1～2次，直至果实成熟前1个月左右再喷1次药。在多雨高湿情况下，要抓紧短暂的晴天及时喷药。

5.2.22.3　梨褐腐病

梨褐腐病发生在梨果近成熟期和贮藏期。在东北、华北、西北和西南部分梨区均有发生。

北方各梨区常零星发生，有些果园危害较重。该病菌只为害果实。除梨外，还可为害苹果和桃、杏、李等果树。

（1）症状

受害果实初期为浅褐色软腐斑点，以后迅速扩大，几天可使全果腐烂。病果褐色，失水后，软而有韧性。后期围绕病斑中心逐渐形成同心轮纹状排列的灰白色到灰褐色、2～3 mm 大小的绒状菌丝团，这是褐腐病的特征。病果有一种特殊香味。多数脱落，少数也可挂在树上干缩成黑色僵果，贮藏期中病果呈现特殊的蓝黑色斑块。

（2）病原鉴定

病原 *Monilinia fructigena*（Aderh. et Ruhl.）Honcy，异名 *Sclertinia fructigena* Aderh. et Ruhl. 称果产核盘菌，均属子囊菌亚门真菌。子囊盘自僵果内菌核上生出，菌核黑色，不规则形，子囊漏斗状，外部平滑，灰褐色，直径 3～5 mm，盘梗长 5～30 mm，色泽较浅，子囊无色，长圆筒形，内生 8 个孢子，侧丝棍棒形，子囊孢子单胞，无色，卵圆形，大小(10～15) μm×(5～8) μm。有性阶段在自然条件下很少产生。无性阶段为 *Monilia fructigenaq* Pets 称仁果丛梗孢。病果表面产生绒球状霉丛是病菌的分生孢子座。其上着生大量分生孢子梗及分生孢子。分生孢子梗丛生，顶端串生念珠状分生孢子，分生孢子椭圆形，单胞、无色、大小(11～31) μm×(8.5～17) μm，见图 5-2-16。

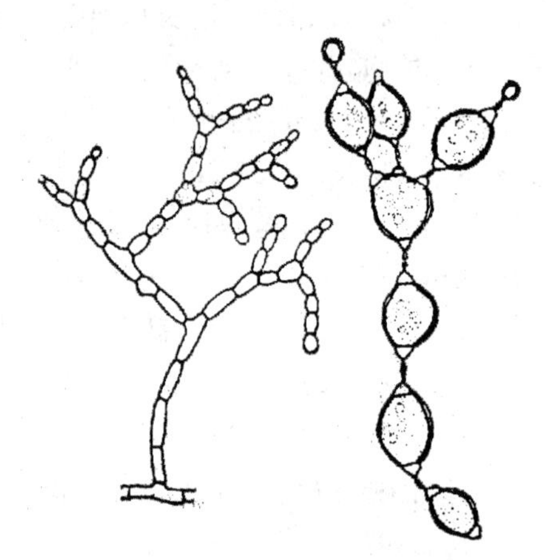

图 5-2-16　梨褐腐病菌
分生孢子梗及串生的分生孢子

（3）侵染循环及发病条件

侵染循环　病菌主要以菌丝体和孢子在病果或僵果上越冬，翌年春季，分生孢子借风雨传播，孢子通过伤口或皮孔侵入果实，潜育期 5～10 d。

发病条件　在高温、高湿及挤压条件下，易造成大量伤口，病害迅速传播蔓延。褐腐病菌在 0～35℃范围内均可扩展，最适发病温度为 25℃，因此，该病不论在生长季节或贮藏期都能为害。果园积累有较多的病源，果实近成熟期又多雨潮湿是褐腐病流行的主要条件。不同品种对该病抗性不同，香麻梨、黄皮梨较抗病，金川雪梨、明月梨较感病。果园管理差，水分供应失调，虫害严重，采摘时不注意造成机械伤多，均利于该病的发生和流行。

（4）防治技术

加强果园管理　褐腐病是积年流行病害，及时清除菌源，就可以控制病害的流行。秋末采果后耕翻，清除病果，生长季节随时采摘病果，集中烧毁或深埋，以减少田间菌源。

适时采收，减少伤口，防止贮藏期发病　贮藏前严格挑选、去掉各种病果、伤果、分级包装。运输时减少碰伤，贮藏期注意控制湿度，窖温保持在 1～2℃，相对湿度 90%。定期检查，发现病果及时处理，减少损失。

药剂防治　花前喷 3～5 波美度石硫合剂或 45%晶体石硫合剂 30 倍液。花后及果实成熟前喷 1∶3∶(200～240)倍量式波尔多液或 45%晶体石硫合剂 300 倍液、50%多菌灵可湿性粉剂 600 倍液、50%甲基硫菌灵悬浮剂 800 倍液、50%甲基托布津可湿性粉剂 600 倍液、50%苯菌灵可湿性粉剂 1 500 倍液。

贮藏果库及果框、果箱等贮果用具要提前喷药消毒，然后用二氧化硫熏蒸，每立方米空间用 20～25 g 硫黄密闭熏蒸 48 h；也可用 1%～2%福尔马林或 4%漂白粉水溶液喷后熏蒸 2～7 d。

果实贮藏前用 50%甲基硫菌灵可湿性粉剂 700 倍液或 45%特克多悬浮剂 4 000～5 000 倍液浸果 10 min，晾干后贮藏。

5.2.23　桃疮痂病

桃疮痂病又名桃黑星病，我国桃区均有发生。病菌主要为害果实，其次为害叶片和新梢等。除为害桃外，还能侵害杏、李、梅、扁桃等多种核果类果树。

(1)症状

果实染病，多在果实肩部，先产生暗褐色、圆形小斑点，后呈黑色痣状斑点，直径为 2～3 mm，严重时病斑聚合成片。由于病斑扩展仅限于表皮组织，当病部组织枯死后，果肉仍可继续生长，因此病果常发生龟裂。近成熟期病斑变为紫黑色或红黑色。果梗染病，病果常早期脱落。枝梢染病，最初在表面产生边缘紫褐、中央浅褐色的椭圆形病斑。大小 3～6 mm，后期病斑变为紫色或黑褐色，稍隆起，并于病斑处产生流胶现象。翌春病斑变灰色，并于病斑表面密生黑色粒点，即病菌分生孢子丛。病斑只限于枝梢表层，不深入内部。病斑下面形成木栓质细胞。因此，表面的角质层与底层细胞分离，但有时形成层细胞被害死亡，枝梢便呈枯死状态。叶片染病，最初多在叶背面叶脉之间，呈灰绿色多角形或不规则形斑，后病叶正反两面都出现暗绿色至褐色病斑。后变为紫红色枯死斑，常穿孔脱落。病斑较小，直径一般不超过 6 mm。叶脉染病，呈暗褐色长条形病斑。发病严重时可引起落叶。

(2)病原

病原为嗜果枝孢菌（*Cladosporium carpophilum* Thum.），属半知菌亚门，枝孢属真菌；根据报道，黑星病菌已发现有性阶段，为 *Venturia carpophilum* Fisner.，属子囊菌亚门真菌。分生孢子梗不分枝或分枝一次，弯曲，具分隔，暗褐色，大小为(48～60) μm×4.5 μm。分生孢子单生或成短链状，椭圆形或瓜籽形，单胞或双胞，无色或浅橄榄色，大小为(12～30) μm×(4～6) μm。子囊孢子在子囊内的排列，上部单列，下部单列或双列，子囊孢子大小为(12～16) μm×(3～4) μm。分生孢子在干燥状态下能存活 3 个月，病菌发育最适温度为 24～25℃，最低 2℃，最高 32℃，分生孢子萌发的温度为 10～32℃，但以 27℃为最适宜，见图 5-2-17。

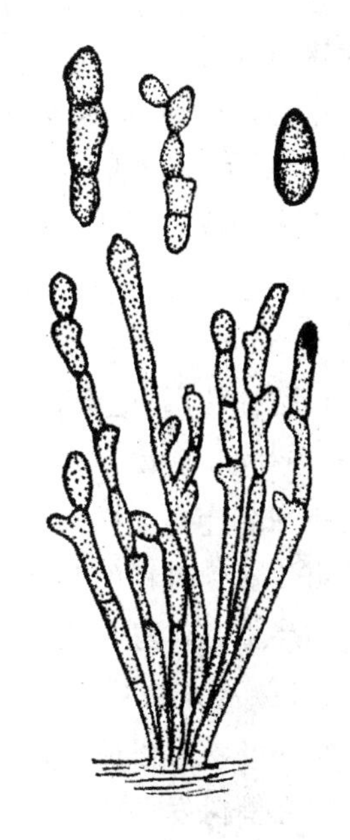
图 5-2-17　桃疮痂病菌
分生孢子梗及分生孢子

(3)侵染循环及发病条件

侵染循环　以菌丝体在枝梢病部或芽的鳞片中越冬，翌年 4～5 月份降雨后开始形成分生孢子，借风雨或雾滴传播，进行初侵染。病菌潜育期较长，果实上 40～70 d，枝梢、叶片上 25～45 d，因此再侵染作用不大，一般早熟品种还未显症，即已采收。晚熟品种发病稍重，5～6 月份为病害盛发期，但幼果期发病较轻。

发病条件　该病的发生与气候、果园地势及品种有关。特别是春季和初夏及果实近成熟期的降雨量是影响该病发生和流行的重要条件，此间若多雨潮湿易发病。果园地势低洼、栽植过密、通风透光不好，湿度大发病重。桃各栽培品种中，一般早熟品种较晚熟品种发病轻。但有时也受栽培地区小气候及其他条件的影响，如上海水蜜桃、黄肉桃较易感病，而天津水蜜桃、肥城桃则较抗病。

(4)防治技术

选栽抗病品种　发病严重地区选栽早熟品种。

清除初侵染源　秋末冬初结合修剪，认真剪除病枝、枯枝、清除僵果、残桩，集中烧毁或深埋。生长期剪除病枯枝，摘除病果，防止再侵染。

加强栽培管理　注意雨后排水，合理修剪，使桃园通风透光。

药剂防治　开花前，喷5波美度石硫合剂＋0.3％五氯酚钠或45％晶体石硫合剂30倍液，铲除枝梢上的越冬菌源。落花后半个月，喷洒70％代森锰锌可湿性粉剂800倍液、50％苯菌灵可湿性粉剂1 500倍液、70％甲基硫菌灵超微可湿性粉剂1 000倍液。以上药剂与硫酸锌石灰液交替使用，效果较好。隔10～15 d一次，共喷3～4次。

果实套袋　落花后3～4周进行套袋，防止病菌侵染。

5.2.24　桃细菌性穿孔病

(1)症状

此病主要发生在桃叶上，桃树的小枝和果实也能染病。叶片感染此病，叶面和叶背靠叶脉处出现水渍状小病斑，病斑有圆形的、角形的或不规则形的，呈紫褐色至黑褐色，病斑周围有一淡黄色的晕圈，后变为小孔，严重时会导致叶片脱落。桃树枝条感染此病，分为春季溃疡和夏季溃疡两种。春季溃疡的病斑，是生在头年夏季感染的枝梢上，病斑呈暗色，春季发展成溃疡；有时病斑环枝一周，使枝梢枯死。夏季溃疡，是在夏末发生在当年发出的绿枝上，以皮孔和芽限为中心，形成圆形或椭圆形水渍状略紫色斑点，以后变为褐色至紫黑色，稍凹陷，边缘有桃胶溢出，干后龟裂，有时几个病斑相连，使整个枝条枯死。果实感染此病，初为水渍状褐色小斑，逐渐扩大变成青紫色，稍凹陷；在潮湿的条件下，病斑上常出现黄色黏液，内有大量细菌。

(2)病原

thomonas campestris pv pruni.(Smith)Dye 异名：Xanthomonas pruni (Smith) Dowson 称黄单孢杆菌属、桃穿孔致病型细菌。

(3)发病规律

桃细菌性穿孔病的病原细菌，在树枝溃疡组织内能存活一年以上。春季，病菌凭借风、雨和昆虫传播到桃树的叶片、果实和枝条上，由皮孔和芽痕侵入，5月开始发病，而以7～8月雨季发病严重。树势衰弱、排水通风不良的果园，此病发生较重。

(4)防治方法

①冬季整形修剪时，应剪除病枝并集中烧毁，以减少越冬菌源。

②在桃树发芽前喷5波美度石硫合剂，展叶后喷0.3～0.4波美度石硫合剂，在果树生长期可喷代森锌500倍液，均有较好效果。

③排水通风不良的果园，要注意做好排水和通风工作。

5.2.25 桃腐烂病

(1)症状

主要为害桃树的主干、主枝，症状较隐蔽，发病初期难以发觉。初染此病时，病部树皮微肿胀，呈淡褐色；不久，外部可见豆粒大胶点，呈椭圆形下陷；撕开表皮，里层发湿，皮层松软腐烂，有酒糟味；然后病部发展到木质部。

(2)病原

桃腐烂病核果黑腐皮壳[*Valsa leucostoma*(Pers.)Fr.]，菌丝体集结于表皮下，生成黑色小粒点分生孢子器，分生孢子器周围有一白色圈。分生孢子器遇潮湿则产生黄红色孢子角(病原形态可参见图5-2-1苹果树腐烂病菌)。此病能导致枝干或整株果树死亡。

(3)发病规律

桃腐烂病病菌，以分生孢子器、菌丝等在树干患部越冬。3～4月间，分生孢子角从表皮下的分生孢子器内涌出，凭借风、雨和昆虫等传播。病菌一般从伤口侵入，菌丝在表皮下扩展，被害部位有胶质溢出。此病与冻害有关。树体受冻后，病菌从冻伤口直接侵入，引致发病。

(4)防治方法

①对果树加强综合管理，以提高树体的抗病力。

②结合整形修剪，及时清除病株、病枝，以减少病原菌。

③在春、秋季病菌孢子散发期，可对树体喷布1∶1∶160的波尔多液或0.3～0.5波美度石硫合剂，能减少发病。

5.2.26 桃流胶病

(1)症状

侵染性流胶病主要发生在枝干上，也可为害果实。一年生枝染病，初时以皮孔为中心产生疣状小突起，后扩大成瘤状突起物，上散生针头状黑色小粒点，翌年5月病斑扩大开裂，溢出半透明状黏性软胶，后变茶褐色，质地变硬，吸水膨胀成胨状胶体，严重时枝条枯死。多年生枝受害产生水泡状隆起，并有树胶流出，受害处变褐坏死，严重者枝干枯死，树势明显衰弱。果实染病，初呈褐色腐烂状，后逐渐密生粒点状物，湿度大时粒点口溢出白色胶状物。

桃树非侵染性流胶病为生理性病害，发病症状与前者类似，其发病原因：冻害、病虫害、雹灾、冬剪过重，机械伤口多且大都会引起生理性流胶病发生。此外结果过多，树势衰弱，亦会诱发生理性流胶病发生。

(2)病原及发病规律

桃流胶由真菌侵染引起，即由葡萄座腔菌和桃囊孢菌(属子囊菌亚门真菌)侵染所致。病原菌以菌丝体和分生孢子器在树干、树枝的染病组织中越冬，第二年在桃花萌芽前后产生大量分生孢子，借风雨传播，并且从伤口或皮孔侵入，以后可再侵入。各种原因都可引起桃流胶病，如生理失调、细菌寄生、伤害(包括霜施肥)。

(3)防治方法

①加强肥水管理，增施有机肥。桃树耐干旱，适宜于疏松土壤内种植，适时喷洒护树将军1 000倍液杀菌消毒。注意科学使用“天达2116”增强树势，提高抗病性能。

②科学修剪，注意生长季节及时疏枝回缩，冬季修剪少疏枝，减少枝干伤口，修剪的伤口上要及时涂抹愈伤防腐膜，保护伤口不受外界细菌的侵染，有效防治伤口腐烂流胶。注意疏花疏果，减少负载量。

③在生长季节及时用药，每 10～15 d 喷洒一次 600 倍 50%超微多菌灵可湿性粉剂，或 1 000 倍 70%超微甲基硫菌灵可湿性粉剂，或 800 倍 72%杜邦克露可湿性粉剂，或 600 倍 50%退菌特可湿性粉剂，或 1 500 倍 50%苯菌灵可湿性粉剂，同时配合喷施新高脂膜 800 倍液增强药效。

④刮除病斑后涂抹 200～300 倍以上药剂或护树将军病斑消毒，可很好地治愈桃树流胶病。

5.2.27 樱桃叶片穿孔病

穿孔病是甜樱桃叶片最常见的病害，包括细菌性穿孔病病原菌（*Xanthomonas pruni.*）和真菌性穿孔病原菌（*Blumeriella jaapii*）和（*Cercospora circumscissa*）。细菌性穿孔病发生较普遍，严重时引起早期落叶。真菌性穿孔病种类较多，分布亦广，主要有霉斑穿孔病、褐斑穿孔病、斑点穿孔病。

5.2.27.1 细菌性穿孔病

(1)症状

该病可以为害叶片、新梢及果实。叶片受害时，初期产生水渍状小斑点，后逐渐扩大为圆形或不规则形状，呈褐色至紫褐色，周围有黄绿色晕圈，天气潮湿时，在病斑背面常溢出黄白色黏质状的菌脓。病斑脱落后形成穿孔，或仍有一小部分与健康组织相连。发病严重时，数个病斑连成一片，使叶片焦枯脱落。

为害枝梢时，病斑有春季溃疡和夏季溃疡两种类型。春季溃疡斑：春季展叶时，上一年抽生的枝条上潜伏的病菌开始活动为害，产生暗褐色水渍状小疱疹，直径 2 mm 左右，以后扩大到长 1～10 cm，宽不超过枝条直径的一半；春末夏初，病斑表皮破裂，流出黄色菌脓。夏季溃疡斑：夏末，于当年生新梢上，以皮孔为中心，形成水渍状暗紫色斑，圆形或椭圆形，稍凹陷，边缘水渍状，病斑很快干枯。

为害果实时，初期产生褐色小斑点，后发展为近圆形、暗紫色病斑。病斑中央稍凹陷，边缘呈水渍状，干燥后病部常发生裂纹。天气潮湿时病斑上出现黄白色菌脓。

(2)病原

细菌性穿孔病是由黄单胞杆菌属的细菌[X*anthomonas campestris* pv. *prumi* (Smith) Dye.]侵染引起的。革兰氏染色为阴性反应。菌落为黄色，圆形，边缘整齐。

(3)发病规律

细菌性穿孔病的病原细菌主要在春季溃疡斑内越冬，翌春抽梢展叶时细菌自溃疡斑内溢出，通过雨水传播，经叶片的气孔、枝条及果实的皮孔侵入，幼嫩的组织易受侵染。叶片一般于 5～6 月份开始发病，雨季为发病盛期。春季气温高、降雨多、空气湿度大时发病早而重。夏秋雨水多，可造成大量晚期侵染。具有潜伏侵染特性，在外表无症状的健康枝条组织中也潜伏有细菌。

(4)细菌性穿孔病的防治

①加强栽培管理，增强树势，提高植株的抗病能力。

②结合冬季修剪，彻底剪除病枯梢，清扫落叶、落果，集中深埋或烧毁，以减少越冬菌源。

③春季发芽前喷1∶1∶100的波尔多液或5波美度的石硫合剂，或45%的石硫合剂晶体10倍液，杀死树皮内潜伏的病菌。5～6月份喷布60%代森锌500倍液。硫酸锌石灰液（硫酸锌0.5 kg、消石灰2 kg、水120 kg混匀）和琥珀酸铜100～200倍液，可有效防治细菌性穿孔病。

5.2.27.2 霉斑穿孔病

(1)症状

该病可以为害叶片、枝梢、花芽及果实。叶片上病斑近圆形或不规则形，直径2～6 mm。病斑中部褐色，边缘紫色。最后病斑脱落，叶片穿孔。发病后期，空气湿度大时，病斑背面长出灰黑色霉状物，为病菌的分生孢子梗和分生孢子。枝梢被害，以芽为中心形成长椭圆形黑色病斑，边缘紫褐色。病斑长3～12 mm。病斑流胶，有时枯梢。果实受害后形成褐色凹陷病斑，边缘呈红色。

(2)病原

霉斑穿孔病是由半知菌亚门的[*Clasterosporium carpophilum*(Lev.)Aderh.]引起的，病菌以菌丝或分生孢子在病梢或芽内越冬，来年春季产生孢子经雨水传播，侵染幼叶、嫩梢及果实，病菌在生长季内可以多次再侵染，多雨潮湿是引起发病的主要条件。

(3)防治措施

①要注意栽培管理，增强树势，提高树体的抗病能力。

②冬剪时彻底剪除病枯枝，清扫落叶、落果，集中销毁，减少越冬菌源。

③甜樱桃萌芽前，喷布1∶1∶100波尔多液或5波美度石硫合剂或45%石硫合剂晶体10倍液，杀死越冬病菌。5～6月份喷65%的代森锌500倍液。每7～10 d喷一次，连喷3～4次。

5.2.27.3 褐斑穿孔病

(1)症状

该病可以为害叶片、新梢和果实。叶片受害初期，产生针头状大小带紫色的斑点，逐渐扩大为圆形褐色斑，边缘红褐色或紫红色，直径1～5 mm。病斑两面都能产生灰褐色霉状物。最后病部干燥收缩，周缘与健康组织脱离，病部脱落，叶片穿孔，穿孔边缘整齐。新梢和果实上的病斑与叶片上的病斑类似，空气湿度大时，病部也产生灰褐色霉状物。

(2)病原及发病规律

褐斑穿孔病是由*Crcosport circumscissa* Sacc.引起的。病原菌主要是以菌丝体在病叶、枝梢病组织中越冬，翌春气温回升时形成分生孢子，借风雨传播，侵染叶片、新梢和果实。此后，病部多次产生分生孢子，进行再侵染。病菌在7～37℃均可发育，适温为25～28。低温多雨利于病害的发生和流行。

(3)防治方法

①加强栽培管理，增强树势，提高树体抗病能力。

②冬剪时彻底剪除病枯枝，清扫落叶、落果，集中销毁。

③萌芽前喷1∶1∶100波尔多液，或5波美度石硫合剂，或45%石硫合剂晶体10倍液。落花后喷70%代森锰锌可湿性粉剂500倍液，或70%甲基托布津可湿性粉剂1 000倍液，或75%百菌清可湿性粉剂800倍液，5～6月份喷65%代森锌500倍液。每7～10 d喷一次，连喷3～4次。

5.2.27.4　斑点穿孔病

(1)症状

该病主要为害叶片。叶片受害后病斑近圆形,直径2～3 mm,褐色,边缘红褐色或紫褐色,上生黑色小点,为病菌的分生孢子器。最后病斑脱落穿孔。

(2)病原

斑点穿孔病是由半知菌亚门的 *Phyllostica persicae* Sacc.引起的。病菌主要以分生孢子器在落叶中越冬,翌春产生分生孢子,借风雨传播。

(3)防治方法

①加强栽培管理,增强树势,提高树体抗病力。

②彻底清扫落叶,集中销毁。

③发芽前喷布1∶1∶100的波尔多液,或5波美度的石硫合剂,或45%石硫合剂晶体10倍液,杀死越冬病原。5～6月份喷65%代森锌500倍液。

5.2.28　樱桃根癌病

(1)症状

根癌病是根部肿瘤病。肿瘤多发生在表土下根茎部和主根与侧根连接处或接穗与砧木愈合处。病菌从伤口侵入,在病原细菌刺激下根细胞迅速分裂而形成瘤肿,多为圆形,大小不一,直径0.5～8 cm,幼嫩瘤淡褐色,表面粗糙,似海绵状,继续生长,外层细胞死亡,颜色加深,内部木质化形成坚硬的瘤。患病的苗木或树体早期地上部分不明显,随病情扩展,肿瘤变大、细根少,树势衰弱,病株矮小,叶色黄化,提早落叶,严重时全株干枯死亡。

(2)病原

Agrobacterium tumefaciens (E. F. Smith & Townsend) Conn. 称根癌土壤杆菌,属土壤野杆菌属细菌。病菌有三个生物型,Ⅰ型和Ⅱ型主要侵染蔷薇科植物,Ⅲ型寄主范围较窄只为害葡萄和悬钩子等植物。北方导致樱桃根癌病的菌株,属生物Ⅰ型和Ⅱ型。菌体短杆状,大小(1.2～3) μm×(0.4～0.8) μm,能游动,侧生1～5根鞭毛,革兰氏染色阴性,氧化酶阳性,在营养琼脂培养基上,产生较多的胞外多糖,菌落光滑无色,有光泽,有些菌株菌落呈粗糙形,好氧,适宜生长温度25～30℃,最适pH 7.3,适应pH 5.7～9.2。该菌除为害樱桃外,还为害葡萄、苹果、桃、李、梅、柑橘、柳、板栗等93科643种植物。

(3)传播途径

根癌菌是一种土壤习居菌,细菌单独在土壤中能存活1年,在未分解病残体中可存活2～3年。雨水、灌水、地下害虫、修剪工具、病组织及有病菌的土壤都可传病。低洼地、碱性地、黏土地发病较重。

(4)防治方法

①禁止调入带病苗木,选用无病苗加强果园管理,增强树势提高抗病能力,增施有机肥料,使土壤呈微酸性。耕作时,不要伤及根茎部及根茎部附近的根。

②化学防治 定植前,用 K_{84} 菌处理根系防治根癌病效果很好。感病植株刮除肿瘤后用 K_{84} 涂抹病部根系,也可用 K_{84} 菌水灌根。

5.2.29 枣锈病

(1)症状

枣锈病主要为害枣叶，使叶背着生淡绿色小点，逐渐变为灰褐色腐斑，在叶脉两侧为不规则形状。以后病部凸起，呈黄褐色(夏孢子堆)，最后散发出夏孢子；叶正面呈花叶状，灰黄色，严重时引致落叶。冬孢子堆，一般在树叶脱落后发生较多，为黑色，比夏孢子堆小。

(2)病原

为枣多层锈菌[*Phakopsora ziziphivulgaris* (P. Henn.)Diet]. 属担子菌亚门真菌。夏孢子球形或椭圆形，淡黄色至黄褐色，单胞，表面密生短刺，大小(14～26) μm×(12～20) μm。冬孢子长椭圆形或多角形，单胞，平滑，顶端壁厚，上部栗褐色，基部淡色，大小(8～20) μm×(6～20) μm。

(3)发病规律

枣芽中多年生菌丝是此病病菌越冬源之一。雨水多，果园湿度大时，此病发病多。一般在6月下旬至7月上旬雨量大和降雨次数多时，有利于此病发生。

(4)防治方法

如当年雨水多，应从6月10日前后开始，每隔10～15 d喷一次1∶3∶200的石灰过量式波尔多液，连续喷2～3次。在干旱年份，在6月上中旬喷一次1∶3∶200的石灰过量式波尔多液即可。

5.2.30 枣疯病

枣疯病又名枣丛枝病、公枣树。在北方各枣区均有发生，危害相当严重，能造成枣树大量死亡。

(1)症状

枣树不论幼苗和大树均可受侵染发病。病树主要表现为丛枝、花叶和花变叶3种特异性的症状。

丛枝　病株的根部和枝条上的不定芽或腋芽大量萌发并长成丛状的分蘖苗或短疯枝，枝多枝小、叶片变小，秋季不落。

花叶　新梢顶端叶片出现黄绿相间的斑驳，明脉，叶缘卷曲，叶面凹凸不平、变脆。果小、窄，果顶锥形。

花变叶　病树花器变成营养器官，花梗和雌蕊延长变成小枝，萼片、花瓣、雄蕊都变成小叶。病树树势迅速衰弱，根部腐烂，3～5年内就可整株死亡。

(2)病原

类菌原体[*Mycoplasma like* Organism，简称MLO]。据目前研究报道，引起枣疯病的病原可能是类菌原体和病毒混合侵染所致，而以前者为主。

(3)发病规律

该病有两条传播途径 ①媒介昆虫。主要有凹缘菱纹叶蝉(*Hishimonoides selletus* Uhler)、橙带拟菱纹叶蝉(*Hishimonoides surifaciales* Kuoh)和红闪小叶蝉(*Typhlocyba* sp.)等，它们在病树上吸食后，再取食健树，健树就被感染。传毒媒介昆虫和疯病树同时存在，是该病蔓延的必备条件。橙带拟菱纹叶蝉以卵在枣树上越冬；凹形菱纹叶蝉主要以成虫在松柏树上越冬，乔迁寄主有桑、构、芝麻等植物。②嫁接。芽接和枝接等均可传播，接穗或砧木有一方带病即可使嫁接株发病。嫁接后的潜育期长短与嫁接部位、时间和树龄有关。病原进入树体先运至根部，增殖后又从下而上运行到树冠，引起疯枝，小苗当年可疯，大树多半到翌年才疯。病原通过韧皮部的筛管运转。病枝中有病原，病树健枝中基本没有。生长季节，病枝和根部都有病原，休眠季节末（3～4 月份），地上部病枝中基本没病原，而根部一直有病原。病原可能在根部越冬，第二年枣树发芽后再上行到地上部。发病时间较集中在 6 月份。

（4）防治方法

引进苗木严格检疫　严格选择无病砧木、接穗和母株作为繁殖材料。同时在苗圃实行检疫，淘汰病苗。在无病区建立无病苗木。同时注意选用抗病性强的品种，据调查金丝小枣易感病，腾号红枣较抗病，交城醋枣免疫。

及早铲除病株　刨除重病树，要刨净根部，如有根菌，用草甘膦等杀灭。只有小枝发病的轻病树，在树液向根部回流前，从大分枝基部砍去或环剥，阻止病原向根部运行，连续进行 2～3 年。

加强栽培管理　增施有机肥和磷、钾肥，缺钙土壤要追施钙肥，增强树势，提高抗病能力。清除杂草及树下根蘖来杜绝媒介昆虫的繁殖与越冬。

防治传毒叶蝉　新建枣园附近最好不栽松、柏，严禁与芝麻间作。药剂防治：根据虫情测报，一般在 4 月下旬（枣树发芽时）、5 月中旬（开花前）、6 月下旬（盛花期后）和 7 月中旬喷洒有机磷剂和拟除虫菊酯制剂防治害虫。注意不要单一用药，有机磷农药和菊酯类农药轮流使用，喷药后遇雨补喷。

病树治疗　①枣树落叶至发芽前，在病树主干距地面 20～30 cm 处，用手锯环锯 1～3 圈，锯环要连续，深度一致，锯透树皮而不要伤及木质部太深，以阻断类菌原体向地上部运转；②枣树发芽前彻底去除病枝，要求疯小枝、锯大枝，即不仅去除疯枝，而是将着生疯枝的基枝锯除。对重病树可挖开树基土层，使根基部暴露，用手锯进行环锯，或将与病枝同一方位的侧根乃至全部侧根从基部切断，以去除病。

可试用四环素灌根　即在枣树生长期（4～8 月份）间，将根部钻孔后滴注每升 800 μL 的四环素 500 mL。

树干灌注土霉素　方法是在树干基部（或中下部）的两侧，垂直相距 10～20 cm，各钻一个深达髓心的孔洞，用特制的高压注射器向孔内缓慢注入土霉素（每毫升含土霉素 1 万单位），注入的药量依干周的大小而不同。例如干周长大于 30 cm 的树，注入 300～400 mL，防治效果很好，1 年内病不复发。

5.2.31　核桃黑斑病

危害核桃黑斑病又名黑腐病，我国主要核桃产区均有发生。该病主要为害幼果、叶片，也可为害嫩枝，引起叶片枯萎早落，幼果腐烂和早期落果，使病果的出仁率和出油率均降低。该病除为害核桃外，还能侵染多种核桃属植物。

（1）症状

幼果染病，果面发生褐色小斑点，无明显边缘，稍凸起，以后逐渐扩大，变黑下陷，深入核壳及核仁，使整个果实连同核仁全部变黑腐烂脱落。近成熟果实受侵染后，往往只是外果皮，最

多延及中果皮变黑腐烂，致果皮部分脱落，内果皮外露，核仁完好，但出油率大为降低。叶片受害后，首先在叶脉上出现近圆形及多角形的褐色小斑点，常数斑连成大斑，病斑外围有水渍状的晕圈，少数病斑后期形成穿孔，病叶常皱缩畸形，枯萎早落。叶柄、嫩枝梢受害，其上形成的病斑长形，褐色，稍凹陷，有时数个病斑连成不规则的大斑，严重时常因病斑扩展而包围枝条将近一圈时，病斑以上的叶片、枝条即枯死。花序受害，产生黑褐色水渍状病斑。

(2)病原病原

Xanthomonas campestris pv. *juglandis* Pierce Dye，异名 *Xanthomonas. juglandis*(Pierce) Dowson. 称黄单胞杆菌属甘蓝黑腐黄单胞菌核桃黑斑致病型，属细菌。菌体短杆状，大小为(1.3～3.0) μm×(0.3～0.5) μm，端生 1 鞭毛，在牛肉汁葡萄糖琼脂斜面划线培养，菌落突起，生长旺盛，光滑不透明具光泽，淡柠檬黄色，具黏性，生长适温为 28～32℃，最高 37℃，最低 5℃，53～55℃经 10 min 致死，适应 pH 5.2～10.5(图 5-2-18)。

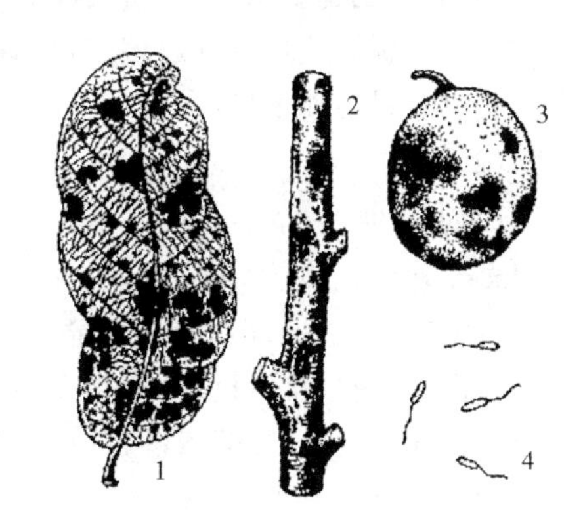

图 5-2-18　核桃黑斑病

1.病叶　2.病枝　3.病果　4.病原细菌

(3)侵染循环及发病条件

病原细菌在枝梢的病斑里越冬，次春分泌出细菌，借风雨传播到叶、果及嫩枝上为害。病菌能侵害花粉，因此，花粉也能传带病菌。昆虫也是传带病菌的媒介，病菌由气孔、皮孔、蜜腺及各种伤口侵入。在寄主表皮潮湿，温度在 4～30℃时，能侵害叶片；在 5～27℃时，能侵害果实。潜育期5～10 d，在果园里一般 10～15 d。核桃在开花期及展叶期最易感病，夏季多雨则病害严重。核桃举肢蛾蛀食后的虫果伤口处，很易受病菌侵染。

(4)防治技术

清除菌源　结合修剪，剪除病枝梢及病果，并收拾地面落果，集中烧毁，以减少果园病菌来源。

及时防治核桃害虫　在虫害严重地区，特别是核桃举肢蛾严重发生的地区，应及时防治害虫，从而减少伤口和传带病菌的媒介，达到防治病害的目的。

药剂防治　黑斑病发生严重的核桃园，分别在展叶时(雌花出现之前)、落花后以及幼果期各喷一次 1∶0.5∶200 波尔多液。此外，可喷 50 万单位的农用链霉素也有较好防治效果。

5.2.32　核桃细菌性黑斑病

该病也称为核桃黑。河北、山西、山东、江苏等核桃产区均有发生。据山西左权等地调查，一般被害株率达 60%～100%，果实被害率达 30%～70%，重者 90%以上；核仁减重可达 40%～50%，被害核桃仁的出油率减少近一半。此病的发生往往与核桃举肢蛾的为害有关，因而更成了核桃生产上的重要威胁。

(1)症状

病害发生在叶、新梢及果实上。首先在叶脉处出现圆形及多角形的小褐斑，严重时能互相愈合，其后在叶片各部及叶柄上也出现这样的病斑。在较嫩的叶上病斑往往呈褐色，多角形，在较老的叶上病斑往往呈圆形，直径 1 mm 左右，边缘褐色，中央灰褐色，有时外围有一黄色晕圈，中央灰褐色部分有时脱落，形成穿孔。枝梢上病斑长形，褐色，稍凹陷，严重时因病斑扩展包围枝条而使上段枯死。果实受害后，起初在果表呈现小而微隆起的褐色软斑，以后则迅速扩大，并渐下陷，变黑，外围有一水渍状晕纹。腐烂严重时可达核仁，使核壳、核仁变黑。老果受侵时只达外果皮(图 5-2-19)。

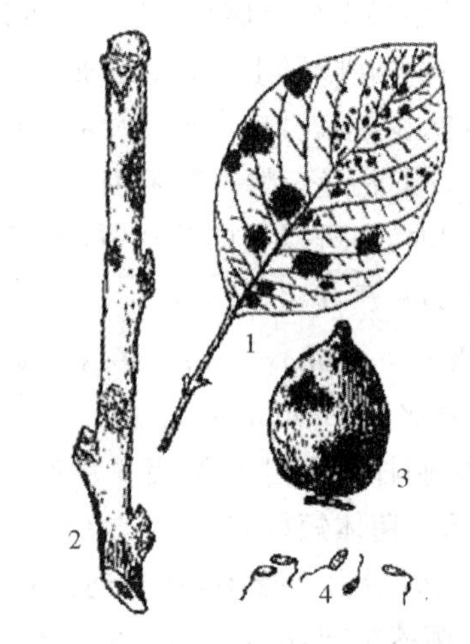

图 5-2-19　核桃细菌性黑斑病

1.病叶　2.病枝　3.病果　4.病原细菌

(2)病原

此病由细菌[*Xanthomonas juglandis* (Pierce) Dowson.]所致。菌体短棒状，(1.3～3.0) μm×(0.3～0.5) μm。一端有鞭毛。在 PDA 培养基上菌落初呈白色，渐呈草黄色，最后呈橘黄色，圆形。细菌能极慢地液化明胶，在葡萄糖、蔗糖及乳糖中不产酸，也不产气。

(3)发病规律

细菌在受病枝条或茎的老溃疡病斑内越冬。第二年春天借雨水的作用传播到叶上，并由叶上再传播到果上。由于细菌能侵入花粉，所以花粉也可以成为病原的传播媒介。

细菌从皮孔和各种伤口侵入。核桃举肢蛾造成的伤口、日灼伤及雹伤都是该种细菌侵入的途径。另外，昆虫也可能成为细菌的传播者。

发病与雨水关系密切。雨后病害常迅速蔓延。一般说来，核桃最易感病的时期是在展叶及开花期，以后寄主抗病力逐渐增强。在北京地区的病害盛发期是 7 月下旬至 8 月中旬。这是因为北京前期干旱，所以虽然核桃植株本身易感病，但雨水缺乏，不利于发病。相反，7、8 月份虽然此时核桃本身抗病性增强了，但因适逢雨季，而且举肢蛾为害，日灼、雹伤等又给病菌侵入创造了有利的条件，所以病害反而严重起来。细菌侵染幼果的适温为 5～27℃，侵染叶片的适温为 4～30℃，潜育期在果实上为 5～34 d，叶片上为 8～18 d。

(4)防治方法

清除病叶病果，注意林地卫生。核桃采收后，脱下的果皮应予处理。病枝梢应结合抚育管理或采收时予以去除。

目前采收核桃季节普遍提早，而且采收方法主要用竹竿或棍棒击落，这样不但伤树，而且造成伤口，应该改进。

加强管理，增强树势，提高抗病力。

治虫防病，对防治该病很重要。用 1∶0.5∶200 的波尔多液喷药保护具有一定效果。国外用链霉素或链霉素加 2%硫酸铜防治此病均有良好效果。

选育抗病品种。在选育中不但要注意选抗病强品种，而且也要注意选抗虫性强品种。

同时也应充分利用品种的避病性。近几年北京地区推广核桃楸嫁接核桃。据初步调查，所嫁接的核桃比一般核桃的病害要轻。值得进一步研究。

5.2.33　核桃枝枯病

该病在我国江苏、浙江、河北等省的核桃和枫杨上发生。据推测，该病是由野核桃转到核桃上的。由于该病为害枝干，造成死亡，因此不仅影响核桃的产量，而且使材积增长受到损失。

(1)症状

该病侵害幼嫩的短枝，先从顶部开始，逐渐向下蔓延直到主干。受害枝上的叶片逐渐变黄，并脱落。皮层的颜色改变，开始呈暗灰褐色，而后成浅红褐色，最后变成深灰色。在死亡的枝上，不久即形成黑色突起的分生孢子盘，最后大量枝条死亡，并露出灰色的木质部。病害的发展较慢(图 5-2-20)。

(2)病原

半知菌纲黑盘孢目的由矩圆黑盘孢(*Melanconium oblangum* Betk.)引起。分生孢子盘初在表皮下，后突破表皮，呈黑色小突起状。分生孢子椭圆形或卵圆形，单细胞，多数两端钝圆或较平缓，有时一端稍尖，暗褐色，大小为(14～25) μm×(4.25～13) μm(图 5-2-20)。

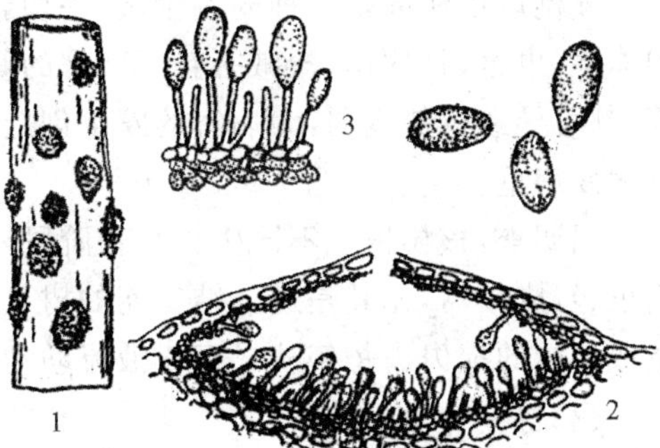

图 5-2-20　核桃枯枝病

1.病枝上的子实体　2.分生孢子盘
3.分生孢子梗及分生孢子

(3)发病规律

据初步观察，病害与冻害及北方地区的春旱有关，病害经常以腐生或弱寄生状态生长在死枝和弱枝上。树木生长旺盛时可以减轻病害。

(4)防治措施

剪除病枝，以防向下蔓延；加强管理，增强树势，提高抗病力；对于幼树做好新枝的防冻和防春旱工作。

5.2.34　核桃烂皮病

核桃烂皮病主要分布于我国新疆、甘肃、陕西、山西、山东等省(区)。从幼树到老树均可受害。在新疆一般株发病率达 75%以上，个别地区达 100%。病树大枝逐渐枯死，结果能力下降，严重时整株死亡，威胁着核桃生产的发展。

(1)症状

该病主要为害核桃树的树干树皮。该病不同树龄发病部位不同，一般幼树主干及成年树的大枝受害。幼树被害，多在主干和骨干枝上出现棱形病斑，患部呈暗灰色，水渍状，微肿，压之流出带泡沫的液体，有酒糟气味。后期病部变褐色，病皮失水下陷，病斑上出现散生小黑点，即病菌的分生孢子器。当空气湿度大时，从分生孢子器内涌出橘红色的丝状物，即分生孢子角。后期病斑纵向开裂，流出大量黑水，当病斑绕枝干一圈时，造成枝干或全株死亡。大树被害，初期主干上的病斑隐蔽在韧皮部，俗称“湿串皮”；有时许多病斑呈小岛状互相连接，周围集结大量的白色菌丝层，一般从外表不易发现病斑，直至沿树皮裂缝处流出黑色黏稠的黑水，树皮下，病斑已扩展达数 10 cm 长，黑水干后发亮，似一层黑漆涂于树干。枝条受害后，常造成枯梢，上有许多小黑点。湿度大时也出现橘红色的孢子角。

(2)病原

核桃烂皮病是由半知菌亚门、腔孢纲、球壳孢目、球壳孢科、壳囊孢属、核桃壳囊孢(*Cytospora juglandina* Sacc.)引起。分生孢子器埋于表皮层下,多室,形状不规则,黑褐色,有长颈(95～197) μm×(74～110) μm,颈长 35～49 μm;分生孢子梗(13.6～19) μm×(11.6～18.4) μm;分生孢子单胞,无色,腊肠形,大小(3.9～6.9) μm×(0.9～1.8) μm。

(3)发病规律

病菌在病组织上越冬,次春放出孢子,靠风、雨和昆虫进行传播,由伤口侵入。该病于早春树液流动时即开始扩展蔓延,直至冬前病害才停止扩展。成熟的分生孢子器陆续放出孢子角,进行连续侵染。一年内以春、秋两季发病最盛,尤以春季为害最重。

核桃烂皮病菌是一种弱寄生菌,一切影响树势衰弱的因素,都有利于病害的发生和发展,如冻害、虫害、日灼伤、盐碱害。不合理的修枝,人为造成大量的伤口以及土壤瘠薄,水肥不足等,都可导致树势衰弱,为病害的发生创造有利的条件。土质好、树势强、排水良好则发病轻,反之发病重。

据调查,核桃树在不同生长发育阶段,其感病程度明显不同。苗木和幼树虽然感病,但发病很轻,成年树,尤其是进入结实期的树,往往发病严重,如不加强管理,将会引起病害的流行,造成严重的损失。每年从早春树液流动到树木停止生长前,都可发生侵染。

(4)防治方法

防治此病必须以加强栽培管理,增强树势为主,同时辅以其他防治措施。

①加强管理,增强树势。对土壤瘠薄的核桃林要首先改良土壤,增加基肥,同时要注意平衡大小年,加强对其他病害的防治,防止人为地造成伤口。

②及时检查,及时刮治。要经常检查病斑,随时进行刮治。刮后伤口处用 0.1%升汞液或5～10 波美度的石硫合剂消毒。消过毒的伤口可涂波尔多浆[硫酸铜∶石灰∶水＝1∶3∶(13～15)],或涂接蜡(松香∶石蜡∶动物油＝2∶2∶1),以保护伤口。对刮下的病皮和剪下的病枝要集中烧毁,以防人为传染。

③防止日灼和冻害。据记载,核桃树在绝对低温超过－25℃的地区和年份,常发生不同程度的冻害。因此,在营造核桃林时,要特别注意适地适树。此外,在冬夏季要进行树干涂白,以防止日灼和冻害,减少伤口,增强树势,减轻病害发生。

5.2.35 核桃桑寄生

(1)症状

核桃桑寄生在我国南方核桃产区发生较多,被寄生的核桃树生长不良,提早落叶落果,最后全枝或全株死亡。除危害核桃外,还危害板栗、油桐等乔木。在核桃树被寄生的枝条或主干上,从生桑寄生植株的枝叶,非常显著。寄生处的枝条稍肿大,或产生瘤状物,此处容易被风折断。由于核桃枝条的一部分养料和水分被桑寄生吸收,且桑寄生又分泌有毒物质,造成早落叶,迟发芽,开花少,易落果。

(2)病原

属于种子寄生植物中的桑寄生,是一种多年生常绿小灌木。叶对生,灰绿色,椭圆形或倒卵形,光滑,有短柄。小枝灰褐色,粗而脆,其表面被蜡质层,顶生两性花,花冠淡色,筒状,浆果

橙黄色,半透明球形。

(3)发病规律

桑寄生植株在核桃枝干上越冬,秋季产生大量浆果,飞鸟喜食,在鸟粪中的种子或鸟嘴吐出的种子都能粘固在核桃树的枝条上。种子吸水萌发后,其胚根先端产生吸盘从伤口、芽部、嫩枝树皮等处侵入,并伸出初生吸根,分泌消解酶钻入皮层及木质部,再产生许多次生吸根以及收寄主的水分和无机盐。在吸根上部的胚叶,发展成莲叶,含有叶绿素,能营光合作用。有时沿着寄生枝条的表面长出许多根出条,在根出条上又可形成新的丛枝。

(4)防治方法

①连年在桑寄生的果实成熟前彻底砍除病枝,并除尽根出条和组织内部吸根延伸的部分。

②采用硫酸铜、氯化苯、氨基醋酸、2,4-D 等药液防治,有一定效果。

③秋季树干涂白,预防冻害。

5.2.36 核桃干腐病

核桃干腐病主要分布于我国南方,在北方偶有发现。在湖南有的地方发病率达 93.8%,因为害枝干,造成死亡,故影响核桃生产。

(1)症状

该病开始发生于树干的中、下部,产生褐色近圆形的溃疡斑,随着病程的进展,病斑逐渐扩大,可数个联合在一块成梭形或不规则形斑,逐渐向树干的中上部和枝条上蔓延,发病严重的树干韧皮部半边坏死,最后在病斑上产生粒状黑色小点,树皮微突,用手指按压,流出带泡沫的液体,有酒糟气味,整个枝梢很快变成黑褐色枯死。

(2)病原

该病由子囊菌亚门、核菌纲、球壳菌目、圆孔壳科、囊孢壳属、核桃囊孢壳菌(*Physalospora juglandis* Syd. et Hara)引起。无性世代为大茎点属(*Macrophoma* sp.)分生孢子器近圆形,黑色,有孔口,大小为 90 μm×289 μm,分生孢子长椭圆形,单胞,无色,大小为(4.5～7) μm×(22～26) μm,子囊壳初埋生于树皮内,后突破表皮外露,单生或聚生,黑色,大小为 161～193 μm。子囊棍棒状,无色,具短柄。子囊孢子单胞,无色,椭圆形,大小为(9～10) μm×(20～32) μm 在子囊内呈双行排列。

(3)发病规律

核桃干腐病是一种弱寄生菌,以菌丝体在病组织上越冬,翌年春季 4～5 月份产生孢子,借风、雨传播,并随带菌苗木和接穗等繁殖材料的调运而作远距离传播。为害期从 3 月下旬开始,直到 11 月份为止。经常生长在死枝和弱枝上,当树木受到日灼和冻害后,便乘虚而入,因此常在树干南面或西南面开始发病。氮肥施用多的发病重,幼树比大树发病重,在管理粗放、虫害严重、树势衰弱的核桃林内,常常发病严重。在南方特别在低丘红壤地区发病严重,阴凉的山区仅在少数孤立木上发生。病株上的病斑少则几个,多则几十个,对核桃的生长和产量影响很大,甚至可造成整株枯死。

(4)防治方法

①适地适树,营造核桃林。

②加强抚育管理,增强树势。增施有机肥料少施氮肥,促进树体健康生长。秋冬落叶后或

春季放叶前，清除重病枝集中烧毁。

③树干涂白，防止日灼和冻害。涂白剂的配法是：生石灰 5 kg，食盐 2 kg，油 0.1 kg，豆面 0.1 kg，水 20 kg。在幼林未郁闭之前，可间种多年生绿肥，如山毛豆等，既可增加土壤的肥力，也可减少日灼现象。

④药剂防治。对病斑少的树干，用小刀刮除病斑并涂药，然后用拌有药剂的黄泥浆进行刮口处理，对树干病斑多的可在病斑处划几道竖横线，并喷药，药品可用 80%402 抗菌剂 200 倍液。

5.2.37 核桃白粉病

核桃白粉病在我国核桃产区普遍发生，引起早期落叶，削弱树势，影响产量。

(1)症状

受害叶片在叶背出现明显的块状白粉层，即病菌的菌丝、分生孢子梗及分生孢子。秋后，在白粉层上产生初为黄白色，后成黄褐色，最后变成黑褐色的小颗粒，即病菌的有性阶段闭囊壳。

(2)病原

该病是由子囊菌亚门、不正子囊菌纲、白粉菌目，白粉菌科、球针壳属，榛球针壳菌[*Phyllactinia coylea*(Pers.)Karst.]引起。病菌的分生孢子倒卵形，单生于分生孢子梗的顶端。大小为(5～12) μm×(8～15) μm。闭囊壳黑褐色，球形，直径为(140～270) μm，极少数达 350 μm。闭囊壳外具有 5～18 根球针状附属丝。闭囊壳内有 5～45 个近圆筒形到长圆形的子囊，大小为(60～105) μm×(25～40) μm，具短柄。子囊孢子 2 个，少有 3 个，呈椭圆形，大小为(25～45) μm×(15～25) μm。

另外，叉丝壳属的山田叉丝壳菌[*Micros phaera yamadai* (Salm.) Syd.]也常引起核桃白粉病。其白粉层分布于叶面正反两面，但以叶背较多。闭囊壳球形，黑褐色，直径 94～126 μm，附属丝叉丝状，5～14 根，分叉 2～4 次，子囊卵圆形或椭圆形，具短柄，大小为(51～60) μm×(34～49) μm 子囊孢子椭圆形，4～8 个，大小为(19～25) μm×(15～17) μm。

(3)发病规律

病菌以闭囊壳在落叶上越冬，次春放出子囊孢子，借气流传播，进行初次侵染。在北方地区于 6、7 月份开始发病，以分生孢子进行多次侵染，于 8、9 月间开始形成子囊壳，至 9、10 月间闭囊壳逐渐成熟，随病叶脱落，进入越冬阶段。

温暖而干燥的气候条件，常有利于病害的发展。氮肥过多，组织柔嫩，以及夏末秋初新叶最易受害。苗木往往比大树发病严重。

(4)防治方法

①清除病落叶、病枝，集中销毁，以消灭越冬病原。

②合理施肥，适量灌溉，增强苗木抗性，减轻病害发生。

③药剂防治：在发病初期喷洒 50%可灭丹(苯菌灵)可湿性粉剂 800 倍液或 20%三唑酮乳油 1 000 倍液、20%三唑酮硫黄悬浮剂 1 000 倍液、12.5%腈菌唑乳油或 30%特富灵可湿性粉剂 3 000 倍液进行防治。

5.2.38 核桃根腐病

核桃根腐病在陕西偶有发生，在湖南、江西、安徽等地普遍发生，轻则影响生长，重则大量死亡，是育苗的一大障碍。

(1)症状

核桃苗感病后，根部变黑腐烂。地上部叶片发黄，叶缘变黑，严重时苗木枯死。

(2)病原

据初步研究，该病是由半知菌亚门丝孢纲、瘤座孢目、瘤座孢科、镰刀菌属(*Fusarium* sp.)的一未知种引起。

(3)发病规律

病菌为土壤习居菌，当环境条件有利于病菌不利于核桃苗生长时，有利于病害的发生。在初夏多雨、土壤潮湿板结、圃地排水不良，或在地下水位过高、苗圃地积水，以及土壤偏酸、通气不良、苗木根部窒息的情况下，病菌便趁机而入，使根部变黑腐烂，如遇高温，病株即枯萎死亡。此外，在核桃播种后，果壳不易开裂、子叶难出土，以及管理不善，幼苗生长衰弱，也易遭受病原菌的侵染，引起根腐。

(4)防治方法

①选用中性偏碱的土壤作为苗圃地，并注意排水，及时中耕，防止土壤板结。对酸性土壤应施入适量的石灰，再作苗圃地。

②选用健康无病的核桃作种子，并进行湿砂贮藏和播种前用温水浸种催芽，每天换温水一次，当核果的棱线开裂时再播种。苗木出圃时，要严格检查，发现病苗及时淘汰。栽植时避免过深，接口要露出土面，以防病菌从接口处侵入。

③增施腐熟的有机肥料和草木灰，实行合理灌溉，促使苗木健壮生长，防止根腐发生。

④发现病株，及时挖除，集中烧毁，防止病害蔓延。对无病苗木可撒草木灰、石灰或适量硫酸亚铁于根际土壤，以抑制病害的发生。植株生长衰弱时，应扒开根部周围的土壤检查根部，如发现菌丝和小菌核，应先将根颈部的病斑用利刀刮除，然后用1%硫酸铜液消毒伤口，或用甲基托布津500～1 000倍液浇灌苗木根部，再用石灰撒施于树木基部和根际土壤。刮下的病组织及从根周围扒出的病土要拿出园外，再换新土覆盖根部。

5.2.39 核桃褐斑病

核桃褐斑病分布于陕西、山东、河南等地，主要为害叶、嫩梢和果，引起早期落叶，造成枯梢，影响果实产量及苗木生长。

(1)症状

叶片受害，产生圆形或不规则形病斑，直径0.3～0.7 cm，病斑常常融合一起，形成大片焦枯死亡区，周围常带黄色至金黄色。后期病斑上产生褐色小点，有时呈同心轮纹状排列，此即病菌的分生孢子盘。严重时病斑连接成片，造成早期落叶。嫩梢和果上，病斑黑褐色，长椭圆形或不规则形，稍凹陷，边缘淡褐色，病斑中间常有纵向裂纹。发病后期病部表面散生黑色小粒点，即病原菌的分生孢子盘和分生孢子。果实上的病斑较叶片小，凹陷，扩展后果实变成黑色而腐烂。

(2)病原

该病由半知菌亚门、腔胞纲,黑盘孢目、盘二孢属、核桃盘二孢[*Marssonina juglandis* (Lib.)Magn.]引起。分生孢子盘直径 106~213 μm;分生孢子梗无色、密集于盘内,大小为(8~12) μm×(1.2~1.8) μm;分生孢子镰刀形、无色、双胞,上部细胞顶端有的弯成钩状,大小为(20.2~29.4) μm×(4.6~6.2) μm。

(3)发病规律

病菌以分生孢子在被害叶片和枝梢上越冬,次年成为初次侵染源,借风、雨进行传播。在雨水多的年份往往发病严重,苗木和大树相比,苗木受害严重,有时可造成大量的枯梢。

(4)防治方法

①清除病叶、病枝梢和病果,集中烧毁,以减少越冬病原。

②加强栽培管理,增强树势,提高抗病力。重视改良土壤,增施肥料,改善通风透光条件。

③药剂防治:发病前,奥力克靓果安 800 倍液稀释喷洒,15 d 用药一次,速净 500 倍液稀释喷施,7 d 用药 1 次。轻微发病时,奥力克靓果安 800 倍液稀释喷洒,10~15 d 用药一次;病情严重时,500 倍液稀释,7~10 d 喷施一次,如果病情严重,速净 300 倍液稀释喷施,3 d 用药 1 次。

5.2.40 核桃灰斑病

核桃灰斑病分布于陕西、山东、四川、甘肃等地。主要为害叶片。

(1)症状

叶片上病斑圆形,直径 3~8 mm,暗褐色,干后灰白色,边缘黑褐色,上生黑色小点,即病菌的分生孢子器。病情严重时,造成早期落叶。

(2)病原

该病由半知菌亚门、腔孢纲、球壳孢目、叶点霉属、核桃叶点霉[*Phyllosticta juglandis* (Dc.)Sacc.]引起。分生孢子器扁球形,褐色,直径 80~96 μm,分生孢子卵圆形或短圆柱形,无色,单胞,有时含 2 个油球,大小为(5~7) μm×(2.5~3) μm。

(3)发病规律

病菌在病落叶上越冬,翌春作为初次侵染源,借雨、风进行传播。主要寄生在核桃叶片上,引起具明显边缘的叶斑,但病斑不易扩大,发病严重时,每个叶片上可产生许多病斑。在雨水多、湿度大的情况下,有利于病害的发生和发展。

(4)防治方法

①加强管理,防止枝叶过密,注意降低核桃苗圃湿度,可减少侵染。清除病落叶,烧毁或深埋,以消灭越冬病原。

②生长期,可用 1%波尔多液或 65%代森锌可湿性粉剂 500 倍液进行防治,或 25%多菌灵可湿性粉剂 400 倍液。发病初期喷洒 50%可灭丹(苯菌灵)可湿性粉剂 800 倍液或 50%甲基硫菌灵·硫黄悬浮剂900 倍液。

5.2.41 核桃粉霉病

核桃粉霉病在陕西、甘肃、山东、云南、河南、四川等地均有发生,为害叶片,严重时可使叶

片枯焦。据记载，此病菌在浙江、安徽、山东等省还为害枫杨，引起枫杨丛枝病，但在陕西省还没有发现枫杨丛枝病，而核桃粉霉病却相当普遍。

(1)症状

在被害叶片的正面产生不规则形的黄色褪绿斑，在其相应的背面出现灰白色的粉状物，此为病菌的分生孢子梗和分生孢子。

(2)病原

该病由半知菌亚门、丝孢纲、丝孢目、微座孢属，核桃微座孢菌[*Marssonina juglandis* (Bereng.)Sacc.]引起。分生孢子单胞，无色，长椭圆形(图 5-2-21)。

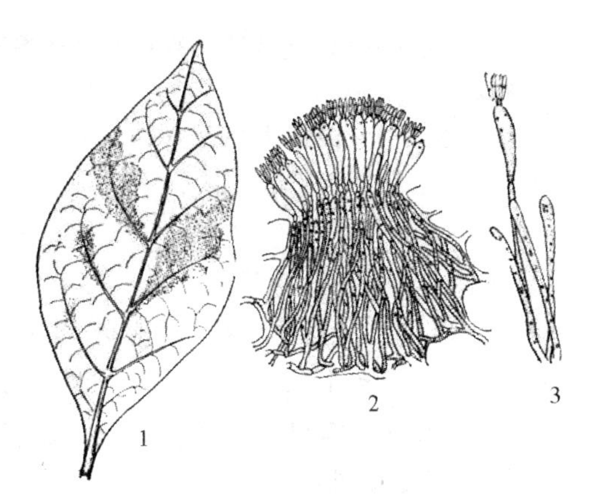

图 5-2-21 核桃粉霉病

1.病状 2.分生生孢子堆

3.分生孢子梗及分生孢子

(3)发病规律

此病于 7 月中旬左右开始发生，苗木和幼树感病重，大树感病轻或很少感病。不同品种之间抗病性差异不显著。嫩叶易感病。

(4)防治方法

①清除病落叶，消灭越冬病原。

②药剂防治，可喷 65%代森锌可湿性粉剂 400～500 倍液，效果较好。

5.2.42 核桃炭疽病

核桃炭疽病在河南、河北、山西、陕西、山东、辽宁、湖南、四川等地均有发生。主要为害果实，也可为害叶片，引起果实早落或核仁干枯。一般病果率达 40%～60%，发病重的年份，导致丰产不丰收。

(1)症状

果实上病斑初为褐色，后成黑色，近圆形，中央下陷，上有许多黑色小点，有时呈同心轮纹排列。湿度大时，在小黑点上出现粉红色的小突起，此即病菌的分生孢子盘及分生孢子堆。一个果上有 1 至多个病斑，许多病斑连片可使全果发黑腐烂，失去食用价值。

叶片受此病侵染较少，一般是沿着叶脉出现不规则的枯黄条斑，发病严重时，病斑连片，全叶枯黄。湿度大时，也由黑色小点生出粉红色的分生孢子堆。

(2)病原

此病由半知菌亚门腔孢纲、黑盘孢目、毛盘孢属、果生盘长孢菌(*Collefotrichum fructigenum* Berk.)引起。分生孢子盘着生于外果皮 2、3 层细胞之下，成熟后突破表皮外露，圆形，直径为 210～340 μm，分生孢子梗短，分生孢子串生，单胞，无色，长椭圆形，大小为(14.9～19.8) μm×(3.3～6.6) μm。

(3)发病规律

病菌在病果和病叶上越冬，借风、雨、昆虫进行传播，成为翌年侵染来源。由伤口和自然孔口侵入核桃果实和叶片，潜育期 4～9 d。

发病的早晚、轻重与雨量有密切的关系。在雨季早，雨水多的年份，发病早而且重；反之，发病晚而且轻。株行距小，通风透光不良的核桃林，往往发病严重。在核桃林附近如有苹果园，则有利于病害的发生。

不同类型的核桃感病性也不同，一般当地核桃较引进的新疆核桃表现抗病。

(4)防治方法

①清除病果、病叶，集中烧毁，减少病菌来源。加强栽培管理，改善环境条件，增强树势。

②加强栽培管理，进行合理的修剪，保持核桃林内通风透光，减少发病。核桃林最好远离苹果园。

③生长季节，根据天气及病情，喷 1∶1∶200 倍波尔多液，或 50% 退菌特可湿性粉剂 600～700 倍液，每半个月喷一次。

5.2.43　板栗干枯病

板栗干枯病又称栗疫病、胴枯病、溃疡病，是世界性栗树病害。染病植株，树势衰竭，树皮腐烂，严重时导致全株枯死。我国板栗一直为抗病树种，但近年来，我国各主要板栗产区均有发生，部分地区为害已相当严重，使栗实产量、质量明显下降，成为当前板栗生产上值得关注的问题。此病是我国对外检疫对象之一。

(1)症状

栗树干枯病主要为害栗树主干，主枝及小枝也可受害。病害初发生时，树皮上出现水渍状红褐色的病斑，圆形或不规则形，病部组织松软，略隆起，湿度大时，会溢出黄褐色汁液。病害继续发展，病斑逐渐扩大，甚至包围树干一周，并向上下蔓延。此时，病部肥肿，呈湿腐状，有酒精味。发病至中后期，病部失去水分，干缩凹陷，感病树皮纵向开裂。春季，在染病部位产生许多橙黄色瘤状子座，以后子座顶破表皮而露出，遇雨便从子座内涌出橙黄色卷须状分生孢子角。入秋后，子座由橘红色变为酱红色，并在内部形成子囊壳。在开裂的病部，常常在木质部和树皮间，可以见到羽毛状扇形的菌丝层，其色鲜而浅白，时久变为黄褐色。

幼树在干基发病较多，造成上部枯死，病树基部愈伤组织渐增，并产生大量萌蘖。如此往复数年，最后导致病树死亡。

(2)病原

为子囊菌亚门、核菌纲、球壳目、间座壳科、内座壳属的栗疫菌[*Endothia parasitica* (Murrill) P. J. et H. W. Anderson]。病部生有橘黄色或红褐色瘤状子座，顶端突破树皮而显露，直径为 0.7～2 mm，内生分生孢子器和子囊壳。分生孢子器不规则形，大小不一，多室，内腔壁上密生分生孢子梗。分生孢子梗无色，单生，很少有分枝，其上着生分生孢子。分生孢子单胞，无色，长椭圆形或圆柱形，直或略弯，大小为(2.4～3) μm×(1.1～1.3) μm。子囊壳暗黑色，在子座底部产生，球形或扁球形，须较长，直径为 210～460 μm，一个子座内含有 20～50 个子囊壳，并分别开口于子座顶端。子囊棍棒状，无色，大少为(36～54) μm×(5～8.5) μm，内含8个子囊孢子。子囊孢子椭圆形，无色、双孢，隔膜处稍缢缩，大小为(5.9～9) μm×(3.5～4) μm。

(3)发病规律

栗干枯病菌，有少数地方每年 3 月底至 4 月初开始活动，4 月下旬出现无性世代，5 月中旬产生分生孢子角，5 月下旬枝干上出现新病斑，6 月后，病斑明显扩展，10 月下旬，病斑扩展渐止，并陆续产生有性世代。病菌以树皮下扇形菌丝层(块)、分生孢子器及子囊壳越冬。翌春以

风、雨、昆虫或鸟类传播，子囊孢子和分生孢子都可侵染，孢子萌发后自伤口侵入，潜育期为3～5周。

病菌以菌丝和分生孢子器在病皮内越冬，可随带病种子和接穗面传播。分生孢子借助风雨传播，从树皮上的伤口侵入。早春气温回升至栗树发芽前后是病害发生最严重时期。树干上原发性病斑多集中在西南面或南面，北面相对较少。早春气温昼夜温差大的地区发病重。秋冬干旱年份，第二年春发病明显加重。另外，栗树休眠期前后发病重，密植园及管理粗放园发病重。

此外，栽植幼树，若土壤瘠薄，根系浅，树势弱，则发病严重；地下水位高或不易排水的栗园，发病也重，遭受冻害的树易为病菌侵染。各种伤口都有利于病害的发生。

(4)防治方法

栗干枯病的防治，应以预防为主，综合防治，该病菌是一种弱寄生菌，只有当树势处于衰弱或有伤口的情况下，才被严重感染。

①预防措施，加强栗园管理，适时进行施肥、灌水、中耕、锄草，增强树势，提高抗病力。在引种和栽种栗苗时，要严格实行检疫，应选用抗病品种苗木。保护树体，严防人畜损伤，减少病菌侵染机会；重病植株，彻底烧掉刮下的树皮、病枝。在栗树萌发时，刮除病部，刮后用抗菌剂(401) 200 倍液涂施伤口，效果良好。

②治疗方面，国外于 1965 年运用该病的无毒品系进行以菌治病。将无毒品系接种在活动的树干溃疡病部后，可以治愈。

5.2.44　板栗白粉病

板栗白粉病是我国各栗产区常见的病害，分布在河北、陕西、山东、江苏、浙江、安徽、湖南、四川、广东、广西等地。除为害栗树外，还为害橡胶、桑、柿、核桃、麻栎等多种苗木和幼树。被害植物叶子发黄，易早落，影响生长。因病菌在叶背寄生，菌丝很少，因此又叫里白粉病。

(1)症状

病菌主要为害叶片，有时也为害新梢及幼芽。开始发病时，叶面出现块状褪绿的不规则形病斑，随后在病斑背面出现白色菌丝层及粉状分生孢子堆，黄斑不断扩大，白粉也越来越多，染病严重的嫩叶，停止生长，叶片变形扭曲，受害严重的嫩芽有时甚至不能伸展，呈卷曲、枯焦状。入秋后在白粉层上开始出现黄白色，而后为黄褐色，最后变成黑褐色颗粒状物(病菌的闭囊壳)。若嫩梢受害，则木质化延迟，易遭冻害。

(2)病原

由子囊菌亚门、不整子囊菌纲、白粉菌目、白粉菌科，球针壳属榛球针壳菌[*Phyllactinia corylea*(pers.)Karst.]侵染所致。病菌分生孢子单生，顶端常尖锐，分生孢子大小为(50～120) μm×(8～15) μm。闭囊壳球形，蒜褐色，直径为 140～280 μm。闭囊壳外有球状附属丝5～21 根。

(3)发病规律

白粉病菌以闭囊壳在落叶和病梢上越冬，翌年春季闭囊壳破裂，放出子囊孢子，随风传播侵染新叶、嫩梢或幼芽，病菌在整个生长季节以分生孢子进行再侵染。

在低洼潮湿、苗木过密、通风透光差、偏施氮肥，苗木生长柔嫩，易发病。尤其在 6～8 月份气温高，发病加重。

(4)防治方法

①冬季消除园中落叶，结合修剪，清除病枝、病芽，集中烧毁，发病严重的地方，要连续清除数年。树上喷3～5度石硫合剂，扑杀越冬病菌，以减少翌年病原，进行预防。

②施肥要合理，尤其要注意施磷钾肥，以防止植株徒长。在白粉病经常流行的地区，应选用抗病品种。

③防治白粉病的有效药剂有50%甲基托布津可湿性粉剂800倍液；40%福美胂可湿性粉剂500～700倍液；50%退菌特可湿性粉剂600倍液；50%苯来特可湿性粉剂1 000倍液；50%多菌灵可湿性粉剂1 000倍液及0.3～0.5波美度石硫合剂。

5.2.45 板栗紫纹羽病

板栗紫纹羽病除为害板栗外，还可为害油桐、漆树、橡胶等，是农林果树上一种常见的病害。苗木受害，枯死很快，大树受害，生机渐衰，重病植株，根茎腐烂一圈而死。病害分布于河北、河南、安徽、浙江、广东、云南等省。

(1)症状

该病主要发生在树木的根部。发病初期，先为害须根，渐蔓延至侧根和主根。根的表皮出现黄褐色不规则的斑块，内部皮层组织变成褐色，病部表面出现淡紫色疏松棉絮状菌丝体，后期表面着生紫红色半球形核状物。轻病树树势衰弱，叶黄早落；重病树枝条枯死甚至全株死亡。病根周围的土壤也能见到菌丝块。由于根部腐烂，地上部的枝蔓长势衰弱，节间短、叶片小、颜色发黄而薄，病情发展较缓慢，幼苗发病，有的在2～3个月内死去，大树染病需1～10年才能枯死。

(2)病原

紫纹羽病由担子菌亚门、层菌纲，木耳目、木耳科、卷担子属的紫卷担菌[*Helicobasidium pur pureum*(Tul.)Pat.]所致。子实体平伏，深褐色，松软，子实层平滑，淡紫红色，上担子无色，圆筒形或棍棒状，向一方卷曲，有三隔膜，担子孢子无色，近圆形或肾脏形，顶端圆基部细，大小为(10～25) μm×(5～8) μm。病根表面的紫色菌丝集结为菌核，大小约在(1.1～1.4) μm×0.7 μm，在没有发现有性阶段时，曾有人称菌核世代为紫纹羽丝核菌(*Rhizoctonia crocorum* Fr.)，在一些文献上，此名也较常见。

(3)发病规律

病菌以菌丝体、根状菌索或菌核随病根在土壤里越冬。菌核能抵抗不良环境条件，能较长期地存活于土壤内，待环境条件适宜时，菌核萌发产生菌丝体。菌丝集结组成的菌丝束能沿土壤缝隙或土表蔓延，遇林木根部可直接侵入。本病可通过病株的病根与健株无病根的接触而传播。此外，灌溉和农具等也可传播病害。病菌有时虽能产生孢子，但传播病害的作用不大。紫纹羽病在整个生长季节均能发病，但7～8月份是发病盛期。若土壤潮湿，排水不良，发病常较严重。另外，栗园四周不要与刺槐接近，否则易发生紫纹羽病。

(4)防治方法

①栽植或引进苗木时要严格检查，以防感病苗木通过运输而传播。对可疑的苗木要进行消毒处理，用1%波尔多液浸渍根部1 h，或用1%硫酸铜液浸渍3 h，或以20%石灰水浸0.5 h，

处理后要用清水冲洗根部，洗净后进行栽植。

②大树在发病时期注意检查，发现病株，立即处理。方法是扒开根部土壤，刮尽病皮，然后用石硫合剂原液或高浓度的硫酸铜、五氯酚钠或硫酸亚铁溶液进行病部消毒。晾干后，施肥、浇水、换土掩埋。

③加强管理，增施水肥，可提高林木抗病能力。多雨的地方应注意排水，板结的林地要注意疏松。

5.2.46 山楂褐腐病

山楂褐腐病，又名山楂花腐病，只在辽宁发现。主要为害叶片、新梢及幼果，尤其以叶片和幼果受害最重，花上未见有症状。

(1)症状

叶片受害，于展叶后 4～5 d 即可出现褐色小斑，病斑上出现灰白色的霉层，即病原菌的分生孢子。病叶最后脱落。

新梢被害后，初为褐色斑点，后呈红褐色，当病斑环绕新梢一周时，上部萎蔫枯死。一般新梢从发病到枯死只需 3～4 d。

幼果被害是在落花后 10 d 左右，先在果面上出现褐色病斑，后逐渐扩大，直至整个果实变为暗褐色腐烂，并有酒糟气味，最后形成僵果。

(2)病原

山楂褐腐病是由于子囊菌亚门、盘菌纲、柔膜菌目、核盘菌科、链核盘菌属、山楂褐腐菌[*Monilinia johnsonii*(E11. et Ev.)Honey]引起。其无性世代为丛梗孢属中山楂褐腐串珠霉(Monilia crataegi Died.)。子囊盘肉质，灰褐色，盘径(3～12) mm，盘柄长(1～18) mm，杯形，张开后呈盘状；子囊棍棒形，有的稍弯曲，大小为(84～150.7) μm×(7.4～12.4) μm，侧丝线形，子囊孢子椭圆形，单孢，无色，大小为(7.4～16.1) μm×(4.9～7.4) μm。分生孢子串生，单胞，柠檬形，大小为(12.4～21.7) μm×(12.4～15.3) μm，分生孢子串可分枝。

(3)发病规律

病菌在病僵果内越冬，翌年春季雨后产生子囊盘，放出子囊孢子，经风雨传播侵染幼叶。在山楂展叶期和开花期是病菌侵染的适宜时期，在此期间，如遇低温多雨则发病重，干旱年份发病轻。

发病与地势和品种也有密切的关系。一般坡地发病轻，低洼地发病重；树冠稀疏发病轻，树冠稠密发病重；树势健壮发病轻，树势衰弱发病重，早熟品种发病轻，晚熟品种发病重。

(4)防治方法

①加强果园管理，及时清除树下和地面的病果、落果、病枝等，集中烧毁或深埋，以减少越冬菌源。深翻土地，早春，在子囊盘产生之前，结合松土深翻山楂园，以便将病果埋入土中，消灭初次侵染来源。

②地面撒药：在深翻土地有困难的地区，可于山楂园内地面喷洒五氯酚钠 1 000 倍液，每亩用药 0.5 kg。也可喷洒石灰粉，每亩 25 kg。对杀灭越冬病果上产生的子囊盘有良好效果。但五氯酚钠的杀膏效果比石灰粉好。

③树上喷药：在山楂展叶期，可喷 0.4 波美度石硫合剂，或甲基托布津 700 倍液，或代森锌

500倍液，五d后再喷一次，防治叶腐有较好的效果。在山楂开花后喷一次25%多菌灵250倍液和75%百菌清750倍液，田间防治效果可达69%，对保护幼果有良好效果。

④选择健果、控制品温。果实在入贮和运输前，一定要仔细挑选，剔除病伤果和虫果。果实品温最好保持在-1～0℃，以控制病害的发生。

5.2.47 山楂白粉病

山楂白粉病又称弯脖子或花脸，山楂白粉病分布于陕西、新疆、河北、河南、山东、山西、辽宁、吉林、贵州等省(自治区)，主要为害幼苗、幼树和野山楂，是山楂的重要病害之一。为害严重时，果实受害率可达95%，引起幼果大量脱落和果实畸形，以至影响第二年抽梢和花芽形成。

(1)症状

山楂白粉病主要为害嫩芽、叶片和幼果。嫩芽发病时，初呈黄色或粉红色的病斑，当芽开放后，被害幼叶布满较厚的白粉层，此为病菌的分生孢子梗和分生孢子。被害新梢生长瘦弱，节间缩短，叶片纤细，扭曲纵卷，布满白粉，严重时枯死。花蕾和幼果被害，首先在果柄处发生病斑，果实倒向一侧，病斑逐渐蔓延到果面，上有白粉状物。发生较早的果实，大部分自果柄病痕处脱落。较大的幼果被害时，病斑硬化龟裂，果实畸形，着色不良。成果被害后，果面粗糙，降低商品价值。后期在白粉层中产生黑色颗粒状物，即病原菌的闭囊壳。

(2)病原

该病是由子囊菌亚门、不整子囊菌纲、白粉菌目、白粉菌科、叉丝单囊壳属，蔷薇科叉丝单囊壳[*Podosphaera o×yacanthae*(DC.)de Bary]引起。病菌的分生孢子梗粗短，不分枝，分生孢子串生，无色，单胞，大小为(20～30) μm×(12.8～16) μm。闭囊壳暗褐色，球形，顶部具刚直的附属丝，基部暗褐色，上部色较淡，先端发生2～3次二叉式分枝，闭囊壳的底部具有短而扭曲的菌丝状附属丝。闭囊壳内含一个子囊，子囊无色，椭圆形，内含8枚子囊孢子；子囊孢子无色，单胞，大小为(20.8～24) μm×(11.8～13.4) μm。

(3)发病规律

病菌以闭囊壳在病叶、病果上越冬，第二年春季雨后放射出子囊孢子，春季温暖干旱、夏季有雨凉爽的年份病害易流行。首先侵染野生幼苗和根蘖，产生大量分生孢子，进行多次侵染，潜育期2～5 d，在新梢迅速生长和坐果之后，病果骤增，为发病盛期。以后发展逐渐减缓，直到停止发生。据在陕西商南县观察，该病于4月下旬开始发病，5月上旬至6月初为侵染高峰，6月中旬以后逐渐停止，6月下旬已在病时上形成闭囊壳。山楂园管理不当，栽植过密，树势衰弱，发病较重。实生苗容易发病。一般春季干旱的年份，有利于病害的流行。不同品种其抗病性不同，如在商南县引种的两个主栽品种中，大敞口较豫北红表现抗病。

(4)防治方法

①加强栽培管理。控制好肥水，不偏施氮肥，不使园地土壤过分干旱，合理疏花、疏叶。秋季落叶后，清除病叶、病果，深埋或集中烧毁，减少越冬菌源。在生长季节，及时挖除根蘖和野山楂苗。

②喷药防治，花前喷1波美度石硫合剂，或800倍福美砷。花后喷1 000倍甲基托布津，或在幼果期喷0.3波美度石硫合剂1～2次、70%甲基硫菌灵超微可湿性粉剂1 000倍液、50%硫黄悬浮剂300～400倍液、20%三唑酮乳油2 000～2 500倍液，15～20 d 1次，连续防治2～3次。

5.3 城市行道树病害

5.3.1 杨叶黑斑病

杨树黑斑病又名黑点病、褐斑病、角斑病、黑叶病、黑苗病、秃尖、早期落叶病、梢枯病、枯萎病。

本病分布很广。能为害杨属(*Populus* L.)的许多树木,如小叶杨(*Populus simonii* Carr.)、小青杨(*P. pseudo-simonii* Kitagawa)、青杨(*P. cathayana* Rehd.)、苦杨(*P. laurifolia* Ledeb.)、大青杨(*P. ussuriensis* Korrlar.)、辽杨(*P. maximowiczii* Henry)、西伯利亚白杨(甜杨)(*P. suaveolens* Fisch.)、香杨(*P. koreana* Rehd.)、兴安杨(*P. hsinganica* Wang et Skv.)、黑龙江杨(*P. amurensis* Komalov)、哈青杨(*P. harbinensis* Wang et Skvortzov)、中东杨(*P. berolinensis* Dipp.)等。

(1)症状

本病能为害各种杨树的幼苗、幼树和大树的叶片,形成黑点、黑斑、角斑、褐斑、黑叶、黑苗、枯梢、秃尖等多种病状,导致早期落叶。发病率和造林死亡率常因树种、树龄、造林方式、立地条件不同而有明显的差异。

在进行小叶杨实生苗繁殖时,自幼苗出土后至正常落叶期前均能受害。通常自真叶长出3~4片时开始发病,先自叶背面出现黑点,进而扩大形成黑斑,至7、8月雨季来临时,黑斑相互连片,叶正面也出现类似症状,叶片迅速变黑干枯而脱落,受害严重的植株,全株形成光杆,梢部干枯,部分苗木当年或次年造林前死亡。如果气候、土壤条件适宜,苗木在子叶期即能受害,造成毁灭性的损失。在进行小青杨或青杨插条育苗的情况下,发病期虽然延至7月上旬至10月上旬,但在雨季来临,苗行内小气候空气湿度增高时,症状发展也十分迅速,病叶中占植株80%~90%的叶片提早30~60 d脱落,严重影响苗木的正常生育。

各种青杨派和少数黑杨派杨树的幼树和大树,其发病期、发病程度、症状特征与小青杨插条苗有不同程度的差异。例如小青杨、小叶杨、哈青杨、中东杨、香杨、黑杨等,由于树种不同,病斑形成黑点、黑斑、褐斑、角斑、黑叶等症状。其中,幼树病斑发展较快,大树病斑发展较慢,青杨派杨树症状出现较早,病斑发展较快,黑杨派杨树症状出现较晚,病斑发展较慢,发病较重的树木,占树冠约1/2~1/3的叶片提早20~40 d脱落,对树木生育也有一定的影响。

(2)病原

病原菌隶属于不完全菌类,黑盘孢目,黑盘孢科,盘二孢菌属(盘二孢属)。病原学名*MArssonina populicola* Mirara(杨生盘二孢)分生孢子盘暗色,初埋生,成熟时多少突出于叶表面,直径200.0~256.0 μm;分生孢子生于分生孢子梗层上,单生,卵形至长椭圆形,无色两孢,上孢大,钝圆,下孢小,略尖,(12.5~21.5) μm ×(3.8~7.0) μm,孢子内含油球2~3个(图5-3-1)。病原菌侵染的适宜气温为22~25℃,成熟的分生孢子在落地病叶上越冬,为次年初次发病的侵染来源。

流行条件调查和试验研究证明,空气相对湿度和土壤含水量大小是影响病害流行的主要诱因,而寄主植物本身的抗病性强、弱,则是决定病害是否流行的关键,在育苗技术措施中,凡直接影响土壤含水量的因素,都能导致黑斑病的流行。造林密度大(郁闭度、疏密度在0.8或

0.9的密林地)和播种量大的苗圃地,通常比通风透光比较良好的疏林地(例如垄播,垄插条,林粮间种等)发病重。

在树种抗病性方面,小叶杨实生育苗或造林,不仅在幼苗期年年遭到黑斑病的毁灭性损失,而且在幼林期或成林期发病率和感染指数都比较高。小青杨、青杨插条育苗,虽然发病率或感染指数也较高,但一般不致造成毁灭性的损失。欧美杨,以及用引进的欧美杨与当地品种杂交所获得的优良品种有较高抗性。

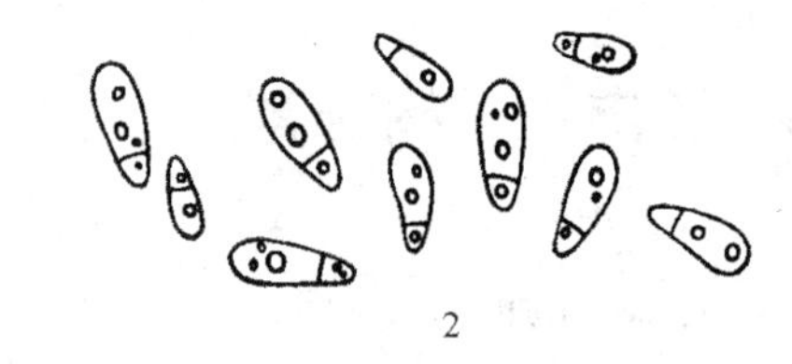

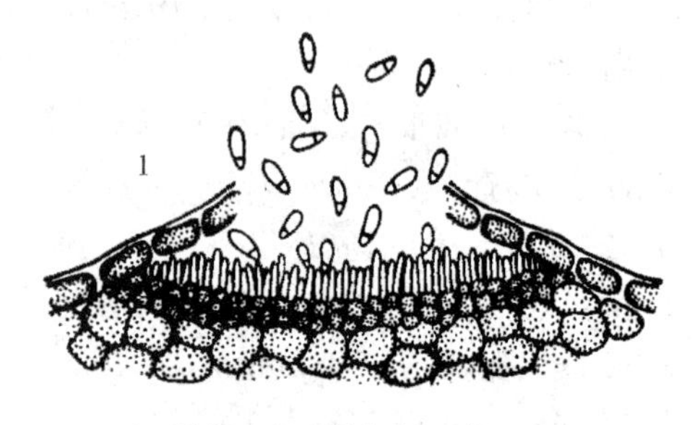

图 5-3-1　杨生盘二孢

1.分生孢子盘纵切面　2.分生孢子放大

(3)防治方法

由于杨树的种和品种甚多,各地区除了选育出一些适宜当地生长条件的优良品种外,也或多或少保留着一些属于"乡土树种"的老品种;这些地方品种,或多或少具有一定的优良性状,群众喜爱,适宜当地普遍种植。同时,从预防病虫等自然灾害出发,多品种要比单一品种可靠。因此防治杨叶黑斑病的重点,除了结合多种叶斑性病害的防治,着重从选育抗病性优良品种入手外,也要从多品种的需要出发,采用其他综合性的防治措施:

①选用抗病、速生、优质的良种。

②注意苗圃地的选择,要特别注意选择排水良好的沙壤土地作苗圃,在土质黏重的地区,苗圃地应掺沙改良,或加强排灌设施。

③实行合理密植,改善圃地的环境卫生。经常保持圃地环境卫生,清除枯枝落叶,疏松土壤等育苗技术措施,减轻黑斑病的发生。苗圃地实行轮作或倒茬、造林地实行不同树种混交。清除越冬病原菌,结合营林技术措施或综合利用,于秋末落叶期或春季起苗期,实行秋翻和春翻圃地,将大量病叶翻埋入土壤深层,减少多种叶斑性病害次年的初次侵染来源。

④药剂防治:凡有条件实行药剂防治的地方,可采用0.2%～1.0%的代森锌(含有效成分为65%)、0.2%～1.0%的福美铁(含原粉100%)、1∶1∶240或1∶1∶160的波尔多液,向叶背面喷射,有一定的防治效果。

5.3.2　落叶松杨锈病

又名杨树锈病、黄粉病、锈病、叶锈病。

据调查和人工接种实验证明,本病原菌的性子器和裸锈子器时期(0、I)寄生在落叶松属(*Larix* Mill.)植物上,已记载的有落叶松(兴安落叶松)[*Larix gmelini*(Rupr.)Kuzenneva]、黄花松(朝鲜落叶松)(*L. koreana* Nakai)、日本落叶松[*L. leptolepis* (Sieb. et Zucc.)Gord.]、红杉(太白落叶松)(*L. potaninii* Batalin)等;夏孢子和冬孢子时期(Ⅱ、Ⅲ)寄生在杨属植物上,已记载的有小叶杨、小青杨、青杨、大青杨、中东杨、香杨、辽杨、加拿大杨、钻天杨、黑杨、河北杨、西伯利亚白杨(甜杨)、云南白杨以及亲缘关系较近的许多杂交类型。

(1)症状

夏孢子时期发生在黑杨派和青杨派杨树的叶背面,感病或高度感病植株,有时也发生在叶

正面。发病初期，叶正面稍稍出现不明显的褪色斑，3～5 d后，叶背面先出现小型粉堆群聚增多，陆续形成大小不等的鲜橘黄色粉堆，即病原菌的夏孢子堆。夏孢子堆的大小或疏松程度、色泽依不同的杨树种(品种或类型)的感病性程度、叶脉或叶组织的构造而有所不同。属于感病类型的中东杨、小叶杨、小青杨等，夏孢子堆大而多，群聚疏松，色泽比较鲜艳，严重时叶正面也出现类似的夏孢子堆，整个植物的叶片上，布满鲜橘黄色的黄粉，远看一片橙黄，似火烧状。香杨的孢子堆较大，紧密，色稍淡；抗病类型的加拿大杨、钻天杨、黑杨等，夏孢子堆一般小而紧密，通常散生，不明显。平茬后的丛萌枝叶，夏孢子堆稍大而多些，通常不发生在叶正面。7月中旬至10月下旬，叶正面表皮下，陆续出现红褐色至深栗褐色痂疤状斑，即病原菌的冬孢子堆，痂斑大小，也依不同树种有很大差异。感病树种，几乎整个叶片上面布满深栗褐色冬孢子堆，表皮稍稍隆起呈栗褐色，发病严重的植株，病叶失水变干而卷曲，较正常叶片提早1～2个月甚至2.5个半月脱落，苗圃或林地，树冠光秃，部分苗木干梢甚至死亡，大部分苗木生育停滞，严重影响苗木或幼树的质量，削弱树势，为弱寄生性病虫灾害、引起树木死亡创造了条件。

病叶上的冬孢子堆，随病叶落地越冬，第二年4月下旬至5月上旬，当气温回升，每遇春雨，越冬病叶正面出现一层黄粉，为病原菌的担子孢子堆。

(2)病原

病原学名 *Melampsora larici-populina* Kleb.(松杨栅锈菌)病原菌隶属于担子菌纲，多隔担子菌亚纲，锈菌目，层生锈菌科(栅锈科)，层生锈菌属(栅锈属)。本病原菌属于全孢型专性转主寄生锈菌，性子器和裸锈子器时期(0、Ⅰ)寄生在落叶松属植物上，夏孢子和冬孢子时期(Ⅱ、Ⅲ)寄生在杨属植物上。本病原菌是我国东北地区的优势种，分布广、寄主多、为害重。性子器多发生在叶片正面褪色黄斑上，其次也发生在叶背面和侧面。初期埋生，无色或稍稍淡色，成熟时或多或少突出叶表面，呈淡黄褐色或淡棕黄色，(8.4～11.7) μm×(30.6～69.3) μm；性孢子淡色至无色透明，平滑，椭圆形，(2.4～2.7) μm×(3.4～4.8) μm；裸锈子器无周皮，垫状，稍稍扁平，鲜橙黄色，椭圆形或近似纺锤形，高0.18～0.25 mm，宽0.48～0.63 mm；锈孢子成串连生，基细胞不明显，成熟时的锈孢子橙黄色或铁锈色，球形至广椭圆形，有时有棱角，(20.4～29.2) μm×(24.8～30.6) μm。夏孢子堆多数在叶片背面，直径1.0 mm左右，夏孢子椭圆形至长椭圆形，(21.8～43.9) μm×(15.6～22.6) μm。腰状部孢壁明显增厚达4.9～6.8 μm，一端无刺状疣或不甚明显，侧丝棍棒状和头状，头状部宽度18.0～25.0 μm；冬孢子堆在叶正面表皮下埋生，红褐色至深栗褐色，稍稍隆起呈皮壳状，或痂疤状，冬孢子侧壁相互密接，呈单层栅状，单个冬孢子圆筒形或三棱形，(40.0～57.6) μm×(9.0～11.3) μm。淡棕褐色至褐色，发芽孔不明显(图5-3-2)。成熟的冬孢子随落地病叶休眠越冬，为次年初次侵染的菌源。

(3)流行条件

气候条件(主要是温、湿度)对锈菌的侵染、发病有利，杨树锈病的发生、发展乃至猖獗流行与气候条件有密切的关系。根据气象观测和群众经验总结，凡是高温、干旱并常有季节性大风的年份，杨树锈病的发生期常较一般年份延迟一个半月左右，发病率和感染指数也低；凡气候温和，雨量适中，并时有小阵雨的年份，杨树锈病常早期发生，并迅速蔓延，感染指数一般达64.2～88.6。室内孢子萌芽及存活力测定结果，也证明了病原菌的萌芽与环境温、湿度的关系十分密切。成熟度整齐的锈孢子和夏孢子，在相当于饱和的空气湿度下，均能迅速地萌芽，孢子萌芽率和芽管伸长度显著增高，凡悬浮在水滴中或沉积在水底的锈孢子和夏孢子，完全不能

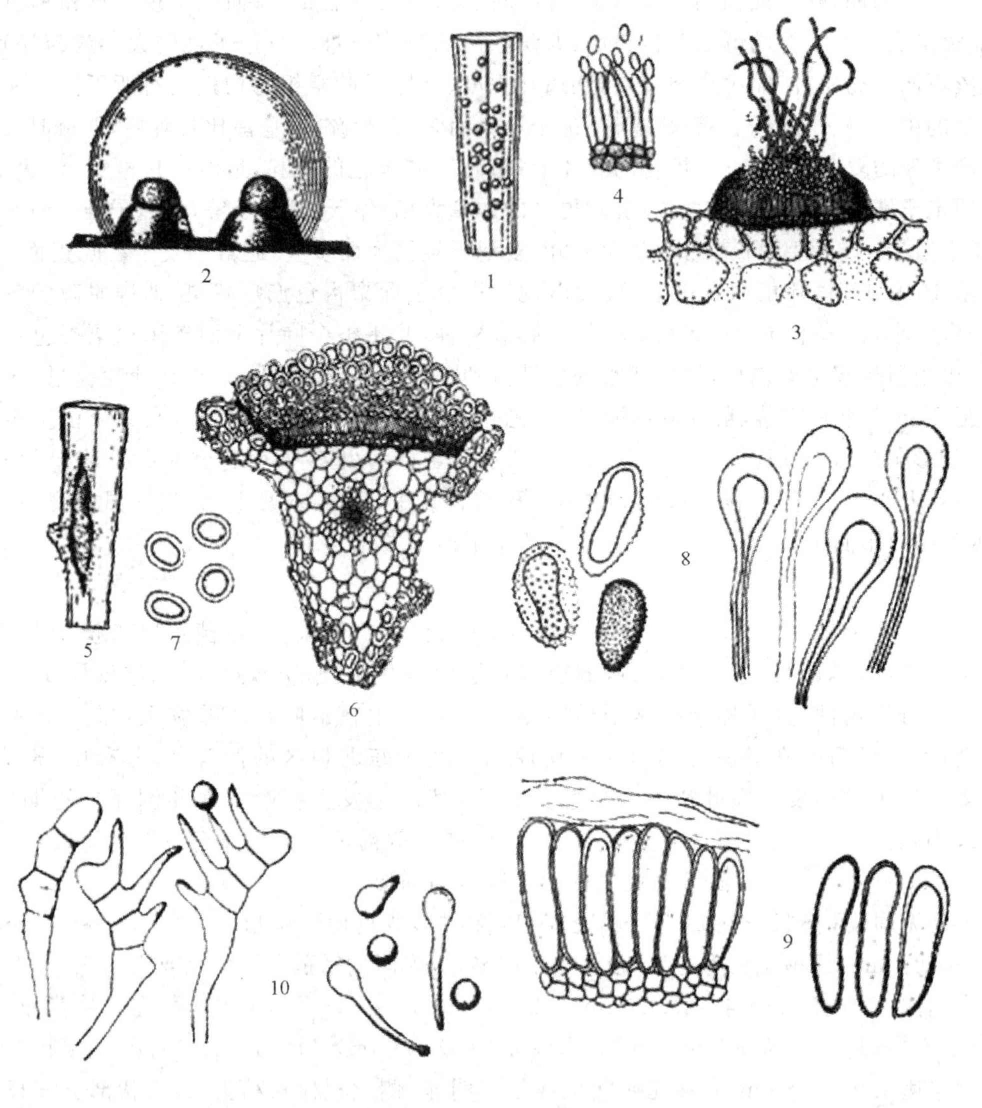

图 5-3-2　松杨栅锈菌

1. 性孢子器的分泌液(×100)　2. 具有分泌液的性孢子器外观(×280)　3. 性孢子器纵切面(×400)　4. 性孢子梗和性孢子(×750)　5. 裸锈子器(×100)　6. 裸锈子器纵切面(×250)　7. 锈孢子(×460)　8. 夏孢子和侧丝(×800)　9. 冬孢子堆和冬孢子(×800)　10. 担子、担子梗和担孢子(×800)

萌发,浮在水滴、水膜表面或边缘的锈孢子和夏孢子,一般只有较低的萌芽率,发芽管往往向水滴或水膜外伸出,自露出水面处产生分枝,靠近水滴和水膜的锈孢子和夏孢子,萌芽势通常较距离水滴远的为高。

越冬冬孢子及其担孢子的萌芽,也有与锈孢子和夏孢子萌芽相类似的情况。若将越冬冬孢子试样浸入水中,或浸水后迅速风干,越冬冬孢子均不能萌发。同样,若将人工保湿箱内自然降落在载玻片上的担孢子,一部分放入保湿二重皿内保湿萌发,另一部分作间歇保湿萌发,前者萌芽率很高,后者萌芽率很低,甚至完全不能萌发。

在湿度条件适宜的情况下,锈孢子萌芽的最适温度为 15～18℃,夏孢子为 18～28℃,越冬

冬孢子为10～18℃，保湿条件下的担孢子为15～18℃（越冬冬孢子萌发后所形成的担孢子，如果不在稍低于饱和的空气湿度条件下保存，则短时间内即丧失成活力）；如果湿度条件不变，锈孢子萌芽的最低最高温度极限为6℃和31℃，夏孢子为10℃和38℃，越冬冬孢子为2℃和28℃，担孢子为2℃和37℃。孢子萌发实验表明，各种孢子萌发对温度、湿度条件的反应与东北地区自然发病对温、湿度的反应是一致的。

感病或高度感病树种大量存在：杨树种类甚多，各类杨树对各种杨锈菌的感病性程度各不相同，根据我们在东北各地采集调查和在室内、温室、田间实验研究的结果，银白杨（*P. alba* L.）、毛白杨（*P. tomentosa* Carr.）、新疆杨（*P. bolleana* Louche）等白杨派杨树虽对白杨锈菌（*Melampsora rostupii* Wagn.）为感病或高度感病树种，而对落叶松、杨锈菌（*M. larici-populina* Kleb.）则为免疫或高度抗病树种。与白杨、山杨相反，杨树中分布数量最多、分布最广的青杨派和黑杨派杨树，如小叶杨、小青杨、青杨、香杨、中东杨、加拿大杨、黑杨及其亲缘关系较近的杂交类型，如钻天杨×中东杨、钻天杨×小青杨、黑杨×中东杨、中东杨×加拿大杨、钻天杨×小叶杨等只感染松杨栅锈菌，对白杨锈菌和落叶松、山杨锈菌则为免疫或高度抗病类型。以上说明，杨树的不同种或类型，对其相适应的杨锈菌种类，具有比较明显的寄生专化性。在各派杨树中，不同品种或类型的杨树，对同一种杨锈菌的感病性，也往往存在明显的差异。以松杨栅锈菌为例，根据“锈病分级记载标准”，可将各杨树种的感病或抗病性差异分为四类：

第一类：免疫或高度抗病类型。

对松杨栅锈菌而言、属于第一类的树种有：毛白杨、银白杨、新疆杨、山杨及其亲缘关系较近的杂交类型：发病级为0级。

第二类：抗病或高度抗病类型。

属于第二类的树种有：加拿大杨、钻天杨、黑杨及其杂交类型，感染指数一般在25.0左右，发病级为一级。

第三类：感病类型。

属于第三类的树种有：小叶杨、小青杨、青杨、香杨、西伯利亚白杨（甜杨）及其杂交类型，感染指数通常在70.0左右，发病级为二级或三级。

第四类：高度感病类型。

属于第四类的树种有：中东杨及其杂交类型，感染指数常高达80.0以上，发病级为四级。

(4)防治方法

①选育优质、速生并具有抗病特性的良种：针对杨树分布范围广，栽培面积大，各类杨树对不同的杨树锈菌具有较强的寄生专化性等特点，防治杨锈病最经济又切实可行的途径应该是大力推广选育优质、速生并具有抗病特性的优良品种，从提高寄主植物本身的免疫力入手，达到一劳多得，投资少、见效快的治本目的，在这方面，国外已有很多成功的实例。对锈病有抵抗性的杨树有：*P. deltoides*、*P. laevigiata*、*P. nigra* car. *betnlifolia*、*P. regenerata*、*P. marilandica*、*P. gelria* 等。

②注意合理间隔中间寄主落叶松属和本寄主杨属植物的栽培距离，使具有转主寄生特性的锈菌侵染链受到空间距离不小于大约5 000 m远的气流障碍，从而降低松杨栅锈菌担孢子的初次侵染能力。

③结合营林技术措施，清除越冬病原菌。如上所述，杨树叶片上当年形成的冬孢子，随落地病叶休眠越冬，次年作为病原菌的初次侵染来源。清除或处理越冬病叶，就能清除或减轻越

冬病原的隐患。

④在有条件进行化学防治的幼林地或苗圃，可适当采用预防剂或治疗性内吸剂作为辅助的防治措施。

自每年发病季节前 7～10 d 至 8 月中下旬止，采用预防性的波尔多液(1∶1∶240、1∶1∶160、1∶1∶00)，每 7～10 d 向杨树叶背面喷药一次，喷药后 1～2 d 内，如遇大雨或暴雨，再重复补喷一次，有一定的预防效果。

采用 25%粉锈宁 1 000 倍液向杨树叶背面喷射，有良好的治疗效果。

⑤苗圃地和造林地应实行合理密植，在有条件的苗圃地或造林地，可实行林粮间种或套种，也可以实行不同树种或不同品种隔行隔带搭配间种，能减轻杨锈病和其他病害的发生，控制病害的蔓延和流行。

5.3.3　白杨锈病

别名黄锈病、黄粉病、叶锈病、芽锈病、黄斑病、枯梢病。

国内分布于辽宁、河北、北京、河南、山东、陕西、新疆、广西、四川、贵州、云南等地区；国外分布于欧洲(俄罗斯、英国、荷兰)。

本病主要为害毛白杨，也为害白杨派的其他杨树和杂交类型，如银白杨、新疆杨(*P. bolleana* Louche)、毛白杨×响叶杨、银白杨×新疆杨、毛白杨×新疆杨等。不为害青杨派和黑杨派的杨树。东北各省白杨派杨树分布甚少，只见引种、育种试验场圃的少量毛白杨、银白杨和新疆杨发生白杨锈病、山杨以及黑杨派、青杨派的各种杨树和杂交类型，均不感染白杨锈病。

(1)症状

主要为害苗木和幼树。发生在嫩茎、小枝梗、叶柄和叶片上。发病初期，常常在幼芽刚刚萌动和放叶时，新梢上就出现密集的黄粉堆，即病原菌的夏孢子堆。展叶后，黄粉堆多集中在嫩叶上，其次在叶柄或枝梢的嫩茎上，孢子堆通常较大，颜色鲜艳，圆形、纺锤形至长纺锤形，(4.6～6.5) mm×(2.0～3.5) mm 不等，在林地上，先形成中心病株，再向四周扩散蔓延，受害严重的林木或苗木叶片上，黄粉堆叠叠，叶片卷曲，提早脱落，形成枯梢。由于本病发病期早，发病时间长(近 5～6 个月)，并多发生在嫩叶、嫩茎(梢)部，对苗木和幼树的生育影响很大。

(2)病原

病原学名 *Melampsora rostrupli* wagn. 白杨锈病菌(拟)(杨栅锈菌)，病原菌隶属于担子菌纲，多隔担子菌亚纲，锈菌目，层生锈菌科(栅锈科)，层生锈菌属(栅锈属)。病原菌的性子器、锈子器和冬孢子时期(0、Ⅰ、Ⅲ)尚不明确。夏孢子的形态，据显微镜检查，夏孢子多呈球形至广椭圆形，有时有棱角，(17.0～25.8) μm×(13.6～20.4) μm，孢壁无色，厚度均匀，2.7～3.4 μm，孢壁表面疣状突起较少，疣间距离为 1.8～2.9 μm，夏孢子间混生头状或棍棒状侧丝，多半呈头状，有时近似棍棒状，头状部大小为(16.8～30.6) μm×(29.6～44.5) μm，侧丝上部壁厚 3.0～5.8 μm (图 5-3-3)。

(3)流行条件

在毛白杨为主的杨树分布区域，幼林内中心病株的数量是病害流行的重要因素。由于病原菌能以菌丝状态在白杨的部分冬芽或嫩梢组织中越冬，次年冬芽萌动时，首先在嫩梢部分形成夏孢子堆，向中心病株的下部叶片和附近植株扩散蔓延，因此，中心病株的存在和数量，是白

杨锈病发生或流行的重要根源。在中心病株存在数量不少于5%的情况下，如果气候条件适宜(气温在18～25℃范围，空气相对湿度稍低于饱和湿度，时有小雨)，容易导致白杨锈病的流行。

(4)防治方法

根据白杨锈菌主要以菌丝状态在病芽或病组织内潜伏越冬，次年重复侵染，形成发病中心病株的特点，防治方法应以早期发现中心病株，消灭初次侵染病原为重点，结合选育抗病品种、药剂早期防治中心病株等三方面入手。

①早期发现中心病株，消灭初次侵染病原：在以白杨为主要栽培树种的地区，于每年发病初期(3～4月间)，指定专人负责，经常深入林地，巡回检查，及时剪除病枝，摘除病叶、病芽，就地埋入土中或集中沤肥造肥，就能早期发现中心病株从根本上控制病原菌的扩散蔓延。

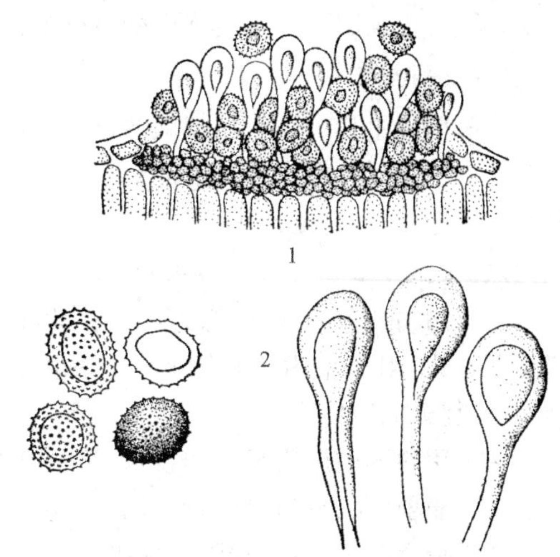

图 5-3-3 白杨锈病菌

1.夏孢子堆纵切面 2.夏孢子和侧丝放大

②选育抗病、速生优良树种，避免树种单一，实行多品种或多树种搭配种植，是今后营林、造林，综合防治病虫等自然灾害的一项重要措施。国内外的很多造林经验证明，树种过分单一，无论从林学或植保的角度来说，都是不适宜的。例如白杨锈病，专为害各种白杨派杨树及其杂交类型，而青杨、黑杨派的各种杨树对白杨锈病是高度免疫的，如果能结合各地区的气候和土壤条件，从抗病或高度抗病类型中选育良种，就能一举多得，显著见效；相反营造单一的毛白杨片林，一旦中心病株出现，气候适宜，就容易造成灾害。

③结合中心病株的早期发现，对中心病株和中心病株附近的植株，实行重点喷药防治，选用的药剂有1%石灰多量式波尔多液。1∶400倍或1∶500倍代森锌液；0.1～0.5波美度石硫合剂。1∶20倍石灰水。25%粉锈宁1 000倍液向杨树叶背面喷射，有良好的治疗效果。

5.3.4 毛白杨炭疽病

除为害毛白杨叶部外，还可为害嫩枝，致使叶焦，提早落叶，嫩枝枯死。顶梢受害后，严重影响毛白杨幼树的高生长。毛白杨苗木和幼树均可严重感染此病。据西北农学院调查，受害植株和叶片的发病率可达100%。

(1)症状

在枝上病斑由黑色小点变为菱形病斑，中央下陷，边缘隆起，表皮组织先坏死，韧皮部由黄褐色变为黑褐色而枯死。叶上病斑初为黑色小点，随后扩大变成灰色，边缘呈黑色，病斑大小不一致，单个病斑近圆形，连接时呈不规则形，多沿叶缘和叶脉扩展。在叶和枝的病斑上，散生黑色小点为分生孢子盘，当湿度大时，从分生孢子盘中放出粉色的分生孢子堆。

(2)病原

属子囊菌纲，球壳目，日规壳科，小丛壳属的[*Glomerella cingulata* (Stonem) Schr. et Spauld.]分生孢子单胞，无色，长椭圆形，直或微弯，内含两个油球。子囊棒状，略弯，子囊孢子单胞，无色，长椭圆形。子囊孢子能侵染毛白杨枝、叶，引起炭疽病。

(3)发病规律

病菌以分生孢子盘在病枝或病落叶上越冬，次年春季放出分生孢子，借风雨传播，作为次年初期侵染来源。在生长季节能进行多次侵染。一般5月开始发病，7月达到高峰，10月停止蔓延。

(4)防治方法

①发病初期剪除病叶、绿地中枯枝败叶及时烧毁，防止扩大；种植不要过密或室内花卉放置不要过密，对于室内花卉不要从植株的顶部当头淋浇，并经常保持通风通光。冬季清洁田园，及时烧毁病残体。

②采用科学的施肥配方和技术，施足腐熟有机肥，增施磷钾肥，提高园林植物的抗病性。

③发病前，喷施保护性药剂，用0.5%的代森锌效果最好，对枝条防治效果达94.9%，并能促进产生愈合组织，对叶片防治效果为72.7%，对苗木和幼树没有药害。或1%半量式波尔多液，或75%百菌清500倍液进行防治。

④发病期间及时喷洒75%甲基托布津可湿性粉剂1 000倍液，75%百菌清可湿性粉剂600倍液，或25%炭特灵可湿性粉剂500倍液，25%苯菌灵乳油900倍液，或50%退菌特800～1 000倍液，或50%炭福美可湿性粉剂500倍液。隔7～10 d一次，连续3～4次，防治效果较好。

5.3.5 毛白杨煤污病

主要危害毛白杨幼树和幼苗，在毛白杨叶、嫩枝和苗茎上形成一层煤烟状物，故称煤污病。煤污病菌从蚜虫、介壳虫等同翅目昆虫的分泌物中吸取营养，因此其发生常与蚜虫，介壳虫有关。发病后影响幼树和苗木的光合作用，严重可使叶片落光，顶梢枯萎，个别的导致植株死亡。

(1)症状

病斑为铅黑色或煤黑色，形状和部位都不一定，多发生在叶面。先从叶脉附近发现，继而向两侧蔓延，最后整个叶面污染，阻碍叶片光合作用和呼吸作用，影响生长发育，严重时叶背外缘也有黑霉菌着生。

(2)病原

属子囊菌纲，座囊菌目，煤炱科，煤炱属的[*Capnodium pelliculasum*]。

(3)发病规律

病菌以菌丝在病叶或病枝上越冬，借风、雨或昆虫传播，煤污菌是腐生的真菌，常生长在有蚜虫的叶和枝干的皮上，因蚜虫分泌一种黏液，病菌就生长在有这样大量外渗物质的叶片上。因此常常由于苗木或幼树遭受蚜虫、介壳虫等的为害，诱发了大量的煤污病。该病因蚜虫引起比较常见。据河北林业专科学校报道，毛白杨在遭受杨白毛蚜和杨花毛蚜为害后，招致煤污病。煤污菌有暗色的孢子、菌丝和子囊孢子。在暗处温度高、湿度大的地方有利病菌的生长和发展。多发生于7月上中旬，7月下旬迅速蔓延，9月下旬不再蔓延。

(4)防治方法

①加强抚育管理：幼林要适时间伐，使通风透光。秋季在苗圃地和林地及时清理病叶，集中烧毁，消灭病源。

②生物防治：加强对蚜虫、介壳虫等害虫的防治；注意保护和利用蚜虫、介壳虫等类害虫的天敌。

③药剂防治：初发病时用 1 300 倍 50%代森胺和 2 600 倍 40%乐果的混合液喷洒，发病严重时用 1 000 倍 50%的代森胺和 2 000 倍 40%的乐果混合液防治，都有良好的效果，而没有药害。或喷 0.2～0.5 波美度石灰硫黄合剂，兼治叶片病菌和蚜虫等。

5.3.6 毛白杨红心病

毛白杨红心病在河南、山东、河北、陕西等省均有发生。据山东泰安地区调查，毛白杨发病率达 94%。发病后木材的许多物理力学性质均值指标均劣于正常木材，特别是冲击韧性和承受弯曲强度方面指标比正常材差。用作造纸原料时。纸张质量降低，制作板材时，红白交界处易产生开裂现象。破腹病是导致红心病发生的主要原因，受害严重时年轮之间易形成“脱圈”，影响出材率和工艺价值。

(1)症状

发病后，髓心及木质部自中心向外，上下扩展，也有从死节伤口向木质部或髓心一侧发展，或沿虫道逐渐向周围扩展成梭形。病害扩展范围和色泽因病害轻重而异，轻者仅在伤口近木质部外层出现橘黄色水渍状斑块或条纹，或者仅髓心变色，严重受害时主干由根际至枝梢髓心和木质部均变成橘黄色或褐色，仅靠树皮一层为白色。受害严重的沿伤口流出红水。

(2)病原

导致发生红心病的诱导因素至今尚无定论，概括起来有非生物和生物的两种看法。辽宁林科所、河南农业学院林学系等认为红心病可能是生理病害，山西林科所认为可能是真菌引起的，山东农业学院等单位认为是毛白杨在生长过程中，通过伤害所产生的病理现象。西北农林科技大学等单位从毛白杨红心材中分离出 Maerohoma、Cytospora、Fusarium、Verticillium、Alternaria 等菌类，并对几种菌类进行了室内外接种试验，结果不足以说明红心病是由真菌或细菌引起，只是某种菌类有促进木材变红的能力。因此，他们初步认为毛白杨红心病可能是木质细胞壁受到刺激后，分泌出某种胶质，以保护伤口，而使木材显示红色，主要是树木生理现象所致。

(3)发病规律

引起木质部红变的因素很多。损伤是导致毛白杨红心病发生的主要原因，经调查凡树木有虫伤、死节、破腹、人为机械损伤的，一般都易发生红心病。随着年龄增大发病率与感病指数也逐渐增高。病害的发生发展与林木的生长势强弱和林分的发育期有关，生长健壮的发病较轻，生长发育不良的幼林发病较重。

(4)防治方法

①适地适树的发展毛白杨。选择土质较厚的林地植树造林，营造适当密度的纯林或混交林。山地造林应选择阴坡或半阴坡，以减少温度变动的幅度。

②扦插繁殖时选用没有红心病且木质化良好的穗条，插条时尽量避免插穗劈裂。

③对幼林加强抚育管理，促使林木生长旺盛。注意防虫、防冻、防伤。也可用煤焦油乳剂或 3%的氯化锌涂抹伤口。

5.3.7 毛白杨破腹病

此病在华北和山东分布极广，而且严重，在陕西也有发生。据调查，山东的毛白杨受害率达46%以上。该病发生后，又能诱发红心病等发生，严重影响林木生长和木材品质。

(1)症状

主要发生在树干上，使树皮开裂，裂缝主要在树干下部的西南或南向。裂缝深度浅至表皮层或内皮层，深至木质部，长度可达数米，裂缝两侧的颜色变成淡黄色或酱色。从裂缝中流出带臭味的水或胶状物。树液开始流动时，这种物质的流量即增多。破腹病常常引起毛白杨红心。

(2)病原

此病为生理病害，初步研究认为是由于温度低受冻害引起的。在冬季低温条件下，当昼夜温度急剧变化，温差大时，树干外部比内部收缩得快，内部产生巨大应力，出现了力的不平衡变化。当这种应力超过组织强度时，就造成了一种撕裂现象(冻裂)，俗称“破肚子”。这种现象发生在已是裂缝的组织上时，裂缝就向内及上下延伸。毛白杨红心病是由伤口直接诱发的一种生理病变，木质部变色是一系列生理生化反应的结果。

(3)发病规律

病害的发生和温度有密切的关系。在低温时，温度稍有变化就会产生冻裂，因树干的西南向或南向所受的日照时间长，温度变化大，在突然冷却时，树干外围冷却发生收缩，使内部产生的应力超过组织强度时，即发生冻裂，或加深加长原有的裂缝。林木生长的环境条件不同，病害发生的情况也不同。在阴坡土壤肥沃湿润的地方，日照时间短，温度变幅小的条件下，林木发病率低。反之，在阳坡发病率就高。林内温度变幅比林外小得多，因此林内不易发生冻裂现象。在林木密度方面，表现为稀林发病重，密林病轻。四旁零星林木，管理差的，受害率高。靠近水源及湿度大的地方，病害发生率低。用实生苗造林不易发病，而用无性繁殖苗造林发病率较高。林木遭受破坏时亦容易发生冻裂现象。

(4)防治方法

①适地适树的发展毛白杨。选择土质较厚的林地植树造林，营造适当密度的纯林或混交林。山地造林应选择阴坡或半阴坡，以减少温度变动的幅度。

②用草包扎树干或在树干上涂抹石灰，可收到较好的效果。

③还可通过培育抗病品种，加强对林木的抚育管理等措施，提高树势，增强植株的抗逆性，达到防治的目的。

5.3.8 杨树烂皮病

别名杨树腐烂病、腐皮病、臭皮病、溃疡病、干癌病、黄丝、黑疹、出疹子、鸡皮疙瘩。

本病分布甚广，国内发生于辽宁、吉林、黑龙江、河南、河北、山东、山西、青海、宁夏、新疆、云南、四川、贵州、甘肃等地区；国外分布于亚洲(日本、朝鲜、叙利亚)、欧洲(俄罗斯、波兰、捷克、斯洛伐克、罗马尼亚、保加利亚、匈牙利、奥地利、瑞典、芬兰、英国、德国、意大利等)、北美洲(美国、加拿大)等世界各国。

主要为害杨属的许多种、品种和杂交类型，也能为害柳属的许多树种。

杨树烂皮病分布广，是一个世界性的病害，但就其为害性和损失情况看，国内外均有不同的看法和反映，Benben(1957)认为，本病在波兰是杨树幼树最大的病害之一。Kesselhuth(1953)认为，本病在德国是杨树的一种毁灭性病害。Gyorfi(1954、1957)认为，本病在匈牙利是杨树上两种主要溃疡类型之一。这些学者的看法表明，杨树烂皮病的为害和所造成的损失是十分严重的。另外一些学者，进一步对杨树烂皮病的为害性和损失程度进行了具体的分析和研究。Schmidle(1953)和 Kochman(1958)明确指出，杨树烂皮病只能侵染生长衰弱的杨树，病菌自伤口侵入后，先存活在死亡的组织上，分泌毒素或在环境适宜时才成为寄生性病害。

在国内，很多人认为：杨树烂皮病是一个毁灭性的大病害，一旦发生，往往来不及治疗就使大片林木或苗木遭致死亡，这种看法，虽然反映了杨树烂皮病在一定的发病条件下，确实具有毁灭性的为害现象，但还没有抓住病害发生、发展以至猖獗流行的根本原因，使防治工作总是处于被动、无效的状态。

(1)症状

杨树烂皮病的症状，可分为枯梢型与干腐型两种类型。东北各省(自治区)，多属于干腐型，发生于主干、大侧枝和树干分叉处，枯梢型比较少见。在青海省东部，枯梢型和干腐型都有发生。

①枯梢型：症状发生于树梢和枝梢上，诱病因素多由于干旱风、虫害、机械伤所致，患部由褐色变黑色，树皮失水干裂，易与木质部脱离，病皮上散生黑色、灰白色小疹点，即病原菌无性世代之分生孢子器。

②干腐型：干腐型烂皮病，又可分为干基腐和干腐两类。

干基腐　干基腐的诱因，多由于干基部遭受冻害、日灼或水淹引起，也由于牲畜啃咬、人工作业或机械伤害所致。发病初期，树干基部韧皮部由淡黄褐色变黄褐色，通常在西南面或南面有1～2块病斑出现。在病斑逐渐扩展的情况下，树干基部有纵裂、缢缩、下陷等坏死斑痕出现，韧皮部呈深黄褐色至黑褐色，患部皮面长出病菌的分生孢子器(鸡皮疙瘩)和孢子角(黄丝)。由于病斑切断了根部和树干中上部的输导组织，根际萌生一至多个萌生条，树冠展叶晚或不展叶，展开的叶片，色淡而瘦小，趋于凋萎死亡状态。

干腐　在立地条件和气候条件很不适宜杨树生长的情况下，通常发生干腐型烂皮病。光皮树种往往在患部透出褐色、灰褐色水渍状病斑，初期微微隆起，病健组织交接明显，粗皮树种不显病斑。当寄主生长特别衰弱，空气湿度较大时，病组织迅速坏死，变软而腐烂，手压之，有褐色液汁流出，有浓厚的酒糟气味。后期，病组织因失水干缩下陷，并自表皮下出现多数针头状的突起，即病原菌的分生孢子器。分生孢子器将近成熟时，突破上皮层，顶端露出皮面，呈黑色或淡褐色。每逢阴雨和空气湿度较大时，从分生孢子器内，溢出混有分生孢子的黏稠物，呈不同粗细的角状，即病原菌的孢子角。孢子角初呈淡色，以后呈枯黄色至赤褐色，遇空气湿度较大的天气，孢子角继续伸长，形成卷曲而细长的丝状物(群众称为黄丝)，借助于风雨传播。患部树皮的韧皮部或内皮层，常呈褐色或暗褐色，糟烂如麻状。皮下0.2～0.5 mm厚度的木质部，有时也变成褐色。6月初，有性世代的子囊壳开始形成。先自病部皮下凸出褐色、灰褐色或紫褐色斑块，以后逐渐形成暗紫褐色至紫黑色的隆起斑，表皮下密生许多细小的小黑粒，即病原菌的子囊壳。

(2)病原

病原学名有性世代为 *Valsa sordida* Nits.(污黑腐皮壳)，无性世代为 *Cytospora chryso-*

sperma(Pers.)Fr.(金黄壳囊孢)。

病原菌的有性世代隶属于子囊菌纲,球壳菌目(球壳目),腐皮壳菌科(腐皮壳科),黑腐皮壳属。其无性世代隶属于不完全菌类,类球壳菌目(壳霉目),类球壳菌科(壳霉科),单孢无色亚科,聚壳菌属(多壳囊孢属、聚壳霉属)。有性和无性世代都能产生子座,有性世代之子座类球形或扁球形,不十分明显,初埋生,以后多少突出表皮外。子囊壳埋生于子座中,瓶状,单个散生,直径 350～680 μm,高 580～896 μm。壳口长 198～364 μm,未成熟时呈黄色或黄绿色,成熟时变成暗色或黑色。子囊圆筒形、棍棒状,(37.5～61.9) μm×(7.0～10.0) μm,无色透明,子囊壁薄或不明显,通常内含 8 个子囊孢子。子囊孢子单胞无色,腊肠形,向一方稍稍弯曲,(10.0～19.5) μm×(2.5～3.5) μm,菌丝无色透明,直径 2.5 μm。分生孢子器埋生在不规则的子座中,单室或多室,有明显的壳口,直径 0.27～1.5 mm,高 0.08～0.4 mm,壳口长 60.2～93.8 μm。分生孢子较子囊孢子小,数量很多,生于孢子梗上,单孢,无色透明,腊肠形,向一方稍稍弯曲,(3.75～6.8) μm×(0.68～1.35) μm (图 5-3-4)。

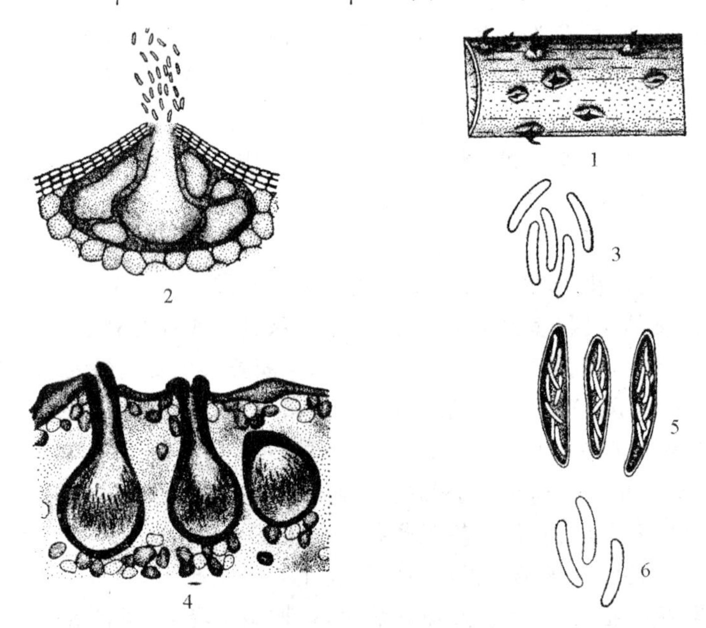

图 5-3-4　金黄壳囊孢

1.树皮上的分生孢子器和孢子角　2.分生孢子器纵切面　3.分生孢子放大
4.子囊壳纵切面　5.子囊和子囊孢子　6.子囊孢子放大

(3)防治方法

杨树烂皮病属于弱寄生、强腐生性真菌侵染所致,因此,在拟订防治方法时,尤其要首先强调"防重于治"的原则,这不仅因为烂皮病一类干部病害,主要为害树木的输导组织(韧皮部),容易导致毁灭性的损失,也由于已受害的树木,多半与急性发病的因素相关联,受害面积大,病害发展比较迅速,治疗既要花费较大的人力、物力和财力,伤损部分还常常成为多种病虫害的侵染发源地。因此,防治的重点,要以栽培免疫(实行合理的栽培技术)为主,使栽培品种良种化,就能达到控制和消灭杨树烂皮病的目的。在已经发病的情况下,则应着重改善杨树的生长环境,复壮树势,增强寄主的抗病、耐病和愈伤能力。在可能条件下,以化学治疗为辅,用化学药物和油脂类进行患部刮治或涂伤治疗。

①选育适应地区性强的树种造林:在植树造林时,要严格掌握适地适树的原则,确保杨树的正常生长。由于杨树的种、品种、杂种类型很多,不同种类的杨树,具有不同的适应性和生长特性。因此,在植树造林时,应首先考虑各种杨树相适应的分布区域、立地条件和气候条件。因势利导,趋利避害。

②加强经营管理,培育杨树生长旺势,提高寄主的抗病、耐病和愈伤愈能力。如能加强经营管理,林木生长健壮,就能使未得病的树木不得病,已得病的树木逐渐愈合恢复,控制烂皮病的扩大蔓延。具体措施列举如下:

除草松土　林地由于抚育作业不及时,致使杂草丛生,土壤板结,直接影响林木的正常生育,因此,在幼林郁闭前,应加强除草松土(林带或行间铲趟)。有条件的地区,可采用"春膛一犁"或"秋膛一犁"的措施,防旱保墒,消灭杂草,提高林木的生长旺势和抗病力。根据在辽宁、吉林西部的调查,凡逐年进行幼林抚育的林分,即使在气候突变、烂皮病猖獗的年份,也较相同立地条件下不进行抚育的林分发病轻或不发病。

平茬更新和人工促进更新　平茬更新的目的,主要是促使那些生长发育不正常,容易导致腐皮病菌侵染为害的"小老树",和无顶生主枝以及因牲畜啃咬形成残缺木的复壮更新。同时,对已经发生腐皮病较严重的林木,也要实行人工更新。据群众经验总结,平茬应在早春地表刚化冻 10 cm 左右时,从贴地皮或深入土中 4～5 cm 处,用利镐平除,这样做既清除了病株和病原菌,又不使树根受到大的震动。已平茬更新的 1～3 年生幼树和幼苗,生活力旺盛,生长发育迅速,有明显的抗病免疫能力。

实行合理的整枝　高强度的树冠整枝和整形常导致树势迅速衰弱,不正确的整枝和林间作业,容易造成过多的机械损伤,不适时的整枝,既影响杨树的正常生长发育,又使整枝伤口不易愈合,给病原菌开辟了侵入途径。据调查和群众经验总结,幼林和成林的整枝,以逐年进行为宜,掌握少修、勤修和弱度修枝的原则。造林后 4～5 年的杨树;每次可剪除全树高 1/3 左右的底侧枝,6～8 年的杨树,可剪除全树高 1/2 的底侧枝,生长势弱的杨树,剪枝量应控制在 1/3 以下。修枝时,用快刀先自侧枝下方与主干平行方向砍口,再自上方与主干平行方向砍口,原则上整枝口应紧贴主干,并与主干平行,伤口务求平滑,使不易存留雨水,容易愈合。修枝的时间,以春季树液流动前,将未完全枯死的低侧枝整除为宜。待树枝枯死或休眠期整枝,则伤口不易愈合,有利于病菌潜伏侵染。

防治枝干部害虫　枝干部害虫如杨树吉丁虫、山杨天牛、光肩天牛、白杨透翅蛾、杨干象虫甲、青叶跳蝉等,不仅影响林木生育,削弱树势,诱发烂皮病的侵染,而且,害虫的侵入孔和羽化孔也是杨树烂皮病潜伏侵染的重要途径。

改善杨树的生长环境,增强树木本身的抗病免疫能力。在立地条件或小气候条件不适于杨树生长,容易诱发烂皮病大发生的场合,应从根本上改善杨树的生长环境,增强树木本身的抗病、耐病能力。

改进林带设计,注意林木结构。今后,在大面积营造农田防护林带时,必须与防治病虫害工作紧密配合,实行不同树种的合理配置或混交。例如,在平坦地或漫岗地带,应营造以杨树或松树为主,榆、黄菠萝等为辅的针阔混交林;在低洼地、河川易涝地带,应营造以柳树为主,水曲柳、花曲柳为辅的混交林;在盐碱地带,更应选用耐盐碱的树种(如柳、榆、槐、柽柳等)营造混交林。在风沙严重的干旱草原地区,根据合理利用地力、林业不与农业争地的原则,应适当加宽主林带,缩小林带间的距离,并在向主风的西南面或偏南面选择适应性强的乔、灌木树种(如柳、榆、小叶杨、紫穗槐等),增设1～2行作为保护行,有利于林木的正常生育,减轻烂皮病的发生和蔓延。

城市、村镇、公园等住宅区域的绿化杨树,常由于人畜的活动引起各种机械损伤,立地板结、土壤透水不良,以及移植修剪造成严重的伤根、截干,使立木在生长发育中经常呈现水分不足、养分失调、树势衰弱、易于发病。因此,各有关部门除加强护林宣传教育,应严格掌握修枝整形的强度,修枝口应以涂伤防腐剂(如波尔多浆、铜油、臭油等)保护,住宅区域内,可发动群众分片、分段管理,除负责保护树木不受各种机械损伤外,应经常松土,适当灌水、施肥,改善立木生长环境,增强树木生长势,提高树木抗病、耐病的能力。

另外也可以采取以下措施有:

①刮除病斑治疗。先在树下铺一塑料布,用来收集刮落下来的病组织。接着用立刀和刮刀配合刮去病皮,深达木质部,病皮上刮去0.5 cm左右健皮,直至露出新鲜组织为止,刮后涂药。所用药有:5%田安水剂5倍液,9281水剂3～5倍液,10波美度石硫合剂,40%福美砷可湿性粉50倍液加2%平平加,1.5%～2%腐植酸钠。

②涂治病斑。用利刀先在病斑外围距病斑疤1.5 cm左右处割一"隔离带",深达木质部,接着在隔离带内交叉划道若干,道与道之间距离为0.5～1.0 cm。然后用毛刷将配好的药涂于病部。所用药同上。

③喷药铲除病菌。在树木发芽前,在树周密喷40%福美砷可湿性粉100倍液加助杀剂或害立平1 000倍液;75%五氯酚钠可湿性粉剂加助杀剂或害立平1 000倍液,着重喷3 cm以上的大枝。

④敷泥法。此法简单,效果明显,成本低廉。做法是:先查清病斑大小,再将有碍包扎病斑的枝条去掉。再用深层土和成泥。而后在病斑上涂一层泥浆,再在上面抹一层3～5 cm的泥,四周比病斑宽4～5 cm,并多次按压,使之与病斑紧密黏着,中间不能有空气,然后再包上一层塑料布扎紧。半年后去掉。此法有效率可达98.6%。

5.3.9 杨树溃疡病

别名杨树水泡型溃疡病、杨树细菌性溃疡病、流汁病、烂皮病、树皮起泡。

能为害杨属的很多树种和杂交类型,如小青杨、小叶杨、青杨、毛白杨、银白杨、山杨、法国杂种、健杨×美杨、健杨×黑杨、辽杨杂种,62-5、格尔里杨、小叶杨×毛白杨、马里兰德杨、青皮大叶杨、白皮小青杨、168号杂种等。据邓叔群记载,葡萄座腔菌生于阔叶树及灌木的枯枝上,向玉英等记载本病能为害杨树、核桃(胡桃)(*Juglans regia* L.)、苹果(*Malus pumila* Mill)。

(1)症状

多半发生在树干基部0.2～2.5 m高度范围内,青皮和白皮的光皮树种症状比较明显,病树的皮面,于每年春末夏初或夏末秋初季节,出现似人体被沸水烫伤的水泡状,初期,明显隆起,十分饱满,馒头状,内部饱含水液,表面光滑,近圆形,直径0.2～1.5 cm,有时达2.5～3.5(4.0) cm。后期,在水泡之一侧或正表面,出现小孔状或纵裂状破口,向外流出水液,无色或稍稍淡黄色,遇空气渐变淡褐色、红褐色,乃至黑褐色,风干时,裂口附近残留近似虫粪状的深黑褐色物质,破裂口以下残留流汁的条状痕迹,水泡下陷,干瘪,或在干瘪的水泡边缘或附近又出现新的水泡。感病树种水泡累累,干基部布满点、片、带状的红褐色、黑褐色水液痕迹,即使在远处都可以看到受害的症状。

将未破裂的饱满的水泡用接种针挑破，表皮下呈青绿色，后期，形成层或韧皮部逐渐变褐色。将新鲜的患部皮组织或水泡型病健交接处的皮组织，取小样在显微镜下观察，病组织或多或少变色，加无菌水静置，未见细菌溢出。

水泡型溃疡在重复发病的情况下，破裂口比较明显，纵向呈纺锤形或长椭圆形，有时呈不正形溃疡，(3.5～8.5) cm×(2.5～5.5) cm，每年 4 月中下旬～6 月上旬，也自破裂口中流出水液，与水泡型溃疡的变化相同，韧皮部呈褐色至黑褐色，有腥气味，木质部表层约 0.2～0.3 cm 深度染成褐色、淡黑褐色，至深黑褐色，受害严重的树木，往往树势衰弱，常并发杨树烂皮病[*Cytospra chrysosperma*(Pers.)Fr.]等弱寄生性病害，促使树木迅速干枯致死。

(2)病原

病原学名 *Botryosphaeria dothidea*(Moug. ex Fr.)Ces. et de Not.(葡萄座腔菌)[*B. ribis*(Tode)Gross. et Dugg.]，无性世代为 *Dothiorella gregaria* Sacc.

本病的病原问题，长期以来一直被认为系细菌侵染所致。近些年来逐渐倾向于真菌侵染致病，1979 年向玉英等，根据从杨树水泡型溃疡病斑上分离出真菌，在室内和自然情况下进行接种试验，获得了成功的结果，产生与自然病斑相同的典型症状；而用杨树水泡型溃疡病斑上分离出的多种细菌，经多次在杨树上接种，均未成功，确认杨树水泡型溃疡病系由真菌有性世代 *Botryosphaer dothidea*(Moug. ex Fr.)Ces. et de Not.(葡萄座腔菌)和无性世代 *Dothiorella gregaria* Sacc.侵染所致，而细菌只是杨树溃疡病斑上的腐生菌。

病原菌的有性世代隶属子囊菌纲，假球壳目，葡萄座科葡萄座属(葡萄座腔菌属)，无性世代隶属于不完全菌类，类球壳菌目(壳霉目)，类球壳菌科(壳霉科)，单孢无色亚科，小穴壳菌属。有性世代秋季在病斑上形成，10 月中旬，子囊孢子大部释放。子座直径 2～7 mm，子囊孢子埋生在子座内，洋梨形，(116.4～175.0) μm×(107.0～165.0) μm；子囊呈棒形，(49.0～68.0) μm×(11.0～21.3) μm，具短柄，壁双层，顶壁稍厚，内含 8 个子囊孢子，子囊间有假侧丝；子囊孢子单孢，无色，倒卵形，(15.0～19.4) μm×(7.0～11.0) μm。无性世代在寄主表皮下形成分生孢子器，暗色，球形，单生或集生，(97～233.0) μm×(97～184.3) μm；分生孢子单孢，无色，梭形，(19.4～29.1) μm×(5.0～7.0) μm。

(3)防治方法

选育抗病品种：相同立地条件下，杨树不同种或不同品种的感病性常有明显的差异，因此，在大面积营造防护林或用材林的地区，应特别注意选育适应性强，生长优质的抗病良种。

发病较轻或有条件的地方，可于每年 4 月下旬至 5 月上旬，结合树干涂白，用波尔多浆、石硫合剂，石灰乳(生石灰 2 kg，水 0.5 kg)涂抹伤口，也可以用消毒的锐刀划破溃疡斑和水泡型溃疡，用 50%的蒽油，1%的硫酸铜液，0.2%硼酸液，1∶300 的 40%甲醛液，涂抹病部伤口，有一定的治疗作用。

5.3.10 杨灰斑病

杨灰斑病发生在黑龙江、吉林、辽宁、河北和陕西等省。从小苗、幼树到老龄树都能发病，但以苗期被害严重，常造成多顶苗，不合造林要求。

(1)症状

病害发生在叶片及幼梢上。病叶上初生水渍斑，很快变褐色，最后变灰白色，周边褐色。

以后灰斑上生出许多小黑点,久之连片呈黑绿色,这是病菌的分生孢子堆。有时叶尖叶缘发病迅速枯死变黑,上生黑绿色霉。叶背面病斑界限不明显,边缘绿褐色,斑内叶脉变紫黑色。

嫩梢病后死亡变黑,群众叫这种病状为“黑脖子”,其以上部分叶片全部死亡变黑,刮风时小枝易由病部折断,以后由邻近叶柄的休眠芽生出几条小梢,小梢长成小枝,结果病苗成为一个多叉无顶的小苗。

灰斑病在不同树种上的表现稍有差异。在加拿大杨病叶上,多数只有褐色多边形病斑,无灰白色表皮(图 5-3-5)。

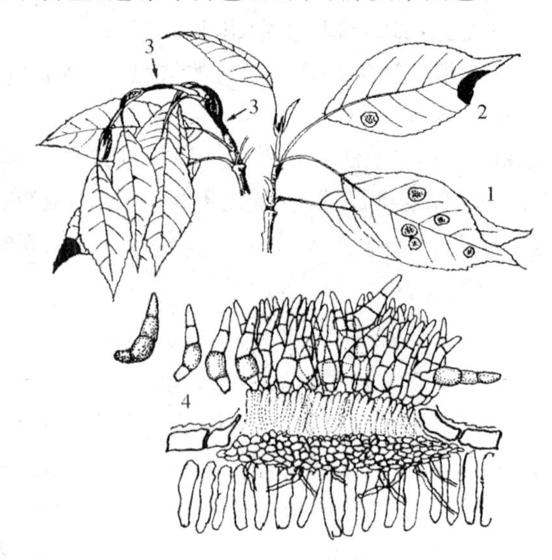

图 5-3-5　杨灰斑病

1.灰斑型病状　2.黑斑型病状

3.黑脖子型病状　4.病菌的分生孢子

(2)病原

本病由子囊菌纲座囊菌目的东北球腔菌(*Mycosphaerlla mandshurica* Miura)引起。病菌子囊孢子世代,在自然界很少看到,只在培养条件下才产生。无性世代为半知菌纲黑盘孢目的杨棒盘孢(*Goryneum populinum* Bres.),分生孢子由 4 个细胞构成,上数第 3 个细胞最大且自此稍弯。孢子在水滴中易萌发。萌发温度是 3~38℃,以 23~27℃为最适宜。孢子在落叶上越冬。

(3)发病规律

越冬后的分生孢子是初次侵染来源,萌发后生芽管及附着胞,由气孔侵入寄主组织,在少数情况下,也能直接穿透表皮侵入。潜育期 5~10 d,发病后 2d 即可形成新的分生孢子,进行再次侵染。病叶随落叶在地上越冬,次年春得湿气后萌发,生出芽管再进行侵染。

在东北地区,每年 7 月发病,8 月进入发病盛期。先出现叶斑病状,雨后发生枯枝病状,有的地区 9 月时病情更重,9 月末基本停止发病。小叶杨、小青杨、钻天杨、青杨、箭杆杨、中东杨、哈青杨、山杨等易感病,黑杨、大青杨次之;加拿大杨虽病,但极轻,在陕西省以箭杆杨受害最重。

病害发生与降雨,空气湿度关系很大,连阴雨之后,病害往往随之流行。

苗床上一年生苗发病最重,2 年生和 3 年生苗及萌蘖条也经常发病,幼树发病较轻,老龄树虽然发病,但受害不大。

(4)防治措施

①播种苗不要过密,当叶片密集时,可适当间苗,或打去底叶 3~5 片,借以通风降湿。

②苗圃周围大树下的萌条要及时除掉,以免病菌大量繁殖。培育幼苗的苗床要远离大苗区。

③6 月末开始喷药防治,喷 65%代森锌 500 倍液,或 1:1:(125~170)波尔多液,每 15 d 一次,共 3~4 次。用消石灰加赛力散(10:1)粉剂效果也好。

5.3.11　柳树烂皮病

别名臭皮病、腐皮病、腐烂病、干枯病、树干黄丝、黑疹病、出疹子、鸡皮疙瘩、树干红腐病。

本病分布较广，已知国内分布于辽宁、吉林、黑龙江、河南、河北、新疆、江苏、浙江、安徽、湖北、湖南、四川、贵州、云南、甘肃等地区。

能为害柳属的许多种，如垂柳、旱柳、河柳、朝鲜柳、沙柳、大叶柳(*S. magnifica* Hemsl.)、蒙古柳等，据文献记载也为害槭、榆、白蜡等阔叶树种。

(1)症状

幼苗、幼树、大树的枝、干部、梢部均能受害。干部受害时，因树种不同生成暗红褐色、橙黄色、灰黑褐色等纺锤形或不正形块斑。病部初期呈水浸状，较健康树皮色深，以后，由于组织坏死失水而干缩，较健康树皮稍稍下陷。光滑，浅色的树干、树皮面，病健组织交接明显，在干缩下陷的病皮上，陆续长出像鸡皮疙瘩样的疹点，即病原菌的分生孢子器。每当空气湿度增大或雨后，自小疹点上方开口处，挤出橘黄色角状、盾状或丝状物，即病原菌之"孢子角"。在空气湿度大或由于风的吹动作用，"孢子角"伸长呈丝状。树干粗糙的厚皮部分，通常不显示变色病症，当树皮裂缝中挤出大量红褐色、赭红色的孢子块时，树干韧皮部已遭受较严重的为害，韧皮部变黑腐烂，具浓厚的酒糟气味，枝叶迅速变黄干枯脱落，在干死的树皮上，长满病菌的分生孢子器和孢子角。

(2)病原

病原学名 *Cytospora chrysosperma*(Pers.) Fr.(金黄壳囊孢)病原菌的无性世代隶属于不完全菌类，类球壳菌目(壳霉目)，类球壳菌科(壳霉科)，单孢无色亚科，聚壳霉属(壳囊孢属)。分生孢子器埋生在不规则的子座中，单室或多室，近成熟时，壳口突出表皮外，分生孢子器大小不等，(272.0～408.0) μm ×(182.0～358.0) μm；分生孢子单胞无色透明，稍稍向一方弯曲，呈腊肠状(3.75～7.25) μm×(1.02～1.85) μm (图 5-3-6)。病菌属弱寄生、强腐生真菌，只侵害生长衰弱的活立木，使受害木迅速趋于死亡。病原菌的生物学性状及防治方法详见杨树烂皮病。

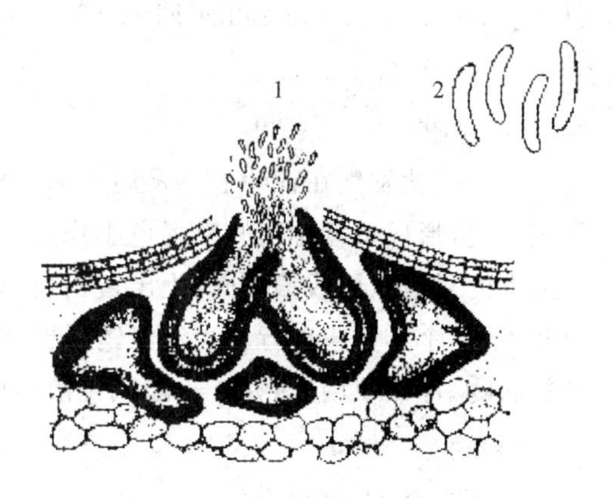

图 5-3-6 金黄壳囊孢
1. 分生孢子器横切面 2. 分生孢子放大

5.3.12 柳树枝枯病

分布于辽宁、黑龙江，引起幼树或大树干枝、干梢。也分布于河北、四川等省。

为害垂柳、沙柳、旱柳，有时也发生在小青杨的枯枝干上。

(1)症状

在弱活立木的侧枝或分枝干上，形成丘疹状小隆起，乍看粗糙感觉，患部树皮变色，呈黄褐色，后期，皮下的小丘疹显著隆起，顶破表皮，露出黄褐色至深黄褐色小疣，与柳树烂皮病相近似或稍大，成熟时，呈不规则开口，突出褐色或黑褐色物即病原菌之子囊盘。

(2)病原

病原学名 *Cenangium populneurn*(Pets.)Rehm(杨薄盘菌)病原菌隶属于子囊菌纲，蜡钉菌目，埋盘菌科，埋盘菌属(薄盘菌属)。子囊盘初埋生于基物(树皮组织)内。成熟时顶破组织或表皮层，露出褐色或黑褐色物即子囊盘，肉眼下不甚明显，显微镜下略呈盘状，直径 0.5～3.5 mm 不等，散生或群聚生；子囊圆筒形或棍棒状，(77.5～94.5) μm ×(8.5～11.5) μm；子囊孢子单孢无色，呈双行排列，下端单生，子囊孢子 8 个，长椭圆形，(9.5～16.5) μm×(3.5～4.0) μm；侧丝丛生，上端增粗，钝圆，下端较细弱，线形，无色透明，平滑，粗 3.5～4.0 μm。

本病原菌属弱寄生真菌，在寄主生势衰弱的情况下，才发生侵染和为害，促使受害枝干加速枯干致死，因此，寄主生长好坏，是决定是否发病的主要诱因(详见杨树烂皮病)。

5.3.13 松针锈病

别名松针泡锈病、黄粉病、黄锈病、叶锈病。

国内发布于辽宁、吉林、黑龙江、山东、陕西、江苏、浙江、江西、湖北、广西、四川、贵州、云南、台湾等地区；国外分布于亚洲(日本)、欧洲和拉丁美洲。

(1)寄主

性子器、锈子器(0、Ⅰ)时期为害松属(*Pinus* L.)的很多树种，如红松(*pinus koraiensis* Sieb. et Zucc.)、油松(*P. tabulaeformis* Carr.)、赤松(*P. densiflora* Sieb. et Zucc.)、獐子松(*P. sylvestris* var. mongolica Litv.)等。夏孢子、冬孢子(Ⅱ、Ⅲ)时期在黄檗属(*phellodendron* Rupr.)上。

(2)症状

0、Ⅰ症状发生在针叶上。发病初期，松针上生出黄色或黄褐色小点，以后小点逐渐长大，稍稍隆起，形成单行排列的黑褐色小疹点，即病原菌的性孢子器。发病后期，在病患部黑褐色小疹点的对应正面或偏侧面，生出黄白色、橘红色，略扁平的泡状物，即病原菌的泡状锈子器，通常 4～6 个排列成单行。当泡状锈子器成熟时，护膜顶端呈不规则破裂，露出鲜橘黄色、橙黄色粉状物，即病原菌之锈孢子，随风飞散传播。

(3)病原

病原学名 *Coleosporium phellodendri* Kom.(黄檗鞘锈菌)[*Peridermium pinikeraiensis* Saw.)海松被孢锈菌)；*P. Pini*(willd.)Kleb.(松针被孢锈菌)]。

病原菌隶属于担子菌纲，多隔担子菌亚纲，锈菌目，层生锈菌科(栅锈科)，鞘锈菌属(鞘锈属)。系转主寄生锈菌，其性子器、锈子器时期(0、Ⅰ)发生在松属植物上；夏孢子和冬孢子时期(Ⅱ、Ⅲ)发生在黄檗属(*Phellodendron* Rupr.)植物上。性子器小型，埋生于叶组织中，顶端稍稍突破表皮，露出不十分明显的性子器孔口，外观黑色、黑褐色，略有光泽，在显微镜下呈淡棕褐色至棕褐色，形状类似不完全菌类之分生孢子器，(358.5～530.5) μm ×(132.5～187.5) μm。性孢子近似球形至广椭圆形；锈子器泡囊状，故通称为泡状锈子器，此泡状锈子器显著突出叶面，仅基部稍稍埋生于叶组织中，(728.0～946.5) μm×(509.5～628.5) μm；锈孢子成串链生，基细胞有时明显，锈孢子椭圆形或卵形，有棱角，橙黄色至黄褐色，成熟的锈孢子具有明显的疣状胞壁，无色透明，有时稍稍淡橙色，(28.0～38.5) μm×(20.4～26.8) μm；夏孢子堆发生在叶背面黄斑上，散生或聚集成小堆，圆形，直径 0.25～0.6 mm 不等，多数在 0.4 mm 左右；夏孢子单胞，椭圆形至广椭圆形或卵形，淡橙黄色至橙黄色，(20.5～32.9) μm ×(16.5～23.5) μm；孢壁无色透明，厚度为 2.0～3.5 μm；冬孢子堆也发生在叶背面黄斑上，

于表皮下呈栅状紧密排列，圆形或稍稍角形，直径与夏孢子堆近似，淡黄褐色至黄褐色，单个的冬孢子近圆柱形或三棱形，表面光滑，(54.5～85.5) μm ×(16.8～24.3) μm，未发芽前为单孢，发芽时分割成4孢(4室)，孢壁无色透明，平滑，顶部孢壁明显增厚。详见黄檗叶锈病，图5-3-7。

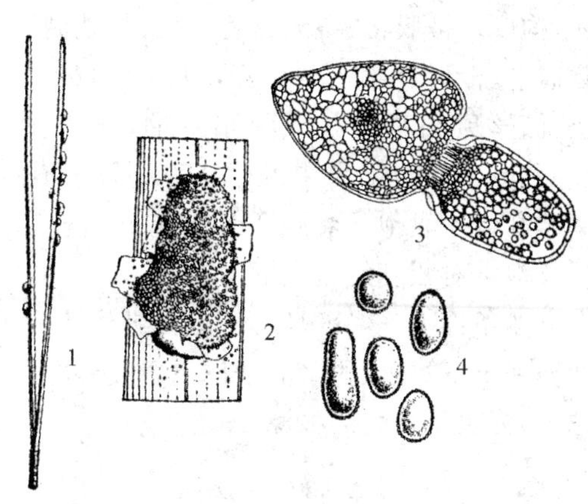

图5-3-7　黄檗鞘锈菌

1.病叶上呈小黑点的性孢子器和孢锈子器；2.已破裂的孢子器放大；3.未破裂的孢子器纵切面；4.锈子器放大

本病为转主寄生锈菌，作为本寄主(媒介)的黄檗属植物与松属植物大量伴生或混生时，容易导致本病害的流行。

(4)防治方法

为减免本病害的发生或流行，不能营造松属和黄檗属的伴生林带或混交林。

在有条件的情况下，可对发病较重的林木，于发病季节喷洒1∶1∶(170～240)倍液的波尔多液或0.3～0.5波美度石硫合剂，隔半月后再喷洒一次，有一定的防治效果，25％粉锈宁1 000倍液、敌锈钠1∶200倍液进行叶面喷射，效果更好。

5.3.14　松针落叶病

又名落针病、落叶病、叶枯病、节点病。

国内分布于辽宁、吉林、黑龙江、江苏、湖北、浙江、四川、云南等省；国外分布于亚洲(日本)、欧洲(俄罗斯、荷兰、比利时、英国、法国)、北美洲(美国)。

为害松属、云杉属(*Picea* Dietr.)、冷杉属(*Abies* Mill.)的各种植物，如油松、黑松(*Pinus thunbergii* Parl.)、红松、赤松、樟子松、马尾松(*P. massoniana* Larab.)、红皮云杉(*Picea koraiensis* Nakai.)、冷杉(*Abies* sp.)等。

(1)症状

症状发生在叶片上。幼树发病重，大树发病轻或不发病，受害的林木，叶片自下而上发病，重病植株，叶片当年变黄，干枯而脱落，受害轻的树木，病叶当年不完全变黄脱落，翌年提前显现病征，早期脱落。被害的针叶，初期出现淡黄褐色近圆形的褪绿点斑，以后点斑变黄褐色至褐色，出现有油脂状光泽的疹点，即病原菌的分生孢子器，其间有黑色细横线纹间隔。发病后期，叶片上的细横线纹较明显，病叶被分割成数段，其中出现黑色椭圆形有光泽的膏药状物，长0.5～1.0 mm，宽0.3～0.7 mm，即病原菌有性世代之子囊盘。

(2)病原

病原学名 *Lophodermium. pinastri*(Schrad. ex Fr.)Chev.(松针散斑壳)病原菌的无性世代隶属于不完全菌类，类球壳菌目(星裂菌目)，盾状壳菌科(星裂菌科)，单孢无色亚科，盾壳菌属(落叶菌属、散斑壳属)。分生孢子器盾状，黑色，初埋生，以后突出，自裂缝处开口，散出长椭圆形的分生孢子，(5.5～7.5) μm×1.0 μm；其有性世代隶属于子囊菌纲，盘菌目，星裂菌科，散斑壳菌属(散斑壳属)。子囊盘长椭圆形，埋生于寄主组织中，初期，由拟柔膜组织(黑色菌丝

体)构成之被膜覆盖,成熟后,呈狭长状裂开,(294.0～482.5) μm×(180.5～284.5) μm,内生圆筒形、棒形、棱形子囊;子囊大小为(69.5～164.0) μm×(8.0～13.5) μm,其间生有丝状侧丝,侧丝顶端呈钩状或稍稍弯曲;子囊孢子丝状,单孢无色,(45.5～74.0) μm×(1.5～2.5) μm。子囊孢子在相对湿度85%时不能萌芽,93%时开始萌芽,湿度越接近100%,则萌芽率越高。子囊孢子对温度的适应范围较广,在10～30℃间均能萌芽,以23～26℃萌芽最好。子囊孢子对酸度的适应范围在pH 3.0～6.5间,以酸性环境(pH 3.0～3.5)生长发育最好。在自然条件下,空气湿度大,能促进病菌孢子发育,因此,在多雨的年份,病害容易流行,在地势低洼和土壤黏重、积水的条件下,病害发生比较严重。病菌以落地病叶上的菌丝体和子囊孢子越冬,为次年发病的根源(图5-3-8)。

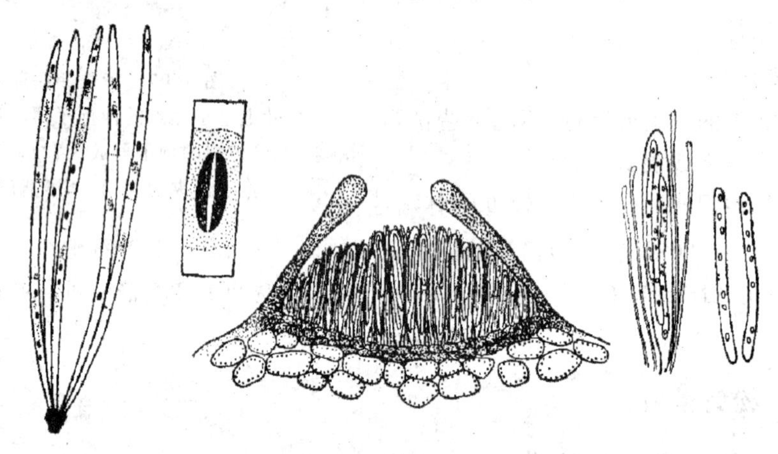

图5-3-8 松针散斑壳

1.病叶上的子囊盘放大 2.子囊盘纵切面 3.具有侧丝的子囊及子囊孢子

(3)防治方法

①造林地和苗圃地的选择。应选择排水比较良好的沙壤土、壤土地作苗圃,要避免把松树种植在积水的低洼地或黏重的土壤上。

②于秋末或早春季节,注意摘除或收集树上和林地四周,特别是树冠下的病叶,烧埋或沤肥造粪,减少病菌重复侵染来源。

③于每年6月中旬至7月下旬,用1∶1∶160的波尔多液或0.3～0.5波美度的石硫合剂,喷洒树冠,用3%～5%的硫酸亚铁水溶液喷洒落地病叶,有一定的防治效果。

④实行松属、落叶松属以及其他针阔叶树种的隔行混交,既能减少本病传播和流行,又能预防多种病虫害发生。

⑤加强抚育管理,增强树木生长旺势,提高寄主植物对病原菌的抵抗能力。

喷药防治应掌握好子囊孢子的飞散传播时间,即自子囊孢子放射时起,每隔15 d喷药一次,第一次浓度酌减,第二、三次按规定浓度,雨季用药应适当加大浓度,暴雨后应补喷药一次。

5.3.15 落叶松早期落叶病

别名落叶松叶斑病、褐斑病、落叶病。

国内分布于辽宁、吉林、黑龙江、山东等省;国外分布于亚洲(日本)、欧洲(德国)。

落叶松早期落叶病是落叶松叶部的一种重要病害,自1945年发生在辽宁省草河口林场以

来，病害逐年向各地扩大蔓延，截至目前，不仅东北各地，凡有落叶松人工林分布的地区，或轻或重都有本病的发生。

也为害落叶松属的很多树种，如落叶松（兴安落叶松）、日本落叶松、黄花松（朝鲜落叶松）、红杉（太白落叶松）等。

(1)症状

病症发生在叶片上，受害叶片，开始在尖端或近中央部分出现浅黄色的小斑点 2～3 个，直径不超过 1.0 mm，以后，病斑逐渐扩大到 2.0 mm 左右，颜色变成赤褐色，边缘稍稍淡黄色，7 月下旬到 8 月下旬，病斑增多、扩大、相互连接，多数叶片将近全部或 1/2 以上变为赤褐色，远看整个树冠呈火烧状，病叶早期脱落，病斑上隐约出现似针尖大小的小黑点，即病原菌的分生孢子器。

(2)病原

病原学名 *Mycosphaerella larici-leptolepis* Ito et al.（日本落叶松球腔菌），病原菌的有性世代隶属于子囊菌纲，球壳菌目，小球壳菌科、小球壳菌属（球腔菌属）。落地病叶内的越冬菌丝团，于次年 5 月下旬形成子囊壳，初埋生于表皮下，成熟时稍稍突出叶表皮，类球形，直径 68.0～119.0 μm，壳壁黑色，子囊壳内生多数棍棒状或圆筒形的子囊，无色透明，内含 8 个子囊孢子，子囊孢子无色，椭圆形，或鞋底形，两孢，中央隔膜处稍稍缢缩，孢子大小为（13.6～17.0）μm ×（2.7～3.4）μm；其无性世代生成分生孢子器，初埋生，成熟时多少突出表皮，球形，直径为 85.0～90.0 μm，壳壁较薄，内生多数小型分生孢子，单胞无色，长椭圆形或短杆形，（3.4～5.0）μm×（0.8～1.0）μm（图 5-3-9）。

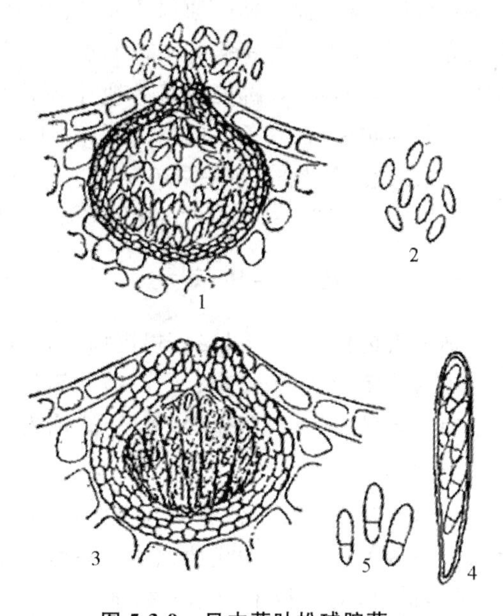

图 5-3-9 日本落叶松球腔菌

1. 分生孢子器纵切面 2. 分生孢子放大 3. 子囊壳纵切面 4. 子囊和子囊孢子 5. 子囊孢子放大

病原菌属于强寄生性菌种，其无性孢子只寄生在叶片上，用人工自然降落法接种子囊孢子，获得了成功的结果。实验证明，有性子囊孢子在相对湿度 90%以上，保湿 4 h，均能萌发，萌芽的最低温度 10℃，最适温度 25～30℃，最高温度为 35℃，最适 pH 2.5～5.2。

落叶松早期落叶病的发生发展乃至猖獗流行，与气象因子、树种配置、林木组成等因素都有较密切的关系，在发病诱因的诸因素中，以树种间抗病性差异和相适应的气象条件（降雨量、温、湿度等）是促成病害流行的主要条件。在感病树种占优势的地区，遇到降雨量多，空气相对湿度大的年份，就有病害大流行的危险。但在抗病树种占优势的情况下，虽然气候条件有利于病害流行但发病程度亦轻。由此可见，树种抗病性差异，是影响落叶松发病轻重起决定性作用的因素。

(3)防治方法

鉴于落叶松落叶病已广泛发生于东北各地，并借助于气流传播，继续向沿海或内地有落叶松林分布的区域蔓延，因此，防治本病，应根据病害发生的主要特点，确定防治途径。该病树种间抗病性差异较明显，幼林地病重，成林地病轻，病原菌以落地病叶内的菌丝团越冬，次年形成有性世代作为侵染来源，因此，防治上首先应以选育抗病品种为主，结合营造针阔叶树混交林。在重病区或地块上，要重视消灭越冬病原，并在发病季节，相应开展药剂防治，具体做法如下：

①选育抗病品种，是大面积防治病害的根本出路，在材性方面，日本落叶松不仅生长速度比长白落叶松快，抗病性也比长白落叶松明显，因此，应大力培育和营造以日本落叶松占优势的针叶树或针阔叶树混交林。例如，油松与落叶松1∶1混交；日本落叶松与长白落叶松2∶1混交；日本落叶松与椴树2∶1混交。同时进一步从国外引进或选育比日本落叶松更优良的树种，不断繁育，以提高抗病率，既远近结合，又容易在近期内(5～8年内)见效，从根本上消灭落叶松早期落叶病的为害。

②营造针阔混交林，国内外调查研究证明，混交林与纯林比较，前者不但有利林木正常生育，而且能预防和减轻多种病虫害的发生。

③消灭越冬病原，结合幼林抚育管理，将林冠下或林地内的病叶收集，烧埋或造肥，能减少次年的初次侵染源。

④合理密植，促进林内通风透光，既有利于林木正常生育，又能减轻多种病虫害的侵害，结合抚育管理，修剪容易感病并对树木正常生育有害的底侧枝，结合卫生采伐和抚育采伐清除被压木、濒死木、病腐木，都能改善林地环境卫生和林木生长环境，起到预防和减轻病害的作用。

⑤药剂防治，在有条件的情况下，对幼林或重病林分实行药剂防治是必要的急救措施，可试用的药剂有：36%的代森锰100～200倍液，于发病期喷射树冠1～2次，有一定预防效果。

采用1∶1∶(160～240)倍的波尔多液，于发病前或发病初期喷射叶面预防。

5.3.16 松树烂皮病

别名松树枝枯病、干枯病、粗皮病、梢枯病。

国内分布于辽宁、山东、江苏、河北等省；国外分布于亚洲(日本)、欧洲(俄罗斯)。

能为害松属的红松、赤松、短叶松、油松、黑松等弱活立木的枝干部和梢部。

(1)症状

松树因缺水、积水、营养失调、虫害等影响树木正常生育的情况下，枝干皮部或梢头部分，常常长满黄色盘状物，即病原菌之子囊盘。发病初期，子囊盘颜色较浅，后期，颜色加深呈茶褐色、至黑褐色，受害枝干部迅速枯干死亡，病患部之树皮面，墨黑色，呈粗糙感觉，针叶枯黄脱落，发病率有时达30%～40%。

(2)病原

病原学名 *Cenangium acicolum*(Fuck.)Rehm(松生薄盘菌)病原菌之有性世代隶属于子囊菌纲，茶盘菌目(蜡钉菌目)，埋盘菌科，埋盘菌属。子囊盘小型，初期在表皮下发育，成熟时破裂而出，茶碗状或杯状，以近似的短柄固着在树皮之缝穴中，初闭合，成熟时张开，直径1.0 mm左右，外缘具短毛，黄褐色，风干时，子囊盘向外卷曲，革质，颇坚硬，墨黑色；子囊圆柱形或棒形，无色或稍稍淡色，(68.5～88.0) μm×(8.6～11.5) μm；子囊内生8个子囊孢子，呈单行排列，单胞、无色、椭圆形，(8.8～12.6) μm×(3.8～6.0) μm；子囊间混生侧丝，线形，末端加粗，钝圆，无色透明，直径3.0 μm左右(图5-3-10)。病原菌属弱寄生，强腐生性，通常先自生长衰弱的枝梢部、虫伤口、自然伤口、机械伤口侵染，营腐生生活，进而向活组织过渡，由于病

菌的侵害，使立木迅速枯干死亡。秋末形成的子囊盘，是病菌的越冬病原，次年5月，散出子囊孢子，为病原菌初次侵染之菌原。

(3)防治方法

本病与其他弱寄生、强腐生性真菌相同，寄主植物长势衰弱，是发病的根本原因，因此，凡是影响树木正常生育的因素，都是病害发生的直接诱因，而病原菌的侵染，又加速了寄主植物的衰亡。鉴于这种情况，防治红松烂皮病，首先要从加强幼林抚育入手，增强寄主植物内在的抗病能力，例如，实行合理的修枝技术，营造适当密度的针阔叶混交林，防治松树枝干部病虫害，防止林间作业可能造成的各种机械损伤，避免把松树栽植在低洼易涝地带，实行卫生采伐或抚育采伐，及时清除重病树或无生长前途的濒死木等。在幼林抚育的同时，于秋末春初季节，结合清理林场，将受害的枝条整除深埋或烧毁，消灭越冬病原，也有一定的积极意义。在有条件的情况下，对发病轻的立木实行喷药治疗，例如，选用2波美度的石硫合剂，对病患部进行喷射，有一定的防治效果。

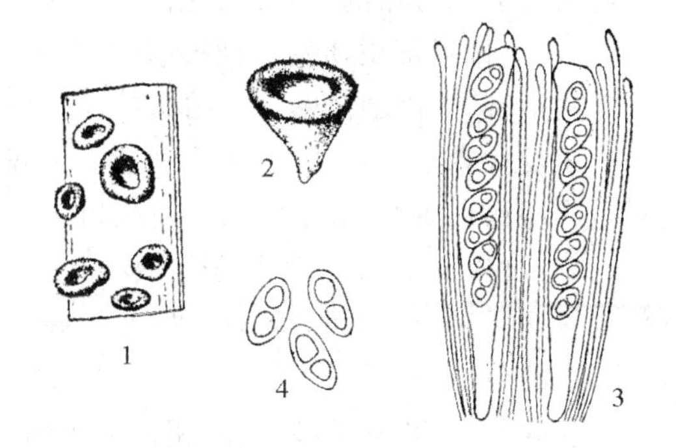

图 5-3-10 松树薄盘菌

1.子囊盘着生在树皮上 2.子囊盘侧面
3.子囊、子囊孢子和侧丝 4.子囊孢子放大

5.3.17 松苗立枯病

别名立枯病、猝倒病、根腐病、烂根病、萎蔫病、日灼病、首腐病、烂根子、烂种、烂芽。

松苗立枯病是一种广泛分布于世界各国，各森林苗圃的毁灭性病害，在我国各省、市、自治区的苗圃中，年年都有不同程度的发生，过去历年都曾造成很大的损失。

松苗立枯病菌的寄主范围很广，除能侵害松科的多种苗木，如红松、落叶松、樟子松、油松、赤松、杉松、马尾松外，也能侵害杨、槐、椴、榆、棉花、马铃薯、花生、番茄、大豆、茄子、辣椒、烟草、瓜类等多种植物的幼苗。

(1)症状

松苗立枯病的症状类型很多，但归纳起来可以有四种类型，即土中腐死型、猝倒型、立枯型和地上腐烂型。

①土中腐死型：当种子播入土中后，子粒吸水、膨大和开始萌动时，或种子业已萌发，但犹未出土时，因受病菌的侵染而发生的腐烂，造成缺苗断垅现象，这种腐烂多为种粒水胀状的腐烂或芽腐死。红松在出土迟的情况下，土中腐烂比较普遍，发病多在近子叶的胚茎部分，病患部呈褐色至深褐色溃疡而后腐烂。在胚茎刚露出地面，子叶部分还未出土时，幼茎地际部分腐烂的情况尤为常见。

造成土中腐烂，多由于催芽做得不好，出土时间延迟，或由于覆土过厚，子粒不易出土，或因覆草过厚，土壤过湿，阳光不易透过，土温不能上升，影响发芽、出土慢，以上这些条件，都有利于病菌的侵染，引致土中腐死型病症。

②猝倒型：猝倒型立枯病的病苗，于幼苗出土后或出土后不久，突然倒伏而枯死。病苗的幼茎，在地基部分最初呈水渍状，以后变为黄褐色，缢缩而猝倒，地上部茎叶呈灰绿色黄萎状。樟子松、落叶松和油松早期发病的症状多属于这种类型。

与病菌引起的猝倒型立枯病相类似的症状，也常常由于地表温度过高，使幼苗幼茎之地基1～2 mm处，因局部烫伤发生极狭窄的凹陷，地上部猝倒而死。

③立枯型：红松幼苗感染立枯病后，一般不发生猝倒型立枯病；樟子松、落叶松、油松等松苗于后期发病者，也多半不发生猝倒型立枯病。受害幼苗的茎部，于地际部分呈水渍状褐色、黄褐色或深褐色溃烂，病苗"立枯"而死，拔苗时，常将幼茎地际以下的皮层组织留于土中，只将木质部分拔出，群众称为"脱裤子"。松苗发生"立枯型"立枯病的时期较长，这种病苗往往在地下部分得病以后，地上部分较长一段时间并不呈现病状，直到后期根部发病较重时，地上部才呈现黄萎的色泽。

与病菌引起的"立枯型"病状相类似的病症，也常常由于浇水不及时或受盐碱、风沙等生理性因素为害引起，即所谓生理性"旱立枯"。这种生理性旱立枯的病苗，一般多发生于风沙干旱区或重盐碱的苗圃或地块，病苗零星发生或呈块状大片死亡。

④地上腐烂型：在苗床低洼、重湿或阴雨连绵的情况下，出土不久的红松、油松幼苗，于子叶或颈部发生褐色或深褐色溃烂状斑痕，群众称为"首腐病"。在红松、落叶松生育后期，由于苗木密度过大，苗圃通风透光不良，诱发病菌在叶部或茎部生成灰白色蛛网状菌丝体，病状自苗株下部向上部蔓延，受害叶片逐渐变黄枯萎脱落，叶片上形成灰褐色至灰黑色的小粒体，即丝核菌之菌核。

总之，诱致落叶松、樟子松、油松等松苗发生侵染性立枯病的症状，早期以猝倒型立枯病为主，后期则有立枯型症状发生；红松症状类型则以立枯型为主，此外，早期发病多数为土中腐死型，后期发病还有地上腐烂型。

(2)病原

引起松苗立枯病的病原菌比较常见的有 *Rhizoctonia solani* Kühn.［立枯丝核菌(丝核菌)］。据邓叔群(1963)记载，其有性世代为 *Corticium solani* (Prill. Ex Delacr.) Bourd. et Galz.(茄伏革菌)，*Fusarium oxysporum* Schl.(尖镰孢) *F. solani* (Mart.) App. et Woll.(腐皮镰孢)、*Pythium* sp.(腐霉菌)等。

诱发松苗立枯病的原因有生理性的和侵染性的两类，属于生理性立枯病，多由于强烈的日光照射、干旱风的吹袭、气温高、土壤蒸发量大等非生物因素的直接影响，使刚出土后不久的幼苗缺水萎蔫，猝倒，使茎部木质化程度较好的幼苗或大苗缺水枯干"立枯"致死；属于侵染性立枯病者，则多由于土壤中习居的各种立枯病菌侵染地颈部或主根上部，使韧皮部之输导组织溃疡腐烂，呈现与上述生理性立枯病相类似的地上部症状。同时，生理性立枯病的诱因，也常常为侵染性立枯病的发病创造了内在的条件。

侵染性立枯病的病原有以下几种：

①立枯丝核菌(丝核菌)隶属于不完全菌类，链孢霉目(菌丝菌目)，无孢霉群(Mycelia sterilia)，丝核菌属(丝核属)。病原菌主要是生成无性菌丝，并能生成菌核，菌核间由灰白色菌丝相连接。菌丝或菌丝体呈蛛网状，粗 7.5～11.5 μm，初期无色透明，后期多分枝，分枝与主枝相连接处稍稍缢缩，并生隔膜，淡黄褐色至黄褐色，逐渐紧密交织成堆，形成灰黄褐色、黄褐色至黑褐色小粒体(菌核)。菌核之形状，大小不等，多数成圆形或扁圆形，少数呈不正形块状，直径 3.8～8.8 mm。据文献报道，本种有多种生理小种，其性质略有差异，发育适温为 22～25℃，最低温度为 13～15℃，对酸碱度的忍耐范围为 pH 3.0～9.5。病菌以菌核或病组织中的菌丝体(菌丝团)在土壤或土壤腐殖质中越冬，次年发育为新生的菌丝体，侵害幼苗和胚根，

当土壤含水量、土壤温度适宜时，土壤中发育的菌丝体，能多次重复感染松苗或其他感病植物。

②尖镰孢、腐皮镰孢隶属于不完全菌类，线菌目，瘤座孢科，黏孢亚科、镰孢(霉)属(镰刀菌属)。分生孢子梗绵毛状，褥状，近于平展，分枝，分生孢子单生于顶端，呈镰刀形或新月形，无色透明，(26.5～44.6) μm×(3.6～4.6) μm，有3～5个隔膜，多数3个隔膜，也能生成小型单孢的分生孢子，椭圆形或长椭圆形，无色透明，(7.0～9.5) μm×(3.0～4.0) μm，有时在菌丝的一端或中间能生成圆形的厚垣孢子(图5-3-11)。以菌丝体或厚垣孢子在病组织内或土壤中越冬，为次年初次之侵染源。病菌发育的适宜温度为15～20℃，最高温度为35℃，最低温度5℃，最适pH为4.5～6.0。本种也有多种生理小种(菌系)，其性质略有差异。病菌在土壤中能长期存活，故有土壤习居菌之称。

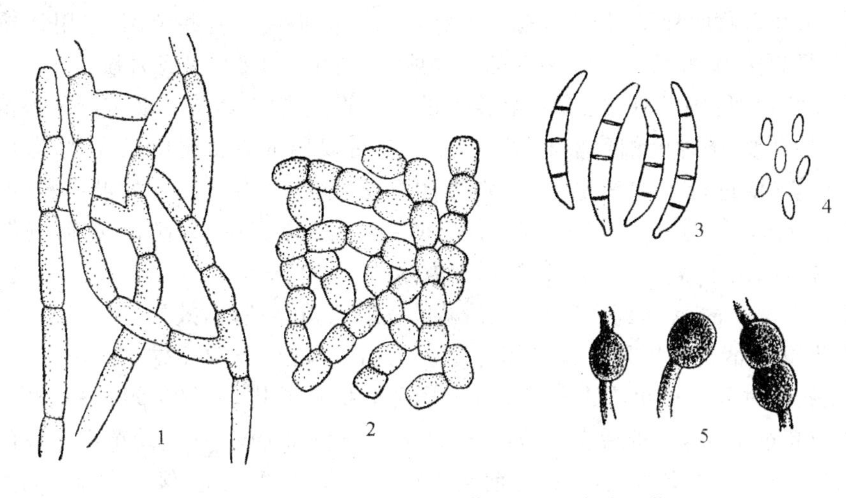

图5-3-11 1～2为立枯丝核菌，3～5为尖镰孢菌

1.菌丝体 2.菌核内的菌丝 3.大型分生孢子 4.小型分生孢子 5.厚坦孢子放大

③腐霉菌隶属于藻菌纲，卵菌亚纲，露菌目(霜霉目)，腐霉科，腐霉菌属(腐霉属)。营养菌丝体蔓延于寄主植物之细胞间隙，并于病组织之表面生多量白色绵毛状菌丝，菌丝多分枝，无色透明，无隔膜，致密细弱，分生孢子梗与菌丝不易区别，分生孢子生于菌丝一端或其中间，孢壁薄，球形或柠檬形，成熟时将其内部之原生质脱出，形成孢壁很薄的球囊，内生游动孢子，(10.0～12.5) μm×(7.5～8.0) μm。病菌发育的适宜温良为14.5～17.5℃。

松苗立枯病的流行条件主要取决于土壤含水量、降雨量和降雨次数。早期遇土壤含水量高或遇降雨次数多、雨量大的情况下，松苗立枯病就有流行的危险。根据东北各地的资料分析，早期低温多湿条件下发生的病苗，主要为丝核菌侵染所致，其次为腐霉菌。后期高温多湿条件下发生的病苗，则多数为镰刀菌侵染所致，但是，如果早期土温较高，也常有较多的镰刀菌型立枯病的病苗发生。

此外，松苗立枯病的发生轻重乃至猖獗流行，与栽培技术措施也有极密切的关系，例如，选择低洼、黏重、排水不良，前茬是种植马铃薯、棉花、茄子、番茄、大豆、烟草、瓜类的土地作苗圃，或在松苗立枯病发生较重的圃地上长期连作，又不进行土壤消毒，苗床播种密度过大，施用堆肥或未经腐熟的厩肥，不进行种子处理或强度遮光育苗等，都容易诱致松苗立枯病的流行。

(3)防治方法

防治松苗立枯病应以加强经营管理，培育良种壮苗，增强松苗本身抵抗病菌侵染的内在能力为主，化学防治只能作为必要时的一种急救措施，不能作为唯一的或主要的防治方法，具体做法是：

①注意苗圃地选择：要选择排水、保水良好，土地平缓的沙壤沃土为圃地。如果由于土地条件所限，不得不用不适宜的土地作苗圃时，必须致力于改良土壤，例如在黏重土壤上，用沙土掺混或覆盖，排水不良的易涝地要提前挖好排水沟；干旱地区要修建排灌工程，保证生育期的正常用水等，都有积极的预防作用。

②注意种子处理：东北各地进行种子处理的方式大体有两种，一种为种子混沙催芽处理，另一种为种子雪藏后再经混沙催芽处理。实践证明，经过雪藏催芽处理的种子，具有萌芽、出土、齐苗快，苗木茁壮，保苗率高等优点，此外，经过雪藏的种子，还可以提前播种，足以抵抗不良环境条件；未经雪藏的种子，如遇降温和晚霜容易遭受损失。有些苗圃，采用秋播种子的方法，同样有雪藏的作用，并且出土比雪藏的还早些，幼苗生长茁壮，抗病力强。

③加强经营管理：凡有利于松苗茁壮生长的经营管理措施，都有预防或减轻松苗立枯病发生的积极作用，例如，播种前细致整地，作床，施用充分腐熟的有机肥料做底肥，灌足底水。重茬地或发病地块：要进行土壤消毒，土壤消毒的方法很多，如用 1.5%的漂白粉和 0.15%～0.3% 的福尔马林，5%明矾，0.25%～0.5% TMTD(福美双)，0.5%高锰酸钾，五氯硝基苯药土等，其中以播种、出土或出土后 10 d 按每平方米用 5%明矾液 4.5 L 各浇药一次，或用五氯硝基苯按每平方米 5～6 g 作药土覆种，防治落叶松等松苗立枯病，效果比较显著，方法也较简便。在缺少药械的情况下，也可以采用床面垫净土、客土、草炭等方法，隔离表土层(5～10 cm)，避免病菌对种子和幼苗的直接侵染。播种时撒种要均匀，播量根据种子发芽率确定，播种深度不应超过 1 cm，播种后应遮盖苗床，以防土壤表面干燥，促进幼苗出土快而整齐。幼苗生育全期，要严格掌握灌水量，原则上前期要勤灌多次，每次少量，保持床面湿润为度。后期灌水次数要少，每次要灌透，雨季要注意及时排水等。

全光照(不遮阴)者比同样播种遮阴者发病轻，苗木生育健壮。用杨树插条苗与红松实行林林间种，可减轻病害发生。

④发病期施药，松苗立枯病是一种毁灭性病害，一旦发病即已造成较大的损失，为了控制病害发展蔓延，喷洒 5%明矾或在发病地块施用漂白粉、五氯硝基苯作为药土，有一定的防治效果。

5.3.18 刺槐枝枯病

别名枯萎病。

分布于辽宁、河北、江苏、浙江等省。

生于各种阔叶树的树枝上，如刺槐、构[*Broussonetia papyrifera*(L.) Vent.]、鸡桑(小叶桑)(*Morus australis* Poir.)、桑(家桑)(*M. cdba* L.)、桃树等。

(1)症状

发生在各种阔叶树的树枝上，形成灰褐色扁平的垫状物，即病原菌之子座和分生孢子器，发病严重时，枝条上之垫状物纵横排列，进而覆盖枝条表面，呈极其粗糙感觉，受害枝条干枯死亡。

(2)病原

病原学名 *Nothopatella chinensis* Miyake[华座壳霉(中华座壳霉)]。

病原菌隶属于不完全菌类，类球壳菌目(壳霉目)，类球壳菌科(壳霉科)、单孢暗色亚科，座

壳菌属(座壳霉属)。分生孢子器埋生于子座中,子座初埋生,成熟时突出表面,通常排成单列,壳壁黑色,多不规则,呈多腔室群生,(425.0～768.5) μm×(250.5～485.0) μm,分生孢子器单层,方形、角形、类圆形、椭圆形乃至不规则形,(150.4～346.7) μm×(125.6～325.5) μm;分生孢子器内有无数无色的丝状体,分生孢子椭圆形、长椭圆形,有时近于长方形,初期淡色至淡褐色、成熟时变褐色至暗褐色,单孢,(15.0～27.5) μm×(6.7～10.6) μm,着生于短而无色的小梗上、易脱落、病原菌属弱寄生菌(图 5-3-12)。多发生在生长衰弱或遭受冻伤、刀伤等非侵染性伤害的立木枝梢部或侧枝上。

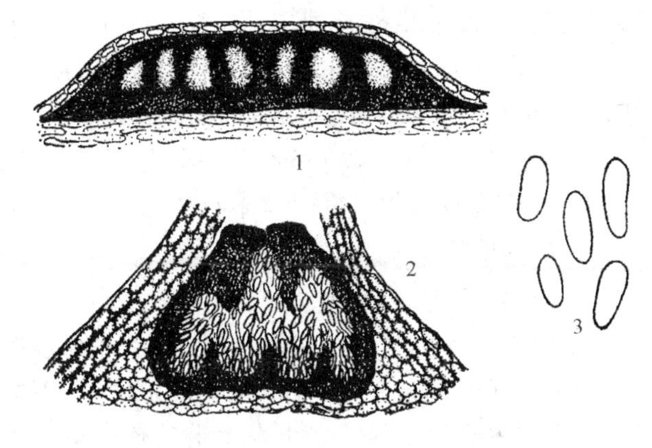

图 5-3-12 华座壳霉(中华壳座霉)

1. 分生孢子器横切面(示分生孢子在皮下呈多腔室单层排列) 2. 成熟的分生孢子器横切面 3. 分生孢子放大

(3)防治方法

参看杨树烂皮病防治法。

5.3.19 刺槐枯萎病

别名干枯病、枝枯病、萎蔫病、溃疡病、腐皮病、烂皮病、粉霉病。

国内分布于辽宁、国外分布于日本。

为害刺槐(洋槐)。

(1)症状

症状发生在幼树或大树的枝、干部。幼树枝干症状比较明显。发病初期,病斑多发生在枝梗和树节处,患部皮面稍稍变色,随病斑扩大颜色加深,呈褐色至黑褐色,梭形,溃疡状。发病后期,病斑凹陷,边缘病健组织交接处界线明显,多自树皮之皮孔处挤出粉红色至橘红色粉堆,即病原菌之分生孢子堆,取病皮之韧皮部检查,呈褐色、黑褐色至茶褐色,患部之木质部表面呈污黑色纺锤形斑痕,病皮有刺鼻的气味,病斑环绕枝条一周时,病斑以上枝条枯干死亡、树叶呈萎凋状。生长 5 年以上的大树,由于树皮颜色加深,增厚、初期乃至后期病症都不明显,当树皮纵裂缝中挤出病原菌之分生孢子堆时,皮下韧皮部已遭严重破坏,病症与幼树相类似,撕开树皮检查,溃疡状病斑常贯穿整株树干,由于病菌严重破坏了枝干部的输导组织,使水分、养分不能上下运输,引致活立木树叶枯干死亡,遭受毁灭性的损失。

(2)病原

病原学名 *Fusarium solani* Mart. emend. Snyd. et Hans. (槐腐皮镰孢)(拟)[*Fusarium solasi f. robiniae*、*Hypomyces solani* Rke. et Berth. emend. Sayd. et Hans.]。

病原菌之有性世代尚未发现,其无性世代隶属于不完全菌类,线菌目(丛梗孢目)、瘤座孢科,黏孢亚科、镰孢属(镰刀菌属、镰孢霉属)。自然条件下形成的小型分生孢子、大型分生孢子与在马铃薯琼脂培养基上形成的基本相同。小型分生孢子无色透明,单胞,椭圆形至长椭圆形，生在较长的分生孢子梗上，(5.0～11.6) μm×(3.0～4.0) μm；大型分生孢子无色透明，新月形或镰刀形，稍稍向两端弯曲，末端细胞稍钝，通常有3～4个隔膜，(26.5～60.0) μm×(5.5～7.5) μm (图5-3-13)。发育最适温度24～28℃，在阴雨连绵、空气湿度较大的情况下，病害容易流行。

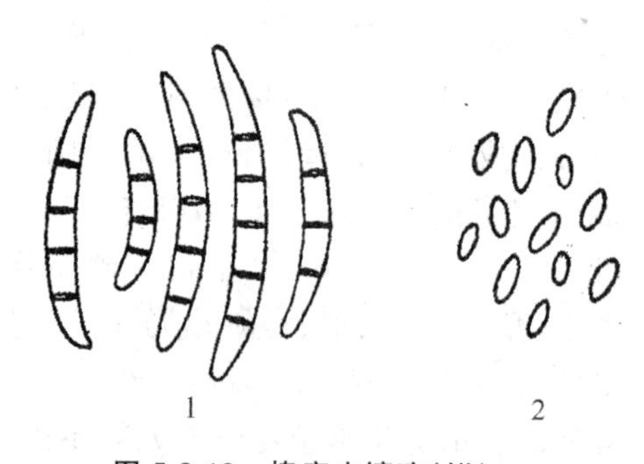

图 5-3-13　槐腐皮镰孢(拟)

1. 镰刀型大型分生孢子　2. 小型分生孢子

(3)防治方法

本病原菌寄生专化性较强，在气候条件高温多湿、阴雨连绵的情况下，能对相同立地条件下、不同年龄、不同生长状况的活立木发生潜伏性侵染。由于发病的区域范围较广，受害树木呈点片状发生，因此，今后应进一步研究病原菌的侵染和流行规律。明确树种或品种类型间的抗病性差异、开展预测预报是预防本病流行的主要途径。

5.3.20　刺槐烂皮病

别名枝(干)枯病、腐烂病、溃疡病。

为害刺槐(洋槐)弱活立木枝干部。

(1)症状

在生长衰弱的立木枝干树皮缝穴中，挤出类似杨、柳树烂皮病菌之孢子角(块)或橘红色琥珀状物，即病原菌之孢子块(堆)，受害树木迅速枯死。

(2)病原

病原学名 *Fusicoccum* sp.(槐壳梭孢)。

病原菌隶属于不完全菌类，类球壳菌目(壳霉目)，类球壳菌科(壳霉科)，聚壳梭孢菌属(亚聚壳霉属)。子座埋生于树皮内近木质部处，成熟时，深入木质部约0.2 mm左右深度，使木质部表面形成近似蠹孔的形状，取样作手切片在显微镜下检查，子座呈多腔室，黑色，内部常常被分隔成规整或不规整形，充满梭形或近似梭形的分生孢子，分生孢子单胞，无色透明，平滑，(8.5～12.5) μm×(3.0～4.5) μm；分生孢子梗无色，沿壳壁排列，小棍状、病菌属弱寄生、强腐生性真菌(图5-3-14)。

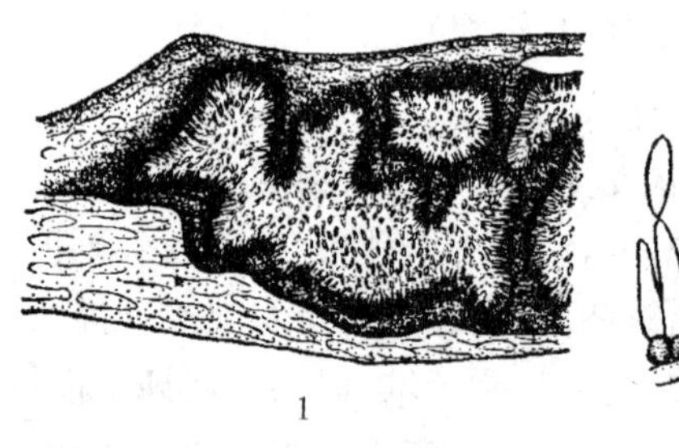

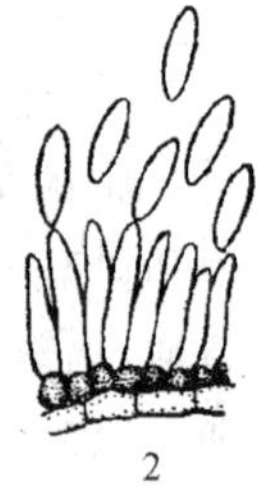

图 5-3-14　槐壳梭孢

1. 分生孢子器横切面

2. 分生孢子梗和分生孢子放大

(3)防治方法

参考杨树烂皮病、红松烂皮病。

5.3.21　槐树枝枯病

别名烂皮病、枯枝病、干枝干梢。

为害刺槐(洋槐)、槐(*Sophora japonica* L.)。

(1)症状

生于生长衰弱的幼树枝、干部，其次，在冻伤、日灼伤等伤损的死组织或干枝干梢上也有发生。病患部长出致密的疹状黑粒体，即病原菌的分生孢子器，每逢阴雨连绵后或空气湿度较大时，分生孢子器于顶部突破表皮层，露出黑色的壳口，挤出大量分生孢子，堆积干涸，呈粗糙感觉。病菌的菌丝体继续向上下扩展蔓延，以至整个枝干部长满疹状突起之分生孢子器。病菌也能为害叶片和幼茎。

(2)病原

病原学名 *Mcrophoma sophoricola* Teng(槐生大茎点菌)。

病原菌隶属于不完全菌类，类球壳菌目(壳霉目)、类球壳菌科(壳霉科)、单孢无色亚科，大茎点菌属(亚壳霉属)。分生孢子器埋生、单生或孤生，也或多或少聚集群生，成熟时，顶破枝干表皮层，稍稍露出疹形壳口，分生孢子器无子座，壳口部比较明显，近似球形或稍稍扁球形，壳壁黑褐色至深黑褐色，炭质，(192.5～364.0) μm×(1 60.5～273.0) μm；分生孢子器内充满单孢，无色透明，平滑，长纺锤形或葵花子仁形的分生孢子，(20.5～24.5) μm×(6.2～7.8) μm (图 5-3-15)，有时，分生孢子近似长椭圆形。病原菌属弱寄生，强腐生性真菌，以后期(秋末)成熟的分生孢子器在枯枝干上越冬，为次年初期侵染的病菌来源。

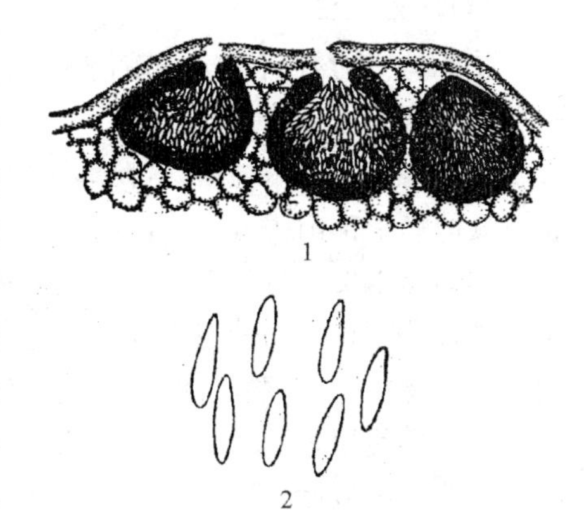

图 5-3-15 槐生大茎点菌

1.分生孢子器横切面 2.分生孢子放大

(3)防治方法

同病原菌属弱寄生，强腐生性真菌性病害，参考杨树烂皮病、红松烂皮病。

5.3.22 槐树根癌病

别名槐树根瘤病、根头癌肿病、黑瘤、长瘤子、根癌、肿瘤。

刺槐(洋槐)。据国外文献记载，本病的病原细菌能侵害 83 属，约 300 种木本和草本植物，如苹果、梨、樱桃、李子、桃、杨、柳、山楂等。

(1)症状

症状多发生在幼树、幼苗根颈部，有时也在侧根上，形成近圆形，大小不等的瘤子，初期小而平滑，累生或相互愈合，淡黄褐色，以后颜色变深，粗糙感觉，直径 4.0～9.5 cm。

在受害轻微，瘤子小而少的情况下，本病对树木的影响不甚显著，地上部无明显的变化。在根癌(瘤子)年年增生长大，土壤瘠薄或旱情较重时，由于根瘤对寄主代谢作用的破坏，使受害植株的地上部表现出长势衰弱，叶色发黄，早期脱落，枝叶干枯等症状，严重时导致树木慢性死亡。

(2)病原

病原学名 *Agrobacterium tumefacines* (Smitlh et Towns.) Conn(极毛杆菌)[*Bacterium tumefacines* Smith et Towns., *Pseudomonas tumefacines* (Smith et Towns.) Stevers]。

引起根癌的病原菌，是一种很小的短杆状细菌，近似杆状或卵形，(1.5～3.0) μm×

(0.3～1.0) μm,具有 2～3 根单极生鞭毛,革兰氏染色阴性。

据文献记载,植物根癌细菌系土壤习居性细菌,在没有寄主植物存在时,能在土壤中存活几个月甚至一年多(高尔连科认为,根癌病原细菌的寄生性很不稳定,在环境条件改变时,容易丧失其寄生性或致病性),病菌通常在被害部潜伏越冬,随受病组织脱落在土壤中存活,并扩散传播,也借助于苗木或土壤带菌而远距离传播,遇寄主植物自根部或根颈部的各种伤口侵入。中田觉五郎记载,病菌在琼脂培养基上形成白色、圆形菌落,不液化,明胶,使石蕊牛乳变为蓝色,且能凝固。病菌发育的最适温度为 25～30℃,最高温度为 37℃,最低温度为 0℃,致死温度为 51℃ 10 min,耐酸碱度范围为 pH 5.7～9.2,最适 pH 为 7.30。

(3)防治方法

①减免一切有利于病原菌侵入的伤口(如虫伤、冻伤、嫁接伤、砂石摩擦伤和各种机械伤),是预防本病的主要措施。

②严格实行苗木检疫,选除病苗,检验时发现可疑的苗木可用 1%～2%硫酸铜液消毒,或将可疑的病患部削去,削口处涂抹石灰乳,均有良好的消毒作用。

③选择未发生过根癌病的土地或种过玉米或其他禾谷类作物的地块作为苗圃地,而不应采用种过蔷薇科植物的园田地作圃地,如果结合育苗,用预先栽植发病严重的双子叶植物(高度感病植物)作为检验植物,当认定检验圃是发病较重的圃地时,应停止使用,或改种禾谷类作物三年后再使用。

④选择偏酸性,排水良好的沙壤土地作圃地。

⑤加强苗圃地的管理,苗圃地应有良好的排水设置,雨季尤应加强排水措施。当选用中性或微碱性的土壤作苗圃地时,应使用有机肥料或其他酸性肥料,禁忌施用石灰。选用发病地作圃地时,可用生石灰消毒或实行换床土、垫净土等方法,减免病菌感染。

⑥发病株也可以用消过毒的锐刀削除病患部分,用波尔多液、石硫合剂、石灰乳(生石灰 2 kg,水 0.5 kg)涂伤,病株周围改换新土填充,也可以用漂白粉作局部土壤消毒。

5.3.23 国槐腐烂病

国槐腐烂病在河北、河南、江苏等地均有发现。引起国槐幼苗、幼树的枯死和大树的枯枝。

(1)症状

国槐腐烂病有两种类型,由不同的病原所引起。

由镰刀菌(*Fusarium*)引起的腐烂病多发生在 2～4 年生大苗的绿色主茎及大树的 1～2 年生绿色小枝上。病斑初为黄褐色水渍状,近圆形,渐次发展为梭形,长径 1～2 cm。较大的病斑中央稍下陷,软腐,有酒糟味,呈典型的湿腐状。病斑可环切主茎,使上部枝干枯死。约经 20 d,病斑中央出现橘红色分生孢子堆。如病斑未能环切主干,则当年多能愈合。

由小穴壳菌(*Dothiorella*)引起的腐烂病,感病槐树的年龄和发病部位与前者相同,感病初期的症状也相近,但色较前者稍深、边缘为紫黑色,长径可达 20 cm 以上,并可环切树干。后期,病斑上出现许多小黑点,即为病菌的分生孢子器。病部逐渐干枯下陷或开裂。病斑四周很少产生愈合组织(图 5-3-16)。

(2)病原

病原之一为镰刀菌。这种镰刀菌的分生孢子具 2～5 分隔,老熟孢子的中部细胞常形成厚

垣孢子，无色，大小为(36～46) μm×(4.5～5.0) μm。据认为是 *Cibberella briosiann* 的无性世代，但在我国尚未发现其有性孢子。

引起国槐腐烂病的小穴壳菌子座组织暗褐色，埋于寄主皮层组织中；分生孢子器圆形，椭圆形，有孔口，可数个聚生于一个子座中；分生孢子无色，鞋底形，其内含明显的油球(图 5-3-16)。

(3)发病规律

Fusarium 型的病害约在 3 月初即开始发生，(*Dothiorella* 引起的腐烂病发生较晚)，3 月上旬至 4 月末是病害严重发展的阶段，5～6 月份产生分生孢子座。病害从早春到初夏时发展最快，1～2 cm 的茎或枝，常在半个月左右即可被一个初生的病斑所环切。当病菌形成子实体后(6～7 月份间)，病斑一般都停止发展，并迅速产生愈合组织。从孢子堆出现到病斑完全为愈合组织所覆盖，约需 1 个月左右的时间。在自然情况下，5～6 月时，虽有大量的孢子产生，但看不到有新侵染发生，而且进入愈合阶段后，当年及以后绝大多数没有再发的现象，只有个别病斑由于愈合组织发展很弱，于次年春天有自老病斑向四周扩展的现象，这样的病斑周围没有隆起的愈合组织。

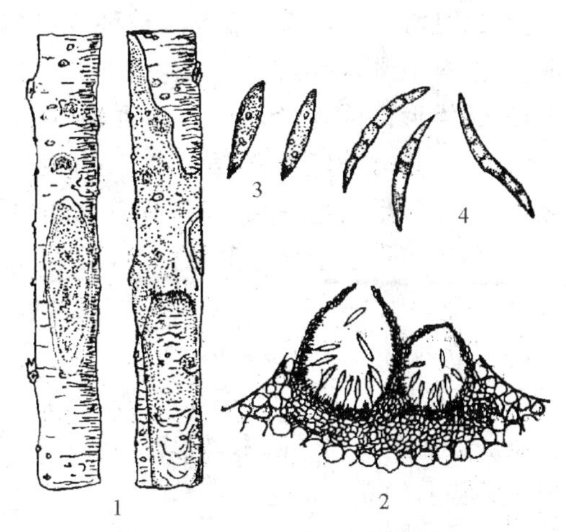

图 5-3-16　国槐腐烂病菌

1. 由 *Dothiorella* sp. 引起的幼树干上病斑
2～3. *Dothiorella* sp. 的分生孢子器和分生孢子
4. 病原菌 *Fusarium* sp. 的分生孢子

病菌可以从断枝、残枝、修剪伤口等处侵入，虫伤(如秋末大浮尘子产卵所留下的半月形伤口)或死亡的芽等也可侵入。但大多数病斑均发生在因某种原因而坏死了的皮孔处，可见这是此病菌侵入的主要途径。潜育期约 1 个月。

(4)防治措施

可在春、秋两季用含有硫黄的白涂剂涂抹幼干，早春涂白不得晚于 3 月初，否则将失去防治效果。

5.3.24　胡桃楸(核桃楸)干枯病

别名黑疹子、黑炭泡、炭疤、黑脂病。

分布国内分布于辽宁、吉林、黑龙江、河北、河南、陕西、江苏等省；国外分布于亚洲(日本)、欧洲(苏联、意大利)。

为害胡桃楸(核桃楸)、核桃(胡桃)、野核桃、枫杨。

(1)症状

症状发生在树干上。在病患部的树皮韧皮部，出现不同大小的黑疹状隆起，初埋生，成熟时，突破树皮之表皮层，挤出大量黑蜡状或炭状物，为病原菌的分生孢子盘和分生孢子，堆积成孢子堆，风干时，凋结，表面平滑，坚硬，凸起呈小瘤状，遇阴雨连绵的天气，黑蜡状的分生孢子易被雨水溶淋而消失，雨后，重新溢出大量分生孢子，形成相同的症状。

(2)病原

病原学名 *Melanconium juglandinum* Kunze(胡桃黑盘孢)，病原菌隶属于不完全菌类，黑盘孢目(盘霉目),黑盘孢科(盘霉科),单孢暗色亚科,黑盘孢属(盘霉属)。分生孢子梗层生于皮下,扁圆锥形或圆盘形,黑色,炭质,分生孢子密集成群,成熟时,遇湿气即大量挤出,堆积于盘口之树干表面,呈黑色块状、疱状或瘤状,纵剖面呈盾状,分生孢子生于分生孢子梗上,层生、孤生或叠生,椭圆形或卵形,单胞,无色,(19.5~27.3) μm×(11.3~13.8) μm (图 5-3-17)。

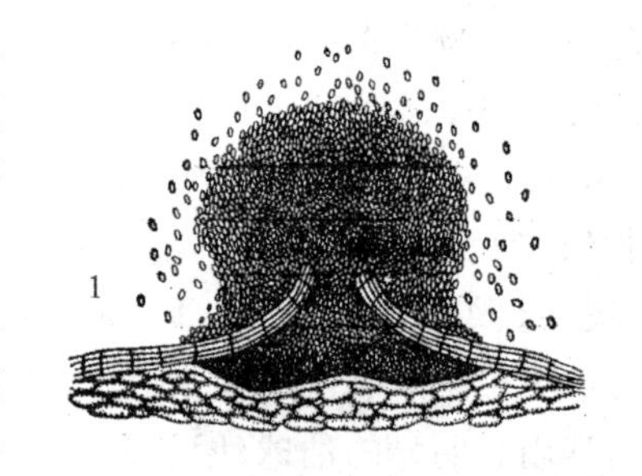

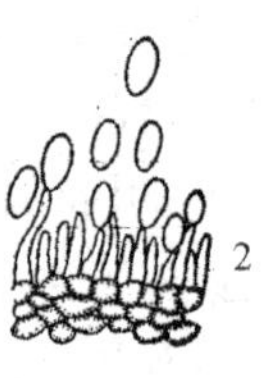

图 5-3-17 胡桃盘孢
1. 分生孢子盘纵切面
2. 分生孢子梗和分生孢子放大

本病原菌寄生性弱,腐生性强,只能为害生长衰弱的活立木和老龄木,但病原菌的侵害能加速生长势弱的立木迅速死亡。

(3)防治方法

参考病原菌寄生性弱,腐生性强病害,如杨树烂皮病。

5.3.25 丁香白粉病

别名白粉病、白叶病、灰霉病。

国内分布于辽宁、吉林、黑龙江;国外分布欧洲(俄罗斯)。

各地通常为害华北紫丁香、丁香。

(1)症状

症状发生在叶片上。发病期自 6 月中下旬延至 10 月上旬。发病初期,叶片两面生稀疏的粉霉状物,即病原菌的菌丝体,分生孢子梗和分生孢子。以后粉霉状物逐渐增多密集连片,以至覆盖全叶面,通常叶正面较多,叶背面较少。发病后期(7 月下旬至 10 月上中旬),叶两面之白粉状物变成灰白色至稀薄的灰尘色,其中陆续出现小黑粒体,肉眼显而易见,即病原菌有性世代之闭囊壳。

(2)病原

病原学名 *Microsphaera syringae* A. Jacz.(丁香叉丝壳),病原菌隶属于子囊菌纲,被子囊菌目(白粉菌目),白粉病菌科(白粉菌科),叉丝壳属(叉壳属)。菌丝体表生,白色;闭囊壳球形或稍稍扁平的扁球形,初生时黄白色,以后逐渐变成黄褐色、褐色至黑褐色,直径 81.6~116.9 μm;附属丝梗直而短粗,通常 6~8 根,先有数次分叉,无色透明,平滑,沿水平面扩展,基部稍稍淡褐色,粗 4.4~8.2 μm;闭囊壳内生多个子囊:淡色、淡褐色至淡黑褐色,多数呈椭圆形,少数为广椭圆形,内含 4~6 个子囊孢子,末端具有尾状短柄,(50.2~64.5) μm×(37.5~44.5) μm;子囊孢子淡色至淡黑褐色,椭圆形或卵形,(23.8~25.2) μm×(14.9~17.0) μm (图 5-3-18)。本病原菌寄生性强,多发生在树丛之下部或背阴处的叶片上。病菌的扩散和蔓

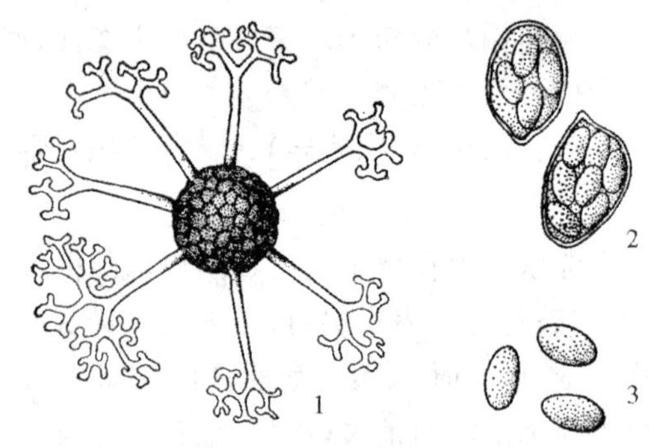

图 5-3-18 丁香叉丝壳
1. 闭囊壳 2. 子囊和子囊孢子 3. 子囊孢子放大

延一般是下部叶片向上部叶片发展，当年发病主要靠分生孢子重复侵染，而落叶上的越冬闭囊壳，是次年初次侵染的菌源。

(3)防治方法

①消灭病菌来源：发病前期(6月中下旬至7月中旬)，结合树丛整枝整形及时摘除树丛底部或背阴处的初期病叶，能减轻或延缓当年的病情。发病后期(9月下旬至10月上旬)，结合林地管理，清除发病严重并形成卷叶的叶片，或者于晚秋树叶脱落后，彻底清除落地病叶烧、埋或造肥，杜绝病菌感染来源。

②结合林木抚育管理，对树丛底部过密的底枝进行修剪，使树丛内部适当通风透光，不利于病害发生，而有利于主干的生育。

③在发病初期或盛期，选用波美0.3～0.4波美度石硫合剂，0.5%胶体硫或2∶1的硫黄石灰粉进行喷药防治，有较好的防治效果；喷射0.5%～1.0%的苏打肥皂液或5%肥皂液，也有一定的效果。

5.3.26 丁香白腐病

别名立木腐朽病、心腐病。

国内分布于吉林、黑龙江、河北、山西、甘肃等地；国外分布于亚洲(日本)、欧洲(俄罗斯)。

在东北各原始林区，专为害暴马子[*Synga amurensis*(Rupr.)Rupr.]的活立木或枯立木。据文献记载，本病在亚洲(中国、日本)和欧洲(俄罗斯)都生于丁香属(*Syringa* L.)的活立木干上。

(1)症状

症状多发生在主干中、下部和较粗的侧枝干基部，受害严重的立木，病腐常贯穿整个树干，迅速枯干死亡，木质部80%贬为薪炭材，易遭风倒或风折。树干上长出本病原菌的子实体，为主要的外部症状；被害木质部形成具粗细线纹的白色腐朽类型，为典型的内部症状。腐朽初期，木质部心材部分稍变淡黄褐色，较健材色泽略深。中期，材质渐变松软，含水率较高，开始出现初期的不甚明显的褐色细线纹，横断面上呈色泽不匀的浅色杂斑，病腐纵向或横向扩展蔓延比较迅速，树干外部开始出现小型子实体。后期，木质部的褐色粗细线纹较明显，横断面上常常形成被粗细褐线分割成不等大小或不正形的块状白色腐朽，呈淡黄褐色、黄白色或洁白色混杂。由于病菌分解木质素，剩下纤维素，心材或边材的纵断面上出现纤维状削离，进而形成蛀孔状不规正的空洞，这时树干上已长满病原菌的子实体，多者达20个以上。

(2)病原

病原学名 *Phellinus baumii* Pilàt(鲍姆木层孔菌)病原菌隶属于担子菌纲，多孔菌目，多孔菌科，木层孔菌属(针层孔菌属)。子实体多年生，无柄，木质，颇坚硬，通常侧生，半圆形，贝壳状，单生、散生或群聚生，横径3.5～15.5 cm，纵径3.0～10.0 cm，厚2.0～7.0 cm，通常4.0 cm左右；菌盖正面初期黄褐色，有细短绒毛，以后色变深暗，毛消失，呈黑褐色至深黑色，有较细密的同心环沟或棱纹，纵横龟裂明显，粗糙感觉，基顶部乃至整个正面常附生苔藓植物群，边缘较薄锐或稍钝，色较基部为浅，异色或近同色；菌髓锈褐色或黄褐色，木质，颇坚硬；菌管多层。排列颇紧密，与菌髓同色，分层不甚明显；菌盖反面褐色、深栗褐色至紫赤褐色，毛绒感觉，边缘色浅，呈环带状，不孕性；管孔颇细小致密，圆形，孔缘较薄或稍钝，全缘。1 mm间8～9个乃至

10个；子实层中混生刚毛体，末端尖锐，基部显著膨大，近纺锤形，壁较厚，淡褐色，(14.0～18.5) μm×(4.5～5.5) μm；菌丝体黄褐色，少弯曲，粗3.0～3.5 μm；担孢子近球形，淡褐色，平滑，(3.0～3.5) μm×(2.8～3.2) μm (图 5-3-19)。

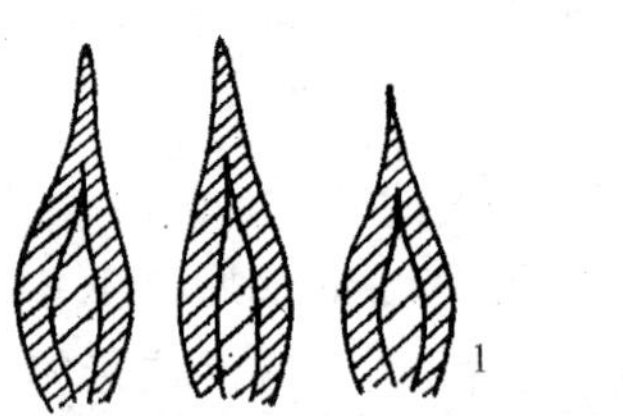

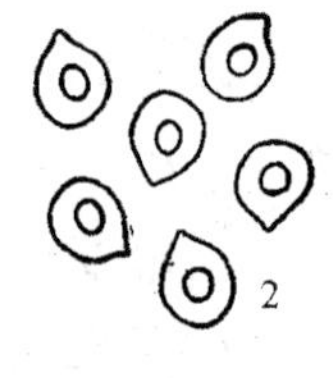

图 5-3-19　鲍姆木层孔菌

1.刚毛　2.担孢子放大

(3)流行条件

本病发生严重的林分，疏密度和郁闭度较大，林地低洼或阴湿，被害木经常处于被压抑的状态，生长矮小而细弱，病腐率高达 94.2%～100%，材积腐朽率为 68.4%，树干上长满了病原菌的子实体，相反，在疏密度、郁闭度适中的缓坡和阳坡地，病腐率和材积腐朽率都较低，平均为 61.7%或 28.8%，因此，除了树种本身感病性较强而外，立地条件不良，立木经常处于被压抑状态是本病流行的重要原因。

(4)防治方法

①对发病严重的病腐木、枯立木实行卫生采伐，清除病原菌的滋生繁殖场所。

②对发病轻而有生长前途的林木，应结合林场经营管理加强抚育或实行采育兼伐，复壮树势，同时，注意收集树干上出现的子实体，埋入土中或烧毁，消除病原菌感染来源。树干上余留的伤口或树洞，最好用消毒杀菌剂进行伤口消毒，并用涂伤剂涂伤或填堵树洞，防止病菌的再次侵染或淋雨注入。

5.3.27　李叶红点病

别名疔病、软骨红斑、红斑病、软骨肿斑。

国内分布于辽宁、吉林、黑龙江、河北、陕西、安徽、浙江、四川、云南、贵州、山西、新疆、甘肃等地；国外分布于亚洲(日本、朝鲜)、欧洲(俄罗斯)。

为害李属的多种植物，如李、毛梗李、山樱桃、樱桃、细齿稠李等。

(1)症状

症状发生在叶片两面。发病初期，叶面上出现红色、红褐色小疹点，以后逐渐扩大，叶正面渐渐隆起，形成较明显的馒头形或类圆形肿斑，软骨质，表面平滑，略有光泽，表面密生多数红色、红褐色小疹点，即病原菌的子座和分生孢子器；叶背面对应部分呈弧形、凹透镜形凹斑。受害严重时，叶片两面布满红褐色、橙色病斑，叶片卷曲或早期脱落，影响植物的正常生育。

(2)病原

病原学名有性世代为 *Polystigma rubrum* (Pers.) Dc。

其无性世代为 *Polystigmina rubra* Sacc. 多点霉(红疔座霉)。

病原菌之有性世代隶属于子囊菌纲，肉座菌目，肉座菌科，疔座霉属；无性世代隶属于不完全菌类，类球壳菌目(壳霉目)，类瘿肿病菌科(赤壳霉科)，红点病菌属(多点菌属，多点霉属，红点菌属，红点属)。有性世代之子囊壳一部分乃至全部埋生于较明显的子座中，或者生于棉絮状之菌丝纲中，子囊孢子 8 个，椭圆形或者近于橄榄形，单孢无色。无性世代之子座埋生于叶片的病组织中，稍稍隆起，呈肿状大斑，鲜橘红色至橙色，软骨质，通常占叶片的全部厚度，内生多数扁球形至球形的分生孢子器，(212.5～275.0) μm×(175.0～225.0) μm，壁较薄，淡橙黄

色至无色透明；分生孢子器内充满线形或蠕虫形的分生孢子，单胞，无色透明，(20.0～65.5) μm×(1.05～1.75) μm，或多或少弯曲(图 5-3-20)。

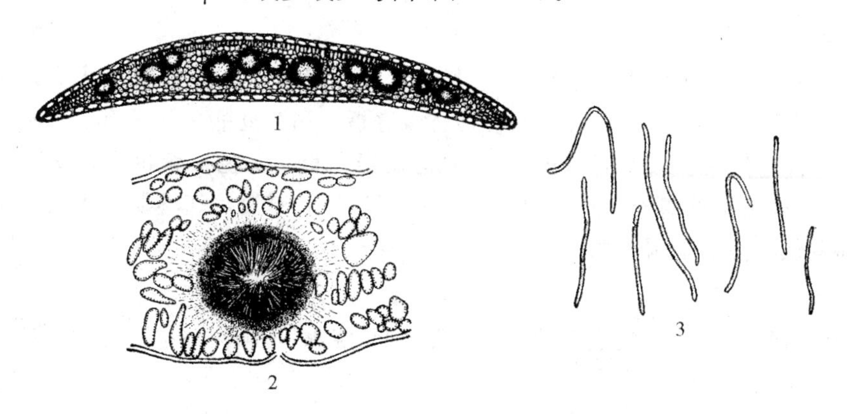

图 5-3-20 多点霉

1、2. 分生孢子器纵切面 3. 分生孢子放大

据文献记载，本病原菌的子囊孢子，在李树放叶后即侵入李叶，在叶片之表皮层间繁殖菌丝体，并形成子座和分生孢子器。孢子器内充满线形或蠕虫形的分生孢子，即为当年重复侵染的病菌来源，并于晚秋形成有性世代，随落地的病叶而越冬，为次年初次侵染李树，引起发病的病菌来源。病原菌属强寄生真菌，专为害李属植物。

(3)发病规律

病原菌以子囊壳在病落叶上过冬，次年春季成熟，放出子囊孢子，经风雨传播至嫩叶上，侵入为害，其后不再发生再次侵染。

(4)防治方法

于秋末落叶盛期，收集落地病叶烧毁或沤粪造肥，消灭越冬病原菌。病害发生期，结合疏枝修剪，剪除发病较重的枝叶，控制病菌传播蔓延。在有条件实行药剂防治的重病区，可于每年发病期前，向叶背面喷射 1～3 次波尔多液进行预防。

5.3.28 李袋果病

李袋果病在欧洲、美国、日本均甚普遍，在我国东北和西南高原地区发生较多。主要为害李、山樱桃等。对李子的生长有着不小的危害，并且还会很大程度的影响李子的产量。

(1)症状

主要为害果实，也为害叶片、枝干。果实感病后，无果核，呈中空狭长形状，故名袋果病。病果幼小时平滑；淡黄或红色，后渐皱缩并变为灰色，最后呈深褐色至黑色，悬挂在树上，数日后即行脱落。幼嫩枝条和叶片均能受害。病枝膨肿，组织松软，终至枯死。次年在此枯枝侧面所生的新枝，大都受害。叶片被害后卷曲皱缩，呈黄色或红色，和桃缩时病很相似。在 5、6 月间，在病叶、病果和病枝上均出现灰白色的粉状物，即为病原菌的子囊层。

(2)病原

该病是由子囊菌亚门、半子囊菌纲、外囊菌目、外囊菌科、外囊菌属、李外囊菌[*Taphrina prumi*(Fuck.)Tul.]引起。子囊层露于病部表面，呈灰色粉状。子囊筒形排列成栅栏状。子囊无色，大小为(24～80) μm×(10～15) μm，子囊孢子无色，球形，直径 4～5 μm，能在子囊内芽殖。

(3)发病规律

病原菌的越冬方式，了解得尚不确切，一般是在先年夏季即有子囊孢子从子囊内放出，冬季似以孢子在芽鳞上越冬，并能在环境条件适宜时进行芽殖。此病一年只有一次侵染，无再侵染。一般在寒冷地带发生较多，春寒多雨的年份，发生严重。红色及紫色品种受害较重，野生品种更易受害。病害始见期于 3 月中旬，4 月下旬至 5 月上旬为发病盛期。一般低洼潮湿地、江河沿岸、湖畔低洼旁的李园发病较重。

(4)防治方法

①注意园内通风透光，栽植不要过密。合理施肥、浇水，增强树体抗病能力。剪除病枝、病果，集中深埋或烧毁。

②在李树发芽前喷 4～5 波美度石硫合剂一次；1∶1∶100 倍式波尔多液；77%氢氧化铜可湿性粉剂 500～600 倍液；30%碱式硫酸铜胶悬剂 400～500 倍液；45%晶体石硫合剂 30 倍液，以铲除越冬菌源，减轻发病。自李芽开始膨大至露红期，可选用下列药剂：65%代森锌可湿性粉剂 400 倍液+50%苯菌灵可湿性粉剂 1 500 倍液；70%代森锰锌可湿性粉剂 500 倍液+70%甲基硫菌灵可湿性粉剂 500 倍液等，每 10～15 d 喷 1 次，连喷 2～3 次。

5.3.29 李穿孔病

李穿孔病分布非常广泛，全国各地均有发生。除为害李树外，还为害核果类的桃，杏、枣和樱桃等。

李穿孔病分细菌性穿孔和真菌性穿孔两类，这里只介绍细菌性穿孔病。

(1)症状

叶片、果实和枝梢均可被害。叶上病斑初为水渍状，渐呈灰黑色，后变为紫红色以至褐色，最后病斑中央枯死，组织脱落形成穿孔。果实受害后，先表现为水渍状斑点，后成为灰黑色的小斑，渐形成为环状紫环，大小约 0.5～1.0 cm，病斑凹陷，表面粗糙，呈紫黑色，硬化、龟裂。每个果实上斑点多少不一，通常两三个，有时互相联合为大斑。湿度大时在病斑上出现黄色斑点，这就是含有细菌的“溢脓”。在枝梢上形成浅而小型的溃疡。初呈灰色，水渍状斑点，渐变深灰而下陷，常互相联合，并流出树胶。

(2)病原

李穿孔病是由黄极毛杆菌属的一种细菌[*Xanthomonas prumi*(Smith)Wson.]引起。菌体短杆状，有单极毛 1～6 根，大小为(1.6～1.8) μm×(0.4～0.6) μm，有荚膜，有时连成链状。革兰氏阴性，好气性，在洋芋培养基上菌落为黄色。发育的最适温度为 25～30℃，最高 35℃，最低 10℃，致死温度为 51℃。在室内环境中于培养基上可存活八个月，在枝条溃疡中可存活一年以上。

(3)发病规律

病原细菌系在枝条溃疡内越冬。芽和落叶中的细菌也可能越冬，但并非初次侵染的主要来源。次年春季，病原细菌靠风、雨水和昆虫传播，经气孔或皮孔入侵。湿度是传播和入侵的主要条件。潜育期的长短因气温和湿度的不同而有差异，一般约需一星期即可出现症状。在

雨水多的年份往往发病严重。

(4)防治方法

①栽植李树时,要严格选用无病树苗,或选用抗病品种,并使李、杏、桃园隔开,以免相互传染。

②加强栽培管理,增施有机肥,提高树体抗病能力。冬季剪除病梢,清扫病枝落叶,集中深埋或烧毁,减少越冬菌源。

③药剂防治。以代森锌一类有机硫杀菌剂为宜。也可喷硫酸锌石灰混合液,配方为:硫酸锌∶主石灰∶水=1∶1∶130。先将硫酸锌溶在65 kg水中,然后加入生石灰。

5.3.30 杏树叶锈病

别名黑粉病、赤锈、褐锈病。

国内分布于辽宁(沈阳、鞍山、熊岳、本溪、清原)、吉林(长春、吉林)、黑龙江(哈尔滨),也分布于山东、江苏、江西、湖南、福建、广东、广西、四川、云南、台湾等地区;国外分布于亚洲(朝鲜,日本本州、四国、九州)、欧洲(俄罗斯)。

能为害李属的多种植物,如杏、辽杏、麦李、梅、桃、西伯利亚杏(山杏)、李、杏等。

本病原菌的性子器、锈子器(0、Ⅰ)时期寄生在银莲花属和獐耳细辛属植物上;夏孢子和冬孢子(Ⅱ、Ⅲ)时期寄生在李属的多种植物上。性子器、锈子器时期生于双瓶梅等植物上;夏孢子和冬孢子时期生于梅、桃、李等植物上。

(1)症状

症状发生在叶片上。东北地区,发病期自6月中下旬至10月上中旬。9月以前,杏树叶背面散生或群聚生多数褐色、暗赤黑色粉堆,为病原菌的夏孢子堆。9月以后,夏孢子堆中逐渐生成与夏孢子堆颇相类似的栗褐色粉堆,为冬孢子堆。叶正面退色黄斑不十分明显,受害严重的叶片卷曲、萎黄或早期脱落。

(2)病原

病原学名 *Tranzschelia pruni-spinosae*(Pers.)Dietel(刺李疣双胞锈菌)(*Puccinia pruni-spinosae* Pers.)。

病原菌隶属于担子菌纲,锈菌目,柄生锈菌科(柄锈科),两圆孢锈菌属(聚柄锈属,疣双孢锈菌属)。系全孢型转主寄生锈菌。性孢子器均匀而稀疏地散生在叶两面的角质层下,暗褐色,直径110~150 μm。锈孢子堆均匀地散生在叶背面,杯形至短圆柱形,直径400~700 μm,开裂成四瓣;锈孢子近球形至矩形,(18~27) μm×(15~20) μm,黄色,有微细小疣,壁厚1.5~2.5 μm;包被细胞多角形,(20~35) μm×(18~28) μm,外侧壁具条纹,厚6~8 μm,内侧壁有疣,厚3~4 μm。夏孢子堆在叶背面散生或密聚成大堆,裸露,锈黄褐色;夏孢子生于孢子柄上,长椭圆形或近似纺锤形,顶部光滑,黄褐色,下部淡黄褐色,密生刺状小疣,(26.8~

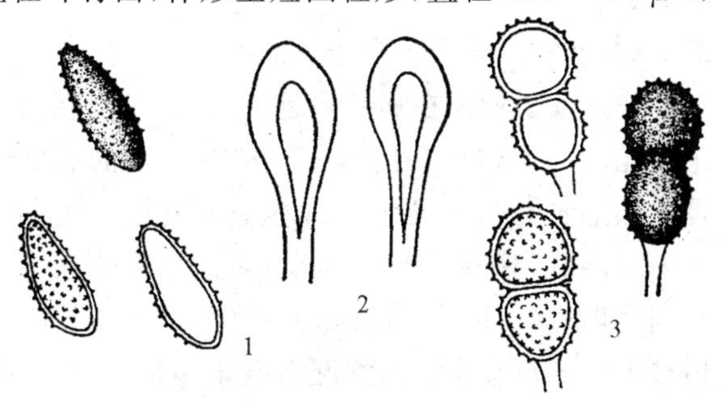

图5-3-21 刺李疣双孢锈菌

1.夏孢子 2.侧丝 3.冬孢子放大

33.2) μm×(15.5～17.5) μm;冬孢子由两个近似圆形或稍稍广椭圆形的细胞所组成,两孢有时分离,表面密生刺状小疣,(28.0～42.9) μm×(19.5～26.5) μm,生短而易断、无色透明的短柄,柄长 20.8～31.0 μm (图 5-3-21)。

(3)防治方法

明确并铲除中间寄主是预防本种锈病的重要途径。

在有条件实行药剂防治的重病区,可选用 0.3～0.4 波美度石硫合剂,400～500 倍的代森锌液;200 倍的敌锈钠液,或 1:1:(170～240)的波尔多液向叶背面喷洒 1～3 次,有一定的防治效果。

5.3.31 杏疔病

杏疔病又称叶枯病、红肿病、树疔、红肿病、娃娃病。主要为害山杏和杏桃,是华北、西北杏产区的重要病害。

(1)症状

杏疔病主要为害新梢、叶片,也可为害花和果实。被害新梢生长停滞,节间缩短,叶片呈簇生状。病叶从叶柄开始沿叶脉逐渐变黄变厚,病叶比健叶厚 4～5 倍,质如皮革,叶先正反面散生许多褐色小粒点(即病菌的性孢子器)。空气潮湿时,从性孢子器中涌出大量橘黄色黏液,内含大量性孢子。6～7 月份间病叶变成赤黄色,向下卷曲。10 月份以后病叶变黑,质脆易碎,叶片背面散生小黑点,这就是子囊壳。病叶挂在树上越冬,不易脱落。

花和果实受害时,花萼肥厚,花不易开放,花苞肥大。果实染病后生长停滞,病果上生淡黄色病斑,斑内生红褐色小点粒,后期病果干缩脱落或挂在树上。病害严重时,枯黄的病叶丛挂满树冠,造成新梢枯死,果实减产。

(2)病原

属子囊菌亚门、核菌纲、球壳菌目、疔座霉科、疔座菌属杏疔座霉(*Polystigma deformans* Syd.)性孢子器近圆形,直径 163～352 μm,性孢子无色,线形,单胞,弯曲,大小为(18.6～45.5) μm×(0.6～1.1) μm。性孢子挤出时呈卷须状。子囊壳近球形,直径大小(252～315) μm×(239.4～327.6) μm,有孔口。子囊棒状,大小为(80～108) μm×(12～17) μm,内生 8 个子囊孢子,椭圆形,无色,单胞,大小为(10～16.5) μm×(4～6) μm(图 5-3-22)。

图 5-3-22　杏疔病

1.症状　2.性孢子器及性孢子
3.子囊壳、子囊及子囊孢子

(3)发病规律

病菌以子囊壳在病叶内越冬,也有人推断病菌还能以菌丝体在芽内越冬。挂在树上的病叶是此病主要的初侵染来源。春季子囊孢子由病叶内放出后,借风力传播到幼芽上萌发侵入,5 月间呈现症状,10 月间病叶上产生子囊壳,挂在树枝上越冬。春季多雨潮湿有利于病害的发生。

(4)防治方法

此病菌只有初侵染没有再次侵染,所以消灭

越冬病菌是防治杏疔病的重要措施之一。

①在秋冬季结合修剪，彻底剪除树上病叶丛，消灭越冬病菌，集中烧毁，连续进行三年即可控制其为害。

②药剂防治：杏树发芽前喷3～5石硫合剂1次，以消灭树上的病原菌。发病严重，病梢不易全面清除的地区，从杏树展叶期开始，每10～14 d喷一次70%甲基托布津可湿性粉剂700倍液或50%多菌灵可湿性粉剂600倍液、70%代森锰锌可湿性粉剂700倍液、1∶1.5∶200倍式波尔多液、30%绿得保胶悬剂400～500倍液、14%络氨铜水剂300倍液，保护新梢。发病不重时，喷1～2次药均可取得理想的防治效果。

5.3.32 银杏茎腐病

银杏茎腐病在安徽、江苏、山东、河南、湖南、江西、福建等地均有发生，尤以长江以南夏季高温炎热的地区较为常见。病害死亡率高达90%以上。

该病能为害多种农、林作物，苗木中以银杏、香榧最易感病。各种寄主在被害症状上表现不一，但在树苗上常见的为茎腐。

(1)症状

银杏苗木染病后，初期幼苗基部变褐，产生黑褐色病斑，很快延及茎基一周，染病皮层臃肿皱缩，内部组织腐烂呈海绵状，稍干后为粉末状，灰白色。其中生许多细小的黑色菌核。寄主由于养分受阻，顶芽枯死，发病叶片失去正常绿色，并稍向下垂，但不脱落。病菌逐渐扩展至根，使根皮皮层腐烂。髓部受害变褐、中空，产生菌核。根部受害，则根皮腐烂，拔苗时，病根皮层脱落残留于土壤中，仅拔出木质部(图5-3-23)。

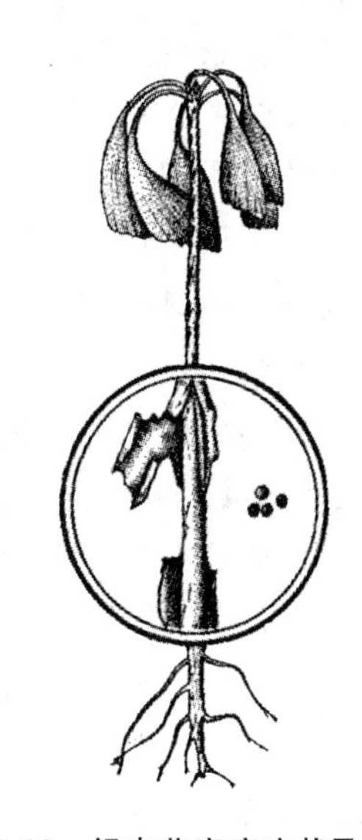

图5-3-23 银杏茎腐病症状及菌核

(2)病原

由半知菌亚门、腔孢纲、球壳孢目、壳球孢属的菜豆壳球孢菌[*Macrophominaphase oli* (Maubl.) Ashby]侵染所致。菌核扁球形或椭圆形，细小如粉末状，黑褐色，直径50～200 μm。分生孢子器在银杏苗木上不产生，而在桉树苗木颈部有时产生，有孔口，埋生于寄主组织中，孔口开于外表，分生孢子单胞无色，长椭圆形，先端略弯曲，大小为(16～30) μm×(5～10) μm。此菌喜高温，在培养基上生长最适温度为30～32℃，同时形成的菌核直径为80～300 μm，pH 4～9之间均能生长良好。

(3)发病规律

病菌是土壤中习居的弱寄生菌。病害的发生与寄主的状态和环境条件有密切关系。当幼苗遇到高温炎热时，土壤温度激剧增加，苗木茎基部受高温的损伤。苗木受伤，抗病性弱，加之病菌喜较高温度，在适宜的条件下，生长繁殖迅速，从苗木的伤口侵入，引致茎腐病。苗圃地低洼积水和苗木过密，苗木生长较差，发病则重。病害一般在梅雨季节过后的10～15 d开始发病，直至9月中旬。病害才停止蔓延。在6月、7月、8月三个月中，天气持续高温，发病就重。

如进入7月后，不发生长期高温，发病就轻。因此，可用这三个月的气温变化来预测当年病害的严重程度。试验证明，拮抗性放线菌能有效地抑制该病病菌的蔓延扩散。

(4)防治方法

防治此病应从促进寄主生长健壮，提高抗病力和防止夏季土壤温度过高着手。

①苗圃地应设在排水良好的沙壤土上，施足基肥，播种前后一定要时刻注意消灭地下害虫，及时间苗，使苗木生长健壮。

②对银杏等易发生该病的苗木，在夏季应遮荫降温，防止地温增高，育苗地应采取搭荫棚、行间覆草、种植玉米，插枝遮阳等措施以降低对幼苗的危害。水源方便的地方，高温干旱时，应适当灌水喷水，降低土温，减少发病。

③提早播种争取土壤解冻时即行播种，此项措施有利于苗木早期木质化，增强对土表高温的抵御能力。

5.3.33 棕榈干腐病

棕榈干腐病又名枯萎病、烂心病、腐烂病，是棕榈常见病害。棕榈树既是观赏树种又是经济树种，因干腐病的发生，常造成枯萎死亡。棕榈干腐病在浙江、江西、湖南等省均有发生。据浙江林学院报道，棕榈干腐病在浙江发生严重。1979年10月在舟山地区林场调查，3286株棕榈树中，2036株发病，其中965株死亡，发病率达62%，死亡率29.7%。浙江省鄞县天童公社上三扩大队在茶园地有500多株棕榈树，1976—1978年，因本病枯死达50%；临安县凌口公社南坞口大队第五生产队，1966年在荒山上造100亩棕榈林，1978年开始发病，先后枯死1 000余株。此外，在江山、常山、开化、义乌、桐庐、建德、丽水等县，以及上海市都有发生。

(1)症状

病菌从树冠下部的叶柄基部侵染，产生黄褐色病斑，或在无叶包裹的杆上首先发病，产生紫褐色病斑，并沿叶柄向上扩展到叶片，病叶逐渐凋萎枯死。病斑上、下扩展，并深入木质部，使木质部维管束组织发黄腐烂，继而变为黑褐色，叶片枯萎，植株死亡。若在棕榈干梢部位，其幼嫩组织腐烂，则更为严重。在枯死的叶柄基部和烂叶上，常见到许多白色菌丝体。当地上部分枯死后，地下根系也很快随之腐烂，全部枯死。

(2)病原

据浙江农业大学陈鸿逵鉴定，本病是由半知菌亚门、丝孢纲、丝孢目、丝孢科、拟青霉属、宛氏拟青霉(*Paecilomyces varioti* Bain.)侵染所致。此菌能产生两种分生孢子。一种分生孢子为无色，单胞，长椭圆形，直或弯曲，大小为(3.5～17.8) μm×(1.1～4.8) μm，聚生在分生孢子梗顶端，呈头状，分生孢子梗单生或有简单分枝。另一种为单胞圆形孢子，直径2.0～4.5 μm，串生在分生孢子梗顶端。湿度大时，在分生孢子梗顶端聚成球形，分生孢子梗分两叉或多分棱呈帚状(图5-3-24)。

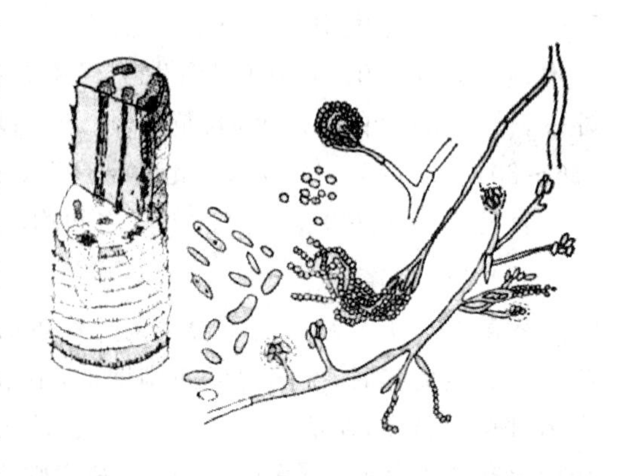

图5-3-24 棕榈干腐病症状及病原

(3)发病规律

根据浙江舟山地区林场定株观察,先年病株的病斑在5月份开始扩展,6～8月份为死亡高峰,10月底以后逐渐下降。棕榈树遭受冻伤或剥棕太多,树势衰弱易发病。

据调查,棕榈干腐病的发生与冻害及经营管理有关。棕榈是热带和亚热带树种,喜暖怕冻。冻伤后,易遭受干腐病菌的侵袭而发病。如1976年冬,浙江杭州地区大冰冻,在杭州市环西湖路一带的大棕榈,被冻死冻伤1 000多株,被冻伤的棕榈次年都染上干腐病。又如浙江省临安县太阳公社富源大队3万多株20多年生的大棕榈,于1977年大冰冻后,有90%发病和枯死。

(4)防治方法

①加强管理,做好防冻工作。在秋季或春季剥棕要适时。若秋季太迟或春季过早剥棕,易遭冻害,从而容易引起发病。适时、适量剥棕,不可秋季剥棕太晚,春季剥棕太早或剥棕过多。春季,一般以清明前后剥棕为宜。

②药剂防治,将棕榈树干上的紫褐色病斑用刀划破,再涂50%多菌灵的10倍液或50%代森铵原液有较好效果。也可用国光英纳、国光松尔500～600倍液喷雾,或刮除病斑后涂药,均有一定防治效果。喷药时间,从3月下旬或4月上旬开始,每10～15 d一次,连续喷3次。

5.3.34 黄栌白粉病

黄栌白粉病是黄栌上的重要病害。该病对黄栌最大的为害是秋季红叶不红,变为灰黄色或污白色,失去观赏性。

(1)症状

黄栌白粉病主要为害叶片。发病初期,叶片正面出现针尖大小的白色粉斑点,逐渐扩大成为污白色的圆斑,最后发展成为典型的白粉斑,病斑边缘略呈放射状,严重时,白粉斑连接成片,整个叶片被厚厚的白粉层所覆盖。发病后期白粉层上出现白色、黄色、黑色的小点粒,栌叶片不变红,此时白粉层逐渐消解。

叶片褪绿,花青素受破坏,黄而呈黄色,引起早落叶。发病严重时嫩梢也被危害。连年发生树势削弱。

(2)病原

病原菌为漆树钩丝壳菌(*Uncinula vernieifrae* P. ftenn.),属子囊菌亚门、核菌纲、自粉菌目、钩丝白粉菌属。闭囊壳球形、近圆形,黑色至黑褐色,直径112～126 μm;附属丝顶卷曲;闭囊壳内有多个子囊,子囊袋状、无色;子囊孢子5～8个,单胞,卵形,无色,(18.7～23.7) μm×(9.5～12.6) μm(图5-3-25)。

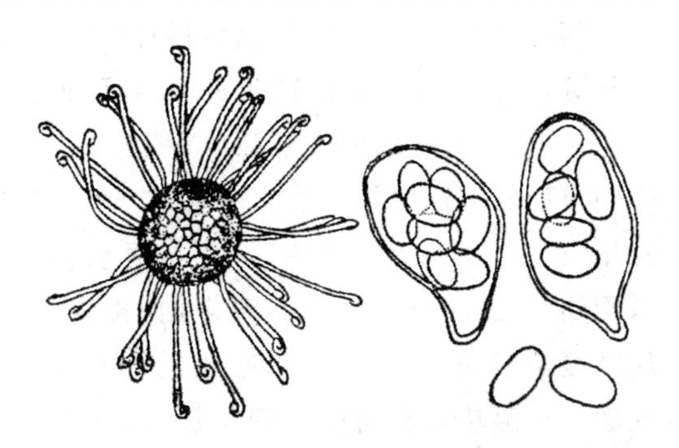

图5-3-25 黄栌白粉病菌
闭囊壳、子囊及子囊孢子

(3)侵染循环及发病条件

病原菌以闭囊壳在枯落叶上越冬,成为次年的初侵染来源;也可以以菌丝体在病枝条上越冬,在温湿度适宜条件下次年春产生分生孢子进行初次侵染。孢子由风雨传播,直接侵入。

子囊孢子6月中下旬释放。子囊孢子和粉孢子的萌发适温为25～30℃，要求相当高的相对湿度，6月底或7月初叶片上出现白色小粉点。潜育期10～15 d。生长季节有多次再侵染。植株密度大，通风不良发病重；植株生长不良发病重；分蘖多的树发病重；黄栌纯林比黄栌和油松等树种混栽发病重。

(4)防治技术

秋季彻底清扫病落叶，剪除病枯枝条以减少侵染来源。春季及时剪除分蘖。加强肥水管理提高树势。栽培黄栌提倡混交林，杜绝纯林栽培。

休眠期喷洒5波美度石硫合剂；生长季节喷洒25%粉锈宁可湿性粉剂1 000～1 500倍液，或15%的粉锈宁可湿性粉剂700倍液。

5.3.35 泡桐炭疽病

泡桐炭疽病在泡桐栽植地区普遍发生，尤其是幼苗期更为严重，常使泡桐播种育苗遭受毁灭性的损失。如郑州(1964年)实生苗有的发病率高达98.2%，死亡率达83.6%。

(1)症状

泡桐炭疽病菌主要为害叶，叶柄和嫩梢。叶片上，病斑初为点状失绿，后扩大为圆形，褐色，周围黄绿色，直径约1 mm，后期病斑中间常破裂，病叶早落。嫩叶叶脉受病，常使叶片皱缩成畸形。叶柄、叶脉及嫩梢上病斑初为淡褐色圆形小点，后纵向延伸，呈椭圆形或不规则形，中央凹陷(图5-3-26)。发病严重时，病斑连成片，常引起嫩梢和叶片枯死。在雨后或高温环境下，病斑上，尤其是叶柄和嫩梢上的病斑上常产生粉红色分生孢子堆或黑色小点。

实生幼苗木质化前(2～4个叶片)被害，初期被害苗叶片变暗绿色，后倒伏死亡。若木质化后(有6个以上叶片)被害，茎、叶上病斑发生多时，常呈黑褐色枯死，但不倒伏。

(2)病原

泡桐炭疽病由半知菌类黑盘孢目的川上刺盘孢菌[*Golletotrichum kawakam* (Miyabe) sawada]引起。病菌的分生孢子盘有刺(但有时无刺)初生于表皮下，后突破表皮外露。分生孢子单细胞，无色，卵圆形或椭圆形(图5-3-26)。

(3)发病规律

病菌主要以菌丝在寄主病组织内越冬。第二年春，在温湿度适宜时产生分生孢子，通过风雨传播，成为初次侵染的来源。在生长季节中，病菌可反复多次侵染。病害一般在5～6月间开始发生，7月盛发。病害流行与雨水多少关系密切。在发病季节，如高温多雨、排水不良，病害蔓延很快。苗木过密、通风透气不良也易发病。育苗技术和苗圃管理粗放，苗木生长瘦弱也有利于病害的发生。

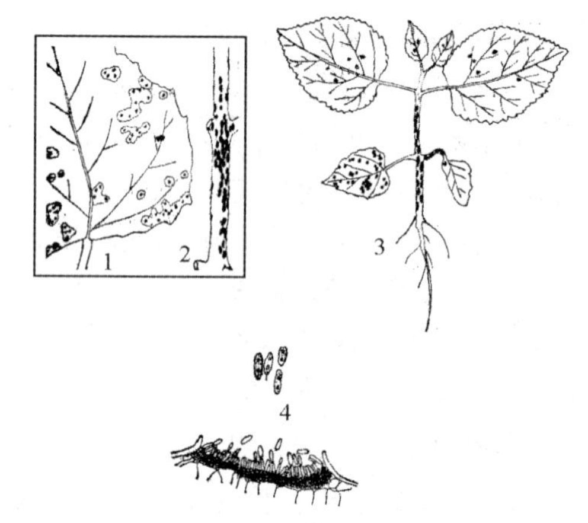

图5-3-26 泡桐炭疽病

1.泡桐叶上病斑 2.嫩枝上的病斑
3.幼苗上的病斑 4.病菌分生孢子盘及分生孢子

(4)防治方法

苗圃地应选择在距泡桐林较远的地方;病圃要避免连作,如必须连作时应彻底清除和烧毁病苗及病枝叶。冬季要深翻,以减少初次侵染来源。提高育苗技术,促进苗木生长旺盛,提高抗病力。发病初及时拔除病株,并喷1∶1∶(150~200)倍的波尔多液,或65%代森锌500倍液,每隔10 d左右喷一次。

5.3.36 泡桐丛枝病

泡桐丛枝病是当前泡桐生产中的严重病害,尤以河南,山东、山西等省发病严重。一般发病率达30%~50%,严重区高达80%以上,影响林木的生长,幼苗和幼树发病常会造成枯死。随着泡桐栽植面积的扩大,尤其是进行大量无性繁殖,丛枝病有发展的趋势。

(1)症状

泡桐丛枝病又称桐疯病、桐龙病、扫帚病、鸟巢病,它是一种传染性病害,在枝、干、花、根部均可表现出症状,其症状因品种不同,主要有两种类型。

丛枝型 腋芽和不定芽大量萌发形成小枝,节间变短,叶序紊乱,叶片黄化,小而薄,有明脉状和皱叶状,冬季小枝不落呈扫帚状,当年枯死或发病1~2年枯死。

花变枝叶型 花瓣变成小叶状,柱头或花柄长成小枝,小枝上腋芽又生出形成丛枝,花萼明显变薄,色浅黄透亮无毛,花托多裂,感病的花蕾变形,有越季开花现象。往往在当年夏季开花。

(2)为害

泡桐各龄植株都能感染发病。苗木发病率5%左右,老苗圃留根育苗发病率较高,幼树发病率5%~30%,尤以平茬苗发病严重。民权县赵岗大队180株苗木,平茬前没有一棵发病,1976年春经平茬发病率26.7%。4~5年生以上泡桐累积发病率50%~80%,病害严重流行地方,发病率达90%以上,幼苗、幼树发病常于当年或定植1~2年枯死。大树发病后,常见部分枝条丛枝,由于树冠大,病枝相对比例小,影响生长较慢。

泡桐丛枝病对树木生长的影响:1976—1977年对泡桐造林后第一年和第二年进行了丛枝病树木生长量的调查,其结果,1976年调查健康树直径年生长量为0.31 cm,丛枝病枝占1/3以下者,直径年生长量为0.17 cm,丛枝病枝占1/3~2/3者,直径年生长量为0.07 cm,全株丛枝病的,直径生长量停止,在秋后或冬季枯死。1977年调查健康树直径年生长量为1.96 cm,而当年新发生的枝梢丛枝病树直径生长量为1.47 cm,比健康树生长少0.49 cm,大概降低年生长量约1/4。丛枝病枝占1/3以下者,直径年生长量为1.16 cm,比健康树生长量少0.8 cm,即降低年生长量约2/5。

泡桐丛枝病对根系生长的影响:1975年在苗圃内选择全株丛枝、根蘖丛枝和健康苗木调查根系,苗木高度均在1 m以内,其结果健康苗根系总长为1,230 cm,根蘖丛枝苗根系总长为465 cm,比健康苗少765 cm。全株丛枝病苗根系总长只有280 cm,比健康苗少950 cm,感病苗木严重影响根系的生长。

丛枝病树根生长少的原因,据1976年对67株有丛枝病的扦插苗的观察,凡是病株的种根上下剪口没有愈合,有的木质部腐朽,枝、根少。同年调查18株定植后因丛枝病死亡的幼树,一种是种根腐朽,没有愈合;另一种是平茬时的伤口腐朽。1977年因全株丛枝病死亡的8株泡桐,亦是同样现象。

造成感病树枯死的原因，是由于病原体侵入引起树木一系列生理状态的病态化，致使新陈代谢发生混乱，能量供需失调，病枝瘦小、黄化，营养不良，逐渐枯死（1976 年夏季测出病叶中叶绿素及蛋白质为健康时的 1/3 及 1/2.6）。

(3)病原

泡桐丛枝病的发生原因，过去曾有生理病、炭疽病、疮痂病等等报道。1975 年研究者在北京通过温室内用皮接作传病试验获得成功。取嫁接发病株和大田显示典型泡桐丛枝病病症的病株叶柄和叶脉制成超薄切片，进行电镜观察，发现有类菌质体存在。类菌质体形态多样，呈圆形及椭圆形等。大小不一，直径约为 200～820 μm。从电镜中也观察到类菌质体大量存在于感病植物韧皮部输导组织筛管中，大小形粒子在同一筛管内混生，类菌质体病原在筛板孔两侧并通过筛板孔在筛管中移动，从而感染整个植株。并观察到泡桐丛枝病类菌质体无细胞壁，是具有一种界线明显的 3 层单位膜，厚度约为 100 μm，这一单位膜呈现由两层蛋白质中间夹一层类脂质构成两暗一明的 3 层膜状结构。类菌质体内部含有核糖核蛋白体颗粒和脱氧核糖核酸的核质样纤维。用对照的健康实生苗枝叶作超薄切片没有观察到类菌质体。用四环素族药物治疗泡桐丛枝病植株有较好的效果，证明泡桐丛枝病病原为类菌质体。从取样切片中观察到在泡桐丛枝病病状表现最重的病枝韧皮部组织中类菌质体数量较多，而在表现轻度丛枝病状的小枝韧皮部中很难看到类菌质体。近年来国内对桑萎缩病、枣疯病的病原研究说明有些植物黄化型病毒很可能是病毒与类菌质体并存引起的复合感染。我们采用分离提纯方法（包括梯度密度离心法、差速离心法和聚乙二醇沉淀法）及在超薄片中尚未观察到病毒粒子。

(4)传病途径

1975 年夏季采用毛泡桐典型发病植株树皮分别嫁接在盆栽楸叶泡桐、白花泡桐的健康实生苗上，至 1970 年 3 月于温室内形成典型丛枝病株，说明泡桐丛枝病类菌质体病原可借嫁接传染。

在大田中，造林密度大的行道树或纯林中的泡桐的发病率高于农桐间作地的发病率，除由于水肥管理差、机械损伤等原因外，很可能由根部自然靠接传染所致。

用感染丛枝病病株的树根育苗，幼苗当年发病或定植 1～2 年后发病，尤以在病树下按丛枝病枝的方向挖根育苗发病率高。病根经电镜观察发现其韧皮部筛管中有类菌质体。

近年来泡桐丛枝病发生较为普遍其主要原因之一是长期采用无性繁殖，由病根、苗木带毒传染。

1975 年用病树上的种子在温室内进行繁殖，从幼苗到幼树均生长正常，4 年来未见表现症状，用电镜观察幼苗叶片，没有观察到类菌质体，说明种子不带毒。在河南、广西等地调查凡采用种子育苗，在苗期未发现丛枝病。用丛枝病植株病枝叶提纯汁液或浸出液分别以摩擦、注射，针刺等方法接种实生泡桐苗均不发病。

通过上述试验与电镜观察：证明病根病苗带毒传染，嫁接可以传病，病树上的种子不带毒，从幼苗到幼树生长正常；用机械接种方法不能感染丛枝病。

丛枝病与昆虫为害的关系，据观察在河南、山东等地泡桐丛枝病发病区，凡是叶蝉、椿象为害的苗木发病率高，尤以小绿叶蝉［*Empoasca flavescens*（Fabricius）］在夏秋为害严重，该虫若虫群集叶背吸食汁液引起叶皱缩。1978 年夏季将小绿叶蝉饲养带毒后，解剖唾液腺经电镜观察发现有类菌质体存在，其形态呈椭圆形至不规则形，说明该虫是泡桐丛枝病的传染昆虫。但今后仍需进一步做接种试验。

(5)发病规律

由于丛枝病传染途径广、分布普遍、发病条件复杂等特点，丛枝病发病条件及严重程度受到各种因子的影响和制约。近年来在河南各地调查丛枝病的为害情况，可以看出：

①不同立地条件下栽植的泡桐，发病率及发病指数有明显差异。同是用根繁殖苗，定植1～2年的幼树，在农桐间作条件下发病率低(2.9%)，发病指数亦低(1.3)；而片林及行道树发病率高(13%和13.7%)，发病指数也高(11.7及34.4)。

据观察，发病率与土壤性质也可能有关，近年来，四川盆地不少地、县，从河南、安徽等发病率很高的地区，大量调入泡桐根(约有两千万以上)栽植，至今未见发病。为了弄清其不发病的原因，1978年初，河南民权林业科学研究所从四川资阳调2 kg土壤，进行盆栽试验。用病苗的根分别栽在装有本地土、资阳的土以及本地土与资阳土各1/2混合土，各50盆。

结果：民权本地土的盆内当年发病率为11%。而其他两个处理均未发病。从此我们可以初步认为，四川不发病的主要因素，不是气候，而与当地土壤有关。四川盆地栽植泡桐的地区，主要分布紫色土，至于紫色土中哪个因素起抑病作用？有待进一步深入研究。

②丛枝病发生与树木年龄有密切关系。病害随年龄的增加而增加，定植1～2年幼树发病率为2.9%～18%，而树龄在5年以上的泡桐发病率达80.1%。河南鄢陵县林科所1975年2月定植的丰产林，当年9月调查发病率为22.4%，1976年9月调查发病率为44.8%。1978年累积发病率为65.4%。

③不同品种类型的泡桐抗病程度不同。1976年3月从河南引种在北京的同龄不同品种的泡桐，1977年9月调查，兰考泡桐、楸叶泡桐、绒毛泡桐发病率较高(20%以上)，白花泡桐发病率较低(6%)，川泡桐、山明泡桐未见发病。

④繁殖方式不同，发病情况也有差异，采用埋根方法育苗，当年苗木就会发病，用种子育苗在苗期不感病。但实生苗繁殖代数愈多，发病率逐渐增高。

⑤平茬或新接干树对发病的影响。苗木和幼树平茬后，发病株明显增多，新接干顶端易发病。嫁接传染与季节有一定关系，春季将病株皮接在健康实生苗木不发病，而夏秋取皮嫁接能传染发病。春季泡桐处于休眠状态，可能病原贮存于根部，当泡桐展叶树液流动时，病原随养分流动上行而引起发病。也可能泡桐在休眠季节里枝干内病原呈钝化现象。春季用病树根育苗可能是病害蔓延的主要来源。夏季和初秋修枝比春季和中秋以后修枝效果好，用四环素治疗病株的时间8月以后效果较差，经平茬、接干的苗木和幼树常会诱发出大量丛枝病病枝等等。这些现象可能都与类菌质体在寄主一定部位内运行、贮存和季节变化有关。

⑥泡桐丛枝病的发生与机械损伤有直接的关系。由于修枝不当，耕作机械损伤，育苗时过度采根或害虫的为害，都有利于丛枝病的发生。

此外，丛枝病的发生还与造林密度、树木生长情况及不适宜的气候条件有密切关系。总之，丛枝病的发生、蔓延，是寄主、病原和环境条件协同作用的结果，致使发病率逐年增高，病势逐年加重。

(6)防治方法

髓心注射法　定植1～3年的泡桐树髓心较大，将土霉素、四环素、链霉素、多氧霉素、内疗素、硼酸钠、大蒜素等配成5千或1万单位浓度的溶液，用兽用注射针将药液注射到树干茎部髓心内，药量以病情的轻重，酌情加减，每次注入30～60 mL，注射1～3次。3年内用此法治疗300多株轻重不同的病株。结果证明，用土霉素、四环素、链霉素、硼酸钠治疗的树，能显著抑制症状表现。发病轻的病株70%可以治好,生长恢复正常。重病株治疗效果较差,亦存在复发问题,较多的病株则是减轻病情。试验证明,治疗效果与病情轻重、用药量、治疗时间、天气及树木生长势有关。治疗过程中要掌握合适的剂量,并选择晴天治疗,治疗时间以8月以前效果为好。

根吸法　用1万或5 000单位土霉素、四环素、5%硼酸钠等溶液浸根治疗病树,用药量按病情轻重、病树大小而定,在距树基50 cm处挖沟,在暴露根中选0.5～1.0 cm粗根截断,将根插入装药的小瓶中,瓶口用树叶、纸等物盖紧,这样,在根压的作用下溶液从断根处随水分主流运行到达感病部位,有明显治疗效果。

不同季节修病枝涂土霉素药膏方法　4年生以上的桐树,采用修枝方法减轻病情或消除部分病原,然后用土霉素凡士林(1∶9)药膏涂于伤口上,用塑料布包扎。经3年试验看出,无论是修枝还是修枝后涂药膏,都有一定的疗效,但以涂药膏效果更好,既有利于伤口愈合,减少再次侵染,又可抑制树体内的病原。从不同季节修枝的对比试验中看出,一般夏季和初秋修枝效果比中秋以后修枝效果好,因为夏季和初秋正是泡桐生长的旺盛时期,此时病原随养分主流上行表现症状。木本植物感病后常在几个枝条上表现症状,病原蔓延较慢。在夏季和初秋进行修枝就可减少大部分病原。修枝次数按病情而定,重病枝可适当增加修剪次数。河南睢县梁庄大队采用2次留茬修枝法,即第一次修病枝时留一个茬,发叶后进行第2次去茬修枝,也有疗效。

病根失毒处理方法　丛枝病由病根带毒传染成为近年来普遍发生的主要原因之一。通过1975—1978年处理病根试验看出,采根后经过处理再育苗可以预防或减轻对苗木和幼树的为害。

①温水浸根:40～55℃,浸根20 min。

②抗生素浸根:土霉素、四环素、新霉素、金霉素、卡那霉素500～1 000单位溶液。

③化学药剂浸根:硼(0.01%～0.5%)、硫代硫酸钠(2%)。硫酸钠(1%)、硫酸锌(0.1%)。各种溶液浸根6～12 h,晾1～2 d埋根。经4年观察处理病根是防治丛枝病蔓延的经济有效的方法。

泡桐丛枝病的综合防治措施:

①选育抗病虫品种,利用杂交优势,结合泡桐选优工作,选用速生、抗病、耐病特性单株进行杂交。

②选择无病泡桐优树种根育苗,建立无病苗圃(采根圃),推广种子繁殖。对1、2年以上的老苗圃的苗床要深翻拣净桐根,重新换茬育苗。

③实行严格的检疫措施,控制病区种根外调,必须外调的,对种根要用温水或药剂处理。

④及时修除病枝,清除苗圃的病苗或造林地的病树,在培育优质壮苗时尽量减少平茬苗。

⑤病苗病树治疗除用四环素、硼酸钠等药剂外,注意筛选经济有效的土农药。

⑥对泡桐苗圃及幼树害虫为害严重的地区要进行防虫,特别注意防治叶蝉、椿象等害虫。在营林措施方面要做到造林密度合理、间伐要适量适时,注意防止机械损伤等。

5.3.37　泡桐黑痘病

(1)症状

泡桐黑痘病是为害泡桐苗木幼树的常见病害,侵染嫩梢幼叶,幼叶上出现褐色斑点,斑点

周围呈黄色，病斑破裂后，叶上呈现圆形小孔，叶上病斑也有连成一起呈不规则的开裂。嫩叶叶脉受害常引起叶变畸形，叶柄和幼茎上病斑呈圆形至椭圆形，黑褐色斑点带连成一起呈带状病斑凸起，如疮痂状，严重时导致病梢及幼叶卷曲枯死。发病期与炭疽病相似，因地区有些不同。

(2)病原菌[*Sphaceloma paulowniae*(Tsujii)Hara.]

此病原普遍形成分生孢子，孢子椭圆形、无色、单胞(5～7) μm×(2.5～3.5) μm，湿度大时病菌繁殖较快，病菌以菌丝在病组织内越冬，来年产生孢子再进行广泛传染。

(3)防治方法

同炭疽病，结合炭疽病进行防治。

5.3.38 幼苗立枯病(猝倒病)

(1)症状

猝倒病是苗期的重要病害，主要为害泡桐实生苗，其症状随幼苗生长时期发病的早晚而有变化。主要表现为：烂芽型、猝倒型、茎叶腐烂型和根腐型四种。

(2)病原

侵染性猝倒病的病源很复杂，主要是丝核菌(*Rhizoctonia Solani* Kuehn.)镰刀菌(*Fusarium* sp.)引起的。病菌在土壤中植物碎片上腐生、越冬。早春解冻后开始活动，在土壤温湿度条件配合下，遇幼苗就侵害大量繁殖继续传染。猝倒病发病轻重决定于土壤性质，土壤中病原积累的情况和育苗技术等因素，而育苗技术的影响显得更为重要。

(3)防治方法

防治猝倒病以采取适当的育苗技术措施为主，结合适当化学防治法，可取得良好效果。

①适时播种，出土后作好遮阴，防治日灼，使幼苗生长苗壮，增强抗病力。

②土壤消毒，播种前苗床先浇3%硫酸亚铁水，每平方米4.5 kg，7 d后播种。敌克松每亩用药量0.5～0.5 kg，复合肥每亩用药量2～2 kg。

③苗木未发病前，用200倍等量式波尔多液防治，10～15 d喷洒一次，发病后用50%甲基托布津1 500倍，敌克松500～1 000倍液喷洒有良好效果。

5.3.39 泡桐根瘤线虫病

根瘤线虫病除为害泡桐外，还为害梓树、楸树、桑树等。在河南开封、郑州等地苗圃为害严重。

(1)症状

受害苗木的根部无论是主根或侧根均能形成许多表面粗糙的团形瘤状物，大小直径0.3～1.0 cm不等，剖开病瘤，可见白色透明小粒状的雌线虫。最后病瘤腐烂，影响根的吸收机能及采根繁殖。苗木受害严重时会使苗木凋萎枯死，严重影响苗木生产。

(2)病原

为一种细小的蠕虫动物；根瘤线虫的生活史可分为：卵、幼虫、成虫3个阶段。卵为长圆形，很小，多存在于寄主根部瘿瘤内。根瘤内的卵在温暖的土中2～3 d即可孵化成幼虫，幼虫为小蚯蚓状，无色透明，雌雄不易区别，幼虫自卵中孵出后即离开寄主钻入土中，遇适合的植物根侵入危害引起细胞增生变大，形成瘿瘤。幼虫蜕皮1～2次即发育为成虫，雌虫体呈梨形，头部尖，大小为(0.4～1.9) mm×(0.27～0.9) mm，雄虫与幼虫体形相似，但较大，体长1.2～1.9 mm。

(3)发病规律

根瘤线虫大多分布在10～30 cm耕作土层中，在土温25～30℃、土湿40%左右发育最快，幼虫在10℃以下停止活动，致死温度为55℃、5 min左右。

幼虫在土壤中能生存1年，以幼虫在土壤中越冬，或由成虫或卵在寄主植物体内越冬，来年直接侵入根部，卵在3～4月间可孵化成幼虫。

(4)防治方法

①培育无病苗木，不从病圃中采根或留根繁殖苗木，并严格进行苗木检疫。

②选用无根瘤线虫的土壤进行育苗，发病苗圃可用不感病的杨、柳、松、杉等树种进行1～2年轮作，圃地实行深翻，使线虫窒息死亡。同时要拣除土内残留的病根，集中烧掉。

③药剂防治：用80%二溴氯丙烷乳剂配成100～150倍稀释液，每亩用药1.5～2 kg，在病苗行间开10～15 cm深的沟，将药液浇入，覆土耙平；或在病株周围钻10～15 cm深的孔，孔间距离30 cm，用15～20倍稀释乳剂每孔注入2～3 mL，随即覆土可以熏杀土中线虫。

5.3.40 泡桐白色腐朽

(1)症状

泡桐幼苗及栽植3～4年大树向阳面的树皮，遭受夏季或冬季日灼后，或积水造成树势减弱，树干部成纵条状凹陷，在树皮上集生或散生裂褶菌子实体。引起泡桐白色海绵状腐朽。

(2)病原

裂褶菌(*Schizophyllum commune* Fr.)，菌体集生呈复瓦状，菌体宽6～28 mm，有薄的革质菌盖，灰白色，上有绒毛或粗毛，扇形或肾形，边缘内卷，具多数裂瓣，菌褶窄从基部辐射而出浅灰色带淡紫色，沿边缘纵裂而反卷，孢子无色棍状(4～6) μm×(2～3) μm。

此菌常见于阔叶树及针叶树衰弱木。

(3)防治方法

①保持树木生长旺盛，移栽大苗加强抚育管理，适时松土除草及时排、灌水，合理修枝，保护伤口等。

②早春及夏季进行树干涂白，防冻裂、日灼。

5.3.41 柳杉赤枯病

柳杉赤枯病在江苏、浙江、江西和台湾等省都有发生。在日本也是严重的林木病害之一。柳杉在我国栽植越来越广，近年来由于赤枯病的为害，有些地区造成苗木大量死亡。

(1)症状

柳杉赤枯病主要危害1～4年生苗木的枝叶。一般在苗木下部的枝叶首先发病，初为褐色小斑点，后扩大并变成暗褐色。病害逐渐发展蔓延到上部枝叶，常使苗木局部枝条或全株呈暗褐色枯死。在潮湿的条件下，病斑上会产生许多稍突起的黑色小霉点，这便是病菌的子座及着生在上面的分生孢子梗及分生孢子。

病害还可直接为害绿色主茎或从小枝、叶扩展到绿色主茎上，形成暗褐色或赤褐色稍下陷的溃疡斑，这种溃疡斑如果发展包围主茎一周，则其上部即枯死。有时主茎上的溃疡斑扩展不快，但也不易愈合，随着树干的直径生长逐渐陷入树干中，形成沟状病部。这种病株虽不一定枯死，但易遭风折（图 5-3-27）。

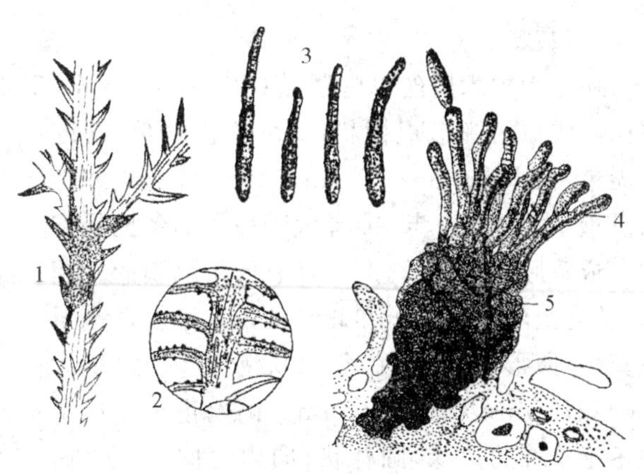

图 5-3-27 柳杉赤枯病

1.从病叶扩展到嫩枝上的病斑 2.病部放大 3.病菌分生孢子 4.分生孢子梗 5.子座

(2)病原

柳杉赤枯病由真菌中半知菌类丛梗孢目尾孢属的 *Gercospora sequoiae* e11. et Bv. (G. cryptomeriae Shirai)所引起，分生孢子梗聚生于子座上，稍弯曲，黄褐色。分生孢子鞭状，但先端较钝，有 3～5 个分隔（少数有 6～9 个分隔），淡褐色，表面有微小的疣状突起，大小(6～7) μm×(66～70) μm (图 5-3-27)。

(3)发病规律

病菌孢子于 15～30℃下发芽良好，25℃为发芽最适温度；在 92%～100%的相对湿度下才能萌发。病菌主要以菌丝在病组织内越冬，第二年春(4 月下旬至 5 月上旬）产生分生孢子，由风雨传播，萌发后经气孔侵入，约 3 周后出现新的症状，再经 7～10 d 病部即可产生孢子进行再次侵染。柳杉赤枯病发展快慢除和温度有一定的关系外，主要和当年大气湿度和降雨情况密切相关。如果春夏之间降雨持续时间长的年份，发病常较重。在梅雨期和台风期最有利于病菌的侵染。另外，苗木过密，通风透光差，湿度大或氮肥偏多等，都易促使苗木发病。柳杉赤枯病在 1～4 年生的实生苗上最易发生。随着树龄的增长，发病逐渐减轻，7～10 年生以上便很少发病。

(4)防治措施

首先应严格禁止病苗外调，新区发现病苗应立即烧毁。要培育无病壮苗，适当间苗。要合理施肥，氮肥不宜偏多。如果是连作或邻近有病株，必须尽可能彻底清除和烧毁原有病株(枝)，或冬春深耕把病株（枝）叶埋入土中，以减少初次侵染来源。在苗木生长季节应经常巡视苗圃，一旦发现病苗，应立即拔除烧毁。发病期间用 0.5%的波尔多液、抗菌剂 401,800 倍液及 25%的多菌灵 200 倍液，每 2 周喷一次。

5.3.42 柚木锈病

该病为害柚木的苗木和幼树，导致严重落叶，对林木的生长有严重影响。印度、巴基斯坦、斯里兰卡、缅甸、印度尼西亚、泰国以及我国引种柚木的地方都有此病发生。

(1)症状

受害叶片的上表面呈灰褐色，下表面形成无数细小的夏孢子堆和冬孢子堆，呈亮黄色至橙黄色。

(2)病原

病原为柏木周丝单胞锈菌(*Olivea tectonae* Thlrum.)属锈菌目,柄锈科。锈菌的冬孢子棍棒状或拟纺锤形棍棒状,内含物橙黄色,细胞壁无色,大小为(38～51) μm×(6～9) μm,或者与夏孢子混生在一起,或者生于独立的冬孢子堆中。成熟后立即萌发,产生具有四个隔膜的先菌丝,从先菌丝产生担子和球形的担孢子。夏孢子橙黄色,卵形至长椭圆形,具无数小刺,大小为(20～27) μm×(16～22) μm。侧丝生于夏孢子或冬孢子堆的边缘,圆柱状,向内弯曲,橙黄色,细胞壁厚达 25 μm (图 5-3-28)。

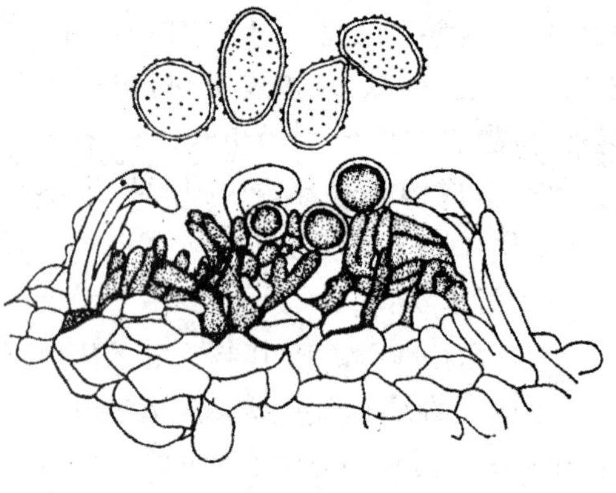

图 5-3-28　柚木锈病
示病菌夏孢子堆和夏孢子

(3)发病规律

在南方林区柚木的叶片从 9 月至次年 5 月普遍受锈菌为害。温暖和干燥的气候有利于此病的发生。

(4)防治措施

修枝或疏伐使林内空气流通;可试用药剂防治。

5.3.43　杉木炭疽病

杉木炭疽病在江西、湖南、湖北、福建、广东、广西、浙江、江苏、四川、贵州、安徽等省(区)都有发生;尤以低山丘陵地区为常见,严重的地方常成片枯黄,对杉木幼林生长造成很大的威胁。

(1)症状

杉木炭疽病主要在春季和初夏发生,这时正是杉木新梢开始萌发期。不同年龄的新老针叶和嫩梢都可发病,但以先年梢头受害最重。通常是在枝梢顶芽以下 10 cm 内的部分发病,这种现象称为颈枯(图 5-3-29)。是杉木炭疽病的典型症状。主梢以下 1～3 轮枝梢最易感病,也有一树枝梢全部感病的。

梢头的幼茎和针叶可能同时受侵,但一般先从针叶开始。初时,叶尖变褐枯死或叶上出现不规则形斑点。病部不断扩展,使整个针叶变褐枯死,并延及幼茎,幼茎变褐色而致整个枝梢枯死。发病轻的仅针叶尖端枯死或全叶枯死,顶芽仍能抽发新梢,但新梢生长因病害轻覆不同而受到不同程度的影响。在枯死不久的针叶背面中脉两侧有时可见到稀疏的小黑点,高温环境下有时还可见到粉红色的分生孢子脓。

在较老的枝条上,病害通常只发生在针叶上,使针叶尖端或整叶枯死,茎部较少受害。生长正常的当年新梢很少感病。到秋季,由于生理上的原因引起新梢的黄化,这些黄化的新梢较易发生炭疽病。

(2)病原

杉炭疽病的病原是子囊菌纲球壳菌目的围小丛壳属[*Glomerella cingulata*(stonem)scbr、et Spa,uld.]。通常见到的是无性阶段,为半知菌黑盘孢目刺盘孢属的一种(*Golletotrichum* sp.)。分生孢子盘生在病部表皮下,后突破表皮外露,呈黑色小点状,直径 50～170 μm;如分

生孢子产生得多,聚集在一起,则成粉红色分生孢子脓。分生孢子盘上有黑褐色的刚毛(有时没有),有分隔,大小为(50～120) μm×45 μm。分生孢子梗无色,有分隔,大小为(15～60) μm×4.5 μm。分生孢子无色,单胞,长椭圆形,大小(15～19.5) μm×(4.8～6.6) μm。在培养基上还可自菌丝上直接产生分生孢子。分生孢子在20～24℃萌发最好。萌发时产生一个隔膜。其有性阶段一般较少见到,子囊壳2至多个丛生(或单生),半埋于基质中,梨形,颈部有毛,大小(250～350) μm×(194～267) μm。子囊棒形,无柄,大小(85.8～112.2) μm×(7.2～9.9) μm,在子囊孢子成熟后不久即溶化。子囊孢子无色,单胞,梭形,稍弯曲,排成2列或不规则的2列,大小(19.8～27.7) μm×(5.6～6.6) μm(图5-3-29)。

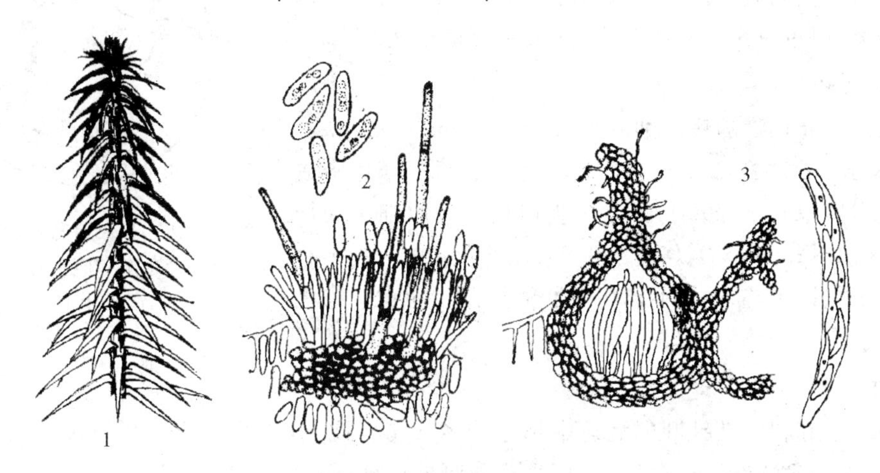

图5-3-29 杉木炭疽病菌

1.嫩梢及针叶受害症状 2.病菌分生孢子盘及分生孢子 3.病菌子囊壳、子囊及子囊孢子

(3)发病规律

病菌主要在病组织内以菌丝越冬,分生孢子随风雨溅散飘扬传播。人工伤口接种在20～23℃下,潜育期最短8 d,在25～27℃下最快的3 d后即可发病。

杉木炭疽病的发生和立地条件及造林抚育措施有密切的关系。经各地调查,凡导致杉木生长削弱的因素,如造林技术标准低,林地土壤瘠薄,黏重板结,透水不良,易受旱涝或地下水位过高,幼树大量开花等,病害发生都重。在立地条件好、高标准造林和抚育管理好的杉林一般发病都较轻。例如江西红壤丘陵地区一般多因土壤瘠薄,生长差,炭疽病常发生较重。

(4)防治措施

杉木炭疽病的防治,应以提高造林质量,加强抚育管理为主,促使幼林生长旺盛,以提高其抗病力。其次,可重点辅以药剂防治。

在提高造林质量和加强营林的基础上,用药剂防治时,应在侵染发生期间进行。药剂种类可试用65%的代森锌、60%的托布津、多菌灵、退菌特或敌克松500倍液。

5.3.44 杉木细菌性叶枯病

杉木细菌性叶枯病是一种新的病害,在江西、湖南、福建、浙江、四川、广东、安徽、江苏等省都有发生,有些林场成片发生,严重的地方造成杉林一片枯黄。10年生以下的幼树发病常较重。

(1)症状

杉木细菌性叶枯病为害针叶和嫩梢。在当年的新叶上,最初出现针头大小淡褐色斑点,周围有淡黄色水渍状晕圈,叶背晕圈不明显。病斑扩大成不规则状,暗褐色,对光透视,周围有半透明环带,外围有时有淡红褐色或淡黄色水渍状变色区。病斑进一步扩展,使针叶成段变褐色,变色段长 2～6 mm,两端有淡黄色晕带。最后病斑以上部分的针叶枯死或全叶枯死。

老叶上的症状与新叶上相似,但病斑颜色较深,中部为暗褐色,外围为红褐色。后期病斑长 3～10 mm,中部变为灰褐色。嫩梢上病斑开始时同嫩叶上相似,后扩展为梭形,晕圈不明显,严重时多数病斑汇合,使嫩梢变褐枯死。

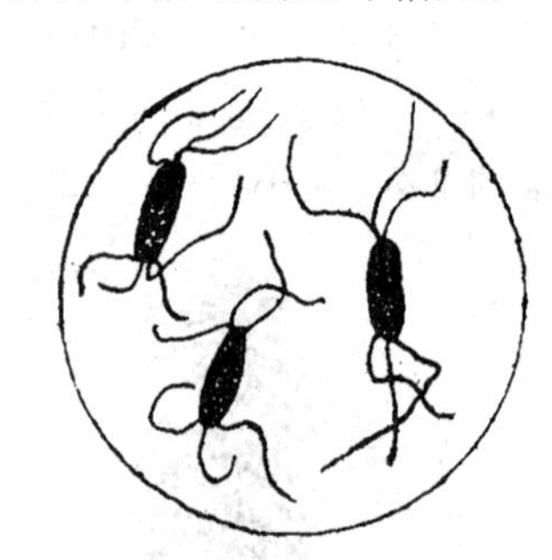
图 5-3-30 杉木细菌性叶枯病菌
冬示病原细菌

(2)病原

杉细菌性叶枯病的病原细菌为(*Pseudomonas cunninghamiae* Nanjing F. P I. G. et.)病菌在马铃薯葡萄糖琼脂或牛肉膏蛋白胨琼脂培养基上菌落呈乳白色。病原细菌为杆状,大小(1.4～2.5) μm×(0.7～0.9) μm,单生。两端生有鞭毛 5～7 根(图 5-3-30)。不产生荚膜和芽孢。革兰氏染色阴性,好气。

(3)发病规律

病菌主要在树上活针叶的病斑中越冬。多从伤口侵入,也可能从气孔侵入。人工伤口接种,在室温 24～28℃下,一般 5 d 后即发病。野外接种,潜育期有时为 8 d。

据在江西进贤县的观察,病害于 4 月下旬开始发生,6 月上旬达最高峰,7 月份以后基本停止发展。秋季病害又继续发展,但不如春季严重。

在自然条件下,杉树枝叶交错,针叶往往会相互刺伤。在林缘、道旁,特别是春、夏季,处在迎风面或风口的林分更容易造成伤口,而增加病原侵染的机会。因此,这些地方的病害也常较严重。

(4)防治措施

建议在风口的地方造林时栽植(或改换)其他树种;发病重的地方可试用杀菌剂于发病期防治。另外,造林时要注意避免苗木带病。加强营林措施,提高抗病力,也可减少病害的发生。

5.3.45 云杉球果锈病

该病在黑龙江、吉林、新疆、陕西、四川、青海、西藏和云南等地均有分布。感病球果提早枯裂,使种子产量和质量大为降低,严重影响云杉林的天然更新和采种育苗工作。据调查,小兴安岭和长白山林区,每年发病株率约为 5%,病株被害果达 20%。云南丽江的粗云杉和紫果云杉发病中等的球果(1/2 果鳞发病),种子发芽率降低 1/2,种子千粒重降低 1/4～1/3。

(1)症状

云杉球果锈病有三种症状类型,由不同的病菌所造成。

由杉李盖痂锈菌所引起的云杉球果锈病,主要发生在球果上,有时也危害枝条,使成“s”形弯曲和坏疽现象。一年生球果即能受侵。初期,受侵球果之鳞片略突起肿大,随后鳞片张开,次年鳞片张开更甚,并反卷。在鳞片内侧的下部表皮上密生多个深褐色或橙色的球状锈孢子

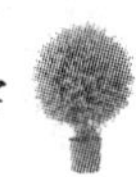

器，直径2～3 mm，排列整齐，似虫卵状。球果鳞片外侧有时也有锈孢子器。锈孢子器内部充满大量淡黄色粉状物，即为锈孢子。一球果可局部鳞片发病，也可全部鳞片发病，夏孢子及冬孢子阶段寄生于稠李（*Prunus padus*）等樱属植物叶片上。夏孢子堆椭圆形或卵圆形，近无色，围绕着夏孢子堆形成淡紫色多角形病斑，即为冬孢子堆。

云杉球果上的另一种锈病由鹿蹄草金锈菌引起。在云杉球果鳞片之外侧基部形成两个黄色，垫状的锈孢子器。感病球果提前开裂，但鳞片不向外卷。该菌的转主寄主是鹿蹄草，夏孢子及冬孢子长在鹿蹄草的叶片上。我国新疆天山及阿尔泰山林区少数云杉植株上曾发现此病。黑龙江某些林区，曾发现有鹿蹄草锈病，但云杉球果上未见有鹿蹄草金锈菌所致的锈病，而是由杉李盖痂锈菌引起的锈病类型。

云杉球果上还有一种锈病，由 *Chrysomyxa diformans*. Jacz. 引起，为害鳞片及护鳞，有时也为害嫩梢及嫩芽。在鳞片两侧可见到淡褐色，圆形或椭圆形，扁平，蜡质的冬孢子堆，球果受害后，不再继续生长。这一类型锈病见于我国新疆天山一带（图5-3-31）。

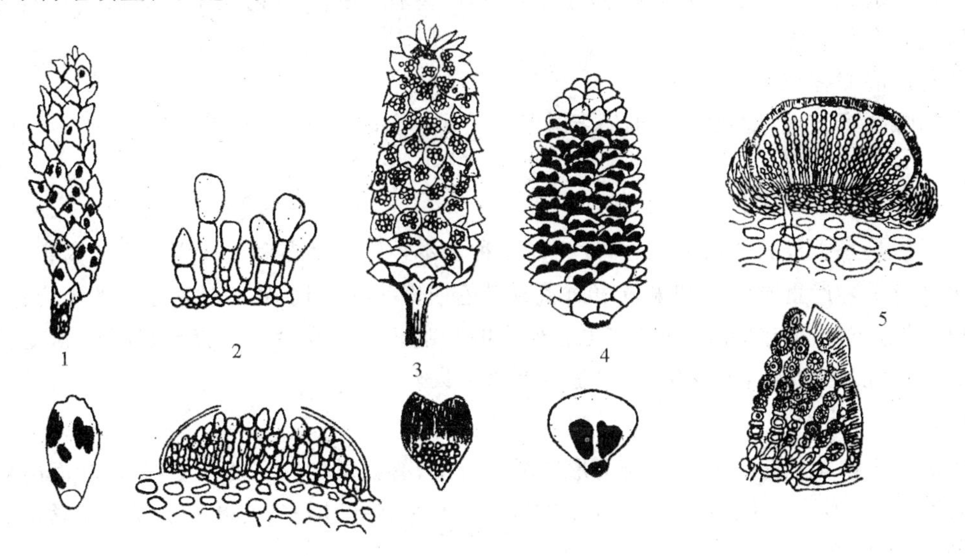

图 5-3-31　云杉球果锈病

1. *Chrysomyxa diformans* 所致球果锈病症状　2. *C. diformans* 冬孢子堆放大　3. *Thekopsora areolata* 所致锈病症状　4. *C. pyrolae* 所致锈病症状　5. *T. areolata* 锈孢子器剖面及部分放大

（2）病原

三种类型的锈病病原均属锈菌的栅锈科。其中杉李盖痂锈菌[*Thekopsora areolata*（Fr.）Magn.（*Pucciniastrum padi* Diet.］，锈孢子器球形，被膜为深褐色，大小为2～3 mm，锈孢子淡黄色，椭圆形、圆形、六角形或棱形，外壁厚，上有瘤状小突起。串生于锈孢子器中。夏孢子堆埋生于稠李等樱属植物的叶背，夏孢子椭圆形或卵圆形，近无色。冬孢子堆生于叶表面表皮细胞中，冬孢子球形，暗褐色，纵隔2～4个细胞。

鹿蹄草金锈菌[*Chrysomyxa pyrolae*（D. C.）Rostr.］，锈孢子器呈淡黄色，扁平，圆盘状，大小为3～4 mm。每个鳞片上生两个锈孢子器，锈孢子淡黄色，串生，表面有疣，球形。在鹿蹄草的叶上产生黄粉状的夏孢子堆，冬孢子堆为红褐色垫状，串生于堆内。

Chrysomyxa diformans 冬孢子堆扁平，表面被以蜡质膜，微具光泽，冬孢子单胞，串生，浅黄色，矩形、长椭圆形或不规则形，表面光滑（图5-3-31）。

(3)发病规律

三种锈菌因其种类不同而发生发病规律各有所异，但都属于转主寄生菌。*C. pyrolae* 和 *T. areolata* 的性孢子及锈孢子世代产生在云杉球果上，锈孢子借风力传播而侵害中间寄主稠李或鹿蹄草等植物，形成夏孢子，夏孢子可进行多次再侵染。秋末冬初形成冬孢子而越冬，至第二年萌发产生担孢子侵害云杉球果。

据在四川的调查，*T. aleolata* 所致云杉球果锈病，林缘木和弧立木较林内发病重，阳坡较阴坡发病重，树冠西南面较东北面发病重，树冠上部较下部发病重。

不同的云杉抗病性有所差异，紫果云杉较粗云杉抗病力强，据认为这可能与紫果云杉球果小，鳞片较紧密，以及球果上分泌有大量树脂包围鳞片有关；此外，立木生长良好，发育快，则发病轻，反之，则发病重。

(4)防治措施

①选择适宜地点建立云杉母树林进行采种，母树林和种子圆内及附近的稠李及鹿蹄草等转主寄主应全部清除。

②营造混交林。

③加强抚育管理，增强树势，提高抗病力。

5.3.46 煤污病

煤污病是一类极其普遍的病害，发生在多种木本植物的幼苗和大树上。主要为害叶片，有时也为害枝干。严重时叶片和嫩枝表面满覆黑色烟煤状物，因而妨碍林木正常的光合作用，影响健康生长。对柑橘、油茶等的结实也有很大的影响。油茶煤污病在浙江、安徽、湖南、江西、广东、四川等油茶产区普遍发生，有时造成严重损失。

(1)症状

该病的主要特征是在叶和嫩枝上形成黑色霉层，有如煤烟。在油茶上，起初叶面出现蜜汁黏滴，渐形成圆形黑色霉点，有的则沿叶片的主脉产生，后渐增多，使叶面形成覆盖紧密的煤烟层，严重时可引起植株逐渐枯萎(图 5-3-32)。

(2)病原

引起煤污病的病菌种类不一，有的甚至在同一种植物上能找到两种以上真菌。但它们主要是属于子囊菌纲的真菌。常见的有柑橘煤炱病(*Capnodium citri*)，茶煤炱病(*C. theae*)，柳煤炱病(*C. salicinure*)(属座囊菌目)和山茶小煤炱(*Meliola camelliae*)，巴特勒小煤炱(*M. butleri*)等(图 5-3-32)。

煤污病菌多以无性世代出现在病部。因菌种不同，其无性世代分属于半知菌不同的属；其中烟煤属(*Fumago*)较常见。

(3)发病规律

煤污病菌的菌丝，分生孢子和子囊孢子都能越冬，成为下一年初侵染的来源。当叶、枝的表面有灰尘、蚜虫蜜露、介壳虫分泌物或植物渗出物时，分生孢子和子囊孢子即可在上面生长发育。菌丝和分生孢子可借气流、昆虫传播，进行重复侵染。如根据浙江调查油茶煤污病病菌可以子囊壳越冬，但一般可直接以菌丝在病叶上越冬。病害每年 3 月上旬至 6 月下旬，9 月下旬至 11 月下旬为两次发病盛期。病害可以节状菌丝体传播，某些昆虫，如绵介壳虫可以传带

病菌。

病害与湿度关系较密切，一般湿度大，发病重。油茶煤污病在平均温度18℃左右，并有雾或露水时蔓延较快。南方丘陵地区的山坞日照短，阴湿发病往往很重。暴雨对于煤污菌有冲洗作用，能减轻病害。

昆虫，如介壳虫、蚜虫、木虱等为害严重时，煤污病的发生亦严重。有些植物，如黄菠萝等云香科植物的外渗物质多，病害也严重。

(4)防治措施

由于不通风，闷湿的条件有利于发病，因此成林后要及时修枝，间伐透光。

由于煤污病的发生与蚜虫、介壳虫、木虱等的为害有密切关系，防治了这些害虫，绝大多数的煤污病即可得到防治。

图 5-3-32 油茶煤污病

1.病叶 2.山茶小煤炱的子囊壳

3.茶煤炱菌的子囊壳、子囊及子囊孢子

5.3.47 榆叶炭疽病

别名褐斑病、黑斑病、黄斑、虫粪堆、黑疹。

分布于辽宁、吉林、黑龙江，也分布于陕西、江苏等省。

为害榆(*Ulmus pumila* L.)、榔榆(*U. parvifolia* Jacq.)榆属(*Ulmus* sp.)。

(1)症状

发病初期，叶片上形成褐色不正形病斑，病斑正面生出灰白色丝条状物，自中部呈放射状排列，待丝条状物逐渐消失后，生出如虫粪堆之黑色物、即病原菌的分生孢子堆，在通风不良、潮湿、背阴的林内，分生孢子堆似有光泽；发病后期，病斑上疏生圆形黑点，即病原菌之子囊壳。

(2)病原

病原学名有性世代为：*Gnomonia ulmea*(Sacc.)Thüm.(榆日规壳)，无性世代为：*Gloeosporium ulmeum* Miles.(榆盘长孢)(拟)，病原菌的有性世代隶属于子囊菌纲，球壳菌目，细颈球菌科，炭疽病菌属(日规壳属)。其无性世代隶属于不完全菌类，黑盘孢目、黑盘孢科，无色单孢亚科、盘长孢属(盘圆孢属)。菌丝体内生于寄主组织内部；子囊壳埋生或稍稍突出，壳口多少长形；子囊椭圆形或纺锤形；子囊孢子长形无色，(9.0～10.8) μm×(3.4～3.8) μm。分生孢子生于由分生孢子梗所组成之分生孢子盘上，分生孢子盘初埋生，以后多

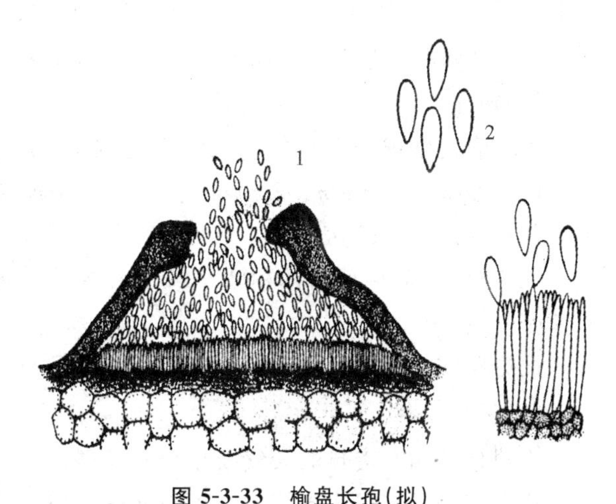

图 5-3-33 榆盘长孢(拟)

1.分生孢子盘纵切面 2.分生孢子梗和分生孢子

少突出叶片表面，呈黑色或黑褐色，圆盘状或褥状，(285.5～410.5) μm ×(81.5～138.5) μm；分生孢子梗针状，无色透明或稍淡色，呈单层紧密排列，分生孢子小型，单胞无色，数量颇多，由于分泌黏液，不易分离，近似纺锤形、长椭圆形或松子仁状，(4.9～6.8) μm×(1.0～2.5) μm (图 5-3-33)。

(3)防治方法

本病寄生专化性较强，只为害榆属(*Ulmus* L.)植物，因此，营造阔叶或针阔叶树混交林，能控制病害的蔓延。

发病初期，结合林木抚育管理，及时剪除发病较重的枝叶，能减少病菌的重复感染。避免过度密植，疏开树冠，使林内通风透光，有利于林木的正常生育，不利于病原菌繁殖和蔓延。

榆属的不同种和品种，有一定的抗病性差异，因此，应选育抗病良种进行繁殖和造林。

于秋末落叶后期，结合预防多种叶斑性病害收集或处理落地病叶，消灭越冬病原，能减轻或控制病害发生。

避免将榆属的感病品种，种植在较肥沃的壤土上，减免病害发生。

在有条件的地方，如苗圃、庭园范围内，可实行喷药防治，用药种类有 1:1:160 波尔多液；0.5%～0.8%的代森锌(含有效成分为 65%)喷 3～4 次。

5.3.48 榆树荷兰病

榆树荷兰病又称枯萎病。该病为害多种榆属树种，是欧美各国榆树最普遍、最危险的病害。1918—1934 年曾广泛流行于欧美各国。近年来由于致病力强的新病菌菌系的出现，在欧洲和北美一些国家再次引起毁灭性的灾害，受害最重的英革兰到 1975 年底死亡榆树 650 万株。近几年来美国因此病已损失达 10 亿美元。这不仅在经济上造成严重损失，而且严重破坏了公园、道路的绿化。迄今为止我国的榆树尚未发现此病，因此，是对外检疫对象。

(1)症状

最初的症状出现在树冠上端的嫩梢，先是叶片萎蔫，嫩枝干枯，以后向下蔓延。病枝上的叶片变成红褐色，或沿主脉卷缩，病害蔓延快时，树已枯死叶片尚保持绿色。干叶片往往长久悬在枝上不落。病害由嫩枝至大枝迅速蔓延，数周或数日内全树即枯死。从枯死枝条的横切面上可以看到靠外面的几圈年轮上有深褐色的短条，在嫩枝上这些条纹连成一褐色环(图 5-3-34)。

(2)病原

由子囊菌纲球壳菌目的榆长喙壳菌[*Ophiostoma ulmi* (Schwwarz.)Moreau]引起，其无性阶段为 *Graphium ulmi* Schwarz。分生孢子梗基部集生成束，顶部成扫帚状，分生孢子在梗束顶部集生成球，长达 15 cm。

入冬后，在病树残留的树皮下或小蠹虫的虫道内可发现长颈的黑色球形的子囊壳(图 5-3-34)。

病原菌的生长发育最适温度为 25℃，最适 pH 为 3.4～4.4。

(3)发病规律

榆树枯萎病在炎热的天气及干旱时发展加速。

病菌孢子只有进入导管内才可引起病害，孢子可在导管中随树液流动。孢子的存活期很长，尤其在遮阴处，如在伐倒木上，侵染性可保持达 2 年之久。

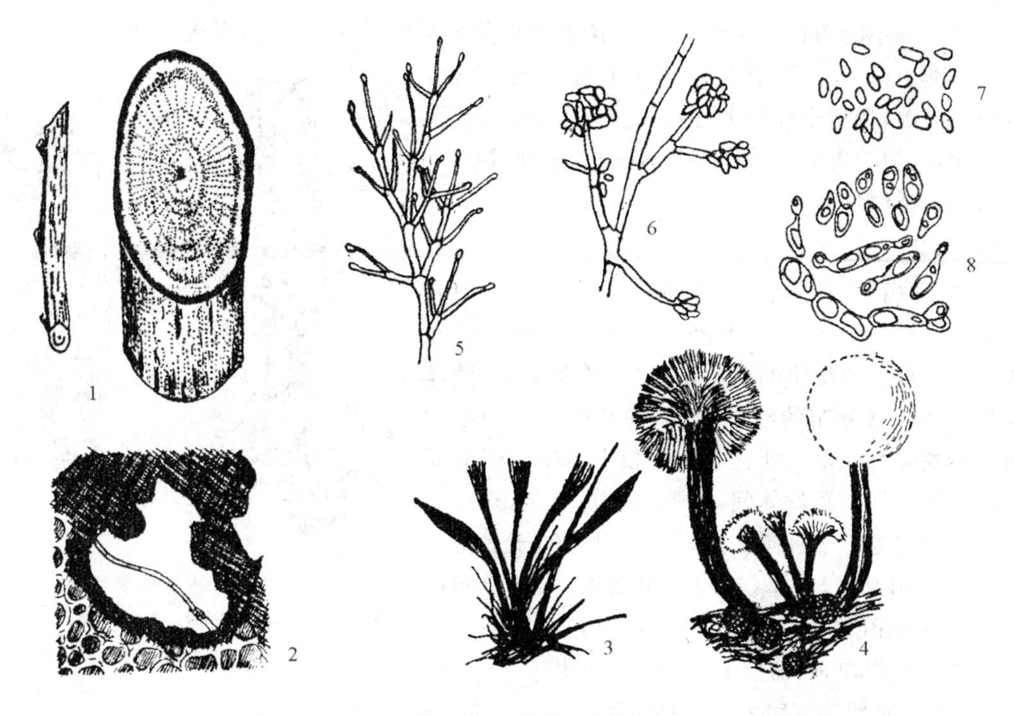

图 5-3-34　榆树枯萎病

1.受害病枝　2.病菌菌丝穿过导管之横切面　3.集生之孢梗束　4.带有分生孢子团的孢梗束
5.分生孢子梗　6.分生孢子堆　7.分生孢子　8.放大分生孢子及呈酵母状萌发情况

病菌的孢子随小蠹虫，如大棘小蠹（*Scolytus scalytus*）和榆波纹棘胫小蠹（*S. multistreatus*）传播，因此，小蠹虫的为害可加剧病害的发展。

发病程度在不同种榆树上有显著差别，所有欧洲种和美洲种榆树均易感染此病，亚洲种榆树抵抗性强。我国大叶榆、小叶榆均属抗病的种类。

(4)防治措施

对于我国，最主要的预防措施是严格地执行对外检疫，以防此病由国外输入；病害可以随苗木、原木及木材传带，应禁止榆树及其原木、木材制品、包装和垫仓的榆木入口，并严禁传病昆虫随其他树种混入国境。

5.3.49　白纹羽病

白纹羽病是许多针阔叶树种上常见的一种根病。据记载，栎类、板栗、榆、槭、云杉、冷杉、落叶松等都有发生；其他经济林木（如桑、茶、咖啡等）以及多种果树（特别是苹果）上也比较常见。白纹羽病在我国广泛分布，辽宁、河北、山东、浙江、江西、云南和海南岛等地都曾有报道。此外，马铃薯、蚕豆、大豆等农作物也可受害。

白纹羽病能侵害苗木和成年树木，被害植株常因病枯萎死亡，对苗木的危害更为严重。病原菌能长期潜伏在土壤内，一旦发生，较难根除。

(1)症状

检查病株根部，须根全部腐烂，根部表面被密集交织的菌丝体所覆盖，初呈白色，以后转呈灰色，菌丝体中具有纤细的羽纹状分布的白色菌素（图 5-5-35）。病根皮层极易剥落，皮层内有时见到黑色细小的菌核。在潮湿地区，菌丝体可蔓延至地表，呈白色蛛网状。

病株地上部分症状，初期表现为叶片变黄，早落，接着枝条枯萎，最后全株枯萎死亡。苗木发病后，几周内即枯死，大树受害后可持续存活较长时间，如不及时处理，数年内终将死亡。

(2)病原

白纹羽病由子囊菌纲球壳菌目的褐座坚壳[*Rosellinia necatrix*(Han.)Berl.]引起。病原菌常在病根表面形成密切交织的菌丝体，白色或淡灰色，菌丝体中具有羽纹状分布的纤细菌索，并产生黑色细小的菌核。子囊壳只在早已死亡了的病根上产生。子囊壳单个或成丛地埋在菌丝体间，球形，炭质，黑色，孔口部分呈乳头状突起。子囊圆柱形，周围有侧丝；子囊孢子八个，单列，稍弯曲，略呈纺锤形，单细胞，褐色或暗褐色。分生孢子阶段(*Dematophora necatrix* Hart.)从菌丝体上产生孢梗束，有分枝，顶生或侧生1～3个分生孢子，孢子卵圆形，无色，单细胞，大小为2～3 μm(图5-3-35)。

图5-3-35　根部白纹羽病
1.病根上羽纹状菌丝片
2.病菌的子囊和子囊孢子

(3)发病规律

病原菌以病腐根上的菌核和菌丝体潜伏于土壤内，接触到林木根部时，以纤细菌索从根部表面皮孔侵入，菌丝可延伸到根部组织深处。有性世代不易发现，有性孢子和无性孢子在病害传播上不起重要作用。

病害常发生在低洼潮湿或排水不良的地区，高温季节有利于病害的发生和发展。病原菌可通过带病苗木的运输而远距离传播。

(4)防治措施

①引进苗木时应注意检查，选择健壮无病的苗木进行栽植。如认为可疑时，可用20%石灰水或1%硫酸铜溶液浸渍1 h进行消毒，处理后再栽植。

②苗圃地应注意排水。施肥时应避免氮肥施用过多。

③发病严重的苗圃地，应休闲或改种禾本科作物，5～6年后才能继续育苗。

④发现病株应挖出烧毁，周围土壤用20%石灰水灌注，进行消毒。所用工具以0.1%升汞水消毒。

5.3.50　紫色根腐病

紫色根腐病通常又称为“紫纹羽病”，是多种林木、果树和农作物上一种常见的根病。分布极为广泛。据记载，我国东北各地和河北、河南、安徽、江苏、浙江、广东、四川、云南等省都有发生。林木中如柏、松、杉、刺槐、柳、杨、栎、漆树等都易受害。

我国南方栽培的橡胶、芒果等也常有紫色根腐病发生。

紫色根腐病常见于苗圃，苗木受害后，由于病势发展迅速，很快就会枯死。成年大树受害

后，病势发展缓慢，主要表现为逐渐衰弱，个别严重感病植株，由于根颈部分腐烂而死亡。

(1)症状

紫色根腐病的主要特征为病根表面呈紫色。病害首先从幼嫩新根开始，逐步扩展至侧根及主根。感病初期，病根表面出现淡紫色疏松棉絮状菌丝体，其后逐渐集结成网状，颜色渐深，整个病根表面为深紫色短绒状菌丝体所包被，菌丝体上产生有细小紫红色菌核(图 5-3-36)。病根皮层腐烂，极易剥落。木质部初呈黄褐色，湿腐；后期变为淡紫色。病害扩展到根颈后，菌丝体继续向上延伸，包围干基。六、七月间，菌丝体上产生微薄白粉状子实层。

病株地上部分症状表现为顶梢不抽芽，叶形短小，发黄，皱缩卷曲；枝条干枯，最后全株枯萎死亡。

(2)病原

紫色根腐病由担子菌纲银耳目的紫卷担菌[*Helicobasidium purpureum* (Tul.) Pat.]引起。子实体膜质，紫色或紫红色。子实层向上，光滑。担子卷曲，担孢子单细胞，肾脏形，无色，大小为 (10～12) μm×(6～7) μm(图 5-3-36)。

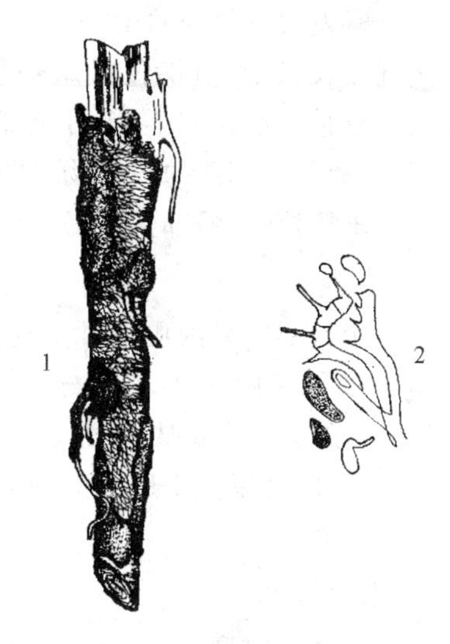

图 5-3-36 紫色根腐病

1.病根症状 2.病菌的担子和担孢子

病原菌在病根表面形成明显的紫色菌丝体和菌核，菌核直径 1 mm 左右。以往在没有发现它的有性阶段以前，曾就它的菌丝体阶段命名为紫纹羽丝核菌(*Rhizoctonia crocoruin* Fr.)，至今还有时沿用。

(3)发病规律

病原菌利用它在病根上的菌丝体和菌核潜伏在土壤内。菌核有抵抗不良环境条件的能力，能在土内长期存活，待环境条件适宜时，萌发产生菌丝体。菌丝集结组成的菌丝束能在土内或土表延伸，接触健康林木根部后即直接侵入。病害通过林木根部的互相接触而传染蔓延。孢子在病害传播中不起重要作用。

低洼潮湿或排水不良的地区有利于病原菌的滋生，病害的发生往往较多。

(4)防治措施

①紫色根腐病可通过带病苗木的运输而传播，在引进苗木时应严格检查，选择健康苗木进行栽植。对可疑的苗木要进行消毒处理。常用的处理方法如：以 1%波尔多液浸渍根部 1 h，或以 1%硫酸铜溶液浸渍 3 h，或以 20%石灰水浸 0.5 h 等。处理后要用清水冲洗根部，洗净后进行栽植。

②加强苗圃管理，注意排水，促进苗木健壮成长。

③发现病株应及时挖出并烧毁，周围土壤进行消毒。

④治疗初期感病植株可将病根全部切除，切面用 0.1%升汞水进行消毒。周围土壤可用 20%石灰水或 2.5%硫酸亚铁浇灌消毒，然后盖土。

5.3.51 竹杆锈病

竹杆锈病又称竹褥病，为害淡竹、刚竹、哺鸡竹、箭竹和箣竹等竹种，毛竹上尚未发现。本病江苏、浙江、安徽、山东、广西、贵州、四川、陕西等地均有发生。竹杆被害部位变黑，材质发脆，影响工艺价值。发病重的竹子，尤其是直径较小的，可能枯死。被害重的竹林，生长衰退，发笋减少。

(1)症状

病害常发生在竹杆的中下部或基部，有时小枝上亦有发生。每年 6～7 月间，在受害部位产生椭圆或长条形，黄褐色或暗褐色粉质的垫状物，即病菌的夏孢子堆。当年 11 月至翌年早春产生橙褐色，不易分离的似革质的垫状物，即病菌的冬孢子堆。当冬孢子堆脱落后，病部呈黑褐色(图 5-3-37)。

(2)病原

为锈菌目柄锈科的皮下硬层锈菌[*Stereostratum corticioides* (Berk. & Br.) Magn.]引起。病菌冬孢子椭圆形至圆形，先端厚，双细胞，有长柄，无色或淡黄色(图 5-3-37)，夏孢子近球形至倒卵形，有小刺，近无色至黄褐色。

(3)发病规律

该病在生长过密和管理不良的竹林中易发生，多为害 2 年生以上的植株，而当年生的未见发病。

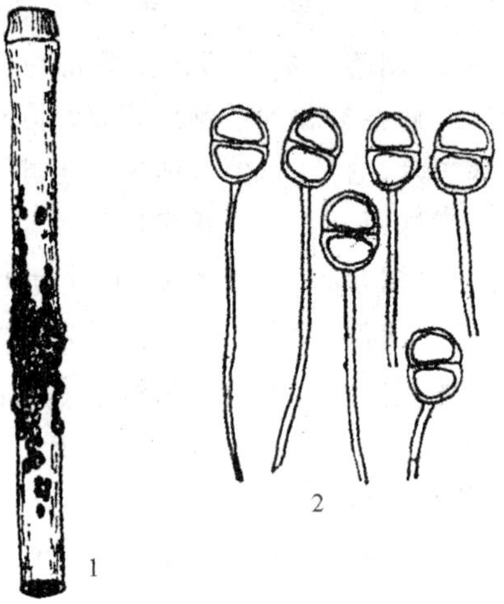

图 5-3-37　竹杆锈病

1. 病竹杆症状　2. 病菌冬孢子

(4)防治措施

对发病轻的竹林，应及早砍除病株，并行烧毁，以免蔓延。发病期间，约 10 月份，当冬孢子产生之前，喷 0.5～1 波美度石硫合剂或 0.4%～0.8% 的敌锈钠，连续 3 次，有较好的效果。另外，加强竹林的经营管理，合理砍伐，不使竹林过密可减少病害的发生。

5.3.52　竹丛枝病

竹丛枝病又称雀巢病或扫帚病。本病为害刚竹、淡竹、苦竹及哺鸡竹等竹种。在浙江、江苏、河南、湖南、贵州等地均有发生，但以华东地区为常见。

病竹生长衰弱，发笋减少，在发病严重的竹林中，病竹常大量枯死，引起整个竹林生长衰败。

(1)症状

病害开始时，仅个别枝条发病，病枝细弱，叶形变小，节数增多，呈鸟巢状。病丛的嫩枝上叶片退化呈鳞片状，顶端叶鞘内，于 5～7 月份间产生白色米粒状物，即病菌的无性世代。秋后，病枝多数枯死。病竹数年内全部枝条逐渐发病，乃至全株枯死(图 5-3-38)。

(2)病原

由子囊菌[*Balansia take* (Miyake) Hara.]引起，其分生孢子座产生在病枝顶端叶鞘内，内部不规则地分为数室。分生孢子无色，丝状，三个细胞，两端细胞较粗短，中间细胞较细长，向一侧稍弯曲，(52.7～57.2) μm×(1.5～1.8) μm。子囊世代稍迟出现，在分生孢子座外方形成淡紫褐色子座，其中生有子囊壳。子囊孢子形状与分生孢子相似，但较大(图 5-3-38)。

(3)发病规律

本病在老竹林以及抚育管理不周的竹林内发生较严重。竹林郁闭度大时,对病害发生有利。

(4)防治措施

本病的防治主要是对竹林进行合理的经营管理,按期采伐老竹,保持适当的密度,并中耕施肥,促进新竹发生。对病竹应及早砍除或随时剪除病枝。造林时不要在有病竹林中选取母竹。

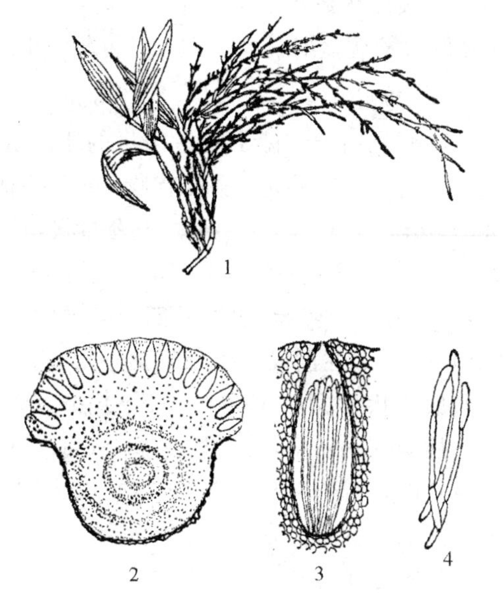

图 5-3-38 竹丛枝病
1.病枝(丛枝) 2.假菌核和子座切面 3.子囊壳和子囊 4.子囊孢子

5.3.53 毛竹枯梢病

该病在浙江、江西、江苏、上海、安徽等地均有发生。以浙江发生最为严重,是当前毛竹生产的一大障碍。受害植株,轻者个别枝条或部分竹梢枯死,重者整株死亡。不仅影响当年毛竹产量,而且威胁着竹林的生存。据 1973 年浙江不完全统计,该病已遍及全省九个地区,五十余县,占全省竹林面积 10%以上。仅杭州、嘉兴二地区,发病新竹达 2 000 余万株,占当年新竹量 42.7%,全株枯死的新竹 480 余万株,占当年新竹量的 13.7%。

(1)症状

该病为害当年新竹,病斑产生在主梢或枝条的节叉处。后不断自竹节向上、下方扩展成梭形,或向一方扩展成舌形,初为褐色后逐渐加深至酱紫色。当病斑环绕主梢或枝条一周时,其以上部分叶片蔫萎纵卷,枯黄脱落。根据病斑发生部分可分枝枯、枯梢、枯株三种类型。产生在枝条节叉处的病斑,扩展后引起该节以上枝条枯死,表现为枝枯型;在主干上某节枝叉处出现病斑,扩展后引起该节以上枝梢全部枯死,表现为枯梢型;若病斑发生在竹冠基部枝叉处,后扩展引起全株杆梢枯死,则表现为枯株型。在发病轻微的年份,本病仅表现为枝枯及枯梢症状;严重年份,三种类型均出现,甚至以枯株型为主。病害大面积严重发生时,竹冠变黄褐色,远看似火烧。剖开病竹,可见病斑处内部组织变褐色。竹筒内长满了白色棉絮状的菌丝体。翌年春在病斑上产生疣状或长条状突起的有性世代子实体。天气渐湿时,突起部位不规则开裂,成黑色棘状物,后涌出淡红色至枯黄色胶状物(子囊孢子角)。另一种为散生圆形突起的小黑点,即病菌的无性世代子实体。吸水后可涌出黑色卷须状分生孢子角(图 5-3-39)。

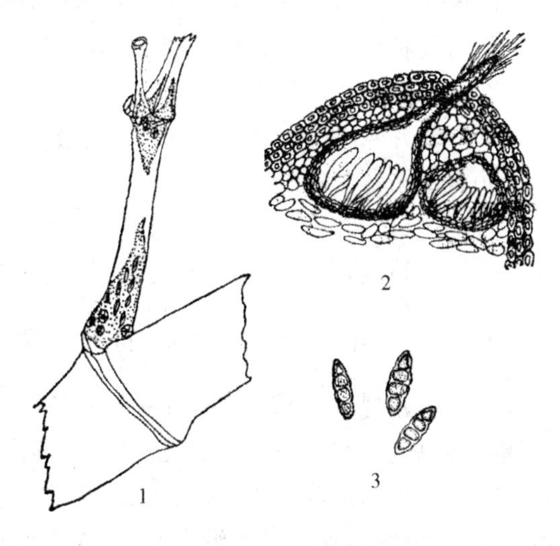

图 5-3-39 毛竹枯梢病
1.病枝 2.病菌子囊腔 3.子囊孢子

子实体的数量以第三年病枯枝上形成的为多。本病在浙江每年发病始于7月上中旬，8～9月份为发病盛期，10月份病斑逐渐停止扩展。

(2)病原

本病是由子囊菌纲座囊菌目的小球腔菌属(*Leptosphaeria*)的一种真菌所引起的。子囊腔黑色，炭质，卵圆形，顶端有喙，喙顶外侧具有毛状物，内侧有缘丝。子囊腔大小为(220～380) μm×(220～510) μm。子囊棒状，具短柄，壁双层透明，大小为(91～100) μm×(13.0～20.8) μm。子囊间有假侧丝。子囊孢子八枚成双行排列，梭形，直或稍弯，初无色后变淡黄色，一般有三个隔膜，少数有四个隔膜的。隔膜处稍缢缩，大小为(19.1～30.9) μm×(5.2～8.8) μm。无性世代产生分生孢子器，分生孢子单细胞，无色，形状不一，一般为腊肠形，少数弯曲成钩状，大小为(13.0～19.5) μm×(2.6～3.9) μm (图5-3-39)。

病菌在马铃薯，琼脂培养基上，菌落开始呈白色，后期变褐色，并产生深褐色的分泌物。菌丝生长的适温为25～30℃，在5℃以下或40℃以上停止生长。条件适宜时，子囊孢子于清水中，8 h后即大部分萌发，而分生孢子在清水内则极少发芽。病菌在寄主组织中可存活3～5年。仅寄生于毛竹。

(3)发病规律

病菌以菌丝体在病竹上越冬。浙江地区，一般于次年4月份产生有性世代，6月份可见无性世代。子囊孢子约5月中旬开始释放，借风雨传播，由伤口或直接侵入新竹。病菌侵染的适宜期为5月中旬至6月中旬。潜育期一般为1～3个月。

该病在5、6月份雨水多，7、8月份高温干旱期长的年份发生严重，反之则轻。因5、6月份雨水多，有利于子囊壳的形成和子囊孢子的释放和传播。而8月份高温干旱，毛竹蒸腾作用增强，根部吸收的水分供不应求，大大降低了抗病力，故有利于发病。一般在山岗、风口、阳坡、林缘，生长稀疏、抚育管理差的竹林内，发病较重。

(4)防治措施

①该病的防治首先是在冬季或春季出笋前结合砍伐和勾梢加工毛料两项生产措施，清除林内的病枝梢和枯株，以彻底消除侵染来源。这是当前防治该病行之有效的基本措施。

②在病菌孢子释放侵染季节(5～6月间)，可连续喷洒药剂2～3次。目前有效的药剂有：

50%苯并咪唑可湿性粉剂1 000倍液；

50%苯来特1 000倍液；

1%波尔多液。

③加强检疫，严禁有病母竹外运引入新区，防止扩散蔓延。

5.3.54 毛竹幼竹秆(笋)基腐烂病

毛竹幼竹杆(笋)基腐烂病又称毛竹烂脚病、枯萎病、烂蒲头病等。据20世纪70年代不完全调查，此病在浙江海盐市六里公社和江苏常熟市虞山林场曾严重成片发生。在浙江长兴、诸暨、金华、余杭和江苏苏州、宜兴及安徽庐江、东至、含山等地也有块状或零星发生。1972年以前竹区未见此病，近年来相继发生，并有蔓延发展的趋势。国外未见报道。该病大部分分布在沿海竹区的山脚平地，某些年份局部之处可造成一定的损失。影响竹杆基部材质，降低竹材的价值和价格。引起退笋或枯萎倒竹，减少竹笋成竹率，影响竹林生长和出笋率，严重减少当地

群众收入。

(1)症状

初期病斑出现在竹笋基部笋箨包裹着的几节笋壁上,往往不易被人发现,如用手剥开笋箨,可见病斑星星点点,浅褐色。新竹基部的小病斑迅速连合成大块状斑。当病斑包围了竹杆一圈时,病竹便枯死。轻度发病则竹杆基部留下伤疤,易风折。随着幼竹木质化程度的增强,病斑扩展停止,病部中央稍凹陷或纵裂,颜色渐由酱紫色转为苍白色。9、10月后,一些病斑干枯、风化,后具裂缝和空洞。解剖病竹,可见病部横断面维管束变色。

(2)病原

本病是由半知菌亚门,丝孢纲,瘤座孢目、瘤座孢科、镰刀菌属的串珠镰刀菌(*Fusarium moniliforme* Sheld.)侵染所致。菌株菌落白色、乳黄色,淡紫色、棉絮状。小型分生孢子生于气生菌丝中,成串、卵形,大型分生孢子生于分生孢子梗座,黏孢团和气生菌丝中,纺锤形至柱形、新月形和披针形,具长而窄的顶端细胞和带梗的脚胞。大部分大型孢子0~5隔,个别6~7隔。在PSA培养基上未见厚垣孢子产生,而在纯琼脂培养基上产生单生、间生或串生的厚垣孢子。在PDA培养基上,控制在24℃温度下,5 d后菌落扩展速度为4.07 cm。

0隔 (4.14~11.04) μm×(1.38~2.76) μm

1隔 (12.42~23.46) μm× (1.38~1.38) μm

2隔 (20.70~24.48) μm×(2.76~2.76) μm

3隔 (27.6~45.54) μm×(1.38~2.76) μm

4隔 (34.45~41.40) μm×(2.76~2.76) μm

5隔 (45.54~52.41) μm×(4.14~5.52) μm

(3)发病规律

该病菌具有腐生兼寄生的特性,既能潜伏在土壤里或病竹残留物,如病杆、病根、病竹蒲头、病箨等里越冬越夏,又能寄生在毛竹(笋)的活体上。翌年笋期沿土壤表层兹延至嫩笋的基部,可能从嫩笋幼嫩的笋箨和表皮直接侵入或当竹笋迅速生长上升时与土壤发生摩擦的伤口中侵入。林间未发现隔年后的病竹病斑再次产生孢子侵染,全靠土壤传病。病害流行于4月下旬至5月上旬,正是大量出笋期。在林地菌源存在的前提下,病害发生和流行的程度同笋期的气温、湿度,雨量、雨日、日照有关。笋期温度适宜时,阴天多雨,有利于病菌生长,而不利于竹笋快速木质化,发病重。反之,笋期多晴少雨,发病轻。林地土壤含水量高,低洼积水,土壤板结排水不良,易发病。反之,林地地势较高,土壤疏松排水良好,发病少。总之,病害的发生同笋期的雨量和土壤含水量关系较密切。

(4)防治方法

①避免选择低洼积水的山脚平地种植毛竹。

②低洼积水有病林地,实行开沟排水,降低地下水位,控制病害的发生条件。

③病期过后,立即清除林内病竹,有病竹蒲头、竹根、竹箨,均应运往林外烧毁。

④出笋前,林地土表加垫黄心土(即不带菌的客土)厚20 cm,隔绝病菌和降低地下水位,有利于竹林培育。

⑤出笋前即3月下旬,病区土壤每亩匀撒生石灰125 kg消毒,之后用锄头浅翻一遍,初步试验证明有66.6%的防病效果。

5.3.55 竹类黑粉病

竹黑粉病在浙江、贵州，云南、江苏、河南、福建、江西、陕西，湖南、台湾等地均有发生。为害刚竹、淡竹、筀竹、水竹、箭竹等竹种。发生此病不仅影响当年新竹生长，而且会导致全株枯死。竹笋被染病后，会引起退笋现象。

(1)症状

病害主要发生在当年新竹的新梢上或笋上，偶尔为害较老的茎。5～6 月份正当新竹放枝展叶时，竹组织幼嫩容易感病，感病后梢枝顶端变粗，叶鞘变色，后随着新枝的生长，叶鞘开裂，露出黑粉，致使有的嫩枝呈蔓状弯曲或丛枝。发病部位逐渐向下扩展，常使全株新梢病死。笋尖被害，笋尖数节笋箨内也露出黑粉，常引起退笋。

(2)病原

本病由担子菌亚门、冬孢菌纲、黑粉菌目、黑粉蘑科、白井黑粉或称竹黑粉菌(*Ustilago shiraiana* P. Henn.)侵染所致。厚垣孢子堆着生在嫩梢或笋尖上，先在叶(或箨)鞘内，以后外露。孢子堆黑褐色，厚垣孢子壁褐色，平滑，卵形至球形，大小(8～10) μm×(6.5～8) μm。

(3)发病规律

病菌可能在病株上过冬。翌年春，病株上产生厚垣孢子堆，散发厚垣孢子由风传播到当年嫩梢或笋尖上，萌发后侵入为害。一年仅春季发生一次。竹林经营管理不善，生长细弱的竹林或荒芜的小竹林发生较多。

(4)防治方法

①发现林内个别病株。立即砍除烧毁(应在黑粉飞散前)。

②加强竹林培育管理。如劈山抚育、松土、施肥、恢复竹林，增强抗性。合理间伐，不使竹林过密。

5.3.56 竹类煤病

竹煤病又称煤污病、烟煤病。发生于浙江、贵州、广东、台湾、湖南、河南等省。为害散生竹和丛生竹中的许多竹种。如各种哺鸡竹、簕竹、毛竹、辅竹、新竹等。竹叶的表面和小枝上覆盖着黑色的煤层，阻碍竹子的光合作用和呼吸机能，使得竹子生长衰弱。

(1)症状

主要发生在叶片及小枝上，产生圆形或不规则形、黑色丝绒状的煤点，后蔓延扩大，使整个叶表面布满黑色煤污层，影响叶片的光合作用。严重时竹叶发黄，脱落，致使竹林生长衰弱。

(2)病原

因竹介壳虫和蚜虫等为害竹叶和小枝，吸取竹汁，并不断地生长繁殖和分泌甘露，提供了煤污菌的营养来源，诱发煤污菌大量繁殖，产生烟煤状的菌落。有些煤污菌生有吸器伸入寄主表皮细胞吸收养料为害。为害竹子的煤污菌主要有子囊菌亚门、核菌纲、小煤炱目、小煤炱科的小煤炱菌(*Meliola* spp.)和明双胞小煤点菌(*Dimerina* sp.)小煤炱菌菌丝表生，黑色，有足丝，有或无刚毛，闭囊壳球形，有时有刚毛，子囊棒形或卵圆形，子囊少至多数，含子囊孢子 2～8 个，子囊孢子长圆形或椭圆形，无色或褐色，隔膜 1～4 个。一般专性寄生较强。

(3)发病规律

病菌可能以菌丝体或子囊果在病株上越冬,借风、雨、昆虫传播。病害的发生早迟及流行的程度与虫媒的生活史、活动情况及立地条件有一定关系。一般春季比秋季发生重,密林比疏林发生重。

(4)防治方法

①治病先治虫是一个根本措施。当介壳虫、蚜虫若虫活动时,用40%乐果1∶1 000倍液;50%马拉松乳剂1∶1 000倍液或25%、40%亚胺硫磷乳剂1∶(300～1 000)倍液;松脂合剂1∶20倍液0.3波美度石硫合剂喷雾防治。用乐果乳剂浇灌竹杆基部土壤,使药液通过竹根吸收,即可达到治虫又治病的目的。

②合理间伐,使竹林通风透光,降低湿度,可大大减少发病的机会。

5.3.57 竹疹斑病

竹疹斑病又称竹黑痣病,叶疹病。在浙江、江苏、四川、台湾、福建、云南、广东、湖南、湖北、河南、贵州等地发生。为害毛竹、刚竹、淡竹、簕竹、箬竹、桂竹、青皮竹等竹种。竹子被害后生长衰退,病叶易枯萎脱落,出笋减少。

(1)症状

早期染病(8、9月)竹叶表面产生灰白色小点,渐变成梭形橘红色的病斑,病斑上产生疹状隆起、有光泽的小黑点,即病菌的子座,其外围有明显的黄色的变色圈。病斑可互相联合成不规则形。最后病叶局部或全部变褐枯死。

(2)病原

本病大多数由子囊菌亚门,核菌纲、球壳菌目、疔座霉科的黑痣菌(*Phyllachora* spp.)侵染所致。已正式报道的有竹圆黑痣菌(*P. orbicula* Rehm)。子座圆形,黑色,稍凸,直径0.5～1 mm,子囊壳扁球形或球形,宽达300 μm,高150 μm;子囊圆柱形,(55～70) μm×(10～13) μm,孢子长方棱形,(12～15) μm×(5～6.5) μm。白井黑痣菌(*P. shiraiana* Syd.)子座长方形至圆形,黑色,稍凸,长1～1.5 mm,子囊壳球形,直径180～250 μm;子囊圆柱形,有短柄,(90～120) μm×(7～8) μm,孢子单行排列,棱形(18～20) μm×(6～7) μm。竹中国黑痣菌(*P. siensis* Sacc.)子座近圆形至近椭圆形,黑色,稍凸,直径0.5～1.5 mm,子囊壳宽300～450 μm,高120～200 μm;子囊圆柱形,(110～180) μm×(10～12) μm,孢子单行排列,棱形,两端钝,(16～30) μm×(7～9) μm。以上子囊壳均埋生在子座内,子囊间有侧丝,子囊孢子8个、无色。

(3)发病规律

病菌以菌丝体或子座在病叶中越冬。翌年4～5月份子实体成熟,释放孢子,靠风雨传播。一般在荒芜的、砍伐不合理的竹林发病重。

(4)防治方法

①减少侵染来源:早春时,收集病枝、叶,集中烧毁。

②加强竹林抚育管理,及时松土、施肥,合理砍伐,使竹林生长健壮,增强抗病力。

5.3.58 竹赤团子病

竹赤团子病又称竹黄、竹肉、竹花、红饼病等。在浙江、江苏、湖南、湖北、四川、贵州、安徽,河南等地发生。为害淡竹、苦竹、旱竹、水竹、箣竹等竹种。小竹被害后，生长衰弱，发笋明显减少。但在日本可作为庭园观赏。

(1)症状

该病发生在竹子的小枝上，小枝受害后，枝叶逐渐枯黄，小枝易折落。5～6月份间，小枝的叶鞘膨大破裂，露出灰白色的小块，肉质，后变为软木质，膨大成球形、长椭圆形、不规则块茎状，似粉红色的肿疣，即为病菌的子座，直径为1～4 cm。先后在子座内产生无性和有性子实体。7月份后，子座干瘪，发黑消失。

(2)病原

本病由竹黄属的竹黄菌(*Shiraia bambusicola* P. Henn.)侵染所致。子座的内层较宽，粉红色、软木质、球形、长椭圆形或不规则块茎状，埋生数个不规则形的分生孢子器，分生孢子着生在器壁的砖砌状分隔，无色或淡褐色，比子囊孢子大。子座的边缘群生圆形至椭圆形的子囊壳，子囊圆筒形，侧丝线状，子囊孢子纺锤形或蚕蛹状，纵横分隔，横隔膜缢缩处较分生孢子深，常为6个，单行排列，无色。

(3)发病规律

病菌在病枝中越冬。翌年雨季，温湿度适宜时，产生孢子借风雨传播。大多发生在矮小荒芜多湿不通风的密林中。不同的竹种对该病的抗病能力有所差异。一般苦竹、淡竹、箭竹，旱竹易得病。

(4)防治方法

①加强竹林管理。做到疏伐、透光、松土、恢复竹林长势，增强抗性，减少病害发生。

②及早砍除病竹，随时剪除病枝烧毁。清除竹黄，以免蔓延。但从发展中药利用出发，亦可进一步摸索病菌的发病规律，创造特定的发病条件，化害为益。

5.3.59 根瘤线虫病

根瘤线虫病在四川、湖南、河南、广东等地的一些苗圃中发生比较严重。据记载，根线虫可寄生在1700多种植物上，如杨、槐、梓、柳、赤杨、山核桃、核桃、朴、榆、桑、苹果、梨、山楂、卫茅、槭、鼠李、枣、水曲柳、象牙豆、泡桐、忍冬、油橄榄等。苗木根部严重受害后使地上部凋萎、枯死。

(1)症状

苗木根部受害后，在主根和侧根上形成大小不等，表面粗糙的圆形瘤状物(图5-3-40)，切开小瘤，可见瘤中有白色粒状物存在，在显微镜下观察，可见梨形的线虫雌虫。得病植株大部分当年枯死，个别的至次年春季死亡。

(2)病原

该病由圆虫类马氏异皮线虫(*Meloidogyne marioni* Goodey)引起，是一种细小的蠕虫动物。其生活史可分为卵、幼虫、成虫三个阶段。卵主要存于寄主根瘤部，长圆形，很小。幼虫像蚯蚓，无色透明，大小为(375～500) μm×(15～17) μm，雌雄不易区分。成虫体呈梨形，头部小，大小为(0.4～1.9) μm×(0.27～0.9) μm。雌虫不经交配即可产卵，产卵量可达500多粒。雄虫比幼虫大而体形相似，体长1.2～1.9 mm。成虫的雌雄是容易区别的。幼虫在根瘤内发育成熟，交配产卵，产卵时，卵包在胶滴内在根瘤内往往可以发现卵、幼虫、成虫同时存在。在寄主外，成虫的雌虫只能存活很短时间，幼虫可存活几个月，卵可存活2年以上(图5-3-40)。

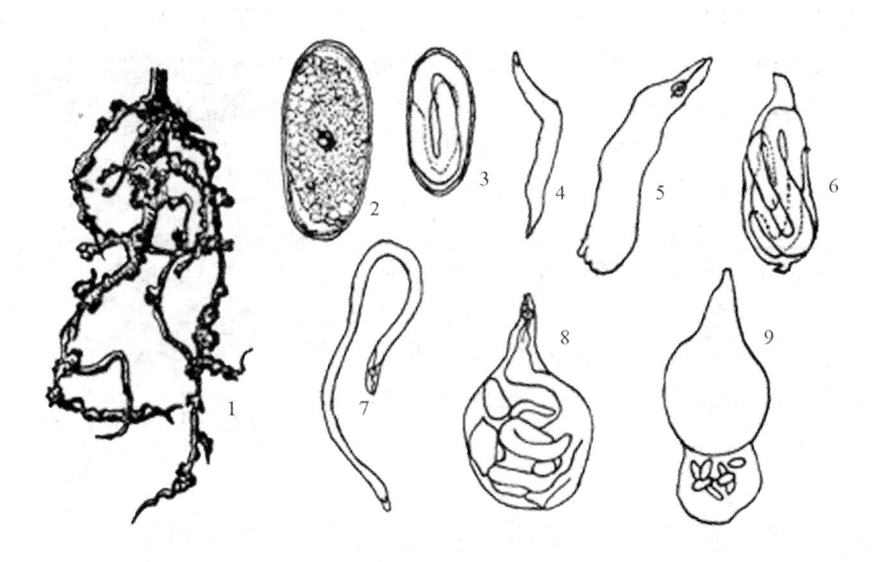

图 5-3-40 根瘤线虫病

1.幼苗根部被害状 2.线虫卵 3.卵内孕育的幼虫 4.性分化前的幼虫 5.成熟的雌虫
6.在幼虫包皮内成熟的雄虫 7.雄虫 8.含有卵的雌虫 9.产卵的雌虫

(3)发病规律

雌虫可在寄主植物内或在土壤中产卵,根瘤内的卵在温暖的土壤中2～3 d即可孵化为幼虫,在土壤中的卵也能孵化。幼虫主要在浅层土中活动,通常分布在10～30 cm处,一般在土面下1～5 cm处较少,而10 cm上下最多,再往下逐渐减少,可在土壤中自由活动,土壤湿度在10%～17%最适线虫存活,温度适宜时(20～27℃),遇适合的植物根,则从根皮侵入。土温低于12℃时不能侵入,高于28℃时对线虫生活不利。侵入寄主后在寄主植物的中柱内诱生巨型细胞,并在其周围诱生一些特殊的导管细胞。幼虫的分泌物刺激根部产生小瘤状物,在27℃下侵入25 d即形成根瘤。幼虫在瘤内发育为成虫。交配后雄虫死亡,雌虫孕育产卵。

根线虫的传播主要依靠种苗、肥料、农具和水流,以及线虫本身的移动,因其本身移动能力很小,所以其传播范围很难超出30～60 cm的距离。根据观察,有的树种如栓皮栎、桃、紫穗槐、马尾松、杉等,对线虫根瘤病有较强的抵抗能力,而樟树则易感病。

(4)防治措施

①实行严格检疫,防止病害蔓延。

②选用无根瘤线虫的土壤进行育苗。对于发病的苗圃进行轮作。

③土壤处理:用溴甲烷或氯化苦喷洒土壤,熏蒸土壤线虫。用甲醛水处理土壤效果也很好,土壤处理8 d后再栽植苗木。

5.3.60 七叶树炭疽病

(1)危害

七叶树炭疽病主要危害七叶树的叶片和嫩枝。

(2)症状

炭疽病主要发生在植物叶片上,常常危害叶缘和叶尖,严重时,使大半叶片枯黑死亡。发病初期在叶片上呈现圆形、椭圆形红褐色小斑点，后期扩展成深褐色圆形病斑，大小为1～4 mm，中央则由灰褐色转为灰白色，而边缘则呈紫褐色或暗绿色，有时边缘有黄晕，最后病斑转为黑褐色，并产生轮纹状排列的小黑点，即病菌的分生孢子盘。在潮湿条件下病斑上有粉红色的黏孢子团。严重时一个叶片上有十多个至数十个病斑，后期病斑穿孔，病斑多时融合成片导致叶片干枯。病斑可形成穿孔，病叶易脱落。炭疽病发生在茎上时产生圆形或近圆形的病斑，呈淡褐色，其上生有轮纹状排列的黑色小点。发生在嫩梢上的病斑为椭圆形的溃疡斑，边缘稍隆起（图5-3-41）。

图5-3-41 七叶树炭疽病

（3）病原

真菌性病害。病原菌为小丛壳菌属（*Glomerella*）的七叶树炭疽病菌（*G. cingulata*），病原菌子囊壳丛生在子座上，或半埋于子座内，深褐色，瓶形，壳壁有毛，子囊壳内不形成侧丝；子囊棍棒形，无柄，成熟后子囊壁胶化；子囊孢子长圆形，直或略弯，单细胞，无色，萌发时为双细胞。

（4）发病规律

病原菌以菌丝体、分生孢子或分生孢子盘在寄主残体或土壤中越冬，老叶从4月初开始发病，5～6月份间迅速发展，新叶则从8月份开始发病。分生孢子靠风雨、浇水等传播，多从伤口处侵染。栽植过密、通风不良、室内花卉放置过密、叶子相互交叉易感病。病菌生长适温为26～28℃，分生孢子产生最适温度为28～30℃，适宜pH为5～6。湿度大、病部湿润、有水滴或水膜是病原菌产生大量分生孢子的重要条件，连阴雨季节发病较重。

（5）防治技术

①发病初期剪除病叶、绿地中枯枝败叶及时烧毁，防止扩大；种植不要过密或室内花卉放置不要过密，对于室内花卉不要从植株的顶部当头淋浇，并经常保持通风通光。冬季清洁田园，及时烧毁病残体。

②采用科学的施肥配方和技术，施足腐熟有机肥，增施磷钾肥，提高园林植物的抗病性。

③发病前，喷施保护性药剂，如80%代森锰锌可湿性粉剂（大生）700～800倍液，或1%半量式波尔多液，或75%百菌清500倍液进行防治。

④发病期间及时喷洒75%甲基托布津可湿性粉剂1 000倍液，75%百菌清可湿性粉剂600倍液，或25%炭特灵可湿性粉剂500倍液，25%苯菌灵乳油900倍液，或50%退菌特800～1 000倍液，或50%炭福美可湿性粉剂500倍液。隔7～10 d 1次，连续3～4次，防治效果较好。

5.3.61 大叶黄杨白粉病

（1）症状

白粉大多分布于大叶黄杨的叶正面，也有生长在叶背面的，单个病斑圆形、白色，多个病斑连接后不规则。将白色粉层抹去时，发病部位呈现黄色圆形斑。感病严重时病叶发生皱缩，病梢扭曲成畸形。

(2)病原及发病规律

病原为正木粉孢霉(*Oidium euonymi*-japonicae)。病菌以菌丝体和分生孢子在落叶上越冬,经风雨传播。种植过密、不及时修剪时发病较重。

(3)防治方法

①清除病叶、病残体集中烧毁。

②扦插繁殖时,插穗密度不要过大。

③发病时可喷施800～1 500倍粉锈宁、多菌灵、托布津溶液,1 kg/L石硫合剂,都有较好的防治效果。

5.3.62 杨树叶枯病

(1)危害

杨树叶枯病主要危害毛白杨、小叶杨、小青杨、银白杨、北京杨等多种杨树,使杨树叶片提前脱落。

(2)症状

该病主要危害叶。发病初期,感病叶片上产生隐约可见的褐色斑,以后病斑逐渐扩大。病斑黄色,中央褐色。发病后期,病斑上产生黑褐色霉状物,为病原菌的分生孢子梗和分生孢子。病斑可相互连成大斑,导致全叶枯死。

(3)病原

真菌性病害。病原菌为细链格孢菌[*Alternaria alternata*(Fr.)Keissl],隶属半知菌亚门、丝孢纲、丝孢目真菌。

(4)发病规律

病原菌以分生孢子在落叶上或以菌丝在越冬芽内越冬,作为第二年的初侵染源。分生孢子借风传播,从植株的伤口侵入或芽内萌发产生菌丝蔓延发生侵染。病原菌的寄主范围较广,青杨派、黑杨派以及这两派的杂交种,和白杨派中很多种都能被这种病原物侵染并发病,尤以青杨派和青杨与黑杨两派杂交种发病普遍。该病菌还可危害幼树的嫩梢,使之发生枯梢病。

(5)防治技术

①清除侵染来源。每年秋季清扫枯枝落叶,集中烧毁,减少侵染机会。

②选育抗病品种。

③药剂防治。发病初期,喷施40%乙磷铝30倍液,或50%多菌灵500倍液,或65%代森锌可湿性粉剂600倍液,每隔10～15 d喷1次,喷3～4次。

5.3.63 杨树黑星病

(1)危害

杨树黑星病主要危害黑杨和青杨派树种的叶片。幼苗受害较重,嫩枝叶变黑枯死,常造成全床苗木死光。

(2)症状

主要发生于叶片,也危害新梢。病初在叶背面散生圆形黑色霉斑,大小0.3 mm,随后在病斑上布满黑色霉层，即为病菌的分生孢子梗及分生孢子。叶正面在病斑相应处产生黑色或灰色枯死斑。严重时病斑相连，呈不规则形大斑。病斑受雨水冲刷有灰白色斑痕。可造成大量落叶（图 5-3-42）。

（3）病原

真菌性病害。病原菌有两种：一是杨黑星菌[*Venturia populina*（Vuill.）Fabr.]，另一个是斑点黑星菌[*Venturia macularis*（Fr.）E. Muller]，后者的无性阶段是 *Pollaccia radiosa*（Lib.）Bald. & Cif. 斑点黑星菌的形态如下：分生孢子生在病斑的两面，叶背较多，呈暗橄榄绿色到黑绿色。分生孢子密挤排列成一层，单胞，不分枝，短粗，近顶部有一环痕，(18～24) μm×(12～18) μm。分生孢子橄榄绿色。正椭圆形，单胞，少数有一隔，(12～21) μm×(6～8) μm。有性阶段在越冬后的病落叶上形成。子囊壳埋于叶中，孔口外露，喙的四周长有刚毛数根。子囊壳 120～165 μm。子囊棍棒形或圆柱形，(60～85) μm×(12～16) μm，内有子囊孢子 8 个。子囊孢子双胞，一个细胞小，占全孢子长的 1/3，(15～18) μm×(6～9) μm。

图 5-3-42　杨树黑星病

（4）发病规律

病原菌以分生孢子及菌丝在病落叶或病枝梢上越冬，翌年春季 4、5 月份借风雨传播侵染。6 月初开始发病，7～8 月份为发病盛期。树冠下部叶片及根蘖苗发病重于上部叶片，苗木发病重于幼树和大树。密植的幼林亦发病较重。温度高空气湿度大有利于发病。

（5）防治技术

①秋末冬初清除病落叶及被害枝梢，集中深埋或烧毁。

②科学设计造林密度，注意通风透光。

③6 月发病初期，喷洒 1∶1∶125 波尔多液或 0.3～0.5 波美度石硫合剂，或 65%代森锌 500 倍液。

5.3.64　杨树炭疽病

（1）危害

杨树炭疽病是杨树枝、叶上的常见病害，以毛白杨受害为重，箭杆杨、小叶杨、健杨、加杨等树种也见发病，1 年生插条苗被害率高。受害植株叶片早落、枝梢干枯。

（2）症状

枝梢部发病初期呈现出褐色小斑点，后逐渐扩大为梭形至不规则形淡褐色病斑，中央凹陷，病健交界处明显色深、隆起。病斑逐渐扩大绕枝一周时，病部以上枝条枯死。后期病斑中央产生黑色小粒，为病菌的分生孢子盘。叶部被害初期，叶面也现失绿水渍状斑点，逐渐变为淡褐色，病斑不定形，扩大至叶缘、叶脉时，发展较快，病健交界处明显。病斑中有时见有黄褐色轮纹，后期病斑上出现黑色小点状分生孢子盘。遇潮湿气候，分生孢子盘溢出粉红色分生孢子堆（图 5-3-43）。

(3)病原

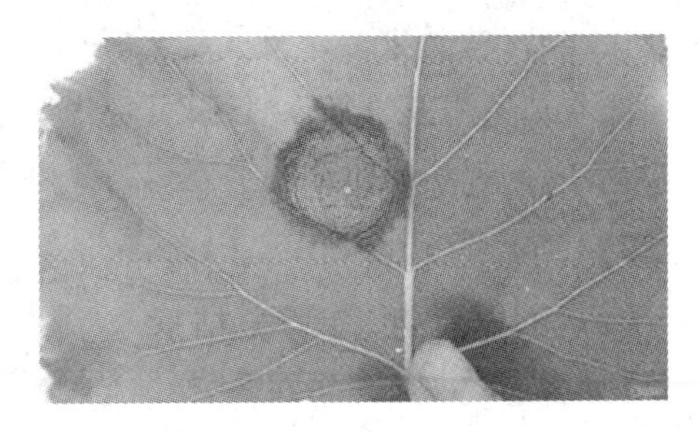

图 5-3-43　杨树炭疽病

真菌性病害。病原菌属胶胞炭疽菌(*Colletotrichum glosporioides*)。分生孢子盘、分生孢子梗(无色)、分生孢子(单胞,无色,长椭圆形或新月形)、刚毛(褐色、具分隔)。有性阶段为小丛壳属。自然条件下少见。

(4)发病规律

病原菌以菌丝体或分生孢子盘在病组织内越冬。来年春季3～4月份,越冬的分生孢子盘产生分生孢子进行初次侵染。6～7月份形成子囊孢子行再次侵染。病菌和分生孢子及子囊孢子外被胶质层,需借风雨传播,雨季为发病高峰。苗木或幼林密度大,有利于病害的发生。

(5)防治技术

①清除病枝、落叶烧毁,减少初次侵染源。

②加强苗木管理,增强植株抗病力。

③发病时可喷1∶1∶160的波尔多液或50%退菌特500～800倍液,春季展叶前可喷2波美度石灰硫黄合剂。

5.3.65　杨树花叶病

(1)危害

杨树花叶病主要危害杨树叶片。

(2)症状

主要发生于叶片,典型的花叶症状在1-69杨上表现明显,叶片出现不规则黄色斑块,严重时成块变黑枯死。常见的其他杨树品种则呈点状褪绿。感病的1-63则病株矮小,叶片变黄,分枝变形枯死。有的叶片变皱、变硬、变小,叶脉和叶柄上有坏死斑,嫩茎皮层可破裂,植株矮化(图5-3-44)。

(3)病原

图 5-3-44　杨树花叶病

病毒性病害。该病由杨树花叶病毒PMV引起,病毒粒体为线形,长434～894 nm,粗12～14 nm,平均长717 nm,属香石竹潜隐病毒群。在20℃下保毒期为2 d,致死温度为80℃ 10 min。在国外还发现有烟草枯斑病毒(TNV)等多种病毒。

(4)发病规律

由带病插条或病苗传播,尚未发现虫媒传病。据观察,用带病的病株插条育苗,长出5片叶后,才有个别出现失绿斑块;2年生苗则中部以上叶片,几乎都表现为花叶,在春、秋季花叶或失绿斑块明显,夏天症状潜隐。3年生以上的植株,花叶不明显。国外杂交杨优良品种对花叶病可划分为抗病、耐病、感病的等不同类型,我国引进的1-214、健杨、1-631(哈佛)、1-69(勒克斯)、1-72(翁特)等均为感病类型,沙兰杨为轻度感病。

(5)防治技术

在苗圃中及早剔除病株，可防止扩散传播。喷洒0.3%硫酸锌液可减轻其危害。引进外来新品种时，可应用血清学方法实施口岸检疫或引进新的抗病丰产品种如意大利的路易斯、阿凡梭、屈波杨等。

5.3.66 毛白杨斑枯病

(1)危害

毛白杨斑枯病危害毛白杨的苗木和幼树的叶片，引起大量落叶，影响生长量，苗木的病叶率在8、9月份间可达70%～90%。

(2)症状

初期在叶正面出现褐色近圆形小斑点，直径0.5～1 mm，后扩大为多角形，直径2～9 mm，中部灰白或浅褐色，边缘深褐色，斑内轮生或散生许多小黑点，为病菌的分生孢子器。叶背有毛的叶片，病斑不明显，无毛的叶片，也能看到病斑和小黑点。当数十个病斑连成大斑后，叶变黄，干枯早落。

(3)病原

真菌性病害。该病的病原菌为杨生壳针孢菌(*Septoria populicola* Peck)。分生孢子器近球形，黑褐色，位于叶表皮下，直径115～140 μm。分生孢子细长，无色，微弯曲，有3～5个隔膜，大小为(32～48) μm×(3～5.5) μm。10月份以后，病斑内混生有小型性孢子器，直径60～71 μm，性孢子单胞、无色、椭圆形，大小(4.5～6) μm×(2.5～3) μm。

(4)发病规律

病原菌在病落叶中越冬。6月中下旬，开始在苗木下部叶上发病，渐向上部叶片蔓延。7～9月份为发病盛期，到9月份老病叶开始脱落。幼树发病较晚，10月份开始落叶。夏秋季多雨，苗木和幼林栽植过密，有利于病害的扩展。河南的箭杆毛白杨易感病，小叶毛白杨和河北毛白杨较抗病。

(5)防治技术

晚秋及时收集苗圃和幼林中的落叶，烧毁或积肥，可减少越冬菌源。6～7月份，适当摘除苗木下部病老叶，可减少病菌向上部叶片传染，并改善通风透光条件，减轻病害的蔓延。7～8月份发病期，喷1:2:200倍波尔多液或65%代森锌400～500倍液，每半个月左右喷一次，共喷2～3次，可防止叶片感病，选用抗病的小叶毛白杨、河北毛白杨或其他抗病速生优良品系。

5.3.67 毛白杨皱叶病

(1)危害

毛白杨皱叶病主要危害毛白杨、山杨幼树和大树的叶片。夏季病叶成团状，大量悬挂树上或脱落。

(2)症状

春季萌芽后，病芽上的嫩叶皱缩变厚，边缘开裂，卷曲成团，初呈紫红色，似鸡冠状，在一个芽中几乎所有叶片均发病，病梢肿胀变短。病芽比健芽萌发较早。至6月份以后，皱叶团呈锈球状，逐渐干枯脱落。

(3)病原

生物性病害。此病由蜱螨目中的瘿螨危害引起,学名 *Eriophyes dispar* Nal. 是一种 4 足螨。成螨很小,在显微镜下才能观察清楚,为圆锥形,黄褐色,体长 127～142 μm,宽 28～2 μm。体壁上密布环纹,近头部有 4 对软足,腹部细长,尾部两侧各生一根细长的刚毛。幼螨体形较小,色浅,环纹不明显。卵椭圆形,透明,直径 40～50 μm(图 5-3-45)。

(4)发病规律

四足螨在毛白杨冬芽鳞片间越冬,多集中在枝条的第 5～8 个芽内,每个枝条上有 1～3 个冬芽受害。带螨的毛白杨大苗,可随苗木调运作远距离传播。春季皱叶一出现,即可检查到越冬成螨;5 月中旬,可见到大量新生四足螨出现,肉眼可见病叶上似一层土黄色的粉状物,后逐渐迁移到新形成的冬芽内越夏越冬。风有可能作为传播媒介。发芽较迟、枝条细长或弯曲的毛白杨类型受害重。雄株受害普遍,雌株很少受害。有人发现在皱叶病组织中,伴随有类菌原体 MLO 存在,认为此病与类菌原体有关,有待进一步研究。

图 5-3-45　毛白杨皱叶病

(5)防治技术

①人工防治。幼树发芽后,摘除病芽,集中烧毁或埋入土中,减少螨虫的繁殖和蔓延。可收到良好的防治效果。

②化学防治。在发芽前喷 5 波美度石硫合剂。5 月中旬至 6 月上旬,当四足螨大量出现时,喷 1 次 0.2 波美度的石硫合剂,或 50%久效磷 1 000～1 500 倍液。或 2.5%功夫乳油 4 000 倍液或 10%天王星 2 500～1 0000 倍液,可减少 4 足螨的繁殖。

5.3.68　杨树根癌病

(1)危害

杨树根癌病又称冠瘿病,是一种主要发生在幼苗期的病害。主要危害毛白杨、加杨、大青杨的苗木和幼树,新移栽的苗木更易发生,轻则影响生长,重则造成大面积的树木枯死。该病主要发生在幼树的根茎处,有时主根、侧根以及地上部的主干也发生。

(2)症状

杨树根癌病主要发生在幼树的根颈处,有时主根、侧根以及地上部的主干也发生。发病初期病部出现瘤状物。幼瘤呈灰白色或肉色,质地柔软,表面光滑,以后瘤渐增大,质地变硬,褐色或黑褐色,表面粗糙、龟裂,呈菜花状。肿瘤大小不等,数量不定。由于根系受到破坏,重则引起全株死亡,发病轻的造成植株生长缓慢或停止,叶色不正(图 5-3-46)。

(3)病原

细菌性病害。该病的病原菌是细菌中的癌肿野杆菌[*Agrobacterium tumefaciens* (Smith et Towns.) Conn.]。菌体为杆状,大小 (1～3) μm×(0.4～0.8) μm,具 1～3 根鞭毛。革兰氏染色反应阴

图 5-3-46　杨树根癌病

性，在液体培养基上形成较厚的、白色或浅黄色的菌膜；在固体培养基上菌落圆而小，稍突起，半透明。发育的最适温度为22℃，最高为34℃，最低为10℃，致死温度为51℃（10 min），耐酸碱度范围为pH为5.7～9.2，以pH为7.3最为适宜。

（4）发病规律

杨树根癌病的病原是薄壁菌门中的根癌土壤杆菌，根癌病菌主要存活于癌瘤的表层和土壤中，存活期为1年以上。若2年得不到侵染机会，细菌就失去致病力和生活力。病菌靠灌溉水、雨水、地下害虫等传播，远距离传播靠病苗和种条。病原细菌从伤口入侵，经数周或1年以上可出现症状。细菌侵入寄主后主要在皮层细胞中定植，其致病因子Ti质粒部分整合到寄主细胞的DNA上，致使皮层细胞迅速大量增殖。沙壤土偏碱且湿度大利于发病，连作苗圃发病重。苗木根部伤口多利于发病。

（5）防治技术

①加强检疫。发现病苗立即烧毁。

②在无病区设立苗圃，培育无病健苗。如苗圃已发生根癌病，需与非寄主植物进行3年以上的轮作。

③育苗前对苗床用氯化苦熏蒸消毒；栽植前用500～2 000 mg/kg的链霉素液浸泡30 min，或1%硫酸铜溶液浸根5 min，用水冲洗干净，然后栽植。

④生物防治。用生防菌剂K84的菌悬液浸杨树的插条或根，然后栽植，可以大大降低肿瘤的数目及肿瘤的大小，防效高达90%左右。

5.3.69 榆树白粉病

（1）危害

榆树白粉病主要危害白榆的苗木和幼树的叶片。全省发生普遍，但发病期多在秋季，影响光合作用。

（2）症状

此病多在叶正面出现污白色粉层，似灰尘状；内密布细小的黑色颗粒，为病菌的闭囊壳（图5-3-47）。

（3）病原

真菌性病害。病原菌为反卷钩丝壳白粉菌 *Uncinula kenjiana* Homma。闭囊壳小，直径70～80 μm，外生9～21根钩状附属丝，其顶端钩状部分突然膨大变粗，为其显著特点。壳内有3～5个近球形或卵形的子囊，大小为（34～37）μm×（28～30）μm，内含2个近卵形的子囊孢子，大小为（26～33）μm×（15～21）μm。

图5-3-47　榆树白粉病

（4）发病规律

病原菌以闭囊壳在病落叶中越冬。夏季开始发病，秋季最普遍。苗木和幼树过密时发生较重。

(5)防治技术

①加强管理。秋季收集苗圃和幼林内的落叶烧毁或堆积沤肥,可减少越冬菌源。改善苗木和幼林的密度,增强通风透光度。

②化学防治。发病初期或在没发病时进行预防,喷施50%多菌灵可湿性粉剂800~1 000倍,70%甲基托布津可湿性粉剂800倍,或25%粉锈宁可湿性粉剂1 000~1 500倍液。

5.3.70 榆树黑斑病

(1)危害

榆树黑斑病国内在北京市、黑龙江、辽宁、吉林、陕西、河南、山西、山东、内蒙古、新疆、江苏、安徽等均有发生。当病害发生早且严重时,则引起过早落叶,甚至导致小枝枯死,因而影响树木正常生长。本病在我国危害榆、榔榆、大果榆、春榆等榆属树种,并能侵染刺榆、大叶榉。

(2)症状

病害发生在叶上,从早春新叶开放期起,直到晚秋都有发生。苏、皖地区,多于初夏发病,最初在叶子表面形成近圆形乃至不规则形的褪色或黄色小斑,以后病斑扩大,直径3~10 mm,边缘不整齐,并在斑内产生略呈轮状排列的黑色小突起,如同蝇粪,为病原菌的分生孢子盘。雨后或经露水湿润,从盘中排出淡黄色乳酪状的分生孢子堆。10~11月间,病斑上出现圆形黑色小粒点,为病原菌的子囊壳,病斑呈疮痂状。每一病叶上的病斑数,由几个到十几个不等,有时几个病斑连合在一起呈不规则形的大斑。

(3)病原

真菌性病害。病原菌为榆盾孢壳菌[*Stegophora oharanapetrak*, syn, gnomonia oharana nishik. et matsum.]。子囊壳球形至扁球形,埋生于基物中,直径180~380 μm,高120~280 μm,黑色,有比较发达的喙状孔口,多偏于子囊壳的一侧。子囊在壳内底部丛生,棍棒形,直或稍弯曲,(40~60) μm×(10~20) μm,无色,壁薄,顶端壁厚,中央有沟槽通至孔口,下端有细长的柄,内含8个子囊孢子。子囊孢子在子囊内呈不规则双行排列,双胞,无色,长倒卵形,(10×16) μm×(3.6~6) μm。子囊孢子的两个细胞大小不等,下部细胞很小。分生孢子盘群生于黑色子座组织上,覆盖于角质层下,最后裂开露于叶片上表皮。分生孢子单胞,无色,长椭圆形至卵形,(4.5~8) μm×(1.5~2.5) μm。本病的另一种病原菌为*S. ulmea*,其与上一种区别,即子囊孢子一般比较大,孔口颈部常突破叶表皮露出。

(4)发病规律

病原菌的子囊壳于10~11月份发育成雏形,而后即以其在落叶中越冬,来年春季子囊和子囊孢子成熟,在5~6月份,由此放散子囊孢子,借风、雨水传播而侵染新叶。7~8月份并又形成子囊孢子及分生孢子,进行再次侵染,继续危害叶片。病菌也可以菌丝在寄主的休眠芽内越冬,并作为初侵染来源。本病一般发生于春末夏初。外界温,湿度条件与病害发生有很大的关系,通常平均气温在20℃以上,降雨量多,湿度大的条件有利于病害的发生。

(5)防治技术

①晚秋或初冬时,收集并烧毁落地病叶,消灭越冬病原。在发病初期,结合林木抚育管理,及时剪除发病较重的枝叶,以减少病菌的再次侵染。

②在多雨的春季,可实行喷药防治。即于榆树放叶后、子囊孢子飞散前,可用1%波尔多

液或65%可湿性代森锌500倍液喷雾防病,每两周一次,连续2～3次,可取得良好的防治效果。此外,施用65%可湿性福美铁500倍液,防病效果亦好。

5.3.71 榆树枯枝病

(1)危害

榆树枯枝病又称溃疡病、红疣枯枝病,主要危害榆树枝干,为一种潜伏侵染性病害。常造成枯枝病状,严重时可使病树致死。

(2)症状

发病初期,症状不显著。皮层开始腐烂时,也无明显症状,只是小枝上的叶片白昼萎蔫、叶形甚小。剥皮可见腐烂病状。此后,病皮失水干缩,并产生朱红色小疣,为病原菌的分生孢子座。若病皮绕枝、干一周,则导致枯枝、枯干。初秋在枯枝上产生红褐色小粒,每个小粒顶端下陷呈脐状,为病原菌的子囊座。此时分生孢子座已变黑色。

(3)病原

真菌性病害。病原菌为朱红丛赤壳菌[*Nectriacinnabarina*(Tode.)Fr.],隶属子囊菌亚门、核菌纲、球壳菌目真菌。其无性型为普通瘤座孢菌(*Tubercularia vulgaris* Tode.),隶属半知菌亚门、丝孢纲、瘤座孢目。

(4)发病规律

病原菌是常见的腐生菌,潜伏在树皮内,当树木生长衰弱或发生伤口时,便成为弱寄生菌分解皮层,引起溃疡及枝枯。树木下部死枝往往成为病菌的栖息繁殖基地,并有可能获得弱寄生性,最终侵染枝干皮层,引起溃疡与枯枝。过度修枝时,留下较多伤口,当年不易愈合,树木本身陷入衰弱,极易被病菌侵染。受蚜虫、蚧类、木虱等害虫危害的树木以及受霜冻、日灼伤的树木,都易发病。

(5)防治技术

①注意防治害虫,预防霜冻及日灼伤。

②及时修枝、清理病虫木和枯立木。绿篱与行道树为绿化观赏树木,修剪不宜过度。同时要清除枯枝、枯树及病树。

5.3.72 臭椿白粉病

(1)危害

臭椿白粉病主要危害臭椿的叶片,引致叶片早落。还危害香椿、核桃、杨、板栗等。

(2)症状

主要危害叶片,病叶表面褪绿呈黄白色斑驳状,叶背现白色粉层的斑块,进入秋天其上形成颗粒状小圆点,黄白色或黄褐色,后期变为黑褐色,即病菌闭囊壳。该菌主要生在叶背,偶尔生在叶面,引致叶片早落(图5-3-48)。

(3)病原

真菌性病害。病原菌为 *Phyllactinia ailanthi* (Golov. et Bunk.) Yu 称臭椿球针壳,属子囊菌亚门真菌。闭囊壳散生或聚生,黑褐色扁球形,直径多为190～250 μm,附属丝针状,顶端尖,基部膨大,宽30～50 μm,间或在球状基部以上分枝,最多可分6小枝;闭囊壳外生6～32

根附属丝，闭囊壳内含20～30个长椭圆形至卵形子囊；子囊具柄，大小(54～103) μm×(22～39) μm；子囊内含2个子囊孢子，子囊孢子卵形或矩圆形至椭圆形，大小(19.7～39.4) μm×(14.8～24.6) μm。分主孢子棍棒形，大小(51～69) μm×(18～22) μm。

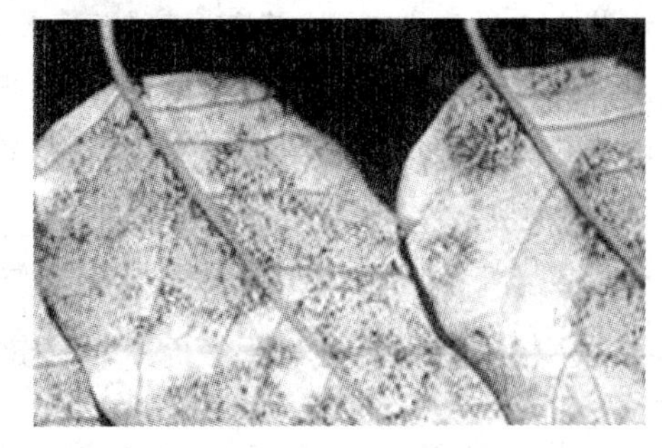
图 5-3-48　臭椿白粉病

(4)发病规律

病原菌以闭囊壳在落叶或病梢上越冬，翌春条件适宜时，弹射出子囊孢子，借气流传播，病菌孢子由气孔侵入，进行初侵染，在臭椿生长季节可进行多次再侵染。生产上天气温暖干燥有利该病发生和蔓延。

(5)防治技术

①选用优良品种。秋季认真清除病落叶、病枝，以减少越冬菌源。

②采用配方施肥技术，以低氮多钾肥为宜，提高寄主抗病力。

③春季子囊孢子飞散时，喷洒30%绿得保悬浮剂400倍液或1∶1∶100倍式波尔多液、0.3波美度石硫合剂、60%防霉宝2号可溶性粉剂800倍液、25%三唑酮可湿性粉剂1 500倍液、40%福星乳油7 000倍液。

5.3.73　臭椿立枯病

(1)危害

臭椿立枯病又称死苗病，主要危害臭椿当年生播种嫁接苗或组培苗的茎基部，造成被害部位坏死，植株死亡。可危害多种植物。

(2)症状

多发生在育苗的中、后期。主要危害幼苗茎基部或地下根部，初为椭圆形或不规则暗褐色病斑，病苗早期白天萎蔫，夜间恢复，病部逐渐凹陷、溢缩，有的渐变为黑褐色，当病斑扩大绕茎一周时，最后干枯死亡，但不倒伏。轻病株仅见褐色凹陷病斑而不枯死。苗床湿度大时，病部可见不甚明显的淡褐色蛛丝状霉。

(3)病原

真菌性病害。病原菌为立枯丝核菌(*Rhizoctonia solani* Kühn)，属半知菌亚门。菌丝有隔膜，初期无色，老熟时浅褐色至黄褐色，分枝处成直角，基部稍缢缩。病菌生长后期，由老熟菌丝交织在一起形成菌核。菌核暗褐色，不定形，质地疏松，表面粗糙。有性阶段为瓜亡革菌[*Thanatephorus cucumeris*(Frank.)Donk]，属担子菌亚门。自然条件下不常见，仅在酷暑高温条件下产生。担子无色，单胞，圆筒形或长椭圆形，顶生2～4个小梗，每个小梗上产生1个担孢子。担孢子椭圆形，无色，单胞，大小为(6～9) μm×(5～7) μm。

(4)发病规律

病原菌以菌丝和菌核在土壤或寄主病残体上越冬，腐生性较强，可在土壤中存活2～3年。混有病残体的未腐熟的堆肥，以及在其他寄主植物上越冬的菌丝体和菌核，均可成为病菌的初侵染源。病菌通过雨水、流水、沾有带菌土壤的农具以及带菌的堆肥传播，从幼苗茎基部或根部伤口侵入，也可穿透寄主表皮直接侵入。病菌生长适温为17～28℃，12℃以下或30℃以上病菌生长受到抑制,故苗床温度较高,幼苗徒长时发病重。土壤湿度偏高,土质黏重以及排水不良的低洼地发病重。光照不足,光合作用差,植株抗病能力弱,也易发病。病菌以菌丝体和菌核在土壤中或病组织上越冬,腐生性较强,一般可在土壤中存活2～3年。通过雨水、流水、带菌的堆肥及农具等传播。病菌发育适温20～24℃。刚出土的幼苗及大苗均能受害,一般多在育苗中后期发生。多在苗期床温较高或育苗后期发生、阴雨多湿、土壤过黏、重茬发病重。播种过密、间苗不及时、温度过高易诱发本病。

(5)防治技术

①加强管理。施足基肥,每亩施用腐熟的鸡粪2 000 kg或其他厩肥5 000 kg。

②化学防治。病害发生时可用72.2%普力克水剂稀释600～1 000倍进行茎基部喷洒或浇灌苗床,阴雨季节用药要勤。

5.3.74 香椿白粉病

(1)危害

香椿白粉病主要危害香椿树的叶片和嫩枝,感病后叶片背面产生白色粉状物,影响植株光合作用,严重时,使树叶卷缩,引起叶片干枯早落,嫩枝感病后变形,影响树冠发育,影响树木正常生长。还可危害麻栎、梓、柳、核桃、柿等多种阔叶树。

(2)症状

白粉病主要危害叶片,有时也侵染枝条。在叶面、叶背及嫩枝表面形成白色粉状物,后期于白粉层上产生初为黄色,逐渐转为黄褐色至黑褐色大小不等的小粒点,即病菌闭囊壳。叶片上病斑多不太明显,呈黄白色斑块,严重时卷曲枯焦,嫩形,最后枯死。

(3)病原

真菌性病害。香椿白粉病的病原菌为榛球针壳菌[*Phyllactinia corylea*(pets)Karst.]。其分生孢子单生,形成于梗顶端,近倒卵形。闭囊壳黑褐色,球形,外生5～8根附属丝,其基部膨大成球状,上部针状,闭囊壳内有圆筒形至长卵圆形的子囊5～45个,子囊具有略弯曲的柄,子囊孢子2～3个,呈椭圆形。

(4)发病规律

病原菌以闭囊壳在病落叶上越冬。第2年春天,由越冬闭囊壳释放的子囊孢子借风雨侵染,由气孔侵入叶片,病菌分生孢子可进行再侵染,只需几天的潜育期,分生孢子即成熟,成熟的分生孢子可在几小时内萌发。条件适宜时,病害发生周期很短,一年可反复感染多次,发病后病情一般都较重,防治不及时则难于控制,因而必须在预防基础上,配合药剂防治。

(5)防治技术

①人工防治。及时清理病枝、病叶、集中堆沤处理或烧毁。

②园艺防治。加强抚育管理,合理施肥,增强树体的生长势和抗病能力。配合施用氮肥、磷肥和钾肥,适时浇水和追肥,增强植株生长势和抗病能力。

③化学防治。香椿发芽前可喷1次5波美度的石硫合剂,生长季节可用0.3～0.5波美度石硫合剂喷2～3次。也可以用2.5%粉锈宁1 500～2 000倍液,或25%硫黄悬胶液200倍液,50%的多菌灵600～800倍液喷布枝叶,40%福星乳油8 000～1 0000倍液,或30%特富灵可湿性粉剂5 000倍液,或40%多硫悬浮剂600倍液,或30%百科乳油3 000倍液,或6%乐必

耕可湿性粉剂 4 000 倍液，或 2%农抗 120 或武夷菌素 200 倍液，均匀喷洒枝叶，10～20d 防治 1 次，视病情防治 1～3 次。

5.3.75 香椿叶锈病

(1)危害

香椿叶锈病主要危害香椿树的叶片，感病植株长势缓慢，叶斑很多，严重时引起早期落叶，植株生长衰弱。此病病除危害香椿外，还危害臭椿、洋椿属树木。

(2)症状

感病植株，叶片最初出现黄色小点，病菌的夏孢子堆生于香椿叶片两面，以叶背较多，散生或群生，严重时扩散至全叶。发病的叶子最初出现黄色小点，后在叶背出现呈疱状突起的夏孢子堆，破裂后散出金黄色粉状夏孢子。秋季以后在叶背面产生黑色疱状突起，即香椿叶锈病菌的冬孢子堆，散生或群生，可互相愈合，破裂后散出许多黑色粉状物，即冬孢子。病害严重发生时，叶片上布满冬孢子堆，其中以背面较多。病叶逐渐呈黄色，引起早期落叶(图 5-3-49)。

图 5-3-49 香椿叶锈病

(3)病原

真菌性病害。香椿叶锈病由香椿刺壁三孢锈菌[*Nyssopsora cedrelae* (Hori) Tranz.]引起。夏孢子堆多发生于叶子背面，常扩展于叶面，裸露，橙黄色，直径 0.2～0.5 mm；夏孢子球形或卵形，(14～18) μm×(10～14) μm，表面有细瘤，无色，壁厚 2～2.5 μm，芽孔不明显。冬孢子堆直径 0.2～2 mm，多发生于叶背的不规则病斑上，散生或丛生，裸露，黑色。冬孢子亚球形或球状三角形，长径 30～44 μm，三个细胞排成倒“品”字形，分隔处稍缢缩，暗褐色，冬孢子表面有突起的刚刺 22～30 个，褐色，尖端有 1～2 个分枝，每个细胞有 2～3 个芽孔，冬孢子柄无色，不脱落，(40～65) μm×(10～12) μm，表面粗糙。

(4)发病规律

香椿树叶锈病病害一般在春末夏初发生。夏孢子阶段危害严重，夏孢子多于晚春开始形成，萌发后再次侵染。这些菌丝体在数天后又可产生新的夏孢子堆和夏孢子。夏孢子靠风传播，进行多次再侵染。从春季至秋末均可发病。秋季遇干旱天气，发病严重。冬孢子在香椿叶片生长后期发生。

(5)防治技术

①人工防治。冬季及时扫除枯枝落叶，集中烧毁，减少侵染源。

②园艺防治。要加强田间管理，合理施肥浇水，增强树势和抗病能力。

③化学防治。香椿发芽前喷 1 次 5 波美度石硫合剂，生长期喷 0.3～0.5 波美度石硫合剂 2～3 次，或 25%粉锈宁可湿性粉剂 1 500～2 000 倍液，或 1∶1∶200 波尔多液，或 40%多硫胶悬剂 500 倍液，或 70%甲基托布津 800 倍液，或 50%多菌灵可溶性粉剂 600～800 倍液，或 20%敌菌酮胶悬剂 600 倍液，或 2%农抗 120 水剂 200 倍液，或 2%武夷霉素 200 倍液喷洒。当夏孢子初具时，用 0.2～0.3 波美度石硫合剂，每 15 d 喷 1 次，每次每亩用药 100 kg 左右，连喷

2～3次，有良好的效果。

5.3.76 香椿干枯病

(1)危害

香椿干枯病主要危害香椿幼树。苗圃发现较多，染病率很高。轻者被害枝干干枯，重者全株枯死。

(2)症状

多发生于幼树主干，首先树皮上出现梭形水渍状湿腐病斑，继而扩大，呈不规则状。病斑中部树皮开裂，溢出胶。当病斑环绕主干1周时，上部树梢枯死(图5-3-50)。

图5-3-50 香椿干枯病

(3)病原

真菌性病害。该病是由半知菌亚门球壳孢目大茎点属的一种病菌侵染所致。该病原菌分生孢子器球形，黑色，顶端有孔口，自寄主表面突出。分生孢子器壁四周生有极短的分生孢子梗，由此孢子梗产生分生孢子，成熟后，充满整个孢子器。分生孢子长卵形、无色、为单细胞。

(4)发病规律

多在3～4月发病，起初在染病枝干皮下寄生，当分生孢子器成熟后，突破枝干的表皮，枝干上呈现许多密生的小黑粒点。病原菌以分生孢子器在树体上越夏、越冬，翌年产生分生孢子，引起初次侵染。

(5)防治技术

①及时清除染病枝干，并予以烧毁，减少侵染源。

②冬春树干涂白。

③药剂防治。在初发病斑上打些小孔，深达木质部，然后喷涂70%托布津200倍液等进行防治。

④合理整枝。进行合理修剪，伤口处涂以波尔多液或石硫合剂。

⑤加强肥水和抚育管理，增强树势，提高抗病能力，预防感染。

5.3.77 香椿腐烂病

(1)危害

香椿腐烂病主要危害香椿枝干，常引起林木枯死。

(2)症状

香椿主干、主枝、小枝发病初期病部呈暗褐色水渍状斑，略为肿胀，皮层组织变软腐烂流水，后病斑失水，表皮干缩下陷呈龟裂，病斑上出现许多黑色针头状小突起。病斑环绕树干一圈时，输导组织被破坏，导致病部以上部位的树干死亡。发病初期病部呈暗褐色水渍状斑，略为肿胀，病部皮层组织腐烂变软，以后病斑失水，表皮干缩下陷、龟裂。以后病斑上现出许多针状小突起(分生孢子器)。当病斑环绕树干一圈时，输导组织被破坏，导致病部以上部位的枝干

死亡(图 5-3-51)。

图 5-3-51 香椿腐烂病

(3)病原

真菌性病害。该病系子囊菌纲亚门黑腐皮壳属,污黑腐皮壳菌的无性世代金壳囊孢菌引起的。该菌的子囊壳多个埋生于子座内,呈长颈瓶状,未成熟时为黄色,成熟后变为黑色。

(4)发病规律

病原菌以子囊壳、菌丝或分生孢子器在植物病部越冬。该病每年 3～4 月份开始发生,大量的子囊孢子借风力、雨水和昆虫传播扩散。5～6 月份发病最盛,7 月以后病势渐趋缓和,至 9 月底停止发展。该病为弱寄生菌,常侵染树势衰弱,生长不良的树木。病菌先在死枝,冻伤或其他各种衰弱部位寄生,并逐渐侵染健康部位。

(5)防治技术

①加强抚育管理,特别是增施肥水,增强树势,提高植株抗病能力。

②露地栽培的香椿,注意冬季防寒,如搭设风障,树干缠草、涂白,防止冻害,减少侵染机会。

③剪除染病枝条,予以烧毁,并在伤口处涂以波尔多液或石硫合剂,以防感染。

④刮除病斑,涂以药剂,其中:10%碱水,10%的蒽油,0.1%的升汞,1%退菌特,5%托布津任选一种均可。

5.3.78 香椿立枯病

(1)危害

香椿立枯病又称猝倒病,中国各地苗圃发生普遍而严重。主要危害实生苗茎基部或幼根。寄主有臭椿、香椿、苹果、海棠、桑、银杏、刺槐等。

(2)症状

该病主要危害实生苗茎基部或幼根。幼苗出土后,茎基部变褐,呈水渍状,病部缢缩萎蔫死亡但不倒状。幼根腐烂,病部淡褐色,具白色棉絮状或蛛丝状菌丝层,即病菌的菌丝体或菌核。

(3)病原

真菌性病害。病原菌 *Rhizoctonia solani* Kühn 称立枯丝核菌,属半知菌类真菌。初生菌丝无色,后变黄褐色,有隔,粗 8～12 μm,分枝基部缢缩,老菌丝常呈一连串桶形细胞。菌核近球形或无定形,大小 0.1～0.5 μm ,无色或浅褐至黑褐色。担孢子近圆形,大小(6～9) μm×(5～7) μm。

(4)发病规律

菌丝能直接侵入寄主,通过水流、农具传播。以菌丝体或菌核在土壤或病残体上越冬,在土中营腐生生活,可存活 2～3 年。病菌发育温度 19～42℃,适温 24℃;适应 pH 3～9.5,最适 pH 6.8。地势低洼、排水不良,土壤黏重,植株过密,发病重。阴湿多雨利于病菌入侵。前作系蔬菜地发病重。最适感染环境是营养土带菌或营养土中有机肥带菌;种子带菌;苗床地势低洼积水;苗床浇水过多,致使营养土成泥糊状、种芽不透气;长期阴雨、光照不足、高温高湿。

(5)防治技术

①选无病土做营养土。营养土中的有机肥要充分腐熟，苗床浇水要一次浇透，待水充分渗下后才能播种芽种。

②加强苗期管理。出苗后，严格控制温度、湿度及光照，提高地温，低洼积水地及时排水，防止高温高湿条件出现。适时间苗，防止过密。

③及时拔除病株，病穴内撒入石灰，或用50%代森锌800倍液灌根。

④出圃苗用5%石灰水或0.5%高锰酸钾液浸根15～30 min或用50%代森锌1 000倍液喷根茎。

5.3.79 香椿流胶病

(1)危害

香椿流胶病主要危害香椿枝干。

(2)症状

流胶病的症状是从树干伤口处流出黏液，黏液遇空气后变成黄白色胶状(图5-3-52)。

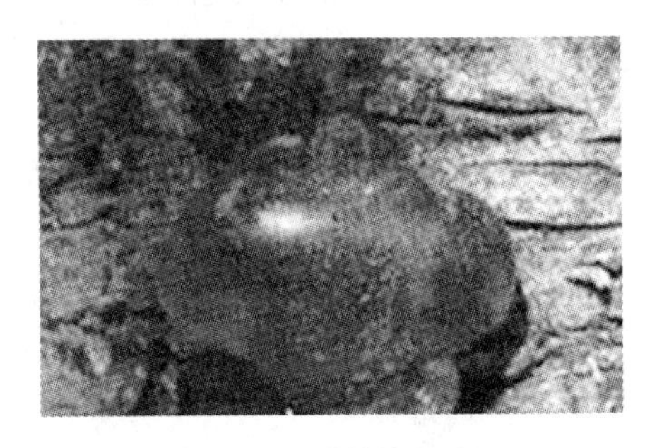

图5-3-52 香椿流胶病

(3)病原

流胶是多种病害表现的同型现象，原因复杂，如树脂病、脚腐病、菌核病及日灼、虫伤、冻伤等都可引起。

(4)发病规律

一年四季均可发病。只要有脚腐病、菌核病及日灼、虫伤、冻伤等都可引起。

(5)防治技术

①避免机械损伤和虫伤，加强管理，增强树势，促使伤口迅速愈合。

②刮除病斑，用20%抗菌剂401消毒，或用40%增效氧化乐果5倍液1∶1兑柴油和50%乙基托布津500倍液喷树干。

③防治害虫。避免虫伤。

5.3.80 香椿紫纹羽病

(1)危害

香椿紫纹羽病主要危害香椿的根和根际处，使树干基部的树皮腐烂，造成树木死亡。

(2)症状

树木的幼根先侵染，后逐渐蔓延至粗大的主根和侧根。病根先失去原有的光泽，后变黄褐色，最后变黑而腐烂，并易使皮层和木质部剥离。表层的皮面有紫色棉绒状菌丝层。雨季菌丝可蔓延至地面或主干上6～7 cm处，菌丝层厚达2 cm左右，有蘑菇味，受害树木长势衰弱，逐渐枯黄，严重时渐渐死亡(图5-3-53)。

(3)病原

真菌性病害。香椿紫纹羽病是由担子菌亚门木耳目卷担子菌侵染而发生的真菌性病害。

(4)发病规律

病菌在土壤中的病根上越冬。春季土壤潮湿时开始侵入嫩根，夏季在根内表生成一层紫色菌丝层，使根皮腐烂。地势低洼，种植过密、雨水较多的条件下，发病尤重。

(5)防治技术

①选地时应避免低洼积水处造林，雨季或低湿地应加强排水和养护管理，以增强抗病能力。

②进行苗木检疫，发现病苗，剪除病部，浸于1%硫酸铜液或20%的石灰水中消毒。

③造林地发现病株，可扒开土壤，剪除病根，浇灌20%石灰水或20%硫酸亚铁等，然后覆以无菌土壤。对死亡病株及时挖除，烧掉，并用1∶8的石灰水或3%的硫酸亚铁水消毒树穴。

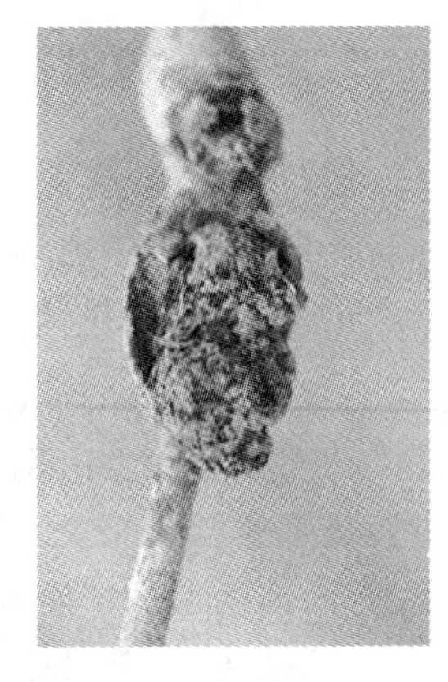

图5-3-53　香椿紫纹羽病

5.3.81　香椿白绢病

(1)危害

香椿白绢病主要危害香椿苗木和幼树的根颈部，使根系腐烂，造成树木死亡。

(2)症状

染病苗木根颈部皮层腐烂，苗木凋萎死亡。油茶、乌桕、榆木苗生病后，叶片逐渐凋萎脱落，全株枯死，容易拔起。病部生有丝绳状白色菌丝层，在潮湿环境下，大量的白色菌丝蔓延到苗木茎基部，以及周围的土壤和落叶上，在菌丝体上逐渐形成油菜籽样的或泥沙样的小菌核。菌核初白色，后转变为黄褐色或深褐色。

(3)病原

真菌性病害。病原菌为齐整小核菌(*Selerotium rolfsii* Sacc.)属半知菌亚门，无孢菌群，小菌核属。

(4)发病规律

病原主要以菌核在土壤中越冬，也可在被害苗木和被害杂草上越冬，翌年土壤温湿度适宜时菌核萌发产生菌丝体，侵染危害。病菌以菌丝体在土壤中蔓延，也可借雨水和水流传播。病害一般于6月上旬开始发生，7～8月份为发病盛期，9月底基本停止扩展。土质黏重、排水不良、土壤浅薄、肥力不足及酸性至中性土壤，苗木生长不良，极易发病。土壤有机质丰富、含氮量高及偏碱性土壤，则发病少。

(5)防治技术

①选择深厚肥沃、排水良好的山脚坡地育苗；平地育苗，应做高床，深开沟。在肥力不足的土地上育苗，必须施足基肥。

②及时清除病株，迹地及未发病的苗木茎基部，撒石灰粉消毒，或用70%五氯硝基苯以1∶(30～50)与细土混合，撒在苗木茎基部及四周土壤上，有较好防治效果；喷洒50%代森铵500倍液、硫酸铜100倍液，也有防治作用。

5.3.82 楝树褐斑病

(1)危害

楝树褐斑病各地均有发生。主要危害楝树危害叶片,引起早期落叶,使植株衰弱,苗木感染严重时,常引起整株枯死。

(2)症状

初期在叶片上出现黄褐色不规则或圆形的小斑点,后病斑逐渐扩大,颜色加深为褐色,数个病斑可愈合成斑块。病斑边缘褐色或暗褐色,中央灰褐色或灰色,秋季在病斑中央生出许多小霉点,即病菌的子座和分生孢子。

(3)病原

真菌性病害。病原菌为楝短梗尾孢菌[*Cercospora subsessilis* H. et P. Syd]。子座近球形,直径 35～78 μm;分生孢子梗无隔膜,密集丛生于子座上,大小(12～20) μm×(3～3.5) μm;分生孢子圆柱形至细倒棒棍状,直或微弯,近无色,3～9 个隔膜,大小(36～72) μm×(3.5～4.5) μm。

(4)发病规律

病原菌以菌丝体在病落叶上越冬,翌年 4、5 月份产生分生孢子,由风传播至楝树叶上,进行初侵染,可重复侵染。6 月份开始发病,7～8 月份为盛期;先从下部叶开始,渐向上部叶蔓延。苗木播种过密时,在细弱苗上发病最严重,7 月份即可落叶。夏、秋季多雨,有利于病害流行。遇天气干旱造成树势衰弱时,也有利于病害发生。

(5)防治技术

①冬季收集病叶烧毁,减少侵染来源。

②选育抗病品种,加强苗木管理。播种苗应及时间苗,前期加强肥、水管理,提高苗木抗病力。

③6～7 月份,对苗木喷洒 1:2:200 倍的波尔多液或 65%代森锌可湿性粉剂 600 倍液 2～3 次,防病效果良好。

5.3.83 楝树白斑病

(1)危害

楝树白斑病寄主限于苦楝。危害苦楝苗木和幼树的叶片,引起早期落叶,对植株生长影响较大,能减少生长一半以上,病重时导致整株死亡。

(2)症状

病害发生于叶子的两面,初期在叶子的正面出现褐绿色圆斑,以及病斑中心变灰白色至白色,边缘褐色似蛇眼状,后期病斑穿孔,其外围有一黄褐色晕圈。小病斑直径 1～5 mm,大病斑可达 10 mm。天气潮湿时,病斑两面密生许多黑色小霉点,以叶子背面为多。此为病菌的子庄。

(3)病原

真菌性病害。苦楝白斑病由楝尾孢菌(*Cercospora Meliae* Ell. et EV)所引起。分生孢子梗成束生于子座,淡黄色,不分枝,无隔膜,大小为(17～30) μm×(3～4) μm。分生孢子线形,顶端尖,有 1～3 个隔膜,大小为(27～58) μm×(2.7～3.4) μm。

(4)发病规律

病原菌以菌丝体在病落叶上越冬。6月上旬子座上产生新的分生孢子，靠气流传播，进行初次侵染。6月下旬至7月上旬，接近地面的叶子首先出现病斑，病斑上又产生分生孢子，逐渐向上部的叶子扩展，并进行反复侵染。8～9月份为发病盛期，病害延续至10月中旬，使集中连片苗木叶子全部染病。播种过密时，易发病，且发病重，如遇高温高湿天气发病重。夏、秋多雨天气有利于此病流行。稀植、健壮或移栽苗则不易发病或发病较轻。

(5)防治技术

①苗木出土后，及时间苗、除草，保障苗间通风透光，可预防病害发生。

②前期加强施肥、水管理，提高苗木抗病能力。

③及时移栽苗木，促使苗木健壮生长。

④秋末及时清除苗圃地的落叶，感病植株，集中烧毁，减少病原。

⑤6～7月份喷洒1%波尔多液，8～9月份喷2次75%百菌清1 000～1 500倍液。

5.3.84　法桐霉斑病

(1)危害

法桐霉斑病又名悬铃木霉斑病，主要危害法桐叶片。寄主有一球悬铃木、二球悬铃木和三球悬铃木，通称为法桐。实生苗受害后，往往枯死，造成苗圃缺苗断垄现象。

(2)症状

病害发生在叶片上，病叶背面生许多灰褐色或黑褐色霉层，有大小两种类型，小型霉层直径0.5～1 mm，大型霉层2～5 mm，呈胶着状，在相对应的叶片正面呈现大小不一的近圆形褐色病斑(图5-3-54)。

图5-3-54　法桐霉斑病

(3)病原

真菌性病害。病原菌为法桐叶尾孢菌(*Cercspora platanfoli* Ell et Ev.)，曾有三个异名：*Stigmia platani* (Fcki)Sacc.；和C. platani Yen.。有性时期为小球腔菌*Mycosphaeella*。该菌有尾孢型和蛹孢型两类分生孢子。病菌的分生孢子梗圆柱形，褐色，0～1个隔膜，多为13～22根丛生，大小(14～20) μm×(3.6～6) μm。尾孢型的分生孢子细长，多弯曲，一端稍细，淡褐色，4～6个隔膜，大小(30～69) μm×(3.5～6) μm，蛹孢型分生孢子粗短而直，呈椭圆形，深褐色，1～4个隔膜，大小(16～28) μm×(7～10) μm，中间型分生孢子近似尾孢型，但较粗，有4～6个隔膜，大小(36～48) μm×(6～7.2) μm。这几种类型的分生孢子可随着季节的变化而相继出现。一般在5～8月份，多为尾孢型，通常在嫩叶上产生，其霉斑小而薄，也混生有少量中间型孢子，9～11月间，多为蛹孢型及中间型孢子，在已硬化的老叶上产生，其霉斑大而厚。

(4)发病规律

病原菌以蛹孢型分生孢在病落叶上越冬。5月下旬开始在实生苗上发病，6～7月为盛期，至11月停止。夏秋季多雨，实生苗木幼小或过密发病严重。插条苗和幼树受害轻。而大树上尚未发现该病发生。

(5)防治技术

①换茬播种育苗或用插条育苗法,严禁重茬播种育苗。

②秋季收集留床苗落叶烧去,减少越冬菌源。

③5 月下旬至 7 月,对播种培育的实生苗喷 1:2:200 倍波尔多液 2～3 次,有防病效果,药液要喷到实生苗叶背面。喷克菌、阿米西达等对真菌引起的病害特效。

5.3.85 法桐白粉病

(1)危害

法国梧桐白粉病主要侵染法国梧桐的嫩叶和嫩梢部位,延至茎部,嫩叶两面常布满白粉。引起扭曲变形,嫩梢不发育。展开的叶子主要发生在叶子的掌裂处,呈皱缩状。形成边缘无定形或圆形的白色粉斑,严重时连接成片。大面积发生白粉病易引起法国梧桐的提前落叶。白粉病菌侵染法国梧桐的嫩芽,使芽外形瘦长,顶端尖细,芽鳞松散,严重时导致芽当年枯死。染病轻的芽则在第二年形成萌发后形成白粉病梢。

(2)症状

法桐白粉病为多次侵染的真菌性病害。主要危害叶片及嫩梢,病叶皱缩扭曲成一团,叶片正反面均布满白色粉层。该病一般于 5～6 月份始开始发病,发病初期,在叶片正面或背面产生白粉小圆斑,后逐渐扩大,导致嫩叶皱缩、纵卷、新梢扭曲、萎缩,影响该树的正常生长,发生严重时,在白色的粉层中形成黄白色小点,后逐渐形成黄褐色或黑褐色,导致叶片枯萎提前脱落(图 5-3-55)。

图 5-3-55　法国梧桐白粉病

(3)病原

真菌性病害。法国梧桐白粉病的致病菌为悬铃木白粉菌(*Erysiphe platani*)。

(4)发病规律

悬铃木白粉菌为外寄生性真菌,病原菌以闭囊壳在落叶和病梢上越冬。当白粉菌侵入到法国梧桐体内后,以菌丝的形式潜伏在芽鳞片中越冬,翌年待被侵染树体萌芽时(4～5 月份),休眠菌丝侵入新梢。闭囊壳放射出子囊孢子进行初侵染,在树体的表面以吸器伸入寄主组织内吸取养分和水分,并在寄主体内扩展。待温湿度合适(15～25℃,70%)时,菌丝体和分生孢子开始大量繁殖传播,为再侵染,1 年内可侵染多次;8～9 月份无性阶段的菌丝体形成有性阶段的子实体-闭囊壳,于 9～10 月份成熟,越冬。因此法国梧桐树白粉病每年在 4～5 月份和 8～9 月份会出现 2 个发病盛期。气候条件与发病有密切关系,气候条件:连续的阴雨天气可以延缓白粉病的传播速率,这其中主要的原因为白粉病菌以分生孢子形式进行传播,因此其传播需要一定的风;白粉病菌分生孢子的萌发需要一定的温度和湿度,因此少量的降雨有利于法国梧桐白粉病的发生;此外白粉病菌的分生孢子在 2℃即可萌发,当气温高于 25℃时白粉病菌分生孢子则萌发率下降或不萌发。因此春季温暖干旱、夏季凉爽、秋季晴朗均是促进病害大发生的主要原因。气候条件与发病有密切关系,气候条件:连续的阴雨天气可以延缓白粉病的传播速率,这其中主要的原因为白粉病菌以分生孢子形式进行传播,因此其传播需要一定的风;

白粉病菌分生孢子的萌发需要一定的温度和湿度，因此少量的降雨有利于法国梧桐白粉病的发生；此外白粉病菌的分生孢子在2℃即可萌发，当气温高于25℃时白粉病菌分生孢子则萌发率下降或不萌发。因此春季温暖干旱、夏季凉爽、秋季晴朗均是促进病害大发生的主要原因。管理条件：种植密度过大、树冠郁蔽易造成法国梧桐生长环境郁闭，通风透光很差，不利于树体生长，从而导致白粉病的发生。土壤黏重、施肥不足和管理粗放等都容易引起法国梧桐树体生长受阻，树体营养供应不足，抗病性下降，利于白粉病菌的侵染发病。偏施氮肥则会导致树体旺长，从而树势削弱，亦有利于法国梧桐白粉病的发生和传播。高温高湿是白粉病发生的促进因素；栽植密度大、树冠郁蔽易造成榭体生长环境郁闭，通风透光很差，树体周围温度湿度不利于树体生长，导致白粉病的发生；土壤黏重、施肥不足、偏施氮肥和管理粗放等都容易引起法桐树体正常生长受阻，树体营养供应不足、氮肥过多导致树体旺长，从而树势削弱，抗病性下降，利于白粉病菌的侵染潜伏、发病以致大暴发。一般在每年5～6月份开始发病，发病初期，在叶片正面或背面产生白粉小圆斑，后逐渐扩大，导致嫩叶皱缩、纵卷、新梢扭曲、萎缩，影响该树的正常生长，发病严重时，在白色的粉层中形成黄白色小点，后逐渐变成黄褐色或黑褐色，导致叶片枯萎提前脱落。连续阴雨对病害亦有抑制作用。分生孢子随气流传播，雨水过多反而影响白粉病菌的传播；植株营养充分，能够提高树体的抗病性。

(5)防治技术

①品种选择。品种的选择是防治法国梧桐白粉病最经济有效的方法，在购买种苗时应选择抗病性强或者发病轻的品种。在购买过程中尽量购买无病植株，严格剔除病株，从而杜绝病源。

②清除病原。在法国梧桐的休眠期，根据植物整形修剪的基本原则"内膛不乱、通风透光"，剪去枯死枝、病残枝及根部萌蘖，并及时清理落叶。落叶、病枝和病芽要及时带离法国梧桐种植区集中处理，此方法可应用于发病严重、冬季带菌量高的的树木，经过几年的重剪后，可以获得很好的防治效果。

③加强管理。在种植法国梧桐时尽量避免选择黏土地：减小法国梧桐的种植密度，合理种植。同时及时疏剪过密枝条，使树冠保持通风透光，从而减少白粉病菌的传染。合理营养，增施有机肥和磷钾肥，避免偏施氮肥，避免法国梧桐树体旺长，营养补给不及时造成树势削弱，抗病性下降。法桐在城市绿化应用较多，因此应进行统一防治，对重点发病区域要严格观察，结合适当修剪病害严重枝干，加大防治力度。在药物的使用上，几种最好药剂应交替使用，避免产生抗药性。

④化学防治。药剂的合理使用能有效的控制该病的发生与蔓延。在休眠期冬季修剪清园之后，喷施5波美度石硫合剂；在展叶初期普遍喷施等量式波尔多液或用代森锰锌进行预防。也可用三唑酮或腈菌唑兑水1 000倍叶面喷雾进行预防：发病后可用25%粉锈宁可湿性粉剂1 000～1 500倍液、70%甲基托布津可湿性粉剂800～1 200倍液、三唑酮或腈菌唑800倍喷雾，每隔10～15 d一次，连续喷2～3次。降雨多的年份喷药次数应适当增加，以利于对此病的防治；发病严重时，可选择三唑类杀菌剂且要适当加大用量，将病情控制住以防蔓延。

5.3.86 合欢锈病

(1)危害

合欢锈病主要危害合欢的枝、干及叶柄，严重影响植株的生长，降低观赏价值。

(2)症状

该病主要危害合欢的枝干、梢部及叶柄,叶片及荚果亦可受害。感病枝梢、叶柄上产生近圆形、椭圆形或梭形病斑,直径 2~4 mm。木质化枝梢上病斑累累,导致叶片早落,枝枯死。嫩梢及叶柄因发病而扭曲、畸形,发病严重者则枯死。感病幼树主干病斑梭形下陷,呈典型溃疡斑。叶片上病斑很小,近圆形,直径 0.4~1.0 mm。荚果上病斑多数扁圆形,直径 0.4~1.0 mm。感病初期,病斑上均产生黄褐色粉状物,为病原菌夏孢子堆,后期在病斑处又产生大量、密集、漆黑色的小粒状物,为病原菌冬孢子堆。冬孢子堆甚至可以蔓延至病斑以外的寄主表面。

(3)病原

真菌性病害。病原菌为日本伞锈菌(*Ravenelia japonic* Dietet Syd.),隶属担子菌亚门、冬孢菌纲、锈菌目真菌。

(4)发病规律

该病于 8 月份在叶、嫩梢上出现浅黄色病斑,其上产生很多粉状物夏孢子。夏孢子借气流传播,气候条件适宜时,夏孢子萌发自寄主气孔或直接穿透表皮侵入,潜育期 7~14 d。9 月上中旬在夏孢子堆下菌丝体开始产生冬孢子堆。

(5)防治技术

①加强栽培管理,促进树木健康。

②8 月初喷 1∶1∶100 波尔多液,或 20%粉锈宁 800~1 000 倍液,或多菌灵 800~1 000 倍液,每隔 10~15 d 喷 1 次,喷 1~2 次。

5.3.87 合欢枯萎病

(1)危害

合欢枯萎病又名干枯病。中原地区苗圃、绿地、公园、庭院等处均有发生。该病为合欢的毁灭性病害,可流行成灾。感病植株的叶下垂呈枯萎状,叶色呈淡绿色或淡黄色,后期叶片脱落,枝条开始枯死。检查植株边材,可明显地观察到变为褐色的被害部分。在叶片尚未枯萎时,病株的皮孔中会产生大量的病原菌分生孢子,这些孢子通过风雨传播。

(2)症状

合欢从幼苗到大树均可感病,该病从干径 2.5 cm 左右粗的苗木到大树都能危害,以 2~5 年的幼树及圃地的大规格苗木感病较重,幼苗发病,植株生长衰弱,叶片变黄,以后少数叶片开始枯萎,最后遍及全株,此时根及茎基部软腐,植株枯死。大树得病,先从 1~2 个枝条上表现症状,逐步扩展到其他枝,病枝上叶片失水萎蔫下垂,从枝条基部叶片开始变黄,逐步变干萎缩,枯死脱落,随病情发展扩展到树冠半边或全株,从上至下枝干逐渐枯死;随着地上部枝、干的枯死,地下的根皮层也逐渐变褐腐烂;对枝、干横截可看到横截面出现整圈变色环,边材明显变为褐色,维管束坏死。有时树皮上出现黄褐色微鼓起的圆斑,在夏末秋初潮湿条件下,病树干和枝条上的皮孔膨胀并逐渐开裂,初产生浅黄色黏性物质,待成熟后产生成堆的肉红色至白色粉状霉层,即分生孢子堆。其中产生分生孢子座及大量粉色粉末状分生孢子,由枝、干伤口侵入。病斑一般呈梭形,黑褐色,下陷。发病初期病皮含水多,造成树液外流,后期变干,病菌分生孢子座突破皮缝,出现成堆的粉色分生孢子堆,病株边材可明显看到病部变褐。

(3)病原

真菌性病害。病原菌为尖孢镰刀菌的一个变型,隶属半知菌亚门、丝孢纲、瘤痤孢目、镰刀菌属真菌。分生孢子自寄主根部伤口直接侵入,也能从树木枝、干的伤口侵入,进行危害。

(4)发病规律

合欢枯萎病为系统侵染病害,病原菌以菌丝体在病株上或随病残体在土壤里过冬。翌年春季,产生分生孢子,分生孢子自寄主根部伤口直接侵入,也能从树木枝、干的伤口侵入,进行危害。从根部侵入的病菌自根部导管向上蔓延至干部和枝条的导管,造成枝条枯萎。从枝、干伤口侵入的病菌,初期使树皮呈水渍状坏死,以后干枯下陷。发病严重时,造成黄叶、枯叶,根皮、树皮腐烂,以致整株死亡。高温、高湿有利于病原菌的增殖和侵染。暴雨、灌溉有利于病原菌的扩散。虽然高温、高湿有利于病害的扩展,但缺水和干旱也将促进病害的发生。生长势较弱的合欢树抗病性差,极易患病,并且发病速度和扩散速度快,短时间内枯死,从出现症状到全株枯死,仅需 5～7 d。生长势强的植株抗病性也强,病菌潜伏在植株体内或轻微发病,表现出局部枝条枯死,速度比较缓慢。该病在整个生长季均能发生,5 月份出现症状,6～8 月份为发病盛期,病害可一直延续到 10 月份。土壤黏重、通透性差;过于低洼潮湿、排水不畅、长年连作、过于密植也是诱发该病的主要原因。

(5)防治技术

该病菌源分布广,侵染期长,通过土壤、雨水传播,又是系统性病害,发病早期难以发觉,一旦出现症状难以挽救,所以,要预防为主,综合防治。

①适地适树、合理栽植。合欢不耐水湿,育苗要选在排水良好,通透性好的沙壤土地作为圃地;城市绿化不易栽植在路肩。起苗或栽植时要尽量减少伤根和创伤,栽植后要加强肥水管理,提高植株长势。对树下土壤应经常松土、晾晒,通风透气,促进根系生长。对地上伤口可通过绑草加以保护。

②减少侵染来源。及时清除病枝、病株,集中销毁。发现病株有超过 1/3 的枝干存在叶子发黄脱落时,需刨除病株,连土壤一起移走,集中销毁,并对树穴及周围相邻土壤浇灌 40%福美胂 50 倍液、40%五氯硝基苯粉剂 300 倍液或用 20%石灰水处理土壤,进行消毒,防止病菌蔓。

③加强栽培管理。定期松土,增加土壤通气性,并要抓住春秋生长旺盛期给合欢施肥,以增加抗病能力。如遇无雨天气,干旱应行灌溉。干旱对干枯病的发生有促进作用。死树和濒死的树应砍去并销毁,以阻止病原菌扩散。

④化学防治。采用化学药剂防治,灌根或喷药均在发病初期开始,枝干喷药。用 40%多菌灵胶悬剂 800 倍液;或 25%敌力脱乳油 800 倍液;或 23%络氨铜水剂 250～300 倍液;或 20%抗枯灵水剂 400～600 倍液。每隔 7～10 d 复喷一次,连续 2～4 次。灌药以树冠投影区为主,用 70%甲基托布津可湿性粉剂 300 倍液、或 75%百菌清可湿性粉剂 300～500 倍液、或 40%多菌灵可湿性粉剂 200 倍液环施,或穴施,施药后立即灌水,每 10 d 一次,连续 3～4 次,并注意交替用药。对感病区域的健康植株要进行预防,一般在 4 月下旬合欢树尚未发芽时,喷 5 度石硫合剂;在发病盛期(5～8 月份),喷 2 次 23%络氨铜水剂 250～300 倍液。

5.3.88 合欢溃疡病

(1)危害

合欢溃疡病主要危害新移植树的枝干,一些生长势特别衰弱的大树枝干也可受侵染。

(2)症状

危害症状可分两种类型。一是干枯型:初期在主干或枝梢部出现不明显的淡褐色小斑,后病斑迅速包围主干或枝梢,此时主干或枝梢即枯死,随后枯死部位出现黑色小点即病原菌的分生孢子器。这种类型发生普遍,危害严重,整株枯死多由此类型所致。二是溃疡型:一般从剪口或伤口侵入,发病初期干部出现黄褐色不规则形病斑。随后病斑很快扩展为菱形大斑。病斑的病健组织交接明显,后期因组织失水干缩下陷,并自表皮下出现众多的黑色小点即病原菌分生孢子器。病斑一般不能包围树干,当病斑停止扩展时,在周围逐渐形成隆起的愈伤组织(图 5-3-56)。

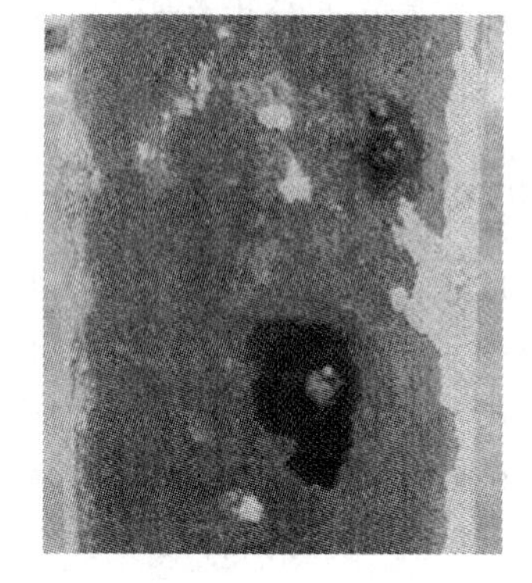
图 5-3-56 合欢溃疡病

(3)病原

真菌性病害。该病由子囊菌亚门的茶子葡萄座腔菌[*Botryosphaeria ribis*(Tode)]所致。无性型为半知菌亚门的聚生小穴壳菌[*Dothiorella grearia* Sacc.]。

(4)发病规律

病原菌以分生孢子器和菌丝体在病皮中越冬,分生孢子借水和灌溉传播。4 月中下旬发病,5~8 月初为发病盛期,后渐停止,9 月份后稍有发展,以伤口侵入为主,野外接种潜伏期 10~15 d。

(5)防治技术

①栽种前用 1∶1∶100 的波尔多液喷树体,移植后用 40%多菌灵胶悬剂 800 倍或 50%甲基托布津可湿性粉剂 500 倍灌浇树穴,并在 4~5 月份上旬各喷一次上述药液,便可防治合欢溃疡病的发生。

②对于已发生溃疡病的病株可用 50%退菌特 800 倍液喷洒。

5.3.89 红叶李细菌性孔病

(1)危害

红叶李细菌性穿孔病在各地花卉苗木区发生较重,此病主要危害红叶李的叶片、新梢和果实,还可危害榆叶梅、美人梅、降碧桃、红叶桃、桃、杏、李等园林植物。

(2)症状

该病在叶片、新梢和果实上均能发病,以叶片受害最重。叶片发病初期为水渍状小圆斑,后逐渐扩大成圆形或不规整形病斑,直径 2~5 mm,褐色,边缘有黄绿色晕环,以后病斑干枯、脱落、穿孔,故称"穿孔病"。严重时病斑相连,造成叶片脱落。果实受害初为淡褐色水渍状小圆斑,稍凹陷,以后病斑稍扩大,天气干燥时病斑开裂,果实失去商品价值。

(3)病原

细菌性病害。此病由一种黄色短杆状的细菌侵染造成。

(4)发病规律

病菌在枝条的腐烂部位越冬,翌年春天病部组织内细菌开始活动,桃树开花前后,病菌从病部组织中溢出,借风雨或昆虫传播,经叶片的气孔、枝条的芽痕和果实的皮孔侵入。一般年

份春雨期间发生，夏季干旱月份发展较慢，到雨季又开始后期侵染。病菌的潜伏期因气温高低和树势强弱而异。气温30℃时潜伏期为8 d，25～26℃时为4～5 d，20℃时为9 d，16℃时为16 d。树势强时潜伏期可长达40 d。幼果感病的潜伏期为14～21 d。

(5)防治技术

①清除病源。冬季剪除病、枯枝，集中烧毁，减少越冬菌源。

②加强管理。增施有机肥和磷、钾肥，减少氮肥用量，增强树势、提高抗病力。

③药剂防治。早春芽萌动期喷3～5波美度石硫合剂，展叶后喷70%代森锰锌可湿性粉剂500倍液，或65%代森锌可湿性粉剂500倍液，或50%硫悬浮剂200倍液，连续喷药2～3次，间隔10 d左右。

5.3.90 红叶李白粉病

(1)危害

红叶李白粉病危害红叶李、李等的叶片。影响光合作用，减弱树势。幼苗发病重于成树。发病初期叶背出现白色小粉斑，扩展后呈近圆形或不规则形粉斑，白粉斑汇合成大粉斑，布满叶片大部分或整个叶片，病重时叶片正面也有白粉斑。发病后期叶片褪绿，皱缩。

(2)症状

受害株的叶面上生白粉状霉层。

(3)病原

真菌性病害。该病由两种白粉菌引起：三指叉丝单囊壳[*Podosphaera tridatyla*(Wallr.) de Bary]和毡毛单囊壳[*Sphaerotheca pannosa*(Wallr.)Lev.]。

(4)发病规律

病原菌以子囊壳或菌丝越冬，第2年春天放出子囊壳作为初侵染源。

(5)防治技术

①搞好园地卫生，秋后清扫落叶，集中深埋。

②发病初期喷洒77%可杀得可湿性粉剂，0.3波美度石硫合剂或25%粉锈宁可湿性粉剂等。

5.3.91 红叶李膏药病

(1)危害

红叶李膏药病主要危害红叶李枝干。除危害红叶李外，还可侵害梅花、樱花、桂花等多种花木。

(2)症状

在红叶李的树干上，常见到圆形成不规则形似膏药状的菌膜，菌膜中部的颜色呈暗灰色，外层为暗褐色，边缘的一圈为灰白色，最后因菌膜紧贴树干，出现下陷现象(图5-3-57)。

图5-3-57 红叶李膏药病

(3)病原

真菌性病害。其病原菌属于真菌中担子菌亚门的茂物隔担耳菌。担子果平伏革质,基层勒务丝层较薄,其上由褐色菌丝组成的直立菌丝柱,柱子上部与担子果的子实层相连。子实层中产生的原担子(下担子)球形或近球形,直径 8～10 μm。原担子上再产生长形或圆筒形的担子(上担子)。大小为(25～35) μm×(5～6) μm,有 3 个隔膜,上生 4 个担孢子。担孢子无色,腊肠形,表面光滑,大小为(14～18) μm×(3～4) μm。

(4)发病规律

一般介壳虫危害严重时,此病发生也重。在土壤湿度大、通风透光不良的情况下,则加重发病。

(5)防治技术

用竹片或刀子刮除菌膜,再涂上 3～5 波美度石硫合剂进行防治;其次,使用杀虫剂消灭介壳虫的初孵若虫,可防止病情扩展。

5.3.92 红叶李流胶病

(1)危害

该病主要危害红叶李、桃树等的枝、干,亦危害果实。

(2)症状

该病主要危害枝、干,亦危害果实。枝干皮层表面以皮孔为中心隆起,渐生出黑色小点,后开裂,陆续溢出透明、柔软状树脂,由黄白色渐次变为褐色、红褐色至茶褐色硬块,树枝枯死时感染部位的皮层呈灰白色环状斑。果实受害,果面溢出黄色胶质。枝、干病部易被腐朽病菌侵染,使皮层和木质部变褐腐朽,树势衰弱,叶片稀疏变黄,严重时可造成全树枯死(图 5-3-58)。

图 5-3-58　红叶李流胶病

(3)病原

真菌性病害。该病原为子囊菌亚门茶蔗子葡萄座腔菌、无性世代为半知菌亚门聚生小穴壳菌,*Botryosphaeia ribis* 无性世代为 *Dothiorella gregaria*。*Botryosphaeia ribis* 称茶蔗子葡萄座腔菌,属子囊菌亚门真菌,无性世代为 *Dothiorella gregaria* Sacc. 称聚生小穴壳菌,属半知菌亚门真菌。分生孢子器生于子座中,子座黑色扁球形,位于寄主表皮下,后期有孔口顶破寄主表皮组织而外露。产孢腔大小(112～174) μm×(214～286) μm。内壁生分生孢子梗。孢梗无色,单孢。大小为(20～30) μm×(2.5～3) μm。产孢细胞圆柱形,全壁芽生单生式产孢,有限生长,无色,光滑,顶端生分生孢子。分生孢子梭形,正直,无色,单孢,顶端钝圆,基部平截,大小为(18～21) μm×5.4 μm。子囊果为子囊座,生于寄主表皮下。部分突起,散生,扁球形或球形,黑褐色,大小为(186～257) μm×(214～286) μm。具短颈。颈长 21.4～28.5 μm。子囊长棍棒形,无色,有的稍弯曲,大小为(72～90) μm×(14～18) μm。子囊双层壁,厚度为 3.6～7.2 μm,子囊有柄,长 10.74～39.4 μm。子囊间拟侧丝永存性。子囊孢子椭圆形或短纺锤形,单孢,无色,大小为(20～23) μm×(7.8～8) μm。

(4)发病规律

病原菌以菌丝体和分生孢子器在被害枝、干部或病残体上越冬,翌春 3～4 月间产生大量分生孢子,借风雨传播,从枝、干皮孔侵入造成新的侵染。当日气温达到 15℃左右时病部即开始渗出胶液,随气温上升,流胶点和流出的胶液量均增多。每年 4 月上旬至 5 月期间以及 9 月

下旬为病害发生高峰。至10月底，病害逐渐停止蔓延。该病对小树和大树均有危害。一般土壤瘠薄、土壤过湿、过分干旱，肥水不足，栽培技术不规范，或其他病虫害严重等都易诱发该病的发生，感染该病的植株又会导致植株抗性降低，易造成死亡。发病因素：移栽时根系伤口多、根盘留得太小、根系留的太短、树体伤口多易发病，树势衰弱易发病。受低温冻害的发病重。地势低洼积水、排水不良、土壤潮湿、栽植过深易发病，过分干旱时发病重。如果深秋季节温暖、干旱，病害加重发生，直至死亡。害虫危害重的植株发病重。新移栽植株，长途调运，在途时间长，苗木失水过多易发病。

(5)防治技术

①林业防治。设立苗木检验制度，凡是绿化工程的苗木，一律要经过检验合格后，才可定植。从源头堵截病原、虫原。凡是有检疫对象、危险性病虫害、难以防治的病虫害树苗一律禁用。选用长势优良、无病虫害的树苗。受雪灾或严重冻害地区的南方树种苗木，在冻害后的三年内，最好不要作为移植对象。定植地要达到雨停无积水；移栽前一个月，要挖好定植穴，晒土、灭菌、灭虫。移挖苗木时，尽量把根盘留大一点，根系留长一点，尽量减少移栽与定植之间的相隔时间，以防苗木过多失水，影响成活。及时清除病死株、重病株，集中烧毁，病穴施药，以减少侵染源。土壤病菌多或地下害虫严重的地块，或已流行树木干腐病、溃疡病的定植地区，在移栽浇灌定植水前，穴施防治病虫害的混合药剂，然后浇灌定植水。病重的幼树没有防治的价值，应该挖除，集中烧毁，病穴施药或撒施生石灰，补栽时应错开原树穴。采用测土配方施肥技术，施用酵素菌沤制的堆肥或腐熟的有机肥，适当增施磷钾肥，培育壮苗，增强植株抗病力，有利于减轻病害。要建立定时、定点巡视制度，一旦发现该病，立即进行防治，尽量把病情在发病初期控制住，防治加重和蔓延。

②化学防治。涂抹：休眠期刮去胶块，再涂抹70%甲基硫菌灵可湿性粉剂300倍液、50%退菌特可湿性粉剂300倍液或抗菌剂102的100倍液等。发病初期喷淋或浇灌：20%络氨铜锌水剂400倍液、40%福美砷可湿性粉剂100倍液、50%多菌灵可湿性粉剂500倍液、70%甲基托布津可湿性粉剂800～1 000倍液、75%百菌清可湿性粉剂800倍液、70%甲基硫菌灵超微可湿性粉剂1 000倍液、50%苯菌灵可湿性粉剂1 500倍液、50%混杀硫悬浮剂500倍液、半量式波尔多液3～5次。每15 d喷1次，连续3～4次。涂抹法：发病初期的树体，可用排笔蘸50%多菌灵或70%甲基托布津或75%百菌清可湿性粉剂50～100倍液涂抹病部。吊针输液法：对于病重的高大植株、古老植株，应当在涂抹或浇灌药液的同时，采用吊针方法进行强化治疗，具体方法为：在树干上离地0.5 m左右(不可过高)呈45°角开个5 cm的小洞，洞深5～8 cm，用500 mL的吊针药袋装上药液，第一次药液用“二(2)”中的药剂；1个月之后用“二(1)”中的药剂和802生长素2 000～3 000倍混合物为药液，每次输液时间控制在一天左右。输液针头宜采用大号针，把针头小心插入孔内，洞口则用橡皮或胶泥封好，以防药液流出。输液的多少，可根据树体的大小而定，幼树500～1 000mL，大树可根据树体大小适当曾多。

5.3.93 碧桃褐斑穿孔病

(1)危害

碧桃褐斑穿孔病主要危害碧桃的叶片，也能危害新梢。常造成叶片上出现不同大小近似圆形的或不规则的孔洞，影响美观，也影响植株的光合作用，严重时叶片脱落。同时，该病也危害桃树、樱花、梅、李、杏等。

(2)症状

图 5-3-59 碧桃褐斑穿孔病

病株叶片首先出现红褐色小斑点,随后逐渐扩展为圆形或近圆形、直径为 1～4 cm、呈褐色的病斑,边缘清晰,略带环纹,斑周围呈紫色或红褐色;后期病斑两面出现灰褐色霉状物,即分生孢子梗和分生孢子;病斑中部干枯脱落,形成穿孔,病害严重时,全叶布满穿孔,引起落叶(图 5-3-59)。

(3)病原

真菌性病害,病原菌为核果穿孔尾孢菌(*Cercospora circumscissa* Sacc.),属半知菌亚门。子实层主要生于叶背;分生孢子梗 10～16 根束生,橄榄色,0～1 分隔,不分枝,直立或弯曲,有明显的膝状屈曲 0～3 处,大小为(12～32) μm×(3～4.5) μm。分生孢子梗的基部有菌丝团或子座。分生孢子鞭状、倒棒状或圆柱状,棕褐色,直立或微弯,3～12 分隔,大小为(24～120) μm×(3～4.5) μm。有性阶段为樱桃球腔菌(*Mycospha erella cerasella* Aderh.)。

(4)发病规律

病原菌以菌丝体在病落叶上越冬,也可在枝梢病组织内越冬。翌年春季在气温升高和降雨时,形成分生孢子,并借风雨传播,侵染叶片、新梢和果实。该病的发生与气候、栽植密度等有关,一般多雨的年份或梅雨季节期间,发病较重;栽培密度过大,通风透光不良,或夏季灌水过多,也是促使该病发生的有利条件。

(5)防治技术

①加强栽培管理。碧桃园要合理施肥,避免偏施氮肥,宜多用农家肥。注意排水,防止土壤表面积水。对黏重土壤要进行改良。适时修剪整形,剪除病枝,清除病落叶并集中烧毁。适当密植,使其通风、透光。

②化学防治。碧桃发芽前,可喷洒 3～5 波美度石硫合剂。发病期可喷洒等量式(1∶1∶200)波尔多液、50%苯来特可湿性粉剂 1 000～2 000 倍液或 65%代森锌 600～800 倍液。每隔 7～10 d 1 次,共喷 2～3 次。

5.3.94 碧桃缩叶病

(1)危害

该病主要危害桃树、樱花、李、梅等核果类木本花卉,引起早期落叶,减少新梢当年的生长量,影响当年及翌年的开花。发病严重时,树势衰弱,容易受冻害。

(2)症状

缩叶病主要危害叶片。发病严重时,嫩梢、花、果也可以受侵害。感病叶片病初呈波纹状皱缩并卷曲,颜色变为黄色至红色。发病后期,叶片加厚,质地变脆,颜色变为红褐色。发病严重的年份感病植株全株多数叶片变形,枝梢枯死。春末、夏初叶表出现灰白色粉层,即病原菌的子实层,有时叶背病部也出现白粉层。最后病叶逐渐干枯、脱落。感病嫩梢节间短,有些肿胀,颜色变为灰绿色或黄色,病枝上的叶片多呈丛生状、卷曲,严重时病枝梢枯萎死亡(图 5-3-60)。

(3)病原

真菌性病害,病原菌为畸形外囊菌(*Taphrina deformans* Berk.),隶属子囊菌亚门、半子囊菌纲、外子囊菌目、外囊菌属真菌。

图 5-3-60　碧桃缩叶病

(4)发病规律

病原菌在树皮、芽鳞上以芽孢子越冬或越夏,翌年的春季萌发产生芽管,穿透叶表皮或经气孔侵入嫩叶进行侵染。孢子借风力传播。侵入叶片的病原菌菌丝体在寄主表皮下,或在栅栏组织的细胞间隙中蔓延,刺激寄主组织细胞加速分裂;胞壁加厚,使病叶呈现皱缩卷曲症状。早春温暖干旱病害则发生轻。

(5)防治技术

①减少侵染来源。发病初期,在子实层未产生前及时摘除病叶、剪除被害枝条,并集中销毁。

②药剂防治。早春桃芽膨大抽叶前,喷洒 3～5 波美度石硫合剂,或 1∶1∶160 波尔多液预防侵染。桃树落叶后喷洒 3%的硫酸铜液,以便杀死芽上越夏、越冬的孢子。

③对危害较重的植株,及时补充肥料和水分,提高植株抗病力。

5.3.95　碧桃流胶病

(1)危害

碧桃流胶病,又称"疣皮病",主要危害碧桃的主干和主枝。流胶病还侵染桃花、红叶李、樱花、合欢、柳、椴树等多种观赏树木。

(2)症状

该病发生于枝干分叉处、树皮皮孔及伤口、裂缝口等处,初期病部稍膨大,变褐色,后流出半透明乳白色柔软的胶状物,雨后流胶现象更为严重。胶状物遇空气变黏滞状,黄褐色,干后呈坚硬的湖泊状胶块。被害部分的皮层及木质层变褐色腐烂,容易为腐生菌侵染(图 5-3-61)。

图 5-3-61　碧桃流胶病

(3)病原

真菌性病害和生理性病害,碧桃流胶系由真菌侵染引起,即由桃囊孢菌(属子囊菌亚门真菌)侵染所致。冻害、旱害、日灼、病虫害、机械损伤、过度修剪、操作时伤害、树势衰弱等都能导致发病。

(4)发病规律

分生孢子发芽温度为 8～40℃,最适温度为 24～35℃。病菌在枝条病斑部位越冬,于次年 3 月下旬至 4 月中旬开始喷射分生孢子,靠降雨水滴溅进进行传播,从枝条皮孔或伤口侵入,5～6 月是染病高峰期,到 9 月中下旬后由于气温下降,病菌才无力危害。

(5)防治技术

①在碧桃休眠期,即在桃树萌芽前用抗菌剂 402 的 100 倍液涂刷病斑,杀灭越冬病菌,减少侵染源。

②在碧桃生长期5～6月份，用50%多菌灵1 000倍液或50%甲基托布津1 000～1 500倍液等，每半月喷洒一次，连喷3～4次。发现流胶及时割除，后用石硫合剂涂抹伤口消毒，另外以接蜡或煤焦油等保护剂。

③加强果园管理，注意开沟排液，增施肥料加强树势，提高树体的抗病力。及时防治蛀干害虫，冬季枝干涂白，防止冻害和日灼，避免造成伤口。

④改良土壤，增施有机肥料，及时灌溉及排水，适时适度修剪，增强植株生长势。

5.3.96　桑花叶病

(1)危害

主要危害桑树。危害桑树叶片部位。

(2)症状

桑花叶病常见田间症状有花叶、环状叶、网状叶、丝状叶4种。花叶型叶面现深绿、浅绿和黄绿相间的花叶或斑驳状叶。环状叶型指叶面生大小不等的中间为绿色四周为浅绿色的同心圆状环斑。网状叶型叶片的主脉、侧脉、细脉两侧绿色加深，叶脉间的叶肉组织褪色，叶片现网孔状褪绿斑。丝状叶型叶片变小顶端叶肉或整张叶片的叶肉消失，呈丝状或带状(图5-3-62)。

图5-3-62　桑花叶病

(3)病原

病毒性病害。病原系由Mulberry ring spot virus(简称MyRSV)等多种病毒侵染引起。花叶型、丝状叶是由线状病毒侵染引起的，花叶型线状病毒长1 000 nm，宽16 nm；丝状叶型病毒长500 nm，宽12 nm。环状叶型病毒是球形病毒，直径26 nm。

(4)发病规律

桑花叶病毒主要在桑树枝条里越冬，通过嫁接或昆虫传染。病桑种子不传毒，摩擦接种传毒也难成功。桑树品种、气温、收获方法影响该病发生。一般年份早春气温15℃，易出现环斑症状，20～24℃大量出现25～28℃时易发生花叶型和丝状叶及网状花叶。每年5月份开始发病，6～7月份进入发病高峰期，以后气温升高，在高温条件下，普遍出现隐症。

(5)防治技术

①选用抗病品种。

②发病重的桑园或地区采取全年剪留枝干40～60 cm的收获方式，躲过病害发生高峰期可减轻发病。

③采用无性繁殖时，注意选用无病苗木作接穗或砧木。

5.3.97　桑葚菌核病

(1)危害

桑葚菌核病是肥大性菌核病、缩小性菌核病、小粒性菌核病的统称。主要危害桑树果葚。

(2)症状

桑葚菌核病是肥大性菌核病、缩小性菌核病、小粒性菌核病的统称。肥大性菌核病花被厚

肿，灰白色，病椹膨大，中心有一黑色菌核，病椹弄破后散出臭气。缩小性菌核病葚显著缩小，灰白色，质地坚硬，表面有暗褐色细斑，病葚内形成黑色坚硬菌核。小粒性菌核病桑葚各小果染病后，膨大，内生小粒形菌核。病葚灰黑色，容易脱落而残留果轴（图 5-3-63）。四川、江苏、辽宁、浙江、台湾均有发生。

图 5-3-63 桑葚菌核病

(3)病原

真菌性病害。病原菌①桑葚肥大性菌核病病菌（*Ciboria shiraiana* P. Henn.）称白杯盘菌（桑实杯盘菌），属子囊菌亚门真菌。分生孢子梗丛生，基部粗顶端细小，上生分生孢子。分生孢子单胞，卵形，无色。菌核萌发产生 1～5 个子囊盘，盘内生子囊，侧丝细长，内有 8 个子囊孢子，子囊孢子椭圆形，无色单胞，具隔膜 1～2 个。②桑葚缩小性菌核病病菌 *Mitrula shiraiana*（P. Henn.）Ito etlmai 称白井地杖菌，属子囊菌亚门真菌。分生孢子梗细丝状，具分枝，端生卵形至椭圆形分生孢子，单胞，无色。从菌核上产生子实体，单生或丛生。子实体有长柄，柄部扁平，有的稍扭曲，灰褐色，生有茸毛。子实体头部长椭圆形，具数条纵向排列稻纹，浅褐色，子囊生在头部外侧子实层里，内生子囊孢子 8 个。子囊孢子单胞无色，椭圆形。③桑葚小粒性菌核病病菌 *Ciboria carunculoides* Siegler et Jankins 称肉阜状杯盘菌；属于囊苗亚门真菌。分生孢子近球形。子囊盘杯状，具长柄。子囊圆筒形，内生 8 个子囊孢子，子囊孢子肾脏形，有半球形小体附着。侧丝有分枝，有隔或无隔。

(4)发病规律

病菌以菌核在土壤中越冬。翌年（桑花开放时）条件适宜，菌核萌发产生子囊盘，盘内子实体上生子囊释放出子囊孢子，借气流传播到雌花上，菌丝侵入子房内形成分生孢子梗和分生孢子，最后菌丝形成菌核，菌核随桑葚落入土中越冬。春季温暖、多雨、土壤潮湿利于菌核萌发，产生子囊盘多，病害重。通风透光差，低洼多湿，花果多，树龄老的桑园发病重。

(5)防治技术

①园艺防治。清除病格桑园中病椹落地后应集中深埋。翌年春季，菌核萌发产生子囊盘时，及时中耕，并深埋，减少初侵染源。

②药剂防治。花期喷洒 50%腐霉利（速克灵）可湿性粉剂 1 500～2 000 倍液或 50%农利灵可湿性粉剂 1 000～1 500 倍液、50%扑海因可湿性粉剂 1 000～1 500 倍液、70%甲基硫菌灵（甲基托布津）可湿性粉剂 1 000 倍液、50%多菌灵可湿性粉剂 800～1 000 倍液，喷树冠有良好的防效。

5.3.98 桑萎缩病

桑树萎缩病是一种十分危险的病害，分布在我国江苏、浙江、安徽、山东、福建、广东、四川、湖北、河北、黑龙江等地。此病近年来日渐增多，尤其江浙江界的太湖地区，每年发病率一般为 5%～15%，重病区达 30%以上，很多病株数年后即枯死。

(1)症状

三种类型的萎缩病都是全株性病害，一般先由少数枝条开始发病，逐渐蔓延到全株。病条细短，节间变密，腋芽早发，生有侧枝，但三者具有不同的特性。

花叶型萎缩病的病叶叶脉间出现淡绿至黄绿色的大小不一的斑块，叶脉附近仍为绿色，形成黄绿相间的花叶，病叶常向上卷缩，叶背的叶脉常有小瘤状和棘状突起，在发病严重时更为显著，细脉变褐。在夏、秋季同一病枝上的叶片，由于受气温的影响，常有表现症状和不表现症状的间歇现象。病株易遭受冻害。

萎缩型萎缩病的病叶在发病后逐渐缩小，叶片皱缩，叶色由稍带黄色渐变为黄色，叶质硬脆，裂叶品种的叶片变为圆叶，枝条细短，节间变密，叶序紊乱，侧枝细长，春芽早发，被叶早落，严重时病叶显著缩小，但不皱缩，叶色黄化，枝条细短，细根发霉。

黄化型萎缩病的病叶显著黄而小，叶质粗糙，病叶向反面卷缩，叶序紊乱。发病初时常出现上部叶片小，下部叶片大，形如塔状。发病严重时，病树一经夏伐，叶小如猫耳朵，腋芽秋发，侧枝多而细短，簇生成团，似绣球花。病株不生桑果，细根变褐萎缩，二三年内枯死。

(2)病原

桑萎缩病从症状上可分为花叶型、萎缩型、黄化型三种。据我国研究初步认为，萎缩型萎缩病和黄化型黄化病是病毒和类菌质体协同作用引起的病害，而花叶型萎缩病则可能仅是一种单纯的病毒性病害。

(3)发病规律

三种萎缩病都可通过嫁接传染。萎缩型和黄化型萎缩病也可通过媒介昆虫如菱纹叶蝉和拟菱纹叶蝉传播。三种病型在地下水位高、偏施氮肥时都易感病。病害的发生与气候、桑品种、采伐等关系密切。黄化型发病在30℃以上最为适宜，20℃以下转为隐症，因而黄化型的发病期在6～10月份，7～9月份为盛发期；花叶型发病在25℃以下为适宜，30℃以上转为隐症，花叶型萎缩病多发生在春季及初夏，其次在9～10月份间，盛夏至秋初温高，病害隐症，发生较少，桐乡青、白条桑和剑持等品种较易感染此病。萎缩型和黄化型萎缩病多发生在夏、秋季，夏伐后随气温上升，症状急剧表现，特别是夏伐过迟，秋叶采摘过度时为害更重；一般火桑、红顶桑、嵊县青等品种极易感染萎缩型萎缩病，红皮大种、荷叶白等品种极易感染黄化型萎缩病。

(4)防治方法

①防治桑萎缩病应加强检疫，防止病区桑苗和接穗向无病地区调运。如不得不采用病区少量接穗时，则应在前一年症状明显时对母本桑园逐株检查标记(花叶型萎缩病于5、9、10月份检查，萎缩型和黄化型萎缩病于7～9月检查)，在病株上绝对不能剪取接穗，对其他外表健壮的接穗应在55℃温汤中浸10 min（对抑制萎缩型萎缩病的发生有一定效果)，或用55℃的0.1%硫代硫酸钠溶液浸渍10 min(对抑制黄化型萎缩病效果较好)。

②栽植时应注意选栽抗病品种，抗花叶型萎缩病能力较强的有荷叶白、团头荷叶白、湖桑197等，抗萎缩型萎缩病较强的有桐乡青、荷叶白、团头荷叶白、湖桑197，抗黄化型萎缩病能力强的有团头荷叶白、桐乡青、湖桑199、育2号等。各地可因地制宜选种。

③发现病株及时挖除，以杜绝病原，防止蔓延。积极药杀媒介昆虫。加强桑园管理，合理施肥，并注意多施有机质肥料和氮、磷、钾三要素的配合施用。低湿桑园要注意开沟排水，适时夏伐，不可太迟，秋叶适当留养，一半每次秋蚕后应保留上部1/3的叶片，晚秋蚕后应保留七、八片顶叶，防止采摘过度，以利桑树生长，增强树体抗病能力。对湖桑中发病较轻的萎缩型病株，采用春伐复壮，可减轻病害。

④药剂防治。盐酸土霉素对黄化型和湖桑中的萎缩型萎缩病治疗有一定的疗效，但部分病株经一定时间仍会复发。以每毫升含 1 万～2 万单位的土霉素药液，于 4～10 月份间，加压注射至病桑树中。一般用药量为 20～40 mL。也可以用每毫升含 1 千～2 千单位的土霉素药液在栽植前浸根 3 min，这对黄化型萎缩病有较好的疗效。据试验，用 100 单位硫脲嘧啶药液在夏伐前进行喷雾，对萎缩型萎缩病也有疗效。

5.3.99 桑细菌性黑枯病

桑细菌性黑枯病又名桑缩叶细菌病、桑疫病、烂头病，分布较广，是桑树重要病害之一。近年来，在苏北地区发生面积较大，为害程度严重，同时易发生蔓延。严重田块，病株率高达 90%以上，对蚕桑生产造成很大损失。

(1)症状

桑细菌病是由细菌寄生而引起。发病时，以幼嫩叶片发病较早，最初叶片发生圆形或不规则形的油渍状斑点，逐渐扩展成黄褐色，病斑周围叶色稍褪绿变黄，气候干燥时中部破裂。严重时叶片大部分发黄，很易脱落。病梢的叶片多变黑腐死，形成烂头现象。叶脉和叶柄被害，常使叶片皱缩，生长畸形。枝条被害，常出现粗细不等稍凹陷的棕褐色点线状病斑，在气候潮湿时病斑上产生大量蜜黄色球状细菌溢脓，溢脓干燥后，成为有光泽的小粒。

(2)病原

是一种细菌中的假单胞杆菌属，菌体是短杆状，两端圆形，极生束鞭毛 1～10 根，不形成芽孢，有疏松荚膜。

(3)发病规律

桑细菌性黑枯病的病菌在枝条上形成越冬病斑，第二年春暖潮湿时，病斑里的细菌大量繁殖，产生溢脓，借风、雨和枝条接触，传播到邻近桑树的幼芽、叶片上，从伤口和气孔侵入，引起初次发病的新病斑大量溢脓，扩大为害。高温多湿有利病菌繁殖，尤其风雨袭击和虫害造成的伤口，病菌更易侵入为害，引起再次侵染，经 7 d 后发病，带病菌木和接穗是本病远距离传播的传染源，该病在高温 25～30℃，相对湿度 85%以上发生严重。相对湿度在 80%以下，无风雨发病则轻，桑品种对该病的抗病力差异很大。桶乡青、白条桑、四面青、白皮火桑等桑品种较易发病。此外，酸性土壤、地势低洼、地下水位高及抬风地段桑园发病较多，容易诱发此病，偏施氮肥，枝叶徒长有加重病情趋势。

(4)防治方法

①防治桑细菌性黑枯病也应注意检疫，病条不可作接穗，苗地发现病苗及时拔除烧毁，并用 0.6%～0.7%波尔多液喷苗地，防止蔓延，及时剪除烧毁病条。对发病严重的幼龄桑树，可降干春伐，重新发条。新种桑园可选种大种桑、湖桑 197、湖桑 199，荷叶桑等抗病高产品种。

②加强常年肥培管理，早施夏肥，多施有机质肥料，防止桑园过湿或土壤酸度过大。夏、秋期用叶，应摘叶留柄，防止损伤冬芽。

③在发病初期用 100 单位农用链霉素或 300～500 单位盐酸土霉素药液喷雾杀菌，10 d 喷一次，连喷二三次，为节省药液，也可先将病部剪去，后再将药液喷于顶梢嫩尖部及伤口，防治效果良好。

5.3.100 桑褐斑病

桑褐斑病又称“焦斑”“烂斑”“烂叶”，是桑树叶部的主要病害之一。在云南省的鹤庆、祥云、沾益等主要蚕区均有发生，是目前危害云南省桑园的主要病害之一。

(1)症状

桑褐斑病是由一种半知菌寄生于叶片而引起，一般嫩叶发生较多，病斑初为暗色、水渍状，芝麻粒大小的斑点，后逐渐扩大成轮廓明显、边缘为暗褐色、中部淡褐色的近圆形或不规则形的病斑，斑上环生白色或微红色后变黑褐色的粉质块，即病菌的分生孢子盘。同一病斑可发生在叶片的上、下表面。病斑吸水膨胀，易腐败穿孔，干燥时裂开。严重时病斑互相连接成大病斑，形成烂叶现象，叶片易枯黄脱落。如果受叶脉的限制便形成多角形或不规则形。发病后期病斑直径 2～10 mm，病斑边缘色较深呈暗褐色或茶褐色，中央呈淡茶褐色或灰色，并散布小点状白色或淡红色的粉质块，略作环状排列，这种粉质块在同一病斑的正、反两面都存在，最后变成黑褐色残留在病斑上。

(2)病原

桑褐斑病为真菌性病害，病原属半知菌亚门腔孢纲黑盘孢目黑盘孢科黏格孢属真菌。病斑上的粉质块实际上是病菌的分生孢子盘，淡红色稍带黏性的粉质状物是病菌的分生孢子。

(3)发病规律

桑褐斑病的病菌以分生孢子盘在残留的病叶上越冬，第二年春暖，产生分生孢子，随风，雨传播到嫩叶的叶面，经十天、半个月产生新病斑，其上产生新的分生孢子，引起初侵染；一般病原菌孢子入侵后 8～10 d，即出现病斑，再通过 4～5 d，病斑上又产生粉质块，形成大量的分生孢子，引起再次侵染。在整个桑树生长季节内，如果气候条件合适，即可引起多次再侵染，不断扩大危害，甚至发生病害流行。病菌也可能以菌丝体在新稍上端越冬，成为第二年的侵染源。高温多湿和日照不足，病菌繁殖快。江、浙地区一般 4 月下旬至 5 月下旬发病最重，其次 9 月前后，一直延续到落叶前。桑园在地下水位高、河流多等多湿环境发病较重。通风透光差，缺肥或偏施氮肥等而造成桑树生长不良或徒长，常易促使病害的发生。此外，白条桑、红皮大种、嵊县青等品种较易感病。

(4)防治方法

①防治桑褐斑病应在发病期和落叶期及时收集病叶作堆肥，防止蚕沙中的病菌扩散，冬季剪梢，特别是强剪梢能去除梢端病原，同时实行冬耕，将残留病叶深翻到底层土中，加速病叶腐烂，消灭越冬病原。

②加强桑园管理。注意桑园通风透光，对多湿桑园要注意开沟排水、防止土壤多湿。及时翻埋绿肥，多施河泥、塘泥、垃圾等有机肥料。酸性土壤结合冬耕每亩施石灰 30～50 斤，促进桑树生长健壮，增强抗病性。勤除杂草以免通风不良和病菌躲藏。

③选种优良品种。桐乡青，荷叶白、团头荷叶白、湖桑 197 等桑品种抗病较强。

④药剂防治。对病害严重的桑园，在春季桑树发芽前，结合治虫，普遍喷一次 4～5 波美度石硫合剂，以消灭枝干上的越冬病菌。在发病早期可用 50%多菌灵的 1 500 倍液，加 0.05%肥皂粉作展着剂喷于叶片，经 10～15 d 后再喷一次，防治效果良好。秋蚕结束后饲料桑园和苗圃可喷 0.6%～0.7%波尔多液。发病严重地区，应在每次养蚕上簇后及时用 50%多菌灵可

湿性粉剂 1 000～1 500 倍液、70%甲基托布津可湿性粉剂 1 500 倍液或 65%代森锌可湿性粉剂2 000 倍液进行喷施桑园。

5.3.101 桑赤锈病

桑赤锈病又称赤粉病、金桑、金叶等。分布在全国各植桑区。主要为害桑树嫩芽、幼叶、新梢、花格等。嫩芽染病病部畸形或弯曲，桑芽不能萌发。

(1)症状

桑赤锈病由一种担子菌寄生于芽叶、叶片及新梢上而引起。也能为害桑葚。春期气温升高，菌丝蔓延产生锈孢子，侵入芽叶。芽叶被害后成肥厚，弯曲成畸形，表面有大量鲜橙黄色粉末。叶片被害后，上、下表面产生淡黄色渐变为橙黄色隆起的点状病斑，并沿叶脉、叶柄方向蔓延，严重时表皮破裂散出橙黄色粉末(即锈孢子)布满叶片。新梢、叶柄及叶脉被害后产生橙黄色狭长形病斑，严重时，生长畸形，新梢上遗留下来的病斑逐渐变成黑褐色梢陷入的疤痕，内有菌丝体。

(2)病原

桑锈孢锈菌[*Aecidiummori*(Barclay)]引起，属担子菌亚门真菌。锈孢菌菌丝生在表皮下细胞间，菌丝直径 4～6 μm，具隔膜，菌丝生出吸胞，钻入桑树细胞里吸取养分。吸胞长 7～15 μm，多呈圆筒形。锈子器直径 150 μm，器内面底部生无色圆形的锈子梗，顶生连锁状锈孢子。锈孢子圆形，初无色，渐呈橙黄色，成熟的锈孢子生厚膜，表面附微小突起，锈孢子大小(13～18) μm×(11～15) μm。

(3)发病规律

桑赤锈病的病菌以菌丝体在病枝上越冬，第二年春暖开始，蔓延产生锈孢子，借风雨传播。在南方气候温暖地区，则也能以锈孢子器在病叶中越冬。高温多湿的闷热雨季，有利病菌的繁殖，乔木桑、养桑等更易发病。此外，低洼多湿、通风透光不良及偏施氮肥等均能加重病害的发生。锈孢子形成温限 5～25℃，最适温度 13～18℃，相对湿度高于 90%。若湿度低于 88%锈孢子难于形成。气温高于 30℃，湿度低于 80%时，病害扩展缓慢或停滞。长江流域 4～6 月份发病严重，黄河流域发病期在 4～9 月份，我国南方温暖地区在 5～6 月份和 9～10 月份进入发病高峰期。该病发生程度与品种及农业措施有关，山东的鲁桑、实生桑、广东的伦教 40 号发病重，湖桑发病则轻。新老桑树混栽、春伐夏伐兼行、收获叶不伐条、留枝留芽或出扦法收获以及留大树尾收获的，都造成桑树生育期间树上留有绿叶，利于病菌存留和侵染，易发病。

(4)防治方法

①消灭病原。冬季剪除一年生病枝，尤其是年年发病的乔木桑，其病原往往是造成大片桑园发病的源地，应加强整枝，发病严重的应降干，以消灭越冬病原。春季发芽后，发现病芽、病叶、病梢应及时剪除烧毁或制作堆肥，以防病原扩散。

②加强桑园管理。对低洼地注意开沟排水，密植桑园要及时采叶，以利通风透光。注意合理施肥，防止偏施氮肥以增强树体抗病力。

③药剂防治。发病初期的桑园，喷洒 0.4～0.5 波美度石硫合剂加 0.2%硫酸铁铵的混合液，杀灭叶面病菌，抑制病害。也可使用 65%代森锌 400 倍液或 50%二硝散 150 倍液作为保护剂。在暂不采叶的季节或苗圃可喷洒 0.5%波尔多液。

5.3.102 桑里白粉病

桑里白粉病又称白粉病、白背病。分布在全国各植桑区。多发生于枝条中下部将硬化的或老叶片背面，枝梢嫩叶受害较轻。

(1)症状

桑里白粉病是由一种子囊菌寄生而引起的病害，以成熟叶及偏老叶发生较多。发病后，叶背散生白粉状圆形病斑，并逐渐扩大，连成一片，严重时布满叶背。同时，在叶表面与叶背病斑的相对处随即变成淡黄褐色，发病后期，病斑上密生黄色至黑色的小粒点，即病菌的闭囊壳。

(2)病原

桑生球针壳 *Pbllactiniamoricola*(P. Henn.)Homma 引起，属子囊菌亚门真菌。菌丝体不分枝，纵横交错。菌丝匍匐于叶背，以吸器伸入寄主细胞摄取营养，叶面菌丝垂直长出分生孢子梗，无色，具 3～4 个隔膜，顶端膨大成分生孢子。分生孢子多单生，无色，棍棒状，大小(60～86) μm×(19～26) μm。后期形成闭囊果，扁球形，直径 183～283 μm，周边具针状附属丝 5～18 根，有时多至 32 根。闭囊壳内具子囊 9～14 个。子囊无色，圆形，基部有短柄，大小(60～105) μm×(25～40) μm，内有子囊孢子 2～3 个。子囊孢子无色或淡黄色，单胞，椭圆形，大小(30～49) μm×(19～26) μm。此外，有报道 UncinulamoriMiyake 称桑钩丝壳，也是该病病原。

(3)发病规律

桑里自粉病的病菌以闭囊壳在病叶或枝干上越冬，第二年夏季散出子囊孢子，发病最适温度 22～24℃，相对湿度在 30%～100%范围内孢子均能发芽，相对湿度 70%～80%最适。随风、雨传播至桑叶上侵入，经 8～10 d 潜育产生白色病斑，后产生大量分生孢子，进行再侵染，至晚秋形成闭囊壳越冬。条件适宜时，成熟的分生孢子经 2 min 即发芽，形成菌丝，25℃经 72 min 又产生分生孢子，一批分生孢子脱落后，隔 3～5 min 又形成一批。当年病叶上产生的分生孢子进行再次侵染，扩大为害。气温低的山区较平地桑园易发病，一般桑园湿度大、通风不良的或缺钾桑园易发病，实生桑及硬化较早的桑品种易发病，春伐桑比夏伐桑发病较多。江、浙地区以 9～10 月间发生居多。

(4)防治方法

①应及时收集病叶烧毁或作堆肥，并结合除虫在冬季用石灰硫黄合剂涂抹枝干，以消灭越冬病原。加强桑园培育管理，夏伐后及时追施夏肥，干旱季节注意抗旱以延迟桑叶硬化。

②合理采摘夏、秋叶，及时采去下部叶片，以利通风透光，减轻病害。

③选着抗病性强的品种。不同桑品种对桑里白粉病的感染程度不同，荷叶白、团头荷叶白、湖桑 197、大叶瓣、油桑等品种抗病力强。

④药剂防治。在发病初期可用 50%托布津 1 000 倍液或 70%甲基托布津 1 500 倍液间隔 10～15 d 连续二次喷于叶背，有良好的防治效果，喷药后第二天就可采叶。也用 1%～2%硫酸钾或 5%多硫化钡液喷洒。

5.3.103 桑污叶病

(1)症状

桑污叶病由一种半知菌寄生而引起。为害叶片，以枝条下部叶片发生较多，初在叶背产生

煤粉状圆形病斑，逐渐扩大，严重时布满叶背。同时在病斑相对的叶表面随即变成灰黄色或暗褐色。本病常与桑里白粉病并发，形成黑白相间的混生现象。

(2)病原

旋孢霉引起的，属半知菌亚门真菌。菌丝匍匐于叶背面，吸盘附在叶面上，以菌丝从气孔侵入到叶组织内吸取营养。分生孢子梗褐色，多从匍匐菌丝上或气孔中长出，直立或丛生，圆筒形，大小(33～56) μm×(4～6) μm，顶端生数个小突起，且多在近基部生隔膜 2～3 个；在每个小突起上产生分生孢子，有的从菌丝上直接产生分生孢子。分生孢子褐色，形状不一，基部大，端部细，着生在分生孢子梗上的有倒棍棒状的，也有圆筒状的，具隔膜 2～7 个，大小(25～37) μm×(4～6) μm；着生在菌丝上的基部细，端部粗，呈棍棒形，具隔膜 4～7 个，大小(45～65) μm×(3～5.5) μm。

(3)发病规律

据研究认为，桑污叶病的病菌主要以菌丝在病叶上越冬，第二年夏、秋产生分生孢子，而引起扩大为害。其发病环境同桑里白粉病。借风雨传播，引起初侵染，后在新病斑上又产生分生孢子进行再侵染。潜育期 26 d 左右，从初侵染到再侵染历时 21 d 左右。该病多发生在晚秋落叶前，山桑系叶片硬化早的品种易发病，通风透光差，夏、秋季干旱发病重。

(4)防治方法

①桑污叶病的关键在于清除残留的病叶，晚秋落叶前，摘取桑树残留叶做饲料或沤肥，减少下年的菌原，在浙江地区应在 11 月中下旬前，彻底摘去桑树上所有的病叶和健叶。在室内贮作饲料的，也应在次年 4 月清明以前处理完毕，防止病菌飞散传播。又由于本病先发生在桑树中下部的老叶上，因此，分期养蚕，自下而上摘叶，并注意桑园肥水管理以延迟桑叶的硬化，有利于减少发病。

②加强肥培管理。夏伐后适时增施肥料，秋季干旱时及时灌溉，使桑叶鲜嫩。

③发病初期喷洒 70%代森锰锌可湿性粉剂 500 倍液或 65%代森锌可湿性粉剂 600 倍液、65%甲霜灵可湿性粉剂 1 000 倍液、50%多霉灵可湿性粉剂 800 倍液。

5.3.104 桑芽枯病

(1)症状

桑芽枯病由一种子囊菌寄生而引起，以中、上部枝条发生较多。在 3～4 月间，桑树春季发芽前后，常在冬芽和伤口周围产生红褐色稍下陷的油渍状病斑，而后慢慢扩大，并密生稍隆起逐渐突破表皮的粉红色至橙红色的肉质小粒，即病菌的分生孢子座。发病后，易造成冬芽不萌发或发芽后芽叶急剧萎凋枯死，病斑在病枝上可在几处同时发生，严重时病斑扩大环围枝条，树液流动被阻，病部以上枝条逐步枯死，皮层易腐烂散出酒精气味。在气候干燥时病部常出现紫黑色颗粒，即病菌子囊壳。若病斑只限于一处，则易造成病部呈瘤肿状。

(2)病原

由真菌引起，已知有三种病原菌。常见种为桑生浆果赤霉菌(*Gibberella baccata*)无性阶段为桑砖红镰孢(*Fusarium lateritum*)分生孢子座上密生无色有隔的分生孢子梗，顶生镰刀形，有 3～5 个隔膜的分生孢子。子囊壳座半球形，其上群生数个至数十个子囊壳。子囊壳球形或椭圆形，内生无色、基部有柄的棍棒状子囊。子囊内长有椭圆形、无色、3 个隔膜的 8 个子囊孢子。

(3)发病规律

桑芽枯病的病菌以子囊壳在病枝上越冬,第二年早春弹出孢子,通过皮孔和伤口侵入芽和枝条进行为害,当年病枝上产生的孢子,引起扩大为害。浙江省多发生在2月下旬至4月下旬的低温多湿季节。秋叶采摘过早、过度或秋季氮肥施得多而迟的桑树,发病严重,虫蛀多、冻害重的地区,发病较多。若局限于枝条上轻病斑,可形成愈伤组织,外表皮露出纵横不齐的黑褐色韧皮纤维。

(4)防治方法

①加强桑园管理。应注意合理采摘秋叶,尤其幼龄桑园,一般应以保留上部1/3的叶片;早施秋肥,合理配施氮、磷、钾肥,以促使桑树生长健壮,增强桑树的抗病能力。加强桑园治虫,采摘秋叶要留叶柄,以防损伤冬芽,冬季结束,冬耕等操作避免枝条造成伤口,对已发病的桑园应及时剪去并烧毁。

②药剂防治。严重发病的枝条,局部病斑也应及时刮除烧毁,以上伤口都须用1%硫酸铜液或65%代森锌500倍液进行消毒,然后涂上20%石灰乳或涂8%波尔多液浆(现配现用)进行保护。发病严重的桑园冬季用5波美度石硫合剂进行消毒,可以预防病害的发生。

5.3.105 桑干枯病

(1)症状

桑干枯病是由一种子囊菌寄生而引起。病菌多在早春融雪后,侵害离地面较近的枝干。发病时,常在冬芽周围产生油渍状暗色圆形或椭圆形病斑逐渐扩大成赤褐色。被害部呈鲨鱼皮状小突起,最初伏在表皮内,初夏时变为黑色小粒而露出表皮。被害冬芽常萎凋成赤褐色,即使发芽,芽叶萎凋。病害严重时病斑常互相连接成大病斑而包围枝条,阻断树液流动,造成枝条从基部枯死。

(2)病原

Diaporthe nomurai Hara. 称桑间座壳,属于囊菌亚门真菌。病斑上小疹即病菌子座,内具子囊壳和分生孢子器。分生孢子器扁球形,暗褐色,大小(400～800) μm×(100～200) μm,具长颈口,通过子座开口于表面。器中分生孢子单胞无色,大小(10～15) μm×(1～2) μm,线状或纺锤形。分生孢子器周围生黑色子囊壳,球形至扁球形,大小220～300 μm;子囊棍棒状,内生8个纺锤形子囊孢子,大小(10～15.5) μm×3.5 μm。

(3)发病规律

桑干枯病的病菌以分生孢子器及子囊壳在枝条上越冬,第二年散出孢子,从伤口侵入树体,亦能从皮孔侵入为害。此病在严寒积雪地区发生较多,尤其低干桑园发病较重。病害在虫伤多、秋季雨水多或氮肥施得多而迟时,发病严重。

(4)防治方法

①加强桑园管理,及时清理病残叶。早施秋肥,提倡施用酵素菌沤制的堆肥及桑树专用肥,防止偏施速效性氮肥,增施有机肥,严寒积雪地区,应多施堆肥或草木灰,以增强桑树抗病能力。在桑干枯病发病严重的寒冷地区,桑苗种植后,在数年内应采用包扎稻草、壅土等防冻措施,并用高干或乔木养成。如春季枝条发病,即行春伐;主干发病时,可在根部嫁接更新,伐

下的病条，病干要及时烧毁，防止病害蔓延。

②药剂防治。可在秋季用1%波尔多液或4波美度石灰硫黄合剂，或用柏油1份、水4份、肥皂0.35份的混合剂在桑树树干基部散布1～3次。必要时喷洒50%甲基硫菌灵可湿性粉剂600～1 000倍液或50%多菌灵可湿性粉剂1 500倍液、25%苯菌灵乳油800倍液。早春在枝条上发现少数病斑时，应用小刀刮除，并用石灰硫黄合剂或柏油合剂涂抹削口，防止病害发展。

③重病区选栽抗病品种，如山桑系抗病品种。

5.3.106 桑拟干枯病

又称桑胴枯病。

(1)症状

桑拟干枯病由多种子囊菌或半知菌寄生而引起，以枝条的中、下部或半截枝发生较多。常以冬芽为中心产生褐色长椭圆形的病斑，以后逐渐扩大。病斑湿润时如水肿状，干燥后稍凹而皱缩，被害皮层易剥离，皮下密生黑色小点，即病菌的子囊壳或分生孢子器。病枝上的病斑数目不等，少则一二个，多至十余个，常互相连合成大病斑。发病后冬芽常不萌发或发芽后迅速萎凋，严重时病斑扩展绕枝条一圈，致使病部以上枝条逐渐枯死。

桑拟干枯病　因病原不同，分为桑平疹干枯病、桑腐皮病、桑粗疹病、桑丘疹干枯病、桑密疹干枯病、桑枝枯病、桑小疹干枯病等多种。桑平疹干枯病主要为害半截枝或幼龄枝条及苗干，产生椭圆形大病斑，有的长达30 cm，黄褐至赤褐色，潮湿时呈水肿状，干燥后凹陷皱缩，病健部分界明显，病树树皮易剥离，表皮裂开后呈黑色，皮下生有黑色密集小疹。

桑腐皮病　染病枝干上密生很多小黑点，突起粗糙且明显，似鲨鱼皮状。桑枝枯病多为害桑苗或幼树，在近地面枝条基部2～3 cm处，产生黑褐色病斑，皮层坏死脱落，凹陷明显，四周生出很多暗黑色小疹。

(2)病原

桑平疹干枯病病原有3种：*Massaria phorcioides* Miyake. 称梭孢黑团壳，属子囊菌亚门真菌。子囊壳球形至扁球形，表面有菌丝柔组织缠绕，孔口部乳头状，开口在表皮外，内生子囊和侧丝。子囊棍棒状，内生子囊孢子8个排成2列。子囊孢子初无色，后变黑褐色，具隔膜4～6个。M. moricola Miyake称桑生黑团壳，属子囊菌亚门真菌。子囊壳球形或近圆形，壳壁黑色，内生少数子囊，子囊有短柄，子囊孢子具3个隔膜，四周有胶质膜包围。*M. mori* Miyake 异名 *M. mori*(P. Henn)Ito. 称桑黑团壳，属子囊菌亚门真菌。子囊壳与桑生黑团壳相似。子囊圆筒形，具短柄，大小(140～160) μm×(40～50) μm，内含8个子囊孢子。子囊孢子纺锤形至长圆形，具3个隔膜，大小(51～65) μm×(18～26) μm。

(3)发病规律

桑拟干枯病的病菌以子囊壳或分生孢子器在枝干上越冬，第二年春散发出孢子，随风雨及昆虫的传播，通过伤口或皮孔侵入，扩大为害。以生长衰弱的幼龄桑树及虫伤口多的桑园发生较多。桑园管理不善，施肥不当发病重也容易发病。

(4)防治方法

防治方法同桑芽枯病。

5.3.107 桑膏药病

(1)症状

桑膏药病有灰色膏药病和褐色膏药病两种。由一种担子菌寄生而引起,以老枝干发生较多,一年生枝很少发生。发病后枝干上生出圆形或不规则形的菌膜。灰色膏药病菌膜表面比较平滑,一般中部呈暗灰色,外层为暗褐色,边缘一圈灰白色,形成明显的轮纹状,老的菌膜颜色较深,一旦裂开,易剥离,边缘常产生新的菌膜。褐色膏药病菌膜为栗褐色或褐色,表面呈绒状,老菌膜也易裂开。严重时枝干常因菌膜扩大紧贴,致使局部形成凹陷现象,枝干生长衰弱。

(2)病原

灰色膏药病病原 *Septobasidiμm pedicellatμm* (Schw.)Pat. 称柄隔担耳菌,属担子菌亚门真菌。菌丝有两层,初生菌丝具分隔,无色,后期变为褐色至暗褐色,分枝茂盛相互交错成菌膜。子实层上先长出原担子,后在原担子上产生无色圆筒形担子,初直,后弯曲,大小(20～40) μm×(5～8) μm,具分隔 3 个,每个细胞抽生一小梗,顶生一个担孢子。担孢子单胞无色,长椭圆形,大小(12～24) μm×(3.5～5) μm。褐色膏药病病原 *Septobasidiμm tanakae* Miyabe 称田中隔担耳菌,属担子菌亚门真菌。菌丝褐色具隔,也有两层,交错密集成厚膜,多从菌丝上直接产生担子,担子无色,棍棒状,具分隔 3 个,直或弯,大小(27～53) μm×(8～11) μm,侧生的小梗上各生 1 担孢子。担孢子无色,长椭圆形。

(3)发病规律

桑膏药病的病菌以菌膜在枝干上越冬,第二年梅雨期产生担孢子,常由桑介壳虫等传至健康枝干上,在其分泌物上萌发抽出菌丝,引起为害。一般桑介壳虫严重的桑园,发病较多。此外,桑园潮湿,通风透光不良,易加重病害的发生。

(4)防治方法

防治桑膏药病首先应消灭病原,冬季用刀或竹片刮除菌膜,再涂抹 5～6 波美度的石灰硫黄合剂或 20%石灰乳或直接在菌膜上涂抹上述两种药剂,也可用 10%～20%石灰氨液涂抹。还要积极消灭桑介壳虫,并防止桑园积水或多湿,促使通风透光。

5.3.108 桑紫纹羽病

桑紫纹羽病又称霉根、泥龙、烂蒲头等。

(1)症状

桑紫纹羽病由一种担子菌寄生而引起,病菌一般先从幼根侵入,然后扩展到主根。根部被害后,根皮失去光泽,渐变为黄褐色,最后成黑褐色。严重时,皮层腐败,木栓层和木质部很易分离,呈笔套管状。被害根表面缠有紫红色的根状菌索,并向露出地面的根颈部扩展形成厚紫红色的绒状菌膜,5～6 月间膜上生出子实层。在腐朽的根部除菌丝索外,还生有紫红色的菌核。根部受害后,芽叶生长缓慢,叶形变小,叶色褪绿,气温较高时,芽叶迅速萎凋,随着病情的加剧,桑芽不发,枝梢枯萎,以致全株枯死。

(2)病原

桑卷担子菌 *Helicobasidium mompa* Tanaka. 属担子菌亚门真菌。菌丝有两种:一种是营养菌丝,侵入皮层;另一种是生殖菌丝,寄附于根表面。营养菌丝黄褐色,粗细不一。生殖菌

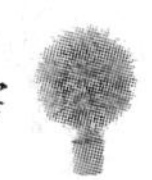

丝紫褐色，老熟菌丝节间内有空胞，菌丝纠结成根状菌素。菌索呈不规则网状，外松内紧，后期发育成不规则形苗丝块。腐朽根部产生半球形菌核，菌核外部紫红色，中层黄褐色，内部灰白色，存活数年。树干基部的紫红色菌膜，即病原菌子实体，其外层着生担子。担子圆筒形，无色，向一方弯曲，具3个隔膜，大小(25～40) μm×(6～7) μm，每个细胞上生一担孢子梗，上生担孢子。担孢子长卵形，无色单胞，大小(16～19.5) μm×(6～6.4) μm。

(3)发病规律

桑紫纹羽病的病菌以菌索和菌核在病根和土中越冬越夏，病菌可生存多年，当环境适宜时，产生营养菌丝侵入桑根。病菌大多分布在土壤5～25 cm范围内。主要通过病根、流水及农具等接触传染。桑园地势低、排水不良以及酸性土壤和沙砾土质发病较多。苗圃地连作或桑地间作带病作物常为发病的诱因。有病桑苗是远距离传播的重要原因。

(4)防治方法

①加强检疫，发现病苗及时挖除，就地烧毁，对疑病桑苗需在45℃温汤中浸20～30 min，或用含有效氯0.3%的漂白粉药液浸渍30 min进行消毒，以杀灭可能附着在苗上的病菌。对新辟的桑园应进行土壤检查，可先种萝卜，或将30 cm长的桑条插于土中至1/2处，经40～50 d检查萝卜或桑条上有无紫红色的病菌，无病菌时才可种桑。桑园内严禁间作易染病的作物，对易积水桑园做好开沟排水工作。

②对零星发病的桑园，应将病株及时挖去烧毁，并在周围开30 cm宽、1 m深的沟(沟土全部堆在病区)，以防病菌菌丝蔓延扩展，再用2%福尔马林进行土壤消毒，消毒后应用旧席或塑料薄膜等覆盖一昼夜，增强消毒效果，揭盖后过半月才可种桑。也可每亩施用50～75 kg石灰氮，及用烧土等法进行消毒。对发病严重的桑苗地应改种水稻、玉米、麦类等禾本科作物，经三五年后再种桑树或育苗。

③土壤处理用氯化苦熏蒸消毒或氨水灌浇消毒。也可用50%多苗灵可湿性粉剂每667 m^2 5 kg拌土撒匀翻入土中

5.3.109　桑根瘤线虫病

桑根瘤线虫病又叫桑根结线虫病，桑树根部病害之一，中国的广东、浙江、江苏、山东均有发生为害。无论在丘陵地区、平原、沙壤土、黏壤土、肥土、瘠地、新老桑园或任何桑品种均能发生致病，尤以沙质土壤发生为多。

(1)症状

桑根瘤线虫病由一种根线虫寄生而引起。为害桑根，常使根部形成大小不等的瘤状突起，严重时连成念珠状。根部受害后，水分和养分的吸收受到影响，枝叶生长缓慢，叶小而薄，叶色发黄。严重时树势衰弱，芽叶枯萎，苗木大多当年枯死。

(2)病原

桑根结线虫病(*disease of mulberry root-knot nematode*)的病原为南方根结线虫，垫刃目，异皮线虫科，根结线虫属，学名为*Meloidogyne incognita* Chitwood。雌雄异形，成熟雌虫为梨形，体长440～940 μm，体宽364～545 μm。雄虫略为圆筒状，无色透明，尾短而钝，末端宽圆。雌虫成熟后产卵于胶质的卵囊内，卵在卵囊内发育为1龄幼虫，1龄幼虫在卵内进行第一次蜕皮后，破壳而出，成为2龄侵染幼虫，活动于土壤之中，寄生在根内，再经两次脱皮而为4龄幼虫。

(3)发病规律

桑根瘤线虫病的根线虫一年发生三代。卵、幼虫、成虫都能越冬,当地温在10℃以上时开始活动,幼虫遇到桑树幼根即侵入为害。卵对低温的抗性很强。在−20～−18℃下能忍受2 h。发育的土温16℃以上,最适土温为20～35℃,线虫发育最适宜的土壤含水量为40%～80%,40%以下和80%以上时线虫发育恶化,甚至停止。经三次脱皮变为成虫。雌成虫继续成长,雄成虫主要在土中生活。根瘤线虫好气喜温,中性沙质土壤常有利根瘤线虫繁殖和生长,故发生较多。病害通过病苗,农具、流水等传播,扩大为害。带病的土壤和病根是本病的侵染来源。刚发病的症状不甚明显,随后植株变得矮小,枝条小而纤细,长势明显衰退,叶片薄而黄化。叶缘卷缩,出现早期落叶,严重时,嫩芽卷曲,甚至不发芽、不生长,根系腐烂,甚至整株死亡。

(4)防治方法

①重视培育无病苗木,选择无此病的土地进行培苗。

②园间管理。若苗地发病,则应严格剔除病苗并及时烧毁,对轻病株应剪除虫瘤后用45℃温汤浸30 min或用2%福尔马林浸渍,以杀灭遗留根瘤线虫。对发病桑园,用2%福尔马林进行土壤消毒,或在栽植前半个月使用滴滴混剂,按穴距30 cm,穴深15～20 cm,每穴施药2～3 mL后覆土。对栽植后的桑树可用80%二溴氯丙烷乳剂15～20倍液穴施或100倍液沟施。另外,每亩施用石灰氮40～45 kg作肥料对根线虫也有杀灭作用。

③对发病严重的桑园或苗地,应全部挖除病树,原地烧毁,实行与禾本科植物轮作,增施堆肥和有机肥,以改良土壤并促进肉食性线虫生长繁殖。

5.3.110 桑细菌性枯萎病

(1)症状

桑细菌性枯萎病由一种细菌寄生而引起,一般由个别植株开始发病,逐渐蔓延到邻近植株。病害主要发生在桑根。发病时,深层根部木质部从下而上出现线状,逐渐扩成带状的褐色病斑。并蔓延至枝条木质部,皮层起初仍为正常,久后则腐烂易脱离。病部横切口没有或很少白色乳汁分泌。桑根受害后,植株失水,叶片萎凋垂下。久病植株则主根和侧根呈湿腐状,有的皮层发黑腐朽,全株逐渐枯死。

(2)发病条件

初步认为细菌在病株和土中越冬,借水流、土壤、农具、病根等传播,病苗、病穗是远距离传播的重要原因。主要通过伤口侵入为害。高温多湿有利病害的发生,广东省发生于4～11月份间,而以7～9月份发病最重。其次发病地连栽、土质黏重、排水不良的桑园,发病较为严重。

(3)防治方法

①应防止病苗、病穗外调。选用无病地育苗。

②发现病株及时挖除烧毁,病穴内用5%石灰水或2%福尔马林液或用含有效氯2%漂白粉液灌注消毒,并用塘泥等封土面,周围挖深沟隔离。

③注意桑园开沟排水。加强消灭地下害虫,避免损伤根部,减少病害的发生。对发病严重的桑园可改种甘蔗,经三四年后再种桑。

5.3.111　枫杨白粉病

(1)危害

主要危害枫杨叶片,还可危害榛、毛瑞香、厚朴、臭椿、核桃、桑、杞柳、八角枫、山楂、绣线菊、冬青、梓树、白杨、爬山虎、化香树、檀树的等植物。感病叶片硬化。

(2)症状

多发生于叶背,初期叶上为退绿斑,发生严重时,布满粉煤层,后期病叶上布满黑色小点即病原菌的闭囊壳(图 5-3-64)。

(3)病原

真菌性病害。病原菌 *Phyllactinia corylea* Karst. 属子囊菌亚门核菌纲白粉菌科单丝壳属。菌丝表面生,以菌丝伸入表皮细胞。闭囊壳直径 70～119 μm,附属丝 5～10 根,菌丝状,褐色,有隔膜。

图 5-3-64　枫杨白粉病

(4)发病规律

病原菌以闭囊壳在病残体上越冬。翌年春暖,条件适宜时,释放子囊孢子进行初侵染,以后产生分生孢子进行再侵染,借风雨传播。此病发生期较长,5～9 月份均可发生,以 8～9 月份发生较为严重。

(5)防治技术

①注意清洁卫生。花期结束后及时拔除被害茎叶烧毁,减少侵染源。

②注意透风透光。不宜栽植过密,增施磷钾肥料,提高植株抗病能力。

③药剂防治。可在发芽前或生长期两个阶段进行,应注意避开植物的开花期和高温期(32℃以上)用药。冬季或早春植物休眠期可用 3～5 波美度石硫合剂喷苗圃地面,初春发芽期,可使用 0.3～0.5 波美度石硫合剂,采用铲除剂时,结合清除病源效果更好。药剂可选用 25%粉锈宁可湿性粉 1 500～2 000 倍液,或用 70%甲基托布津可湿性粉剂 1 000 倍液。每10 d 喷 1 次,喷药次数,视病情发展而定。

5.3.112　枫香茎腐病

(1)危害

主要危害枫香苗木根茎部位。在苗木向阳面距地面较近处出现一条暗灰色的似烫伤状的病斑,长 1.5～5.5 cm,宽 0.6～1.2 cm。

(2)症状

主要危害茎基部或地下主侧根,病部开始为暗褐色,以后绕茎基部扩展一周,使皮层腐烂,地上部叶片变黄、萎蔫,后期整株枯死,病部表面常形成黑褐色大小不一的菌核。茎腐病的病斑向四周迅速扩展,病部渐变褐色,病斑表面出现许多大小不等的小黑点,木质部变褐坏死,随病部扩展,叶片、叶柄变黄,枯萎,严重时整株枯死。

(3)病原

真菌性病害。

(4)发病规律

由真菌引起的病害。病菌在土壤中越冬,腐生性强,可以在土中生存2~3年,大水漫灌且遇到地温过高最易发病。

(5)防治技术

①秋季清扫园地,将病枝剪下集中烧毁,消除病原。

②在3~8月份可喷药防治。5月中旬、7月的发病初期分别在易发病的品种上喷施38%恶霜嘧铜菌酯1 000倍液或30%甲霜·恶霉灵800倍液或福美双500倍药液。

③药物喷洒要求:药物要雾化喷洒,从而解决农药残留的问题,目前国际上通常采用的是烟雾机喷洒。

④加强栽培管理,合理施肥,合理密植,降低土壤湿度等措施可以使植株健壮,减少茎腐病。

⑤合理轮作,深翻土地,清除病残和不施用未腐熟的有机肥,可以减少田间菌源,达到一定的防治效果。

5.3.113 玉兰炭疽病

(1)危害

玉兰炭疽病是木兰科白玉兰、紫玉兰、红玉兰等树种均易发生的一种病害,在各玉兰分布区均有此病害发生,病情严重时,叶片枯死凋落。

(2)症状

主要危害嫩叶和老叶,常沿叶片边缘或叶尖产生水渍状半圆形至不规则形灰白色枯斑,边缘暗褐色,大小15~30 mm,病斑正面有很多黑色小粒点,即病原菌分生孢子盘。严重时病斑可蔓延至叶片1/4以上(图5-3-65)。

(3)病原

真菌性病害。病原菌 *Collrtotrichum gloeosporioides* (Penz.) Sacc. 称胶胞炭疽菌,属半知菌类真菌。异名 *C. magnoliae* Camara、*Gloeosporium magnoliae* Pass.。分生孢子盘近圆形,直径169~420 μm,刚毛暗褐色,1~3个隔膜,大小(42~98) μm×(4~6) μm。分生孢子梗大小(16~20) μm×(4~5) μm。分生孢子圆柱形,单胞无色,大小(12~20) μm×(4~6) μm。

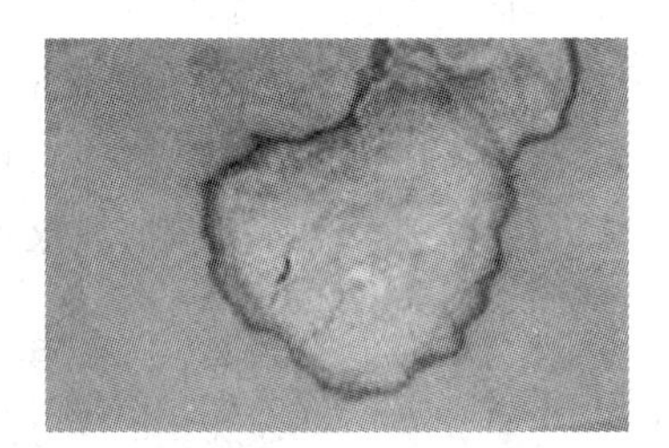

图5-3-65 玉兰炭疽病

(4)发病规律

病原菌以菌丝体和分生孢子盘在病部或病落叶上越冬,翌春产生分生孢子借风雨传播,从伤口侵入进行初侵染,植株缺少肥水,叶片黄化易染病。云南、河南7~9月份发生较多,病斑上出现黑色分生孢子盘后,盘上又产生分生孢子进行多次再侵染,梅雨季节和秋雨多时发病重。

(5)防治技术

①加强栽培管理,合理施用肥、水,注意通风、透光,严格控制苗圃空气湿度,使植株生长健壮。

②清除病叶,集中烧毁,杜绝侵染源。

③发现病株,及时喷施50%托布津可湿性粉剂500～600倍液。或50%多菌灵500～600倍液,或1∶2∶(150～200)倍波尔多液,或50%退菌特800倍液。

5.3.114 玉兰黄化病

(1)危害

玉兰黄化病又名失绿病,是木兰科玉兰的常见病害,尤以土壤偏碱性的地区发生更普遍。在我国淮河以北地区发病较严重。

(2)症状

发生表现于叶片,病株首先坐标以梢顶端幼嫩叶片开始发病。病叶的叶肉组织变黄色或淡黄色,而叶脉仍保持绿色,随病情发展,致使全叶变为黄色至黄白色,叶缘变成灰褐色或褐色并坏死。病情日趋严重,植株生长衰弱,最终死亡(图5-3-66)。

图5-3-66 玉兰黄化病

(3)病原

玉兰黄化病是一种非侵染性病害,即生理性病害。

(4)发病规律

土壤黏重、潮湿、偏碱性,使铁元素呈不容融状态,而导致植株缺铁而发病。

(5)防治技术

①玉兰花应栽植在向阳、排水良好、肥沃疏松的酸性土壤中。盆栽土壤宜用山泥等酸性土,最好1～2年更换1次新土。

②发病初期可用硫酸亚铁(黑矾)30～50倍液浇灌根际土壤,或用“矾肥水”(硫酸亚铁2.5 kg、豆饼5 kg、猪粪15 kg混合沤制,经10～15 d发酵腐熟后施用。也可用0.1%～0.2%硫酸亚铁水溶液喷洒叶面。

5.3.115 玉兰叶片灼伤病

(1)危害

玉兰叶片灼伤病主要危害玉兰叶片。

(2)症状

灼伤病的初期表现为玉兰植株的叶片焦边,此后叶片逐渐皱缩干枯,发病严重时新生叶片不能展开,叶片大量干枯并脱落(图5-3-67)。

(3)病原

玉兰叶片灼伤病是一种非侵染性病害,即物理性病害。其病因主要是阳光灼伤。

(4)发病规律

在立地条件差,如硬化面积大、绿地面积小;长时间高温、干旱、光照过强;土壤碱化或花量过大等情况下经常发生

图5-3-67 玉兰叶片灼伤病

此病。

(5)防治技术

增加浇水次数,保持土壤湿润;多施有机肥,增强树势,提高植株的抗性;对树体进行涂白或缠干。

5.3.116 玉兰枝枯病

(1)危害

该病害主要危害植株的枝干,是一种重要的病害,在中国分布广泛,危害严重。

(2)症状

主要危害枝干,在枝上生溃疡斑,后期干枯裂开,病皮上生黑点,裂开后黑色(图 5-3-68)。

(3)病原

真菌性病害。病原菌 *Diaporthe* sp. 是一种间座壳菌,属子囊菌门真菌。假子座发达,黑色,生于基物内,部分突出。子囊壳近球形,埋生在子座基部,有长颈伸出子座外。子囊短圆柱形,顶壁厚,有细的孔道通过顶壁,孔口较大,基部具短柄,子囊壁或柄早期胶化,使子囊和子囊孢子游离在子囊壳中。子囊孢子纺锤形至椭圆形,双胞无色。无性态为拟茎点霉属(*Phomopsis*)。

图 5-3-68 玉兰枝枯病

(4)发病规律

病菌以无性态的菌丝、分生孢子器和分生孢子在病部越冬,条件适宜时,产生大量分生孢子器并逸出大量分生孢子,借风雨传播,分生孢子萌发产生芽管从伤口侵入,以后又产生大量分生孢子器和分生孢子进行多次再侵染,致枝枯病扩展蔓延。

(5)防治技术

①加强栽培管理。增施有机肥,合理灌溉,调节通风透气,提高植株抵抗力。雨季及时排水,保持适当温湿度,结合修剪,将病残物清理,减少菌源。

②化学防治。发生期在病部涂抹 40%福美胂 100 倍液或喷洒该杀菌剂 800 倍液即可,每 7～10 d 进行一次,2～3 次。

5.3.117 槭树黑痣病

(1)危害

槭树黑痣病又称漆斑病,主要危害槭树三叶槭、复叶槭、五角枫等的叶片。受害叶出现病斑,有碍观赏,且使叶片早落,影响生长。

(2)症状

初发病时叶上产生点状褪绿斑,边缘紫红色,中央褐色,扩展后病斑呈圆形或近圆形至梭形大斑,后期病叶上现隆起的漆斑,漆斑彼此隔开或融合,形状不规则,有的呈黑色膏药状,具漆状光泽,周围有一黄色包围圈。

(3)病原

真菌性病害,病原菌为 *Rhytisma acerinum*(Perg)Fr.,称槭痣斑盘菌,属子囊菌门真菌。无性态为 *Melasmia acerina* Lev. 称槭漆斑菌。子囊盘呈辐射状排列在子座上,直径 1～2 mm,子囊多个,具丝线状侧丝,(120～130) μm×(9～10) μm;子囊孢子线形,多单胞无色。无性态分生孢子杆状至香蕉形,单胞无色。

(4)发病规律

病原菌以菌丝和子座内的分生孢子在病残体上越冬,春季开始形成子囊盘和子囊孢子,借雨水或水滴溅射传播进行初侵染,8 月中下旬病叶上现漆斑,产生子座,出现无性态。初始越冬的菌源和雨季到来的迟早常是该病发生的重要条件。盆景槭摆放过密,养护环境不通风或湿气滞留易发病。

(5)防治技术

①秋季结合修剪注意剪除枯枝病叶。

②雨后及时排水,防止湿气滞留。

③雨季到来前喷洒 20%龙克菌悬浮剂 500 倍液或 47%加瑞农可湿性粉剂 700 倍液、75%达科宁(百菌清)可湿性粉剂 600 倍液,隔 10 d 左右 1 次,连续防治 2～3 次。

5.3.118 槭树白粉病

(1)危害

槭树白粉病主要危害槭树的叶片。

(2)症状

发病时叶面和叶背面形成近圆形薄的白色霉斑,菌丝体生在叶面或叶背,消失或存留。10 月间粉层内生有黑色小粒点,即病原菌子囊壳。

(3)病原

真菌性病害,病原菌为 *Sawadaia bicomis*(Wallr.:Fr.) Homma。称二角叉钩丝壳,属子囊菌门真菌。子囊果散生或聚生,暗褐色,扁球形,大小 122～215 μm,底部凹陷呈碗状,生有附属丝 22～90 根,着生在子囊壳的上部,直或弯,顶端卷曲并分叉,长 50～150 μm。子囊 8～12 个,卵形至近球形,有短柄或无,大小(54～81) μm×(36～58) μm。子囊孢子 6～8 个,矩圆形至卵形,大小(16～23) μm×(12～16) μm。

(4)发病规律

病原菌以菌核、分生孢子在寄主植物病残体上越冬。5～6 月份和 8～10 月份为发病盛期,以秋后为重。

(5)防治技术

①及时清除、销毁枯枝落叶。

②发病初期喷洒 10%世高水分散粒剂 2 000 倍液或 25%粉锈宁可湿性粉剂 1 500 倍液。

5.3.119 元宝枫白粉病

(1)危害

元宝枫白粉病是元宝枫常见病害之一，主要危害元宝枫叶片。除危害元宝枫之外，还危害榛、桑、杨、臭椿、栎类、核桃、化香树、冬青、板栗等林木。感病叶片硬化，引起提早落叶，影响树木生长。

(2)症状

元宝枫白粉病多发生于叶背，发生初期，叶上表现为退绿斑，严重时白色粉霉布满叶片，后期病叶上出现黑色小点，即病原菌的闭囊壳。

(3)病原

真菌性病害。病原菌为子囊菌亚门球针壳属(*Phyllactinia*)的榛球针壳菌[*P. corylea* (Pers.) Karst.]。菌丝体内生，分生孢子单胞无色，棍棒形、串生，顶端具1乳状突起，大小为(48.80～383.4) μm×(20.74～24.40) μm；闭囊壳直径为170.4～241.4 μm；附属丝长度为255 .6～383.3 μm，其长度一般为闭囊壳长度的1.6倍。子囊为长圆形，有柄，大小范围为(71.0～78.1) μm×(28.4～31.2) μm，束状排列于闭囊壳底部，子囊最多可达15个，一般为7～11个。子囊中一般含有2个子囊孢子，但也有1个子囊孢子的，凡含2个孢子的侧柄较短，只含有1个孢子的侧柄较长；子囊孢子椭圆形，呈黄色，顶生，大小范围为(29.18～41.48) μm×(14.04～18.80) μm。闭囊壳的附属丝球针状。

(4)发病规律

病原菌以闭囊壳在病叶或病梢上越冬，一般在秋季生长后期形成，以度过冬季严寒。白粉霉层后期易消失。翌年4～5月间释放子囊孢子，侵染嫩叶及新梢，在病部产生白粉状的分生孢子，生长季节里分生孢子通过气流传播和雨水溅散，进行多次侵染危害，9～10月形成闭囊壳。

(5)防治技术

①生物防治。发病期用20%抗霉素100～200倍液喷雾防治；用菌妥防治元宝枫白粉病，可达80%的效果；张月季等调查发现芽枝孢菌(*Cladosporium* sp.)的寄生率达21.1%。

②人工防治。冬季清除病落叶，剪去病梢，集中烧毁。低洼潮湿回地及早清沟排水。合理施肥，防止苗木徒长。

③化学防治。发病期间，喷撒硫黄粉或0.2波美度石硫合剂，每月2次，效果很好；或喷50%托布津800～1 000倍液，20%粉锈宁4 000倍液。

5.3.120 楸树炭疽病

(1)危害

楸树炭疽病主要危害楸树叶片和嫩梢。

(2)症状

发病后叶片萎蔫并脱落。

(3)病原

真菌性病害。病原菌为病原菌为小丛壳菌属(*Glomerella*)的炭疽病菌真菌。

(4)发病规律

高温高湿期及通风条件差的环境下易发病。

(5)防治技术

可喷洒80%炭疽福美可湿性颗粒500倍液进行防治，每7 d一次，连续喷3～4次可有效控制住病情。

5.3.121 楸树根瘤线虫病

(1)危害

楸树根瘤线虫病主要危害楸树根系主根、侧根和小根都能遭到侵染。此病较为顽固。

(2)症状

侵染当年生新根。在病株的小根及大根上形成结节状病瘤，开始瘤表面光滑，灰白色，老化后，变为褐色，表面变粗糙，最后破裂腐烂。小根上的瘤1～3 mm，大根上可达10 mm以上。瘤内有1至数个白色颗粒状的雌线虫。受害苗木生长衰弱，严重者致苗木矮小黄化，甚至枯死。

(3)病原

生物性病害。病原为根瘤线虫。

(4)发病规律

根结线虫以2龄幼虫或卵在土壤中和未成熟雌虫在病瘤内越冬。当夏季5～9月间温度适宜时，卵内发育为1龄虫，脱皮后破卵而出，成为有侵染力的2龄幼虫，当接触到幼根时即侵入，在根皮和中柱之间侵染危害，刺激中柱产生巨型细胞供线虫生活。巨型细胞周围又分裂成许多小型细胞，最后形成病瘤。线虫适宜在沙土或壤土中生活，好气性，多分布于10～30 cm深的土层中。垂柳、泡桐重茬育苗发病重。带病的种根和苗木可作远距离传播，流水为近距离传播媒介，带有病原线虫的肥料、农具、土壤也可传播此病。

(5)防治技术

①加强检疫。在栽植前应加强检疫，防止引入带病苗木造林。

②化学防治。如有发生可在根部施入10%克线磷粉剂(每亩3～4 kg)或98%棉隆微粉剂(每亩5～6 kg)进行防治。

5.3.122 小叶女贞斑点病

(1)危害

小叶女贞斑点病主要危害叶片。每年雨季，都会出现不同程度的落叶，并且连年发生，严重影响景观效果。

(2)症状

小叶女贞感染斑点病后，叶片表现出一定的症状。感病叶片初期出现圆形病斑，病斑直径4～5 mm，散生于叶片，病斑上出现黑色的霉层(分生孢子及分生孢子梗)。

(3)病原

真菌性病害。该病由半知菌亚门真菌引起的。

(4)发病规律

病原菌该病原菌生长最适宜的温度范围为25～30℃，分生孢子萌发温度范围为18～

29℃，病原菌侵染温度范围为15～27℃。病原菌以菌丝体和分生孢子在土壤中的病残体上越冬，存活期为1年左右。分生孢子主要靠气流和雨水传播，从植物体表气孔和伤口侵入，或自表皮直接侵入。潜育期10～20 d。在合适的温度且有水存在的情况下，孢子几小时即可萌发，病菌可反复侵染。7月份进入雨季，一直到9月份雨量逐渐减少，在这段时间，高温、高湿加速了该病的发生。从7月下旬该病开始发生，到8月中旬该病到达盛发期，引起大面积落叶。植株从9月中下旬开始又逐渐长出新叶，在连年发作的地块，不论是新长出的叶片，还是未落的老叶，叶色均有发暗的现象。

(5)防治技术

①种植地要有利于排水，切勿发生积水。

②栽植密度要合理。植株密度越大，该病发生越严重。随着小叶女贞的生长，结合修剪，合理整枝，以增强植株内部通风透光，降低湿度和温度。

③减少病害侵染来源。清除种植地中的病残体，并随时清除杂草。这样不仅能减少侵染来源，还能增加通风、透光，有利于为植株创造一个健康的生长环境。苗圃地要实行2年以上的轮作，病土可用甲醛液处理。

④加强肥水管理，以增加植株本身的抗性。在道路绿化方面，土壤情况一般比较贫瘠，加上施肥少，容易造成植株营养不良，可在春季追施一次肥，在雨季结合下雨撒施复合肥，都有利于提高金叶女贞的抗性和病后及早恢复。

⑤适时修剪，及时处理伤口。在冬季可重剪，进入雨季应减少修剪，减少伤口，降低病菌从伤口入侵的机会。修剪后马上喷施杀菌剂。实践证明，雨季修剪越勤，发病越重。另外要做好修剪工具的消毒。

⑥药物防治。可从6月下旬开始，每隔10 d左右喷一次药，直到9月雨季结束。药剂可选用50%代森锰锌可湿性粉剂500倍液、40%大福丹400倍液、70%甲基托布津可湿性粉剂1 000倍液、50%多菌灵可湿性粉剂1 000倍液。为了防止病原菌抗药性的产生，药剂必须交替使用。以上药品混合上400 mL的链霉素效果更好。

5.3.123 栾树流胶病

(1)危害

栾树流胶病主要发生于栾树树干和主枝，枝条上也可发生。

(2)症状

此病主要发生于树干和主枝，枝条上也可发生。发病初期，病部稍肿胀，呈暗褐色，表面湿润，后病部凹陷裂开，溢出淡黄色半透明的柔软胶块，最后变成琥珀状硬质胶块，表面光滑发亮。树木生长衰弱，发生严重时可引起部分枝条干枯。

(3)病原

该病可由多种原因引起，大致可分为生理性流胶：如冻害、日灼、机械损伤造成的伤口、虫害造成的伤口等。还有侵染性流胶：侵染性流胶由真菌或细菌侵染而引起，以真菌侵染居多。

(4)发病规律

该病可由多种原因引起，大致可分为两种。一种为侵染性流胶，由细菌或真菌引起。另一种为非侵染性流胶，如冻害、日灼、机械损伤、虫孔等引起的流胶，或管理粗放、土壤过于黏重等

引起的树体生理失调发生的流胶，或在苗木栽植时移栽苗木过大、移植时根系受伤，移植次数过多、过度假植等均有利于发病。侵染性的流胶主要危害枝干，大部分病菌属于子囊菌亚门和半知菌亚门。病菌侵入植株当年生新梢，新梢上产生以皮孔为中心的瘤状突起病斑，但不流胶，次年5月份，瘤皮开裂溢出胶状液，为无色半透明黏质物，后变为茶褐色硬块，病部凹陷成圆形或不规则斑块，其上散生小黑点。多年生枝干感病，产生水泡状隆起，病部均可渗出褐色胶液，可导致枝干溃疡甚至枯死。侵染性流胶病以菌丝体、分生孢子器在病枝里越冬，主要经伤口侵入，也可从皮孔及侧芽侵入。1年有两个发病高峰，第1次在5月上旬至6月上旬，第二次在8月上旬至9月上旬。非侵染性流胶主要发生在主干和大枝上，严重时小枝也可发病。初期病部稍肿胀，后分泌出半透明、柔软的树胶，雨后流胶重，随后与空气接触变为褐色，成为晶莹柔软的胶块，后干燥变成红褐色至茶褐色的坚硬胶块，随着流胶数量增加，病部皮层及木质部逐渐变褐腐朽，但没有病原物产生。致使树势越来越弱，严重者造成死树，雨季发病重，大龄树发病重，幼龄树发病轻。

(5)防治技术

①刮疤涂药。用刀片刮除枝干上的胶状物，然后用10倍梳理剂——一种用多种中药复配的药剂涂抹伤口。

②加强管理。冬季注意防寒、防冻，可涂白或涂梳理剂。夏季注意防日灼，及时防治枝干病虫害，尽量避免机械损伤。

③药物防治。早春萌动前喷石硫合剂，每10 d喷1次，连喷两次，以杀死越冬病菌。发病期喷百菌清或多菌灵800～1 000倍液。

5.3.124　栓皮栎锈病

栓皮栎锈病又称松瘤锈病，分布于我国河北、山西、陕西、甘肃、河南、安徽等省。

除为害壳斗科林木的叶片外，还为害松属的二针松和兰针松。据记载，可为害262种栎类和11种松类。

(1)症状

栓皮栎叶片受害，在叶背出现许多黄色的夏孢子堆，病叶颜色变淡，秋后在夏孢子堆中长出毛状冬孢子柱。松类受害后，由于形成层受到刺激，木质部增生，故在枝干形成纺锤形大小不等的木瘤。

(2)病原

此病由担子菌亚门、冬孢纲、锈菌目、栅锈菌科、柱锈菌属的栎柱锈菌[*Cronartiurn quercuum* (Berk.)Miyrabe]引起。病菌的性孢子和锈孢子产生于松类的有病枝干上，夏孢子和冬孢子产生于栎和栗类的叶片上。性孢子器宽40～50 μm，性孢子大小为1.5～2 μm；锈孢子器泡状，锈孢子黄色，椭圆形到卵圆形，大小为(22～35) μm×(18～23) μm；夏孢子堆黄色，半球形，直径为130～300 μm，夏孢子倒卵形或近球形，外壁无色而有细刺，大小为(18～28)μm×(14～20) μm；冬孢子堆柱状，冬孢子褐色，长椭圆形，大小为(28～70)μm×(14～22) μm，冬孢子萌发产生卵形，无色透明的担子孢子。

(3)发病规律

1月在松树木瘤的裂缝里产生性孢子器，4月自性孢子器下层组织的深处产生锈孢子器，

4月下旬至5月上旬锈孢子成熟，被风吹到栓皮栎叶片上，萌发由气孔侵入，5～6月产生夏孢子堆，成熟的夏孢子可以反复侵染栎类叶片，直到7、8月间即产生冬孢子堆，冬孢子当年成熟后，不经休眠即萌发产生担子孢子，再侵染松类。病菌以菌丝体在松树皮层内越冬。木瘤中的菌丝体为多年生，每年产生锈孢子，受病菌刺激木瘤逐年增大。

据观察，病害在萌条更新的栓皮栎林中，常常发生严重。栓皮栎和松树混交有利于病害的发生。在气温高，相对湿度小的地区，发病较轻甚至不发病。

(4)防治方法

①不宜营造松树和栓皮栎的混交林。造林时两树种至少要相距5 km。

②对苗木和幼树，可喷0.3～0.5波美度石硫合剂，或喷65%福美铁、65%福美锌可湿性粉剂3 000倍液，或65%代森锌可湿性粉剂500倍液，效果较好。

③对松树幼林可剪除病瘤，或对大树的树干喷0.025%～0.05%放线菌酮液0.03 L，可起到预防和治疗作用。

5.3.125 栓皮栎白粉病

栓皮栎白粉病除为害栓皮栎外，还可为害板栗、核桃等多种阔叶树。主要为害叶片，严重时也可为害嫩梢。

(1)症状

白粉病为害的症状，最显著的特点是在树木被害部出现白色粉状物，圆形或椭圆形，往往连成一片呈不规则状，严重时病叶扭曲、变形。继则叶片本身色泽变淡，质地变薄，严重者使叶片卷缩枯焦，嫩梢枯萎。后期，在白粉层上出现初为黄色后成黑褐色的颗粒状物，即病菌的闭囊壳。

(2)病原

由子囊菌亚门、不正子囊菌纲、白粉菌目、白粉菌科、叉丝壳属的桤叉丝壳菌[*Microsphaera alni*(Wallr.)Salm.]引起。闭囊壳直径78～130 μm，附属丝5～26根，每个子囊内通常含8个子囊孢子，子囊孢子椭圆形，大小为(14～26) μm×(8.4～14) μm；分生孢子单生，椭圆形。

(3)发病规律

病菌以闭囊壳在病叶和病梢上越冬，次年春季由闭囊壳内放出子囊孢子，随风雨和昆虫传播到寄主的叶上，多发生在秋季，通透条件差时发生严重。萌发侵入，发病后产生大量的分生孢子，进行多次侵染，直至秋后再形成闭囊壳。在晚春以及夏季气候干燥，温度低的条件下有利于病害的发生和发展。树木遭受晚霜或食叶害虫为害后，次年的新叶和嫩梢往往严重发生白粉病。土壤肥沃，树木枝叶茂盛，枝条木质化程度低，常常易遭受病菌的侵害。

(4)防治方法

①苗圃地尽量不要设在有白粉病的栓皮栎大树附近。对苗木要限制施氮肥，增施磷、钾肥，以提高苗木的抗病力。同时还要注意苗圃的清洁卫生。清除枯枝落叶，集中深埋或烧毁。

②注意营造混交林，加强幼林抚育，以求幼树生长健壮，特别是萌芽更新林的抚育更为重要。

③防止晚霜和食叶害虫的为害，注意林分改造，促进未郁闭的林分迅速郁闭。

④化学药剂防治：在发病季节，可喷洒硫黄粉，苗圃每亩用量1.5 kg。还可喷0.3～0.5波

美度的石硫合剂，或65%代森锌可湿性粉剂500倍液，或50%托布津400～600倍液。用20%国光三唑酮乳油1 500～2 000倍或12.5%烯唑醇可湿粉剂(国光黑杀)2 000～2 500倍，25%国光丙环唑乳油1 500倍液喷雾防治。连用2次，间隔12～15d。

5.3.126 栓皮栎褐斑病

栓皮栎褐斑病分布于陕西、甘肃等省(区)，主要为害栓皮栎和板栗的叶，使树叶提早枯死脱落或悬挂于树上，影响树木的正常生长。

(1)症状

每年6、7月间病害开始发生，在叶面出现圆形，苍白色小点，病斑继续扩大，呈茶褐色。许多病斑相连成不规则的大斑甚至布满整个叶片，后期病斑中央变为淡褐色，其上产生黑色小点，为病菌的分生孢子盘。最后，分生孢子盘脱落，在病斑上只能看见许多痕迹。

(2)病原

此病由半知菌亚门、腔孢纲、黑盘孢目、黑盘孢科、盘单毛孢属的厚盘单毛孢(*Monochaetia pachyspora* Bub.)引起。分生孢子盘黑色，初生于寄主表皮下，成熟后突破表皮外露，分生孢子梗细长，无色，有一分隔，无分枝，基部较先端宽，大小为(38.4～42) μm×(4～4.8) μm，分生孢子初为单细胞，纺锤形，微带黄色，成熟后有4个分隔，分隔处略缢缩，常向一侧稍弯，大小为(19.2～28) μm×(8～8.6) μm，5个细胞的中间3个细胞较大，黑褐色，两端的细胞较小，无色透明，顶端细胞的顶部有一根鞭毛，鞭毛向一侧偏曲，大小为(16～19) μm×1.6 μm。

(3)发病规律

病菌在病落叶上越冬，翌年成为初次侵染来源。每年6、7月开始发病，直至9月病势发展仍日益严重。雨季病害发展很快，往往容易流行。栓皮栎以根萌芽更新的林内发病最严重，实生林苗木和幼树也常受害，大树受害较轻。

(4)防治方法

①加强幼林抚育，促进苗木生长健旺，以增强其抗病力。

②秋冬季清除病落叶并烧毁，特别是苗圃地必须做到。

③对苗木和幼树，于6、7月间开始喷1%的波尔多液，或喷65%代森锌可湿性粉剂500倍液，每隔半个月一次，喷洒次数视病情发展而定。

5.4 草坪常见病害

目前，全世界已经报道的禾草病害近300种，在草坪上发生的也有50余种，但常见的草坪病害主要是锈病、白粉病、炭疽病、褐斑病、铜斑病、腐霉病、镰刀菌枯萎病、叶斑病、钱斑病、雪霉病和春季死斑病等。

5.4.1 锈病

(1)危害及寄生范围

锈病是草坪禾草最重要、分布较广的一类病害。主要危害禾草的叶片和叶鞘，也侵染茎秆和穗部。因在病部形成黄色至铁锈色的夏孢子堆和黑色冬孢子堆，以散出铁锈状夏孢子而得名。锈菌主要侵染早熟禾、黑麦草、剪股颖、冰草、紫羊茅等冷季型草坪和结缕草、狗牙根等暖季型草坪。

(2)病原

寄生草坪禾草的锈菌多属于柄锈菌属和单胞锈菌属，前者冬孢子双细胞，后者冬孢子单细胞。目前主要的各类为禾柄锈菌(*Puccinia graminis* Pers.)、隐匿柄锈菌(*P. recondita* Rob. ex Desm.)、条形柄锈菌(*P. Striiformis* West.)和禾冠柄锈菌(*P. coronata* Cda.)等分别侵染早熟禾、羊茅、剪股颖、黑麦草、冰草、狗牙根和结缕草等(图 5-4-1 和表 5-4-1)。

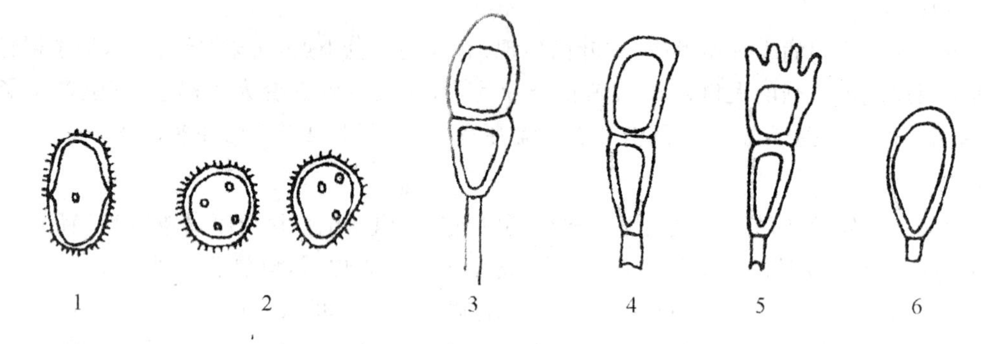

图 5-4-1 锈菌的夏孢子和冬孢子

1.杆锈菌夏孢子 2.叶锈菌的夏孢子 3.杆锈菌冬孢子
4.叶锈菌冬孢子 5.冠锈菌冬孢子 6.单胞锈菌冬孢子

表 5-4-1 一些常见禾草锈菌

种名	主要禾草寄主	分布
Puccinia agrostidicola Tai.	剪股颖	甘肃
P. brachypodii Otth. var.	剪股颖 羊茅、黑麦草	吉林、黑龙江、河北
P. poae-nemoralis (Otth.) Cumm. et. Creene.	梯牧草、早熟禾、黄花茅和三毛草等属	陕西、青海、四川、西藏、浙江、福建
P. cynodontis Lacroix et Desm.	狗牙根属	山西、陕西、新疆、四川、贵州、云南、河南、湖南、广东、江苏、浙江、安徽、江西、福建、台湾
P. festucae Plowr.	羊茅属	东北、甘肃、江苏
P. hordei Otth.	黑麦草和大麦属	山西、新疆、四川、河南、广西
P. levis(Sac. & Bizz.) Magn.	雀稗属、地毯草属、马唐属	四川、云南、西藏、广东、台湾
P. paspalina Cumm.	雀稗属	福建、台湾
P. poarum Niels.	剪股颖属、羊茅属、梯牧革属、早熟禾属	国外广泛、国内不明
P. pygmaea Eriks.	拂子茅属、羊茅属、剪股颖属	东北、河北、江西、福建、贵州

(3)发病规律

在草坪禾草茎叶周年存活的地区，锈菌以菌丝体或夏孢子在病株上越冬。在禾草地上部冬季死亡的地区，主要以冬孢子越冬，也可以以夏孢子形态越冬。锈菌孢子萌发的适宜温度为15～25℃，孢子萌发需有水滴存在或100％的相对湿度，因而在锈病发生时期的降雨量和雨日

数往往是决定流行程度的主导因素。病原菌生长发育适温 17～22℃，空气湿度在 80%以上有利于侵入。在南方地区，只要有降雨条件，在一年内的大部分时间都可以发病，而在北方地区则主要在每年 7～9 月份发病较重。光照不足，土壤板结，草坪密度高、遮阳、灌水不当、排水不畅、低凹积水均可使小气候湿度过高，有利于发病。偏施氮肥禾草旺长，或施肥不足生长不良，使抗病性降低，都有利于锈病发生。

(4)防治方法

草坪锈病为气流传播的病害，病原菌的寄生性较强，草种或品种之间存在明显的抗病性差异，因此，采取以抗病草种和品种为主，药剂防治和栽培防病为辅的综合防治措施。

种植抗病草种和品种　冷季型草坪中早熟禾和黑麦草易感染锈病，高羊茅较抗锈病；暖季型草种中，结缕草易感锈病，而地毯草则较抗锈病。即使是同一草坪草种，如早熟禾草种中，不同品种抗病性不同。如优异(Merit)、公羊Ⅰ号(Ram)较抗锈病，而 S-21、康派克(Compact)等则相对易感锈病。

药剂防治　发病初期喷洒 15%粉锈宁可湿性粉剂 1 000 倍液或 25%粉锈宁可湿性粉剂 1 500 倍液，防治效果达 93%以上。石硫合剂对草坪锈病有较好的保护作用，而三唑类杀菌剂兼有保护作用和治疗作用。北方地区每年的 6 月上旬开始，每隔 10～15 d 叶面喷施 15%的三唑酮 1 000 倍液，连续喷施 4～5 次可有效地防止草坪锈病的发生。此外，12.5%速保利 2 000 倍液和 12%腈菌唑 2 000 倍液，或喷洒 3～4 波美度石硫合剂，或 25%粉锈宁 1 500～2 000 倍液，或 65%代森锌可湿性粉剂 500～600 倍液，或 75%氧化萎锈灵 3 000 倍液都对草坪锈病有保护和治疗作用。

栽培防病　在北方地区，早春及时烧草可以减少初始菌源，防止过量施用氮肥，适时增施磷、钾肥能提高植株抗病性；合理灌溉可以降低田间湿度，及时修剪能够防止植株生长过密，这些都可以减轻草坪锈病的发生。

5.4.2 白粉病

(1)危害及寄主范围

白粉病为禾草常见病害，广泛分布在世界各地。可侵染草坪禾草中狗牙根、细叶羊茅、匍匐剪股颖、草地早熟禾、鸭茅等，其中狗牙根、细叶羊茅和早熟禾发病较重。草坪生长过密，生境郁蔽，光照不足时发病较重，致使草坪生长不良，出现秃斑，严重降低草坪的观赏价值。

(2)病原

禾草白粉病的病原菌为布氏白粉菌[*Blumeria framinis*(DC.)Golov. ex Speer＝*Erysiphe graminis* DC. ex Merat](图 5-4-2)。无性世代的菌丝和分生孢子在草坪植株叶片上产生白色或稍带褐色的无定形斑片，草坪休眠季节可以产生黑褐色的闭囊壳，闭囊壳上附属丝简单，丝状，1～3 根，闭囊壳内子囊

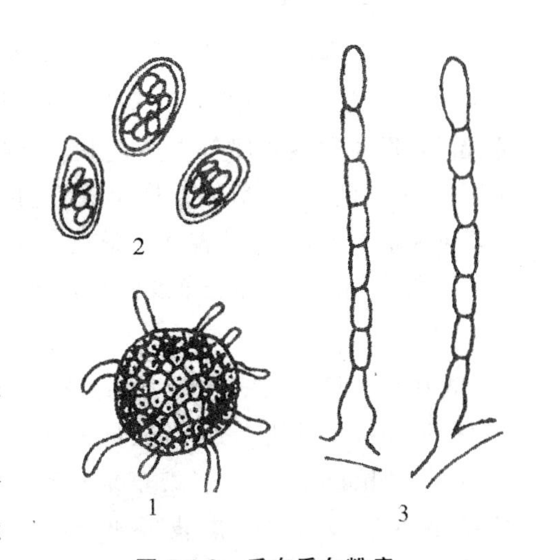

图 5-4-2　禾布氏白粉病

1.闭囊壳　2.子囊孢子和子囊　3.分生孢子

多个。

(3)发病规律

白粉病菌主要以菌丝体或闭囊壳在病株上越冬,也能以闭囊壳在病残体上越冬。主要侵染叶片和叶鞘,也危害茎秆和穗。在南方地区,白粉病一年之中可以有多次发病高峰期,而北方地区只有1～2次发病高峰期,分别在6～7月份和8～9月份。环境温湿度与白粉病发生程度有密切关系,10 ℃以下病害发展缓慢,15～20℃为发病适温,25℃以上病害发展受抑制。空气相对湿度较高有利于分生孢子的萌发和侵入,但草坪叶片上长期有水滴又不利于分生孢子的生成和传播。如在发病关键时期连续降雨,不利于白粉病的发生与流行。在北方地区,常年春季降雨较少,因而春季降雨较多且分布均匀时,有利于白粉病的发生和流行。水肥管理不当、荫蔽、通风不良等都是诱发病害发生的重要因素。

(4)防治方法

①种植抗病草种和品种。抗白粉病的草种主要有高羊茅、结缕草、地毯草等,在早熟禾品种中,公羊一号(Ram)和塔屯(Touchdown.)等较抗白粉病。选择抗病品种并合理布局。

②加强草坪的养护管理。控制氮肥用量,适时增施磷钾肥,减少草坪周围乔、灌木的遮阳,保证草坪冠层的通风透光,合理灌溉,勿过干过湿,防止由于草坪过度干旱而引起抗病性的下降,控制合理的种植密度,适时修剪,提高草坪通风透光条件。

③药剂防治。一般在播种时可药剂拌种或生长期喷雾。历年发病较重的地区应在春季发病初期开始喷药防治,发病初期喷施15%粉锈宁可湿性粉剂1 500～2 000倍液、25%敌力脱乳油2 500～5 000倍液、45%特可多悬浮液300～800倍液在每次发病高峰期每隔10～15 d喷药防治2～3次,有效菌剂主要有70%甲基托布津可湿性粉剂1 000～1 500液,50%退菌特可湿性粉剂1 000倍液,农抗120的200倍液,50%多菌灵可湿性粉剂800倍液,15%三唑酮可湿性粉剂1 000～1 500倍液及12.5%速保利可湿性粉剂2 000倍液。

5.4.3 德氏霉叶枯病

(1)危害及寄主范围

德氏霉属真菌寄生多种禾本科草坪植物,属世界性草坪病害。主要引起叶斑和叶枯,也危害芽、苗、根、根状茎和根颈等部位,产生种腐、芽腐、苗枯、根腐和茎基腐等复杂症状。在适宜条件下,病情发展迅速,造成草坪早衰、秃斑,出现枯草斑和枯草区,严重危害草坪景观。其寄主主要是早熟禾、紫羊茅、黑麦草及狗牙根等。

(2)病原

德氏霉叶枯病的病原菌为德氏霉属的几个种(图5-4-3),如早熟禾德氏霉(*Drechslera poae* [Baudys] Shoem),主要侵染草地早熟禾、羊茅和多年生黑麦草等;黑麦草网斑病菌(*D. andersenii*)和黑麦草大斑病菌(*D. siccans*)主要侵染黑麦草、羊茅属和早熟禾属等,剪股颖赤斑

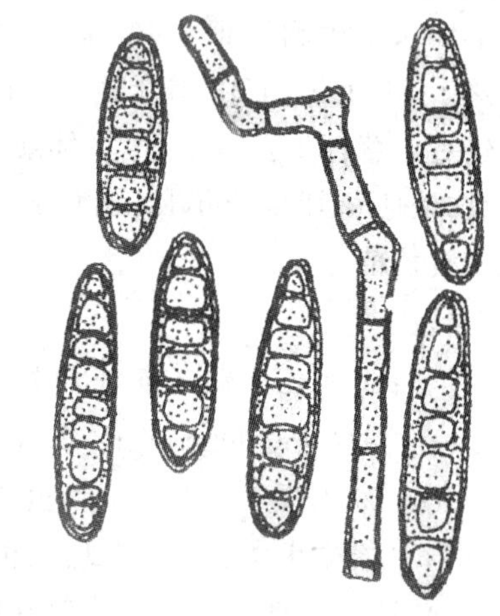

图5-4-3　早熟禾叶枯病分生孢子梗和分生孢子

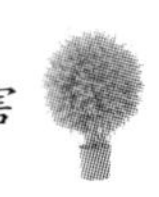

病菌(*D. erythrospila*)主要侵染剪股颖，狗牙根环斑病菌(*D. gigantea*)主要侵染狗牙根属、冰草属和早熟禾属；羊茅网斑病菌(*D. dicty-oides*)主要侵染羊茅属和黑麦草属等草坪植物。

(3)发病规律

德氏霉叶枯病初侵染菌源来自于种子和土壤，病原菌主要以菌丝体潜伏在种皮内或以分生孢子附着在种子表面。在草坪种子的萌发、出苗过程中，由于病原菌的侵染造成烂芽、烂根、苗腐等复杂症状。病菌产生大量分生孢子，可通过风、雨水、灌溉水、机械或人和动物的活动等传播到健康的叶或叶鞘上，导致叶枯病流行。病菌叶斑病的发生主要是在春秋两季；翦股颖赤斑病和狗牙根环斑病，在较温暖的气候条件下发生。在已经建植的草坪的地上部分，病原菌以菌丝体在病株体内或枯草层的病残体内越冬或越夏，在适宜的温、湿度条件下重新产孢，发生新的侵染。在地下部分主要通过菌丝生长和病健根的接触进行病害的传播，病死根和其他植物组织腐烂后病菌也随之死亡。

影响德氏霉叶枯病的主要因素是温、湿度条件。病菌分生孢子在3～27℃范围内均可萌发。适温为15～18℃，20℃左右最适于病菌的侵染，因此属于一种相对低温病害；一年之中春、秋两个季节可以形成发病高峰期。叶面有水滴是孢子萌发和侵入所必需的条件，因而阴雨或多雾的天气、叶面长期有水膜的存在、午后或晚上灌水是决定病害流行程度的主要因子。

草坪立地条件不良、周围遮阳、郁蔽、土壤瘠薄、地势低洼、排水不良等均有利于病害的发生；光照不足，氮肥过多，缺乏磷、钾肥时，植株生长柔弱，抗病性降低，发病重，草坪管理粗放、修剪不及时、剪草过低，枯草层厚，积累枯、病叶和修剪的残叶没及时清理等，都会有助于菌量积累和加重病害的发生。

虽然德氏霉叶枯病菌引起的叶斑和叶枯多在比较凉爽的春季和秋季严重发生，但是草种和病害不同，对环境条件的要求也不相同，剪股颖赤斑病和狗牙根环斑病则主要发生在温度较高的季节，天气冷凉时发病迟缓。根和根颈部病害多在天气较热、较干旱时发生，在长时间干旱后经受大雨或大水漫灌，都可以使根病严重发生，造成腐烂。由于种子带菌，在新建植的草坪上还会引起烂芽、烂根和苗腐。

(4)防治方法

①加强进口种子的检疫工作。由于德氏霉叶枯病的病原菌可以由种子传播，种子是最初侵染源，且能引起广泛的传播，因此，加强种子检疫十分关键。把好种子关，播种抗病和耐病的无病种子，提倡不同草种或品种混合种植。

②及时清除病残体和修剪的残叶，经常清理枯草层。早春以烧草等方式清除病残体和清理枯草层。

③加强草坪的养护管理。及时修剪，保持植株适宜高度，防止由于植株生长过高、过密，而导致病害的发生。如绿地草坪最低的高度应为5～6 cm。叶面定期喷施1%～2%的磷酸二氢钾溶液，提高植株的抗病性。加强水分管理，浇水应当在早晨进行，特别是傍晚不能灌水。避免频繁浅灌，要灌深、灌透，减少灌水次数，避免草坪积水。适时播种，适度覆土，加强苗期管理以减少幼芽和幼苗发病。合理使用N肥，特别避免在早春和仲夏过量施用，适当增施P、K肥。

④种植抗病及耐病的草坪种及品种。剪股颖、结缕草、钝叶草及羊茅属草坪较抗德氏霉叶枯病，在早熟禾草坪中公羊Ⅰ号(Ram Ⅰ)、蓝博(Rambo)、奖品(Award)等品种较抗病。

⑤化学防治。用种子重量的0.2%～0.3%的15%三唑酮或50%福美双可湿性粉剂拌种可以预防病害的发生。早春、初秋的多雨季节，叶面喷洒15%三唑酮可湿性粉剂1 000倍液，

或70%代森锰锌可湿性粉剂800倍液,或70%甲基托布津可湿性粉剂1 500倍液,或75%百菌清800倍液,每隔7~10 d防治一次,每次发病高峰期防治2~3次,可收到明显的效果。喷药量和喷药次数,可根据草种、草高、植株密度以及发病情况不同,参照农药说明确定。

5.4.4 离蠕孢叶枯病

(1)危害及寄主范围

离蠕孢叶枯病也是一种常见的草坪病害,国内外分布相当广泛,主要危害早熟禾、剪股颖、狗牙根和结缕草,引起全株性病害,导致芽腐、苗枯、根腐、茎基腐和叶斑等症状。造成严重叶枯、根腐、颈腐,导致植株死亡、草坪稀疏、早衰,形成枯草斑或枯草区(又称根腐病)。主要危害叶、叶鞘、根和根颈等部位,叶片和叶鞘上生椭圆形、梭形病斑,充分发展后长可达0.5~1.0 cm。病斑中部褐色,病健交界为黄色晕圈,潮湿条件下表面生黑色霉状物。温度超过30℃时,病斑消失,整个叶片变干并呈稻草色。天气条件适宜时,病情发展迅速,草坪上出现不规则的枯草斑和枯草区。

(2)病原

离蠕孢叶枯病的病原菌有几个种(图5-4-4),分别为:禾草离蠕孢(*Bipolanis Sorokiniana*[Sacc.]Shoem.),主要侵染各种草坪草,如早熟禾、剪股颖及紫羊茅;狗牙根离蠕孢(*B. cynodontis*[Marignoni]Shoem.),主要侵染狗牙根,引起狗牙根的叶部、冠部和根部腐烂。叶斑形状不规则,暗褐色至黑色;四胞离蠕孢(*B. tetramera*[Mckinney]Shoem.),主要侵染狗牙根和结缕草。

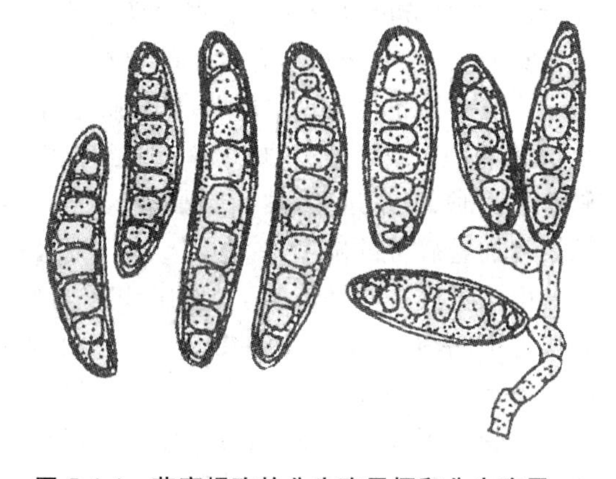
图5-4-4 草离蠕孢的分生孢子梗和分生孢子

(3)发病规律

带菌种子和土壤中病原体为初侵染源,引起幼苗下部分和茎叶发病,并依靠气流和雨水对分生孢子继续传播,进行年复一年的再侵染。禾草离蠕孢(*B. sorokinian*)多在夏季湿热条件下侵染冷季型草坪禾草,在20~35℃之间,随气温升高而病情加重,20℃以下时只发生叶斑,23~25℃以上有轻度叶枯,29~30℃以上表现严重叶枯并出现茎腐、茎基腐和根腐,造成病害流行。狗牙根离蠕孢(*B. cynodontis*)和四胞离蠕孢(*B. tetramera*)侵染引起的茎叶病害,适温为15~20℃,27℃以上受抑制,因而在春季和秋季发病较重。狗牙根和结缕草等暖季型草坪草茎叶部病害多在冷凉多湿的春、秋季流行,根部和根茎部则在较干旱高温的夏季发病较重。

播种建植草坪时,种子带菌率高。播期选择不当、覆土过厚、播种量过大等因素都可能导致烂种、烂芽和苗枯等症状。草坪肥水管理不良、草坪修剪不及时等都有利于病害的发生。

(4)防治方法

①播种抗病和耐病的无病种子,提倡不同草种或品种混合种植。

②加强管理水平。适时播种,适度覆土,加强苗期管理以减少幼芽和幼苗发病。及时修剪,保持植株适宜高度。及时清除病残体和修剪的残叶,经常清理枯草层。合理使用N肥,特

别避免在早春和仲夏过量施用，适时增施 P、K 肥。浇水应当在早晨进行，特别不要傍晚灌水。避免频繁浅灌，要灌深、灌透，减少灌水次数，避免草坪积水。

③化学防治：播种时用种子重量 0.2%～0.3%的 25%三唑酮可湿性粉剂或 50%福美双可湿性粉剂拌种。草坪发病初期用 25%敌力脱乳油，或 25%三唑酮可湿性粉剂、70%代森锰锌可湿性粉剂、50%福美双可湿性粉剂、25%速保利可湿性粉剂等药剂喷雾。喷药量和喷药次数，可根据草种、草高、植株密度以及发病情况不同，参照农药说明确定。

5.4.5 弯孢霉叶枯病

(1)危害及寄主范围

弯孢霉菌主要侵染管理不良、生长势衰弱的画眉草亚科和早熟禾亚科的草，有早熟禾、细叶羊茅、草地早熟禾、狗牙根、匍匐翦股颖、加拿大早熟禾、黑麦草等。发病草坪稀疏、衰弱，有时形成不规则形状的病草斑，斑内病草矮小，呈灰白色枯死。草地早熟禾和细叶羊茅的病叶片常由叶尖向叶基部退绿变黄，最后发展为褐色、灰白色，至整个叶片皱缩枯死。此外，病叶上还生成具褐色边缘的椭圆形或梭形病斑。不同种的病菌所致症状也有所不同。

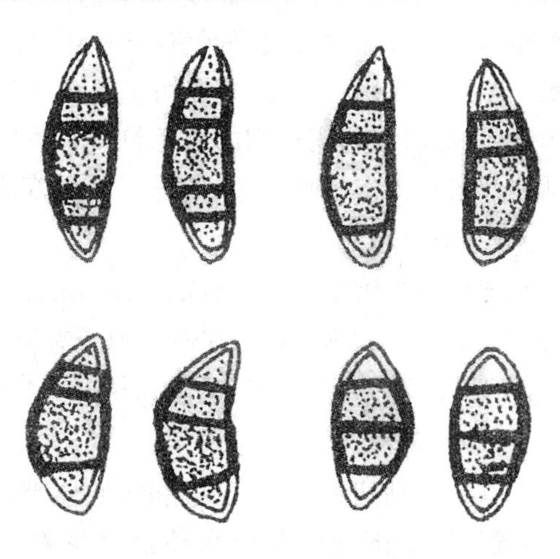

图 5-4-5 弯孢霉的分生孢子

(2)病原

病原菌为弯孢霉属的几个种(图 5-4-5)，主要有新月弯孢(*Curvularia lunata*)和不等弯孢(*C. inaequalis*)两个种，它们的寄主范围都十分广泛。

(3)发病规律

弯孢霉菌主要以菌丝体及分生孢子在病残体上越冬，翌春随气温升高而大量产孢，借气流和雨水传播，并进行再侵染。夏、秋季节发病严重，管理不善，修剪不及时，生长势衰弱的草坪易被侵染，高温、高湿有利于病害流行。

(4)防治方法

①选用抗病和耐病的无病种子，提倡不同草种或品种混合种植。

②加强管理水平。适时播种，适度覆土，加强苗期管理以减少幼芽和幼苗发病。及时修剪，保持植株适宜高度。及时清除病残体和修剪的残叶，经常清理枯草层。合理使用 N 肥，特别避免在早春和仲夏过量施用，适时增施 P、K 肥。浇水应当在早晨进行，特别不要傍晚灌水。避免频繁浅灌，要灌深、灌透，减少灌水次数，避免草坪积水。

③化学防治：播种时用种子重量 0.2%～0.3%的 25%三唑酮可湿性粉剂或 50%福美双可湿性粉剂拌种。草坪发病初期及时喷施杀菌剂进行防治。常用一般药剂有必菌鲨、25%敌力脱乳油、25%三唑酮可湿性粉剂、70%代森锰锌可湿性粉剂、50%福美双可湿性粉剂、25%速保利可湿性粉剂等。最新药剂推荐：喷克菌、醚菌酯、阿米西达等对真菌性病害特效。

5.4.6 雪霉叶枯病

(1)危害及寄主范围

雪霉叶枯病在冷凉高湿地区广泛多布,寄生在适于冷凉地区种植的禾草上,引起各种禾草苗腐、叶斑、叶枯、鞘腐、基腐和穗腐等复杂症状,冬季及早春在低修剪的草坪上出现近圆形斑,直径 2.5～20 cm,发病初期为棕褐色、黑褐色,当枝叶死后变成棕色或白色。病苗生长衰弱,根系不发达或短,在冷湿的气候条件下,叶片交织在一起,上面覆盖粉色菌丝物,潮湿时菌丝发黏。当暴露在阳光下时,斑点可呈粉色,病斑上可见砖红色霉状物,湿度大时病斑边缘现白色菌丝层,有时病部现微细的黑色粒点。条件不适宜时,病原菌以休眠菌丝体或厚垣孢子存在于活或死植株内。施氮过多,冬季草坪覆盖枯草层过厚时易发病。

(2)病原

无性态为雪腐捷氏霉(*Gerlachianivalis*[Ces. ex Sau] Cams. and Mull.),有性态为子囊菌(*Monographella nivalis* [Schaffn.] Mull.)(图 5-4-6)。

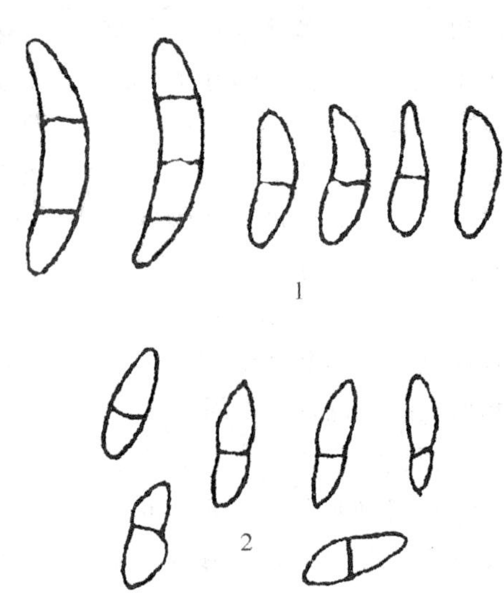

图 5-4-6 雪霉时枯病
1. 分生孢子 2. 子囊孢子

(3)发病规律

雪霉叶枯病由种子、土壤和病残体带菌引起初侵染,发病植株随气流和雨水传播分生孢子和子囊孢子,由伤口和气孔侵入,向其他部位扩展,进行多次重复侵染,使病害扩展蔓延。潮湿多雨和比较冷凉的生态环境有利于发病,病原菌在低温下即能侵染植株叶鞘和叶片,18～22℃为最适温。日均温 15℃以上,若连续阴雨,则病叶激增。一年中有春季(早春可能引起红色雪霉病)和秋季两个发病高峰。水肥管理与病害发生有密切关系。施氮肥过多,病害加重,大水漫灌、排水不畅、低洼积水、土质黏重、地下水位高及枯草层厚等都有利于发病。

(4)防治方法

①加强种子的检疫,选择无病良种,提倡用三唑类药剂拌种。

②加强肥水管理,均衡施肥,减少氮肥的施用量,适时增施磷、钾肥,及时排灌,防止水淹。改善草坪立地条件,避免低洼积水,合理灌水,及时清除枯草层等。

③药剂防治,苯骈咪唑及三唑类杀菌剂均可以防治雪霉病,如 50%多菌灵可湿性粉剂 800 倍液,70%甲基托布津可湿性粉剂 1 500 倍液及 15%三唑酮可湿性粉剂 1 000 倍液均有较好的保护作用和治疗作用。

5.4.7 铜斑病

(1)危害及寄主范围

铜斑病主要寄生剪股颖,也危害狗牙根、结缕草以及其他早熟禾亚科的草坪禾草。被害草坪散生直径 2～7 cm,橘红色至赤铜色近环形的枯草斑。病株叶片上生红褐色椭圆形小斑,发

病后期小病斑汇合形成大病斑，天气潮湿时病叶为气生菌丝覆盖。

(2)病原

病原菌为高粱胶尾孢(*Gloeocercospora sooghi* Bain. et Edg.)(图 5-4-7)。

(3)发病规律

病菌以菌核在病残体中越冬，翌春萌发后产生分生孢子座和分生孢子，分生孢子借气流及雨水等传播侵染。通常是一种高温病害，发病盛期在 26℃以上，高温多雨有利于发病，20～24℃时菌丝生长最快，土壤瘠薄呈酸性时病害发生严重。

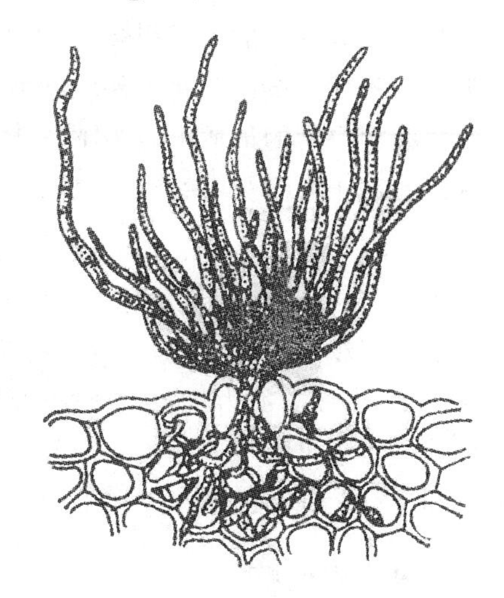

图 5-4-7 高粱胶尾孢分生孢子梗和分生孢子

冬孢子及夏孢子

(4)防治方法

①加强草坪的养护管理，均衡施肥，增施有机肥或氮、磷、钾复合肥，进行草坪的合理修剪，早春采用烧草方法及时清除病残体及枯草层。改良土壤，使 pH 维持在 7.0 或略高，避免土壤呈酸性，以利于减轻病害。

②药剂防治　发病初期及时使用代森锰锌、多菌灵、甲基托布津等杀菌剂，可起到较好的防治效果。早春喷施 0.3～0.5 波美度石硫合剂，高温多雨季节之前喷洒 50%福美双 800 倍液，或 75%百菌清 800 倍液，或 50%代森锰锌 600 倍液，或 12%腈菌唑 2 000 倍液。

5.4.8 全蚀病

(1)危害及寄主范围

草坪全蚀病在世界各地都有发生，主要危害剪股颖，也可以侵染早熟禾及高羊茅，因此是高尔夫球场果领区的主要病害。全蚀病是一种典型的根部病害，每年春季开始，病根部的病原菌开始传播，并于春末夏初在剪股颖草坪上出现新的发病中心，即枯黄色至淡褐色小型枯草斑。枯草斑可周年扩大，夏末受干热天气的影响，症状尤为明显，呈现暗褐色至红褐色斑块。病株根系腐烂，变成暗褐色至黑色。病株根颈和茎基部 1～2 节后叶鞘内侧和茎秆表面形成黑色菌丝层，密生黑色匍匐菌丝和成串连生的菌丝节，秋季还可见黑色点状突起的子囊壳。多种禾草的混播草坪中剪股颖植株变稀薄，呈黄褐色、褐色，早熟禾、高羊茅等其他混合草种占优势。

(2)病原

病原菌为禾顶囊壳(*Gaeumannomyces graminis*[Sacc.]Arx et Oliver)(图 5-4-8)。病原菌的匍匐菌丝粗壮，黑褐色，有隔，老熟菌丝多生锐角分枝，分枝处主枝与侧枝各形成一横隔膜，呈“A”形。

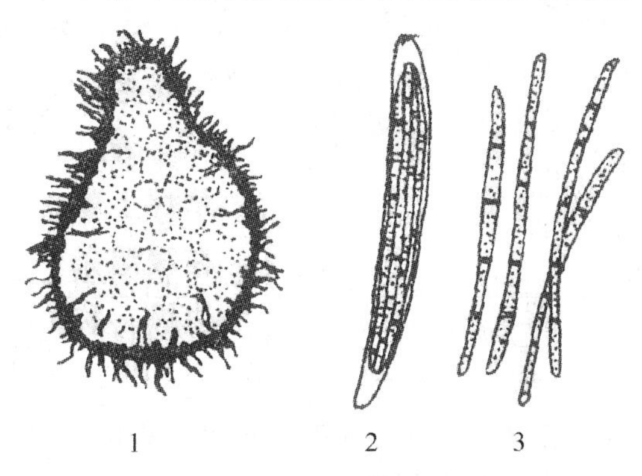

图 5-4-8 禾顶囊壳

1. 子囊壳　2. 子囊　3. 子囊孢子

(3)发病规律

全蚀病菌以菌丝体随病残体在土壤中腐生存活一年以上,甚至可达5年,在禾草整个生育期都可侵染。

影响全蚀病发生的因素很多,营养要素缺乏有利于全蚀病发生。严重缺氮或磷土壤、磷比例失调和偏碱性土壤以及保水保肥能力差的土壤,草坪全蚀病发生比较严重。

全蚀病菌侵染的最适土温为12～18℃,一旦侵染成功,即使温度升高受害也很严重。春夏雨水多有利于发病。冬季温暖,春季多雨病重,冬季寒冷,春季干旱则病轻。

(4)防治方法

①种植耐病品种,及时发现并在发病早期彻底清除病株及枯草斑。

②加强草坪的养护管理,播种前均匀撒施硫酸铵和磷肥作基肥,增施有机肥,保持氮、磷、钾平衡施肥,以铵态氮为氮源,及时排灌以降低土壤湿度,草坪内不施或少施石灰。

③药剂防治。采用三唑类杀菌剂如15%三唑酮在播种前拌种或处理土壤,发病早期在禾草基部和土面喷施三唑酮等杀菌剂也有一定的效果。

5.4.9 褐斑病

(1)危害及寄主分布

草坪褐斑病是全球分布的可侵染所有草坪草,尤其以冷季型草坪为侵染对象的病害之一,常常造成草坪大面积枯死。寄主范围包括早熟禾、黑麦草、高羊茅、剪股颖等几乎所有的冷季型和许多暖季型草坪植物。病株根部和茎部变黑褐色腐烂,叶鞘上生褐色梭形、长条形病斑,严重时病斑可绕茎一周,病害进一步发展后,叶片也被病菌侵染,在很短的时间内,草坪上就出现枯草斑。枯草斑内病草初污绿色,很快变为褐色。在病鞘、茎基部还可看到由菌丝聚集形成的初为白色后变成黑褐色的菌核,易脱落。在暖湿条件下,每日清晨枯草斑四周有暗绿色至灰褐色的浸润性边缘,称为"烟状圈"。

(2)病原

病原菌为立枯丝核菌(*Rhizoctonia solani kuhn*)(图5-4-9),菌丝褐色,直角分枝;分枝处缢缩并形成隔膜。此外,禾谷丝核菌(*R. cerealis* van der Hoeven)、水稻丝核菌(*R. Oryzae* Ryker and Gooch)和玉米丝核菌(*R. zoae* Voorhees)等也可以寄生多种草坪禾草。

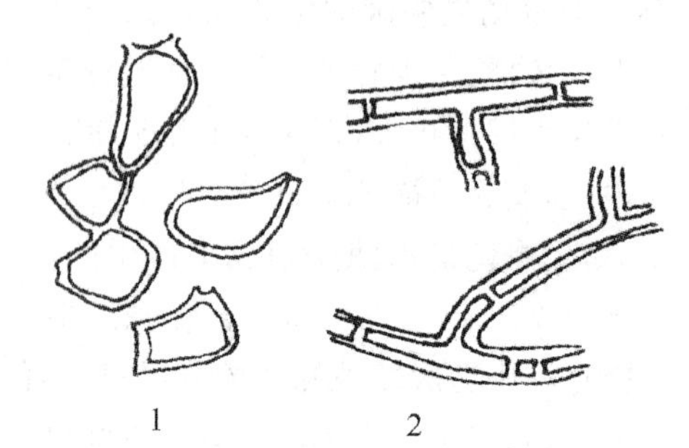

图5-4-9 立枯丝核菌

1. 菌核细胞 2. 菌丝

(3)发病规律

丝核菌以菌核和病残体中的菌丝体越夏或越冬。该病害全年均可发生,但以高温高湿的多雨炎热夏季发病最重。立枯丝核菌和禾谷丝核菌在气温15～25℃,降雨较多的条件下为害较重。在南方地区春秋两季为发病高峰期,北方地区7～9月份为发病高峰期。

偏施氮肥,植物生长旺盛、组织柔嫩则抗病能力下降,发病较重,低洼潮湿,排水不良或密植郁闭,修剪不及时,通风不良,光照不足,导致小气候湿度高,褐斑病的发生亦加重。当冷季型禾

草生长于不利的高温条件、抗病性下降时,有利于褐斑病的流行,因此,发病盛期主要在夏季。

(4)防治方法

①选用抗病性强品种。禾草越冬前清除枯草层和病残体,减少越冬菌源。

②加强草坪管理,实施氮、磷、钾平衡施肥,要少施或不施氮肥,并适时增施磷、钾肥,及时排灌,及时修剪,避免串灌和漫灌,避免傍晚时分浇水。

③药剂防治。发病高峰期之前及时喷洒50%代森锰锌可湿性粉剂600倍液,或75%菌清可湿性粉剂800倍液,或50%多菌灵可湿性粉剂1 000倍液,或12.5%速保利可湿性粉剂2 000倍液均有明显的效果。

5.4.10 腐霉菌枯萎病

(1)危害及寄主分布

腐霉菌枯萎病也是一种世界性分布的草坪重要病害,几乎可侵染所有的草坪植物,其中以剪股颖和多年黑麦草为主要寄主,同时也可以侵染早熟禾、高羊茅、狗牙根等草坪植物。腐霉菌可侵染草坪草的各个部位,发病初期引起根腐和根茎腐烂,很快就可以引起植株所有地上部分的腐烂,并形成枯草斑,清晨枯草斑四周产生绵毛状菌丝体。腐霉菌的适生性很强,冷湿的气候可以侵染危害,高温潮湿时更能猖獗流行。

(2)病原

草坪禾草腐霉病的病原有几个种(图5-4-10)如禾谷腐霉(*Pythium graminicol* Subram)、瓜果腐霉[*P. aphanidernatom* (Eds.) Fitzp]、禾根腐霉(*P. arrhenomanes* Drechsl)、群结腐霉(*P. myriotylum* Drechsl)和终极腐霉(*P. uitinum* Trow)等。其中瓜果腐霉、禾谷腐霉、群结腐霉和终极腐霉在湿热条件下常引起禾草叶腐和根腐。在冷湿条件下也引起根系坏死和叶腐的禾根腐霉、禾谷腐霉、终极腐霉、簇囊腐霉(*P. torulosum*)和万氏腐霉(*P. vanterholii*)等。

(3)发病规律

腐霉菌为土壤习居菌,土壤和病残体中的卵孢子是最重要的初侵染菌源,腐霉菌的菌丝体也可在存活的病株和病残体上越冬。腐霉菌游动孢子可在植株和土壤表面自由水中游动传播,通过灌溉和雨水也能短距离传播孢子囊和卵孢子,菌丝体可借叶片相互接触而传播,草坪修剪等草坪养护过程也能进行人为的传播,造成多次再侵染。苗期和高温高湿的夏季是腐霉病两个发病高峰期,高温高湿有利于瓜果腐霉等的侵染,白天最高温30℃以上,夜间低温20℃以上,大气相对湿度高于90%,且持续14 h以上时,腐霉病发生严重。如果前期持续高温干旱数日,然后又连续降雨2～3 d,也会导致腐霉病严重发生。此外,土

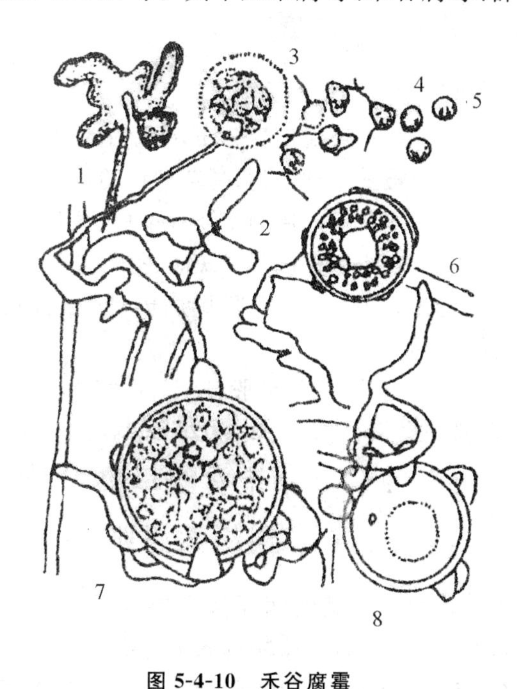

图5-4-10 禾谷腐霉

1、2.孢子囊 3.孢霉 4.游动孢子 5.休止孢子 6～8.藏卵器、雄器和卵孢子

壤贫瘠、有机质含量低、通气性差、缺磷以及氮肥施用过量的草坪发病亦重。

有些腐霉菌对温度的适应性很强，在土壤温度低至15℃时仍能侵染禾草，导致根尖大量坏死。引起“褐色雪腐病”的一些种类在积雪覆盖下的高湿土壤中侵染禾草，能耐受更低的温度。

(4)防治方法

①改善草坪立地条件，建坪之前平整土地，深耕过筛，对黏重土壤及沙性土壤进行改良，使之有20～30 cm的优质土壤，在施工中要设置排水设施，避免雨后积水，使排水畅通，以减少地表积水，保证草坪健壮生长。

②加强对草坪的养护管理，适时增施磷钾肥，提高植株抗病性。草坪施肥应尽量在春秋季进行，施肥前让土壤适当干一些，施肥后浇透水。改进浇水方式，采用喷灌方法浇水，减少根层土壤含水量，并避免傍晚时浇水。尽量做到见干见湿，浇则浇透。适时适度修剪草坪，高温季节有露水时不剪草，应待露水干燥后进行，修剪后不应立即浇水，以避免病菌通过伤口传播。

③选择抗病及耐病品种，抗腐霉病的草坪品种较少，但耐病品种如美洲王(America)、午夜(Midnight)和公羊Ⅰ号(RamⅠ)可以通过发病后增强根系发育而减轻损失。提倡用不同草种或不同品种混播，以降低染病率。

④药剂防治。播种前可以用种子重量1%～2%的40%乙磷铝可湿性粉剂和0.5%～1%甲霜灵可湿性粉剂等杀菌剂进行拌种。高温高湿季节应及时采用杀菌剂进行预防，有效的药剂主要用50%甲霜灵可湿性粉剂1 000倍液、40%乙磷铝可湿性粉剂50～80倍液、75%百菌清可湿性粉剂800倍液、50%速克灵可湿性粉剂1 000倍液，50%普力克2 000倍液及70%代森锰锌可湿性粉剂800倍液等。药剂防治一般两次就换一种药剂进行，以免病菌产生抗药性，影响药效。

5.4.11 炭疽病

(1)危害及寄主分布

草坪炭疽病属世界分布，病原菌种类复杂，除了危害禾本科草坪植物外，还可以侵染许多百合科地被式草坪植物，是草坪草的重要危害问题。特别是管理不善、长势不良的草地更常发生。禾草炭疽病病原菌主要侵染根、根颈和茎基部，尤以茎基部症状最明显。病斑初水浸状，后发展为灰褐色椭圆形大斑，发病后期病叶相继变黄，变褐以致枯死。百合炭疽菌则主要侵染植株叶片，产生褐色椭圆形病斑，同样引起植株提早枯黄、脱落。

寄主范围包括：剪股颖属、雀麦属、野牛草属、虎尾草属、狗牙根属、野茅属、扁芒草属、羊茅属、甜茅属、大麦属、黑麦草属、黍属、雀稗属、黑麦属、早熟禾属等。

(2)病原

草坪炭疽病的病原菌主要有禾生炭疽菌(*Colletotrichum graminicolum*[Ces.]Wilson)(图5-4-11)，侵染禾本科草坪禾草；百合炭疽菌(*C. liliacearum*)侵染百合科地被式草坪植物。

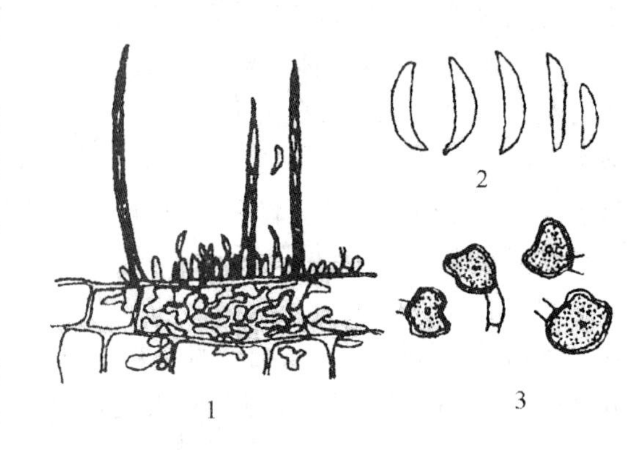

图5-4-11 禾生炭疽菌

1.分生孢子盘 2.分生孢子 3.附着胞

(3)发病规律

病原菌以菌丝体和分生孢子随寄主植物和病残体越冬或越夏,分生孢子借气流和水滴传播侵染。草坪建植多年,病残体较多,土壤碱性、缺肥、高温高湿等都有利于病害的发生。

(4)防治方法

①及时清除病残体,减少越冬菌源。

②加强草坪养护管理,平衡施用氮、磷、钾肥料,发病季节,适量增加磷、钾肥,如叶面喷施0.5%~1%磷酸二氢钾溶液;严格控制浇水的时间和次数,避免傍晚时分浇水,以降低草坪的湿度。

③药剂防治。播种前用种子重量的0.5%多菌灵、福美双或甲基托布津(均为50%可湿性粉剂)拌种。早春采用0.3~0.5波美度石硫合剂喷药预防,雨季每隔10~15 d喷施杀菌剂,连续用药2~3次。发病初期用50%多菌灵可湿性粉剂800倍液,每隔7~10 d一次,直到病情得到控制。此外,还可施用80%炭疽福美可湿性粉剂600~800倍液。

5.5 药用植物病害

药用植物(下称药材)是我国医药学伟大宝库的重要组成部分,是我国广大劳动人民与疾病作斗争的重要物质力量。

目前,我国医疗上应用的中草药已达2 000多种。过去种植比较集中的地产药材,按照国务院关于"实行就地生产,就地供应"的方针政策,以前只产在云南、广西的三七,已在贵州、四川、福建、广东、江西、浙江等地生产并获得成功;广东、广西新建的茯苓[*Poriacocos*(Schw.)Wolf]生产基地,其产量也远超过老产区;山药、地黄、牛膝(*Achyranthes bidentata* Blume)、菊花以及延胡索等著名地产药材,全国许多省、市、自治区现在也正有计划地进行种植。此外,除已有不少的野生药材逐渐变为家种外,还有计划地引种或试种驯化了一些国外进口药材(称"南药")。

我国的药材病害种类很多,其中不少为害严重。如浙贝母在正常的年份,因病害而造成的损失达10%~20%;又如红花遭受炭疽病为害严重时,花产量大幅度下降。因此,要确保药材的丰产丰收,病害防治也是其中重要一环。

5.5.1 白术白绢病

白绢病是白术的重要病害之一,俗称"白糖烂"。白术受此病为害后,主要为害近地面的茎基部或果实。植株染病后,茎基和根茎出现黄褐色至褐色软腐,有白色绢状菌丝,叶片黄化萎蔫,顶尖凋萎,下垂而枯死。一般损失在1%以上,严重的达50%以上。此病在南方多雨地区发生普遍,危害较重,发病率往往达20%左右。白绢病菌的寄主范围很广,除白术外,尚能为害玄参、白芍、附子、地黄、黄连、紫苑、附子等药材和其他多种农作物。

(1)症状

发病初期,受害植株叶片黄化萎蔫。术株个别叶片萎垂。茎基部染病,初为暗褐色,其上长出辐射状白色绢丝状菌丝体,整个根茎被白色菌丝围绕时,呈淡黄白色软腐状,很似"烂甘薯",故称"白糖烂"。湿度大时,菌丝扩展到根部四周,产生菌核,严重时植株基部腐烂,致使地上部茎叶萎蔫枯死。根茎被害后呈褐色，随着病部不断扩大，植株顶端萎垂。主茎已木质化的术株被害后，直立枯死，根茎部薄壁组织腐烂殆尽，仅剩下木质化的纤维组织，呈一丝丝乱麻状，极易从土中拔出。术苗被害后，整个植株倒伏死亡。

此外，触地的白术花蒲、叶片也易受害，常呈黄褐色，失去光泽，最后叶片仅剩下脉络，呈纱布状。

(2)病原

此病由齐整小核菌(*Sclerotium rolfsii* Sacc.)侵染所致，属真菌半知菌亚门。菌丝体白色，有绢丝般光泽，在基物上呈羽毛状，从中央向四周辐射状扩展。镜检菌丝呈淡灰色，有横隔膜，细胞大小为23.5 μm×1.0 μm，分枝常呈直角，分枝处微隘缩，离隘缩不远有一横隔膜。菌核球形或椭圆形，大小不等，一般在玄参上的比白术上的大些，在白术根茎上的又比在茎、叶、花蒲(蕾)上的大些。一般菌核大小为0.97～1.30 μm。在营养状况较好，温、湿度高时，2～3个菌核也能相互连接成块。菌核切片在低倍显微镜下观察，中部细胞呈淡黄色，形状稍长，疏松状，边缘细胞呈香柏油黄色，形状较小，圆而密(图5-5-1)。

病原菌在马铃薯蔗糖琼脂培养基上生长良好，可形成众多的菌核，颗粒较大，呈黄褐色，易连接成菌块。菌核萌发的温度范围为10～35℃，以30～35℃为最适宜。40℃处理24 h后，菌核均不萌发，如再移至25℃时，仍能萌发。菌丝在pH 2.0～10.0均能发育，但以pH 5.0～6.0最适，pH 11.0时菌丝不能发育。

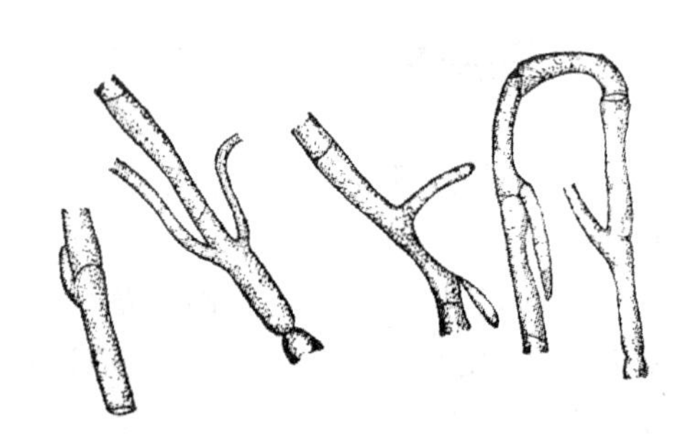

图5-5-1　白术白绢病菌菌丝

冬孢子及夏孢子

据文献记载，白绢病菌的有性时期较为少见，1945年West在薜荔(*Ficus pumila* L.)上发现，定名为*Pellculariarolfsii*(Sacc.) West.。

(3)侵染循环

病菌主要以菌核在土壤中越冬，或者以菌丝体在种栽或病残体上存活。据文献报道，菌核在土壤中可存活4～5年之久，土壤带菌为发病的主要初次侵染来源。菌核随水流、病土或混杂在种子中传播。菌丝能沿着土壤裂缝蔓延为害邻近植株。带病种栽栽植后继续引起发病。病菌借菌核传播和菌丝蔓延进行再次侵染。本病一般于4月下旬开始发生，6月上旬至8月上旬为害最重。

(4)影响发病的因素

①气候与发病关系：白绢病菌喜高温、高湿，从6月以后，当旬平均地温(5 cm深)在25℃以上，都适宜本病的发展，一般在30～35℃为最适。特别是7～8月旬平均地温在30℃以上的情况下，降雨量多，湿度大，是引起白绢病严重发生的因素。6月上旬至8月上旬为发病盛期。

②地势、水旱地与发病关系：在土壤、"术栽"相同的情况下，低坡地发病重于高坡地，水田发病重于旱地。土壤湿度高有利于病菌侵染蔓延。通气好、低氮的沙壤土发病重。

③连作、排水与发病关系：地势较低，雨后积水的术地会加重本病的发生；地势稍高，排水较好的术地，则发病较轻。

④株行距与发病关系：在白术产区，种白术的株行距一般有7寸×8寸和5寸×10寸

(1 寸≈3.33 cm)两种。后者由于株距较窄,引起株间连续侵染而发病的比 7 寸×8 寸的要重得多。

(5)防治方法

①选用无病土种植。土壤带菌是白绢病的重要侵染来源,因此,保证土壤无病是防治白绢病的关键措施之一。在栽前或栽植时沟施氯硝胺处理土壤。适量施用石灰,调整土壤酸碱度,可以减轻发病。一般可选新开荒地种植,并避免上一年白术田的邻坡及下坡的土地作术田,以减轻白绢病的发生。

②选用健壮无病种栽。

a. 收获术栽时要严格挑选。剔除附有白色菌丝体的病栽,及其上有伤痕、烂疤及淡褐色斑块的术栽。

b. 贮藏期做好术栽的防烂工作。少量术栽用"缸藏法"——用 3～4 尺高的瓷缸,缸底铺沙一层,上放术栽,放至离缸口 2～3 寸高,其上盖沙至缸口平。术栽中央插上草一束,以利通气,减少烂栽。大量术栽用"层积沙藏法"——选地势高燥的室内,地面先铺沙一层,厚 1～2 寸,沙上铺一层术栽,厚 4～5 寸,这样依次层积,一般总高度 1 尺左右,并插上几个草束,以利通气降温。在贮藏期内,每隔 10～15 d 翻堆一次,以便散热降温,并及时剔除由于在堆贮期温湿度升高诱致病菌感染而发生的烂栽。

③实行轮作。前茬以禾本科植物为好,不宜与花生及其寄生范围内的药用植物轮作。一般种一年白术后,轮种不适白绢病菌侵染的禾本科作物,如玉米、小麦、水稻等。间隔年限为 4～5 年。还应避免与玄参、附子等寄主植物轮作。水旱轮作,冬季灌水可促使菌核死亡,效果很好。

④拔除病株和清洁田园。发现病株,带土移出白术地并销毁,病穴洒施石灰粉消毒。四周邻近植株浇灌 50%多菌灵或甲基托布津 500～1 000 倍液,50%氯硝胺 200 倍液控制病害。

在清洁田园中,除了清除杂草和白术残株病叶外,应注意不在田边、地角种菊芋(*Helianthus tuberosus* Linn)。已种上菊芋的要严格检查,病株要及时挖除。同时菊芋及其附近的残株枯枝等未经处理的,不要作肥料,以防止病菌带入术田。

⑤改进栽培管理。筑高畦,疏沟排水,使畦面高燥,以抑制病菌发展。猪、牛栏等肥料最好翻至下层土中,不在畦面铺施,以减轻发病。采用 7 寸×8 寸的株行距,以减少病菌侵染蔓延的机会。

⑥药剂防治。施用 70%五氯硝基苯,每亩 0.5 kg 穴施并覆土或在白术发病初期喷射 1%石灰液于根茎部,均有一定的效果。

5.5.2　白术根腐病

白术根腐病又名干腐病,是白术的重要根病之一。在新老白术产区发生普遍,严重发生年份产量损失可达 50%以上,并使产品质量明显下降。

本病寄主范围很广,在自然情况下,约能侵染 120 种植物;在人工接种情况下,可为害植物达 270 余种。

(1)症状

白术根腐病主要为害根部,发病初期,术株地上部枝叶凋萎,基部叶片褪绿发黄,随后整株叶片发黄到后期枯死。地下部受病初期根毛和细根呈褐色干枯,后期脱落,蔓延到根茎部,横

切根茎部就可看到维管束变为褐色，病害扩展到主根以后，根茎部的须根全部干枯脱落，根茎变软，外皮皱缩干腐状，地上部萎蔫干枯，严重的病株枯死，致药材品质变劣。严重的根茎表皮亮开，易从土中拔出。

(2)病原(图 5-5-2)

Fusarium oxysporum Schl. 属真菌半知菌亚门尖孢镰刀菌，是一种土壤习居菌，在土壤中，当寄主死亡可营腐生生活；如离开寄主在土壤中可存活 5～15 年。病原菌大分生孢子镰刀形，微弯曲或近乎正直，无色透明，顶细胞圆锥形，多为 3 个隔膜。大小为(19～46) μm×(3～5) μm；小分生孢子生于气生菌丝上，数量较多，无色透明，卵形或椭圆形，1～2 个细胞，其中 2 个细胞的大小为(13～24) μm×(2.4～4) μm；1 个细胞的为(6～14) μm×(2～4.5) μm。厚壁孢子颇多，顶生或间生，球形，单胞。

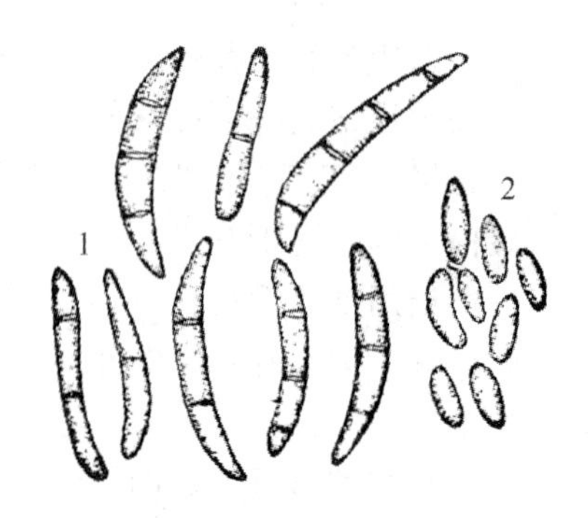

图 5-5-2　白术根腐病菌

1. 大分生孢子　2. 小分生孢子

(3)侵染循环

病菌以菌丝体、厚壁孢子和菌核在土壤中越冬或依附于病残组织，成为翌年的初次侵染来源。经大田接种试验，潜育期最短为 5 d，一般在 10 d 以上。病菌能借助虫伤、机械伤等伤口侵入根系，也可直接侵入。此外，术栽也可带菌，成为初次侵染来源。

(4)影响发病的因素

天气时晴时雨，高温高湿以及术株生长不良都有利于本病的发生；在受蛴螬等地下害虫及根线虫为害的情况下，白术根茎部伤口增加，有利于病原菌侵染。在日平均气温 16～17℃时便开始发病，最适温度是 22～28℃。

(5)防治方法

①实行合理轮作。一般与禾本科作物轮种 3～5 年以后，才能种白术。

②选用抗病无病术栽品种。以矮秆阔叶型品种抗性较好。在贮藏期间要注意术栽保鲜、防热，以免失水干瘪；种前挑选无病健栽，并用 50%的退菌特 1 000 倍液浸 3～5 min，然后下种。

③用“5406”菌肥作基肥，每亩用量 100～150 kg，有一定的防治效果与增产作用。

④合理选地。选择地势高燥、排水良好的沙壤土种植。避免天旱、地干情况下种植，土壤湿度适当，有利于术栽发根生长。

⑤苗期管理中耕宜浅，以免伤根，并及时防治地老虎等地下害虫，可浇灌 40%乐果 2 000 倍液，每隔 10～15 d 一次，连续 2～3 次，可达到治虫防病的效果。

⑥发病初期及时拔除中心病株，可喷 50%退菌特 1 000 倍液或 40%克瘟散 1 000 倍液，每隔 15 d 一次，连续 3～4 次。选用 50%多菌灵可湿性粉剂或 70%甲基托可湿性粉剂 500～1 000 倍液等浇灌病穴及周围植株。

5.5.3　白术铁叶病

白术铁叶病又名叶枯病，土名叫“癃叶”“铁焦叶”。新老产区均有不同程度的发生，尤以浙江省的东阳、新昌、嵊县等白术产区最为严重，损失较大。

(1)症状

病害主要为害叶片,后期亦可为害茎及术蒲。叶片初生黄绿色小点,后不断扩大形成较大病斑;病斑近圆形或不规则形,呈锈黄色或褐色,后期病斑中央为灰白色,上生大量的黑色小点(分生孢子器)。分生孢子器表生或两面生,病斑后期汇合布满全叶呈铁黑色焦枯,故称铁叶病。病情发展由基部叶片逐渐向上蔓延,最后扩展到全株叶片,导致植株枯死。

(2)病原(图 5-5-3)

Septoria atractylodis Y. S. Yu et K. T. Chen 分生孢子器表生或生于叶的两面,球形或扁球形,灰褐色,大小(70～100) μm×(60～80) μm,孔口直径 32～40 μm;分生孢子线形,近直或弯曲,(0～2)～(4～7)隔,大小为(30～48) μm×(1.5～2.4) μm。

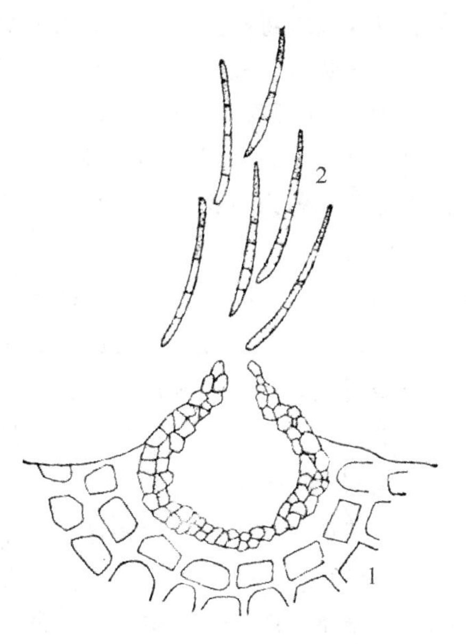

图 5-5-3 白术铁叶病菌

1.分生孢子器纵切面 2.分生孢子

(3)侵染循环

在病残组织以及病土中越冬的病原菌为本病的初次侵染来源。生长期病菌借风雨传播进行再次侵染。铁叶病的潜育期为 7～17 d。本病发生时间很长,一般从 4 月下旬至 5 月初开始发生,6 月初进入发病盛期,一直持续到 8 月上旬,9 月以后为末期,如条件适宜仍然可以感染。

(4)影响发病的因素

本病的发生需要较高的湿度,在 10～27℃温度范围内均可引起为害。高温多湿,连续降雨的气候条件可促使铁叶病流行,发病重。此外,连作、氮肥过多,土壤贫瘠,术栽质量差,均有利于发病。

(5)防治方法

①选择地势高燥,排水良好的土壤种植白术。在初冬进行深翻,既可风化土壤,亦可深埋病残体,减少菌源,冻死地下害虫。

②选用健壮术栽,剔除病栽,同时在可能条件下,术栽起土后,放在溪水中洗去附在术栽表面的病菌,以减轻来年发病。

③施足基肥,多施有机肥,增施磷、钾肥,对促进白术健壮生长,提高白术抗病能力有重要作用。有条件的地方实行轮作。

④不宜在雨后、露水未干时进行术地中耕除草、病虫防治等农活,以减少感染机会,减轻发病。4 月中旬开始,经常检查术地,发现病株及时拔除,并摘去术株下部病叶,以防蔓延。

⑤发病初期,选择晴朗天气,喷 1∶1∶100 波尔多液(硫酸铜 0.5 kg,质量好的生石灰 0.5 kg,水 50 kg 配制成天蓝色的药液),喷时要做到雾点细而均匀,叶面叶背都要喷到。每隔 10～15 d 一次,连续 4～5 次,基本上可控制本病的发生。

⑥白术收获后,扫集并烧毁术田残株病叶,减少来年发病菌源。

5.5.4 浙贝灰霉病

浙贝灰霉病俗称“早枯”“青腐塌”,是浙贝常见的病害之一。浙江宁波樟村地区此病发生普遍，受害严重，常引起早枯，使浙贝减产20%～30%，且降低种用鳞茎质量。

(1)症状

叶、茎、花和果实均可受害。发病初期，先在叶片出现黄褐色小点，不断扩大成椭圆形或不规则形的红褐色病斑。其边缘有明显的水浸状环，墨绿色，病斑直径10～15 mm；第一批病斑出现时一般每叶仅一个，后病叶逐渐褪绿，呈黄色，使全叶枯死。在连日阴雨后，出现的病斑不典型，小而多，每叶上有几个至几十个，全叶发黄。天晴即迅速干枯，病叶垂挂于茎上。

茎部受害，一般多从病叶经叶基延及茎秆而发病，出现灰色长形大斑。花被害后呈淡灰色，干缩不能开放。花柄淡绿色干缩。幼果暗绿色干枯；较大果实初在果皮、果翼生深褐色小点，扩大后干枯。叶片背面后期产生灰白色霉状物(病原菌分生孢子梗和分生孢子)。在阴雨天檀株其他各部被害均可长灰色霉状物。

(2)病原

Botrytis elliptica(Berk.)Cke. 该病是由真菌引起的一种病害。分生孢子梗直立，淡褐色至褐色，有3至多个隔膜；顶端有3至多个分枝，其顶端簇生分生孢子呈葡萄状。分生孢子无色或淡褐色，椭圆、卵圆形，少数球形，单胞，大小为(16～32) μm×(15～24) μm，一端有尖突，萌发能长出一个到多个芽管。菌核黑色，细小，直径0.5～1.0 mm。

(3)侵染循环

病菌借分生孢子和菌核落入土中越冬，成为下一年的初次侵染源。翌年气温升高至10～15℃，又遇阴雨连绵时，约5%残存的菌核产生菌丝、孢子初次侵染植株，田间初现病斑，并逐渐盛发激增；在适温时，病情进展随阴雨时日数的增多而激增。该病害一般年份在3月中旬初发，4月上旬盛发，4月下旬严重暴发。种植过密，生产嫩弱及多雨高温季节均有利于发病。

(4)防治方法

①浙贝收获后，清除被害植株和病叶，最好将其烧毁，以减少越冬病原。

②发病较严重的土地不宜重茬。实行轮作，不宜连作。

③加强田间管理，合理密植，使株间通风，降低田间湿度，以减轻为害。

④合理施肥，增强浙贝的抗病力。科学用肥，后期不要施过多的氮素化肥，要增施草木灰、焦泥灰等钾肥，以增强植株抗病力。

⑤药剂防治，发病前，在3月下旬喷射1∶1∶100的波尔多液，7～10 d一次，连续3～4次，有较好的防病效果。

5.5.5 浙贝干腐病

浙贝干腐病是影响浙贝安全过夏、留种以及产品产量和质量的病害，新老产区都有不同程度的发生为害。

(1)症状

在浙江宁波樟村浙贝老产区，鳞茎基都受害后呈蜂窝状，鳞片被害后呈褐色皱褶状，俗称“蛀屁眼”。这种鳞茎作种用，一般根部发育不良，植株早枯，产生的新鳞茎小。在杭州市郊区新产区，被害浙贝鳞茎基部呈青黑色，俗称“青屁股”，鳞茎内部腐烂成空洞或在鳞片上出现黑褐色、青色大小不一的斑点状空洞。

有的鳞茎受害，维管束变性，鳞片横切面可见褐色小点。有的鳞茎基部和中间被害后，根

不生长，鳞茎失去种用价值。

(2)病原（图 5-5-4）

图 5-5-4 浙贝干腐病菌
分生孢子

Fusarium avenaceu（Fr.）Sacc. 该病是一种真菌引起的病害。在寄主上产生的大型分生孢子镰刀形，无色透明，两端逐渐尖削，微弯至弯曲，顶细胞近线形，足细胞显著或不显著，3～5 个隔膜，其中 3 个隔膜的大小为(32～48) μm×(3～4) μm，5 个隔膜的(54～64) μm×(3.5～4.5) μm；无小分生孢子。

(3)侵染循环

病原菌适应性很强，一般在土壤内越冬。大地过夏和起土后贮藏的浙贝都可被侵染，且发病时间较长，除冬季外，春、夏、秋都可受侵染为害，但以 6～7 月为发病盛期。

(4)影响发病的因素

浙贝起土过早，鳞茎幼嫩多汁，易发生本病。在杭州郊区，5 月中旬以前起土的浙贝，贮藏中会大量出现“青屁股”。

室内贮藏用的土含水量如过低，鳞茎失水多，会引起干腐病严重发生。大地过夏的鳞茎，在天气干旱缺少遮阳植物，土壤干燥的情况下，干腐病发生也较普遍。

(5)防治方法

①选择健壮无病的鳞茎作种。如起土贮藏过夏的，应挑选分档，摊晾后贮藏。

②选择排水良好的沙壤上种植，并创造良好的过夏条件。并为浙贝过夏创造荫凉(如间作大豆等作物)、通风、干燥的环境。

③在土壤条件不适宜大地过夏的情况下，可因地制宜地采取移地窖藏或室内贮藏过夏等方法。室内贮藏的，应将起土鳞茎挑选分档，进行摊晾，待鳞茎的呼吸强度和含水量降低后再贮藏，以减少腐烂。

④药剂防治：配合使用各种杀菌剂和杀螨刘，在下种前浸种。如下种前用 20％可湿性三氯杀螨砜 800 倍加 80％敌敌畏乳剂 2 000 倍再加 40％克瘟散乳剂 1 000 倍混合液浸种 10～15 min，有一定效果，以防浙贝鳞茎腐烂和螨的为害，同时可以减少过夏期间浙贝的损失。

⑤在浙贝生长过程中，及时防治蛴螬等地下害虫，减少虫伤口，以防止病菌侵染而引起的发病。

5.5.6 浙贝软腐病

浙贝软腐病和浙贝干腐病一样，是影响浙贝安全过夏、留种以及产品产量和质量的病害，新老产区都有不同程度的发生和为害。

(1)症状

发病鳞茎初为褐色水渍状，后呈“豆腐渣”状或“浆糊状”，软腐发臭。当空气湿度降低，鳞茎干缩后仅剩下空壳，腐烂鳞茎具特别的酒酸味。

(2)病原(图 5-5-5)

Erwinia carotovora（Jones）Holhnd *E. aroideae*（Townsend）Holland 病原细菌短杆状，

两端圆形，大小为(1.2～3.0) μm×(0.5～1.0) μm，有2～8根周生鞭毛；病原细菌发育最适温度为27～30℃，最高41℃，最低2℃。pH范围为5.3～9.2。

(3)侵染循环

病原细菌随病株遗留土中或在肥料、垃圾中及昆虫体内越冬。伤口是病原细菌侵入的主要途径。

(4)影响发病的因素

大地过夏的鳞茎，在梅雨季节(6月上中旬至7月中旬)和伏季(7～8月份)雨后发生较多。地势低洼，容易积水，通气性差的地块浙贝发病重；在高温高湿的条件下，病情发展很快，加速浙贝鳞茎腐烂，失去种用和商品价值。浙贝起土后，如不进行摊晾而立即贮藏，则因伤口和虫疤未能很好地愈合，加上土壤水分过多，就易造成大量腐烂。

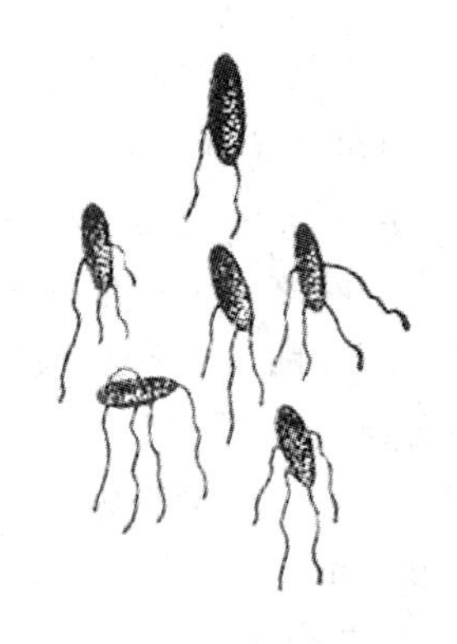
图5-5-5 浙贝软腐病菌

(5)防治方法

参照浙贝干腐病的防治。

5.5.7 延胡索霜霉病

延胡索属罂粟科草本药用植物，以其块茎入药，具活血散瘀、理气止痛功能。延胡索(即元胡)霜霉病是一种毁灭性的病害，浙江东阳农民叫"火烧瘟"。元胡主产区东阳、缙云、永康、建德等地普遍发生，为害严重，产量逐年下降，因此，防治霜霉病已成为元胡生产上突出的问题。

(1)症状

元胡在2月初出苗。霜霉病在3月初开始发生，4月中下旬最重，直到5月上旬元胡发座。延胡索霜霉病主要为害叶片，罹病初期，在叶面出现褐色小点或不规则的褐色病斑，失去翠绿色光泽，稍带黄绿色，病斑边缘不明显，随后病斑加多，并不断扩大，布满全叶，全株叶片失去光泽，叶片变厚，叶片不易平展而向叶面卷缩，叶面产生很多不规矩褐色雀斑。在湿度较大时，病叶背面生一层灰白色的白色霜状霉层，故称"霜霉病"。元胡发病后，在适宜的温、湿度条件下，病情发展很快，病叶色泽加深，最后叶片腐烂或干枯，植株死亡。

(2)病原（图5-5-6）

Peronospora corydalis de Bary.。

此病菌可以侵染紫堇属(*Corydalis*)的植物有下列的种及变种：

①元胡

②*Corydalis solida* var. baxa (Fr) Mansf.

③*Corydalis pumila* (Host) Rchb.

除上述霜霉病外，*Corydalis*属植物上还有两个种，其孢子形状及大小有区别。

延胡索霜霉病菌菌丝无色透明，在寄主细胞间生长，有繁盛的分枝。孢囊梗束生，主干大小为(198～430) μm×(8～11) μm，无色，自叶

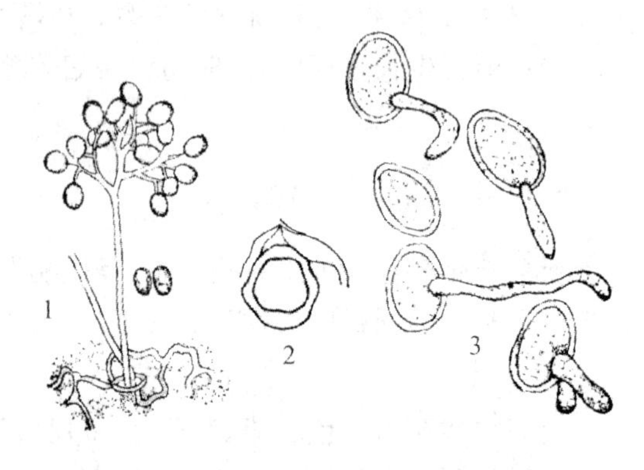

图5-5-6 延胡素霜霉病菌
1.孢囊梗及孢子囊 2.卵孢子
3.孢子囊的萌发

背的气孔伸出，在孢囊梗的2/3或较长一段中没有分枝，在顶端作双分叉两到多次，最末的分枝彼此相交成直角，孢子囊产生在最末分枝的顶端。孢子囊卵形或椭圆形，似柠檬状，一般无色，大小为(16.9～23.7) μm×(13.5～16.9) μm。

延胡索霜霉病菌具有很强的寄生性，菌丝相当发达，只限在寄主细胞间隙中生长。吸器很短，芽状略有分枝。孢子囊萌发不产生游动孢子，萌发时在孢子囊侧面的任何部位均可伸出芽管侵入寄主，扩大侵染。1972年在浙江省缙云壶镇、建德三都等地的延胡索霜霉病病叶上的病斑组织内发现其卵孢子，黄褐色，球形，直径为33.8～37.14 μm。

(3)侵染循环

病原菌的卵孢子随病组织遗落在土壤中越冬，是引起第二年初次侵染的主要来源。在种苗(块茎)表面或潜伏其内的菌丝体和卵孢子也可能是初次侵染源之一。因据实地调查和观察，一些从未种过元胡的地，霜霉病也有发生且严重。

元胡块茎收获后，遗留在土壤中的病叶组织，放在蒸馏水中浸洗，再取其混浊液数滴镜检.可观察到延胡索霜霉病菌的孢囊梗、孢子囊和已萌发的孢子囊。但霜霉病菌是专性寄生的，落到土中的病叶中菌丝不可能长期存活；而无性孢子囊的寿命一般又很短，借此以越冬的可能性也不大；因此通过病斑组织内的卵孢子越冬应是主要的方式。

(4)影响发病的因素

延胡索霜霉病的发生发展，与气候条件有密切关系。早春低温多雨，其间湿度大，有利于霜霉病的发生；如3、4月间天气温暖，干燥，雨量偏少，则此病发生轻。春雨多，3、4月气温高于10℃、早春灌水过量、湿度大易发病，连作田、密度大株间郁蔽发病重。

(5)防治方法

①轮作。履行3年以上轮作，并宜与禾本科作物轮作。

②清洁田园。元胡收获后，及时清除病残组织，减少越冬菌源。

③种用块茎处理。应进行种用块茎有效药剂和处理方法试验。播种前元胡块茎用40%霜疫灵(疫霉净、乙磷铝)200倍液，浸24～72 h，晾干后播种。

④开沟排水。低温多湿是发生延胡索霜霉病的有利条件。因此，在春寒多雨季节，必须开沟排水，以减少霜霉病的发生。

⑤消灭发病中心。2月元胡出苗后，要经常检查发病情况，如一旦发现发病中心，可把元胡植株铲除移出田间并深埋，在发病处撒施石灰粉加泥土封盖，消灭发病中心。

⑥药剂防治。元胡齐苗后，在未发生霜霉病前，就要开始喷药保护，做到防重于治。喷药要早喷、多喷、及时喷和全面喷。做到块块地都喷到，搞好“联防”工作。药剂可用65%代森锌200～300倍液防治，每隔7 d喷一次，或用1∶1∶300倍波尔多液，每隔10～14 d喷一次，连续4～5次。配药时应严格掌握药液的浓度，以免引起药害。在系统侵染症状涌现初期喷洒25%甲霜灵可湿性粉剂800倍液或40%乙磷铝可湿性粉剂250倍液、72%杜邦克露可湿性粉剂700倍液，隔10 d一次，防治2～3次。

元胡叶片翠绿幼嫩、表面光滑，药剂喷后不易黏着，流失很大，影响其防病效果，为提高防效，可在代森锌药液中加0.2%～0.3%洗衣粉或2%的茶子饼浸出液作黏着剂。

5.5.8 玄参叶枯病

玄参叶枯病，又称斑枯病、叶斑病，是一种重要的叶部病害，俗称“铁焦叶”。主要危害叶片，发病严重时因田间成片枯焦颇似火烧，故也有“火烧瘟”之称。玄参遭受叶枯病的为害，常致植株叶片成批枯死。

(1)症状

此病在4月中旬苗高5寸左右时开始出现，6～8月间发病较重，直至10月为止均可发生。一般在植株下部叶片先发生，逐渐蔓延全株。到后期几乎所有叶片均密布病斑，进而病叶卷缩干枯，垂挂于茎上，植株生长不良。

发病初期，叶面散生紫红色略凹陷的小斑点，随着病情发展，病斑逐渐扩大成中心呈白色或灰白色的多角形、圆形或不规则形大型病斑，直径5～20 mm。病斑被叶上黑色叶脉分割成网状，边缘紫褐色。白斑上散生许多小黑点(即病原菌的分生孢子器)。发生严重时叶上病斑汇聚成片，叶片呈黑色干枯卷缩，常悬垂于茎上。植株下部叶片先发病，逐渐向上蔓延，最后整株植株呈黑褐色枯死。

(2)病原(图5-5-7)

Septria scrophulariae West 分生孢子器黑色球形，散生于病斑内，半埋或自基物突出，直径为88.8～148.0 μm，顶端有圆形孔口，遇水湿，分生孢子由此孔口涌出。分生孢子无色，披针形，稍弯曲，大小为(46.2～59.4) μm×(3～3.3) μm，具3～7个横隔膜，大多是7隔；未成熟的分生孢子一般较短，隔膜大多不明显或较少。病菌以菌丝体或分生孢子器在病叶上越冬。分生孢子在玻片水滴中，于25℃下经6 h即可发芽，每个孢子可长出1～2个或多个芽管。

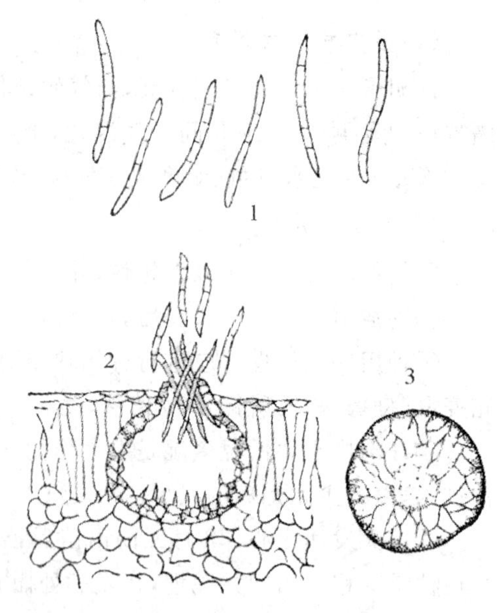

图5-5-7 玄参叶枯病菌
1.分生孢子 2.分生孢子器纵剖面
3.分生孢子器

(3)侵染循环

越冬后病叶上的分生孢子具有61.5%～75.0%的发芽率。据接种试验，这些孢子有较高的侵染力。

此外，据在新种植区(余杭)调查，此病也有发生，因此病株的种芽带菌问题及引种的怀庆地黄(*Rehmannia glutinosa* Libosch. var *hueichingensis* Chao et Schih.)等玄参科植物上的同属病原，是否有传染的可能，均有待于进一步研究。

关于此病菌的潜育期，经人工接种测定，最短需11 d，最长29 d，一般为13～17 d。

雨水、露滴及风力是分生孢子传播的主要媒介。

(4)影响发病的因素

①气候与发病关系：叶枯病发生发展与温湿度、降雨量有着密切的关系。高温高湿和阳光不足的阴天有利于病害的发生。在高温干旱的条件下，病害的发展受到抑制。全年共出现三

个高峰，分别在6月上中旬，7月上中旬，8月中旬。当温度在20℃以上，有1～2周的雨日、雨量较多和较高的相对湿度条件下，有利于叶枯病发展流行。例如在6月22～28日连续降雨7 d，降雨总量达到14 mm，相对湿度在82%以上，7月上中旬即出现全年发病最高峰。从降雨到发病高峰出现相隔约半月，接近一个潜育期的天数。其他在6月及8月出现的两个高峰，也表现类似情况。而7月下旬至8月上旬期间，温度虽在20℃以上，但7月10～25日的15 d内均无降雨，相对湿度显著降低，因此7月下旬至8月上旬病叶增加数显著减少。

②栽培管理与发病关系：玄参叶枯病发生轻重与土质、施肥情况、管理条件等有一定关系。例如在杭州药物试验场调查两块从未种过玄参的相邻地，管理及时而又肥力足的一块，植株生长健壮，发病较轻。反之则重。

(5)防治方法

①合理轮作。栽过玄参的地块，应与禾本科作物实行3年以上的轮作。

②清理田园。玄参收获以后，及时清除田间病残体和田边杂草，集中销毁，以减少越冬菌源。

③加强管理。合理用肥，促进健壮生长，提高植株抗病能力，以减轻叶枯病的为害。

④药剂防治。药剂防治是解决玄参叶枯病的重要措施之一，大田药剂防治效果考查证明，1∶1∶100的波尔多液是目前防治叶枯病较好的药剂，同时对植株有刺激生长的作用，喷药后叶色浓绿，生长健壮，发病指数降低47.4，块根产量比对照提高35.3%。从经济合理用药考虑，田间药剂防治应从5月上旬开始，每隔半月喷一次，共4～5次即可；也可喷洒75%百菌清可湿性粉剂600倍液等。

⑤种芽种前处理。为预防玄参的带菌种芽引起初次侵染，以提高玄参叶枯病的防病效果，可将种芽在种前用0.1%升汞水或1%波尔多液浸10 min后晾干再下种。同时苗期要采取摘除病叶再喷药。

5.5.9 红花炭疽病

红花炭疽病又名“烂颈瘟”。是红花的主要病害之一，发生普遍，分布于全国各红花产区，为害严重，流行年份能使红花毁灭无收。

(1)症状

苗期、成株期均可发病。茎、叶和叶柄各部均能受害，尤以幼嫩的顶端或顶端分枝部分受害最重。茎部染病初成水渍状斑点，稍长形，初呈淡绿色，后渐渐扩大呈梭形褐色病斑，上面生有黑褐色突出的小点(即病菌的分生孢子盘)，病斑有时出现龟裂或皱缩，天气愈湿润发展愈快，病斑上生有无数橙红色的点状黏质物，即病原菌分生孢子盘。严重时造成烂茎，轻者不能开花结实。病情发展下去，逐渐造成植株烂头、烂梢，状如火烧。叶片染病初生圆形至不规则形褐色病斑，常使叶片干枯，后扩展成暗褐色凹陷斑，叶柄上的瘸斑长条形，褐色，稍凹陷，严重时导致叶片萎蔫。严重的叶柄染病症状与茎部相似。湿度大时，病斑上产生橘红色黏质物。

(2)病原(图5-5-8)

分生孢子盘生于寄主组织内，后突破表皮而外露，黑褐色，无刚毛，分生孢子梗无色单胞，顶端较狭，大小为(8～16) μm×(3～5) μm。

(3)侵染循环

红花炭疽病菌主要以菌丝体潜伏在种子内或随病残体自在土壤中越冬，同时种子表面及土壤也可带菌，成为来年的初次侵染源，分生孢子盘上的分生孢子具有黏性，借风雨分散传播，进行再次侵染，扩大为害。红花炭疽病在杭州地区一般于 4 月中下旬开始发生，5～6 月份进入发病盛期。

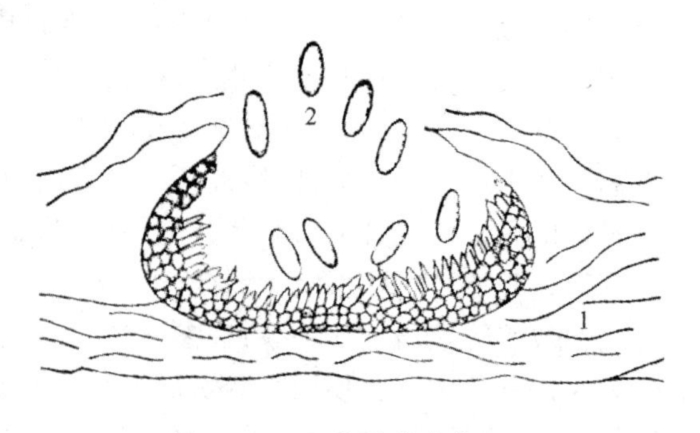

图 5-5-8 红花炭疽病菌

1. 分生孢子盘纵切面 2. 分生孢子

(4)影响发病的因素

根据辽宁省药材研究所的报道有如下几个因素：

①降雨与发病关系。在红花生长期，如在适宜炭疽病发生发展的气温(20～25℃)条件下，遇连续降雨，病情就迅速发展；或在开花期降大雨或中、小雨日多，即降水量大、相对湿度高，则发病早、病势重。

②湿度与发病关系。湿度(指空气湿度和土壤湿度)和雨量呈正相关，雨量愈大，湿度愈高，炭疽病发生、流行也愈迅速。气温 20～25℃，相对湿度高于 80%易发病。

③温度与发病关系。如前期温度低，红花生长发育慢，容易造成发病时期红花组织幼嫩，成熟晚，细胞壁多含有果胶质，有利于炭疽病菌的侵入和生长。且生长发育慢，则感病期延长，病原菌的侵入机会也越多。一般说红花炭疽病在适宜温度下，如相对湿度在 60%以下，病害潜育期延长，重复侵染次数少，发病就较轻。

此外，感病红花品种种植面积的大小及播种期的迟早，病原菌致病力强的生理小种群体数量大小等也都与病害的发生流行有一定关系；但决定病害能否流行及发病程度，主要还须看上述雨量、湿度与温度的配合是否适当。

④播种期与发病关系。适期早播，可以加快红花的生长发育，提前成熟收花，错过梅雨期，避开有利于炭疽病菌侵染和病害发生及流行的时期，则发病轻。

⑤品种与发病关系。无论在北方或南方，红花的有刺种抗病性强，发病轻；无刺种抗病性弱，发病重。

⑥施肥与发病关系。施肥的时期、种类和数量与炭疽病的发生有一定关系。在追肥过多或偏施氮肥时，会使红花黄青徒长，生长期延长，成熟期推迟，植株木质化晚，易于受病菌侵染，病害发生重。所以红花最好多施底肥，少施或不施追肥。为使植株健壮，促进开花，定苗后可追施磷钾肥料，如过磷酸钙和草木灰等，或开花前进行根外喷磷。

(5)防治方法

①本病初次侵染来自种子带菌，因此，种子必须进行消毒，可在 50℃恒温水中浸 10 min 后即行冷却，捞出晾干，再用 30%菲醌 50 g 拌种子 5 kg 以消毒。

②选择地势高燥、排水和通风良好的肥沃的沙质土壤种植。忌连作并避免用前作为红花地附近的田块，一般以选前作为禾本科作物的地为好。

③因地制宜选用有刺种或选育无刺抗病品种。

④加强栽培措施。适期播种，合理密植；科学配方施肥，增施磷钾肥，提高植株抗病力，收获后清除田间病残组织，减少来年菌源。

⑤加强田间管理，适时浇水，雨后及时排水，防止湿气滞留；雨季要及时清沟排水，促进植株生长，并避过雨季收花，以避免或减少炭疽病的为害。

⑥药剂防治。发病初期开始喷洒70%代森锰锌可湿粉500倍液或50%苯菌灵可湿性粉剂1 500倍液、25%炭特灵可湿性粉剂500倍液、40%达科宁悬浮剂700倍液。或者在发病前,每隔7~10 d喷一次1∶1∶100的波尔多液或50%二硝散可湿性粉剂的200~300倍液进行轮换喷洒,有较好的防病效果。

5.5.10 红花菌核病

(1)症状

感病初期症状不明显,在湿度大时茎基部出现水渍状病痕,以后病情逐渐加重,叶色变为淡黄绿色或黄绿相间,由下而上枯黄。根部和茎的髓部变灰黑色,内有1至多个黑色鼠粪状的菌核,有时近根部土壤中也会发现菌核。发病后期由于部分输导组织破坏,会出现枯枝、枯顶现象,严重时全株死亡。

(2)病原

红花菌核病病原为[*Sclerotinia sclerotiorum*(Lib.)de Bary],属子囊菌亚门、核盘菌属真菌。菌丝有隔膜,有分枝,洁白色,有光泽,菌丝老化或遇不良环境时可交织成团而逐渐形成菌核。菌核外面灰黑色,呈不规则形,内部灰白或灰褐色,菌核在适宜条件下萌动而进入生殖阶段。一个菌核能生芽1至数个,继之芽延伸成为子囊棒,子囊棒上端形成子囊盘。子囊盘碟状,肉质,大小为2~8 mm,内生子囊和侧丝。子囊棒状,(91~125) μm×(6~9) μm,内含8个子囊孢子,子囊孢子椭圆形,单胞,大小为(9~14) μm×(3~6) μm。

(3)发病规律

病菌菌丝可产生片状或颗粒状灰黑色菌核,菌核脱落在土壤中或混杂在种子中或附在病株上越夏越冬。菌核在土中可存活数年,条件适宜时菌核产生子囊和子囊孢子,成为初侵染来源。成熟的子囊孢子主要随气流传播,在条件适宜时,如遇寄主即萌发生出芽管、附着孢,以侵入丝从寄主的气孔、伤口等或直接穿透细胞壁侵入寄主体内,形成菌丝,并在其内生长蔓延。该病4月初开始发生,直至收获。当气温在20℃左右,田间相对湿度在85%以上时有利于病菌的发育和蔓延,田间发病严重。春季多雨发病重,若8~4月份天气干旱,该病危害会大大减轻。密度过大,土壤黏重,排水不良的低洼地发病率高。品种间抗病性有差异,无刺红花比有刺红花抗病强。

(4)防治措施

①农业措施。合理密植,以利通风透光与禾本科作物进行轮作;选用抗病品种适时播种间苗,注意排除积水,降低田间湿度,发现病株,连同病土一起清除出田间深埋,用石灰处理病穴。

②药剂防治。在菌核病易流行区可于4月上中旬喷1∶1∶150倍波尔多液或50%多菌灵可湿性粉剂800倍液。

5.5.11 红花枯萎病

(1)症状

发病初期基部叶片枯黄,后变褐,枯死,并逐渐向上部发展。根颈部出现褐色病斑,后期茎基部和主根变成黑褐色,病根的维管束变褐色,茎基部皮层腐烂,严重时须根烧光,植株枯死。湿度大时茎基部生有白色菌丝体和粉红色的孢子堆。

(2)病原

红花枯萎病病原为[*Fusarium oxysporum Schl. emend.* Snyder et Hans.],属半知菌亚门、镰刀真菌。分生孢子有大、小两型,大型分生孢子通常2～8个隔膜,小型分生孢子椭圆形,多为单胞,无色。

(3)发病规律

病原菌主要以菌丝和厚垣孢子在土壤中和病残体上越冬,第二年产生分生孢子传播危害。红花种子带菌也会引起发病。病原菌主要从植株的根毛和根部伤口及茎基部伤口侵入,后在植株的维管束内蔓延,并产生有毒物质毒害寄主。红花枯萎病5月初开始发生,开花前后为发病高峰。当气温在24～32℃,土壤湿度大时有利于病害的发生。红花开花前后,天气久雨或时雨时晴则发病严重。田间积水、管理粗放、连作均容易发生病害。

(4)防治措施

①轮作。与禾本科作物实行8～4年的轮作。

②选地及拔除病株。选地势稍高,易于雨后排水的地块种植。生长期经常检查,发现病株及时拔除,集中烧毁,以防传播蔓延。

③药剂防治。在发病初期田间初见病株时,可用50%多菌灵可湿性粉剂250倍液喷雾,每隔7 d喷一次,连续3～4次。也可在初见病株时用50%多菌灵或50%苯来特可湿性粉剂500倍液在病株及病株周围1～2 m的范围内浇灌。

5.5.12 红花叶部病害

(1)症状

红花叶部病害主要有黑斑病、轮纹病、锈病等。

红花黑斑病感病初期叶片上产生针头大小的黑色斑点,后斑点逐渐扩大成近圆形的黑褐色病斑,有同心轮纹,天气潮湿时病斑表面产生黑霉,即病菌的分生孢子梗和分生孢子。发生严重时病斑相互汇合,叶片枯死。一般下部叶片最先感病,逐渐向上蔓延,有时茎、叶柄和花蕾也受害。

(2)病原

红花黑斑病病原为(*Aliernaria carihami* Chowdhury),属半知菌亚门、链格孢属真菌。分生孢子褐色,单生或2～4个串生,多数倒棒形,少数不规则形,多细胞,有纵横分格。

红花轮纹病叶部病斑圆形,较大,褐色,边缘明显,有同心轮纹,后期病斑上密生黑色小点,即病原菌的分生孢子器。病斑发生初期易与黑斑病相混,到后期即易区别,黑斑病病斑出现黑霉,而轮纹病出现小黑点。

红花轮纹病病原为(*Ascochyta* sp.),属半知菌亚门、壳二孢属真菌。分生孢子器近球形或扁球形,叶面生,着生在寄主组织内,部分露出。分生孢子双胞,无色,圆柱形,未成熟时单胞。

红花斑枯病叶片上病斑呈圆形,褐色,有时中央稍淡,或有暗褐色的边缘,无同心轮纹,病斑上可产生黑色小点,即病原菌的分生孢子器。发病严重时病斑可汇合形成大斑,使叶片干枯。

红花斑枯病病原为(*Sepjoria carthami*),属半知菌亚门、壳二孢属真菌,分生孢子器球形

或扁球形,暗褐色,直径 74～108 μm,分生孢子针形,无色,微弯或弯曲,顶端较尖,基部钝圆形,2～4 个隔膜,大小为(16～35) μm×(1.5～2) μm。

红花锈病叶片感病初期,病斑为黄色,叶背出现锈褐色或褐色小包,表皮破裂后散发出大量的锈褐色粉末,这是病原菌的夏孢子,随风飞散传播,发病严重时能引起叶片局部或全部干枯。发病后期有的叶片上能产生暗褐色小疱点,内有褐色或黑褐色的冬孢子。

红花锈病病原为[*Puccinia carthami* (Hut z.)Corda]属担子菌亚门、柄锈属真菌。冬孢子茶褐色,双细胞,有柄,较短,大小为(28～45) μm×(19～25) μm。冬孢子堆暗褐色或黑褐色,粉状,生于叶两面,主要生于叶背,直径 1～1.5 mm。夏孢子单细胞,圆形或椭圆形,表面有刺,大小为(24～29) μm×(18～26) μm。夏孢子堆生于叶两面,主要生于叶背,茶褐色,粉状,直径为 0.5～1 mm。

(3)发病规律

黑斑病、轮纹病和斑枯病病菌均可以菌丝或分生孢子在病残体上和土壤中越冬,第二年这些病原菌产生分生孢子引起初次侵染。以后病部产生新的分生孢子借风雨传播,引起再次侵染,扩大危害。红花 4 月中旬开始发病,5～6 月份,发病较重。红花锈病菌以冬孢子在病叶上越冬,第二年冬孢子借气流传播危害,4 月下旬开始发生,5～6 月盛发期。叶部病害在气温高、湿度大时利于发生,特别在开花期遇上大雨或雨日多则发病早,危害严重。追肥过多或偏施氮肥会使红花徒长,抗病力降低,发病严重。所以播种时要施足底肥,少施或不施追肥。红花品种间抗病性存在差异。

(4)防治方法

①农业防治。红花收获后,捡净残株病叶,集中烧毁或深埋,以减少越冬菌源;红花不宜轮作,一般选前茬为禾木科作物的地块种植为好;加强田间日常管理,增施磷钾肥,促使植株生长健壮,增强抗病力。雨后还要注意排水降低田间湿度,以减少发病。

②药剂防治。在发病初期开始喷药防治,可用 1∶1∶100 倍波尔多液或 65%代森锌;500～600 倍液或 50%二硝散 200 倍液喷雾,每隔 7～10 d 喷 1 次,连续喷 8～4 次。如果锈病严重时可喷 0.3 波美度石硫合剂或 95%敌锈钠可湿性粉剂 400 倍液。

5.5.13 米仁黑穗病

米仁是一种粮药禾本科作物,株高 1～2 m,茎直立粗壮,有 10～20 节,节间中空,基部节上生根,叶互生。花期 7～9 月,果期 8～10 月,属高产药材,一般亩产量为 300～500 kg。米仁喜温和潮湿气候,忌高温闷热、干旱,不耐寒。米仁黑穗病又名黑粉病,药农叫“乌米仁”。浙江省绍兴地区局部受此病为害,缙云、瑞安、慈溪等县也有零星发生。

(1)症状

黑穗病症状出现较晚,一般在抽穗以后,才在被害株的不同部位出现不同症状:

穗部　有时全穗或部分小穗受害。被害种子变形,细长或球形扁球形,有的肿大,种壳呈灰色或灰白色,病瘿内充满黑褐色粉末,这就是病原菌的厚垣孢子。有时种子局部受害,隆起处也充满黑粉。

叶部　病叶较小,局部隆起呈紫红色的瘤状体或小褐疮,后期也充满黑粉。

茎部　茎部受害后粗肿或隆起,后期也形成黑粉,但茎部发病较为少见。

(2)病原

Ustilago coicis Bref.(图 5-5-9)。

厚垣孢子球形或椭圆形,直径 6.4～9.6 μm,壁厚,表面有刺。

①不同温度和营养液对病菌孢子萌发率的影响。把几种不同的营养液,滴入双凹面玻片上,再用接种环蘸取孢子粉,置于不同营养液中,然后将凹面玻片置于不同温度的定温箱中,48 h后镜检每视野孢子总数与萌发数,每处理重复2～3次。

②未经休眠的厚垣孢子的萌发。在早晨把被露水淋湿了的病穗采下,挑取其上的孢子置显微镜下进行检查,可发现已有部分孢子萌发,这表明黑穗病菌的厚垣孢子不需经休眠期,一般只要满足水分要求即可萌发。

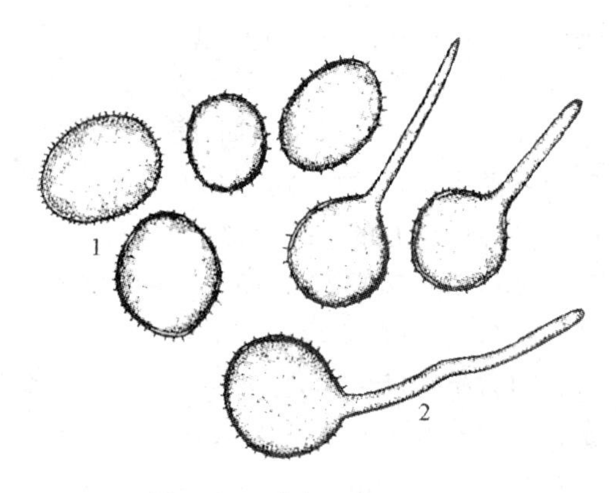

图 5-5-9　米仁黑穗病菌

1.厚垣孢子　2.厚垣孢子发芽

(3)侵染循环

黑穗病菌的厚垣孢子,常附着在种子表面或者在土壤中过冬。米仁下种后,厚垣孢子遇到适宜的温湿度就发芽,侵入米仁种芽,以后菌丝随着植株生长而到穗部,破坏组织,变成黑穗,里面充满了黑褐色粉末,表皮破裂,散出黑粉,由风传播扩大侵染蔓延到其他植株上或落入土中,引起来年发病。

(4)影响发病的因素

温、湿度对黑穗病发生有较大的影响,尤其在温度条件满足的情况下,水湿条件一达到,厚垣孢子即可萌发、侵入,引起发病。

(5)防治方法

根据黑穗病以上的发生特点,防治本病主要可采取以下几项措施:

①种子处理。

a.温水浸种:在 60℃温水中浸种 30 min,或采用变温浸种法即用 4 倍于种子的水量,起温为 70℃浸种 4 h,在此过程中,温度逐渐冷却下来。

b.沸水烫种　将米仁种子置篾箕内,一次 2.5 kg 左右,放入沸水中 5～8 s,即迅速取出,摊晾后播种,既可杀死病菌又有催芽作用。

c.人尿浸种　用与米仁种子同等重量的鲜人尿浸种 3 h。

d.药剂消毒　用 1∶1∶100 的波尔多液浸种 24～72 h,或用 75%五氯硝基苯 0.5 kg 拌 100 kg 米仁种子,或用种子重量的 0.4%的粉锈宁或多菌灵于播种前 3 h 拌种,不仅可防治黑穗病菌,而且促使种子发芽,长势好。

②轮作。实行三年以上的轮作。

③消灭病株。生长期进行田间检查,如发现叶片有紫红色瘤状体的病株,即及时拔除,一般应在抽穗之前每隔 10～15 d 拔除一次,并烧毁腐株。

④加强田间管理。适时追肥,花期用 2%过磷酸钙液进行根外追肥。中耕除草。苗高 5～10 cm 时进行浅锄草,苗高 20 cm 时进行第 2 次除草,苗高 30 cm 时,结合施肥、培土进行第 3

次除草。

5.5.14　荆芥茎枯病

茎枯病是荆芥的重要病害，前几年在浙江省萧山县荆芥茎枯病严重发生，影响了荆芥生产的发展。

(1)症状

茎枯病为害荆芥地上各部，因茎部受害损失最大，故称茎枯病。受害茎部初呈水浸状褐色病斑，后迅速向上、下部扩大，在初期绿色茎上可明显地出现一段褐色茎枯，病部不凹陷。当茎的一段被害后，病部以上枝叶萎蔫，渐枯黄，最后干枯而死。叶柄被害后，呈水浸状，病斑没有明显边界；叶片上病斑大多始于叶尖或叶缘，发病后似开水烫过一样，气候潮湿时，叶片互相搭在一起，成褐色腐烂。抽穗后穗部受害的，呈黄褐色，以后不能开花，但植株不死。在发病过程中，先出现发病中心，随后迅速蔓延。植株前期发病始于5月下旬，此时如果气候条件适宜，则茎、叶均可受害，植株倒伏腐烂，且可看到其上布有白色棉絮状的菌丝体。

(2)病原

Fusarium graminearum Schwabe 禾谷镰孢

Fusarium equiseti (Cda.) Sacc. 木贼镰孢

Fusarium semitectum Berk. et Rav.

(3)侵染循环

据俞永信1976年报道，荆芥茎枯病的初次侵染来源主要是病残组织。此病的发生在萧山地区始见于5月下旬。潜伏期为3 d左右。

(4)影响发病的因素

①气候与发病关系。荆芥茎枯病的发生发展与气象因素有密切关系，其中气温和雨量(湿度)影响最大。如1972年5～7月雨水少，发病轻，荆芥产量高，萧山县全县平均亩产为115 kg；1973年5月雨日21 d，雨量为308.00 mm，6月雨日17 d，雨量为312.50 mm，7月雨日13 d，导致茎枯病大发生，全县平均亩产只有30 kg。又据俞永信等1973—1975年大田观察，日平均温度20℃以上，相对湿度80%以上，茎枯病开始发生；气温25℃左右，相对湿度100%，持续3～6 d，就出现发病高峰。

②土壤与发病关系。土壤黏性过重，排水不畅，有利于此病的发生；土壤贫瘠，碱性过重，表土板结，不利于荆芥生长，发病也重，幼苗容易死亡。

③肥料与发病关系。氮肥施用过多，引起植株抗病力减弱，病害加重；施用过磷酸钙、草木灰、焦泥灰等肥料，可减轻此病发生且提高产量。

④播种期及播种方式与发病关系。一般在4月下旬播种较为适期，如推迟播种则影响荆芥产量，且病害仍然严重。连作地块病害发生较重。播种方式上以采用条播(6寸播幅，幅距4寸)为宜，对荆芥生长良好，病害较轻。

(5)防治方法

①实行轮作。一般可采取与水稻等禾本科作物实行3～5年轮作。

②土壤。选用疏松、肥沃、微酸性到微碱性和排水良好的土壤，麦茬地种植采用施足基肥，巧施苗肥，配施磷、钾肥的施肥方法，使芥苗生长健壮。

③播种。荆芥必须适时早播，一般以4月下旬为好，不宜过迟。采取撒播的，可适当减少播种量。对于播幅6寸，幅距4寸的播种方式，可以继续试行，并注意提高播种质量，播后镇压、盖种，以争取早出苗。

④药剂防治。在发病初期可喷洒50%代森锰锌600倍液、50%多菌灵500倍液或1∶1∶200波尔多液各1次，间隔7～10 d。

5.5.15 颠茄青枯病

颠茄青枯病是威胁颠茄生产的重要病害，据药农估计，每年受此病为害产量损失30%～40%以上。据1962年杭州、富阳两地调查，青枯病一般造成损失为10%，严重的在92%以上，是历年引起颠茄减产的重要原因。

(1)症状

起初植株顶端幼嫩组织，中午凋萎；傍晚和早晨似能恢复"正常"。随后在颠茄生长盛期，植株或个别侧枝萎蔫，枝叶显著下垂，除基部几片黄叶外，其余叶面仍保持绿色，最后导致死亡。拔起颠茄病株将根茎纵切，可清楚地看到维管束呈黑褐色条斑。用手挤压其病部，有污白色汁液流出，但无特殊气味。

(2)病原(图5-5-10)

病原 *Pseudomonas solanacearum* Smith. 病原细菌短杆状，两端圆形，生有鞭毛，能游动，革兰氏染色阴性反应。

图5-5-10　颠茄青枯病菌

(3)侵染循环

病原细菌在患病植株残体上越冬，其中大多在土壤中越冬，来年再从寄主伤口侵入，引起发病。随雨水而广泛传播。

(4)影响发病的因素

①气候与发病关系。高温低湿条件下发病严重。

②肥料与发病关系。

a. 基肥种类：在肥力及田间管理一致的情况下，分别用牛栏肥、猪栏肥、饼肥(茶饼)加焦泥灰作基肥使用，据1962年、1963年两年试验结果，基肥以施牛栏肥的发病较重，施猪栏肥的次之，施饼肥加焦泥灰的发病较轻。

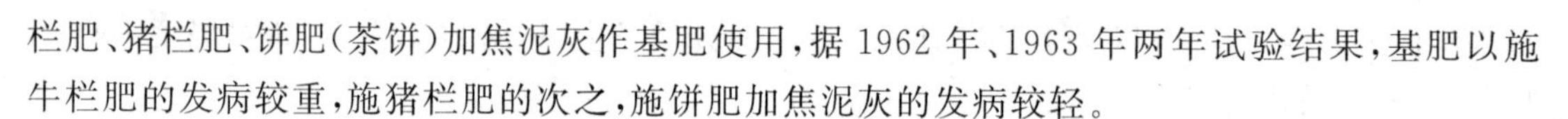

b. 追肥与发病关系：在基肥一致用牛栏肥的条件下，定植后至返青成活均追施人粪，以后再分别追施人粪、饼肥(茶饼发酵12 d)和肥田粉。追肥次数和时期均相同。

两年试验证明，追肥用人粪发病较重，饼肥次之，硫酸铵(水液)较轻。这与有关文献报道及药农反映的情况，即增施氮肥可减轻青枯病的发生相一致。

③地势与发病关系。据调查，一般坡地(5°)发病轻，低洼地发病重，这主要是低洼地渗水通气性较差，易积水受涝，植株根系生长不良，抗病力减弱，有利于病菌侵染所致。

④移栽时期与发病关系。早移栽的一般根系发达，植株生长旺盛，分枝多且高度大，对病害抵抗力强，并在病菌尚未加剧活动前，颠茄已可收获，故可避免为害；晚移栽的因根系不很发达，植株生长不良，分枝少且矮小，有利于病菌侵染，而遭致死亡。

⑤移栽幼苗带土块情况与发病关系。不带土块移栽后，病株率较高。可能是带土移栽后，成活快生长好，根系发达，抗病力增强；不带土块的定植后，因根系大量受伤，缓苗期长，植株生

长不好，有利于病原细菌侵染所致。

(5)防治方法

①建立无病苗床。选用无病苗床基地，采用竹林土、防风林土等作床土并经1∶50的福尔马林消毒处理。但在处理前应掘松苗床土壤，处理后用稻草覆盖24 h，使挥发的药剂向土内渗透，不致很快散掉。处理后经2周才可种植，以防药害。

②轮作。有计划地轮作，能有效降低土壤含菌量，减轻病害发生。颠茄种植后，需隔4～5年，并避免和甘薯、芝麻、花生以及其他茄科作物轮作。

③提早育苗移栽。青枯病一般在7月以前发生。因此要做到提早育苗带土移栽，以促使早发早长，提前在发病之前收获。

④施用净肥。基肥一般用饼肥和焦泥灰为好，追肥用硫酸铵为好，但也要因地制宜采用。

⑤加强田间管理。中耕时注意不使颠茄根部受损，以免病菌侵染。及时防治蛴螬等地下害虫，可减轻病害发生。

⑥药剂防治。除在育苗时进行土壤消毒外，可在本田生长前期施用石灰，每亩250 kg。应根据发病轻重的地块，掌握石灰用量。

5.5.16　三七炭疽病

三七炭疽病在新老产区分布较普遍，为害严重，一年四季各年生三七的整个生长期中，地上部均能发病，对其生长发育影响很大，成为三七生产上突出的问题之一。

(1)症状

苗期、成株期均可发病，苗期发病引起猝倒或顶枯。成株期发病主要为害叶、叶柄、茎及花果。叶片最初生褐色小病斑，圆形或近圆形，后逐渐扩大，边缘深褐色，病斑中央呈透明状坏死，后期干燥时病部易破裂穿孔。叶柄和茎被害后出现黄色病斑，逐渐扩大成梭形，中央下陷黄褐色，发展到最后，病部萎蔫干枯扭折，造成叶柄盘曲或茎部扭曲，上部茎叶枯死。茎和根茎连接处先出现黄褐色病斑，扩大后颜色变深，褐色或黑色，根茎腐烂。没有烂的为来年烂根茎的发病来源。果实受害后，初为淡褐色病斑，扩大后呈褐色病斑，其上生有小黑点(分生孢子盘)。

(2)病原

三七炭疽病(*Colletotrichum panacicola* Uyeda et Takimoto)分生孢子盘散生或聚生，初埋生，后突破表皮，黑褐色；刚毛分散于分生孢子盘中，数量极少，暗褐色，顶端色淡，正直至弯曲，基部稍大、顶端较尖，1～3个隔膜，大小为(32～118) μm×(4～6) μm，分生孢子梗圆柱形，无色单胞，大小为(16～23) μm×(4～5) μm；分生孢子圆柱形，无色单胞，正直，两端较圆或一端钝圆，大小为(8～18) μm×(3～5) μm(图5-5-11)。

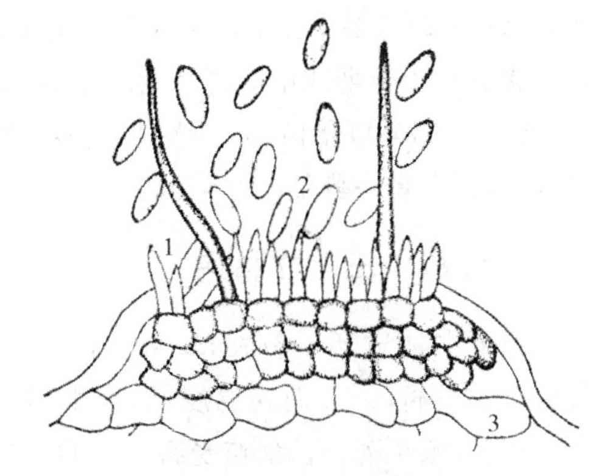

图5-5-11　三七炭疽病菌

1.刚毛　2.分生孢子　3.分生孢子盘

(3)侵染循环

病原菌在被害植株上越冬，病株枯叶为来年的初次侵染源。果实、子条(一年生根)和根茎带菌是新区三七发生炭疽病的主要来源。在云南，此病一般于4～5月份发生，在浙江一般于6月份开始发病，7～8月份发生特别严重，9～10月份天气转凉后逐渐减轻。

(4)影响发病的因素

据浙江省平阳亚热带作物研究所观察，三七炭疽病的发生发展与下列各因素有关，现分述如下：

①气候与发病关系。据1973年观察，气温在20℃以上，相对湿度在80%以上时就可发生炭疽病。

②老病株与发病关系。一般老病株上的子条带菌率越高，发病越重；因病菌在老病株上能大量产生分生孢子，并随风雨向四周扩散传播。

③荫蔽度与发病关系。三七栽培园透光度大的，发病率高；透光度适中、四周有树林、棚内温度较低而凉爽的三七园，发病较轻。

(5)防治方法

①种子处理可用40%福尔马林100～150倍溶液浸10 min后取出，用清水洗净晾干播种。脱去软果皮后，用0.5%～1.5%的75%甲基托布津或70%甲基硫菌灵可湿性粉剂拌种。也可用75%甲基托布津400倍液与45%代森锌可湿性粉剂200倍液按1∶1混合后浸种2 h，防效优异。

②子条选无病的并用1∶1∶300(0.5 kg硫酸铜，0.5 kg石灰，150 kg水配制成)波尔多液浸5 min后移栽。

③冬季清除三七园内外杂草和枯枝落叶，及时烧毁病残体或沤肥。在畦面喷1∶2∶150石灰倍量式波尔多液。

④及时调补天棚或使用遮阳网控制透光度，使园内透光度适中，以保持凉爽的小气候。雨后打开园门，促进通风，降低湿度。三七幼苗期荫棚的透光度调节到17%～25%为宜，2～4年生以20%～35%为宜，每年早春或秋末透光度可略高些。

⑤生长期保持园内清洁，扫净落叶，剪除病枝枯叶，施用草木灰1～2次，促使三七健康生长，以增强抗病力。

⑥在3月下旬开始喷65%代森锌500倍液，或代森铵800～1 000倍液，每隔7～10 d一次，连续喷2～3次；也可喷洒50%退菌特500倍液，每隔5～7 d一次，连续喷2～3次，均可减轻为害。在出苗期或雨前雨后及时喷洒45%代森锌可湿性粉剂400倍液或75%甲基托布津可湿性粉剂1 000倍液、50%多菌灵可湿性粉剂800～1 000倍液、25%炭特灵可湿性粉剂500倍液、25%苯菌灵乳油900倍液。

5.5.17　三七立枯病

三七立枯病(*Rhizoctonia* sp.)，又名“烂脚瘟”，是由一种真菌引起的病害。一般在3～4月份开始发病，4～5月份温度低、雨水多，为害严重。发病后的种子腐烂成乳白色浆汁，种芽变黑褐色，渐至死亡。幼苗受害后在假茎(叶柄)基部出现黄褐色水渍状条斑，后变暗褐色，病部缢缩，幼苗折倒死亡。

防治方法：①结合翻地，每亩用1 kg 70%五氯硝基苯粉剂进行土壤消毒。②铺草要用2%

石灰水浸 24 h 后晒干再用。③种子用 1∶1∶100 波尔多液浸种 10 min 或 1∶10 的大蒜汁水浸 2 h 消毒。④未出苗前喷一次 1∶2∶150 波尔多液，出苗后喷 1∶1∶300 波尔多液保护幼苗。⑤加强天棚管理，出苗后要有 30%～35%的透光度，并改善通风条件，促使三七生长健壮，增强抗病力。⑥拔除病株，在其周围撒一撮石灰粉，并喷 50%退菌特 500 倍液一次，以后每隔 7d 喷一次，连续两或三次。

5.5.18 三七锈病

三七锈病(*Uredo panacis* Syd.)，又名“黄锈”，是由一种真菌引起的病害。其症状：叶片上病斑初生针头大小的突起黄点(孢子堆)，扩大后呈近圆形或放射状，边缘不整齐；4～5 月份发生的孢子堆细小散生，呈锈黄色。发病快而猛，造成病叶叶缘向下卷曲，叶片不能展开。6～8 月份发生的孢子堆较大，呈鲜黄色花状排列，发展比较缓慢。9～10 月份天气转凉后所产生的孢子堆又变细小。发病严重时，造成落叶，并能侵害花和果，使花萎黄，果干枯脱落。孢子堆破裂后散出黄粉，即锈菌夏孢子。

防治方法：①选用无病种子和子条。②有病的三七园，冬季对病株做好标记，剪去地上部分后喷 1～2 波美度石硫合剂。③第二年三七出土展叶后要及时检查，发现病株立即拔除，杜绝病源。④发病较重时可喷 50%二硝散 300 倍液或 0.1～0.2 波美度石硫合剂，每隔 7～10 d 喷一次，连续两三次，以防止扩大蔓延。

5.5.19 三七根腐病

三七根腐病(*Fusarium scirpi* Lamb. et Fantr)，又名“鸡尿烂”，是由一种真菌引起的病害。一般在 4 月下旬开始发病，5 月下旬至 7 月上旬为害最重，8～9 月份后逐渐减轻。三七发病初期根尖出现淡黄色水渍状斑点，后期变黑褐色，根皮腐烂，内心逐渐软腐呈灰白色浆汁状，病株根部有腥臭味。地上部分开始仅顶端略下垂，早晚可恢复，如病情继续发展则整株枯死。

防治方法：①三七园要建立在通风、土壤疏松、排水良好的地方。②移栽前结合整地每亩用 70%五氯硝基苯 1 kg 进行土壤消毒，并用腐熟的厩肥作基肥。③精选健壮无病的子条作种。④在 4 月下旬发病前用 1∶1∶300 波尔多液浇根保护。⑤发现病株及时拔除，在病穴中施入一把生石灰，盖土压实，防止病害蔓延。

5.5.20 三七疫病

三七疫病，又名“清水症”“搭叶烂”。由一种真菌引起的病害。4～5 月份开始发病，7～8 月份发病严重。发病后叶或叶柄出现暗绿色不规则病斑，随后病斑变深色，患部变软，叶片似开水烫过一样，呈半透明状干枯或下垂而黏在茎秆上。

防治方法：①采收红籽后要剪去地上部分，拾净枯枝落叶，用 1～2 波美度石硫合剂喷畦面，进行消毒处理。②发病前喷 1∶1∶300 波尔多液或 65%代森锌 500 倍液或 50%退菌特 500 倍液，每隔 7 d 一次，连续两、三次。

5.5.21 大黄轮纹病

大黄轮纹病(*Ascochyta rhei*)，是由一种真菌引起的病害。受害后叶片上病斑近圆形，直径 1～2 cm，红褐色，具同心轮纹，边缘无或不明显，内密生黑褐色小点，这就是病原菌的分生孢子器，发生多时，使叶片枯死。在大黄出苗后不久就可以发生，一直为害到收获。据调查，病菌以菌丝在病斑里或在子芽上越冬，借风雨传播。

防治方法：①秋末、冬初清除落叶和摘除枯叶，减少越冬菌源。②加强早期中耕除草，增加有机肥，提高抗病力。③从出苗后 15 d 起，连续喷洒 1∶2∶300 波尔多液或 600 倍代森锌液。

5.5.22 大黄炭疽病

大黄炭疽病(*Colletotrichum* sp.)，是由真菌中的一种半知菌引起的病害。受害后叶片上病斑圆形、近圆形，直径 2～4 mm，中央淡褐色，边缘紫红色，以后生黑色小点，这就是病原菌的分生孢子盘，但肉眼不易看清，最后病斑往往穿孔。

大黄炭疽病发生情况同轮纹病，但一般发生比较早。

防治方法：参考大黄轮纹病。

5.5.23 大黄霜霉病

大黄霜霉病(*Peronospora rumicis* Cda.)是真菌中的一种半知菌引起的病害。受害后叶面上病斑呈多角形至不规则形，黄绿色，无边缘，背面生灰紫色霉状物，这就是病原菌的子实体。

病原以卵孢子在病叶的病斑上越冬，第二年成脉动孢子，借风雨传播，从寄主的气孔侵入。在低温高湿的情况下容易发病，第二年 4 月中下旬开始发生，5～6 月份严重。

5.5.24 白术立枯病

白术立枯病(*Rhizoctonia solani*)，是由一种真菌引起。在 4 月上中旬开始发生，尤其在低温多阴雨，表土板结的情况下，发病较重。幼苗被害后，茎基部出现黄褐色的病斑，随后病斑扩大，呈黑褐色干缩凹陷，严重时病株倒伏枯死。

防治方法：①雨后及时松土，防止土壤板结。②做好开沟排水工作，降低土壤湿度。③发病初期用 5%石灰水浇注，或在病株周围施用 1∶25 五氯硝基苯细土一撮(0.5 kg 五氯硝基苯拌 12.5 kg 细土)防治。

5.5.25 白术锈病

白术锈病(*Puccinia atractylodis*)，是由一种真菌引起的。5 月上旬开始发生，5～6 月份发病严重，7 月份后逐渐减轻。发病初期在叶面发生黄绿色略隆起的小点，以后扩大为褐色梭形和近圆形病斑，周围有黄绿色晕圈。在叶背病斑处聚生黄色颗粒黏状物，即病原锈子腔。最后锈子腔变黑褐色，病部组织增厚硬化，病斑破裂，形成穿孔。

防治方法：①做好田间排水工作，防止积水。②收获后，清除残株病叶，减轻来年发病。③增施磷、钾肥，增强植株抗病力。④发病初期喷 97%敌锈钠 300～400 倍液，或喷 0.2～0.3 波美度石硫合剂。

5.5.26 白术花叶病

白术花叶病是由一种病毒引起的病害。5～6 月发生较多。植株受害后，生长势减弱，节间缩短，分枝增多，叶片细小皱缩，边缘呈波状，叶片呈现黄绿相间的花叶孢疹。根茎畸形瘦

小，品质变劣。

防治方法：①选抗病品种。②勤除田间杂草，消灭蚜虫，减少毒源。③加强田间管理。④治虫灭病，在术苗出土后，喷40%乐果2 000倍液或80%敌敌畏1 500倍液。

5.5.27 玄参斑枯病

玄参斑枯病（*Septoria scrophulariae*），俗称铁焦叶，是由一种真菌引起。该病在4月中旬苗高5寸左右时开始发生，6～8月份发生较重，直到10月份为止。植株下部叶片最先发病，初出现白色小点，扩大后，呈多角形、圆形或不规则形的白色病斑，随后在病斑上散生许多黑色小点（即分生孢子器），逐渐蔓延全株。到后期几乎所有叶片密布病斑，病叶卷缩干枯，但病斑不穿孔。

防治方法：①在收获期间清除玄参残株病叶，减少斑枯病病菌来源。忌与同科植物如地黄等作物轮作。②发病初期应及时喷药防治。每隔7～10 d喷1∶1∶100的波尔多液，连续喷三、四次。喷射波尔多液还可使玄参叶色浓绿，延迟枯萎，提高产量。③加强田间管理，合理追肥，促使植株生长健壮，增强抗病力，减少斑枯病发生。

5.5.28 玄参叶斑病

玄参叶斑病（*Phyllosticta* sp.），该病于4月中旬开始发生，6月前发病较重，7月后逐趋减轻。病斑初期为紫黑色小点，随后逐渐扩大，呈多角形或不规则圆形，边缘有紫褐色宽环，最后变为棕褐色，其上散生多数黑色或黄褐色小点（即分生孢子器）。病斑也能愈合扩大，大多干裂脱落，形成穿孔，本病防治方法见斑枯病。

5.5.29 玄参白绢病

玄参白绢病（*Sclerotium rolfsii*），俗称"白糖烂"。该病于4月下旬开始发生，7～8月份为害最重，直至9月份。发病初期地上部植株不表现症状，随着温湿度升高，块根内的菌丝穿出土表，向土表伸展，最后在株旁土面先后形成乳白色、米黄色、茶褐色、似油菜籽大小的菌核。被害后根部腐烂，植株枯死。本病防治方法见白术白绢病。

5.5.30 芍药灰霉病

芍药灰霉病（*Botrytis paeoniae*），又名花腐病，是由一种真菌引起的病害，叶、茎、花等部分都会被害。一般从下部叶片的叶尖或叶缘开始发生，病斑褐色，近圆形，有不规则的层纹。在天气潮湿时长出灰色霉状物，这就是病原菌的子实体，茎上病斑梭形，紫褐色，软腐后使植株折倒，花蕾和花发病后，同样变褐、软腐，也生有灰色霉状物。

病菌主要以菌核随病叶遗落在土中越冬。5月开花以后发病，6～7月较重，在阴雨连绵、露水较大的情况下，容易发病。

防治方法：①清除被害枝叶，集中烧毁。②轮作。③选用无病种芽，并用65%代森锌300倍液浸种10～15 min，消毒处理后下种。④加强田间管理，及时排水，田间要通风透光。⑤发病初期喷1∶1∶100的波尔多液，每隔10～14 d喷一次，连续三四次。

5.5.31 芍药锈病

芍药锈病（*Cronartium flaccidum*），又名芍药刺锈病，是由一种真菌引起的病害，芍药被害后，叶背生有黄色至黄褐色的颗粒状物，这就是病原菌的夏孢子堆。后期叶面出现圆形、椭圆形或不规则形的灰褐色病斑，较大病斑还见有轮纹，叶背在夏孢子堆里长出暗褐色的刺毛状物，这就是病原菌的冬孢子堆。

芍药锈病的性孢子器和锈子腔阶段，常发生在松柏类植物上。只是夏孢子及冬孢子寄生在芍药的叶上。5月上旬开花以后发生，7～8月份病情加重，直至地上部分枯死。

防治方法：①芍药收获时将残株病叶收拾烧毁或沤肥，减少越冬菌源。②发病初期喷0.3～0.4波美度石硫合剂或97%敌锈钠400倍液。

5.5.32 延胡索霜霉病

延胡索霜霉病（*Peronospora corydalis*），是由一种真菌所引起的。在3月中旬开始发生，发病初期叶面出现褐色小点或不规则的褐色病斑，稍带黄色，病斑边缘不明显，随后病斑加多，不断扩大，布满全叶。在湿度较大时，病叶背面有一层灰白色的霜霉状物，故称“霜霉病”。在适宜的条件下，病情发展很快，最后叶片腐烂或干枯，植株死亡。

防治方法：①开沟排水。在春寒多雨季节必须疏沟排水，以减少霜霉病的发生。②消灭发病中心。出苗后要经常检查地块，如发现发病中心时，把病株带土移出田间深埋，并在发病处撒施石灰消毒。③实行轮作。遗留在地里的病叶组织是第二年霜霉病的初次侵染来源，故种植元胡的地块需隔3～5年后才能再种。④药剂防治。在未发病前就要开始喷65%代森锌200～300倍液防治，每隔10～15 d喷一次。为了提高防病效果，可在药液中加2%的茶子饼浸出液作黏着剂。

5.5.33 延胡索锈病

延胡索锈病（*Puccinia brandegei*），是由一种真菌引起的病害。在3月上中旬开始发生，4月为害严重。叶面被害初期发现圆形或不规则形的绿色病斑，略有凹陷；叶背病斑稍隆起，生有橘黄色凸起的胶黏状物（夏孢子堆），破裂后可散出大量锈黄色的粉末（夏孢子），再次进行侵染；病斑如出现在叶尖或边缘，叶边发生局部卷缩；最后病斑变成褐色穿孔，导致全叶枯死。叶柄和茎同样被害。

防治方法：①加强田间管理，降低田间湿度。②发病初期喷0.2波美度石硫合剂并加0.2%的洗衣粉作黏着剂。

5.5.34 延胡索菌核病

延胡素菌核病（*Sclerotinia sclerotiorum*），俗称“搭叶烂”，是由一种真菌引起的病害。在3月中旬开始发生，4月发病最烈。首先为害近土表的茎基部，产生黄褐色或深褐色的梭形病斑，湿度较大时茎基腐烂，植株倒伏。叶片被害后，初期呈椭圆形水渍状病斑，后变青褐色；严重时成片枯死，土表布满白色棉絮状菌丝以及大小不同的、不规则形的黑色鼠粪状菌核。

防治方法：①实行轮作。与水稻轮作，可显著减轻菌核病的发生。发病后要及时铲除病土，清除菌核和菌丝，在病区撒上石灰，控制蔓延。②药剂防治。可用1∶3石灰、草木灰撒施；出苗后用5%氯硝胺粉剂每亩喷粉2 kg；发病后用65%代森锌撒施。

5.5.35 地黄斑枯病

地黄斑枯病(*Septoria* sp.),是由一种真菌引起的病害,主要为害叶部,被害后叶面出现黄绿色病斑,边缘不明显,以后病斑扩大,呈黄褐色,圆形或受叶脉所限呈不规则形。病斑较大,直径 8~13 mm,无同心轮纹,上生小黑点,这就是病原菌的分生孢子器。

本病以分生孢子器随病叶遗落在土中越冬,第二年产生大量的分生孢子,借风、雨传播,扩大为害。本病 5 月中旬开始发生,6~7 月份发病较重,以后逐渐减少,一般雨季最易发病。

防治方法:①地黄收获后,清除病叶,集中烧毁。②加强田间管理,雨后及时开沟排水,增施磷钾肥,增强怀地黄抗病力。③发病前后喷 1∶1∶150 的波尔多液或 65%代森锌 500~600 倍液,每隔 10 d 左右一次,连续 2~3 次。

5.5.36 地黄轮纹病

地黄轮纹病(*Septoria digitalis*),是由一种真菌引起的另一种叶部病害。发病后叶面病斑黑褐色,近圆形,有时因叶脉所限呈半圆形或不规则形,病斑较小,直径 2~8 mm,有明显的同心轮纹,上生小黑点,就是病原菌的分生孢子器。

轮纹病发生比斑枯病早些,5 月上旬开始,6 月发病较重,7 月中旬后逐渐减少。

防治方法:见斑枯病。

5.5.37 地黄枯萎病

地黄枯萎病(*Fusarium*),又名“干腐病”,是由一种真菌引起的病害。发生初期在叶柄上出现水渍状的褐色病斑,由外缘叶片迅速向心叶蔓延,叶柄腐烂。湿度大时病部产生白色棉絮状菌丝,解剖叶柄,维管束变褐色,以后根茎干腐,只剩表皮和木质部,细根也干腐脱落。地上部分逐渐萎缩下垂,最后枯死。

地黄枯萎病主要是土壤和种栽带菌引起,第二年 5 月上旬开始发病,6~7 月发病严重。在地下害虫造成伤口、机械损伤以及低温、干湿变化大的情况下,更易发病。

防治方法:①实行轮作,最宜与禾本科作物轮作,不宜与玄参、白芍、菊花、红花等易感染的药材或其他作物轮作。②选用无病健栽。③加强田间管理,及时排除田间积水,增施磷钾肥,促使地黄生长健壮,提高抗病力。④种前用 50%退菌特 1 000 倍液浸种 3~5 min 后下种,并结合翻土,每亩用 50%退菌特 1~1.5 kg 或 70%敌克松 2~2.5 kg 匀施入地里,进行消毒。发病初期用 50%退菌特 1 000~1 500 倍液浇注,每隔 7~10 d 一次,连续 2~3 次。

5.5.38 地黄黄斑病

地黄黄斑病,是一种病毒病(Virus)。发病初期在叶面产生黄白色的近圆形病斑,黄斑扩大后因受叶脉限制,呈多角形或不规则形。被害叶叶色黄绿相间,叶脉隆起,叶面凹凸不平,呈皱缩状。一般在夏季高温期间,新叶上症状潜伏,不再出现黄斑,而天气转凉后再出现症状。本病以病毒在病株和带病种用根茎上越冬。第二年 4 月下旬出现症状,5~6 月份严重,以后随气温升高而转入隐症。

防治方法:①选育抗病品种,这是目前解决黄斑病较好的措施。即在春季发病盛期,在田间选择无病株插标签选种,再经数年精选,有目的地选出丰产抗病的种株作种用,并进行定向培育为抗病品种。②增施磷钾肥,增强抗病力。③及早防治蚜虫、叶蝉等有可能带毒的昆虫,减少传毒机会。

5.5.39 附子叶斑病

附子叶斑病,是一种细菌性叶斑病。据文献记录,病原细菌为 *Pseudomonas delphinii*。上海栽培的附子所发生的叶斑病,经分离、鉴定,主要是由一种细菌所引起;此外,真菌中的互隔交链孢霉还作为第二次寄生物随之侵染。由于互隔交链孢霉的寄生,使病斑后期呈黑褐色。

附子叶斑病多在 5～7 月发生,可延续到秋末。病斑在叶的两面发生,初期淡褐色,形状不规则,后呈黑褐色,长圆形或近圆形,直径 2～10 mm。常由基部叶子先发病,逐渐向上发展,发病严重时,叶片局部枯死。

防治方法:①剥除基部发病的老叶,以加强通风,减少病源。②发病前后喷 1∶1∶150 波尔多液。其他防治措施可参考紫苑黑斑病。

5.5.40 附子枯萎病

附子枯萎病,上海市郊附子枯萎病主要是细菌性软腐病(*Erwinia carotovora*),其次是真菌性根部腐烂。在烂根中除分离到上述细菌外,还分离到茄病镰刀菌(*Fusarium solani*)和茄病丝核菌(*Rhizoctonia solani*)等两种致病真菌。

附子枯萎病 6～7 月发病严重,可延续到秋末。还可由种根带菌,使来年植株继续发病。发病时,母根先出现湿烂,茎基部发黑,遇大风、暴雨时,茎秆极易从基部折断;由于根部湿烂,在土壤潮湿的情况下,在母根顶端及茎茬断口上常分泌胶状物,有泡沫;随着母根腐烂,新块根也很快烂透,整个根部烂成豆腐渣状。

防治方法:①选用健壮无病的种根,不在发病的田块中留种,以减少病害。②不重茬,实行 3～4 年轮作。③选地势略高的土地种植,开深沟,做高畦,尤其在梅雨前必须加深、理通沟道。④提前收获,茎秆刚折断时,马上翻挖抢收。

5.5.41 附子白绢病

附子白绢病(*Sclerotium rolfsii*),是一种真菌性病害。主要为害附子茎与母根交界的部位,在土壤较深处的子根及须根,未分离到本病的病原菌。本病 6～10 月高温多湿时发生,往往造成很大损失。发病时根茎部逐渐湿烂,初期叶子正常,随着腐烂加剧,晴天中午前后叶子萎蔫、下垂,但早晚尚可"复原";严重时,地上部倒伏,叶子青枯,但茎不折断,母根仍与茎连在一起,沉重的地上部倒伏可将母根带起,部分露出土面,在烂根表面、茎基部和周围土面,出现白色绵毛状菌丝,以及乳白色、淡黄色、黄褐色至黑褐色的、如油菜籽大小或略大略小的圆球形菌核。本病也引起植株枯萎,而且有时还与前述的附子枯萎病并发。因此,在田间鉴别附子白绢病时,最可靠的就是检查病株茎基与地面交界处有无菌核产生。

防治方法:可参考附子枯萎病和白术白绢病的防治措施处理。

5.5.42 附子根结线虫病

附子根结线虫病,由一种根结线虫(*Meloidogyne hapla* Chitwood)引起的病害。据我们调查,本病在胶东半岛较常见,往往造成附子严重减产。根结线虫可通过附子种根和土壤传

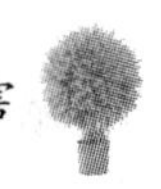

播。为害程度又与土质有一定关系,沙性重的土壤透气性较好,对线虫生长发育有利,线虫病也较严重。附子被害时,须根上形成大大小小的根瘤,呈念珠状一串,内有线虫寄生,瘤的外面黏着土粒,难以抖落;有时在侧生块根上也生有小瘤。

防治方法:①实施植物检疫;建立无病留种田,无病区不从病区调入种根。②实行轮作:不重茬,不与花生等易感染本病的作物轮作,宜与禾本科作物轮作。③药剂处理土壤:在下种前15 d,每亩用80%二溴氯丙烷(nemagon)乳剂2~2.5 kg,加水100 kg左右,在未来的行间开沟施入,沟深5寸,施药后即覆土盖严,防止药液挥发。

5.5.43 麦冬黑斑病

麦冬黑斑病(*Alternaria* sp.),是由一种真菌引起的病害。麦冬被害后,叶尖开始发黄变褐,逐渐向叶基蔓延,病、健部交界处色泽较深,有的叶片上产生水渍状的、青色、白色等不同颜色的病斑。严重时叶子全部发黄枯死。

病菌在麦冬上越冬,第二年4月中旬开始发病,渐趋严重。黑斑病的发生发展与雨水关系很大,雨季发病较重,而且有明显的发病中心点,如一丛中一叶发病,由此向四周蔓延,在适宜的温湿度条件下,发展很快,麦冬成片枯死。

防治方法:①选用叶色青翠、健壮无病的麦冬作种苗。②当年种的麦冬,要加强管理,促使早发,提高抗病力。发病严重的麦冬,可将整丛拔除,补上健株,并经1:1:80的波尔多液或65%代森锌500倍液浸种苗5 min消毒处理。③发病初期,在早晨露水未干时,每亩撒施草木灰100 kg。雨季要及时排除积水,降低田间湿度。④大田发病期间,可将“黄叶”割去一部分,再喷1:1: 100的波尔多液。

5.5.44 白芷灰斑病

白芷灰斑病(*Cercospora apii* Fress. var. *angelicae* Sacc. et Scalia),是由一种真菌引起的病害。主要为害叶片,叶片上病斑初呈多角形,直径1~3 mm,后稍扩大而呈近圆形,中央灰白色,边缘褐色,在潮湿时叶的正面生淡黑色的霉状物,这就是病原菌的子实体。

5.5.45 白芷斑枯病

白芷斑枯病(*Septoria dearnessii*),又名“白斑病”,是由一种真菌引起的病害。为害叶片,其病斑开始较小,直径1~3 mm,初暗绿色,扩大后灰白色,严重时,病斑汇合并受叶脉所限而成多角形大斑,病斑部硬脆,天气干燥时,常碰碎或裂碎,但病斑不穿孔;后期在病叶的病斑上密生小黑点,这就是病原菌的分生孢子器,叶片局部或全部枯死。

本病以分生孢子器在白芷叶上或留种植株的病枝病叶上越冬,第二年由此发病,分生孢子借风、雨传播进行再次侵染。一般在5月初开始发病,直至收获均可感染为害。氮肥过多,植株过密,容易发病。

防治方法:①在无病植株上留种,并选择远离发病的白芷地块种植。②白芷收获后,清除病残组织,特别要将残留根挖掘干净,集中烧毁,减少越冬菌源。③发病初期,摘除病叶,并喷1:1:100的波尔多液1~2次,以防感染而扩大为害。

5.5.46 泽泻白斑病

泽泻白斑病(*Ramularia alismatis* Fautr.),由一种真菌引起的叶部病害。在泽泻育苗期,秧苗首先发病。移植大田后,病情发展,以9月中旬至10月中旬发病最重,一直延续到冬季枯苗。发病初期,叶片上产生很多细小圆形病斑,红褐色;病斑扩大后,中心呈灰白色,周缘暗褐色,病健部分明。病情发展后叶片逐渐发黄枯死,但原病斑仍很清楚。叶柄被害时,出现黑褐色梭形病斑,中心略下陷,病斑拉长,相互衔接,呈灰褐色,最后叶柄倒枯。

防治方法:①加强田间管理,选择无病田块留种。②勤检查,发现病叶立即摘除,并将病叶踏入泥中,或移出田外集中烧毁。③从发病初期开始,喷50%托布津可湿性粉剂1 000倍液(25%托布津可湿性粉剂500~600倍液),或者80%代森锌可湿性粉剂800倍液(65%代森锌可湿性粉剂500倍液),每隔7~10 d喷一次,连喷3次。

5.5.47 茜草根腐病

茜草根腐病(*Fusarium* sp.):是由一种真菌引起的病害。浙江省一般在4月初开始发病,6月中旬进入发病盛期,尤其在幼苗发生最重,9月份以后减少。发病后,植株地上部枝叶凋萎,叶片发黄,逐渐枯死;根部发黑腐烂,极易从土中拔起。

防治方法:可参考三七根腐病。

5.5.48 茜草轮纹病

茜草轮纹病(*Ascochyta* sp.),是由真菌引起的病害。自夏季开始发生,但在8月份以后逐趋严重,直至收获期。病害主要发生在叶部,初于叶面生黄色或黄白色、边缘不明显的病斑,后形成不规则的黄褐色大斑,不受叶脉所限,严重时整叶枯死。本病以分生孢子座附着在病叶上越冬,来年形成分生孢子,广泛传染为害。

防治方法:可参考大黄轮纹病。

5.5.49 茜草白粉病

茜草白粉病(*Erysiphe* sp.),是由真菌中的一种子囊菌引起的病害。茜草结果后开始发生,成熟期发生严重。

主要发生于叶片,在叶面被有一层白粉状物(即菌丝及分生孢子),随后上面密生黑褐色小点(子囊壳),接着叶子变曲,早落。此病菌主要以子囊壳越冬,来年有子囊孢子冲出,由此扩大传染。

防治方法:可参考黄芪白粉病。

5.5.50 茜草斑点病

茜草斑点病(*Phyllosticta rubiae*),是由真菌中的一种半知菌引起的病害。形成细小的通常为圆形的褐色病斑,一般发生并不严重,防治方法参见大黄轮纹病。

5.5.51 浙贝灰霉病

浙贝灰霉病(*Botrytis elliptica*),是由真菌引起的一种病害。发病后先在叶片上出现淡褐

色的小点,以后扩大成长椭圆形或不规则形病斑,边缘有明显的水渍状环,不断扩大形成长形灰色大斑;花被害后,干缩不能开花,花柄绞缢干缩,呈淡绿色;幼果被害呈暗绿色,而干枯,较大果实被害后,在果皮及果翼上有深褐色小点,不断扩大,逐渐干枯。被害部分在温湿度适宜的情况下,能长出灰色霉状物。一般在3月下旬至4月初开始发生,4月中旬盛发,为害严重。本病以分生孢子在病株残体上越冬或产生菌核落入土中,成为第二年初次侵染的来源。

防治方法:①浙贝收获后,清除被害植株和病叶,最好将其烧毁,以减少越冬病源。②发病较重的土地不宜重茬。③加强田间管理,合理施肥,增强浙贝的抗病力。④发病前,在3月下旬喷射1∶1∶100的波尔多液。

5.5.52 浙贝黑斑病

浙贝黑斑病(*Alternaria alternata*),由一种真菌引起的病害。发病是从叶尖开始,叶色变淡,出现水渍状褐色病斑,渐向叶基蔓延,有的因环境关系,不向叶基部深入发展而出现叶尖部分枯萎现象,病部与健部有明显界限,接近健部有晕圈。在潮湿的情况下,病斑上生黑色霉状物。一般在3月下旬开始发生为害,直至浙贝地上部枯死。如在清明前后春雨连绵则受害较重,浙贝黑斑病以菌丝及分生孢子在被害植株和病叶上越冬,第二年再次侵染为害。

防治方法:同灰霉病。

5.5.53 浙贝干腐病和软腐病

浙贝干腐病和软腐病,干腐病和软腐病为害鳞茎,影响安全过夏及留种,新老产区均有不同程度的发生。

浙贝干腐病(*Fusarium avenaceum*),是一种真菌引起的病害。鳞茎基部受害后呈蜂窝状,鳞片被害后呈褐色皱褶状。这种鳞茎种下后,根部发育不良,植株早枯,新鳞茎很小。在杭州市郊区干腐病的主要表现是受害鳞茎基部呈青黑色,鳞片内部腐烂形成黑斑空洞,或在鳞片上形成黑褐色、青色大小不等的斑状空洞。有的鳞茎维管束受害,鳞片横切面可见褐色小点。

浙贝软腐病(*Erwinia carotovora*),是由一种病原细菌引起的病害。鳞茎受害部分开始为褐色水渍状,蔓延很快,受害后鳞茎变成烂糟糟的豆腐渣状,或变成黏滑的"鼻涕状";有时停止为害,而表面失水时则成为一个似虫咬过的空洞。腐烂部分和健康部分界限明显。表皮常不受害,内部软腐干缩后,剩下空壳,腐烂鳞茎具特别的酒酸味。

防治方法:两种病的防治必须采取综合的防治措施:①选择健壮无病的鳞茎作种。如起土贮藏过夏的,应挑选分档,摊晾后贮藏。②选择排水良好的沙壤土种植,并创造良好的过夏条件。③药剂防治:配合应用各种杀菌剂和杀螨剂,在下种前浸种。如下种前用20%可湿性三氯杀螨砜800倍加80%敌敌乳剂2 000倍再加40%瘟散乳剂1 000倍混合液浸种10~15 min,有一定效果,但有待继续试验,寻找更安全有效的药剂防治措施。④防治螨、蛴螬等地下害虫,消灭传播媒介,防止传播病菌,以减轻为害。

5.5.54 浙贝病毒病

浙贝病毒病,是由一种病毒引起的。在宁波樟村地区,据1973年4月中旬调查,发病面积较大。其症状是叶子褪色,变薄,缺少蜡质,有不明显的斑点,对着阳光可以看到呈黄绿相间的花叶,影响二杆的生长,甚至不长;地下鳞茎变小,产量降低。该病的发病规律及防治方法有待进一步研究。

但据其他作物有关资料介绍，可通过选用健壮鳞茎或选育抗病强的高产品种，冬、春季清除杂草，消灭越冬害虫，减少毒源的传播，加强田间管理，增施磷钾肥，增强植株抗病力等方法进行防治。

5.5.55　桔梗轮纹病

桔梗轮纹病(*Ascochyta* sp.)：是由一种真菌引起的病害。受害后叶片上病斑近圆形，直径5～10 mm，褐色，具同心轮纹，上生小黑点，这就是病原菌的分生孢子器。一般6月下旬开始发生，7～8月份严重。

防治方法：①冬季清洁田园，清除枯枝病叶，集中烧毁，减少菌源。②雨后及时开沟排水，降低田间湿度，减轻发病。③发病初期喷1∶1∶100倍波尔多液或65%代森锌600倍液。

5.5.56　桔梗斑枯病

桔梗斑枯病(*Septoria platycodonis*)：是由一种真菌引起的。受害后叶两面病斑圆形，或近圆形，直径2～5 mm，白色，常被叶脉限止，上生黑色小点，这就是病原菌的分生孢子器，发生多时，病斑汇合，叶片枯死。

桔梗斑枯病的发生及防治同轮纹病。

5.5.57　黄芪枯萎病

黄芪枯萎病，是真菌引起的黄芪根部病害。从上海采集的黄芪病根中分离出朱红轮枝菌(*Verticillium cinnabarinum*)和茄病镰刀菌(*Fusarium solani*)。6月份开始发生，7～9月份为害严重。高温多雨、地下水位高、土质黏重容易发病。发病初期，须根变成褐色并腐烂，主根发生红褐色或焦褐色烂斑，随后烂斑增大，并逐渐由外向内腐烂。病株的叶子逐渐发黄、脱落。最后地上部枯萎，根部完全腐烂。

防治方法：①不在酸性土壤上种植，增施碱性肥料和有机肥料。②不重茬，不与白术、菊花及茄科作物轮作，要相隔多年后再种。③平原地区要选择高地栽培，开深沟，注意田间排水。④发病初期，每亩撒20～25 kg石灰粉，也可用5%石灰水或50%多菌灵可湿性粉剂1 000倍液灌浇病穴及邻近植株的根部。

5.5.58　黄芪锈病

黄芪锈病：由一种真菌引起的病害，主要为害叶子。6～10月份发生。发病时，在黄芪叶背面有大量锈孢子，呈中间一堆、周围一圈的红褐色至暗褐色的粉状堆。高温高湿、排水不好、种植过密、通风透光不良均有利于发病。

防治方法：①收获后清除田间植株残余，集中烧掉。②实行轮作；注意开沟排水，降低田间湿度；采用条播，不用撒播，不要种植过密。③发病时，用65%代森锌400～500倍液或0.2～0.3波美度石硫合剂喷雾。

5.5.59　黄芪白粉病

黄芪白粉病(*Erysiphe* sp.)：浙江某些地区有白粉病为害。以7月份以后发病最凶。发

病后，叶两面初生白色粉状斑，严重时整个叶片被白粉覆盖，叶柄和茎部也有白粉。被害植株往往早期落叶，严重影响生长。

防治方法：发病期药剂防治，可用50%多菌灵可湿性粉剂1 000倍液，或50%托布津可湿性粉剂1 000倍液，或50%代森铵水剂1 000倍液喷雾。用50%福美双可湿性粉剂200～300倍液喷雾也有保护作用。

5.5.60 紫菀根腐病

紫菀根腐病：为根及根茎部病害。上海市郊紫菀根腐病主要是由鲁氏小菌核菌（*Sclerotium rolfsii*）、茄病丝核菌（*Rhizoctonia solani*）和一种腐霉（*Pythium* sp.）协同为害所造成的，其中鲁氏小菌核菌为害最烈，起主要作用。鲁氏小菌核菌主要为害植株基部（与土面交界处）及地下根茎（俗称"芦头"）；紫菀的不定根入土比根茎深，在不定根中未分离到此菌。相反，茄病丝核菌和腐霉主要为害不定根，在根茎及植株基部未分离到。紫菀根腐病在6～10月份发生。发病初期根和根茎局部变褐、腐败，叶柄基部发生褐色、梭形或椭圆形的烂斑。往后叶柄基部烂透，叶子枯死，根茎腐烂加剧。到10月份，在根茎顶部及其周围地面上，常有鲁氏小菌核菌的白色棉絮状菌丝体及大量白色、黄褐色、红褐色和黑褐色菌核，菌核近球形，如油菜籽大小或略小。

防治方法：①在无病田里留种。②注意开沟排水，降低田间湿度。③发病时，用50%多菌灵可湿性粉剂1 000倍液，或用50%托布津可湿性粉剂1 000倍液，或用50%氯硝胺可湿性粉剂200倍液喷雾，喷药时要注意喷到植株基部及周围土面。初期零星发病时，还可以用上述药剂对被害植株逐棵浇根，或者每亩用10～15 kg石灰粉，撒施在地面上。但在收获前一个月，就应停止使用上述农药，以保证药材不带残毒。其他防治措施可参考白术白绢病。

5.5.61 紫菀黑斑病

紫菀黑斑病（*Alternaria alternate*）：5～10月份发生。常先发生于外层叶子。叶两面生圆形或椭圆形病斑，暗褐色，直径5～25 mm，微具轮纹，周缘明显；叶柄受害时出现长梭形、暗褐色病斑。后期病斑上生极细小的黑色霉状物，即病原菌的子实体。叶上病斑多时，病斑汇合，叶片局部或整个枯死。高温高湿时易发病，是一种常见的紫菀病害。

防治方法：①在无病田里留种。②注意开沟排水，降低田间湿度。③发病时用50%退菌特可湿性粉剂800倍液，或用65%代森锌可湿性粉剂500倍液（80%代森锌可湿性粉剂600倍液）喷雾，每隔7 d喷一次，连喷三次。

5.5.62 紫菀红粉病

紫菀红粉病（*Trichothecium roseum*）：为真菌性叶部病害，6～10月份发生。初期叶片两面及叶柄上发生大量白色霉状物，即病原菌的菌丝体。后期生粉红色的霉状物，即病原菌的分生孢子。为害严重时，叶子腐熟、枯萎。在连续阴雨、湿度大、气温高以及种植过密的情况下，比较容易发病。

防治方法：①注意开沟排水，降低田间湿度；结合除草，剥除外层枯黄的老叶和病叶，移到田外烧毁；实行轮作，收获时将遗落在田间的残叶拾净，减少病菌传播。②发病时用65%代森锌可湿性粉剂500倍液（80%代森锌可湿性粉剂600～800倍液），或用1∶2∶200波尔多液喷雾。

5.5.63 大青白锈病

大青白锈病(*Albugo candida*):是一种真菌病害。发病后叶面出现黄绿色的小斑点,叶背长出一隆起的、外表有光泽的白色浓疱状斑点,破裂后散出白色粉末状物,叶长成畸形,后期枯死。本病4月中旬发生,延至5月。

防治方法;①轮作,不与十字花科作物连作。②发病初期用1∶1∶200波尔多液防治。

5.5.64 大青霜霉病

大青霜霉病(*Peronospora parasitica*):是一种真菌病害,主要为害叶子,叶柄亦可被害。初期叶面发生边界不甚明显的黄白色病斑。叶背出现灰白色似浓霜样的霉状物(病原菌),这是霜霉病的主要特征。温度高时叶面亦可出现灰白色的霜霉状物。随着病害的发展,叶色逐渐变黄,最后呈褐色干枯而死。病斑出现在叶缘则使叶子生长畸形;若叶柄发病,可使叶柄发生大幅度弯曲。

在9月下种的大青种子田内大青霜霉病于3月下旬开始发生,4月中旬后为盛发期,一直到种子收获。4月春播的大青也被害。本病为害时期很长。

霜霉病菌能在较低温度下侵入寄主,而发展蔓延则要较高的温度——日平均气温18～25℃,此时若时晴时雨,湿度较大,则本病蔓延极为迅速,为害甚烈。

防治方法:①清洁田园,在大青收获时要清除枯枝落叶等病残组织,以减少病源。②轮作,不能连作,亦要避免与十字花科等易感染霜霉病的作物轮作。③选择排水良好之土地种植,雨季作好开沟排水的工作。④化学防治:用1∶1∶(200～300)倍的波尔多液预防,亦可用65%代森锌600倍液在发生期喷雾。每亩喷药液75～100 kg,每隔7 d左右喷一次,连续喷3次。

5.5.65 大青菌核病

大青菌核病(*Sclerotinia sclerotiorum*):是一种真菌病害。本病为害茎、叶、角果,以茎部受害最重。基部叶子首先受害,病斑初呈水渍状,后为青褐色,最后叶子腐烂,仅剩叶脉。茎秆(包括分枝)受害后,在多雨高湿时,受害部分布满白色菌丝,皮层软腐。最后茎秆碎裂成乱麻状;茎中空,生有黑色不规则形的菌核。在茎表面以及叶子上亦可出现菌核。茎受害后,被害部以上枝叶枯死。据观察,茎基部极易感染本病,并生有大量黑色菌核。

本病主要为害种子田的大青,于4月中旬发生,4月下旬到5月份是发病盛期,此时若阴雨连绵,田间湿度大,则蔓延极为迅速,可使整片大青死亡。病菌主要以菌核遗落在土中或混杂在种子中度过不良环境,形成初次侵染。病、健组织接触,进行再次侵染。雨量多少是发病的主要因素,偏施氮肥,排水不良,雨后积水,气温、湿度高,均易诱发菌核病。

防治方法:①水旱轮作,避免与十字花科作物连作,以减少病源。②增施磷钾肥,提高大青抗病力。③开沟排水,降低田间湿度,④发病初期用65%代森锌400～600倍液喷雾,每亩用量75～100 kg,隔7 d喷一次,连喷2～3次。

5.5.66 穿心莲幼苗猝倒病

穿心莲幼苗猝倒病(*Rhizoctonia solania*):又称立枯病,俗称"烂秧"。由一种真菌所引起。

4～5月育苗期发生普遍。多发生在仅具两片子叶的幼苗期，为害严重。发病时，幼苗“茎”(下胚轴)基部发生收缩、横缢或折断，轻轻一碰即与根部分离，经阳光一晒，地上部马上萎蔫。在被害的幼苗上会出现蛛丝状的灰白色菌丝，健康幼苗被这种菌丝碰到，也会罹病、死亡。在病区地面有时也见到灰白色菌丝。刚发病时，苗床内仅零星发生，幼苗点块倒伏，条件适宜时，蔓延迅速，一夜之间就会引起幼苗成片死亡，甚至全床覆没。据观察，这种病害的发生，与苗床土壤湿度太大及苗床不通风有关；一般连续雨天和夜间，发病要比晴天和白天严重。

防治方法：①出苗后减少浇水。浇水宜在上午进行，傍晚盖苗棚时不要浇水，晚上以土表略干为好。②苗床四周通风，尤其在晚上和阴雨天，苗床四周一定要开几个通风口。③发病时，白天除掉玻璃或薄膜，让阳光直晒苗床，以降低土壤湿度，抑制病菌蔓延；剔除病苗，连根掘出销毁。④药剂处理。发病时可用50%托布津可湿性粉剂1 000倍液喷雾。或者，在下午3时以后，用70%五氯硝基苯粉剂50 g与80%代森锌可湿性粉剂50 g混合，再与10 kg干细土拌匀，撒于40 m^2 苗床；撒好药土后，马上用细眼喷水壶喷洒清水，将幼苗茎叶上的药土冲掉，防止药害；随后将苗棚紧闭，焖一夜。穿心莲幼苗对五氯硝基苯比较敏感，剂量过大，使用不当，容易发生药害，其表现是茎短粗，叶子发黄，叶缘向下卷缩，叶面隆起，幼苗“老不大”，因此用量不要过大。⑤提前假植。发病后，在不得已时，可提前将幼苗移出假植，即使幼苗还在两片子叶时期，也可假植。

5.5.67　穿心莲枯萎病

穿心莲枯萎病：由真菌中的镰刀菌引起的病害，为害根及茎基部。从穿心莲枯萎病植株上分离到的镰刀菌，主要是串珠镰刀菌(*Fusarium moniliforme*)、尖孢镰刀菌(*F. oxysporum*)和尖孢镰刀菌芬芳变种(*F. oxysporum* var. *redolens*)等。本病6～10月份发生，幼苗及成株都可被害，一般仅局部发生。发病初期，植株顶端嫩叶缺绿发黄，下部叶子仍然青绿。严重时，茎叶变黄，叶片狭小，局部变紫褐色，边缘略向下弯曲，植株比较矮小，根及茎基部逐渐变黑。最后根部死亡，全株枯死。幼苗期被害，在潮湿条件下，有时在茎基部及周围地面还出现白色绵毛状菌丝体。

防治方法：①不用低洼、排水不良的土地育苗和种植。保持沟道畅通。沟灌抗旱时，不能大水漫灌，应在水渗湿畦面后即排净沟水。②不重茬，不与容易发生枯萎病的作物轮作。③土壤中的镰刀菌容易从植株伤口侵入，农事操作要避免伤及根和茎基部。

5.5.68　荆芥立枯病

荆芥立枯病(*Rhizoctonia solani*)：5月上旬至6月初常见发生。发病初期，茎基部发生褐色斑点，以后病斑扩大并呈棕褐色，茎基病部收缩、腐烂，在病部及株旁表土上可见白色绵毛状菌丝，最后苗倒伏枯死。

防治方法：①选用成熟、饱满的种子作种。②选地势高、排水良好的沙质壤土种植。③发病时用抗菌剂401的800倍液浇洒病株基部及周围土壤。用80%代森锌可湿性粉剂800倍液(65%代森锌可湿性粉剂500倍液)普遍喷雾，相隔7 d喷一次，连喷2或3次。

5.5.69　荆芥黑斑病

荆芥黑斑病(*Alternaria alternate*)，5月下旬开始发生。植株下部的叶子先发病，以后向上扩展。初期叶片上产生形状不规则的褐色小斑点,随着病斑扩大和汇合,叶片呈黑褐色,枯死。茎梢或茎部被害则呈褐色,茎变细,顶端下垂或折倒,潮湿时病部可见灰色霉状物。

防治方法:①拔除病株,集中烧毁。②发病时用代森锌液(浓度与防治立枯病相同)或抗菌剂 401 的 800 倍液喷雾,相隔 7 d 喷一次,连喷 2 或 3 次。

5.5.70 紫苏斑枯病

紫苏斑枯病(Septoria perillae):从 6 月份到收获都有发生,为害叶子。发病初期在叶面出现大小不同、形状不一的褐色或黑褐色小斑点,往后发展成近圆形或多角形的大病斑,直径 0.2~2.5 cm。病斑在紫色叶面上外观不明显,在绿色叶面上较鲜明。病斑干枯后常形成孔洞,严重时病斑汇合,叶片脱落。在高温高湿、阳光不足以及种植过密、通风透光差的条件下,比较容易发病。

防治方法:①从无病植株上采种。②注意田间排水,及时清理沟道。③避免种植过密。④药剂防治:在发病初期开始,用 80%可湿性代森锌 800 倍液,或者 1:1:200 波尔多液喷雾。每隔 7 d 一次,连喷 2 或 3 次。但是,在收获前半个月就应停止喷药,以保证药材不带农药。

5.5.71 欧洲菟丝子

欧洲菟丝子(*Cuscuta australis*)寄生:欧洲菟丝子又称南方菟丝子、金丝藤,为旋花科寄生草本。茎细,淡黄绿色至黄色,缠绕,无叶;花冠比蒴果短,果熟时仅包围住蒴果的下半部;雄蕊着生于两个花冠裂片间弯缺处。6~9 月份在紫苏上寄生,以 7~8 月份受害较重。菟丝子的茎紧紧地缠绕在紫苏茎上,并通过吸器吸收紫苏的营养,造成紫苏茎叶变黄、变红或变白,植株矮小。随着菟丝子蔓延寄生,紫苏成片枯死。但是,菟丝子为害不普遍,往往仅见于耕作粗放、杂草较多的田块。

防治方法:①水旱轮作;结合深耕土地将菟丝子种子深埋,不使其发芽。②发现菟丝子应及时彻底清除,防止扩展和产生种子。③用生物制剂“鲁保一号”防治。撒土制菌粉每亩1.5~2.5 kg,或用菌液(每亩用工业品 0.25~0.4 kg 或土制品 0.75~1 kg,加水 100 kg,肥皂粉 2 钱)喷雾。

5.5.72 薄荷白粉病

薄荷白粉病主要为害叶片和茎,叶两面生白色粉状斑,存留,初生无定形斑片,后融合,或近存留,后期有的消失。病菌以子囊果或菌丝体在病残体上越冬,翌春子囊果散发出成熟的子囊孢子进行初侵染,菌丝体越冬后也可直接产生分生孢子传播蔓延,薄荷生长期间叶上可不断产生分生孢子,借气流进行多次再侵染,生长后期才又产生子囊果进行越冬。田间管理粗放,植株生长衰弱易发病。

防治方法:①选用抗白粉病品种。②收获后及时清除病残体,集中深埋或烧毁。③提倡施用酵素菌沤制的堆肥或充分腐熟有机肥,采用配方技术,加强管理,提高抗病力。④发病初期喷洒 2%武夷菌素 200 倍液或 10%施宝灵胶悬剂 1 000 倍液、60%防霉宝 2 号水溶性粉剂 1 000 倍液、30%碱式硫酸铜悬浮剂 300~400 倍液、20%三唑酮乳油 2 000 倍液、6%乐必耕可湿性粉剂 1 000~1 500 倍液、12.5%速保利可湿性粉剂 2 000~2 500 倍液、25%敌力脱乳油 4 000 倍液、40%福星乳油 9 000 倍液。采用收前 7 d 停止用药。

5.5.73 薄荷锈病

薄荷锈病(*Puccinia menthae*):由一种真菌引起的病害。5～10月发生,多雨时容易发病。开始时,在叶背面有橙黄色的、粉状的夏孢子堆。后期发生冬孢子堆,黑褐色,粉状,严重时叶片枯死、脱落。

防治方法:用1∶1∶200波尔多液喷雾。收获前20 d应停止喷药。

5.5.74 薄荷斑枯病

薄荷斑枯病(*Septoria menthicola*):又称薄荷白星病,是由一种真菌引起的病害。5～10月发生于叶部。初时叶两面发生近圆形病斑,很小,暗绿色;以后病斑扩大,近圆形,直径2～4 mm,或呈不规则的病斑,暗褐色。老病斑内部褪成灰白色,呈白星状,上生黑色小点,有时病斑周围仍有暗褐色带。严重时叶片枯死、脱落。

防治方法:用65%代森锌可湿性粉剂500～600倍液(80%代森锌可湿性粉剂800倍液)或者1∶1∶200波尔多液喷雾。收获前20 d应停止喷药。

5.5.75 藿香斑枯病

藿香斑枯病(*Septoria* sp.):由一种真菌引起。6～9月发生。叶两面病斑多角形,初时直径1～3 mm,暗褐色,叶色变黄,严重时病斑汇合,叶片枯死。

防治方法:发病初期摘除基部病叶,移出田外。药剂防治可喷65%代森锌可湿性粉剂500倍液(80%代森锌可湿性粉剂800倍液),每隔5 d喷一次,连喷2～3次。但在收获前两星期之内不应喷农药。

5.5.76 藿香枯萎病

藿香枯萎病:是真菌引起的根部病害。从上海采集的藿香烂根中分离出茄病丝核菌(*Rhizoctonia solani* Kuehn)、茄病镰刀菌[*Fusarium solani* (Mart.)App. et Wollw.]和半裸镰刀菌(*F. semitectum* Berk. et Rav.)。主要发生于6月中旬至7月上旬梅雨季节。低洼易积水或沟浅排水不良的地块容易发病,往往在畦边一行首先发生。被害植株的叶子和梢部下垂,青枯,根部湿烂。但本病一般不常见。

防治方法:①及时清理、加深沟道,降低田间湿度。②发病初期,拔除零星发生的病株,并用70%敌克松原粉的1 000倍液或50%代森铵水剂的500倍液浇灌病穴及邻近植株根部,防止蔓延。

5.5.77 厚朴叶枯病

厚朴叶枯病(*Septoria* sp.):是由一种真菌引起的病害。发病初期病斑呈黑褐色,圆形,直径2～5 mm,后来逐渐扩大密布全叶,病斑呈灰白色并保持原来的色泽不变,得病后叶子干脆而死亡,潮湿时在病斑上着生黑色小点,这就是病原菌的分生孢子器。

防治方法:①冬季搞好田间清洁卫生工作,扫除病叶枯枝。②在发病初期摘除病叶,减少病原感染。③发病时可喷1∶1∶100波尔多液,每隔7～10 d一次,连续2～3次。

5.5.78 厚朴根腐病

厚朴根腐病(*Fusarium* sp.):是由一种真菌引起的病害。苗期发病更重,常引起根部发黑腐烂,呈水渍状,导致苗木死亡。

防治方法:可参考枸杞根腐病。

5.5.79 杜仲苗期立枯病

苗期立枯病(*Rhizoctonia solani* Kuehn):是一种真菌引起的病害。幼苗出土不久,靠近土面的茎基部分腐烂,细缩变褐,幼苗很快倒伏,太阳一晒,苗木干枯。多发生在4月下旬至6月中旬这段多雨时期。

防治方法:①做好圃地选择、轮作,适当早播,加强苗床管理工作,预防立枯病发生;②苗床必须平整高燥,排水良好;⑧进行土壤消毒,每亩用1 kg五氯硝基苯或每亩用硫酸亚铁15~20 kg磨碎过筛,匀撒畦面后再播种;④发病期浇市售福尔马林1 000倍液。

5.5.80 杜仲苗期根腐病

苗期根腐病(*Fusarium* sp.):是由一种真菌引起的。一般在6~8月份发生,苗木根部皮层和侧根腐烂,茎叶枯死,一拔就起,但死苗直立不倒。

防治方法:同立枯病。

5.5.81 杜仲叶枯病

叶枯病(*Septoria* sp.):一般在成年树上发生。被害初期杜仲叶片上出现黑褐色斑点,不断扩大,病斑边缘褐色,中间呈灰白色,有时因干脆雨破裂穿孔,严重时,叶片枯死。

防治方法:可参照厚朴叶枯病。

5.5.82 杜仲角斑病

本病在各地杜仲林场和苗圃地都有发生,为害叶,使叶片枯死早落。

(1)症状

病斑多分布在叶的中间,呈不规则暗褐色多角形斑块,叶背病斑颜色较淡。病斑上长灰黑色霉状物,即病菌的分生孢子梗和分生孢子。到秋后,有的病斑上,长有病菌的有性时期,呈散生颗粒状物。最后病叶变黑脱落。

(2)病原

本病病菌的有性世代是子囊菌亚门、腔菌纲,座囊菌目,座囊菌科、球腔菌属(*Mycos paere* sp.)侵染所致。子囊座球形或偏球形,单个生于叶的表皮下,有乳头状突起的假孔口。子囊圆筒形,有短柄,无色,具双层囊壁,子囊束生,无侧丝,每个子囊内含8个孢子,子囊孢子椭圆形,无色,双胞,上胞和下胞等大,分隔处略内缢。病菌的无性世代蔗尾雍菌(*Cercospora* sp.)。

(3)发病规律

病菌以子囊孢子进行越冬,是翌年的初次侵染来源。本病于4~5月份开始发生,7~8月份发病较重。据调查,苗木和幼树发病较重,成年树发病轻,立地条件差,树势衰弱的发病重。

(4)防治方法

本病的防治关键在于加强抚育，增强树势，及时使用1%波尔多液喷雾保护。

5.5.83 杜仲褐斑病

本病为害叶片，病株枯死早落。各地均有发生。

(1)症状

病斑初为黄褐色斑点，然后扩展成红褐色长块状或椭圆形大斑，有明显的边缘，上生灰黑色小囊粒状物，即病菌的子实体。

(2)病原

由半知菌亚门，腔孢纲、黑盘孢目、黑盘孢科、盘多毛孢属(*Pestalotia* sp.)引起。分生孢子盘埋生后突破表皮而外露。分生孢子梗单生，无色，分生孢子纺锤形，4个分隔，中间3个细胞暗黄色，两端截形，近基部细胞中部稍细。顶端有2～3根无色的鞭毛。

(3)发病规律

病菌在病组织内越冬，次年春天借风、雨传播为害。4月上旬至5月中旬病害开始发生，7～8月份为发病盛期。据调查，在密度大，阴湿，土壤瘠薄的杜仲林分易感病。温度高、湿度大有利于病害的扩展蔓延，使病菌不断侵染为害。

(4)防治方法

本病的防治关键在于加强抚育，增强树势，及时使用1%波尔多液喷雾保护。可参照杜仲角斑病的防治方法进行防治。

5.5.84 杜仲灰斑病

本病为害叶片和嫩梢，严重时病叶早落，削弱树势，影响植株生长。据贵州省调查，本病在该省湄潭、遵义两县的杜仲林内发生较重。如遵义县松林公社的杜仲林，灰斑病发病率100%，感病指数为57。

(1)症状

病害先自叶缘或叶脉开始发生。初呈紫褐色或淡褐色近圆形斑点，后扩大成灰色或灰白色凸凹不平的斑块，病斑上散生黑色霉点。嫩枝梢病斑黑褐色椭圆形或梭形，后扩展成不规则形，后期有黑色霉点，严重时枝梢枯死。

(2)病原

由半知菌亚门、丝孢纲，丝孢目、暗色孢科、链格孢菌(*Alternaria* sp.)侵染。分生孢子梗褐色，单枝、有隔。分生孢子暗色有纵横分隔，倒棍棒形，不成链状，顶端有一根数个分隔的长附属丝(细胞柄)，基部圆滑。本菌以往称格孢属(*Macrosporium* sp.)，后来却归入交链孢菌。

(3)发病规律

病菌以分生孢子和菌丝体在病叶和病枝梢上越冬。第二年，当温度在13～15℃时，新产生分生孢子，借风、雨传播，于4月下旬开始发病，5月中旬至6月上旬梅雨季节病害迅速蔓延，6月中旬至7月中下旬，为发病高峰期。一般气温在24～28℃，连续阴雨，有利于病害的发生发展，连续晴天，气温在30℃以上，病害停止蔓延。

(4)防治方法

①及时抚育管理,增强树势,清除侵染源。

②发芽前试用0.3%五氯酚钠或5波美度石硫合剂喷杀枝梢越冬病菌。发病期用50%托布津或退菌特400～600倍液或25%多菌灵1 000倍液。

5.5.85 杜仲枝枯病

本病为害杜仲树枝干,引起叶片早落,枝条枯死。据在遵义杜仲林场调查,枝枯病为害率达20%,感病指数为5。

(1)症状

病害多发生在侧枝上。先侧枝顶梢感病,然后向枝条基部扩展。感病枝皮层坏死,由灰褐色变为红褐色,后期病部皮层下长有针头状颗粒状物,即病菌的分生孢子器。

(2)病原

根据镜检结果,本病的病原菌是半知菌亚门、腔孢纲、球壳孢目、球壳孢科、大茎点菌属(*Macrophoma* sp.)和茎点菌属(*Phoma* sp.)。前者分生孢子器球形,有乳突状孔口,分生孢子梗单生,分生孢子较大,长椭圆形,单胞无色。后者分生孢子器埋生在皮层下,球形,分生孢子梗线形,无色单胞,分生孢子较小,卵圆形至长圆形。

(3)发病规律

病菌是一种弱寄生菌。常生长在枯枝上越冬。第二年借风、雨传播,从枝条上的机械损伤、冻伤、虫伤等伤口或皮孔侵入。在土壤水肥条件差,抚育管理不好,生长衰弱的杜仲林分中蔓延扩展迅速。病害严重时,幼树主枝也可感病枯死。一般是4～6月病害开始发生,7～8月为发病高峰期。

(4)防治方法

①促进林木生长健壮,防治各种伤口,是防治本病的重要措施。

②感病枯枝,应进行修剪,连同健康部剪去一段,伤口用50%退菌特200倍液喷雾。也可用波尔多液涂抹剪口。

③发病初期,喷射65%代森锌可湿性粉剂400～500倍液,每10 d一次,共喷2～3次。

5.5.86 枸杞瘿螨病

枸杞瘿螨病分布于宁夏、甘肃、陕西、青海、内蒙古、山东、山西等地,在全国各枸杞引种栽培区也都有发生。被害植株树势衰弱,叶果早落,直接影响枸杞子的产量和质量,在经济上造成巨大损失,是枸杞生产中亟待解决的问题。

(1)症状

枸杞瘿螨为害叶片、嫩茎、幼果、果柄和花蕾,被害部初期为绿色隆起,后期呈紫黑色痣状虫瘿,组织肿胀,变形,使植株生长严重受阻,造成果实产量和品质下降。花蕾被害后,不能开花结实(图5-5-12)。

(2)病原

枸杞瘿螨病的病原属于蜘蛛纲、四足螨目、瘿螨科、瘿螨属(*Aceria macrodcnis* Keifer.)的一种引起。成螨体长120～328 μm,全体橙黄色或赭黄色,半透明,长圆锥形,略向下弯曲,前

端粗，后端细，呈胡萝卜形，头胸宽而短，向前突出，构成喙状，口器下倾前伸，近头部有足2对，爪钩羽状，腹都有细环纹，背腹面环纹数一致。约53个，腹部前端有背刚毛1对，侧刚毛1对，尾端构成吸附器，生殖器位于腹部前端，在5、6节之间。幼螨与成螨相似，前端具4足和口器，体长94～110 μm，圆锥形，略向下弯，浅白色，半透明。若螨体长较成螨短，较幼螨长，浅白色至浅黄色，半透明，体形如成螨(图5-5-12)。

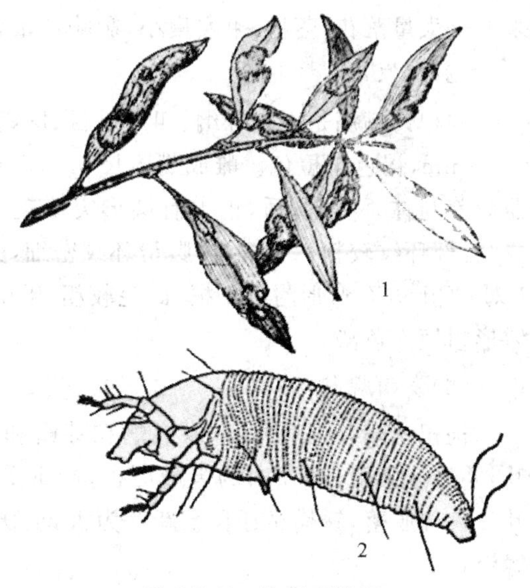

图5-5-12　枸杞瘿螨病

1.病状　2.成螨

(3)发病规律

枸杞瘿螨病一年发生10多代，以老熟的雌成螨在1～2年生枝条的芽鳞和皮孔缝隙内越冬。翌春，芽开放时，从越冬场所迁移到新叶上产卵为害，一年有2次繁殖为害高峰；第一次是在5月下旬至6月上旬春梢生长期，第二次是在8月上旬至9月秋梢生长期，但不如第一次明显，其他时期常年可见虫瘿成螨，但数量极少，有世代重叠现象，到11月，成螨开始进入越冬阶段。

(4)防治方法

枸杞瘿螨病的防治，必须掌握成螨暴露在瘿外，向新叶和新梢迁移的有利时机，进行防治。

①发芽前，结合防治其他病虫害，可喷一次5波美度石硫合剂，或50%久效灵乳油1 000倍液，或4%杀螨威乳油2 000倍液或50%硫黄悬浮剂300倍液2～3次。在生长期，随时剪除病梢、病叶，集中烧毁或深埋。

②展叶期，瘿螨从越冬场所出来活动扩散，这时是第一次喷药的关键时期，每亩用吡虫啉喷雾，主要消灭越冬雌螨。

③展叶和抽出新梢后(5月上中旬)，用40%氧化乐果加40%三氧杀螨砜，每亩150 g；加水150～200 kg，搅拌均匀后喷雾。

④在成螨大量活动时期，可喷50%久效磷乳油1 000倍液，或80%敌敌畏乳油1 000倍藏，或40%乐果乳油1 000倍液，也可喷敌敌畏和乐 果乳油1 000倍混合液，每隔10 d喷药一次，连喷2次，效果更好。

5.5.87　枸杞锈螨病

为害枸杞的螨类，除瘿螨外还有一种锈螨。在宁夏发生较普遍，为害严重，几乎在宁夏栽植枸杞的地区都有发生。据芦花台园林试验场一队枸杞圃调查，由于锈螨的为害，

(1)症状

枸杞锈螨主要为害枸杞的花蕾、嫩叶和幼果，一个叶片上有近千头螨吸食寄主组织内汁液。幼芽受害后延迟展叶和抽新梢，叶片受害初期有锈褐色斑，后期失绿，变厚，质脆，减少光合作用，叶片变硬，变厚，变脆，弹性减弱，叶表皮细胞坏死，叶片失绿，失去光合能力。随之而

来的是大量落花，落果，果实瘦小，影响产量，降低品质。一般造成减产约60%。

(2)病原

枸杞锈螨病是由蜘蛛纲、四足螨目、瘿螨科、畸瘿螨属(*Abaeavas*)中的一种引起。成螨长0.17 mm，褐色至橙色。雌成螨体长0.17～0.20 μm，胡萝卜形，头胸部粗钝，腹部新狭细，口器向前与体垂直，胸盾，前方有圆形突瓣盖于口部上方，胸部腹板具长毛1对，腹部由斑纹组成，背部环纹较粗，约33个，腹帮环纹密细，其数目约3倍于背，腹侧有长毛4对，腹端有长毛1对，爪上方有弯形附毛1根，此毛较粗，毛端球形，瓜钩双节状，约4齿。幼螨与成螨相似，唯体形粗短而色淡。

(3)发病规律

枸杞锈螨与瘿螨相似，以成螨在芽鳞和树皮裂缝等隐蔽处越冬，早春展叶后开始为害新叶，并迅速繁殖，6～7月为害最厉害，严重受害的叶片，密布虫体，呈锈粉状，于7月中旬受害叶片大部脱落，锈螨又迁移至新芽为害，至秋末落叶后，潜伏于隐蔽处越冬。在干旱年份易猖獗流行。

(4)防治方法参考枸杞瘿螨病

①枸杞锈螨以成螨越冬集群的支芽，生产枸杞锈螨群集越冬的疾病修剪残枝休眠期的挂果习惯使用，红花及时收获和干燥方法短果枝修剪剪，该基地已减少锈螨越冬显著作用。

②选择种植抗螨品种，如大麻叶优系，宁杞Ⅰ号，宁杞Ⅱ等。

③多施有机肥，合理搭配磷、钾肥，增强活力，提高抗螨树木的能力。

④新枸杞园别墅和避免大的树。

⑤抓住关键防治时期：锈螨防治抓住两端，防中间。抓两头：一是4月中旬至下旬预防；二是抓10月中下旬进入休眠之前控制。防中间：6月初和8月中旬之前。

5.5.88 枸杞炭疽病

枸杞炭疽病在我国各枸杞产区，均有不同程度的为害，其中以陕西、河南、河北等地为害严重。造成常年减产50%左右，最高达80%以上。

(1)症状

该病主要为害枸杞的青果，也可为害花和花蕾。青果被害时先在果面上出现1个至数个针头大小的小黑点，或呈不规则形的褐斑，空气湿度大时或在阴雨天，在果面上也可出现网状病斑。在高温高湿条件下，病斑迅速扩展，3～5 d即可蔓延全果，使果实全部变黑，故果农称为黑果病，接着在病果表面长满粉红色的分生孢子堆。病菌侵入后，如遇天气干旱，在果实表面仅出现1 mm左右的圆形侵染点，瘸斑不再扩大，但果实变为畸形，果小而质劣。

花受害后，在花瓣上出现蒜褐色圆形或不规则形的病斑，继续扩大使花冠变黑，子房干缩，不能结实。

花蕾受害后，在蕾上出现小黑斑，轻者花变畸形，重者全蕾变黑，不能开放。

(2)病原

枸杞炭疽病是由子囊菌亚门、核菌纲、球壳菌且、疗座霉科、小丛壳菌属，围小丛壳菌[*Glomerella cingulata*(Stonem.)Spauld. et Schrenk]引起，其无性阶段为盘长孢状毛盘孢(*Colletotrichum gloeosporioides* Penz.)。在田间未发现有性世代。分生孢子长椭圆形，无

色，单胞，有1～2个油球，大小为(8.2～16.4) μm×(3.9～5.0) μm。分生孢子萌发的温度范围为15～32℃，最适温度为28℃。在酸性溶液中有利于分生孢子的萌发，pH 4.1，温度在28℃下6 h萌发率达83.9%。在0.2%糖液（低糖溶液）能促进分生孢子萌发。菌丝生长的温度范围为8～35℃，最适温度为26～28℃。在PDA培养基上，菌落初为白色，后内层气生菌丝为灰白色一暗灰色，培养基内菌丝变为黑色，在菌落的中心部分产生橘红色的分生孢子堆。

(3)发病规律

病菌主要以菌丝体在树上或落在地上和土壤中的病果内越冬，次年条件适宜时产生大量的分生孢子，作为初次侵染来源。在陕西关中地区，每年4月下旬至5月上旬，如遇1～2 d阴雨，此病即可完成初次侵染。病菌主要靠风、雨传播，经伤口和自然孔口入侵，但以伤口为主，当温度在21～31℃范围内，潜育期为3～5 d。温度高潜育期短，温度低则潜育期长，在25～30℃，潜育期最短。风雨交加的天气，最有利于病害的传播和蔓延，从4月下旬至8月下旬，无论晴天或雨天，均能捕捉到孢子，尤其以风雨天气为多。病害的发生和发展与降雨量及相对湿度呈正相关，雨日多、雨量大的年份发病重。反之，雨日少、雨量小的年份则发病轻。因此，高温多雨是导致病害流行的主要因素。根据试验，病菌具有潜伏侵染特性。

(4)防治方法

枸杞炭疽病的防治可参考前述有关树木炭疽病的防治方法。

①收获后及时剪去病枝、病果，清除树上和地面上病残果，集中深埋或烧毁。到6月份次降雨前再次清除树体和地面上的病残果，减少初侵染源。

②6月份次降雨前先喷一次药，开在药液中加入适量尿素，杀灭越冬病菌，增强树体抗病性。

③发病后重点抓好降雨后的喷药，喷药时间应在雨后24 h内进行，以防传播后的分生孢子萌发和侵入。

④发病期禁止大水漫灌，雨后排除杞园积水，浇水应在上午进行，以控制田间湿度，减少夜间果面结露。

⑤发病期及时防蚜、螨，防止害虫携带孢子传病和造成伤口。根据对本病的防治试验，在化学药剂中，以1%的波尔多液和50%退菌特可湿性粉剂600倍液，防治效果较好。在喷药时间上，以定期喷药为好。因该菌有潜伏侵染特性，单靠雨后喷药效果欠佳。在关中地区，宜采用下列喷药方法：

4月下旬至5月初，根据天气情况，在雨前进行第一次喷药。5～6月份，每半个月喷药一次。6月中旬至7月，每10 d喷药一次。

5.5.89 枸杞白粉病

枸杞白粉病主要分布于宁夏、陕西等省，树木受害后影响生长和枸杞子的产量。

(1)症状

该病主要为害叶、嫩梢、花和幼果发病初期，在被害部产生白色粉状物，使叶片光合作用受阻，严重时叶片皱缩，卷曲、最后枯萎，果实皱缩或裂口。

(2)病原

枸杞白粉病的病原是由子囊菌亚门、核菌纲、白粉菌目，白粉菌科、叉丝壳属、穆若叉丝壳(*Microsphaera mougeotii* Lev.)引起。闭囊果散生，单生，球形或扁球形，黑褐色，大小为96～

160 μm,附属丝双叉式或三叉式指状分枝,分枝直,不弯曲子囊多个长椭圆形,大小(58～74) μm×(19～32) μm,子囊孢子卵圆形,每个子囊内有 2 个。分生孢子短柱状,链生,大小为(20～36) μm×(10～18) μm。

(3)发病规律

病菌在病落叶或枝条冬芽内越冬,翌年春季开始萌动,靠气流和雨水进行传播,一般在秋季发病严重。在枸杞开花及幼果期侵染引起发病。天气干燥比多雨天气发病重,日夜温差大有利于此病的发生、蔓延。

(4)防治方法

①冬季做好田园清洁,清扫地表病叶、枯枝,除去带菌病枝,减少初侵染源。

②在病害常发期前,使用靓果安作为保护药剂,按 400～600 倍液进行喷施。重点防治时期:花期、幼果期。

③冬季做好田园清洁,清扫地表病叶、枯枝,除去带菌病枝,减少初侵染源。

④药物预防方案:速净按 500 倍液稀释喷施,7 d 用药 1 次。

⑤治疗方案:轻微发病时,速净按 300～500 倍液稀释喷施,5～7 d 用药 1 次;病情严重时,按 300 倍液稀释喷施,3 d 用药 1 次,喷药次数视病情而定。在发芽前和展叶后各喷一次 0.3～0.5 波美度石硫合剂。或各喷一次石硫合剂和硫酸亚铁的混合液(0.3 波美度石硫合剂 25 kg 加硫酸亚铁 25 g)。在坐果后还可喷一次 40%福镁胂可湿性粉剂 500 倍液,或 50%退菌特可湿性粉剂 500 倍液。

5.5.90 枸杞枯萎病

枸杞枯萎病分布于宁夏、青海等省(区)。主要为害枸杞的根和枝干,造成叶枯萎,落花、落果,严重时可导致整株死亡。在青海发病率可达 53%。

(1)病状

发病初期,先从根皮上出现变色斑,后逐渐向髓心扩展,并向上蔓延到树干。切开根和枝干的横断面,可见棕褐色粗线条状的条纹。地上部叶片较正常的小,先从叶尖开始,后沿对脉变黄,脉间仍保持绿色,严重时从顶梢开始向下枯萎,出现半边树冠枯萎或全株枯死的现象。

(2)病原

枸杞枯萎病由半知菌亚门、丝孢纲、瘤座孢目、瘤座孢科、镰刀菌属、腐皮镰孢、[*Fusarium solani* (Martius) App. et Wollenw.]引起。分生孢子有三种类型:大型分生孢子镰刀形,具 2～3 个分隔,大小(20.4～23.8) μm×(3.4～4.8) μm,中型分生孢子脏形,大小(10.2～12.9) μm×3.4 μm,小型分生孢子卵圆形,单胞,无色,分生孢子梗囊,有分枝和分隔。

(3)发病规律

该病的病原是以菌丝、分生孢子在土壤中越冬,带菌的土壤是侵染的主要来源,如无适合寄主时病菌可营腐生生活,当条件适宜时再侵染寄主。枸杞枯萎病是一种导管性病害,寄主被害后,导管被堵塞,地上部萎蔫枯死。枸杞的生长季节就是病害的发生时期,从 5 月上旬到 10 月上旬均可发病,6 月为发病盛期。

(4)防治方法

用代森铵 500 倍液加 1%氨水灌根,药效快,效果好。用 80%代森锌可湿性粉剂 400 倍

液，或用苯胼咪唑 44 号 400 倍液灌根有一定效果，但药效慢。

5.5.91 千日红立枯病

千日红立枯病(*Rhizoctonia solani* Kuehn)：为千日红苗期病害，一般 5 月中旬至 6 月中旬发生，在苗床内秧苗过密或遇连续阴雨的情况下比较容易发生。幼苗被害时，在子叶上方的茎基部首先发生凹陷和腐烂，最后出现楔形凹缺，苗即萎倒、枯死，在潮湿条件下，茎基被害部可见到白色菌丝。

防治方法：①苗床播种不易过密，应及时将较大的秧苗拔出假植或直接移植到大田。②苗床做成高畦，畦面要平，使大雨时苗床不积水，减少发病率。③勤检查。见发病植株即连根掘起，移出田外深埋，并在病穴浇注 5%石灰水。④喷药保护。苗期发病用 1∶2∶200 波尔多液，或 65%代森锌可湿性粉剂 500～600 倍液(80%代森锌可湿性粉剂 800 倍液)喷雾。

5.5.92 千日红根腐病

千日红根腐病：是由镰刀菌引起的病害。从上海采得的千日红烂根中，分离出茄病镰刀菌(*Fusarium solani*)和腹镰刀菌(*F. ventricosum*)。本病在 6～9 月发生，尤以 7 月下旬至 8 月下旬发病最重。起初零星发生，不久邻近植株也接连死亡，个别地块发病重。被害植株的根部皮层干腐，维管束呈褐色或黑色。病菌向茎基部蔓延，在茎基可见到 1～3.5 寸长的一段皮层干腐、剥落，最后剥落成一圈。在根及茎基被害部有白色菌丝体，即使天气干旱也能见到。在被害初期叶子正常，当茎基皮层剥落成一圈以后，植株萎凋、死亡。

防治方法：①实行轮作。不重茬，不与瓜类及茄科蔬菜轮作。②发病初期，对病株及其附近植株，用 50%代森铵水剂 1 000 倍液浇灌根部土壤。在采花前三星期，还可结合局部浇根防治，用 50%退菌特可湿性粉剂 700～800 倍液或 50%多菌灵可湿性粉剂 1 000 倍液全面喷雾，并注意仔细喷射茎基。

5.5.93 千日红轮纹叶斑病

千日红轮纹叶斑病(*Corynespora* sp.)：是一种真菌性病害，7～10 月发生。发病初期叶面产生紫红色斑点，直径约 1 mm，以后扩大成近圆形的病斑，直径 2～8 mm，褐色，有同心轮纹，边缘紫红色，往后病斑相互连接，叶子干枯，一般叶子由下而上逐渐枯死。为害严重时植株发黄、矮小、茎细，花的产量极低。可由土地和种子(花序)传播病菌，蔓延为害。

防治方法：①实行轮作，收获后拾除残株落叶，加强田间管理。②发病期喷射 50%多菌灵可湿性粉剂 1 000 倍液。

5.5.94 番红花腐烂病

(1)症状

带病球茎出芽后，主芽呈黄色或棕褐色，严重时呈紫红色，不久呈水渍状腐烂而死。周围的侧芽也逐渐被感染，致使不能抽叶或抽叶后不久即枯死。发病轻的虽能抽叶生长，但叶片短细，直竖，不披散，叶尖枯黄，不能开花，或开花迟，柱头细小。地下部须根首先发病，由白色变为褐色，先是半边根烂断，进而全部吸收根腐烂脱落，贮藏根也腐烂，逐渐蔓延至球茎，引起球茎腐烂。重者不能形成新球茎，轻者能形成但小，生产上没有经济价值。

(2)病原

番红花腐烂病病原为[*Erwinia* sp.],属欧氏杆菌属细菌,种名有待进一步鉴定。

(3)发病规律

据研究,球茎带菌(尤以球茎侧芽为多)和土壤带菌是第二年发病的初次侵染来源。番红花一般于9月底栽植,10月中旬芽刚出土时即开始感病,一直到升花前后(11月上中旬)。这一时期发生较为严重,为第一个发病高峰。以后病情发展缓慢,第二年2~8月份新球茎膨大期出现第二个发病高峰,但较前一次为轻。据报道,球茎大小与发病有一定关系,球茎越大发病越轻,甚至不发病。连作的地块比轮作的发病指数明显增大,可见连作会加重病害的发生。室内开花与腐烂病的关系尚无定论,有报道说番红花室内开花发病轻,主要原因是室内开花避开了发病期。有的认为室内开花由于过多地消耗了球茎本身的养分和水分,而使其抗病力降低。

(4)防治方法

①精心选种。收获时选取无病痕、表面光滑、不破碎的球茎作种用,下种前再精选一次,剔除带有病斑的球茎。经挑选的球茎下种后腐烂病减轻。

②药剂浸种。球茎在下种前用5%石灰液或1∶1∶100倍波尔多液浸种20 min,浸后用清水冲洗数次,晾干后下种。前者较后者效果好。

③苗期喷药。在番红花从出苗到50%齐苗时期用50%叶枯净可湿性粉剂1 000倍液喷雾效果显著。还可用75%百菌清500倍液喷雾,效果血很好,能进一步控制病病害的发展。

5.5.95 细辛菌核疫病

(1)症状

苗期发病时,幼根呈浅褐色软腐,表面生有绒状白色菌丝体,后生黑色小菌核,地上部枯死。幼茎受害时,病部呈粉红色,并生有白色菌丝层,后生黑色小菌核。成株期根部、叶柄、叶片、果实均可发病。根部发病时,开始在土表下局部变褐色腐烂,逐渐蔓延至垒根,并产生大量白色菌丝体,以后形成较大的黑色菌核。叶柄及果实发病时,开始呈粉红色,进而变褐腐烂,并生有白色菌丝体,以后病部产生黑色小菌核。在初夏多雨时,叶片也偶有发病,叶部产生褐斑,上生细砂状黑色小菌核。本病还严重危害秋芽(越冬芽)和春芽(春天出土的芽苞),可导致整个根部腐烂,上生白色菌丝体和黑色小菌核。

(2)病原

细辛菌核疫病病原为[*Sclerotinia* sp.],属子囊菌亚门,核盘菌属真菌。此菌具有有性和无性两个世代。菌核为不规则形或椭圆形,表面光滑、黑色,内部乳白色。菌核萌发生子囊盘及子囊孢子。子囊盘鲜褐色,初为漏斗状,后呈蝶形,大小为3~20 mm,柄长5~70 mm。子囊棍棒状。

(3)发病规律

病原菌主要以菌丝体在病株、病残体、病种子内越冬,而成为第二年主要初侵染来源。此病原菌适于在较低温度下生长,菌丝体生长的温度范围为0~27℃,最适温度为7~15℃,超过28℃则不能生长,17℃以上易形成菌核。早春当地温上升到0℃以上时,越冬菌丝体开始复苏、扩展,危害幼芽。东北地区4月中下旬至5月上旬当地温回升到5~14℃时病害扩展迅速,出现发病高峰,随着气温上升,至5月下旬病害扩展减慢。6月上旬以后,温度虽稍高,但

雨水及结露增多，田间湿度大，有利于病害的扩展，而形成轻微的柄腐、果腐或少量叶腐症状。7～8月份，由于地温高，病害停止发展。9月份以后，病株内的菌丝体又恢复活动，由带病叶柄、果柄蔓延到根茎、芽苞及根部，使有的秋芽及根腐烂，第二年不能出苗。当地温下降到0℃以下时，病原菌便进入越冬休眠状态，第二年春再进行侵染危害。

本病自然传播较慢，在田间主要借助于人的耕作、田间管理、采种等农事操作，使病土、病残体扩散而使病害传播。本病有发病中心及中心病株。随着种苗、种子调运，可使病害作远距离传播。

(4)防治措施

①做好检疫工作。对无病区应严加保护，杜绝外来菌源的传入。对病区要进行封锁，防止病原菌外传。感病地块应及早采收，就地晾晒，采用封闭式包装外运出售。在病区，种子、种苗带病比较普遍，要搞好产地检疫，进行细辛苗带病检验，检定后确认为无病的辛苗才能直接定植或外运。

②农业防治。a. 免耕防治。本病是土传病害，减少农事操作可起到防病的作用。不进行或少进行中耕除草可减少病害的发生。为防杂草和保持土壤的疏松可在地表覆盖树叶或畜粪。b. 建立无病留种基地。c. 轮作。细辛病田不能连作，否则会严重发病。细辛菌核病病原菌寄主范围很窄，对人参、龙胆草、向日葵、油菜、大豆、玉米、高粱、小麦、萝卜、茄子、辣椒等均不侵染，可用于轮作种植。

③种苗消毒。将10%多菌灵2 kg放入少量水中使其完全溶解，然后加入50%代森铵0.5 kg，再加水至800倍液。辛苗经挑选剔除明显病苗后放入药液中浸泡4 h。此法也可用于种子消毒。

④田间药剂防治。主要用于零星发病的大田或苗田。4月下旬至5月上旬，细辛发病时连续施药3～4次，每10 d施1次。为防止秋芽发病应在9月以前施2次药。施药时应以发病中心为重点，先喷洒地上部茎、叶，然后逐株喷灌根茎部，使药液渗入土壤深层。远离发病中心的植株，可只对根茎及叶片作一般性保护喷雾。常用的药剂有10%的多菌灵200倍液，25%粉锈宁600倍液和70%甲基托布津800倍液。

5.5.96　当归根腐病

(1)症状

发病后植株根尖和幼根初呈水渍状，随后变黄脱落，主根病部呈褐色，进而腐烂呈水浸状，最后仅剩下纤维状物。发病后地上部生长停止，植株矮小、黄化，叶片变褐至枯黄，变轻下垂，平铺地面。茎基呈褐色水渍状，最后叶、根分离，整株枯死。

(2)病原

当归根腐病病原为[*Fusarium avenaceum*(Fr.)Sate.]，属半知菌亚门、镰刀菌属真菌。大型分生孢子梭形或蠕虫形，弯曲，两端尖，多为5个分隔。小型分生孢子卵形或长圆形，单胞或有1个分隔，菌核蓝黑色，粗糙，近圆形或不规则形。不产生厚垣孢子。

(3)发病规律

病原菌以菌丝和分生孢子在土壤中或当归种苗上越冬。据研究，当归种子也带菌。第二年4月底5月初当归开始发病。7～8月为发病盛期，直至收获。高温高湿有利于病的发生，高温利于病菌繁殖,高湿不利于植株根系的发育。夏季多雨区、排水不良的低洼地、黏土地发病重。土中的病原菌是本病重要的初侵染来源之一,因此,连作会使病害严重发生。地下害虫的活动与危害可传播病菌,并可使根部造成伤口,利于发病。此外,病株残体及带菌土壤也能通过水流、人、畜、农具以及未经腐熟的土杂肥传病。

(4)防治措施

①培育壮苗。种子带菌是本病初侵染来源之一,故应在生长良好的无病地内采种。育苗地要选无病地,最好是生荒地。种苗冬季应妥善贮藏,在第二年栽种时要严加选择,剔除病苗。

②高垅栽种。高垅栽培雨季不易积水,通气良好,利于当归根系生长而不利于病原菌繁殖危害,有较好的防病效果。

③轮作。种过当归的地块,至少要隔 8 年才能再种当归,应与禾本科作物轮作。

④药剂防治。在播种或移栽前要对种子和籽苗进行药剂处理,可用 50%多菌灵可湿性粉剂 500 倍液浸泡 15～20 min;生长期发现病株及时拔除,并用 50%多菌灵可湿性粉剂 500 倍液喷洒病区,防止蔓延。

5.5.97 当归褐斑病

(1)症状

发病初在叶面产生褐色小斑点,以后病斑逐渐扩大,边缘呈红褐色,外围出现退绿晕圈,中心灰白色。后期病斑中央出现黑色小点,即病原菌的分生孢子器。严重时大部分叶片呈红褐色,由下而上逐渐干枯,最后全株叶片枯死。

(2)病原

当归褐斑病病原菌为 *Septoria* sp.,属半知菌亚门、壳针孢属真菌。

(3)发病规律

病原菌主要以分生孢子器在病残组织中越冬,第二年 5～6 月份发病,7～8 月份严重,直至 10 月份还有发病。病斑上产生的分生孢子借风、雨传播,特别是雨水在传播上作用很大。农事操作也可传播。分生孢子在温、湿度适宜时萌发,由气孔或表皮侵入寄主组织。菌丝在寄主组织内吸取养分,使组织破坏死亡,并进行扩大蔓延。菌丝成熟后在病部产生分生孢子器,形成新的分生孢子进行重复侵染。温暖潮湿的环境条件有利于本病的发生,在高温干燥的条件下,病害的发展受到抑制。当归种植密度过大、排水不良、缺肥、植株生长不良的地块发病均较重。

(4)防治方法

参照地黄斑枯病和地黄轮纹病。

5.5.98 金银花病害

金银花在生长过程中,常常会遭受不良环境因素的影响,如营养、水分、光照、温度、中毒,或有害生物如真菌、细菌、病毒等的侵袭而发生病害,使植株变色,叶片黄化,卷缩,或出现斑点等,影响生长。常见的病害有忍冬褐斑病,炭疽病、锈病等。

(1)忍冬褐斑病

发生危害特点。忍冬褐斑病是一种真菌所引起的病害。植株受侵害后,叶面会出现圆形或多角形黄褐色的病斑,每年的 7～8 月份发生较多,特别是在空气潮湿时,在叶的背面常常可

见有灰色霜状物，这是病菌的子实体。

②防治方法：

a. 发病后，要立即清除病枝和落叶，烧毁或深埋，同时加强管理，增施有机肥，促进植株健壮，增强抗病能力。发病严重时，用农药及时进行防治。

b. 用1∶1∶150等量式的波尔多液防治，最好在一开始发病就用，每天2～3次，连续喷数次。

c. 用75%百菌清可湿性粉剂600倍液喷洒，保护叶片。

d. 用代森锌防治。代森锌是一种有机硫杀菌剂，对多种病害均有显著效果，而对植株还具有良好的保护作用。防治褐斑病，用65%代森锌可湿性粉剂600倍液连续喷雾2～3次，就可收到良好效果。

(2)炭疽病

①发生危害特点：炭疽病主要由黑盘孢子真菌所引起，叶片上病菌呈褐色，近圆形。有时病斑龟裂，天气潮湿时，病斑上生橙红色的点状黏物质，即病原菌分生孢子盘上大量聚集的分生孢子。

②防治方法：

a. 喷洒1∶1∶1 00的等量式波尔多液。

b. 喷洒65%代森锌500～600倍液。

(3)锈病

①发生危害特点：锈病是由真菌中一种担子菌引起的传染性病害，主要表现在发病初期，叶被面有许多茶褐色或暗褐色的小点，后期表皮破裂，散出大量锈褐色粉末(即病菌的孢子)。有时在叶面产生褐色近圆形的病斑，病斑中心长出一个小疱，严重时叶片枯死。

防治方法：喷洒0.3波美度的石硫合剂，在发病时用，每隔10 d左右喷1次，连续2～3次，效果显著。

5.6　观赏木本油料植物病害

5.6.1　油茶炭疽病

油茶炭疽病在我国油茶产区均有发生。湖南、湖北、广西、广东、河南、江西、云南、贵州等地油茶林均有为害，引起严重落果或枝梢枯死。病落果率通常在20%左右，严重时40%以上。如湖南省茶陵县二仙林场“一地三油”试验地，1978年病落果达43%。本病是油茶生产中的主要问题之一。

(1)症状

油茶炭疽病是油茶上最严重的一种病害。为害果、叶、枝梢和花蕾等部位，以果实受害严重，造成落果、落蕾和枝干枯死。

果实　初期在果皮上出现褐色小斑。后扩大成黑色圆形病斑，有时数个病斑愈合成不规则形，无明显边缘，后期病斑上出现轮生的小黑点即病菌的分生孢子盘，当空气湿度大时，病部产生黏性粉红色的分生孢子堆。病斑有时深达种仁内部。病果易落。

叶　病斑多在叶缘或中央，一半圆形或不规则形，红褐色，中心灰白色，内轮生小黑点。

梢　病斑多发生在新梢基部，少数发生在中部，椭圆形或梭形，略下陷，边缘淡红色，后期呈黑褐色，中部带灰色，有黑色小点及纵向裂纹。病斑环梢一周，梢即枯死。

枝干　枝干上病斑呈梭形溃疡或不规则下陷，削去皮层后，木质部呈黑色。

花蕾　蕾部病斑多在茎部鳞片上，不规则形，黑褐色或黄褐色，病鳞后期呈灰白色，上有黑色子实体，严重时芽枯蕾落。

(2)病原

是由半知菌亚门、腔孢纲、黑盘孢目、黑盘孢科、毛盘孢属的山茶毛盘孢菌(*Colleto trichum* Camelliae Mass.)引起。分生孢子盘着生在表皮细胞下，直径 20～140 μm，分生孢子长圆形，两端略钝圆，有的呈肾形，单胞，含有两个油球，大小为(9.6～24) μm×(4～6.6) μm。分生孢子梗无色，棍棒状。盘内长有暗褐色刚毛。刚毛顶端尖锐，有时可见横隔膜，大小为(55.8～139.5) μm×(6.9～8.3) μm。

油茶炭疽病的有性世代是子囊菌亚门、核菌纲、球壳菌目、疔痤霉科、小丛壳菌属的围小丛壳菌[*Glomerella cingulata*(Stonem.)Spauld. et Schrenk]子囊壳黑色球形，有乳状突起，有时有附属丝，大小(80～240) μm×(80～176) μm。子囊无色棒状，大小(32～83.2) μm×(9.2～16) μm，内有两排子囊孢子。子囊孢子圆筒形，稍弯曲，无色单胞，大小(12.8～16.3) μm×(3.8～7.4) μm。

(3)发病规律

病菌以菌丝及分生孢子或子囊孢子在病蕾(痕)、病果痕、病叶芽，以及残留在树上的病果、病枝，病叶上越冬；另据报道，炭疽病菌侵染油茶花器的现象极为普遍。病花芽中的部分病菌可直接侵染花，病菌可在其内越冬。翌年春季温湿度适宜病菌生长时，产生分生孢子，成为初次侵染源。分生孢子借风雨及昆虫传播。从伤口和自然孔口侵入，过去研究认为潜育期 5～17 d。而湖南省林科所等(1983)报道：病菌的侵染与果实发病间隔时间可达数月。这说明与很多炭疽病一样，油茶炭疽病具有潜伏侵染的特性。病菌从新病斑产生的分生孢子进行再次侵染，不断扩大为害。

病害发生的早晚与当地温湿度有关。病害发生和蔓延与温湿度关系密切。旬平均温度 16.9℃，相对湿度 86%时，开始发病。气温在 25～30℃，旬平均相对湿度 88%时，出现发病高峰。发病期，当温度适宜时，病害蔓延与相对湿度呈正相关。因此，夏、秋间的降雨次数和持续期与病害的扩展蔓延关系密切。

病害发生的严重程度与地形、坡向、树龄、经蕾活动有显著的相关性。一般来说，发病率低山高于高山、阳坡高于阴坡，成林高于幼林。油茶林间种不当，发病期氮肥施得太多，会促使病害发生严重。因此，油茶林应考虑以油茶为主合理间种，避免造成有利于病害发生的条件。

油茶不同物种、品种或单株抗炭疽病的特性有一定差异。攸县油茶自然感病率极低，是一个高度抗病的品种。小果油茶比普通油茶抗病性强。普通油茶中寒露籽，立冬籽比霜降籽抗病。霜降品种各类型均易感病，但其中存在许多丰产抗病的单株。油茶林内常有些植株年年发病早而严重，成为蔓延中心，称历史病株。抗病油茶的抗病机制是多种因素而非单一因子构成。有的认为主要与果壳的组织结构关系密切。如攸县油茶果壳表面绒毛密而长、脱落迟。角质层和表皮细胞均较厚，表皮细胞排列紧密，果壳内含磷、钾元素及纤维素较高。这些组织结构上的特征与其抗病性有密切关系。抗病油茶的抗病力与果壳内多元酚氧化酶活性呈正

相关。

(4)防治方法

油茶炭疽病初次侵染源广，受害部位多，发生时间长，为害面积大，因此，要注意防治重点，讲究策略。先做好调查，确定防治区。然后进行综合防治，并坚持数年防治，在生产上才能见效。

清除初次侵染源　调查油茶林内历史病株，在冬、春挖除补植。严重病区或轻病区的重病株，结合油茶林垦复和修剪，清除病枝叶及病蕾和病落果，减少初次侵染源。

科学管理，增强抗病能力　加强营林管理，油茶林密度不宜过大，过密林分要进行疏伐，幼林要进行修枝整形，使林内通风透光，减低林内湿度。油茶林要合理套种，选择矮秆作物间种，忌用高秆或半高秆作物，以免造成有利于病害发生的条件。发病期不宜施氮肥，应增施磷、钾肥，提高植株抗病性。未间种的林分要适时抚育，可采用撩壕或冬挖，促进林木生长健壮。

药剂防治　由于油茶林面积大，不可能全面地多次喷药，因此，一般在早春新梢生长后，喷射1%波尔多液进行保护，防治初次侵染。5、6月间，喷波尔多液和退菌特2～3次。发病初期用50%托布津可湿性粉剂500～800倍液或用50%多菌灵500倍液或用50%退菌特可湿性粉剂800倍液均有明显的效果，连续喷洒3～4次。据湖南省林业科学研究所等(1983)报道：在秋末和夏季用内吸杀菌剂防治，能有效地减少幼果内潜伏病菌数量，推迟发病始期，减轻后期病情。

选育抗病品种　我国油茶栽培历史悠久，自然界存在着抗病物种、品种或单株。因此选育抗病丰产的油茶品种是可行的，应选用抗病高产单株的种子，逐步良种化。在新发展油茶林地区，应加强检疫工作，可选用抗病强大攸县油茶或普通油茶中的丰产高抗优株。调运攸县油茶时，要选用大果类型繁育改变不加选择盲目调种的做法。

5.6.2　油茶软腐病

油茶软腐病也叫落叶病，在各地油茶苗木和成林都有不同程度发生，为害叶和果，引起大量落叶落果，严重受害的苗木整株叶片落光而枯死。如湖南省永兴县油茶科研所苗圃，1978年苗圃地普遍发病，株病率90%以上，1979年广西桂林地区林科所，一年生苗株病率16%，四年生苗株病率96.6%；1980年中南林学院油茶苗株发病率高达96.7%。所有感病植株，落叶都非常严重。在成年油茶林，此病很少整片发生，多为零星单株感病。感病单株大量落叶落果，造成很大损失。如1979年湖南邵东黄草坪油茶林场，重病株感病率高达82%，落果率为75%。本病除为害油茶外，还为害链木等40多种植物。

(1)症状

受害叶片初期在叶尖、叶缘、叶中部或叶基部产生针头大水渍状黄色圆点。阴湿天，特别是雨后阴天，病斑迅速扩大，形成颜色深浅不同的同心轮纹，中间色彩最深，由里至外渐浅。叶正面颜色较叶背为深，初呈土黄色，后期茶褐色，由于侵染的部位不同，病斑所呈现的形状也不同。叶中部为圆形，叶缘、叶尖和叶基部为半圆形或不规则形。在最适条件下，病斑扩展甚速，以致全叶腐烂，2～3 d后落叶。发病初期，病斑边缘不明显，无隆起现象，随后感病部位叶肉水渍状腐烂，仅剩表皮，若气候转干燥，病斑扩展缓慢，边缘颜色加深，因而出现有明显边缘、略隆起的病斑。一般后期病斑边缘明显。在阴湿天，特别是多雨后的晴天，在病部表面，易产生乳黄色、浅灰色至绿灰色的圆形小颗粒体即病菌的分生孢子座。

果实感病后，症状与叶部相似。初期同样出现水渍状圆形斑点，后扩大成土黄色湿腐状圆斑，严重时全果腐烂。病果极易脱落。未落病果干枯后成为僵果。气候干燥时，病果水分消失，产生纵横条状裂口。环境条件适宜时，病部同样产生圆形颗粒状分生孢子座。

病害能侵染未木质化的嫩梢和幼芽。受害芽或梢初呈淡黄褐色，并很快凋萎枯死，呈棕褐色，可留树上越冬。条件适宜时其上可产生大量蘑菇形分生孢子座。

(2)病原

油茶软腐病的病原菌是半知菌亚门的真菌。1981 年 6 月刘锡进等主要根据蘑菇形分生孢子座鉴定为：油茶伞座孢菌[*Agaricodochium Camelliae* Liu Weit et Fan]。

1981 年 12 月戚佩坤、吴光金、林雪坚，根据分生孢子座具有多形性、分生孢子和分生孢子梗的特征鉴定为：油茶黑黏座孢霉[*Myrothecium Camelliae* (Liu，Wei et Fan)P. K. Chi，We et Lin.]分生孢子座初埋生，后突破表皮而离生。由近圆形或不规则形的大型细胞组成；有的呈纽扣状，中央稍下陷，或呈面包形、小宝塔形，通常宽 28.6～643.5 μm，高 71.5～314.0 μm，具一短柄，柄长 21～98 μm，宽 17.5～101.5 μm，但柄易脱落。此时颗粒体为灰白或乳黄色，偶有叠生现象，颗粒体上无繁殖体，未见任何孢子。它能越冬，并且能侵染寄主，具有菌核特性。以后，在老病叶和落地的病叶上，这类颗粒体(分生孢子座)变黑，其上形成一层紧密排列的分生孢子梗和分生孢子，形态与在 P. D. A 培养基上产生的基本相同，只是分生孢子梗稍短稍宽，也是 2～8 次二叉状重复分枝，无色，顶端的瓶梗(产孢细胞)2～8 个轮生，瓶梗大小为(10.5～28.0)μm×(3.1～4.2) μm，壁薄、无分隔、表面光滑、瓶口漏斗状，有 2～6 个缺刻、单点产孢。向基型串生球形至卵圆形、单胞、浅橄褐色的分生孢子、密集成柱状的分生孢子团。即圆形的分生孢子大小为(2.5～3.8)μm×(1.8～3.5) μm，球形的分生孢子直径为1.4～3.9 μm，壁略厚，分生孢子相连处的孢痕稍内凹，产孢后的分生孢子座无致病力，孢子不萌发。

(3)发病规律

病菌以菌丝体和分生孢子座在树上和落下的病叶、果内越冬。第二年春天，以分生孢子座作为初次侵染源。变黑而产生了分生孢子的颗粒体，无致病力，不能成为初次侵染源。病菌靠风雨传播，从寄主表皮直接侵入或从自然孔口侵入，潜育期的长短与环境条件、寄主组织的老熟程度关系密切。一般嫩叶为十几小时到 3 d，且很快落叶，老叶一般为 3～7 d，且有时不落叶，成为树上的越冬病叶。

本病的发生发展受病菌生活史及生物学特性、寄主的感病性和自然界温湿度的变化等多种因子的影响。一般于 4 月下旬当温度在 20.6℃，相对湿度在 77.7%时开始发病；5 月下旬至 6 月下旬气温在 23～25℃，相对湿度达 85%以上时出现第一次高峰；7～8 月上旬若气温超过 30℃，相对湿度在 75%以下，发病率显著降低；8 月下旬至 9 月中旬温湿度适合出现第二次发病高峰，这说明油茶软腐病的发生发展与温度湿度关系极为密切。在适宜温度下，相对湿度越高病害发展越烈，高湿是本病发展的有利因素，时晴时雨病害发生更为迅速。但是，病害发生或停止的迟早常受温湿度两个因子的制约。有时温湿度适宜，病害于 3 月下旬就可发生，11～12 月份还没停止。在高湿、不通风条件下，病斑上常形成非蘑菇形分生孢子座。这种分生孢子座黑色，垫状，无柄，单生或连生，与叶组织连在一起，不易脱落，成熟时周缘被分生孢子梗和分生孢子所覆盖，宽 57～168 μm，高 45～85 μm，没有侵染能力。林间常在病落叶堆中可找到。

病害发生的严重程度与立地条件关系密切。苗圃地排水不良或苗木过密发病均重。成林

树冠上部病轻，枝叶茂密的树冠下部及萌芽条发病率高。郁闭度大的林分，山脚西南坡、塘边和畦地等处发病较重。

本病除为害普通油茶、攸县油茶、越南油茶、小果油茶外，还为害油桐幼苗及其他数十种野生寄主，如桂木、乌饭、插田泡、小果蔷薇、台湾榕、悬钩子、地枇杷、拔契、犁头草、破铜钱、铁芒萁、野淮山等。

(4)防治方法

软腐病是油茶苗期的主要病害，因此，重点应防治苗木被侵染。

①苗圃地应选择开阔向阳的方向，排水良好的沙壤土。避免在水溪、山沟或水稻田进行育苗。

②加强苗木管理，苗木不宜过密，应适时间苗。改造生长过密的油茶林，调整密度、修枝、整形，使林内通风透光。

③发病期及时清除病叶，减少侵染源；选择土壤疏松、排水良好的圃地育苗，加强苗圃管理。圃地要及时松土除草，培育大苗要疏密相宜，适度疏枝修剪，发现病苗及时仔细清除病原，防止蔓延。病果种子可能带菌，避免从病树上采种。

④药剂防治。研究表明，波尔多液、多菌灵、退菌特、甲基托布津等药剂均有较好的防治效果。根据油茶软腐病的发病规律，应注意选择附着力强、耐雨水冲刷、药效持续期长的药剂。1∶1∶100 等量式波尔多液，晴天喷药后附着力强，耐雨水冲刷，药效期持续 20 d 以上，防效达 84.4%～97.7%，是目前较理想的药剂。喷药时间以治早为好，第一次喷药在春梢展叶后抓紧进行，以保护春梢叶片。雨水多、病情重的林分，5 月中旬到 6 月中旬再喷 1～2 次，间隔期 20～25 d。

或者发病初期喷洒 0.8%波尔多液或 50%退菌特可湿性粉剂 600～800 倍液，也可喷洒 50%的托布津可湿性粉剂 500 倍液，均有较好效果。

5.6.3 油茶烟煤病

烟煤病是油茶的重要病害。浙江、湖南、江西等省某些地区都曾严重发生。被害油茶轻则影响油茶产量，重则颗粒无收，严重的整株树死亡。如浙江省青田县某年因烟煤病损失油茶籽 20 万 kg；1931 年在常山县大发生，损失油茶籽 140 万 kg。江西省上犹县双酒公社庐洋、高桐和石洋三个大队，曾有 8 500 亩油茶发生烟煤病，病枯死油茶林达 1 300 亩。湖南省浏阳、邵阳、衡阳等地都曾严重发生。1967 年湖南邵阳约有 4 万亩发生烟煤病。1980 年浏阳县因本病造成近 2 000 亩油茶林枯死。烟煤病除为害油茶外，还为害核桃、板栗、漆树、竹子等经济林木及其他用材林和果木林。

(1)症状

烟煤病为害油茶叶及嫩枝。初病叶出现黑色霉点，然后霉点增多或沿叶主脉生长，严重时叶及小枝上形成一层黑色烟煤状物，这是病菌的菌丝体和繁殖体。阻碍油茶的光合作用，致使植株生长不良或逐渐枯萎死亡。

(2)病原

油茶烟煤病主要是由子囊菌亚门、不正子囊菌纲，小煤炱目、小煤炱科、山茶小煤炱菌［*Meliola camelliae* (Catt.) Sacc.］和腔菌纲座囊菌目、煤炱科、煤炱属中的茶烟煤菌(*Capno-*

dium theae Hara)引起。

茶烟煤菌除为害油茶外，还为害茶叶。菌丝体表生，绒毛状，由圆形细胞组成。在菌丝体上常生刚毛。分生孢子器长颈烧瓶状或球形。分生孢子椭圆形或卵形，无色，大小为(2～2.5) μm×(3～4.4) μm。另外，由菌丝分隔处产生的分生孢子为褐色椭圆形。子囊座(假囊壳)近圆形或棍棒形、无刚毛、光滑或有菌丝状附属丝，无柄或具柄。子囊棍棒状、子囊孢子多细胞、砖格形、褐色。

山茶小煤炱菌菌丝体表生，黑色，有附着枝并生吸器伸入到寄主的表皮细胞内，菌丝体上有刚毛。闭囊壳球形，直径 80～150 μm，有时有刚毛，每个闭囊壳含子囊不多，子囊之间无侧丝。子囊内含有 8 个子囊孢子，子囊孢子长圆形 4 细胞，暗绿色，大小(16～18) μm×45 μm。

(3)发病规律

病菌主要以菌丝、分生孢子或子囊孢子进行越冬。次年温湿度适宜，叶和枝表面有植物的渗出物、蚜虫的密露、介壳虫分泌物时，分生孢子和子囊孢子就可萌发并在其上生长发育。菌丝和分生孢子可由气流、蚜虫、绵介壳虫等传播，进行再次侵染。

病害发生的严重程度与温、湿度、立地条件及蚜虫、介壳虫的关系密切。在温度适宜，湿度大的情况下发病重。因此油茶林过密，阴湿的环境条件，有利于病害的发生。所以常常是 3～6 月出现第一次发病高峰，夏季炎热停止蔓延，9～12 月为第二次盛发。蚜虫和介壳虫(主要是绵介壳虫，其次是白粉介、黑色胶介、盾介)为害严重时，烟煤病也随着大发生。因为烟煤菌多从蚜虫和介壳虫的分泌物中吸取营养，同时蚜虫和介壳虫又能传播病菌。

所有的烟煤菌对植物的致病作用，主要在于烟煤菌覆盖了叶片表面，阻碍了植物的光合作用，使植物无法制造营养，因而枯萎死亡。

(4)防治方法

油茶烟煤病的防治要以预防为主，及时防治蚜虫和介壳虫是防治本病的重要措施。

①油茶林要及时垦复，过密的要修枝或间伐，使林内通风透光。

②防治蚜虫和介壳虫：介壳虫分泌物可供煤菌生长，且有传病作用，因此发现这类害虫，可用 40%的乐果乳剂 1 000～2 000 倍液或 50%的敌敌畏乳油 500～1 000 倍液，或松脂合剂 20 倍液喷杀有较好效果。

③药剂防治：油茶林发生烟煤病后，夏季用 0.3 波美度，冬季用 3 波美度，春、秋季用 1 波美度石硫合剂喷洒，有杀虫治病的作用；也可用 50%的三硫磷 1 500～2 000 倍液防治。

④湖南、浙江等地，可采用黄泥水喷洒叶面，干后连同病原物脱落；或在油茶林间种山苍子。

5.6.4 油茶饼病

油茶饼病在湖南、广西、广东、湖北、河南、浙江、江西、贵州、四川等地均有发生。油茶的嫩叶、嫩梢被害后，造成梢枯、病叶早落。花和子房感病后因不能结果，使油茶产量降低。

(1)症状

本病能为害油茶的嫩叶、嫩梢、花及子房。各被害部的症状如下：

叶片　病叶正面初生淡黄色、半透明状、近圆形病斑，后略带淡红色，病斑扩大，使病叶肥肿，有的略卷曲，背面初为灰色，然后产生一层白色粉状物即病菌的担子和担孢子。后期白粉层飞散，病叶枯萎脱落，群众称“茶耳”。

嫩梢　感病后肥肿而粗短，由淡红色变为灰白色，后出现白色粉末层，最后枯死。

子房　子房感病后呈畸形发展，肿大如桃，初为白色，间或出现褐色龟裂纹，最后变为黑色腐烂。群众称“茶桃”“茶苞”。

(2)病原

是担子菌亚门，无隔担子菌亚纲(或层菌纲)外担子菌目外担子菌科外担子菌属中的细丽外担子菌[*E×obasiidium gracile* (Shirai) Syd.]侵染所致。担子裸生、球棒状、无色、大小为(72.6～165.2) μm×(4.5～7.9) μm。担子顶端生2～4个小梗，其上各生一担孢子。担孢子长椭圆形或倒卵形，无色单胞，直或稍弯曲，大小为(12～24) μm×(5～8) μm。

(3)发生发展

病菌是一种强寄生菌。以菌丝在寄主组织内越冬，第二年春天产生担孢子随风传播为害。潜育期为7～17 d。病害一般每年发生一次。常在3月中旬开始发病，4～5月为盛病期。

本病在高山地区的油茶林发病严重，丘陵或平原地区的油茶很少发生。因为病菌喜在温度较低，雨量较多及阴湿的条件下生长繁殖，因此，在这种环境条件下发病严重。

(4)防治方法

摘除病部，减少侵染来源。在重病区每年新叶发生时喷射0.5%波尔多液或0.2%～0.5%硫酸铜液一次，有较好的效果。

5.6.5　油茶白绢病(幼苗根腐病)

油茶白绢病又称幼苗根腐病或菌核性根腐病。湖南、广西等省(区)有零星发生。但在安徽省的歙县特种经济林场自1957年育苗以来，每年都有此病发生。据1961年调查，因此病而使苗木死亡达22.6%。严重者达50%左右。该病除为害油茶幼苗外，还能为害乌桕、核桃、香椿、楸、楠、樟、桉树及果树苗木，也可引起许多农作物发病。

(1) 症状

病害多发生于接近地表的苗木茎基部或根颈部，初期皮层出现暗褐色斑点，接着扩大成褐色腐烂块状病斑。苗木茎基部病斑处及靠近地面的地方长出白色绢丝状菌丝，菌丝可蔓延至苗木根部，引起根腐，造成顶端叶子枯萎、下垂，从而导致苗木枯死。在高温潮湿条件下，菌丝体逐渐交织成白色菌核，经粉红色后转变为黄色、棕色或茶褐色，外形似油茶籽，散布在苗木的根茎部或匍匐在有白色菌丝的表土上。苗木被害后，水分和养分输送受阻，以致生长不良，叶片逐渐变黄凋萎，最后全株直立枯死。病苗容易拔起，其根部皮层腐烂，表面有白色绢状菌丝层及小菌核产生。

(2)病原

是由半知菌亚门、丝孢纲、无孢目、无孢科小核属的齐整小核菌(*Sclerotium rolfsii* Sacc.)侵染引起。有性世代是担子菌亚门中的刺孔伏革菌[*Corticium Centrfugum*(Lev.)Bres.]担子直接由白色革质平伏的担子果上长出，担孢子呈水珠状。有性世代很少发生。常见的是齐整小核菌，菌丝白色绢丝状，菌核球形或近球形，形似油茶籽，直径1～3 mm，棕褐色至茶褐色，内部白色，易与菌丝分离。

(3)发生发展

病菌以菌丝体和菌核在土壤、病株残体或杂草中存活。菌核在土壤中能存活5～6年，在室内可生存10年以上。翌年土壤温、湿度适合时，菌丝萌发产生新的菌丝体，侵入苗木茎基部或根颈部为害。因此，土壤中的病原菌是每年苗木发病的重要侵染来源。病菌菌丝能沿土表向邻株蔓延，特别在潮湿天气，当病、健株距离相近时，菌丝极易蔓延扩展。在自然状况下，可以从一病株为起点，向周围邻株蔓延为害，形成小块病区。夏季降雨时，病菌菌核易随水流传播而引起再次侵染。此外，调运病苗、移动带菌泥土以及使用染菌工具也都能传播病菌。菌核萌发产生菌丝体，便以菌索和菌丝体的蔓延进行传播，也可随苗木或流水将菌核传入无病地。

病菌生长的最适温度为30～35℃，低于15℃或高于40℃则停止活动，干菌核在50℃水中，经80 min后，完全失去活性。高温多湿时菌丝体长得特别快，故白绢病在热带和亚热带地区夏季雨后的晴天发生较多，长江以南6～9月为发病季节，9月便停止发展。

苗圃地为酸性，贫瘠的沙质土，苗木生长纤弱，抗病性差，易发生本病。苗圃地前作是易感病的苗木或农作物，再进行连作则感病最重。土壤有机质丰富苗木生长旺盛则很少发病。

(4)防治方法

油茶白绢病病菌主要存活在土壤内为害一年生的苗木。因此，防治此病需要从苗圃地选择和苗木管理入手，才可奏效。

①苗圃地选择：应选择未发生过本病、土质较好、容易排水的苗圃地育苗。白绢病菌的菌核在旱地里可存活4～5年，但在水中半年后即可死亡，所以发病严重的苗圃地应与水稻轮作。发病严重的圃地，可与玉米、小麦等不易受侵害的禾本科作物进行轮作。轮作年限应在4年以上。

②加强管理，筑高床，疏沟排水；及时松土、除草，并增施氨肥和有机肥料，以促使苗木生长健壮，增强抗病能力。

③近年来，国外在防治白绢病方面，重新采用土壤曝晒法，已卓有成效。即在炎热的季节，用透明的聚乙烯薄膜覆盖于湿润的土壤上，促使土温升高，并足以致死菌核，从而达到病害防治的目的。在白绢病的生物防治方面，利用木霉菌、假单胞杆菌及链霉菌等微生物对病原菌的寄生和拮抗作用，在发病地区，以上述菌剂处理植物的种子或其他繁殖器官，有较明显的防病效果。但目前还处于试验研究阶段，很少应用于生产实践。也可在播种前每亩撒洒石灰50 kg。

④发病时期，要及时处理带病土壤和烧毁病苗。并在未发病的苗木根颈处，每亩用生石灰50～75 kg，消化后撒在苗木根茎部及根际土壤。条件许可的地方，可用0.1%～0.2%升汞液或10%硫酸铜液浇灌苗木根茎部或用克菌丹100 mg/kg，喷洒苗木根茎的受害部位，对防治此病效果较好。

5.6.6 油茶半边疯

油茶半边疯又称白皮病、烂脚瘟、白皮干枯病、石膏树。据江西省林业科学研究所的调查，江西省有13个县发生，发病率为10%～20%，最高达40%。广东省从化、南雄等县都有发生，一般发病率为10%，严重者达50%。湖南省平江、永兴、怀化和衡山均有发生。广西柳州等地老林发生严重。重病树树势生长显著衰退，叶片发黄，继之引起落叶、落花和落果，最后油茶半边或全株枯死。

(1)症状

病害多发生在树干基部或中部，初期病部组织微下陷，随着病害的发展，树皮腐烂，木质部

变色干枯，稍后在发病部位呈现一层白色膜状菌体，最后病部明显下降，周围常有一层至数层愈合组织，形成溃疡，呈长条状。因而又叫白皮干枯病、白朽病、烂脚瘟。

(2)病原

由担子菌亚门、层菌纲、非褶菌目、伏革菌科、伏革菌属中的碎纹伏革(*Corticium scutellare* Berk. er Curt.)侵染。担子果薄平伏，不易剥落，近白色，渐变为蛋壳色至肉色，蜡质、龟裂为微细小块。子实层无囊状体，但自实层基的菌丝有明显的结晶体。担孢子(4～6) μm×(2～3) μm。

(3)发生发展

病菌以菌丝和担子果进行越冬。自枝倾斜面下方的伤口侵入，初期只见到树皮稍变色下陷，约于8月后产生白色平贴的担子果。7～8月气温高时病斑发展快，到9月病斑扩大到最大。

病害发生的严重程度与油茶树龄，立地条件，经营管理水平有密切的关系：老茶林发病较多，特别是老油茶树桩的萌芽条发病重。实生的中龄树发病少，幼林未见发病。密林发病多，疏林发病少。未垦复或抚育管理粗放的油茶林及地势低洼、杂草丛生、阴湿的地方发病较为严重。

(4)防治方法

①做好油茶老残林的改造是防治本病的重要措施。结合油茶冬垦和修剪，彻底清除病株，防止病菌扩散。禁止在林内放牧，生产活动注意保护茶树，以免机械损伤，防止病菌侵入。

②造林密度不得过大，以便通风透光；同时要加强油茶林抚育管理，促进油茶生长健壮，增强抗病力。

③病树采取刮除病部，涂抹1∶3∶15的波尔多液或50%托布津200～400倍液有明显的效果。因为病害向内部扩展较慢，发病后往往要几年才逐渐枯死，所以及早刮治可以挽救病树。

5.6.7 油茶云纹叶枯病

油茶云纹叶枯病各地均有发生。除为害老叶外，夏梢的新叶也不同程度地发生。引起早落叶，影响油茶树的生长。

(1)症状

本病只为害油茶叶片。病斑从叶缘、叶尖或叶片上的不同部位发生。初为褐色或黄色不规则小斑，水渍状，多数小斑密集愈合而成云纹状棕色大斑，故称云纹病。有的病部呈块状赤褐色枯死，因而又称赤叶枯。后期病斑上有黑色小点，即病菌的子实体。枝条上产生灰褐色斑块，稍下陷，上升灰黑色小粒点，可使枝梢回枯。果实上病斑圆形，黄褐色至灰色，上升灰黑色小粒点，有时病部开裂。

(2)病原

本病病原菌未进行过人工接种试验。根据显微镜检查有两种：

一种是半知菌亚门、腔孢纲、球壳孢目、球壳孢科、叶点霉属(*Phyllosticta* sp.)的一个未知种。病菌分生孢子器球形，生于叶表皮细胞下，大小为90～98 μm，分生孢子单细胞，卵圆至椭圆形、无色透明，大小在(9～14) μm×(7～8) μm。

另一种是半知菌亚门、腔孢纲、黑盘孢目、黑盘孢科、盘多毛孢属(*Pestalotia* sp.)的一个未知种。分生孢子盘黑色，埋生于寄主组织内突破表皮而外露。孢梗短不分枝。分生孢子纺锤形，有3～4个横隔，中部细胞暗色，两端细胞无色，顶生2～3根鞭毛。

(3)发病规律

病菌在病叶中越冬，第二年借风、雨传播。从树表皮或伤口侵入，经过5～8 d出现新病斑，孢子随风吹、雨溅传播。全年除严寒外，均能发病，以高湿季节8月下旬至9月上旬为发病盛期。油茶林施氮肥较多，夏梢叶片易发病。丘陵地区气温高的地方，日照时间长的林缘发病重。

(4)防治方法

①加强茶园管理，做好抗旱、防冻及治虫工作。勤除杂草，增施肥料，以增强抗病力。病叶落叶处理 秋茶结束后，结合冬耕将土表病叶埋入土中，同时摘除树上病叶，清除地面落叶，并及时带出园外予以处理，以减少竖年初侵染源。

②病害发生严重的油茶林，在发病初期可喷射代森锌600～800倍液，或灭菌丹400倍液，也可用1%波尔多液进行防治。

5.6.8 油茶疮痂病

油茶疮痂病在各油茶林均有发生，为害程度不一。据贵州调查，本病在该省余庆县民用公社发病率达74%，感病指数为36。

(1)症状

本病主要为害叶片，偶尔在果实上也有发生。叶片上的病斑，初为油渍状褐色小斑点，病害发展，叶正面稍下陷，其反面为瘤状突起呈疮痂状，粗糙、黄橱色，病斑多为圆形，直径1～5 mm，后期病斑中央呈灰黑色，有的因病组织干裂脱落而呈孔洞，多数病斑愈合在一起，使叶片变为畸形。果实上的病斑较小，呈黄褐色疮痂状突起，严重时造成早期落果，后期果实品质变劣。

(2)病原

由半知菌亚门、腔孢纲、黑盘孢目、盘单毛孢属(*Monochaetia* sp.)的待定种侵染所致。分生孢子盘埋生于寄主组织内，突破表皮而外露，大小为136 μm。分生孢子多细胞，中间细胞褐色，两端无色，顶端细胞有一刚毛，分生孢子大小为(22.3～27.9) μm×11.2 μm。

(3)发病规律

病菌在病叶内越冬。翌春分生孢子借风、雨、昆虫传播。一般5～6月开始发病，7～8月发病较重，阴湿环境有利于病害发生，春梢及晚秋梢抽吐期如遇阴雨连绵、早晨雾重则此病流行，夏梢期由于气温高极少发病。因此，树冠下部及油茶萌发条上的叶片发病较多。

(4)防治方法

本病为害不重时一般不加注意。发病较重的地区可参考油茶云纹叶枯病的防治法。

①加强管理，多施钾肥，使抽出的新梢整齐而迅速成熟，搞好冬季清园和修剪，以提高树体抗病能力。

②药剂保护：在春季和初夏，雨水多和气温不很高，早上雾浓露水重时发病严重，要喷药剂保护嫩叶幼果。防治溃疡病和炭疽病的药剂均可选用。

5.6.9 油茶的寄生性植物

寄生在油茶上的植物在广西、湖南、广东、江西、云南等地均有分布。油茶被害后生长势差，叶早落，不结果实，甚至有的逐渐干枯死亡。如广东省兴宁县罗浮公社瑶兴大队400～500亩油茶，因桑寄生的为害损失茶油估计为80%～90%。广西巴马县油茶桑寄生大面积发生，严重影响产量。

(1)症状

油茶被寄生植物为害后，在枝干上丛生寄生物的植株。寄生物夺去寄主的水分和无机盐，使寄主受害，影响生长，受害枝干先稍微肿大，以后逐渐长成肿瘤。由于吸根向下延伸，木质部纹理被破坏，严重时枝条或整株枯死。

(2)病原

油茶树上的寄生性种子植物，主要是桑寄生科、桑寄生属的几种植物。

桑寄生[*Loranthus Parasiticus*(L.)Merr.]丛生灌木，小枝粗而脆，根出条甚发达；皮孔多而清晰，嫩枝梢4 cm许，被黄褐色星状短绒毛；叶椭圆形，对生，幼叶具毛，成长叶无毛，全缘，具短柄；花两性，子房一室，花冠筒状，2.3～2.7 cm，花淡色，果球棒状。

毛叶桑寄生(*Loranthus yadoriki* S. et Z.)与前者不同处是在于嫩枝梢15 cm内被有棕色星状毛，成长叶之背面也有星状短毛；果椭圆形。

除上述主要两种以外，还见桑寄生属的如下几种：油茶寄生(*Loranthus Sampsoni* Hce.)、广东寄生(*L. Kwangtungnesis* Merr.)、五瓣寄生(*L. Pentapetalus* Ko×.b.)。

另外，桑寄生科，槲寄生属的槲寄生(*Viscum album* L.)也能为害油茶。槲寄生是常绿小灌木，高约50 cm，茎绿色，呈双叉分枝，枝的顶端着生叶片一对。叶对生，厚革质，倒卵形，叶脉三出，但不明显。单性花，雌雄异株，但又常常生在同一寄主上。果实为橙黄色，浆果，种子外常附有黏性植物碱一层。侧根可以产生不定芽，穿出寄主树皮，形成新植株。

桑寄生科的厚叶寄生[*Macrolen cochinepinen*(Lour.)van Tiegh.]及菟丝子科中的菟丝子也可为害油茶。

(3)发病规律

桑寄生的果实为浆果。种子冬季成熟，主要靠鸟类传播。乌鸦、斑鸠、土画眉、麻雀等喜食此种浆果。种子从鸟嘴吐出或随粪便排出，落在枝条上，依靠种子外皮上黏性物质(槲寄素)而黏在树皮上。在适宜的条件下种子萌发，胚轴延伸，突破种皮产生胚根。当胚根尖端与寄主接触到树皮就形成吸盘，以吸盘中间长出初生吸根，从枝干的伤口或皮孔侵入。当初生吸根接触到木质部后，由于吸根很柔弱不能立即到木质部内，到了第二年，由树皮中的初生吸根形成分枝的假根，然后又形成与假根垂直的突起称次生吸根，便以次生吸根伸入木质部与导管相连，从寄主木质部吸取水分和水中的矿物质，运至假根，并通过假根运到枝叶各部，供桑寄生生长发育，渐渐成为灌木。有的桑寄生常自茎基部生出匍匐茎，并沿枝干延伸，在与寄主接触处产生新的吸根侵入寄主树皮，长出新的直立枝叶。如此不断蔓延为害。

桑寄生为多年生植物，随寄主的生长也连年生长，长年夺取寄主的养分和水分供生长发育，每年产生大量种子传播为害。病害发生范围与媒介鸟的活动有关。若鸟类迂回活动在一个集中的地方，寄生物也集中发生。因此，容易形成发病中心。

(4)防治方法

发动群众查找寄生性种子植物，坚持连年彻底砍除病枝，是当前唯一有效的方法。应在果实成熟前进行。砍除时一定要在寄生处下边 20 cm 以外砍掉，除尽匍匐茎和寄主组织内部吸根延伸部分，以免留下吸根。

国外用硫酸铜、氯化苯氨基醋酸和 2,4-D 进行防治有一定的效果。

5.6.10 油茶藻斑病

油茶藻斑病在各地均有发生，主要发生在长江以南区域，是发生在油茶叶上的一种常见病害，为害叶片，病害发生轻时对油茶树生长影响不大，严重时病叶易落。贵州营桐梓县官仑公社，油茶藻斑病的发病率达 80%，感病指数为 34。

(1)症状

病害初期，叶片正、反面出现针头状褐色小点，然后形成圆形或椭圆形微隆起的放射状物即藻斑，并有毡状物，上面有纤维状的细纹和茸毛。病斑常呈灰褐或黄褐色，有的连成片，发展成点状或十字形，病斑灰绿色，稍有突起，然后逐渐向四周扩展。藻斑直径大小不等，大者可达 10 mm。

(2)病原

由寄生性锈藻(*Cephaleuros virescens* Kunye.)引起。病叶上灰褐色放射形的丝状物是藻类的营养体。从营养体向空中长出游动孢子囊梗，顶端膨大，上生小梗，每一小梗顶生一椭圆形或球形游动孢子囊。孢囊成熟后，遇水散出游动孢子，游动孢子椭圆形，有二根鞭毛，可在水中游动。

(3)发病规律

病原物以营养体在寄主组织中越冬。在潮湿的条件下产生孢囊梗、孢子囊及游动孢子。经风雨传播，于 4 月开始发病，7～9 月份为发病盛期。在条件适宜时可重复进行侵染。湿热的气候适宜锈藻的孢子形成和传播，特别是 6 月份是传播的盛期。

病害的发生蔓延与油茶林密度和林内湿度关系密切，密林或阴湿的油茶林发病较严重，树冠下部比上部发病重。管理不善树势衰弱，也能促进该病发生和蔓延。

(4)防治方法

①油茶藻斑病的防治，主要应加强油茶林的管理，避免过于荫蔽，使林内通风透光，即可控制其蔓延。

②多施磷钾肥，增强树势，提高抗病能力。

③对发病严重的油茶园，可以在 4～6 月份或采果季节结束后，喷杀菌剂进行防治，由于藻类对铜素非常敏感，可用 1%波尔多液喷雾。

5.6.11 油桐枯萎病

油桐枯萎病又称过疯病和油桐瘟，是我国油桐产区一种毁灭性病害。1939 年于广西柳州首先发现。广西柳州沙塘农事试验场附近发生三年桐枯萎病，全林 1/5 植株感染。同年浙江省常山三年桐枯萎病大发生，很多桐林被毁。据 1963—1964 年，在广西柳州、南宁等地调查，重病区株被害率高达 70%～90%，有的桐林近于毁灭。三年桐枯萎病除在广西、浙江严重发

生外，湖南、贵州、广东、江西、安徽、四川等省也有发生。由于发病历史长、分布广、为害重，损失大，可谓是一种毁灭性病害。

(1)症状

病菌从根部侵入，通过维管束向树干、枝条、叶柄、叶脉、果柄、果实扩展蔓延，引起全株或部分枝干枯死，是一种典型的维管束病害。感病植株由于各部位的组织结构不同，症状特征有一定差异。

病菌从根部侵入后，病根腐烂。皮层剥落，木质部和髓部变褐坏死，根部腐烂与枝叶枯萎、枝干维管束坏死有明显的相关性，若某一侧根腐烂，则在该根方位的树干维管束必变色坏死，其相应的树冠也枯萎。根际全部腐烂，植株全部枯死，根际半边腐烂，树冠半边枯死；根际不规则腐烂，枝干不规则枯死。

病树枝干初期外表无明显症状，病害发展到一定程度时，嫩枝梢先呈赤褐色，后为黑褐色湿润状条斑，最后枯萎。主干树皮初期无显著病变，而木质部呈红褐色局部坏死，至后期病部的树皮才腐烂，并失水干缩。半边枯的植株由于根部不断产生愈合组织，树皮边缘隆起，并常产生开裂现象，形成明显的凹槽；有的病部干缩并与健部脱离而使木质部外露。当空气湿度大时，在病部的裂缝及皮孔处长出粉红色或橘红色镰刀菌分生孢子座。将病部树皮剥开，木质部呈红褐色或黑褐色。

叶部症状分急性型和慢性型。急性型的叶脉及其附近叶肉组织变褐色或黑褐色，主脉稍突出，形成掌状或放射状枯死斑；病叶枯黄皱缩，但多数不脱落。慢性型的病叶或叶柄逐渐黄化，叶缘向上卷缩，继而叶柄萎垂，病叶逐渐干枯，也不易脱落。

病果初期黄化，继而有紫色带或褐色带产生，并逐渐干缩，最后果实完全变黑褐色而干枯，成为树上的僵果。剖视见种仁干腐，有时见有病菌的分生孢子和菌丝体。

(2)病原

由半知菌亚门、丝孢纲、瘤座孢目、瘤座孢科、镰刀菌属中的尖孢镰刀菌(*Fusarium oxysporum* Schlecht.)侵染所致。病菌菌丝白色棉絮状，菌落基质桃红色至紫红色，小型分生孢子着生在气生菌丝上，有的聚成假头状。在 P. D. A. 培养基上，大型分生孢子较少。小型分生孢子较多具多种形态，有卵形、椭圆形、柱形、梨形、类球形等，直或稍弯。在马铃薯培养基上，小型分生孢子较少，大型分生孢子较多，其形态有弯月形、镰刀形、纺锤形等，具多细胞，以三分隔的较多，五分隔的偶尔可见，顶端细胞窄细，末端细胞有短柄(即脚胞)。

孢子无隔的，其大小绝大多数为(5.1～7.4) μm×(2.7～4.1) μm。个别的为 28.8 μm×4.4 μm。

孢子一隔的，大小为：(13.6～20.4) μm×(3.06～4.4) μm。

孢子二隔的，大小为：(15.6～26.4) μm×(3.4～4.4) μm。

孢子三隔的，大小为：(24.4～40.8) μm×(3.4～5.1) μm。

孢子四隔的，大小为：(30.6～38.4) μm×(3.4～5.1) μm。

孢子五隔的，大小为：(45.9～57.8) μm×(4.4～5.7) μm。

厚垣孢子很多，壁薄而光滑，球形，顶生或间生，有的单个间生，有的数个串生在菌丝之间，也有成对串生的。

(3)发病规律

油桐枯萎病菌是弱寄生菌，在土壤或病株残体中存活，在适宜的条件下，病菌主要从须根侵入,也从根部和根茎部伤口侵入。发生连根现象的两树之间,病菌可从病根蔓延到健根。病菌侵入后在植株体内蔓延并分泌毒素,使组织遭到破坏,变色坏死。加之菌丝体在细胞间或细胞内扩展,有碍树体内水分和养分的正常运转,因而导致感病植株枯萎死亡。

病害发生发展与下列因子关系密切:

气象因子　据在广西南宁地区定点观察,气温23℃以上,相对湿度75%以上时病情严重。若温度继续升高,蒸发量增加,病株最易枯死。因此,油桐枯萎病从每年4～5月开始发生,6～7月发病严重,8～9月病株枯死较多,10月基本停止。枝干部病菌孢子座的产生受相对湿度的影响较明显。温度适宜时,当相对湿度在75%～80%范围内,发病植株少则5～7 d,多则15 d便产生橘红色的分生孢子座,若相对湿度低于75%,孢子座便推迟出现。

地形地势及土壤条件　据在广西、湖南调查,海拔在875 m以上的高山地区几乎无病。海拔在130～140 m发病重。红壤地区比石灰岩地区或黄壤地区发病重。这是因为病菌是土壤习居菌,土壤性状对病菌的繁殖和侵染有很大的影响。由于红壤土的pH等性状较适宜病菌的繁殖,从而有利于病害的发生。

油桐物种和品种　油桐不同物种或品种抗枯萎病的能力有明显差异。据1965—1967年通过自然感病性调查,人工接种鉴定和原发病林地栽培诱病试验证明;千年桐抗性最强。三年桐各栽培品种感病程度不同,但存在有抗病单株。千年桐作砧木,三年桐作接穗,嫁接后的油桐树,具有高度的抗病性。广西河池地区林科所620亩用千年桐作砧木嫁接的桐树仅有三株发病。而实生的三年桐,85%因枯萎病致死。

(4)防治方法

油桐枯萎病的防治,应以“预防为主,综合防治”,才能收到预期的效果。

①千年桐作砧木,三年桐作接穗进行嫁接,是防治三年桐枯萎病的根本措施。嫁接可在春、秋两季进行。春季以3月中旬到4月上旬为好。秋季以9～10月为宜。先培育好生长健壮,直径1.6 cm以上的千年桐砧木,再从三年桐优株或丰产的三年桐母树上,截取树冠中部外层一年生枝条的芽,明显而又健壮的春枝作接穗。嫁接以在晴天或小雨天进行为宜。要求操作熟练、快速,切口光滑整齐,接穗新鲜(随切随用),通常多使用方块状芽接,或称补接法进行嫁接,即在接穗上将1.0 cm×1.5 cm大小的长方块芽皮取下,在砧木上开一个相等大小的接口,再将接芽补贴在砧木上,将砧木的芽切去,包上,露出接芽,扎紧即可,此法简单易做,成活率高。嫁接后10 d左右,愈合组织已形成。成活的接芽新鲜饱满,没活的为暗褐色干枯。此时,可在另一面补接,也可留翌年再接。半个月后腋芽已经萌动,应将扎缚物解除。经常除去砧木上的萌芽条,促进接芽的健壮生长,并注意整形。3月份嫁接的,4月底便可定植,秋季嫁接的翌年春天便可定植。

②适地适树。在三年桐枯萎病发生严重的红壤地带,应以发展千年桐为主。也可用千年桐和三年桐混交(或与其他不发生此病的树种混交),以避免病根接触健树根际而传病。

③加强林区管理,应及时清除病株,挖除病根,将感病组织烧毁,病土用石灰处理,防止病害扩展蔓延。对初病树,可采用抗菌剂(401)800～1 000倍液或50%乙基托布津400～800倍液进行包扎和淋根,有一定效果。

④选育抗病品种。油桐枯萎病是典型的维管束病害。病树初期较难鉴别,一旦发现严重时,药剂防治已难收到理想的效果。而三年桐本身仍有抗病单株存在,故选育抗枯萎病的品种仍是防治本病的方向。

5.6.12 油桐黑斑病

油桐黑斑病又称叶斑病、角斑病。果实上病斑叫黑疤病,叶部病斑叫角斑病。在我国各油桐产区均有发生。为害叶和果,引起早期落叶和落果,降低油桐产量和出油率。近年来在贵州、湖南、福建、广东等地果实黑疤病甚为严重。湖南常德美胜林场葡萄桐果实黑疤病1980年感病指数达56.26,落果率30.27%。

(1)症状

病叶初期出现褐色小斑,逐渐发展扩大,由于受叶脉的限制成多角形,背面尤为明显。叶正面病部呈褐色或暗褐色,背面黄褐色,有时多数病斑连结成大块枯斑,严重时全叶枯焦。后期在高湿条件下,病斑上长灰黑色霉状物即病原菌的分生孢子梗和分生孢子。

果实染病后,初期成淡褐色圆斑,随病斑扩展,纵向扩展较快,横向扩展较慢,最后形成椭圆形的黑色硬疤,直径可达1~4 cm,病疤稍凹陷,有些皱纹。在病斑上也长有病原菌的子实体。

(2)病原

由半知菌亚门,丝孢纲、丛梗孢目、暗色孢科、尾孢属、油桐尾孢菌(*Cercospora aleuritidis* Miyake)侵染所致。病菌分生孢子梗丛生,淡褐色,单细胞或有1~5个分隔,大小为(22~65) μm×(4~5.5) μm。分生孢子倒棒形或鞭状,直或弯曲,无色,有2~12个分隔,大小为(25~13.5) μm×(2.5~5.0) μm。有性世代是子囊菌亚门、腔菌纲、座囊菌目、座囊菌科、球腔菌属、油桐球腔菌[*Mycosphaerella aleuritidis* (Miyake) Ou]子囊座丛生或单生,以叶的下表面为多,球形,黑色,直径为60~100 μm,孔口处有乳头状突起;子囊束生,圆筒形至棍棒形,(35~45) μm×(6~7) μm;子囊孢子无色、椭圆形,双细胞,上细胞稍大,(9~15) μm×(2.5~3.2) μm,成双行排列。

(3)发病规律

油桐黑斑病菌在病叶、果内越冬,当年或翌春3~4月份形成子囊腔,子囊孢子成熟后借气流传播,从气孔侵染新叶,出现病斑,产生分生孢子,以分生孢子进行多次再侵染。果实形成后侵染果,产生病斑。病菌除侵染叶、果外,还侵染叶柄和果柄。油桐生长期内,病害可陆续发生。7~8月份果实开始发病,9~10月份为发病高峰,9月下旬以后病落果最多。引起早期落叶落果。三年桐和千年桐均可发生,但三年桐发病严重,三年桐中的葡萄桐更为严重。千年桐发病较轻。一般油桐林密度大,湿度高病害易流行。

(4)防治方法

①冬季结合抚育管理,将病叶、果深埋土内或集中烧毁。减少侵染源,坚持数年可收到良好效果。

②有条件的地方,于3~4月间用0.8%~1%波尔多液喷雾,每月1~2次,连续两次可保护桐叶不受侵染。在水源缺乏的山区,可撒施草木灰:石灰(3:2或2:2)的混合剂。6~8月间用上述药剂保护果实。若能及时防治可控制病害的发生和蔓延。

5.6.13 油桐炭疽病

油桐炭疽病主要为害千年桐的叶、果,引起早期落叶和落果。三年桐也能感病,但发病轻。

据调查，本病在福建、广西、湖南等省(区)均有发生。但福建和广西发病最重。如福建罗源叶最高发病率达100%，感病指数达93，由于本病引起落果减产达40%～80%，给生产带来严重损失。据广西林业科学研究所调查，广西南宁等地发病率最高达96.6%，感病指数为63。

(1)症状

油桐炭疽病为害果、果柄、叶和叶柄。

桐叶感病后初生红褐色小斑点，后扩展成近圆形或不规则形的斑块，严重时在主侧脉间形成条斑，使病叶红褐枯焦，皱缩卷曲，引起大量落叶。病斑后期有明显边缘，由红褐转为灰褐至黑褐色。典型病斑常有轮状排列的黑色颗粒状物，即病菌的分生孢子盘。病叶经保湿培养，多能产生具黏性的粉红色分生孢子堆。

叶柄感病出现梭形、不规则形的黑褐色病斑。若病斑发生在叶柄和叶的交界处，叶片更易枯萎脱落。病菌有时能为害一年生新梢，症状和叶柄相似。

果实感病后，出现椭圆形、条状或不规则形的斑块，并逐渐扩大，感病部位初黄褐色软腐状，失水后变成黑褐色的大块枯斑，中间稍凹陷，病果易落。果蒂受害，迅速形成离层，落果更严重。病果后期，上生许多黑色颗粒状子实体。经保湿可产生大量卷丝状或粉状橘红色黏性分生孢子堆。

(2)病原

1980年首先在中南林学院千年桐苗病叶发现本病菌的有性世代。1981年又在同一地方发现。同年在福建罗源县也采集到此病菌的有性世代。用病菌的无性孢子接种，产生了与自然界相同的有性时期。1982年再次检查到。经鉴定：本病病菌是子囊菌亚门、核菌纲、球壳菌目、疗座霉科、小丛壳菌属、围小丛壳菌[*Glomerella cingulata* (Stonem.) Spauld. et Schrenk]侵染所致。子囊壳单个埋生、黑色、近球形或扁球形，孔口呈乳状突起，成熟时突破表皮层外露，有时近孔口外壁四周有毛，子囊壳大小(81.7～125.5) μm×(80.5～108.5) μm。子囊无色，棍棒形，大小(40.0～51.2) μm×(10.2～16.5) μm，子囊内有两行交错排列的子囊孢子8个。子囊孢子单孢，无色，长圆形稍弯曲或梭形，大小(10.5～18.2) μm×(5.5～7.4) μm。无性世代属于胶孢炭疽菌(*Colletotrichum gloeosporioides* Penz.)异名是油桶毛盘孢菌(*Colletotrichum aleuriticum*)；分生孢子盘长在寄主表皮下，大小为(78.9～129.6) μm×(41.2～55) μm；刚毛淡褐色，1～3分隔，(24.0～81.9) μm×(3.2～4.8) μm；分生孢子梗棍棒状集生于盘上，顶端着生分生孢子，分生孢子单孢无色，长椭圆形或肾形，两端钝圆，或一端钝圆另一端稍尖，大小为(14.9～21.5) μm×(5.2～7.2) μm。

(3)发病规律

病菌以分生孢子盘和子囊壳在病组织内越冬，翌年春当温湿度适宜时，便产生大量的分生孢子和子囊孢子，借风雨传播到新叶和幼果上，萌发后侵入为害。病菌以自然孔口侵入为主，也能从伤口侵入，潜育期2～7 d。当年病斑产生的分生孢子，在发病适期可多次再侵染，不断扩大为害。

病害的发生时间随各地区温湿度的差异而有迟早。开始发病的时间广西为3月下旬，福建为4月中、下旬；湖南5月上旬。一般是气温达到18～20℃，相对湿度在70%以上开始发病。7～9月当气温在28℃，相对湿度80%以上时，病害出现高峰期。由于温湿度的变化，一年有时可出现两个高峰期。10月以后，气温在14℃左右，相对湿度在70%以下，病害停止发

生。本病的发生发展受温、湿度的影响最明显，随着它们的变化而有起伏。若其中某一个因素不适，病情便会减慢或趋于停止。温度偏高偏低均能抑制病害的发生发展。如果温度适合，降雨较多，相对湿度增高，发病率便急剧上升，病情更加严重。

油桐炭疽病主要为害千年桐，三年桐感病较轻。因此，福建、广西营造大面积千年桐纯材，是本病流行的重要因素。特别是在沿海地区或长年湿度大的地方，营造千年桐纯林病害更易流行。

此外，管理粗放、立地条件差、生长衰弱的桐林也易发病。

(4)防治方法

油桐炭疽病的防治，应以改变营林方式，结合药剂治疗。

①试用千年桐与其他树种进行混交，避免营造大面积纯林。

②对现有千年桐纯林，应结合抚育管理，在冬末或初春，将病落叶、果深埋土内或集中烧毁，可大大减少侵染源。

③药剂防治，发病初期，在雨后或早雾未干时，撒施草木灰和石灰的混合物(草木灰∶石灰=3∶2或2∶2)施用，方法简单易行，材料来源丰富，更适于水源缺乏的地方。也可用抗菌剂(401)3 000倍液，70%托布津600～800倍液或炭疽福镁500倍液。

5.6.14 油桐芽枯病

油桐芽枯病在湖南、贵州都有发生。为害苗木、幼树和成年树的芽。病芽腐烂枯死。据贵州省林业科学研究所调查，该所1980年和1981年苗圃地发病率分别为7.9%和5.8%。中南林学院1982年在湖南湘西调查，重病区发病率为31.1%。病株结果数明显下降。

(1)症状

本病为害三年桐先年顶芽。病芽鳞片先呈红褐色病斑，然后扩展，全芽变赤褐色水渍状腐烂，产生有黏性的液体，然后失水干枯。病害发生严重时，由顶芽向枝梢蔓延，病枝梢2～6 cm处皮层腐烂，失水皱缩，变紫褐色枯死。后期，在病芽表面产生一层灰绿色霉状物。

(2)病原

是由半知菌亚门、丝孢纲、丝孢目、丝孢科，葡萄孢属中的灰葡萄孢菌(*Botrytis cinerea* Pers.)侵染所致。病菌分生孢子梗细长，单枝或叉状分枝，顶端细胞如菌丝状或膨大成球形，球状细胞上生小梗，其上着生分生孢子。分生孢子无色或灰色，单胞，卵圆形或圆球形，聚生于小梗上成葡萄状，群体呈灰色粉状。分生孢子大小为(9.5～14.2) μm×(7.2～8.5) μm。病菌培养时易产生黑色米粒状菌核。

(3)发病规律

病菌以菌丝体在病组织内越冬。第二年以分生孢子传播为害。病菌在8～18℃时生长迅速，25～30℃培养下，易产生菌核。

据湖南、贵州观察，本病于3月上旬开始发生，3月下旬至5月上旬发病严重。7～8月份趋向停止。9～11月份，温度降低，雨水较多时，病害又出现高潮。11月下旬停止发病。

油桐芽枯病发生在高山湿度大，温度低的地方，丘陵地区油桐林未见此病。主要为害三年桐。据贵州观察，苗圃地地势低洼，苗木过密，因而发病重。

(4)防治方法

①苗圃要注意排灌，适当间苗或打下叶，使其通风透光，降低湿度。

②剪除病部，消灭侵染源。

③药剂防治：据林间防治试验，发病期使用50%退菌特500倍液，50%托布津600倍液，25%多菌灵500、1 000倍液或叶枯净400倍液，每隔15 d喷洒一次，连续两次效果明显。在水源困难的地方，可用上述药剂与草木灰配合，进行喷粉。

5.6.15 油桐枝枯病

油桐枝枯病在各地油桐林均有发生。为害三年桐和千年桐新梢先年的枝条。造成局部枝条枯死，影响植株生长，减少结果量。据四川林业科学研究所报道(1984)：在四川省玉蝉林试验站，1981年枯枝率达46%，严重影响桐油产量，与历年平均产量相比下降57.3%。

(1)症状

油桐枝枯病有生理型和侵染型。因此症状各有特点。

生理性枝枯　从枝梢顶端开始，向枝下扩展，失水枯死。枯死枝呈灰黑色或枯黄色，无病原物。

侵染性枝枯　为害幼树和大树的小枝和主枝，油桐新发嫩梢的芽苞首先受害，使芽鳞变褐色坏死，顶芽干缩，流出胶液，然后褐色病斑向下蔓延，致使新梢皮层纵裂坏死。病皮变红褐色，在枯枝上，生许多小突起，顶破树皮后，呈黑点状。潮湿时病斑上的皮孔处产生白色分生孢子堆。在夏、冬季枯枝上可见许多赤褐色颗粒状的子囊壳。

(2)病原

生理性枝枯是因冻害及林地瘠薄、干旱，桐林经营管理粗放，未及时抚育管理，使桐林荒芜，因而桐林枝条枯死。有的地方因桐林衰老，也常出现枝枯。

据四川林业科学研究所报道(1984)，油桐侵染型枝枯病菌，属于子囊菌亚门、核菌纲、球壳目、肉座菌科、丝赤壳属、油桐丝赤壳菌(*Nectria aleuritidia* Chen et Zhang)侵染所致。子囊壳聚集成丛，每丛13～19个，生于油桐枯枝顶端开裂的皮孔内。子囊壳球形或椭圆形，赤红色，壁略光滑，成熟时有乳头状突起。直径223.1 μm×197.0 μm。子囊棍棒形，大小(50.6～91.4) μm×(12.7～16.6) μm，内有双行排列的子囊孢子。子囊孢子椭圆形、透明、有一隔膜，极少数为无隔或二隔，隔膜处一般不缢缩，内有油球，大小为(11.1～23.0) μm×(5.5～9.0) μm。其无性世代为半知菌亚门、丝孢纲、丝孢科、柱孢属、油桐柱孢菌(*Cylindrocarpon aleuritum* Chen et Zhang.)大型分生孢子长圆柱形，直或稍弯，顶端略小于基部，成熟时4～7隔，透明，大小(11.1～99.8) μm×(3.6～5.9) μm；着生在分生孢子梗的分枝小梗上。小型分生孢子短圆柱形，无隔膜或仅有一个隔，透明，大小(9.6～19.6) μm×(1.1～5.5) μm。

(3)发病规律

病菌以子囊壳和子囊孢子越冬。3～4月份子囊孢子侵染新梢芽苞，继而蔓延到新梢，潮湿时，病梢皮孔产生许多白色的分生孢子堆，进入夏季部分枝梢上出现子囊壳，冬季大量的子囊壳呈丛聚生。病菌孢子主要是借雨水飞溅传播。经接种试验表明，病菌潜育期15 d。

发病与油桐品种、立地条件有一定关系。千年桐基本上不遭此病侵染。阴湿地栽培的三年桐发病严重。

病害流行与气象因子关系密切。病菌孢子萌发的适宜温度在14～20℃。据观察，当林间气温在12～21.7℃，相对湿度84%～93%，降雨频繁，有利于孢子的萌发和侵染，病害流行

严重。

(4)防治方法

油桐栽培性强，对油桐枝枯病的防治，应以适地适树，加强抚育管理作为根本措施，这样不仅能解决生理性枝枯，而且因树势健壮抗病力强，弱寄生菌无法侵入。对枯死枝条，宜在冬季或初春休眠期进行修剪，以免病菌扩散，传播蔓延。

经林间防治试验，1%波尔多液、50%退菌特500倍液和多福粉500倍液防治效果均好。

5.6.16 油桐根腐病

油桐根腐病引起桐树整株枯萎死亡。我国油桐产区多为零星发生，但四川省万县发病严重。据1965年调查，四川省万县沙滩公社曾大面积发生。该公社统计，1961—1964年因根腐病枯死桐树3.8万多株。由此说明，该病在局部地区是一种毁灭性病害。

(1)症状

从病株解剖观察，病株先是须根坏死腐烂。染病须根多在根尖变色，有的在须根中间或侧根处开始变色坏死，然后扩展蔓延。须根大多腐烂后，地上部叶、果较小。当主根和侧根逐渐腐烂时，叶失水萎蔫卷缩，枯黄脱落，以至全株干枯而死。

(2)病原

待定。

(3)发病规律

根腐病除为害2～5年生的幼树外，结果的壮年树和老年树发病也重。从调查结果说明，病株在桐林中先是零星分布，以后才出现许多病株；在同一林地，同一时期，病株表现出不同的发展阶段，有前期症状的植株，也有后期症状的植株，这说明病害有发生发展过程。病株在不同的立地条件下均有发生。在土层瘠薄的陡坡和土壤肥沃的山脚乃至田边的桐林均有发生。根据这些事实，可以认为油桐根腐病是一种侵染性病害。但在广西、湖南、浙江某些油桐林，有的植株由于林地潮湿或渍水而发生根腐，这多属于窒息性根腐(生理性根腐)。

(4)防治方法

目前在发病地区可试行下列措施。

①促使初病株生长新根：对未萎蔫，但叶黄生长势差的病株，可在根际适当增施尿素，然后用草木灰50 kg、硫酸亚铁0.25 kg拌匀撒入土内。达到抑杀病菌，促使新根生长的效果。

②清除病死株，防治扩展蔓延。枯死病株应挖除病根烧毁，病土用石灰消毒。

③苗圃地或林地积水所致根腐病，应及时排水，深翻土壤，使通气性良好，防止兼气性微生物的大量增殖。

5.6.17 油桐枝干溃疡病

油桐枝干溃疡病在福建、浙江、广西、湖南、贵州等地均有发生。主要为害苗术、幼树及成年树幼嫩枝干。据福建林学院、福鼎县土产公司调查，福建省福鼎县、霞浦县葡萄桐林发病率一般在30%～40%，最高达90%。由于该病的为害，造成油桐枯枝、枯梢，树势衰弱，甚至整株死亡。

(1)症状

油桐枝干溃疡病主要发生在嫩梢、幼枝上，病害表现的症状可分两种类型：

溃疡型　发病初期，在嫩梢或幼枝表面出现不规则的水渍状浅黑色病斑，略肿胀，病部皮层组织变软腐烂，用手压有水流出。而后病斑失水，颜色逐渐加深，形成椭圆形或不规则形的较大黑色斑块。病斑面积多在1～2 cm^2。在高温高湿时，病部出现绒状黑色小霉点即病菌子实体。

枯梢型　油桐幼嫩枝干感病后，病斑迅速扩展达5～6 cm^2 以上或多个病斑密集，病部环包枝梢，以至木质部受害，皮层干腐、爆裂，导致枝梢枯死。

(2)病原

根据福建林学院陈泽宇等(1982)报道：本病由半知菌亚门、丝孢纲、丝孢目、暗色丝孢科的尾孢菌(*Cercos pora* sp.)侵染所致。但有人提出异议。因此，病原有待进一步研究。

(3)发病规律

油桐枝干溃疡病以分生孢子座和分生孢子梗在病部越冬，翌年3月初产生分生孢子，借助风雨从油桐嫩梢、幼枝的自然孔口或伤口侵入。发病期与各地气候因子关系密切：在福建省福鼎县，病害的第一次盛发期发生在气温回升、多雨的4～5月份，第二次盛发期出现在8月中旬至9月中旬。该病害持续时间长短随气候条件而不同。如福鼎县湖林油桐场一片500多亩葡萄桐林，1978年第一次病害盛发期近7月份才停止，林间出现大量枯枝枯梢。而1979年5月份即停止，枯枝枯梢量减少。其原因是1978年6月份降雨量是1979年6月份的3倍。

油桐不同物种和品种，抗病性有明显差异。三年桐中的葡萄桐品种感病严重，福鼎县各引种点株发病率均在70％以上，并且有大量枯枝枯梢，严重时整株死亡。而混种在一起的三年桐地方品种，株发病率仅为10％～20％，病斑易抑制，无枯枝梢。千年桐对溃疡病抗性最强。在同一地区的1 000余亩千年桐，均未发现溃疡病。

本病在阴湿的地方，苗木和幼林施氮肥多。枝梢组织幼嫩发病均重。

(4)防治方法

油桐溃疡病的防治关键是应选择适宜于本地栽植的品种，苗木和幼林不宜过密，合理施肥，可控制其发生。

发病期，使用25％托布津400倍，50％多菌灵500倍，2万单位的井冈霉素300倍液喷洒枝干，均有一定防效。

5.6.18　油桐的寄生植物

为害油桐的寄生植物在广西、贵州等省(区)发生较严重。据贵州省林业科学研究所报道，贵州省部分油桐产区，油桐受桑寄生科植物寄生为害的县(市)有17个。在一些海拔较低，气候炎热的地区为害尤重。造成桐油产量下降，甚至油桐树枯死。在广西河池和白色也为害较重。

据报道，油桐上的寄生性种子植物主要有：

①毛叶桑寄生(*Loranthus yadoriki* Sieb et Zucc)。

②桑寄生[*Loranthus perasiticus* (Linn) Merr.]

这两种寄生植物的动态，在油茶的寄生植物中已有描述。

③扁枝槲寄生(*Viscum articulatum* Burm F.)

这种寄生植物为灌木，高50 cm左右，叶退化，花很小，单性异株，单生于枝节上；雄花被管坚实，雌花被与子房合生，花被4裂，花药阔，无柄，多孔开裂，子房下位，一室；柱头无柄，垫状。

小枝扁平，对生或二叉分枝，分节处缢缩，节间有纵条纹。

④棱枝槲寄生(*Viscum angulatum* Heyne.)

这种寄生植物的叶退化，小枝有角棱，近于3棱形或4棱形。

此外尚有：中华桑寄生[*Loranthus chinensis* (DC) Denser.]

油桐的寄生植物发生发展特点及其防治，可参考油茶的寄生植物。

5.6.19 油橄榄肿瘤病

油橄榄肿瘤病是一种肿瘤细菌从伤口侵入引起的病害。在油橄榄种植区内广泛分布，为害较大。如意大利、法国、西班牙、阿尔及利亚、突尼斯、塞浦路斯、阿尔巴尼亚、墨西哥、美国、巴西、阿根廷、伊朗等国均有发生。据国外报道，该病除为害油橄榄外，还为害白蜡属(*Fraxinus*)、连翘属(*Forsythia*)、茉莉属(*Jasminum*)等属中的多种植物。1964年，肿瘤病随同油橄榄苗被引进我国。该病在我国引种油橄榄的各种植区都曾有发现，经及时防治，现除个别地区外，已很少出现这种病害。本病是检疫对象。

(1)症状

肿瘤病菌能侵染油橄榄的枝条、主干、根茎、叶片和果实。肿瘤病菌侵入油橄榄组织后，在感病部位产生瘤状突起。开始很小，绿色，表面光滑。最初的形状取决于侵入伤口时的类型，如伤口为一圆点，开始时长成半球形的瘤，如伤口伸长，长成长形的瘤。后来，肿瘤逐渐长大，失去光泽，同时在瘤的内部细胞间隙，形成不规则分枝状空腔，随后肿瘤顶部凹陷。表面变成深褐色，出现不规则裂纹，发展成为较深的裂隙，质地坚硬，逐渐发脆，呈海绵状，最后分崩脱落。过一时期后又发新瘤。在初生肿瘤和次生肿瘤间的导管组织内，充满了含有细菌的灰白色黏稠状的脓状物。植株生长旺盛季节形成的肿瘤组织，要比生长缓慢时形成的肿瘤组织柔软。瘤内含有大量细菌。在遇雨水或空气潮湿时，细菌即从开裂孔道溢出，成黏液状附在瘤的表面。头一年感病的枝条，从长瘤处起到树枝末端干枯。若粗枝感病，树枝会衰弱和出现部分坏死。

初形成的肿瘤和油橄榄树干上的营养包(Kamza)相似，诊断时应认真加以区别。

(2)病原

极毛杆菌属的一种细菌[*Pseudomonas savastanoi* (Smith) Stevens]引起，是一种好气性杆菌。大小为(1.0～1.9) μm×(0.6～0.9) μm。革兰氏阴性，端生鞭毛1～3根，能运动。有时数个细菌相互连接呈短链。生长适温为22～26℃，最高温限为34～35℃适宜的酸碱度为pH 6.8～7。

(3)发病规律

病菌在肿瘤内越冬，来年降雨季节或潮湿天气，黏稠脓状液溢出到肿瘤的表面，靠风雨、昆虫、鸟兽传播。修剪、锄地等农事活动也可带菌传播。潜伏期为1～3个月，株间传播慢，株内传播快。植株得病后不易治好。病原细菌从伤口或裂缝侵入枝条后，由于其代谢产物而刺激分生组织，促使寄主细胞分裂加快，引起组织增生。病原细菌沿着螺旋导管移动。病原细菌能与橄榄蝇(*Dacus Olea*)共生。当蝇产卵时，细苗会随着卵同时排出体外，并从产卵孔侵入寄主体内。

该病的发生与品种的关系非常密切。据广西柳州地区调查，贝拉特品种感病率最高，卡林尼奥品种次之，米德扎品种抗病力较强。

(4)防治方法

①加强检疫工作，要严格执行检疫制度。对染病的苗木和插条等繁殖材料，应集中烧毁。

②在新栽植区如发现病株要立即砍除烧毁。有些老病区采用此法也收到良好效果。在老病区要推广抗寒抗病品种，尽量清除病株。

③采果时应避免树体受到损伤。

④在老病区如不便立即清除病株，可随时剪除病枝烧毁，剪截的位置，应在肿瘤以下至少15 cm处，切除的病枝应全部烧毁。所有修剪工具和修剪造成的伤口都应进行消毒处理。处理伤口的消毒液可用1%～2%二硝基邻甲酚溶液或3%～5%波尔多液。修剪工具的消毒可用1%福尔马林溶液处理。

5.6.20 油橄榄枝干溃疡病

油橄榄枝干溃疡病是我国油橄榄引种区内一种比较普遍的病害。尤其对幼树的为害较为严重。幼树主要为害主干，容易引起病株死亡。云南省林业科学研究所1964年定植后因溃疡病死亡的株数占引种总株数的10%。成龄树溃疡病对主干为害逐渐减少，多侵染枝条，尤其在衰弱株的嫩枝和感染过干腐病恢复期的小枝条发病较严重，出现许多枯枝，造成一定损失。

(1)症状

枝干溃疡病多数从自然孔口，修枝切口或细微伤口周围开始发生。首先出现小块局部坏死的症状，病斑呈圆形或椭圆形，稍微下陷。最初呈橙红色，继而为暗红色，干枯的病斑呈暗红褐色，表面出现细微纵裂，病斑周围产生愈合组织，呈纵向微观隆起。随着病斑的逐渐扩大，病斑区围绕细小的树枝主干和枝条发展成纺锤形溃疡，形成环割，内部形成层组织变褐色，病斑以上枝叶逐渐枯萎死亡，在枯枝的自然孔口处容易见到一个个小黑点。

(2)病原

是半知菌亚门、腔孢纲，球壳孢目、球壳孢科，大茎点属(*Macrophma* sp.)的未知种。分生孢子器黑色，圆球形，有孔口，自寄主表面突出，分生孢子梗无色较短。分生孢子单细胞无色，卵形至鞋底形，大于15 μm。

(3)发病规律

枝干溃疡病发生在6月间，高温低湿的天气有利于溃疡病的发生。并与油橄榄长势差有一定的关系。如果植株健壮，病斑会被愈合组织涨开而自行脱落，来年树势又衰弱时病枝先端的嫩枝上又会产生另一溃疡，多的可连生三次。6～7月，降雨量逐渐增加，病害迅速蔓延。此病主要发生在幼树主干和大树枝条上，幼树若不及时防治，常易引起全株死亡。日灼和冰冻伤害都有利于溃疡病的发生。

(4)防治方法

①加强幼林管理，促使植株正常生长，培育健壮苗木；对修剪或其他原因造成的伤口，必须进行消毒处理和保护，春季开始对幼林，每隔10～15 d，用1%波尔多液唤洒一次，连喷5～7次。

②苗木发现病斑，应及时挖除，油橄榄园内应结合修剪工作，剪除病枝，集中烧毁，用0.1%升汞溶液或1%硫酸铜溶液消毒伤口，再用波尔多液保护伤口，表面涂敷接蜡，以防雨水淋洗。

5.6.21 油橄榄青枯病

油橄榄青枯病是油橄榄生产中的严重病害。自引进以来主要在四川、广西、广东、浙江、江西、湖北等地发生。四川重庆市林业试验场 1964 年 8 月开始发病，1966 年发病率达 30%，死亡率达 18.40%，1974 年死亡率达 36.40%。油橄榄植株从定植 2～3 年生幼苗至开花结实的成年大树均能发病。

(1)症状

青枯病是一种细菌性的维管束病害，病菌从根部侵染。初期地上部分较难发现。首先，地上部延迟抽发新枝新芽或不发枝不萌芽，然后个别枝梢嫩叶褪绿、失水，进而较多的嫩梢失水，果实失水皱缩。继之叶片沿主脉向叶背反卷，枯萎至全株死亡，高温季节从小枝到全株枯死，仅需 7～20 d，低温季节病程要长一些。病株的典型症状是地上部分的枝、果实表现失水萎蔫。根系根茎基部的木质部变褐至黑褐色，重者皮层腐烂，轻者完好。重病株，木质部的变色带可由根茎主干延伸到侧枝梢，后整枝或全株萎凋死亡。

(2)病原

是由极毛杆菌属的一种青枯病菌(*Pseudomonas solanacearum* E. F. Smith.)侵染所致。Buddenhagen 等依寄主范围的不同曾把青枯菌(*Pseudomonas solanacearum*)分成以下三个品系：品系 1. 对烟草、番茄和许多其他茄科植物及一些二倍体的芭蕉致病，品系 2. 对三倍体芭蕉和海里康属多种植物致病，品系 3. 对马铃薯和番茄致病，面对其他茄科植物微弱致病。据武汉植物研究所报道，油橄榄青枯病菌属于 Lozalno 等鉴定的品系 1. 菌体短籽状，两端钝圆，单个或两个连生，在菌体的一端生一根鞭毛，偶有 2～3 根的。菌体大小一般为(0.7～0.9) μm×(1.5～1.8) μm，革兰氏染色阴性，无夹膜。青枯病原菌在 pH 6.6 的牛肉膏、蛋白胨琼脂培养基上，保温 30～32℃，24～27 h，形成表面光滑乳白色的菌落，逐渐变为污白色到深褐色。把保存的菌种配制成细菌悬浮液接种在含有氯化三苯基四氮唑培养基对，发现菌落形态有白色，白色中间带淡红色和深红色等不同类型。经生理生化测定，不同菌落形态的反应是一致的。但其致病力有显著的差异；白色或白色中间带淡红色的菌落致病力强，深红色菌落致病力弱或不致病。病菌发展最适宜的温度为 34℃，最高 37℃，最低 18℃，对酸碱度适应范围 pH 6～8，最适为 pH 6.6。

(3)发病规律

青枯病一年四季均会发病，4～5 月份病株逐渐增加。6～10 月份发病较重，9 月份是发病高峰，11 月后病害显著减轻，以高温多雨的季节为发病盛期，小苗至大树均会发病，以大树和快开花结果的树发病率较高，土层瘠薄，土温在 20～30℃有利于病害的发生。青枯病的发生与土壤中存在或积累大量致病细菌有关。细菌越多发病越重，若前作为易感青枯病的茄科植物，而且是严重发生过青枯病的造林地，油橄榄易感青枯病。

(4) 防治方法

①选择未发生过青枯病的林地种油橄榄，(尤其忌用种过烟草、番茄和其他茄科植物的地方育苗造林)，是预防青枯病发生的重要措施，抚育时勿损伤树根。

②在发病林地内，做到及时铲除病株，开沟排水，改良土壤，培厚根区的土层，合理施肥灌溉等，增强树势，降低地温，集中烧毁重病株和死株。

③化学防治:用石灰进行土壤消毒,链霉素 500 mg/kg,大蒜液(1:20)灌溉或喷洒苗穴。

④病区补苗:选用尖叶木樨榄作砧木的嫁接苗,这种苗抗青枯病。

5.6.22 油橄榄根瘤线虫病

四川、湖南、河南、广东、云南、广西、江西、福建等地的一些成年树及苗圃中,根瘤线虫病的发生比较严重。据记载,根瘤线虫可寄生在 1700 多种植物上,除为害油橄榄外,还可为害核桃、梨、苹果、枣等经济林和一些用材林以及多种农作物。严重时病株萎蔫而死。油橄榄根瘤线虫病在广东清远县发生特别严重,发病达 100%。

(1)症状

植株小苗或大树嫩根上,形成大小不等虫瘿。树龄不同,受害程度各异。以 5~10 年生逐渐进入结果期的幼树,侧根多的,被害最烈。病株根部形成大小不等,表面粗糙近圆形的根瘤。严重时,可出现次生根瘤,并发生大量小根,病株的地上部起初一般无明显症状,随着根系受害逐渐变得严重,树冠出现枝短梢弱,叶片变小,长势衰退等病状。同时,叶色发黄、无光泽、叶缘卷曲,呈缺水状。由于根部被破坏,影响根的吸收机能,病株地上部分的生长遭到阻碍,后致植株矮小,甚至逐渐萎蔫枯死。

(2)病原

属于根结虫属(*Meloidogrne Goeldi*),共有四个种,即爪哇根结线虫[*M. javannica*(Trenb,Chitwood)],南方根结线虫[*M. incognita* Koforid & White.],花生根结线虫[*M. arenarid*(Neal,Chitwood)]和尖形根结线虫[*M. acrita*(Chitwood)Essei,Perry,and Taylor.]。其形态如下:

卵　似蚕茧状,稍透明,外壳坚韧。

幼虫　卵在适宜条件下,经胚胎发育成线状,无色透明的幼虫,一般长 280 μm,宽 45 μm 左右。二龄侵染幼虫侵入寄主后,虫体逐渐变大,由线状变成豆荚状,此为 2 龄寄生幼虫。自 3 龄幼虫开始雌雄分化,4 龄幼虫雌雄分化明显。

成虫　雌成虫乳白色,成熟时为梨形。体长及体宽为 905 μm×630 μm 左右。雄成虫线状,头端圆锥形,尾端钝圆呈指状,一般体长为 1.8~1.9 mm,体宽为 32~35 μm。

(3)发病规律

根瘤线虫一年数代,如果条件适宜,每经 25~30 d 就可完成一代,以幼虫在土中或以成虫及卵遗落土中越冬。当外界条件适宜时,卵在卵囊内发育成为一龄幼虫。一龄幼虫孵化后仍藏在卵里,经一次蜕皮后破卵而出. 成为 2 龄侵染幼虫,活动于 10~30 cm 深的土中,等待机会侵染寄主的嫩根。2 龄侵染幼虫侵入寄主后,在根皮和中柱之间为害,并刺激根组织过度生长,形成不规则的肿大根瘤,幼虫在根瘤内生长发育,再经三次蜕皮,发育成为成虫。雌雄成虫成熟后交尾产卵或行孤雌生殖。一年进行数次侵染。

成虫在土温 25~30℃,土湿 40%左右时,生长发育最适宜。幼虫一般在 10℃以下即停止活动,致死温度为 55℃持续 5 min。感病作物连作越长,根瘤线虫越多,发病越重。

(4)防治方法

①实行严格检疫,防治病害蔓延。

②避免连作,苗圃地应避免感病植物连作;发生过该病的苗圃,应与杉、松,柏等不感染根

瘤线虫病的植物轮作或与禾本科植物轮作 2～3 年。

③实行深耕，扩大种植穴，不仅改善了土壤结构，提高肥效，还可以减少根瘤线虫的发生。

④药剂防治：可用 80%的二溴氧丙烷乳剂进行防治，每株树可用原液 50 g。

5.6.23 油橄榄炭疽病

油橄榄炭疽病主要为害叶片和果实，也可为害树干、花及芽。早在 1899 年葡萄牙就报道过这种病害。我国云南、四川、湖北、陕西、湖南等省严重发病。1964 年引种油橄榄，1968 年 6 月昆明海口林场便发现油橄榄果实上有炭疽病。据报道，陕西汉中地区油橄榄普遍发病。严重发病时植株造成落果、落叶、枝梢枯死，病果含油率降低 30.4%～42.3%。据报道，葡萄牙南部为重病区，曾发生过减产 40%～50%的严重损失。据陕西省城固柑橘育苗场调查，1978—1980 年 11 月 14 日油橄榄炭疽病(果实)发病率达 95.8%，严重发病株出现落果、落叶和枯枝现象。

(1)症状

果实上病斑呈不规则分布，最初病斑为褐色小颗粒，圆形，后扩大，中心略凹陷，呈灰白色，周围有白色环圈；多产生于未成熟的绿果或幼果上，引起果实失水。感病部位在果蒂处，病果很易脱落。出现在其他部位时产生不规则下陷。病部出现在果实顶部时呈轮纹状收缩。干燥天气病斑中央呈灰色，阴雨高湿天气病斑上出现青红色胶状物(即分生孢子堆)，或分生孢子大量繁殖形成暗褐色小颗粒。

叶片发病时，病斑呈不规则状，多从尖叶开始，一般嫩叶发病，病部叶尖似开水烫伤，变为淡黄色、失水，有轮纹水渍状斑痕。

枝梢、芽和花发病，据报道枝梢发病造成顶梢枯死，嫩芽发病出现枯斑或造成枝梢枯死。花发病初期似开水烫伤状，继而枯萎。

(2)病原

属半知菌亚门、腔孢纲、黑盘孢目、黑盘孢科、毛盘孢属、盘长孢状毛盘孢菌(*Colletotrichum gloeosporioides* Penz. =*Gloeosporium olivarum* Alm.)。油橄榄炭疽病菌分生孢子盘星盘状，淡褐色，常常相互连接着。有的分生孢子盘上有刚毛，有的却无。有刚毛的分生孢子盘和无刚毛的分生孢子盘混生在一个果实上不易区分开来，无刚毛的分生孢子盘常占多数。

分生孢子的大小为(12.6～16.2) μm×(3.6～4.3) μm，19 μm×4 μm 的较多。分生孢子梗多单生，少有分枝，长 32.4 μm，刚毛深褐色，直或微弯，具横格，长 48.1 μm× 3.1 μm，最长的为72 μm。

(3)发病规律

病菌初侵染来源为病枯枝，挂在树上的僵果或病落果等上面的越冬病原体。春季气温回升，春雨来临，病斑上产生大量孢子，侵染叶、果、嫩梢各部，在水膜中萌发。菌丝生长适温为 18～25℃。借风雨、昆虫传播侵染为害。该病在陕西省汉中 4 月下旬在嫩叶尖出现病状，5 月中旬花有发病，6 月中旬果实发病(云南省昆明 8 月份)，9～10 月份果实病害蔓延迅速，病害发展持续至 11 月份，往往引起落果。多雨高湿条件下有利于病害发生和发展。

(4)防治方法

①发病地区，选择抗病品种定植，加强抚育管理，适时清除病枝、叶、果，减少越冬菌源。

②发病初期进行化学防治，用1%波尔多液或50%退菌特800倍液喷雾。视病情发展，若8～9月份传播，发展较快，每半个月喷一次。

5.6.24 油橄榄孔雀斑病

该病是油橄榄种植区广泛发生的一种病害。意大利、西班牙、匈牙利、罗马尼亚、阿尔巴尼亚、南斯拉夫、埃及、以色列、摩洛哥、俄罗斯、美国等都有过报道。1967年首先在昆明附近引种点严重发生，昆明市海口林场引种的油橄榄，历年来感病率25%～75%，重庆市歌乐山试验林场自1974年个别植株发现孔雀斑病以来，逐年加重，使许多植株失去结果能力。云南、四川的其他引种点也相继发生此病。

油橄榄孔雀斑病主要为害叶片、果实。也为害枝条、果柄等，造成大量落叶和落果。感病严重植株，翌年春季，老病叶几乎落光，严重影响油橄榄的生长和结实。

(1)症状

孔雀斑病主要是在叶片表面形成油污状扩散的同轴环状病斑。暗褐色，湿度大时呈黑色绒状圆环，形如孔雀羽斑，故名孔雀斑病。严重时叶背的中心脉和叶柄处变成黑色绒状。叶片上病斑数不定，多为1～20个病斑，其上密生一层黑绒状层即为分生孢子层。

果实成熟季节也易被感染，病斑为圆形红褐色，表面下陷。枝条和果柄被感染时，病斑小，且呈不规则形，不易察觉。

(2)病原

属半知菌亚门、丝孢纲、丝孢目、暗孢科、梗梗孢属的[*Spilocaea oleaginum*(Cast.) Hughes=*Cycloconium oleaginum* Caak)。

油橄榄叶片由较厚的角质层及两层表皮细胞所组成。病菌的菌丝寄生于外层的表皮细胞内和细胞间。菌丝体由淡褐色发展到深褐色。大量菌丝穿透角质层，在感病处的外部产生膨大球根状的分生孢子梗，浅褐色，短小球根状分生孢子梗的顶部，有明显的环纹状分生孢子痕，雨季环痕的痕迹较多，可见3～4个，多到十余个环痕，即分生孢子梗上可连续产生分生孢子。

分生孢子双细胞，少数单细胞，纺锤形至椭圆形，一头大，一头小，褐色至暗褐色，大小为(14～27) μm×(9～15) μm。

(3)发病规律

病斑一年四季都在叶上出现，并且有时可在同一叶片上发现各个发展阶段的病斑。病株组织内的菌丝体终年保持活力。冬季以菌丝体和分生孢子在病组织中越冬，落叶上的病菌仍可存活一段时间，营腐生生活，并产生大量的分生孢子。在活叶片上越冬后的病菌菌丝体，在3、4月份开始向外扩展，在污黑的旧病斑周围出现一圈黑褐色晕圈，上面由分生孢子梗和分生孢子组成一层浓密的霉层，空气湿度越大，霉层越厚，分生孢子越多。这些越冬菌丝体上新产生的分生孢子，是春天主要的侵染来源。分生孢子借水滴溅洒随气流传播。分生孢子落到叶片表面，芽管可直接穿套角质侵入叶组织内。一年生幼苗潜伏期5～7 d，而9年生幼树，潜伏期在10 d以上。分生孢子在9～25℃萌发，最适宜温度为16～20℃，菌丝生长范围在12～30℃；3、4月间，只要有一场大雨，空气湿度升高，病叶上的旧病斑便开始向外扩展；夏季高温季节，感染停止。秋天气温下降，湿度适宜时，发病严重，在温暖和湿润的冬季也会感染。只有干旱严寒时病菌才处于休止越冬状态。

油橄榄的不同品种，对该病的感病情况明显不同。施氮肥过多，水肥条件较好，枝叶生长过密的情况下，孔雀病斑容易发生，但土质坚实、透气不良，干旱瘠薄，植株生长不良的情况下，也易感染孔雀病斑。树冠中下部叶子受害严重，顶部发病轻。

(4)防治方法

①实行苗木检疫，苗木引种或出圃均需要严格检查，疫苗不外运，引种苗木要进行消毒处理，集中种植，以待观察是否有病，如有病及时控制病害蔓延。

②选育抗病品种，其中包括引种和繁育良种，并对现有易感病品种通过高接等方法进行改造。

③药剂防治，以 40%可湿性多菌灵 1 000 倍液防治效果最好 1∶2∶150 倍的波尔多液也能很好的控制病害的发生。但是要注意硫酸铜过高易产生药害，引起落叶。

④合理管理，及时清除病落叶、落果，修剪病梢，并集中烧毁。消灭可能的越冬虫。

5.6.25　漆树苗木立枯病

漆苗立枯病又称猝倒病。湖南、湖北、贵州、四川、福建、河南等省均有分布。本病主要为害当年实生幼苗。在湖南省龙山县调查，凡是用种子育苗的地方都有发生，严重时病死苗达 80%以上。另据湖北省国营龙主垭漆场和国营大茅坡漆场调查，病死苗一般在 18%～48.1%，严重的达 71%。1980 年四川省平武县新民公社龙治大队漆场苗圃死亡率达 80%以上。

(1)症状

苗木在不同的生长发育阶段，其发病症状也不完全一致。

种芽腐烂　播种后至幼苗出土前，由于土壤板结，种芽遭受病菌侵染，引起种芽腐烂，不易出土，苗床出现缺苗现象。

幼苗猝倒　幼苗出土后，茎部未木质化前，病菌自幼嫩根基部侵入，产生水浸状病斑。由于苗茎腐烂，使幼苗倒伏，故称猝倒病。

子叶腐烂　幼苗出土后，子叶被病菌侵入，出现湿腐状病斑，使子叶腐烂，幼苗死亡。

苗木根腐(立枯)　苗木茎部木质化后，病菌难以从根茎侵入而为害根部，引起根腐病苗枯死而不倒伏，因此又称立枯病、根腐病、苗枯病。

(2)病原

经 1981 年进行人工接种和与杉苗猝倒病菌交叉接种证明，漆苗立枯病与杉苗猝倒病的病原菌相同。主要的有：

立枯丝核菌(*Rhizoctonia solani* Kuhn)是半知菌亚门、丝孢纲、无孢目、无孢科、丝核属的真菌。本菌不产生无性子实体及孢子，只产生不孕菌丝及由菌丝结成的菌核。菌核较小，结构疏松，生于菌丝中，彼此有菌丝相连。幼嫩菌丝无色，老菌丝淡黄色，菌丝分枝分隔，分枝处近直焦，具有明显的缢缩。本菌在农耕地和苗圃地中均有分布，在 10～15 cm 土屋中分布密度最高。对 pH 要求不严，因而有广泛的适应性，其最适 pH 为 4.5～6.5。菌丝生长最适温度为 24～28℃。

尖孢镰刀菌(*Fusarium O.×ysporum* Schlecht.)是半知菌亚门丝孢纲，瘤座孢目，瘤座孢科，镰刀菌属的真菌。菌丝细长有隔，分枝，无色，菌丝体棉絮状。有两种类型的分生孢子，大型分生孢子镰刀形多分隔；小型分生孢子有椭圆形、近球形、弯月形等多种形状。菌丝和分生孢子上有时还生长厚垣孢子。本菌分布极广，在土壤和肥料中都有分布，一般表土层中分布较多，随着土壤的加深分布减少。该菌对酸碱度的适应较强，生长的最适温为25～30℃。苗木立枯病除尖孢镰刀菌外，还有腐皮镰孢[*Fusarium Solani*(Mart.)APP. et Wollenw.]等多种镰刀菌都可为害。

除丝核菌、镰刀菌为害苗木，引起立枯病外，同时，鞭毛菌亚门、卵菌纲、霜霉目、腐霉科、腐霉属的真菌也可为害。

瓜果腐霉菌[*Pythium aphanidermatum*(Eds.)Fitzp.]本菌孢子囊瓣状，萌发时先产生泄泡，在老熟菌丝上产生大量藏卵器与精子器。藏卵器球形，顶生，直径12～35 μm，平均23.8 μm；精子器通常间生1～2个，与藏卵器接触，雌雄同株或异株。卵孢子球形，平滑，直径12～30 μm，平均18.7 μm，在藏卵器内游离。游动孢子(5～10) μm×(10～17) μm。

德巴利腐霉菌[*Pythium debaryanum* Hesse]孢子囊球形或卵形，顶生或间生，直径15～27 μm，萌发时乳头状凸起，由此产生泡囊，在泡囊内形成游动孢子。藏卵器顶生的为球形，间生的为球形或柠檬形，直径15～25 μm。精子器4～6个，与藏卵器同株或异株，同株者与藏卵器接触，顶生，有柄。卵孢子球形，光滑，直径10～18 μm，在藏卵器内游动。这两种菌一般喜欢水湿环境，生长的最适温度为26～28℃，最低为5～6℃，最高为36～37℃，耐微碱性。

(3)发病规律

镰刀菌、丝核菌、腐霉菌都具有较强的腐生性，平时能在土壤及病株残体上生长。镰刀菌、丝核菌、腐霉菌分别以厚垣孢子、菌核和卵孢子渡过不良环境，当温、湿度适宜，遇到合适的寄主，病菌便侵染为害。由于一次侵染病程时间短，在生长季节，病菌可大量繁殖，连续不断侵染，加上本病又是由多种病菌侵染，在不同生态条件下有不同的病菌为害；低温多湿时腐霉菌和丝核菌致病，高温干燥时镰刀菌致病，所以容易形成流行性病害，使病害普遍而严重。

漆苗立枯病的发生发展除受温、湿度影响外，还与下列条件关系密切。

本病菌除为害漆苗外，还能为害银杏、油橄榄、松、杉、栗、槐、臭椿、榆、枫杨等苗木。还可为害茄、烟、番茄、辣椒、马铃薯及豆类、瓜类等。若苗圃地前作是感病植物，土壤中积累的病菌就多，苗木易发病。苗圃土壤黏重，透气性差，蓄水力小，易板结，苗木生长衰弱容易得病。再遇雨天，排水不良，积水多，有利于病菌的活动，不利于种芽和幼苗的呼吸与生长，种芽易窒息腐烂。

整地粗放，苗床太低，床面不平，土块过大，苗圃地积水，病害发生严重。

施未腐熟的有机肥，可将病菌带入，为害苗木。

播种过迟，幼苗出土较晚，此时逢梅雨季节，湿度大，苗木幼嫩，有利于病菌侵染，病害发生严重。

(4)防治方法

防治苗木立枯病主要应采取下列措施：

①选好苗圃地：提倡在新垦山地育苗。若采用原耕作地育苗，前作不宜是感病植物。苗圃地宜设在排水良好，开阔的地方，以沙壤土为好。

②播种前土壤消毒。可采取药剂消毒和火热消毒。

药剂消毒可用黑矾(又称青矾)即硫酸亚铁，2%～3%的黑矾粉，每亩撒药土100～150 kg，或用3%的溶液每亩施90 kg。另外，在酸性土壤，结合整地每亩撒石灰20～25 kg，也可达到消毒目的。

在柴草方便的地方，采用三烧三挖，即在苗床上盖一层柴草，上加少量土，火烧后再积土，

然后再烧二次。也可达到减少病菌、增加肥料的作用。

③加强经营管理。平整土地，适当作高床，播种前在条播沟里垫一层 1 cm 深的心土或火烧土，适时播种后，用心土或火烧土覆盖种子。苗木出土后，加强管理，做好排灌工作。苗木过密时应适当间苗，发病严重时，少施氮肥，多施磷钾肥，促使幼苗木质化，增强抗病性。

④药剂防治。幼苗初发病时要及时喷药，控制病害的蔓延。据近几年来，科研和生产实践证明，用 50%托布津 400～800 倍液，退菌特 500 倍液，25%多菌灵 800～1 000 倍液进行喷洒，防病效果均好。

以往使用的药剂有：1%波尔多液防治茎、子叶腐烂有一定效果。或用 0.1%高锰酸钾；1%～3%硫酸亚铁溶液，每亩 100～150 kg。上述两种药剂喷洒后，需立即用清水喷洒，洗掉幼苗上的药液，以避免药害。

5.6.26 漆树毛毡病

漆树毛毡病主要为害苗木和幼树，成年树受害较轻。湖南、湖北、贵州、陕西、四川、云南、安徽、江西、河南、甘肃、江苏、浙江、福建等省的漆树都有不同程度发生。1981 年在湖南省花垣县雅西公社，调查重病区二年生苗 232 株，发病 218 株，病害率 94%；幼林标准地调查 112 株，发病 54 株，发病率 46%。顶芽被害的幼树常产生“多头”现象，影响幼树高生长。从 112 株调查结果说明，健株高生长比病株多 0.77 m，严重时导致植株枯死。1979 年湖北罗田林木河漆场幼树病死率达 29%；贵州纳雍县 1979 年 16.3 万多株漆树发病株达 80%以上，有些病株枯萎死亡。另据贵州省毕节地区标准地调查，苗圃感病株率 88%，大方、赫章、纳雍等重病区漆苗损失率达 65%～100%，当年定植幼树死亡率可达 20%；3～4 年生幼树感病率为 42.2%。六盘水市、黔西南、遵义地区病情也重。

(1)症状

毛毡病为害漆树芽、叶、叶柄、嫩梢和花穗。病原物侵染后，被害部细胞受刺激，组织产生增生现象，密布初为绿色，后为黄褐色至红棕色的绒毛状物。顶芽和侧芽被害后，病芽形似鸡冠花状或棒状。叶片被害，病叶一面凸起，另一方凹陷成扭曲状，病斑表面密被绒毛，故称毛毡病。叶柄和嫩梢被害，产生一丛毛毡状物，病部如毛刷状。花穗被害，密生的圆锥花序，产生红褐色毛毡状物，球形。

(2)病原

毛毡病的病原是蛛形纲、四足蹒目、瘿螨科、毛蜘蛛属(*Eriophyyes* sp.)的某一种菌侵染所致。

形态特征　成螨：体长 94～160 μm，体宽 45～70 μm，体壁柔软蠕虫形，体形如胡萝状，体色春夏为浅黄色；秋末至初春可转为朱红色。体壁具细微点刻组成的环纹 62～67 个，尾部环纹为锯齿状。具稀疏刚毛，肩部两侧各有较长刚毛 2 根，刚毛通常着生于乳头状基盘上。腹末体渐尖，尖端有指状跗肢 1 对，长毛 2 枚。幼螨：体长 70～90 μm，近椭圆形，体色淡黄。体壁环纹较成螨细密，约有 43 个。肩部及腹末体无长毛。足 2 对。卵：长 45 μm，长椭圆形，乳白色、半透明。

生活习性　对光敏感，为负趋光性。高度的群居性，重量为 1 g 的嫩芽内可有螨 300～5 000 头。爬行缓慢，通常活动范围在 10 cm 左右，若遇惊动，即自行掉落。除夏季 8～13 时、16～19 时外出活动外(春、秋季时稍推迟)，其余时间藏于增生组织中吸食树液。气温低于 8℃

时，即停止活动，蛰伏不出。

(3)发病规律

漆树毛毡病以成蹒在芽、叶痕、病叶残体上越冬，次年随气温上升，漆树萌芽时开始活动，在表皮上刺吸汁液，被刺吸的细胞增生，并产生褐色素和红色素，故病部出现红褐色毛毡状物，螨就隐居在毛毡状物之中，但不侵入植物组织内。由于病原四足螨一年发生许多代，因此本病自春天至夏天、秋天都可为害。由于病原螨类的生活史及其生态习性尚未搞清，所以本病的发病规律尚不完全清楚。但据一般观察，海拔 500 m 以下的低山区，4 月下旬开始发病，5 月份进入盛发期；在海拔 1 000 m 以上的山区，5 月份开始发病，6～7 月份为为害盛期。这说明病害发生的迟早与温度关系密切。据有关材料介绍，本螨在 15℃时开始活动，22～25℃最适宜螨的生长发育。

螨类借风力和苗木而传播。苗圃地连作，有利于病害发生，因此发病重。

(4)防治方法

防治漆树毛毡病应抓住三个关键时期——螨越冬期，开始活动期，发生高峰期。具体措施是：

①杀灭越冬螨：在苗圃或幼林可结合冬、春抚育管理，将病残体埋入土内，或用 3～5 波美度的石硫合剂喷洒，或喷撒硫黄粉。这是防治漆树毛毡病的关键。

②发病初期（螨开始活动期）：用 40%乐果乳剂或马拉硫磷 800 倍液。杀卵时可用 50%杀螨酯可湿性粉荆 1 500～2 000 倍液；或 20%杀螨酯可湿性粉剂 800～1 000 倍液。也可用 50%可湿性氯杀粉的 5 000 倍液。

③发病高峰期：用 40%乐果乳剂 800 倍液或 0.5 波美度的石硫合剂与 0.02%～0.05%氯杀粉液混合使用。对卵、幼螨、成螨都有良好效果。另据贵州省林业科学研究所介绍，使用 25%杀虫脒乳剂、50%马拉硫磷乳剂或 20%三氯杀螨醇乳剂 1 000、2 000、3 000 倍液，效果明显。

④带螨苗木出圃时用 50℃水浸 10 min 或用硫黄熏蒸。

5.6.27 漆树炭疽病

漆树炭疽病在我国各地苗圃和幼林都有不同程度的发生，为害苗木和幼树。据湖北省利川县调查：利川县忠路公社漆场苗圃，调查 200 株，病株 170 株，发病率 85%，文斗公社漆场苗圃调查 650 株，发病率 98%。两苗圃幼苗除死亡株外，其余生长纤细，品质低劣。据中南林学院调查：湖南省龙山县大安公社苗圃地发病率为 54.6%，严重度为 23.6%。

(1)症状

炭疽病为害漆树苗木和幼树的嫩芽、嫩梢、叶片、叶柄、花梗等部位。其中叶、嫩芽为害最大。主要特征是：

叶：本病为害叶片后，出现两种症状类型：一种是褐色斑块型，病斑多出现在叶尖或叶缘，叶的中部也有发生，病斑圆形、不规则形或半圆形，赤褐色，无明显边缘。典型病斑上生黑色轮纹状颗粒，即病菌的子实体。另一种是褐色条斑型，病斑发生在叶片的主脉或侧脉上，初为圆形斑点，然后沿叶脉发展，呈褐色至红褐色长条状放射形，有时病斑中央破裂出现穿孔现象。严重时叶片皱缩扭曲，发黑枯死。

嫩梢、叶柄、花梗：病菌侵染后开始为淡褐色小点，然后发展为黑褐色圆形、椭圆形或棱形病斑。末期，病斑中央灰褐色，具明显凹陷，散生颗粒状小点。

1～2 年生幼苗，主茎顶芽受害后，顶芽腐烂，引起“烂头”发黑现象。

(2)病原

本病是由于囊菌亚门、核菌纲、球壳菌目、疗座霉科、小丛壳菌属的围小丛壳菌[*Glomerella cingulata* (Stonem.)Spauld. et Schrenk]侵染。通常见到的是无性阶段，为半知菌亚门、黑盘孢目、黑盘孢科、毛盘孢属[*Colletotrichum* sp.]分生孢子盘着生于寄主表皮下或突破表皮面外露，大小为(125～128) μm×(10.1～36.0) μm。基部密集短小的分生孢子梗，上生长椭圆形两端略圆的分生孢子。分生孢子单胞，无色，内含两个油球，大小为(8～10) μm×(5～6) μm。盘内有一根或多根刚毛，浅褐色，有隔或无隔，大小为(31～33) μm×4 μm。子囊壳黑色球形，单生或丛生，有啄，有时颈部有毛，埋生于寄主组织内，大小为 144 μm×13 7 μm。子囊棍棒形，顶端壁厚，束生，大小为(57～69) μm×(10.1～11.0) μm，子囊内有 8 个子囊孢子。子囊孢子长椭圆稍弯曲或量棱形。单胞无色，成双行排列，大小为(9～12.6) μm×(7～7.9) μm。

(3)发病规律

据湖北省利川县科委报道(1982)：病原菌以菌丝体潜伏于植株病部及病残体越冬，翌年，当环境条件适宜，产生分生孢子，借风雨传播，侵染漆树幼嫩组织，并借分生孢子进行再侵染。温度在 20℃，相对湿度在 80%以上，病害发展迅速。地势低洼，土质黏重，偏施无肥料，都有加重病害的可能。

不同生长发育阶段的树木其受害程度与抗病性有显著差异。一般来说，老树抗病力较强，4 龄以下的幼树感病较重；山上大树抗病性强，小树抗病性弱。

(4)防治方法

①苗圃地应选择适当位置，发病期要清沟排渍，降低苗圃湿度，苗期少施氮肥，多施磷钾肥，提高抗病性。结合苗木或幼林抚育管理清除病死苗及落地病残体，减少侵染源。

②药剂防治：苗圃地可进行全面喷药，幼林应调查研究，找到重病区或中心发病区及时喷药防治。常用药剂有：25%多菌灵 1 000 倍液。另外，可用 50%退菌特或 50%托布津 600 倍液进行喷洒。

5.6.28　漆树膏药病

漆树膏药病在湖南、陕西、贵州、湖北等地漆树幼林和老林都有分布。为害漆树枝干，影响植株生长乃至死亡。据调查：重病区发病率为 63%～90.5%，病情指数 3.6～42.3，有些病株干枯死亡。

(1)症状

漆树膏药病分为两种。

灰色膏药病：枝干被害处先出现圆形或椭圆形灰白色菌膜，扩展后多个菌膜结合而呈不规则大块状，后期菌膜为灰褐色或暗褐色。菌膜干后脱落。

褐色膏药病：被害处菌膜栗褐色，易裂。

(2)病原

灰色膏药病是由担子菌亚门、层菌纲、隔担子菌目、隔担子菌科、隔担子菌属中的柄隔担耳菌

[*Septobasidium pedicellatum*(Schw.)Pat.]引起。担子果平状，5～6月间厚膜上产生无色圆形细胞(原担子)基部有柄，后自圆担子的顶端生圆筒形担子，具3个隔膜，大小为(22～41) μm×(4～7) μm。担孢子单胞元色，长圆形，稍弯曲，大小为(20～25) μm×(3.6～5.5) μm。

褐色膏药病是由担子菌亚门、层菌纲、木耳目、木耳科、卷担子菌属中的褐色膏药菌(*Helicobasidium tanakae* Miyabe.)引起。此菌担子果有绒毛状物，不产生原担子。而是直接从菌丝上产生担子，担子纺锤形，其2～4个隔膜，直立或弯曲，担孢子无色，单胞，顶端圆，下端尖略弯曲。

(3)发病规律

病菌以膜质担子果在病枝干上越冬。次年5～6月份产生担子及担孢子。担孢子借风雨和昆虫传播。病菌菌丝穿入木栓层或自枝干裂缝及皮孔侵入内部吸取养料。菌丝体在树干表面发育，形成菌膜。

膏药病的发生与介壳虫关系密切。湖南省安化县清塘区4年生漆树，桑盾介为害指数达54，而膏药病发生严重，株发病率为46%；花垣县雅西公杜，13年生老林，桑盾介为害指数68，而该地膏药病株发病率72.1%。这是因为病菌与介壳虫发生共生关系。病菌孢子落在介壳虫的分泌物中，以此作为养料进行生长发育，菌丝扩展交织成膏药状菌膜。而介壳虫由于菌膜的覆盖而得到保护，从而发生更严重。由于在菌膜上产生担子和担孢子，因此病菌又可通过虫体的爬动而传播。

漆树立地条件、生长状况对本病的发生有一定的影响，一般多发生在山脚山谷、阴凉潮湿的地方及管理粗放、树势衰弱，特别是老漆树林有利于病害的发生，且发病较重。

(4)防治方法

加强漆林管理，防治介壳虫，是防治本病的根本办法。

①漆树林要及时抚育管理，增强树势，提高抗病力。漆林密度要适宜，特别是不要间种高秆作物，以免林内过分阴湿，使林内通风透光。

②防治介壳虫：常喷40%乐果乳剂400～500倍液，或用50%马拉松乳剂500倍液，也可用合成洗衣粉。有的地方在树干虫体上刷黄泥浆，效果也很好。

③膏药病的药剂防治。可用20%石灰水、3～5波美度石硫合剂或煤焦油。也可使用抗菌剂(401)200倍液或50%代森铵200倍液等药剂涂刷菌膜，效果明显。

5.6.29 漆树褐斑病

漆树褐斑病是漆树叶部的重要病害，为害苗木和幼林，而幼林发病较重，使病叶枯黄脱落。各地都有发生。

(1)症状

本病多从叶缘开始发生，初期为红褐色斑点，然后逐渐向叶内扩展成椭圆形或不规则形的头状病斑。病斑赤褐色至褐色，有明显的边缘，中央颜色较淡，有的病斑有时可见环纹，后期散生许多黑色小点即病菌的分生孢子器。

(2)病原

由半知菌亚门、腔孢纲、球壳孢科、壳小圆孢属的橄榄色盾壳霉菌(*Coniothyrum olivaceum* Bon.)侵染所致。病菌分生孢子器球形，黑色，有孔口，埋生于寄主表皮下，大小为(97.2～

108.8) μm×(64.8～86.4) μm。分生孢子梗短,分生孢子圆形或近椭圆形,单胞,淡色,大小为(6.5～11.5) μm×(5.4～7.2) μm。

(3)发病规律

病菌以菌丝及分生孢子在病叶中越冬。第二年温、湿度适宜时产生分生孢子,借风传播,从叶的气孔侵入。每年于6月份开始发病,7～8月份为发病盛期。幼林发病重,老林发病轻。

(4)防治方法

加强幼林管理,及时进行抚育,清除侵染来源。发病初期用50%退菌特800倍液或50%福美双500～800倍液,连续喷2～3次,效果良好。

5.6.30 漆树白粉病

漆树白粉病各地都有发生,但发病程度不一。为害幼林和苗木,引起叶片枯黄早落。

(1)症状

病部初期出现褪绿黄色斑块,然后在叶背和正面长出一层白粉状物,即病菌的粉孢子,到秋季在白粉层中产生初为黄色后为红色至黑色的颗粒状物即闭囊壳。

(2)病原

由子囊菌亚门、不正子囊菌纲、白粉菌目、白粉菌科、钩丝壳属中的漆树钩丝壳菌(*Uncinula verniaferae* P. Henn.)引起。闭囊壳黑褐色、球形,直径75～92 μm,附属丝弯曲成钩状。每一闭囊壳内有多个子囊,子囊袋状、透明、大小为(38.5～55.2) μm×(31.6～47) μm。每一子囊内有多个子囊孢子,椭圆形,大小为(18.4～22.5) μm×(13.1～16.7) μm。

(3)发病规律

病菌闭囊壳在病叶越冬,第二年以子囊孢子进行初次侵染。5～7月份发病,以分生孢子进行再次侵染,10月份开始产生,先为黄色,后为黑色的闭囊壳。

(4)防治方法

合理施肥,防止苗木徒长,用稀释腐熟粪汁能追肥灭菌,配合使用氮、磷、钾肥。发病初期可用硫化钾120倍液喷洒,或用1波美度石硫合剂或50%退菌特800倍液喷洒,连续2次效果较好。

5.6.31 漆树角斑病

漆树角斑病在各地苗圃、幼林和成林都有发生,为害叶部,病叶枯黄早落。对苗木和幼林影响较大。据湖南省龙山县大安公社调查,株病率为66.8%,感病指数28.3。

(1)症状

病部初为红褐色斑点,然后发展成圆形。但多数病斑扩展时因受叶脉限制而成多角形,几个病斑连接一起而成不规则块状,病斑正面颜色较深,呈暗褐色,背面颜色略淡。病斑上有灰色绒毛状物,即病菌的分生孢子梗和分生孢子。10月份病部出现针头状颗粒体,为病菌子囊座。

(2)病原

由半知菌亚门、丝孢纲、丝孢目、暗孢科、尾孢菌属中的漆树尾孢菌(*Cercospor rhois* Saw. et Kats.)侵染所致。病菌分生孢子座半埋生于寄主组织内,上生分隔的分生孢子梗。分生孢子无色，线形，隔膜2～6个，大小为(40～50) μm×(3～4) μm。

病菌的有性世代为球腔菌(*Mycosphaerella* sp.)子囊座黑色球形，有乳头状突起，基部着生成束的子囊，单个子囊棍棒状，内有双行排列的子囊孢子，子囊间无侧丝，子囊孢子无色，两端略尖或梭形，中央有一横隔，两细胞相等。

(3)发病规律

病菌以分生孢子和子囊孢子进行越冬，第二年6月初开始侵染。发病后，病菌分生孢子靠风传播，扩大蔓延。8～9月份病害发生最严重。10月份以后停止发病。苗木过密，林间湿度大，有利于病害的发生发展。

(4)防治方法

发病初期使用1%波尔多液喷洒保护。

5.6.32 漆树溃疡病

漆树溃疡病在湖南、贵州等地均有发生，病区发病率为23.1%～39.4%。枝、干被害严重时，可使整枝、整株枯萎死亡。

(1)症状

漆树枝干感病后，出现褐色圆形或不规则形病斑，由于病斑纵向扩展比横向扩展较快，因此，病害发展到一定程度时，病斑多为梭形或长条状，无明显边缘，树皮部腐烂，失水下陷，病斑上散生许多小黑点或者突破树皮产生黑色瘤状子座。当病斑环切枝干一周，引起枝干枯死。在湖南省攸县、涟源县等地调查：本病除为害枝条和主干外，不少地方的病株还发现根茎部被害，而且蔓延至根部，最后根部腐烂。

(2)病原

由子囊菌亚门、腔菌纲、格孢腔菌目、葡萄座腔菌科、葡萄腔菌属中的茶藨子葡萄座腔菌[*Botryosphaeria ribis*(Tode)Grossenb. et Dugg.]侵染所致。病菌子座发达埋生于表皮下，后突破表皮而外露，内有2至多个子囊腔群生。子囊腔扁球形或球形，有孔口，大小为(162～216) μm×(154.8～216) μm。子囊束生，棍棒状，顶端壁厚，大小为(97.2～126) μm×(21.6～22.3) μm，子囊间有侧丝，子囊孢子椭圆形，单胞无色，成双行排列于子囊中，其大小为(23.4～28.1) μm×(10.0～10.8) μm。无性世代为小穴壳菌属中的多主小穴壳菌(*Dothioretlla ribis*. Gross et Duggar.)黑色子座突破表皮而外露，内有2至数个分生孢子器集生，球形，有乳状孔口，直径144～205.2 μm，分生孢子单胞无色，长椭圆形至梭形，大小为(16.2～21.6) μm×(4.3～6.5) μm。

(3)发病规律

本病一般在4～5月份开始发生，7～8月份病斑扩展较快，9～10月份病部出现黑色瘤状子座。10～11月份检查到病菌的子囊孢子。由此说明：病菌可能以子座中的分生孢子或子囊座中的子囊孢子在病部越冬。

本病在丘陵地区，土质差，漆树生长衰弱，发病严重。而湖南龙山等高山地区，漆树生长健壮则很少发病。说明漆林的生态条件和漆树的生长状况与本病关系密切。

本病发生发展与漆树品种有一定关系，例如，贵州大木漆在湖南丘陵地区发生溃疡病较重，而湖南省的小木漆发病较轻。

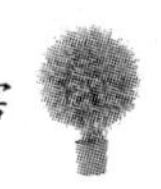

(4)防治方法

防治本病的关键性措施，就是在营造漆树林时要贯彻“适地适树”的原则。造林后要及时抚育管理，增强树势，提高抗病力。枝干初期发病时，可用50%托布津400倍液或抗菌剂(401)600倍液涂抹病部，有一定效果。

5.6.33　漆树根腐病

漆树根腐病在陕西、湖南、湖北、江西、广西等地发生严重，是当前漆树生产中最突出的问题。据调查，因根腐病的为害，植株枯死率在24.2%～71%。

(1)症状

通过多数病株解剖：漆树根腐病菌先从须根或侧根侵入，呈水渍状褐色斑块状坏死，病害扩展，须根大多腐烂，主、侧根皮层及木质部呈黑褐色局部坏死，地上部叶黄部分枝枯，最后根部全腐烂，地上枯萎死亡。

(2)病原

漆树根腐病发生的原因复杂，除漆树根茎溃疡病菌和紫纹羽病菌外，另据中南林学院漆树病害研究组1981—1982年分离培养，诱发试验结果，初步认为尚有半知菌亚门、丝孢纲、丝孢目中的多主瘤梗胞菌[*Phymatotrichum omniverum*(Shear)Dugg.]侵染所致。分生孢子梗分枝，顶端膨大，上生小梗，分生孢子单生于小梗上或直接生于菌丝上。分生孢子单细胞，球形或卵形，无色或浅黄色。球形分生孢子大小为(4.5～4.8) μm×(5.3～5.7) μm，卵形的大小为(6.1～8.1) μm×(4.8～6.3) μm。可形成褐色的菌丝束和菌核。

(3)发病规律

根腐病主要发生在丘陵地区新营造的漆林。各地发病情况证明：病株先是零星分布，然后扩展蔓延，最后导致严重发病。如湖南省双峰县某漆场；1975年营造的漆林，1978年仅有几株发病，到1981年间，病情迅速扩展，发生面积达10多亩，发病率为58.2%。由此可见，根腐病发生初期，在林间常零星点状分布，具有传染性，能逐步扩大为害。

据调查，本病的发生发展与海拔高度、漆树品种关系密切。湖南地区海拔在600 m以下，特别是200 m时，发病严重。贵州大木漆树发病重，小木漆树发病轻或不发病。

(4)防治方法

由于本病主要发生在丘陵地区新营造的漆林中，而且和品种关系密切。因此，应选择好造林地及适宜的漆树品种进行栽培，特别应选择本地优良品种进行栽植，避免盲目引种。对现有林的发病株，可试用20%石灰水淋根，对已枯死的植株，应挖除病根，并用石灰消毒病土。

5.6.34　漆树日灼病

漆树日灼病主要发生在丘陵地区的漆树林中，如湖南省常宁县罗桥区庙前漆场，1972年冬季营造漆林600多亩，1979年调查，其中大部分生长良好，但不少植株枝干发生日灼坏死现象，影响漆树的生长。

(1)症状

日灼病常发生在5年生以下的幼树主干下部。产生块状或条状灰褐色坏死斑块，严重时病斑开裂，有的病斑周围产生愈合组织，漆树可继续生长，但有的因日灼过重，致使枝干坏死，乃至全株枯萎死亡。

(2)病原

日灼病是由于某些丘陵地区盲目引种高山漆树品种，造林地条件差，阳光直接照射枝干时间过长，地表温度过高，地面辐射热强烈而引起。

(3)防治方法

注意选择漆树品种和造林地。幼林期间可种矮秆作物，既可防日灼，又可以短养长，增加收入，对易产生日灼的漆树应进行刷干涂白，可减轻日灼。另外，混交林的方式防治效果更好。

5.7 盆景植物病害

5.7.1 梅桩根癌病

根癌病是盆梅中的一种常见病害，武汉地区各公园、苗圃均有发生。虽然植株的生长影响不大，但发病严重时，造成整株死亡。

(1)症状

病害主要发生在梅桩的根部及茎基部。发病初期，根颈处和主、侧根呈现白色至黄白色的小瘤，或较正常部分略有肿大现象。发病后期，小瘤或肿大部分渐渐长大，颜色由白色或黄白色渐变成淡褐色至深褐色，肿瘤表面初期平滑，以后有细微皱裂，逐渐形成粗的龟裂纹，深入内部。典型的肿瘤多呈球形，或类似球形，质地坚硬而粗糙。致使植株生长衰弱。

(2)病原物

此病由细菌根肿野杆菌侵染所致。本菌与樱花根癌病的病原菌相同。

(3)侵染循环

病原细菌通常在梅桩的被害部位及土壤越冬。在土壤中存活，且能扩散传播，借各种伤口侵入，尤以嫁接伤口最易感染。因盆梅在春、夏、秋三季浇水次数较多，有利于病菌的繁殖、传播蔓延。

(4)发病条件

由于人工艺术加工整形，常对茎干及根部造成各种伤口，给病菌的侵入创造了有利条件。高温高湿促使病害大发生。

(5)防治措施

栽培管理　盆梅要求土质轻松肥沃，盆底须加施基肥。修剪伤口、刀切伤口、绳扎或铁丝扎成伤口，要用石灰乳或石硫合剂涂抹。防止病菌的感染和扩散。地栽梅花不宜与患根癌病的日本樱花栽植在一起，以免传病。

苗木检疫　外地引进的梅花苗木和梅桩要严格地进行检疫。对可疑的植株要隔离观察，并用1%～2%硫酸铜液消毒处理。

化学防治　发现有病株，及时用消毒刀将患处削切掉，再用石硫合剂等药剂涂抹伤口。带病的盆土可用漂白粉消毒。

5.7.2 柠檬炭疽病

柠檬炭疽病是发生很普遍的一种病害，国内各地均有分布，武汉地区各公园栽植的柠檬常

有此病发生。该病可引起落叶，枝梢枯死，枝干开裂及果实腐烂。严重者则引起大量落果，影响了植株的观果效果。此病除为害柠檬外，还可侵害香橼、文旦柚、佛手、金柑、夏橙等多种芸香科的观果花木。

(1)症状

此病主要为害叶片、枝梢和果实，亦侵害花、主枝等部位。

在叶上，病害从老叶边缘或叶尖开始发生，呈圆形或长椭圆形，黄褐色，边缘色较深，病健组织界限分明。天气潮湿时，病斑上出现朱红色黏质小液点。干旱时，病斑则呈灰白色，斑面具排列成同心轮纹或不规则排列的黑点(即分生孢子盘)，病叶易脱落。有的病斑呈暗褐色如开水烫似的小斑，后迅速扩展成黄褐色油渍状的病斑。

在果实上，果面出现暗绿色油渍状不规则的病斑，后逐渐扩展至全果。遇到潮湿气候，病果上长出白色霉层及淡红色小点。以后病果腐烂干缩成僵果，挂在枝条上经久不落。有的病果表层形成暗红色的条状痕斑，常影响果实的外观。

在花上，病菌侵害雌蕊的柱头，呈褐色腐烂，引起落花。

在枝梢上，病梢自上由下枯死，多发生于冻害后的枝梢上，枯死后的枝梢呈灰白色，其上散生许多小黑点。有的发生在枝梢中间，呈淡褐色椭圆形的病斑，后扩大为梭形，稍下陷，病稍也自上而下枯死。

(2)病原物

本病由真菌盘长孢状刺盘菌(*Colletotrichum gloelsporioides* Penz.)侵染所致，属半知菌亚门、腔孢纲、黑盘孢目。分生孢子盘初埋生于寄主表皮下，后突破表皮外露。在果实病部和叶斑型病叶上产生分生孢子盘，刚毛深褐色，直或稍弯曲，具有1～2个分隔，长40～160 μm。分生孢子梗在盘内成栅栏状排列，圆柱形，无色，单胞，顶端尖。分生孢子椭圆形至短圆筒形，无色、单胞，有时稍弯或一端略小，大小为(8.4～16.8)μm×(3.5～4.2) μm，孢内常有1～2个油球。

(3)侵染循环

病菌以菌丝体和分生孢子在病叶、病果和病枝上越冬。次年春季，当温湿度适宜时，越冬的分生孢子和菌丝上产生的分生孢子，借助风雨或昆虫传播侵染寄主组织表面，萌发后，从伤口或气孔侵入寄主，引起发病。在整个生长季节中，病菌不断产生分生孢子进行侵染，为害叶、果、枝、花及果柄。此菌还可以进行潜伏侵染。潜带病菌的植株，搬进温室后，在温、湿度合适时，可继续引起发病。病菌生长温度范围，最低为9～15℃，最高为35～37℃，最适为21～28℃，致死温度为65～66℃(10 min)。

(4)发病条件

炭疽病的发生与温湿度的关系密切，一般在高温多雨季节最易发生。成熟后的分生孢子在有雨水的条件下，温度在22～27℃时，经过4 h，其萌芽率可达87%～99%。因此，1年中不同时期分生孢子传播量的多少，主要取决于各时期降雨次数和降雨持续时间的长短。一般在春梢生长期开始发病，夏、秋梢期病情发生严重。

(5)防治措施

栽培管理　盆栽柠檬要加强水肥的施用。春季植株发芽后，开始施薄肥，腐熟人粪尿10 kg，豆饼1 kg，硫酸亚铁0.15 kg，加水50 kg。待花谢后，增施浓肥，50 kg水加腐熟人粪尿

2.5 kg，豆饼 1.5 kg，硫酸亚铁 0.15 kg，每天浇水 1 次，夏季高温干旱，上午浇水，下午浇肥水。要经常拔掉盆内杂草，进行松土以利水肥吸收，增加土壤通气。这样才使植株生长旺盛，抗病力强。

庭园卫生　每年秋末冬初，要将柠檬搬进室内，这时应搞好清园工作，剪除病叶、病果、病稍，并扫除干净，集中烧毁。以免在室内继续为害。

化学防治　在春、夏、秋梢嫩叶期，特别是幼果期和 8～9 月间果实生长期，使用 50%退菌特 500～700 倍，或 50%甲基托布津 800～1 000 倍，每隔 15～18 d 喷药 1 次，共喷 2～3 次，具有良好的防治效果。

5.7.3　罗汉松叶枯病

罗汉松是制作植物盆景的好材料，由于叶枯病的发生，影响了植株的正常生长发育。据上海地区调查，圃地栽植的罗汉松，其发病率达 50%。1985 年在武汉市种苗场调查，病株率高达 50%～60%。严重时，全株干枯死亡。此病在盆栽罗汉松上发生也很普遍，因此，影响了盆景的观赏效果。叶枯病还可以为害小叶罗汉松、百日青等盆景植物。

(1)症状

病害一般先从枝梢顶端叶片开始发生。起初，感病叶呈绛红色至砖红色的不规则斑块，后渐转为褐色至淡褐色，最后成灰白色，其上生有许多小黑点(病菌的子实体)。发病严重时，整个梢头叶片枯死，有的甚至全株死亡。盆栽的罗汉松发病较轻，主要在叶片先端 1/3～1/2 处干枯，与健康部分有明显的区别。也有个别植株全部死亡。

(2)病原物

叶枯病由真菌多毛孢菌(*Pestalotia podocar* Pi Laugh.)侵染所致。本菌属半知菌亚门、腔孢纲、黑盘孢目。病菌的分生孢子盘隆起，生于表皮上。在潮湿环境下表皮破裂，涌出黑色的分生孢子堆。分生孢子盘直径 195～255 μm，分生孢子纺锤形，大小为(16.1～23.0) μm×(5.8～6.9) μm，有 5 个细胞，分隔处微缢缩，中间 3 个细胞橄榄色，两端细胞无色，顶端鞭毛 2～3 根，长 4.6～16.6 μm。

病菌分生孢子的萌发适温在 25℃左右。在 2%的罗汉松叶煎汁中生长，其萌芽率达91.7%。

(3)侵染循环

病菌以菌丝及分生孢子在病叶中越冬。第二年春季随气温高升，产生新的分生孢子由风雨、气流传播进行侵染。遇到适宜气候，病菌反复侵染多次。病害直至 10～11 月份才结束。残留的病叶、病枝作为次年的侵染源。

(4)发病条件

病害的发生与温湿度有较密切的关系。在武汉地区 5～7 月份的多雨季节，气温较高，病情发生特别严重。各公园的罗汉松盆景一般置于荫棚下，棚内潮湿的环境是利于病害发生的重要因素。

(5)防治措施

栽培管理　盆栽罗汉松与地栽的有一定的区别。盆栽一般以沙壤土较好，春季集中施入氮素液肥，促使植株生长旺盛，增强抗病能力。

庭园卫生　冬季要搞好环境卫生。病叶、落叶及病枯枝要彻底清除，收集烧毁，减少越冬病菌。

化学防治 在修剪病枝叶的同时,使用500倍75%百菌清或波尔多液喷洒植株2～3次,可控制病害的蔓延。

5.7.4 盆景植物煤污病

煤污病是盆景植物的一种重要病害。全国各地均有此病发生。遇到蚜虫和介壳虫大发生的年份,煤污病发生也很普遍。有的导致全株枯萎死亡。

此病的寄主范围很广,常见的有福建茶、竹、枸骨、小叶女贞、紫薇、十大功劳、橘类等盆景植物。

(1)症状

煤污病主要发生在被蚜虫、介壳虫、粉虱为害的叶片上。叶片表面先出现暗褐色的霉斑,以后逐渐扩大,使整个或大部分叶片布满黑色煤烟状物。被煤烟完全遮盖的叶片,影响了植株的光合作用和呼吸机能,是致使整株枯萎死亡的重要原因。

(2)病原物

煤污病的病原菌常见的有两种,一种由煤炱属(*Capnodium* sp.)引起,病菌的菌丝呈念珠状,暗褐色,生基物表面;子囊孢子有色,壁格形,在叶表面营腐生生活,较易剥落。如紫薇和福建茶煤污病。另一种由小煤炱菌属(*Meliola* sp.)引起,病菌的菌丝上有附着枝,产生吸器深入寄主表皮细胞内吸取养料,不进入气孔。子囊孢子多细胞,叶面上煤烟层不易剥落。如竹煤污病。

(3)侵染循环

病菌一般形成闭囊壳在叶和枝条上越冬。但在病叶上以菌丝也能越冬。第二年病菌由介壳虫、蚜虫、风、雨传播。在高温高湿及通风透光不良的条件下,病害扩展迅速,为害严重。夏季的高温气候,叶片上的病原物呈萎缩状态,病害就停止蔓延。

(4)发病条件

此病的发生与媒介昆虫的关系很密切。越冬的病菌产生孢子飞散落在害虫的分泌物上,从中吸取营养,不断繁殖扩散,并可借助害虫的活动传播。可见,害虫的为害是发生此病的先决条件。一般养护较差,虫害严重的盆景植物,此病也发生很重。高温高湿也是此病扩展蔓延的重要因素。在温室或荫棚里,终年都可发生此病。

(5)防治措施

栽培管理 盆景植物的管养技术与其他花木有所不同。施肥必须恰当,树桩盆景一般不需施肥太多,多施易使枝叶长得过密,影响造型,但缺肥又会造成树桩生长瘦黄,抵抗力差,而易于发病。针对盆景植物的特点,通常观叶类盆景应适当施氮肥、钾肥;而观果、观花类盆景则多施磷肥。这样,既有利于盆景植物的造型,又能促使其生长旺盛,提高抗病能力。

庭园卫生 结合盆景植物的整形修剪,去掉病枝病叶。放置通风透光的地方,保持环境清洁。

化学防治 消灭介壳虫、蚜虫等害虫是防治煤污病的根本措施。使用12～20倍松脂合剂或1 000倍氧化乐果、杀螟松、马拉松等药液杀死介壳虫;而使用适量的洗衣粉水液可杀死蚜虫。用1波美度的石硫合剂喷洒病叶,对病菌有强烈的毒杀作用。

生物防治 利用瓢虫捕食介壳虫和蚜虫,可起到抑制煤污病的作用。据报道,利用山苍子挥发性芳香油可抑制或杀死煤污病菌。

5.7.5 三角枫叶枯病

叶枯病是三角枫盆景植物的重要病害。发病严重时，致使整株叶片提早脱落，影响观赏效果。

(1)症状

病害主要发生在叶片上。叶边缘或尖端变色，以后不断扩展，变色部分枯黄。使全叶或半片叶呈黄褐色或赭褐色。发病严重的植株叶边缘卷曲脱落。发病后期病叶上生有许多小黑点，即病原菌的分生孢子器。

(2)病原物

此病由真菌单干槭叶点霉菌(*Phyllosticta platanoidis* Sacc.)侵染所致。本菌属半知菌亚门、腔孢纲、球壳孢目。病菌的分生孢子器初埋生于叶表皮下，接近成熟时，突破寄主表皮外露，散射出分生孢子。器壁黑色碳质，近球形或扁圆锥形；分生孢子梗不明显；分生孢子长椭圆形或圆筒形，单胞，无色，大小为(5.0～6.5)μm×(1.6～1.8) μm。

(3)侵染循环及发病条件

病菌以分生孢子器在盆内的病叶中越冬。第二年春植株搬出室外，随着气温的上升，产生新的分生孢子，借浇水和气流传播侵染。此菌的寄主性较强，遇到多雨季节和年份，病菌反复侵染，7～10 月份病害发生较重。高温多湿及植株生长不良是发病的重要条件。

(4)防治措施

栽培管理　盆内土壤肥力不足，往往生长发育不全，使三角枫生长瘦弱，抗病力差。应合理施肥，以多施氮肥为佳，促使植株生长旺盛。

环境卫生　每年秋末飘落在盆内的病叶是次年发病的主要来源，应彻底清扫干净，并集中烧毁。冬季禁止带病株入室，以免进一步侵染蔓延。

化学防治　从 4 月下旬或 5 月上旬开始，每隔 15～20 d，定期交替喷雾 1 000 倍 65%代森锌、福美铁或 1 500 倍代森铵水液，有较好的防治效果。

5.7.6 榆桩丛枝病

(1)危害

榆桩丛枝病主要危害新梢、叶，表现为新梢丛生，直立向上，病枝展叶早且小，分枝密集等症状。

(2)症状

病害开始发生在个别枝上，腋芽和不定芽大量萌发，丛生许多细弱小枝，节间变短，叶序紊乱，叶小而黄，有不明显的花叶状。有时部分叶片皱缩，病枝上的小枝又不抽出小枝，至秋天常簇生小团，小枝愈来愈细弱，叶片也愈来愈小，外观像鸟巢。小枝多直立，冬季落叶后呈扫帚状。小枝常冬季枯死，次年又发生更多的小枝。如此反复，不久即枯死。但大树发病后发展就较慢，影响也较小。

(3)病原

病毒性病害。榔榆的丛枝病由类菌质体所致，病原在韧皮部。

(4)发病规律

榔榆的丛枝病的发病规律，据初步调查，1～2 年生的根殖苗，林粮田间栽植苗发病率较

低。成片的行道树的发病率较高。密植的、原茬的发病率也较高。病害发生可能与海拔高度也有一定的关系。如栽在海拔 1 000 m 以上的就没有发病。病害可以通过带病种根及苗木的调运而传播。昆虫(叶蝉类)有可能传播发病,但尚待研究证明。生长健壮的桐树被侵害后,可以不表现症状(隐症)。这种无病状的寄主有可能被选为采根母树的危险。实生苗不发病或发病很少。

(5)防治技术

①消灭病虫(如茶翅蝽)。

②培育苗木要严格选用无病植株作为采根树,不用留根苗和手茬苗,发病严重的地方可以用种子育苗代替根插育苗。

③发病初期,常是个别枝条轻度发病,对开始表现症状的丛生枝条及早锯掉,据近几年来的观察还是有一定效果的。修剪病枝时,应连同部分健康枝条锯掉,效果较好。春夏修剪病枝较秋季修剪的效果好。

④发病后,除及早修除病枝外,也可用四环素等抗生素治疗,方法有:①髓心注射。可于树干基部(离地面 4～5 寸)病枝一侧上下钻两个洞,深至髓心,用注射器将兽用土霉素碱溶液(配成每毫升含 1 万～2 万单位的溶液)徐徐注入。治愈率与原病株发病轻重有关,一般轻病株较重病株容易治好,而重病株治好后有的还可能复发。较多的病情有减轻。治疗的时间与效果也有关,一般 8 月份后注射的无效。另外,注射量和病情轻重、桩景树体的大小等都会影响到治疗效果。②断根吸收。即在(根)桩景的基部挖开土壤,在暴露的根中选 1 cm 粗细的截断,将药液装在瓶内把根插入,瓶上用塑料布盖严,经一定时间后,药液就被吸入树体。③修枝涂药。即在修除病枝后的伤口上涂土霉素、凡士林药膏,然后用塑料布包扎伤口,这样效果比单纯修枝好。根殖苗叶面喷洒:在苗木生长期间用 200 单位的土霉素溶液喷洒 1～2 次,可收到较好的效果。总之,重病株一定要及早挖除,在发病不多的新区更应及早挖除(包括病株根蘖),修除病株与挖除病株是目前行之有效的办法。有条件的地区可用药剂防治。

5.7.7 榔榆根腐病

(1)危害

榔榆根腐病主要危害榔榆的根系。

(2)症状

榔榆根腐病主要表现在生长期叶发黄脱落,枝条逐步枯死,芽久滞不发或中途停止生长。在采掘野生榆桩时,必须多加注意使根的截面整齐,不要留有伤口,以防病菌侵入。榆桩的枝皮层较厚,水分较多,在养坯假植前必须使根截面适当干燥,并可涂杀菌药水防止根部染病。假植时不应选择有腐殖质和有未发酵物质的不干净的土壤。土壤应进行消毒,养坯期间严格控水,切勿使根部处于过度潮湿和长期浸泡状态,这样容易促成根腐菌滋生。

(3)病原

真菌性病害。此病可由腐霉、镰刀菌、疫霉等多种病原侵染引起。

(4)发病规律

病原菌在土壤中或病残体上越冬,成为翌年主要初侵染源,病菌从根茎部或根部伤口侵入,通过雨水或灌溉水进行传播和蔓延。地势低洼、排水不良、田间积水、连作及棚内滴水漏水、植株根部受伤的田块发病严重。年度间春季多雨、梅雨期间多雨的年份发病严重。

(5)防治技术

一旦发现椰榆根部皮层有黑褐色腐状物，应立即用利器将其刮净见新鲜组织，并对患部涂以25%可湿性粉剂和浓度为1 000倍液的多菌灵，待药液风干后上盆，同时对坏死的根条应剪除、烧毁，还要注意将刮除的残物不要混入盆土中，以防再次感染。伤口愈合新根产生后方可施肥，以增强其抗病力。

参考文献

[1]张素敏,等.园林植物病害发生与防治[M].北京:中国农业大学出版社,2014.
[2]伊建平,等.常见植物病害防治原理与诊治[M].北京:中国农业大学出版社,2012.
[3]薛金国,等.园林植物病害诊断与防治[M].北京:中国农业大学出版社,2009.
[4]中国农科院作物品种资源研究所.农作物病虫害,中国作物种植信息网(http://icgr.caas.net.cn/disease/default.html),2002.
[5]薛金国,等.鳞茎鲜切花之王——百合[M].郑州:中原农民出版社,2006.
[6]王春梅.草坪建植与养护[M].延吉:延边大学出版社,2002.
[7]陈延熙.植物病害的发生和防治[M].北京:中国农业出版社,1981.
[8]华南农学院,河北农业大学.植物病理学[M].北京:中国农业出版社,1980.
[9]浙江大学.农业植物病理学[M].上海:上海科学技术出版社,1980.
[10]中南林学院.经济林病理学[M].北京:中国林业出版社,1986.
[11]张俊楼,等.北方林果树病虫害防治手册[M].北京:科学技术文献出版社,1987.
[12]周仲铭,等.林木病理学[M].北京:中国林业出版社,1981.
[13]柴立英,等.园艺作物保护学[M].北京:电子科技大学出版社,1999.
[14]曾士迈,等.植物病害流行学[M].北京:中国农业出版社,1986.
[15]江苏农学院植物保护系.植物病害诊断[M].北京:中国农业出版社,1978.
[16]刘正南,等.东北树木病害菌类图志[M].北京:中国科学出版社,1981.
[17]肖悦岩,等.植物病害流行与预测[M].北京:中国农业大学出版社,2005.
[18]王守正,李秀生,等.河南省经济植物病害志[M].郑州:河南科学技术出版社,1994.
[19]张连生,张良玉,等.花卉病虫害及其防治[M].天津:天津科学技术出版社,1984.
[20]陕西省林业研究所.毛白杨[M].北京:中国林业出版社,1981.
[21]浙江省农业科学院蚕桑研究所,等.桑树栽培技术[M].北京:农业出版社,1978.
[22]中国林业科学研究院,等.泡桐研究[M].北京:中国农业出版社,1980.
[23]上海农学院,等.植物病理及农作物病害防治[M].北京:农业出版社,1980.
[24]郑进,等.园林植物虫害防治[M].北京:中国科学技术出版社,2003.
[25]山东省林业研究所,山东省农学院园林系.刺槐 [M].北京:中国林业出版社,1982.
[26]山东省中药材病虫害调查研究组(孔庆岳执笔).北方中药材病虫害防治[M].北京:中国林业出版社,1991.
[27]北京市林业局.北京果树栽培技术手册[M].北京:北京出版社,1982
[28]魏景超.真菌鉴定手册[M].上海:上海科学技术出版社,1979.

[29]戴芳澜.中国真菌总汇[M].北京:科学出版社,1979.
[30]李尉民.有害生物风险分析[M].北京:中国农业出版社,2003.
[31]许志刚.普通植物病理学[M].3版.北京:中国农业出版社,2003.
[32]刘世骐.林木病害防治[M].合肥:安徽科学技术出版社,1983.
[33]邓叔群.中国的真菌[M].北京:科学出版社,1963.
[34]戴芳阑,等.中国经济植物病原目录[M].北京:中国科学出版社,1958.
[25]张际中,等.落叶松早期落叶病的研究[M].//中国科学院林土集刊,北京:中国科学出版社,1965.
[35]戚佩坤,等.吉林省栽培植物真菌病害志.北京:中国科学出版社,1966.
[36]曾士迈.宏观植物病理学[M].北京:中国农业出版社,2005.
[37]黑龙江省牡丹江林业学校.森林病虫害防治[M].北京:中国林业出版社,1981.
[38]邱守思,等.林木病虫害防治[M].北京:中国农业出版社,1984.
[39]中国林木种子公司.林木种实病虫害防治手册[M].北京:中国林业出版社,1988.
[40]上海市园林学校.园林植物保护学(下册)[M].北京:中国林业出版社,1990.
[41]上海农学院,等.植物病理及农作物病害防治[M].北京:农业出版社,1980.
[42]朱玉.果树病虫害防治[M].合肥:安徽科学技术出版社,1991.
[43]王焱.林木病虫害防治.2版.[M].上海:上海科学技术出版社,2004.
[44]李艳杰.森林病虫害防治[M].沈阳:沈阳出版社,2011.
[45]中国科学院微生物研究所,等.真菌名词及名称[M].北京:中国科学出版社,1976.
[46]中国科学院植物研究所,等.拉汉种子植物名称[M].北京:中国科学出版社,1974.
[47]百科名片.http://baike.baidu.com/view/6949.htm
[48]360百科.桑树病害.http://baike.so.com/doc/8166397-8483385.html
[49]张传清,等.稻瘟病菌对三环唑的敏感性检测技术与抗药性风险评估[J].中国水稻学,2005,19(1),81-86.
[50]周明国,等.杀菌剂抗性研究进展[J].南京农业大学学报,1994,17(3):33-41.
[51]景友三,等.松苗立枯病的研究[J].植物保护学报,1963,2(2):179-186.
[52]王美琴,等.番茄叶霉病菌对多菌灵、乙霉威及代森锰锌抗性检测[J].农药学学报,2003,5(4):30-36.
[53]纪明山,等.生物农药研究与应用现状及发展前景[J].沈阳农业大学学报,2006,37(4):545-550.
[54]袁善奎,等.玉蜀黍赤霉(Gibberel lazeae)对多菌灵的抗药性遗传研究[J].遗传学报,2003,30(5):474-478.
[55]陈凤英,吴宝荣.郁金香青霉腐烂病发生与防治[J].江西园艺,2003(03):36.
[56]向玉英,等.杨树水泡型溃疡病病原菌鉴定[J].微生物学报,1979,19(1):57-63,122.
[57]葛广霈,等.毛白杨锈病发生发展规律及其病原菌形态的观察[J].林业科学,1964(3):21-32.
[58]王蓓,等.香石竹斑驳病毒三种脱毒方法比较[J].病毒学报,1990(04):341-346.
[59]于天颖,等.葡萄贮藏期病害及保鲜技术研究进展[J].北方果树,2005(03):1-3.
[60]黄作喜,等.百合商品种球冷贮关键技术研究[J].北方园艺,2004(06):61-63.

[61]尚巧霞,等.百合鳞茎腐烂病病原菌分离鉴定[J].北京农学院学报,2005(01):27-29.
[62]洪波.百合花卉的研究综述[J].东北林业大学学报,2000(02):68-70.
[63]赵中勤,等.金银花[M].郑州:河南科学技术出版社,1989.
[64] 中国植物志 http://www.sobaidupan.com/file-54743373.html
[65]王仁梓.甜柿品种与栽培[M].北京:中国农业科技出版社,1993.
[66]山东莱阳农学院.梨[M].北京:中国科学出版社,1978.
[67]董清华,等.草莓栽培技术问答[M].北京:中国农业大学出版社,2008.
[68] 朱博,等. 桑树新病害——桑细菌性枯萎病病原研究[J]. 中国蚕学会桑树病虫害防治学术研讨会论文集,2000(02):68-70.
[69]倪萌.玄参叶斑病的病原学、发生规律及防治技术研究[D].华中农业大学硕士学位论文,2009.
[70] 河北省辛集市项目办公室.辣椒炭疽病如何防治.中国农业推广网 . 2013-07-23 . [2015-4-24]
[71]薛金国,等.植物病害防治原理与实践[M].郑州:中原农民出版社,2007.